U0185581

基因工程

王旭初 等 编著

科学出版社
北京

内 容 简 介

本书共 19 章，从原理、技术和应用三个方面对基因工程进行了较为系统的阐述。首先，简要介绍了基因和基因表达调控原理，展示了基因组、转录组、蛋白质组等组学的最新进展。随后，系统阐述了基因工程操作中基因工具酶的使用、目的基因分离、载体构建、外源基因导入、阳性转化子筛选等技术方法，并概述了核酸杂交、基因芯片、基因编辑、基因沉默、转座子突变和干细胞转化等基因工程新技术。在此基础上，本书重点介绍了基因工程技术在原核细胞、酵母、植物、动物以及人类基因治疗工程中的应用进展，详细论述了分子抗体工程、基因编辑、合成生物学等基因工程新技术和新产业。最后，讨论了基因工程中可能存在的生物安全问题，并提出了相应的监管措施，展望了应用前景。

本书内容全面、系统权威、图文并茂，具有较强的学术性和新颖性，可供生物工程、生物技术、生物科学、分子生物学、细胞生物学、生物化学等相关专业的高校教师、科研人员、研究生及高年级本科生阅读参考。

图书在版编目（CIP）数据

基因工程/王旭初等编著. —北京：科学出版社，2024.2
ISBN 978-7-03-077178-0

I. ①基… II.①王… III. ①基因工程 IV.①Q78

中国国家版本馆 CIP 数据核字（2023）第 235028 号

责任编辑：陈 新 李 迪 刘 晶 / 责任校对：严 娜
责任印制：赵 博 / 封面设计：无极书装

科学出版社 出版
北京东黄城根北街 16 号
邮政编码：100717
http://www.sciencep.com
涿州市般润文化传播有限公司印刷
科学出版社发行 各地新华书店经销
*
2024 年 2 月第 一 版 开本：787×1092 1/16
2024 年 9 月第二次印刷 印张：36 1/4
字数：860 000
定价：398.00 元
（如有印装质量问题，我社负责调换）

《基因工程》编著者名单

主要编著者

王旭初（贵州大学）

其他编著者（以姓氏汉语拼音为序）

李　利（首都师范大学）

李立芹（四川农业大学）

李平华（山东农业大学）

李文静（廊坊师范学院）

刘虎虎（湖南农业大学）

鲁黎明（四川农业大学）

裴业春（海南大学）

田　云（湖南农业大学）

王冬梅（南宁市林业局）

王力敏（鲁东大学）

王丽娟（宁夏医科大学）

王玲玲（海南师范大学）

王少奎（华南农业大学）

王向兰（山东农业大学）

王永飞（暨南大学）

张洪霞（鲁东大学）

赵洪伟（海南大学）

祝钦泷（华南农业大学）

序　一

　　基因是什么？基因工程又是什么？这是理解现代生命科学，特别是展开基因工程研究首先要明确回答的问题。从奥地利帝国神父孟德尔通过豌豆杂交实验结果提出遗传因子概念，到美国遗传学家摩尔根创立基因学说，前后经历50多年漫长时间。伴随着遗传物质基础是DNA的发现及其双螺旋分子结构的解析，人们进一步认识到基因的本质是具有遗传效应的DNA片段。限制性内切核酸酶的发现及其在DNA酶切上的应用、质粒的发现并将其成功改造成基因工程载体、反转录酶的发现及其在真核生物基因转化上成功应用，使得基因工程基本理论基础和具体操作技术逐渐成熟，基因工程技术最终于1973年诞生了。

　　基因工程又称遗传工程、重组DNA技术、分子克隆或基因克隆技术，被认为是生物技术中发展速度最快、创新成果最多、应用前景最广的核心技术。自遗传学诞生之后，随着对基因功能不断深入的研究，人们不仅想了解基因，还渴望能改变它们，从而提高农作物的产量、改善生物体的性状，甚至用来防治遗传缺陷。基因工程是指将一种供体生物体的目的基因与适宜的载体在体外进行拼接重组，然后转入一种受体生物体内，使之按照人们的意愿稳定遗传并表达出新的基因产物或产生新的遗传性状的DNA体外操作技术。基因工程技术为基因的结构和功能研究提供了有力手段，其显著特点是能够跨越生物种属之间不可逾越的鸿沟，打破常规育种难以突破的物种界限，开辟了在短时间内改造生物遗传特性的新领域。

　　基因工程是生命科学50多年来的研究热点和难点。人类基因组计划、曼哈顿原子弹计划和阿波罗登月计划被誉为20世纪的三大科技工程。21世纪被称为生命科学的世纪，而新世纪生命科学的核心推动力是生物技术中的基因工程技术。基因工程技术正式诞生后，随即取得了迅速发展，大量资本投入到该领域，创造一个又一个基因工程新技术传奇。美国基因泰克公司作为全球第一家生物技术公司，于1976年在美国成立，并迅速于次年利用大肠杆菌细胞成功生产了第一个基因工程药物生长激素抑制素。1978年，该公司再次利用基因工程技术生产了人重组胰岛素，于1982年进行大规模生产并正式投放市场，为治疗人类糖尿病做出了巨大贡献，创造了基因工程领域技术和资本联合的创业传奇。

　　如今，基因工程技术已经广泛应用于生物的遗传改良、生物反应器、基因治疗和基因疫苗的生产等领域，并带来了巨大的科学价值和经济效益。伴随着各种生物基因组测序的完成，海量的基因信息为基因工程原料获取提供了便利，推动生命科学进入后基因组时代。在后基因组时代的新基因工程技术中，基因编辑技术近年来最引人瞩目。基因编辑能高效率地进行定点基因组编辑，在基因研究、基因治疗和遗传改良等方面展示出了巨大的潜力，并开始应用于基础理论研究和生产应用中。

　　基因工程技术日新月异，进展迅速，正驱动着整个人类生活方式发生重大变革，亟待一本最新版的基因工程论著。《基因工程》编委们结合自己的科研经验和教学实践，认真总结了涵盖基因工程研究诸多方向的最新知识和技术，汇集成册，该书的出版将有助于我国基因工程相关研究的发展进步。我相信，随着相关技术进步，基因工程必将创造出许多具有优良性状的转基因农作物和转基因动物新品种，也必将产生更大的社会效益和不可估量的经济价值，为人类生产生活带来更大的技术革命。

美国国家科学院院士　朱健康

2023 年 11 月 3 日

序 二

  21 世纪是生命科学的世纪，各种生物基因组被测序后，积累了海量基因信息，生命科学研究进入后基因组时代。为解析这些基因的具体生物学功能及其调控机制，需进一步通过基因工程技术进行研究。基因工程，又称 DNA 重组技术，从狭义上讲，是指将一种或多种生物的外源基因与载体在体外进行拼接重组，然后转入另一种生物体内，使之按照人们的意愿遗传并表达出新的性状。在广义上，基因工程还包括 DNA 重组技术的产业化设计与应用，涉及外源基因重组、克隆、表达的设计与构建等上游技术，以及含外源基因重组生物细胞的大规模培养、外源基因表达产物的分离纯化等下游工程技术。

  目前，基因工程技术已经得到了迅速发展，并取得了很多喜人的科研成果，在新型生物能源开发、新型环保工业设计等方面展现了十分诱人的前景。基因工程技术与功能基因组学研究相互结合，互相促进，必将为揭示人类全基因组的基因功能与分子调控机制、基因诱发疾病的发生发展机理做出贡献，为人类遗传性疾病、肿瘤、艾滋病和器官移植的基因治疗及人类本身的体细胞克隆研究带来技术革命。因此，基因工程技术的应用前景十分广阔。我国政府一直高度重视基因工程相关研究，我国科学家已经开发出多种基因工程药物，部分产品已经实现产业化，已有 20 余种基因工程药物获批上市。作为一个农业大国，我国对作物基因工程工作给予了长期稳定支持。

  自 20 世纪 90 年代以来，我国已经有多位分子生物学研究领域的老一辈学者先后编撰或翻译了基因工程专著和教材，为我国高校基因工程这一学科的课程教学和科研发展做出了巨大贡献。然而，基因工程不仅是一门理论性和实验性都较强的基础课程，更是一门综合性很强的核心课程，其理论知识具有前沿性突出、抽象度高、跨越度大和整体性强等特点，其涉及的很多实验技术和方法具有高、精、尖的特点。进入 21 世纪以来，基因工程相关技术发展日新月异，学科发展迅速，以表观遗传、基因编辑等新技术为突破口，取得的最新研究成果层出不穷，但很多新的研究进展和研究技术在以往的参考书中涉及较少。因此，科学出版社组织出版的这一版《基因工程》教学科研参考书，有望为我国基因工程领域的一线科研人员、生命科学领域的研究生，以及对基因工程感兴趣的高年级本科生，提供一份重要参考资料。

中国科学院院士 曹晓风

2023 年 11 月 18 日

序 三

　　基因是带有遗传信息的 DNA 片段,是产生一条多肽链或功能 RNA 所需的全部核苷酸序列。基因是"生命之因",含有维持生物体基本性能的遗传信息。生物体的一切生命现象都与基因有关。20 世纪 70 年代初,当美国科学家 Cohen 等人第一次将两个不同的细菌质粒加以拼接,构成一个重组质粒,并将其引入大肠杆菌体内表达的时候,他们可能没有意识到,这项操控不同物种之间基因转移的新技术会成为生命科学发展史上一个伟大的事件,并由此诞生了"基因工程"这门学科。基因工程,俗称转基因,也被称为基因转移或 DNA 重组技术。基因工程、细胞工程、蛋白质工程和酶工程被认为是生物工程技术体系中的四大核心工程。基因工程的主要操作内容是克隆基因,在体外对不同生物的遗传物质进行剪切、重组连接,然后转入生物细胞内进行无性繁殖,并表达出基因产物或发挥其基因功能。因此,基因工程的显著特点是能够跨越生物种属之间有性生殖不可逾越的鸿沟,打破常规育种难以突破的物种界限,开辟了在短时间内改造生物遗传特性的新领域。基因工程技术一经建立,就立即在科学界和商业界引起了巨大震动,很多科学家深刻认识到这一发现所包含的深层含义,以及将会给生命科学和人们生产生活带来的巨大变化。而敏感的商业风险投资基金更是蜂拥而至,在短时间内投入了巨额资金,促进了基因工程技术的推广和应用。

　　基因工程在植物中的研究工作也取得了巨大进步。1983 年,科学家们利用 Ti 质粒获得了含有细菌新霉素抗性基因(neo)的第一个转基因植物——转基因烟草。目前,转基因技术培育并推广应用的转基因植物新品种已多达上百种,广泛应用于生产医药类的疫苗、生物制剂及农业生产中。我国植物基因工程技术起步较晚,但近 30 年来发展迅速,在农作物基因工程方面,经历了最初的"跟跑",到前些年的"并跑"。现在我国的很多转基因农作物技术已经在国际研究领域处于第一梯队,甚至在部分领域如转基因水稻和基因编辑水稻方面,已经处于全球领跑地位。

　　生命科学已经进入了一个快速、定向地改造生物性状的新时代。合成生物学、基因编辑等基因工程技术的迅猛发展,为解决粮食不足、营养缺乏和环境危害等问题提供了更为有效的途径。转基因作物与常规培育作物品种一样,都是在原有品种的基础上对其部分性状进行修饰或增加新性状,或消除原来的不利性状,两者的区别主要在于改良操作的方法不同、途径不同。因此,科学、合理地应用这项技术将加快现代农业生物育种进程。目前,科学家利用基因工程技术培育出多种具备抗寒、抗旱、抗盐碱、抗病虫害、抗除草剂、增加蛋白质含量和含油量或营养成分、增强果实的耐储藏性等优良性状的新品种。基因工程改造的玉米、棉花、大豆和油菜已成为全世界种植最多的转基因农作物。

　　我相信，基因工程在医药、农业、食品、畜牧业等各个领域都将有更加广阔的发展前景，并成为新世纪的主导产业。该书的出版将为植物基因和蛋白质领域的研究专家以及生命科学领域的青年学者、研究生、大学生系统地了解基因工程研究的历史、发展现状、存在问题和未来方向提供不可多得的参考资料，为进一步推动我国基因工程发展、提高我国生命科学研究水平做出贡献。

中国科学院院士　刘耀光

2023 年 11 月 25 日

前　言

　　亲爱的读者，欢迎你阅读本书！距今167年前的一个春天，当奥地利帝国神父格雷戈尔·孟德尔（Gregor Mendel）开始在捷克布隆莫勒温镇一个名叫奥古斯汀的修道院的菜地上摆弄他心爱的豌豆时，他很可能不会想到，由他经过8年杂交试验，潜心摸索、认真总结写成的《植物杂交试验》论文，会在35年后才引起学术界重视；孟德尔也不可能想到，在他逝世16年后，他提出的"遗传因子"学说才被来自荷兰的德弗里斯、德国的科伦斯和奥地利帝国的切尔马克同时独立地"重新发现"，遗传学才正式进入了"孟德尔时代"；当然，孟德尔更不会想到的是，他提出的"遗传因子"概念会在半个世纪后的1910年被美国遗传学家托马斯·亨特·摩尔根（Thomas Hunt Morgan）定义为"基因"，并创立"基因学说"，从而开启了基因科学时代。随后，1944年，美国科学家艾弗瑞（Avery）证明了基因的遗传物质基础是DNA。20世纪50年代以后，随着分子遗传学的发展，尤其是1953年沃森（Watson）和克里克（Crick）揭示了DNA的双螺旋分子结构以后，人们进一步认识了基因的本质，即基因是具有遗传效应的DNA片段。同时，限制性内切核酸酶的发现及其在DNA酶切上的应用、质粒的发现及基因载体的构建、反转录酶的发现及其在真核生物基因转化上的成功应用，表明基因工程基本理论和具体操作技术已逐渐成熟。到1973年，DNA已能在体外被随意拼接并转回至细菌体内遗传和表达，最终形成了"基因工程"这一现代分子生物学技术。

　　基因工程技术正式诞生后，随即取得了迅速发展，大量资本投入到该领域，创造了一个又一个基因工程新技术创业传奇。如今，基因工程技术已经广泛应用于生物的遗传改良、生物反应器、基因治疗和基因疫苗生产等领域，并带来了巨大的科学价值和经济效益。伴随着各种生物基因组测序的完成，海量的基因信息为基因工程中原料的获取提供了方便，促使生命科学进入后基因组时代。在后基因组时代的新基因工程技术中，基因编辑技术近年来最引人瞩目。基因编辑技术能高效率地进行定点基因组编辑，在基因研究、基因治疗和遗传改良等方面展示出了巨大的潜力，并开始应用于基础理论研究和生产应用中。基因工程正驱动着整个人类生活方式发生重大变革，必将带来更大的社会经济价值，产生更加深远的影响。

　　2020年春天，由于新冠疫情影响，停课不停学，高校教师瞬间变成"网络主播"，当本人独坐在海南岛自家小书房里通过网络课堂给海南师范大学生命科学学院学生们讲述基因工程课程的时候，深感知识积累不够，教学不易，诲人太难，也深感基因工程发展太快。目前市面上的基因工程类教材，要么学术性太强、深奥难懂，要么老旧过时、缺乏最新研究技术，要么不适合农林师范院校生物技术类本科生使用。因此，在跟全国同行沟通交流后，本人最终联合 18 位编委，决定编写这本《基因工程》，以便将基因工程基本知识和最新进展以深入浅出的方式展现给广大师生。编委们期望这本由基因工程研究领域的一线科学家和基因工程课程教学一线的教授们经过四年多努力，联合攻关、呕心沥血写作而成的基因工程专著，有朝一日能够成为一本国内通用的精品和经典工具书，为青年教师和一线科研人员提供具有重要价值的学习、科研参考。

生物技术正以前所未有的方式改变着人们的生产生活方式，促进了国民经济和生命健康产业迅猛发展，而基因工程又是生物技术中最吸引人、最重要、发展最迅速的技术。高等院校几乎所有生命科学相关专业都先后开设了这门课程，可以毫不夸张地说，基因工程是高等院校生物技术专业本科生及硕士研究生最应该花精力学习的专业课程，值得大家好好钻研并力争在将来的研究中学以致用。近年来，新的基因工程技术和方法不断出现，应用内容和范围不断加深、拓展，因此，广大师生亟待一本最新的《基因工程》专著。本书包括基因工程原理、技术和应用三大部分，共 19 章，分别由 19 位编委负责撰写并由主编王旭初统稿。其中，王旭初负责前言、第 1 章、第 11 章的撰写和统稿工作，王娟英、白悦琳、房凤艳、何敏敏、吉福桑、袁博轩、何丽霞、王勇飞协助进行格式修改和文字校对工作。第 2 章由王向兰撰写初稿，李平华进行了前期讨论和部分修改工作，最后由王向兰补充完善并定稿。第 3 章由王永飞负责撰写，王少奎进行了前期讨论和部分修改工作。第 4 章由王力敏负责撰写并统稿。第 5 章和第 6 章均由李立芹负责撰写并统稿。第 7 章由鲁黎明撰写初稿，并进行了相应的语言修改和文字校对；鲁逸飞进行了部分文字校对工作，并协助进行了图片制作和美化。第 8 章由王玲玲负责撰写并统稿。第 9 章由王丽娟负责组织、修改并定稿，王婷婷负责图表绘制。第 10 章由张洪霞负责撰写并修改定稿。第 12 章由刘虎虎负责撰写，张沛沛、何国威参与撰写并进行语言修改和文字校对工作。第 13 章由李文静负责撰写并统稿，王聪艳和冯雪参与了部分内容的编写和图片绘制工作。第 14 章由裴业春负责撰写，其中图 14-22、图 14-23、图 14-29 由清华大学动物实验中心张静提供。第 15 章由李利负责撰写，王蕊参与图表绘制和文字校对工作；北京大学杨丽萍教授为"重要疾病的基因治疗"一节提供了大量参考资料，并提出了许多宝贵的编写建议。第 16 章由赵洪伟负责撰写并修改定稿。第 17 章由祝钦泷负责撰写并统稿，谭健锚、曾栋昌、刘涛利、薛阳参与书稿的图表绘制、撰写和文字校对工作。第 18 章由田云撰写并统稿，刘虎虎、段希宇参与撰写并进行语言修改和文字校对工作。第 19 章由汤薇、陆燕负责起草，赵昊天负责统稿补充，最后由王冬梅修改完善并定稿。所有章节都由吉福桑进行了格式和文字修改，最后由王旭初统一修改后定稿。

感谢朱健康院士、曹晓风院士、刘耀光院士为本书作序，3 位院士分别从基因工程新技术、植物基因工程、转基因作物与基因编辑 3 个层面对本书进行了介绍，3 位先生对基因工程发展一直非常关心，也为我国植物基因工程更好地发展提供了多方面的鼓励和大力支持。在本书组织撰写和修改过程中，同仁们给出了很多具体的帮助，提供了宝贵的修改建议和意见，在此一并致谢！

　　本书得到国家十四五重点研发计划项目"重要经济农作物蛋白质组精细图谱构建"（2021YFA1300401）、贵州大学国家级领军人才专项（2023-03）和贵州大学生物科学国家级一流本科专业建设项目资助。

　　由于时间匆忙、编写工作量巨大，加上基因工程发展非常迅速，很多前沿工作不一定都能涉及，且限于编者自身水平，不足之处在所难免，还请广大读者及时批评指正，以便将来再版时修订完善。

王旭初

2023 年 10 月 28 日

目　　录

第 1 章　基因工程概论

1.1　基因工程概述

1.1.1　基因和基因组

　　基因（gene）是什么？这是理解现代生命科学，特别是展开基因工程研究首先要明确回答的问题。基因是生命科学近五十年来的研究热点，人类基因组计划（Human Genome Project，HGP）与曼哈顿原子弹计划、阿波罗登月计划一起被誉为 20 世纪的三大科技工程。自从 1979 年美国科学家弗里曼·戴森（Freeman Dyson）在他的科普著作《宇宙波澜》中提出"21 世纪是生物学的世纪"之后，一直以来，21 世纪就被公认为是生命科学的世纪，而新世纪生命科学的核心推动力是生物技术。

　　160 多年前，当奥地利帝国神父格雷戈尔·孟德尔（Gregor Mendel，1822—1884）在奥地利帝国布隆（Brunn）一个修道院里沉醉于豌豆杂交试验的时候（图 1-1），他可能根本就不会想到，由他基于 8 年豌豆夹杂试验结果所提出的"遗传因子"概念，在半个世纪后被美国科学家摩尔根（Morgen）定义为"基因"。孟德尔通过豌豆杂交试验，发现了遗传学三大基本规律中的两个，即分离规律及自由组合规律，被公认为遗传学的奠基人，被誉为"现代遗传学之父"。

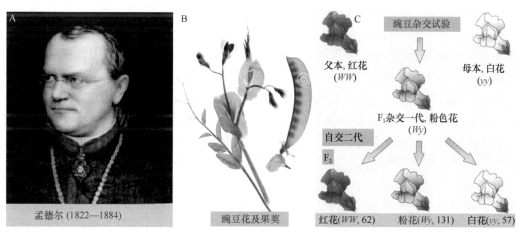

图 1-1　孟德尔及其豌豆杂交试验

奥地利帝国神父孟德尔（A）以豌豆（B）为实验材料进行了 8 年的杂交试验（C），
提出了遗传因子概念，奠定了现代遗传学基础

　　所谓"基因"，就是带有遗传信息的 DNA 片段，是产生一条多肽链或功能 RNA 所需的全部核苷酸序列。基因支持着生命的基本构造和性能，储存着生命的种族、血型、

繁衍、生长、凋亡等过程的全部信息。生物体的生、长、衰、病、老、死等一切生命现象都与基因有关。基因也是决定生命健康的内在因素。因此，基因具有双重属性，既包括物质性（存在方式），又包括信息性（根本属性）。其他的 DNA 序列，有些直接以自身构造发挥作用，有些则参与调控遗传信息的表达。

孟德尔提出的"遗传因子"概念，认为生物性状是由遗传因子控制的，虽然这仅仅是一种逻辑推理，但实际上遗传因子的本质就是后来提出的"基因"。1909 年，丹麦遗传学家约翰逊（Johansen，1859—1927）在《精密遗传学原理》一书中正式提出"基因"这一名词。1910 年，美国遗传学家摩尔根在果蝇中发现白色复眼突变型，一方面说明基因可以发生突变，另一方面说明野生型基因具有使果蝇的复眼发育为红色这一生理功能。1911 年，摩尔根在果蝇中发现基因是一个功能单位，也是一个突变单位和一个交换单位，得出了染色体是基因载体的结论。1944 年，艾弗瑞（Avery）证明了基因的物质基础是 DNA。20 世纪 50 年代以后，随着分子遗传学的发展，尤其是 1953 年沃森（Watson）和克里克（Crick）揭示了 DNA 的双螺旋分子结构以后，人们进一步认识了基因的本质，即基因是具有遗传效应的 DNA 片段。研究结果表明，每条染色体有多个基因，每个基因含有成百上千个脱氧核糖核苷酸。自从 RNA 病毒被发现之后，人们进一步认识到，基因不仅仅只存在于 DNA 上，还存在于 RNA 上。由于不同基因的脱氧核糖核苷酸的排列顺序（碱基序列）不同，因此，不同的基因就含有不同的遗传信息（李立家和肖庚富，2004）。

基因组（genome）是指生物体所有遗传物质的总和，其中的遗传物质包括 DNA 和 RNA。基因组中包含有成千上万的宝贵基因资源，是几十年来研究的重点和热点。人类基因组计划是各种生物基因组测序计划中最引人瞩目的一个国际合作大项目，被称为生命科学领域的"阿波罗登月计划"，总预算高达 30 亿美元。该计划是由美国科学家于 1985 年率先提出、于 1990 年正式启动的，是一项规模宏大、跨国、跨学科的科学探索工程。人类基因组计划由美国主导和引领，全世界包括美国、英国、法国、德国、日本和中国共 6 个国家的科学家共同参与了这一项庞大计划，其宗旨在于测定组成人类 46 条染色体及其 DNA 的核苷酸序列，从而绘制人类基因组图谱，辨识其载有的基因及其序列，达到破译人类遗传信息的最终目的。早在 1994 年，中国就开始积极参与并大力推进了中国人类基因组测序计划，并于 1999 年 7 月在国际人类基因组网站注册，得到完成人类 3 号染色体短臂上一个约 300Mb 片段的测序任务，使中国成为参加这项国际合作研究庞大计划的唯一发展中国家。中国科学家先后高效率、高质量地参与、合作或独立完成了人类基因组计划"中国部分"（1%）、国际人类基因组单体型图计划（10%）、水稻基因组计划、家蚕基因组计划、家鸡基因组计划、"炎黄一号"中国人标准基因组序列图谱等多项具有国际先进水平的科研工作，奠定了中国基因组科学在国际上的领先地位，并在 Nature 和 Science 等国际一流杂志上发表多篇论文，为国际人类基因组计划做出了突出的贡献，取得了举世瞩目的成绩。

1.1.2 基因工程简介

基因工程（genetic engineering）、细胞工程、蛋白质工程和酶工程，被认为是生物工程技术体系中的四大核心工程，其中，基因工程是生物技术中发展速度最快、创新成果最多、应用前景最广的核心技术。基因工程，又称遗传工程（hereditary engineering）、重组 DNA 技术（recombinant DNA technique）、分子克隆（molecular cloning）或基因克隆（gene cloning）技术，是指采用类似于工程设计的理念，以分子遗传学为理论基础，以分子生物学和微生物学方法为手段，人为地将外源目的基因按预先设计的蓝图，在体外构建重组载体 DNA 分子，构成遗传物质的新组合，然后将这种含有目的基因的重组载体分子转移到原先没有这类目的基因的受体细胞中进行扩增和表达，以改变生物原有的遗传特性、获得新品种、生产新产品的遗传技术。通俗地说，基因工程是指将一种供体生物体的目的基因与适宜的载体在体外进行拼接重组，然后转入另一种受体生物体内，使之按照人们的意愿稳定遗传并表达出新的基因产物或产生新的遗传性状的 DNA 体外操作程序。供体基因、受体细胞、工具酶和载体是基因工程技术的四大基本元件（周雪平等，2002）。

　　基因工程技术为基因的结构和功能研究提供了有力手段。基因工程的显著特点是能够跨越生物种属之间不可逾越的鸿沟，打破常规育种难以突破的物种界限，开辟了在短时间内改造生物遗传特性的新领域。根据侧重点的不同，基因工程概念包含狭义和广义两个层面。狭义的基因工程是指将一种生物体（供体）的基因与载体在体外进行拼接重组，然后转入另一种生物体（受体）内，重组 DNA 分子需在受体细胞中复制扩增，按照人们的意愿稳定遗传，表达出新产物或新性状。狭义基因工程侧重于基因重组、分子克隆和克隆基因的表达，即所谓的上游技术，这是基因工程又被称为分子克隆和 DNA 重组技术的原因。广义的基因工程更倾向于工程学的范畴，更侧重于以产品为目标，是指基因重组技术的产业化设计和应用，即所谓的下游技术，包括基因工程制药、转基因动植物及基因治疗等，是一个高度统一的整体工程。基因工程具有跨物种性特征，能够将外源基因转入到另一种不同的生物细胞内进行繁殖；另外，基因工程还具有无性扩增的特点，外源 DNA 在宿主细胞内可大量扩增和高水平表达，产生大量外源基因产物。值得注意的是，基因工程中上游 DNA 重组的设计必须简化，指导下游操作工艺和装备，而下游过程则是上游基因重组蓝图的体现与保证，这是基因工程产业化的基本原则。

1.2　基因工程基本技术体系

1.2.1　基因工程技术体系构成

　　一直以来，人们对于按照自己的意愿改造生物，甚至按照自己的意愿创造生命，充满了热情和丰富的想象力，在相关研究中投入了巨大的人力、物力和时间。其中，想象力丰富且不需要提供实验依据的科幻小说作家们，早就勾画出了他们心目中的人造生物（artificial organism），甚至制造新型人类的远景。美国著名科幻小说作家约翰·威廉姆斯（John Williamson）在 1951 年出版的科幻小说 *Dragon's Island* 中提出了 "genetic engineering"（基因工程）这个名词。由此可见，"基因工程"这个概念从提出之时即表示人工改造或创造生物。从遗传学的角度看，小说家们创作的遗传工程生物其实是性状的变异（周雪平等，2002）。随着科学技术的进步和越来越多实验证据的发现，遗传学家们逐渐明白，生物性状是由基因决定的，要改造性状，必须先改造基因，而要改造基因，必须先弄清基因是什么及基因表达调控的具体规律。科幻作家可以在想象中任意改造生物，但科学家们却要在现实中一步一个脚印地探索改造生物的可能性。庆幸的是，在众多科学家长期不懈地努力下，随着基因的实质及其结构与功能逐渐明朗，科学意义上的基因工程在 20 世纪 70 年代初最终变成了现实（周雪平等，2002）。

基因工程是现代生物工程中最重要的组成部分。生物工程的学科体系建立在微生物学、遗传学、生物化学和化学工程学的基本原理与技术之上，但其最古老的产业化应用可追溯到公元前的酿酒技术。20 世纪 40 年代，抗生素制造业的出现被认为是微生物发酵技术成熟的标志，同时也孕育了传统生物工程。20 世纪 70 年代，以分子遗传学和分子生物学研究成果为理论基础的基因工程技术则将生物工程引至现代生物技术的高级发展阶段。在生物工程产业中，生化反应往往发生在生物细胞内，作为反应物的底物按照预先编制好的生化反应程序，在催化剂酶作用下形成最终产物。在生化反应过程中，反应的速度和进程不仅依赖于底物和产物的浓度，而且更重要的是受到酶含量的控制，后者的变化又与细胞所处的环境条件和基因的表达状态直接相关联。因此，现代生物工程的基本技术体系构成包括：用于维持和控制细胞数量及质量的发酵工程（细菌培养）和细胞工程（动植物细胞培养）、用于产物分离纯化的分离工程、用于实施细胞外生化反应的蛋白质工程、用于生产生物活体组织的组织工程，以及用于构建高品质细胞微型反应器的基因工程（图 1-2）。

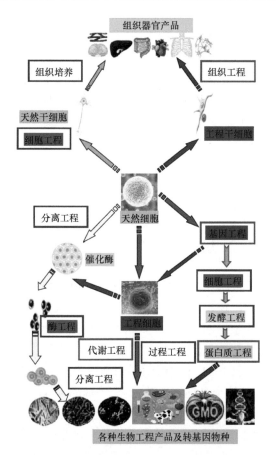

图 1-2　现代生物工程主要技术体系组成及基因工程在其中的主要作用

根据酶工程原理和技术组织的产物生产方式,表面上看起来似乎与细胞微型反应器无关,但从生物催化剂概念拓展和酶制剂来源的角度考察,这种生产方式在很大程度上也依赖于细胞微型反应器的使用。目前工业上使用的大部分酶制剂实际上是发酵工程的中间产品,而且酶工程产业中相当比例的生物催化剂形式是微生物细胞,后者也同样来自发酵过程。菌种诱变筛选程序和细胞工程中的细胞融合技术分别是微生物和动植物微型反应器品质改良的传统手段,而 DNA 重组技术则是定向创建所有类型细胞微型反应器(即工程菌或工程细胞)的强有力的现代化工具。其中,第一代基因工程是将单一外源基因导入受体细胞,使之高效表达外源基因编码的蛋白质或多肽,它们基本上以天然的序列结构存在;第二代基因工程(即蛋白质工程)通过基因操作修饰改变蛋白多肽的序列结构,产生生物功能更为优良的非天然蛋白变体;第三代基因工程是在基因水平上局部设计细胞内固有的物质能量代谢途径和信号转导途径,以赋予细胞更为优越甚至崭新的产物生产品质;而第四代基因工程则涉及生物体全基因组的高通量编辑和转移,由此修饰生物的遗传性状,甚至构建全新的生物物种。

因此,基因工程的整个过程由工程菌(细胞)的设计构建和基因产物的生产两大部分组成。前者主要在实验室里进行,后者主要通过工厂化或者大田生产来实现。依据基因工程的基本概念可以知道,基因工程主要包括目标基因获得、重组 DNA 分子构建、遗传转化、阳性重组子筛选和外源基因表达产物分离纯化等主要技术体系。这些技术体系中又包括了核酸凝胶电泳、核酸分子杂交、细菌转化转染、DNA 序列分析、寡核苷酸合成、基因定点突变和聚合酶链反应(PCR)等具体实验技术。在基因工程技术体系中,要实现遗传物质的改变,获得目标基因是首要的技术难题。随着各种生物基因组测序工作的完成,越来越多重要基因的全长序列更容易获得,为基因工程提供了宝贵的基因资源。

1.2.2 基因工程基本操作流程

基因工程是对基因结构与功能的基础研究过程的副产品。操作 DNA 的各种技术的初始目的是从基因组中分离出感兴趣的基因,以便进一步细致地研究,而这样操作的必然结果就是克隆与重组 DNA 并进行异源基因产物表达。因此,基因工程是从遗传学基础研究中衍生出的一门应用性研究分支,是一整套专门探讨如何克隆基因、重组表达和开发利用的生物技术。近二十年来,核酸分子检测、大规模基因组测序、生物信息分析及组织细胞培养等现代生物技术,推动了基因工程进一步发展。基因工程的主要操作内容是克隆基因,在体外对不同生物的遗传物质(基因)进行剪切、重组连接,然后转入另一种生物的细胞内进行无性繁殖,并表达出基因产物或发挥其基因功能。简单来说,工程化生产目的基因的完整步骤主要包括"分""切""接""转""筛""表""用"(图 1-3)。

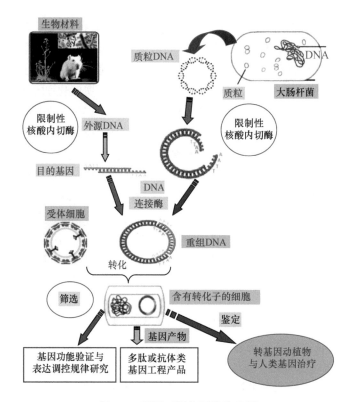

图 1-3　基因工程主要操作步骤

基因工程主要操作步骤如下。

（1）分：就是分离目标基因。基因工程的第一步是获取与制备目的基因，即从复杂的生物体基因组中，经过酶切消化等步骤，分离带有目的基因的 DNA 片段；或利用反转录的方法，从 mRNA 出发，反转录获得 cDNA 作为目的基因；也可以用酶学或化学合成的方法人工合成序列比较短的目的基因；还可以利用 PCR 技术从供体生物基因组直接体外扩增目的基因等。

（2）切：就是利用特定的限制性核酸内切酶对分离的基因组 DNA 和纯化的质粒DNA 载体进行酶切，产生互补的 DNA 片段。目的基因只是一段 DNA 片段，往往不是一个完整的复制子，它自身不太可能以高效率直接进入到受体细胞中进行扩增和表达，因此必须借助于运输和转移目的基因的工具即基因工程载体（vector）才能导入到受体细胞中。基因工程载体包括质粒、噬菌体、病毒、黏粒及人工微小染色体等。只有通过特定的 DNA 限制性核酸内切酶将目标基因和质粒载体 DNA 酶切后，才能进行后续的DNA 重组实验。

（3）接：就是利用 DNA 连接酶，将带有目的基因的外源 DNA 片段连接到具有自我复制功能（或有转录启动子、终止子功能的序列）和筛选标记的克隆载体（或质粒表达载体）上，构建成重组 DNA 分子。

（4）转：就是将重组 DNA 分子转化到宿主细胞。体外构建的重组 DNA 分子必须导入受体细胞中才能扩增和表达。重组 DNA 分子导入受体细胞的方法根据载体及受体细胞的不同而不同。若受体细胞为细菌和酵母细胞，则主要采取化学转化和电场转化的方法导入重组载体；若受体细胞为植物细胞，则主要采用基因枪法或 Ti 质粒导入的方法；若受体细胞为动物细胞，则重组载体的导入可采用显微注射法、反转录病毒法、ES 细胞（即胚胎干细胞）法及体细胞核移植等方法；若受体细胞为人体细胞，则主要采取反转录病毒、腺病毒或腺伴随病毒等载体导入法。

（5）筛：就是筛选含有目的基因 DNA 的阳性转化子，并随宿主细胞的分裂、繁殖而被克隆、扩增。外源目的基因转移到受体细胞后，是否转移成功、是否插入到受体细胞的基因组，以及能否完整复制与表达，都必须一步一步经过筛选和鉴定。含有外源目的基因的受体细胞繁殖的后代称为阳性克隆或转化子。阳性克隆的筛选和鉴定方法可以根据载体上的遗传筛选标记基因或目的基因本身的表达性状来鉴定，也可以通过酶切检测及 PCR 和核酸分子杂交等分子生物学的方法来鉴定。

（6）表：就是从细胞繁殖群体中筛选出获得了外源目的基因的受体细胞克隆（称为重组子）后，让目的基因在重组子群体大量表达，用于进一步地分析鉴定。同时，根据研究需要，将目的基因克隆到合适的表达载体上，导入宿主细胞，筛选鉴定阳性转化子，构建成高效、稳定、具有功能表达能力的基因工程细胞或转基因生物体系，获得转基因生物新个体，以便在新的背景下实现功能表达，产生人们所需的产物。

（7）用：就是利用工程技术流程大规模培养基因工程细胞，分离纯化外源基因表达产物。对于受体细胞是酵母、植物、动物或人类等真核受体细胞的基因工程操作，目的基因在最终导入到这些真核受体系统之前，一般都先被导入到原核细胞进行扩增、酶切、测序等鉴定，然后再通过特异的表达载体克隆到真核细胞，选育和建立转基因新品系，使之高效表达产生基因工程产品，以便大规模推广利用；或制备转基因动植物新品种，最后获得人类基因治疗所需的基因工程产品并大规模推广应用。

上述 7 个步骤也可归并为上游技术和下游技术两大部分。其中，上游技术包括第（1）～（5）步；下游技术包括第（6）和第（7）步。两部分既各有侧重，又有机整合，既是独立的研究体系，又是完整的生产工艺。上游技术是基因克隆的核心与基础，包括基因重组、克隆载体的设计与构建，在设计中注重体现"简化下游工艺和设备"的重要原则；下游技术是上游基因克隆蓝图的体现和保证，是目的基因产品产业化生产的关键。

1.3　基因工程发展简史

1.3.1　基因工程诞生背景

人类改良生物品种的活动已有数千年的历史，但是把这一活动纳入科学研究的轨道则是在经典遗传学建立之后。人们利用遗传学的基本原理和技术方法去改良品种，逐步形成了遗传育种学这门遗传学的分支学科。经典遗传学认识到在细胞染色体上存在着基因，认为基因是专门控制物种遗传性状的遗传单位。改良品种的工作就是改变物种的基因，以期出现人类所需的新的性状。改良品种的主要手段是自然选育、诱发突变和细胞杂交。但是，经典遗传学是根据一些实验结果的推理认识到基因的存在，并不能真正看到基因，也不能直接在试管里操作基因。基于这样的学科基础，遗传育种工作难免有较大的盲目性，研究工作的效率很低，工作既艰苦又乏味，一项成果的取得往往需要付出几年甚至几十年的努力。另外，根据经典遗传学进行育种工作时，操作的对象是染色体，所研究的基因不能脱离染色体而单独复制，以致不能使细胞中的基因呈几十倍、几百倍地增加。这给育种研究和遗传学基础研究都带来了很大的局限性。另外，染色体在减数分裂中的行为受到同源性的支配，以致难以进行远缘杂交。再者，对一些严重威胁人类健康的疾病，如恶性肿瘤、遗传性疾病、心血管疾病、免疫性疾病、内分泌疾病等，人们至今尚不能确切了解其发病的根本原因，就根治而言，更是束手无策。

为了解决上述局限性，人们试图改变基因性状，实现基因的跨物种转移和稳定遗传，从而催生了基因工程这门新学科的诞生。因此，基因工程学科的诞生完全依赖于分子生物学、分子遗传学、微生物学等多学科研究的一系列重大突破，是生命科学发展的必然结果。自从遗传学诞生之后，随着对基因功能不断深入的研究，人们不仅想要了解基因，还希望能改变它们，从而提高农作物的产量，改善生物体的性状，甚至用来防治遗传缺陷。早在 1927 年，赫尔曼·约瑟夫·穆勒（Hermann Joseph Muller）就用 X 射线照射果蝇，诱导果蝇发生了突变。这是人类第一次主动改变生物体基因，但这种诱变及诱变育种仅能提高基因的突变频率，而不能按照人们的意愿改变基因突变的方向，从而很难得到预期的结果。概而言之，从 20 世纪 40 年代开始到 70 年代初，在微生物遗传学和分子遗传学研究领域中的三大理论发现和三大技术发明，对基因工程的诞生起到了决定性的作用。

1. 三大理论基础

三大理论基础即证明 DNA 是生物的遗传物质、发现 DNA 双螺旋结构和半保留复制机制、破译生物的遗传密码子，具体如下。

（1）发现生物的遗传物质是 DNA 而不是蛋白质。1934 年，Avery 等在美国的一次学术会议上首次报道了肺炎链球菌（*Streptococcus pneumoniae*）的遗传转化现象，但当时并不能被人们所接受，直到 10 年后的 1944 年，Avery 等的突破性成果才得以公开发表。Avery 等的工作证明 DNA 才是生物的遗传物质，而不是蛋白质。另外，该工作还证明 DNA 可以转移，能把一个细菌的性状传给另外一个细菌。该项工作的理论意义十分重大，是现代生物科学技术革命的开端，是基因工程这一学科诞生的理论前提。

（2）DNA 双螺旋结构的发现和 DNA 半保留复制机制的解析，为基因工程奠定了理论基础。1953 年，Watson 和 Crick 在 *Nature* 杂志上发表的具有划时代意义的论文，提出了 DNA 分子的双螺旋结构模型，这对生命科学的意义足以和达尔文的生物进化论、孟德尔遗传定律相提并论。1958 年，梅塞尔松（Meselson）和斯塔尔（Stahl）以大肠杆菌为实验材料，运用同位素标记技术和梯度离心技术，以巧妙的实验证明了 DNA 的半保留复制，并提出了 DNA 半保留复制模型。早在 1957 年，Crick 就提出了中心法则，五六年之后科学家才揭开了转录和翻译之谜，证明遗传信息是从 DNA 到 RNA 再到蛋白质的过程，从而从分子水平上揭示了神秘的遗传现象，使中心法则得到公认，为遗传和变异的操作提供了理论依据。

（3）破译遗传密码子。1961 年，莫洛（Monod）和雅各布（Jacob）提出了操纵子学说，为基因表达调控提供了新理论。以马歇尔·沃伦·尼伦伯格（Marshall Warren Nirenberg）等为代表的一批科学家，经过艰苦的努力确定遗传信息是以密码子方式传递的，每三个核苷酸组成一个密码子，代表一个氨基酸。1966 年，科学家破译了全部 64 个密码子，编排了一本密码子字典，除线粒体、叶绿体存在个别特例外，遗传密码子在所有生物中具有通用性，为操作基因提供了理论上的可行性。

2. 三大技术发明

在理论发展的同时，基因工程的诞生也取决于三项操作技术上的重大发明。这三大技术发明分别为：限制性核酸内切酶的发现及其在 DNA 酶切上的应用；质粒的发现及成功改造为基因工程中基因转运载体；反转录酶的发现及其在真核生物基因获得中的成功应用。具体如下。

（1）限制性核酸内切酶和 DNA 连接酶的发现及成功应用。从 20 世纪 40 年代到 60 年代，虽然理论上已经确定了基因工程操作的可行性，科学家们也为基因工程设计了一幅美好的蓝图，但是面对庞大的双链 DNA，尤其是真核生物相当巨大的基因组 DNA，科学家们仍然是束手无策、难于操作。在细胞外发现和使用工具酶及载体，为基因工程的实际操作奠定了基础。利用限制性核酸内切酶，科学家们可以先特异性切割 DNA，然后利用 DNA 连接酶连接 DNA 片段。1970 年，汉弥尔顿·史密斯（Hamilton Othanel Smith）等在流感嗜血菌 Rd 菌株中发现了第一种 II 型限制性内切核酸酶 *Hind* II，使 DNA 分子在体外切割成为可能。1972 年，赫伯·玻伊尔（Herbert Boyer）实验室又发现了一种叫 *Eco*R I 的限制性核酸内切酶，每当这种酶遇到 GAATTC 的 DNA 序列，就会将双链 DNA 分子在该序列中切开形成 DNA 片段。随后又发现了大量类似于 *Eco*R I 这样能够识别特异核苷酸序列的限制性核酸内切酶，使研究者可以获得所需的特殊 DNA 片段。与此同时，DNA 连接酶的发现对基因工程来说是一项突破性技术。1967 年，世界上有 5 个实验室几乎同时发现了 DNA 连接酶，这种酶能参与 DNA 切口的修复。1970 年，美国哈尔·葛宾·科拉纳（Har Gobind Khorana）实验室发现了 T4 DNA 连接酶，其具有更高的连接活性，为 DNA 片段的重组连接提供了技术基础。

（2）质粒改造为基因工程载体并在 DNA 片段转移中成功应用。大多数 DNA 片段不具备自我复制的能力，为了使 DNA 片段能够在受体细胞中进行扩增，必须将获得的 DNA 片段连接到一种能够自我复制的特定 DNA 分子上，这种 DNA 分子就是基因工程的载体。从 1946 年起，乔舒亚·莱德伯格（Joshua Lederberg）等就开始研究细菌的致育因子 F 质粒，到 20 世纪 60 年代，相继在大肠杆菌中发现抗药性 R 质粒和大肠杆菌素 Col 质粒。1967 年，罗思（Roth）和海林斯基（Helinski）发现细菌染色体 DNA（拟核处的 DNA）之外的质粒有自我复制的能力，并可以在细菌细胞间转移，这一发现为基因转移找到一种运载工具。1973 年，柯恩（Cohen）将质粒作为基因工程的载体使用，获得基因克隆的成功，标志着质粒作为基因工程载体技术的成熟。

（3）反转录酶的发现及应用是打开真核生物基因工程的一条通路。1970 年，戴维·巴尔的摩（David Baltimore）等和霍华德·特明（Howard Temin）等同时各自发现了反转录酶（reverse transcriptase），也称反转录酶，又称为依赖 RNA 的 DNA 聚合酶。该酶以 RNA 为模板、dNTP 为底物、tRNA（主要是色氨酸 tRNA）为引物，在 tRNA 3′-OH 末端，根据碱基配对的原则，按 5′→3′方向合成一条与 RNA 模板互补的 DNA 单链，这条 DNA 单链称为互补 DNA（complementary DNA，cDNA）。反转录酶具有多种酶活性，包括 RNA 指导的 DNA 聚合酶活性、RNase H 活性、DNA 指导的 DNA 聚合酶活性和 DNA 内切酶活性。反转录酶的发现对于遗传工程技术起到了很大的推动作用，目前它已成为一种重要的工具酶。用组织细胞提取 mRNA，并以它为模板在反转录酶的作用下合成出 cDNA，由此可构建出 cDNA 文库，从中筛选特异的目的基因，这是在基因工程技术中最常用的获得目的基因的有效方法。因此，反转录酶的功能打破了早期的中心法则，表明不能把生物的遗传信息由 DNA→mRNA→蛋白质的传递方向绝对化，遗传信息也可以从 RNA 传递到 DNA。反转录酶的应用使真核生物目的基因的制备更为方便，促进了分子生物学、生物化学和病毒学的研究，已成为研究这些学科的有力工具。

1.3.2 基因工程诞生标志

分子遗传学研究领域中的三大理论发现（DNA 是遗传物质、DNA 双螺旋半保留复制和破译遗传密码子）和三大技术发明（DNA 限制性核酸内切酶技术、质粒载体构建和反转录酶的发现），对基因工程的诞生起到了决定性的作用。1969 年，美国哈佛大学 Beckwith 博士的研究小组运用 DNA 杂交技术分离了大肠杆菌的 β-半乳糖苷酶基因，标志着首次分离基因成功。DNA 体外重组这个设想首先是由斯坦福大学的彼得·洛班（Peter Lobban）于 1970 年提出的。1971 年，Jensen 等率先运用末端转移酶在试管中将寡聚"A"或寡聚"T"连接到 DNA 分子末端。1972 年，美国斯坦福大学的伯格（Berg）博士研究小组使用限制性内切核酸酶 EcoR Ⅰ，在体外对猿猴病毒 SV40 DNA 和 λ 噬菌体 DNA 分别进行酶切消化，然后用 T4 DNA 连接酶将两种酶切片段连接起来，第一次在体外获得了包括 SV40 和 DNA 的重组 DNA 分子，建立起成熟的 DNA 重组技术，宣告了基因工程中最重要的 DNA 重组技术的诞生。由于对 DNA 重组技术的突出贡献，伯格（Berg）、吉尔伯特（Gilbert）和桑格（Sanger）一起分享了 1980 年的诺贝尔化学奖（图 1-4）。

1973 年，斯坦福大学的 Cohen 等将编码有卡那霉素（kanamycin）抗性基因的大肠杆菌 R6-5 质粒和编码四环素抗性基因的另一种大肠杆菌质粒 pSC101 DNA 混合后，加入限制性内切核酸酶 EcoR Ⅰ，对 DNA 分别进行切割，再用 T4 DNA 连接酶将它们连接成为重组 DNA 分子，使之与非洲爪蟾核糖体蛋白质基因的 DNA 片段重组，然后转化大肠杆菌，获得了既抗卡那霉素又抗四环素的双重抗性转化子菌落，这是第一个重组 DNA 分子转化成功的基因克隆实验。这个实验不仅证明了质粒可以作为基因工程的载体，而且证明重组 DNA 可以进入受体细胞，外源基因可以在原核细胞中成功表达，实现了物种之间的基因交流，标志着基因工程的正式诞生。

图 1-4　基因工程中诞生的 4 位关键人物及早期创办的两家著名生物技术公司
（Genentech 和 Eli Lilly）

1.3.3　基因工程发展过程

　　1972 年，基因工程体系基本成熟；1973 年，完整的基因工程技术体系正式诞生，随即取得了迅速发展。1976 年 4 月 7 日，全球第一家生物技术公司基因泰克公司（Genentech，简称"基因泰克"）在美国成立，该公司由 DNA 重组技术先驱者 Herbert Boyer 博士，联合年轻的风险投资家 Robert A. Swanson 创立。该公司创建后立即投入运转，并迅速于 1977 年 1 月成功利用大肠杆菌细胞生产了第一个基因工程药物——生长激素抑制素（somatostatin）。这一重大突破使学术界和企业界对基因泰克刮目相看，同时也吸引了风险资本的眼球，获得了更多投资，市值在短短两年时间内从 40 万美元上升至 1100 万美元。1978 年，他们再次利用基因工程技术生产了人重组胰岛素，并于 1982 年以专利转让形式授权给美国礼来公司（Eli Lilly and Company）进行大规模生产，正式投放市场。1990 年，瑞士罗氏（Roche）制药集团向基因泰克伸出橄榄枝，出资 21 亿美元获得 60% 的股份。2008 年 3 月，基因泰克公司已经成为一家拥有超过 11 000 名雇员的国际化大公司。最终，2009 年 3 月 26 日，瑞士罗氏制药集团出资约 468 亿美元全额收购了该公司，创造了基因工程领域技术和资本联合的创业传奇（刘志国，2020）。

　　胰岛素类似物是利用基因工程技术对胰岛素肽链进行修饰，改变某些部位的氨基酸组合，可模拟生理状态下胰岛素的分泌。与人胰岛素相比，胰岛素类似物在起效时间、峰值时间、作用持续时间上更接近生物性胰岛素分泌，在减少低血糖发生的潜在危险方面优于人胰岛素，在速效与长效方面都实现了传统人胰岛素无法达到的新水平，是目前治疗糖尿病最有效的药物。美国礼来公司属于世界 500 强企业，拥有 130 余年历史，是一家全球性的、以研发为基础的生物医药公司（图 1-4）。该公司拥有基因工程重组人胰岛素专利后，进行了大量的商业开发，成为全世界胰岛素和生长素等基因工程产品的主要生产商。此后，相关基因工程公司大量建立，开启了基因工程药物新时代，包括生长激素、α干扰素、白细胞介素、凝血因子Ⅷ、血纤维蛋白溶酶原激活素（t-PA）等在内的一批基因工程药物迅速生产出来并在市场上推广。

与此同时，基于DNA重组技术的动物转基因工作也在飞速发展，并很快取得了引人瞩目的成就（刘旭霞和刘渊博，2014）。1980年，由美国科学院院士Rudolf Jaenisch团队首次通过显微注射法培育出世界上第一个转基因小鼠。1982年，英国的《自然》杂志发表了两个美国实验小组共同研制的转基因超级鼠。他们用显微注射技术，成功地将大鼠生长激素重组基因导入一个小鼠的受精卵中，结果使出生的小鼠体积增大了一倍，变成了大鼠，被称为转基因超级鼠。这项研究获得了人类历史上第一个转基因动物，被誉为分子生物学发展的里程碑。随着转基因技术的发展，科学家通过转入一些特殊的基因，又成功培育出了其他类型的转基因鼠。

转基因植物的基因工程研究工作也同时取得了巨大进步。1983年，科学家们利用Ti质粒获得了第一个含有细菌新霉素抗性基因（neo）的转基因植物——转基因烟草（表1-1）。当时曾有人惊叹"人类开始有了一双创造新生物的上帝之手"。1985年，基因工程微生物杀虫剂通过美国环保署的审批。1988年，美国科学家穆里斯（Mullis）发明了聚合酶链反应（polymerase chain reaction，PCR）技术，这是一种用于扩增特定内部或者外源DNA片段的分子生物学新技术，其最大的特点是能将微量DNA中的目的基因按照人们的需要无限扩增。无论是化石中的古生物、历史人物的残骸，还是几十年前凶杀案中凶手所遗留的毛发、皮肤或血液，只要能分离出极微量DNA，就能用PCR加以放大，进行比对。因此，PCR作为一项具有划时代意义的技术，自从发明之后，就在以基因工程为代表的各个生命科学领域得到广泛应用，导致基因工程技术得到了飞速发展。

表1-1 基因工程发展大事记

年份	人物/团队	重要进展及相应影响
1866	奥地利帝国遗传学家孟德尔	根据豌豆杂交试验发现生物的遗传规律，提出遗传因子概念，并发现了分离及自由组合两大遗传学基本规律，打开了现代生物科学研究的大门
1869	瑞士生物学家弗里德里	发现细胞核内有酸性物质和蛋白质两部分，发现核素（nuclein）
1882	德国胚胎学家瓦尔特弗莱明	研究蝾螈细胞时发现细胞核内包含有大量分裂的线状物体，首次发现染色体
1909	丹麦植物学家和遗传学家约翰逊	首次提出"基因"名词，用以表达孟德尔的遗传因子概念
1910	美国科学家摩尔根	在果蝇中发现白色复眼突变型，重新发现孟德尔遗传规律，并将遗传因子命名为基因，提出基因论，奠定了基因工程的理论基础
1919	美国科学家菲巴斯·利文	确定DNA含有的4种碱基与磷酸基团，认为DNA是由等量的各种碱基所组成的四连环
1928	英国科学家弗雷德里克·格里菲斯	在实验中发现，平滑型肺炎链球菌能转变成为粗糙型的同种细菌，表明某些物质可以将遗传信息从死亡细菌的遗体传递给生物
1937	英国物理学家与分子生物学家威廉·阿斯特伯里	展示了第一个X射线衍射研究的结果，表明DNA具有极其规则的结构
1944	美国细菌学家奥斯瓦尔德·西奥多·埃弗里	分离出细菌DNA，并发现DNA是携带生命遗传物质的分子，确定了基因的分子载体是DNA，而不是蛋白质
1953	美国细菌学家阿尔弗雷德·赫希和玛莎·蔡斯	该实验表明噬菌体T2的遗传物质实际上是DNA，而蛋白质则是由DNA中的遗传信息指导合成

续表

年份	人物/团队	重要进展及相应影响
1953	美国生化学家沃森和英国物理学家克里克	发现 DNA 的双螺旋结构，奠定了基因工程的理论基础，开创了分子生物学新学科
1957	美国科学家阿瑟·科恩伯格	首次在大肠杆菌中发现 DNA 聚合酶，为 DNA 扩增提供了重要工具
1958	马修·梅瑟生与富兰克林·史达	确认了 DNA 的半保留复制机制，明确了遗传信息从亲代传给子代的具体机制，保持了遗传信息的连续性
1965	英国科学家桑格	发明双脱氧链终止法测序技术，为人类读取和理解基因代码奠定了基础，彻底变革了生物学研究手段并极大促进了当今的医学发展
1969	美国科学家乔纳森·贝科威茨	成功分离出第一个基因
1971	美国科学家丹娜和内森斯	首次报道了利用聚丙烯酰胺凝胶电泳对限制性核酸内切酶的 SV40 DNA 片段进行分级，绘制出第一个 DNA 限制酶酶切图谱，DNA 片段克隆因而发生革命性变化
1973	美国科学家伯格、博耶、柯恩	发明重组 DNA 技术并实现转基因，标志着基因工程诞生
1975	英国科学家 Southern	发明 Southern 印迹杂交，在遗传病诊断、DNA 图谱分析及 PCR 产物分析等方面有重要价值
1975	英国生物化学家 Sanger 等	发明了快速的 DNA 序列测定技术，对于精准医疗和疾病监测具有重大意义
1980	美国科学家 Rudolf Jaenisch	培育出世界第一个转基因动物转基因小鼠
1983	美国科学家 Shell Frally 和 Mare Montagu	培育出世界第一个含有细菌新霉素抗性基因的转基因植物烟草
1985	美国科学家穆尼斯（Kary Mullis）	发明了 PCR 技术，可以快速、特异地在体外扩增目的基因，为大量获得目标基因提供了关键技术
1990	美国主导与世界多国科学家联合	启动被誉为生命科学"阿波罗登月计划"的国际人类基因组计划
1994	中国科学家曾邦哲	提出转基因禽类金蛋计划和"输卵管生物反应器"，以及系统遗传学等概念、原理、名词和方法等
1996	英国科学家伊恩·威尔默特	第一只克隆绵羊"多莉"诞生，开辟了哺乳动物无性繁殖的新时代
1998	美国科学家 Andrew Fire	发明 RNAi 技术，并广泛应用于基因功能验证中
1999	国际人类基因组计划组织	宣布完整破译出人体 22 号染色体的遗传密码，这是人类首次成功地完成人体染色体完整基因序列的测定
2000	中国科学家	完成了 1% 人类基因组的工作框架图
2000	德国、日本的科学家	基本完成人体 21 号染色体的测序工作
2000	中国、美国、日本、德国、法国、英国六国科学家	公布人类基因组工作草图，标志着人类在解读自身"生命之书"的路上迈出了重要一步
2000	美、英等国科学家	宣布绘出拟南芥基因组的完整图谱，这是人类首次全部破译出一种植物的基因序列
2001	中国、美国、日本、德国、法国、英国六国科学家	公布人类基因组图谱及初步分析结果，宣布人类基因组计划的完成，标志着后基因组时代的到来
2005	美国国立卫生研究院	启动的肿瘤基因组计划诞生，耗资 1 亿美元试点研究人类基因与癌症之间的联系
2010	美国生物学家克雷格·文特尔	报道在实验室中重塑"丝状支原体丝状亚种"的 DNA，并将其植入去除了遗传物质的山羊支原体体内，创造出历史上首个"人造单细胞生物"
2012	美国科学家 Jennifer Doudna 和德国科学家 Emmanuelle Charpentier	发现 CRISPR/Cas9 可以作为基因编辑的工具，首次在体外证明 CRISPR/Cas9 技术可以切割任何 DNA 链，指出 CRISPR 在活细胞中修改基因的能力，并且完整讨论了 CRISPR 在基因组编辑上的可行性

续表

年份	人物/团队	重要进展及相应影响
2018	中国科学家孙强等	克隆食蟹猴"中中"和"华华",这是目前克隆的与人类亲缘关系最近的动物,在展现出重大医学意义的同时,重新引起人们对克隆人的争论
2018	中国科学家贺建奎	宣布一对名为"露露"和"娜娜"的基因编辑婴儿在中国诞生,引起了全世界对基因编辑技术应用于人类的广泛关注和一致反对
2019	美国科学家 Charles Emerson 和 Scot Wolfe	开发出 Cas9-MMEJ 可编程基因编辑方法,有望治疗 143 种由 DNA 微重复引起的疾病
2020	美国科学家鲍勃·威斯等	克隆了世界第一只普氏野马(蒙古野马),为今后通过生物工程技术繁育濒危动物带来了新希望
2020	美国科学家 Jennifer Doudna 和德国科学家 Emmanuelle Charpentier	发明了一种基因组编辑方法,获得诺贝尔奖化学奖,为今后精确地改变动物、植物和微生物的 DNA 提供了技术支持,为治疗癌症和遗传性疾病提供了新希望,将对生命科学产生革命性的影响
2022	我国科学家谢晓亮、曹云龙等	解析了新冠奥密克戎及其多种突变株的结构特征和感染特性,刻画了新冠中和抗体的全表位分布和逃逸图谱,为广谱新冠疫苗和抗体药物的研发方向提供了重要数据参考和理论支持

基因工程治疗人类疾病的工作也取得了飞速发展。1990 年,美国国立卫生研究院(NIH)的 French Anderson 医生利用反转录病毒将正常腺苷脱氨酶(ADA)基因导入到 4 岁女孩 Ashanti de Silva 的淋巴细胞内,第一次成功实现了重度联合免疫缺陷症(SDID)的基因治疗。

1.3.4 基因工程最新进展

现在基因工程技术已经广泛应用于生物的遗传改良、生物反应器、基因治疗和基因疫苗的生产等,并带来了巨大的科学价值和经济效益。伴随着人类基因组计划和各种生物基因组测序的完成,海量的基因信息为基因工程中基因原料的获取提供了充足的来源,导致生命科学进入后基因组时代,即功能基因组和蛋白质组时代。基因工程技术必将在后基因组时代发挥更强大的作用。

后基因组时代功能基因组学研究的主要任务包括:①基因定位和基因功能研究;②基因表达调控机制的研究;③发育的遗传学和基因组学;④非编码 DNA 与 RNA 的类型、含量、分布,以及所包含的信息与功能;⑤基因转录、蛋白质合成和翻译后事件的相互协调;⑥蛋白质组学研究,以及大分子功能复合体中蛋白质间的相互作用;⑦合成生物学研究,直接通过生物工程技术合成生物的基因组,构建人工染色体;⑧个体间单核苷酸的变异所引起的 DNA 序列多态性(SNP)与健康和疾病之间的关系;⑨基因突变与疾病发生和发展之间的关系;⑩药理基因组学等。目前,研究基因的功能主要采用"反向遗传学"的策略,即在正常个体中由于全部基因的存在,很难区分单个基因的具体功能,但如果将某个特定的基因突变、删除或失活后,将导致个体某个性状丧失、发育异常或疾病产生,可推知该基因具有决定某性状或参与某一生化途径的功能。实施基因定点突变(site-directed mutagenesis)、基因敲除(gene knock-out)、基因敲减(gene knock-down)、基因沉默(gene silencing)及基因编辑(gene editiing)等基因失活技术以及转基因等基因过表达技术（over expression），都要运用基因工程的手段，因此，基因工程在后基因组时代将发挥更为重要的作用。

在这些新的基因工程技术中，基因编辑技术近年来最引人瞩目。基因编辑，又称基因组编辑（genome editing）或基因组工程（genome engineering），是一种新兴的、能对生物体基因组特定目标基因进行精确修饰的一种基因工程技术。早期的基因工程技术只能将外源或内源遗传物质随机插入宿主基因组，基因编辑则能定点编辑想要编辑的基因。基因编辑依赖于经过基因工程改造的核酸酶，在基因组中特定位置产生位点特异性双链断裂，诱导生物体通过非同源末端连接或同源重组来修复断裂的双链，因为这个修复过程容易出错，从而导致靶向突变，这种靶向突变就是基因编辑。基因编辑能高效率地进行定点基因组编辑，在基因研究、基因治疗和遗传改良等方面展示出巨大的潜力（Rossidis et al.，2018）。2019 年 8 月，美国科学家借助基因编辑技术 CRISPR-Cas9，制造出了第一种经过基因编辑的爬行动物白化蜥蜴，这是该技术首次用于爬行动物。2020 年 10 月，诺贝尔奖化学奖授予了发明基因编辑技术的詹妮弗•杜德纳（Jennifer Doudna）和埃马纽尔•夏彭蒂耶（Emmanuelle Charpentier）。

1.4　基因工程主要研究内容

1.4.1　基因克隆

基因工程的"分、切、接、转、筛、表、用" 7 个技术步骤，也体现了基因工程的主要研究内容就是一个从基因原料制备到后续产品生产的全过程。基因克隆（gene clone）是指对单个基因进行拷贝，以及复制、大量增加同一基因的整个过程。在基因工程中，基因克隆具体来说是从生物体的组织、器官或细胞制取目的基因或者人工合成目的基因，通过 PCR 扩增等技术，实现目标基因数量增殖，并将目的基因与载体 DNA 拼接，使重组体分子导入受体细胞，筛选阳性转化子、进行无性繁殖的过程。

从基因工程诞生至今，随着 21 世纪生命科学的迅猛发展，其技术体系也获得了长足发展，并已成为渗透甚广、分支众多的一门综合性应用技术学科，全面推动着整个生命科学的发展。这一新兴的工程技术体系也在探索与创新中应用并推广，在研发与实践中完善并成熟，例如，以 PCR 为基础的 DNA 片段扩增与差异筛选技术、核酸序列的全自动化学合成技术、第三代高通量核酸序列分析技术、定制的特殊基因芯片检测技术、借助计算机和互联网的生物信息技术、组织工程技术、动植物生物反应器技术等，以及转录组、代谢组、蛋白质组等各种"组学"研究技术的发展与应用，大大降低了获得目的基因的难度，提供了海量的候选基因进行后续基因克隆工作，这无疑对推动基因工程技术体系的发展起到了重要作用。

1.4.2　基因工程工具酶

基因工程技术之所以能在体外将不同来源的 DNA 重新组合，构建成新的重组 DNA 分子并在宿主细胞内扩增和表达，关键是依赖了一系列操作核酸分子的重要工具酶类。

基因工程酶类是实施体外 DNA 切割、连接、修饰及合成等程序所需要的重要工具。基因工程的工具酶主要包括限制性内切核酸酶、DNA 连接酶、DNA 聚合酶、核酸酶及各种修饰酶等五大类。另外,基因工程工具酶还有 DNA 末端转移酶、甲基化酶、多核苷酸激酶、碱性磷酸酶和反转录酶等。

生物细胞内存在着大量具有特异功能的基因工程工具酶类。这些酶类参与微生物的核酸代谢,在核酸复制和修复等反应中具有重要作用。在掌握了利用这些酶对基因进行切割、拼接等操作方法之后,人们将这些酶作为基因工程的工具。许多厂商生产分子克隆产品,因而保证了这些工具酶制剂的广泛供应。随着越来越多的酶分子被发现,工具酶的数量和用途有所增加。这些进展不仅简化了分子克隆的操作,而且拓宽了研究领域。

1.4.3 基因工程载体

目的基因只是一段 DNA 片段,往往不是一个完整的复制子,不太可能以高效率直接进入受体细胞中去扩增和表达,因此必须借助运输和转移目的基因的工具即基因工程载体(vector)才能导入受体细胞中。在基因工程中,载体作为基因导入细胞的工具,犹如火箭能把卫星射向天空一样,可以把目的基因送入靶细胞内,然后将目的基因释放出来,使目的基因能够得到复制和表达,有的目的基因还可以整合到细胞核中,从而发挥目的基因的特定功能。作为基因工程的载体,需要具备的基本条件包括:能够在宿主细胞内能独立复制且要有较高的自主复制能力;有选择性标记;有一段多克隆位点,容易插入外来核酸片段且外源 DNA 插入其中不影响载体的复制;分子质量小,容易进入宿主细胞且进入效率越高越好;拷贝数多,容易从宿主细胞中分离纯化等。

基因工程载体包括质粒、噬菌体、病毒、黏粒及人工微小染色体等,根据来源不同,可以分为质粒载体、噬菌体载体、病毒载体、非病毒载体和微环 DNA;根据用途不同,可以分为克隆载体和表达载体;根据载体的性质不同,可以分为温度敏感型载体、融合型表达载体和非融合型表达载体。选择什么类型的载体,要由基因工程的目的和受体细胞的性质来决定。只有将目的基因与载体在体外连接形成重组载体 DNA 分子,才能将目的基因有效地导入受体细胞中进行扩增和表达。

1.4.4 外源基因导入宿主细胞

外源基因导入宿主细胞的方法很多。在植物和微生物生物技术中,外源基因导入宿主细胞的过程也称为转化;在动物生物技术中,该过程被称为转染。对于某些细菌,不需要外部方法来引入基因,因为它们天然能够吸收外源 DNA。大多数物种的细胞对外源基因是有阻隔作用的,因此,需要某种干预增加细胞膜通透性,允许 DNA 通过,并允许 DNA 稳定地插入宿主基因组中。

最简单的外源基因导入细胞的方法是热激,只需要给细胞一个热冲击来改变细胞环境即可。热激前,将细胞保存在冷的、含有二价阳离子(通常为氯化钙)的溶液中温育。氯化钙能部分破坏细胞膜,使外源 DNA 进入宿主细胞。磷酸钙法是另一种简单的基因导入方法,使用磷酸钙来结合 DNA,然后将其暴露于培养细胞。溶液与 DNA 一起被细胞包围，少量的 DNA 可以整合到基因组中。在基因导入方法中，物理方法是指通过外力将遗传物质导入细胞的方法。光穿孔类似于声穿孔技术，是用激光脉冲在细胞膜中产生孔以允许遗传物质进入的一门基因导入技术。

体外构建的重组 DNA 分子必须导入受体细胞中才能扩增和表达。重组 DNA 分子导入受体细胞的方法因载体及受体细胞的不同而不同。若受体细胞为细菌和酵母细胞，则主要采取化学转化和电场转化的方法导入重组载体；若受体细胞为植物细胞，则主要采用基因枪法或 Ti 质粒导入的方法；若受体细胞为动物细胞，则重组载体的导入可采用显微注射法、反转录病毒法、胚胎干细胞法及体细胞核移植法等；若受体细胞为人体细胞，则主要采取反转录病毒、腺病毒或腺伴随病毒等载体导入法。

1.4.5　转化子的鉴定筛选

含有外源目的基因的受体细胞繁殖的后代称为阳性克隆或转化子。转化子的鉴定筛选是指将通过重组产生的不同于亲本基因型的个体或组织（即重组子），通过转化、转染等方式导入受体细胞，经过培养得到大量所需转化子菌落或转染噬菌斑，进而将重组体的转化子细胞或转染噬菌体从其他细胞群体中分离出来，鉴定该无性繁殖的外源基因确实为目的基因的过程。阳性克隆的筛选和鉴定方法可以根据载体上的遗传筛选标记基因或目的基因本身的表达性状来鉴定，根据插入基因特定条件下表达产物的特性直接选择，如抗药性标记及其插入失活选择法和半乳糖苷酶显色反应选择法；也可以通过酶切检测及 PCR 和核酸分子杂交等分子生物学方法来鉴定，主要有 DNA 直接电泳检测法、酶切电泳检测法、PCR 扩增检测法、核酸杂交检测法；还可以使用免疫化学检测法，如放射性抗体检测法、免疫沉淀检测法、酶联免疫吸附测定（ELISA）和蛋白质印迹法等。

1.4.6　基因工程产品的分离纯化及产业化应用

筛选和鉴定到阳性受体细胞克隆后，根据不同的操作目标及不同类型的载体，直接通过诱导使目的基因在原受体细胞中表达，或再将目的基因克隆到其他特异的表达载体上，导入到真核受体细胞，以便在新的背景下实现功能表达，产生人们所需的物质，或使受体系统获得新的遗传特性。

一般情况下，携带目的基因的表达载体被转入宿主细胞内就能实现表达。这主要得益于所用的载体，尤其是载体携带的基因表达元件。人们根据目的基因所在的宿主细胞类型及高等真核生物组织器官的基因特异性表达原理构建了多种表达载体，不同载体的主要区别在于启动子等控制基因转录的调控元件。在细菌、酵母细胞或昆虫细胞内表达外源基因的主要目的是生产重组蛋白。因为这些细胞容易大量培养，可实现工业化大规模生产，从培养液中提取分泌的目的蛋白或粉碎细胞提取目的蛋白。第一个用基因工程技术生产的真核蛋白是 Genentech 公司用大肠杆菌表达的人生长激素释放抑制因子。

对于受体细胞是植物、动物或人类等真核受体细胞的基因工程操作，目的基因在最终导入这些真核受体系统之前，一般都先被导入原核细胞进行扩增和酶切、测序等鉴定，然后再通过特异的表达载体克隆到真核细胞，使之高效表达产生基因工程产品，或制备转基因动植物、实现人类基因治疗等。

在植物细胞中表达目的基因主要是为了改造植物本身的性状，得到遗传修饰植物或称转基因植物（transgenic plant），如增加植物的抗性或改善其营养品质等。已经上市的转基因植物有抗除草剂大豆、抗玉米螟玉米、抗棉铃虫棉花、抗番木瓜环斑病毒番木瓜、不含芥酸和芥子油苷的"双零"油菜、胚乳中合成类胡萝卜素的"黄金"水稻等。也有的转基因植物是为了生产药用蛋白产物，如用烟草表达人血清蛋白（human semm albumin，HSA）等。

在动物体内表达外源基因也可以制备转基因动物，改良动物的性状，例如，2015 年美国 FDA 批准 AquaBounty Technologies 公司生产的快速生长转基因三文鱼（商品名：Aqua Advantage Salmon，AAS）上市；也可利用哺乳动物乳腺生产重组蛋白，如 2009 年美国 FDA 批准的第一个由转基因山羊乳腺表达的抗血栓素 Alryn（anlilhrombin）上市；还可对人类自身进行基因治疗，如 1990 年对缺乏腺苷脱氨酶（adenosine deaminase，ADA）的重症联合免疫缺陷病患者进行的第一例基因治疗等。

1.5 基因工程的应用

1.5.1 基因工程在后基因组时代的作用

基因工程技术诞生以后，迅速应用于工业、农业、医药、食品、环保等行业和领域，显示了生命科学这一核心新生技术的强大生命力和巨大的应用前景。在传统工业中，基因工程技术的引入可降低损耗、提高产量，同时还能减少污染。如今，生物工业已成为现代产业革命的重要组成部分，特别是伴随着人类基因组计划在 2001 年的完成，生命科学研究已经进入了后基因组时代。在后基因组时代，克隆基因的工作已经变得非常简单，但面对海量基因和蛋白质功能研究的工作，则打开了一扇新大门，迈入了一片更广阔的新天地。

在后基因组时代，基因工程研究的重心将转向基因和蛋白质功能，即由测定基因的 DNA 序列、解释生命的所有遗传信息转移到从分子整体水平对生物学功能进行研究，在分子调控层面上探索人类健康和疾病的奥秘。大规模的功能基因组、蛋白质组及药物基因组研究计划已经成为新的热点，生物信息技术是后基因组时代的核心技术之一。实际上，早在后基因组时代正式来临之前，科学家们就已经开始了功能基因组学、蛋白质组学、药物基因组学和生物信息学方面的研究，这四大研究方向已经成为今后研究的难点和热点。

功能基因组学是指在全基因组序列测定的基础上，从整体水平研究基因及其产物在不同时间、空间、条件下的结构与功能关系及活动规律的学科。人类基因组计划在基因表达图谱方面已取得显著进展，但仍有 90%以上的基因功能尚不明确，功能基因组学将借助生物信息学的技术平台，利用先进的基因表达技术及庞大的生物功能检测体系，从浩瀚无垠的基因库中筛选并确知某一个或者一类特定基因的功能，通过比较分析基因及其表达的状态，确定基因的功能内涵，揭示生命奥秘，开发出基因工程新产品。功能基因组在评估和检测新药时十分有用，基因被选择性地用多种遗传技术灭活，在此生物体上，选择性去除的效果被确定。通过这种方法去除基因，使得该基因对生物功能的贡献能够被识别。通过对一整套基因系统性灭活，人们就可以检测这些基因家族和通路成员对特定细胞功能的具体影响，相关研究成果将直接给人类健康带来更多福音。

蛋白质组学是以蛋白质组为研究对象的新兴研究领域，主要研究细胞内蛋白质的组成及其活动规律，建立完整的蛋白质文库（丁士健和夏其昌，2001）。人类基因组计划已经确定了人类 3 万多个基因在 23 对染色体上的位置及其碱基排列顺序；后基因组时代，科学家将盘点人类蛋白质组里所有蛋白质，研究其生理功能。蛋白质组学与基因组学同等重要，甚至更为重要，因为基因的重要作用最终是由蛋白质来体现的（何华勤，2011）。进入 21 世纪，蛋白质组学的基础与应用研究呈指数级增长，它将带来巨大的经济效益和社会效益。例如，对于 2020 年肆虐全球的新冠病毒，科学家们已经从最初的确立病原和基因组测序，发展到分析病毒蛋白及这些蛋白质在病毒复制和发病机制中的作用，从而制备特异性识别抗体，为研制防治新冠病毒新药和疫苗奠定了一定基础。

药物基因组学是基因功能学与分子药理学的有机结合，它不是以发现人体基因组基因为主要目的，而是相对简单地运用已知的基因理论改善患者状况的治疗手段。药物基因组学以药物效应及安全性为目标，研究各种基因突变与药效及安全性的关系。因此，药物基因组学是研究基因序列变异及其对药物不同反应的科学，也是研究高效、特效药物的重要途径，通过为患者或者特定人群寻找合适的药物，药物基因组学强调个体化医疗，因人制宜制订药物治疗方案，有重要的理论意义。

药物基因组学在新药开发中的应用前景广阔。根据不同的药物效应对基因分类，药物基因组学可以大大加速新药开发的进程。由于基因组学规模大、手段新、系统性强，可以直接加速新药的发现。另外，由于新一代遗传标记物的大规模发现，以及将其迅速应用于群体，流行病遗传学可以大大推进多基因遗传病和多基因控制的常见病的机理研究。通过药物基因组学研究技术，可以重新估价过去未通过药审的新药。对原来一些证明"无效"或"毒副反应大"的药物，药物基因组学研究有可能证明其对某些人群有较好的作用，或者说，根据基因选择治疗药物可提高药物的有效性，避免不良反应的发生。这样，有些在临床试验中失败的药物也有可能重新被开发利用。相关研究成果可以为制药工业提供新的药靶，具有广阔的医学应用前景。

生物信息学在后基因组时代基因工程研究中也将发挥越来越重要的作用（陈铭，2012）。生物信息学是应用计算机技术研究生物信息的一门新生学科，它将生物遗传密码与计算机信息相结合，通过各种程序软件计算、分析核酸及蛋白质等生物大分子的序列，揭示遗传信息，并通过查询、搜索、比较、分析生物信息，理解生物大分子信息的生物学意义（张成岗和贺福初，2002）。完成人类基因组计划、获得生命"天书"之后，人类亟须破译基因组所蕴含的功能信息，解码生命。在后基因组时代，生物信息学的作用将更加举足轻重，想要读懂"天书"，仅仅依靠传统的实验观察手段无济于事，必须借助高性能计算机和高效数据处理的算法语言。只有如此，"天书"才能发挥它应有的价值。生命科学的革命性巨变已把生物信息学推到了前沿，生物信息技术已成为后基因组时代基因工程研究中的核心技术之一，在蛋白质组学、功能基因组学、药物基因组学等领域必将更有用武之地，从而对生命科学特别是生物医学的发展产生无法估计的巨大影响，进一步提升基因工程从理论到产业开发研究的水平。

1.5.2 基因工程在工业中的应用

　　基因工程技术在工业中应用广泛，特别是在环保工业、能源工业和食品工业中，应用前景美好。随着化学工业的迅速发展，产生了为数众多的化合物，其中不少都是能持久存在的有毒物质，如各种塑料组成的白色垃圾，以及这些白色垃圾部分降解后产生的各种微塑料，这些有毒有害物质的存在对人们所处的自然环境造成了极大的威胁。基因工程技术则有望解决这一难题。科学家通过 DNA 重组技术，将相关菌种的基因进行工程性改造，得到分解性能较高的工程菌种和具有特殊降解功能的菌株，从而大大提高了有机物的降解效率，同时也扩大了可降解的污染物种类。含有降解质粒的细菌在某些环境污染物的降解中发挥着重要的作用，例如，假单胞菌属的石油降解质粒，其编码的酶能降解各种石油组分或它们的衍生物。农药降解质粒及一些工业污染物降解质粒，因含有能降解杀虫剂和烟碱等农药的基因，可用于农药厂和化工企业的工农业废水处理。基因工程技术在治理重金属污染废水中也发挥了越来越重要的作用。随着工农业的快速发展，许多地方的水质和土壤受重金属污染严重。利用转基因技术，让细菌高效表达金属结合蛋白或金属结合肽的基因，可使菌体结合重金属的能力提高数倍到数十倍。转基因植物在修复被重金属污染的土壤方面也有巨大的应用潜力。研究表明，过表达哺乳动物或酵母的金属硫蛋白基因的转基因植物能耐受更高的镉污染。

　　基因工程技术在食品工业中也有广泛的应用。通过 DNA 重组技术制备转基因植物，能使食品原料得以改良，营养价值大为提高，而且谷氨酸、调味剂、人工甜味剂、食品色素、酒类和油类等也都能通过基因工程技术生产。美国研究人员利用基因工程技术，挑选出合适的基因和启动子，以此来改造豆油中的组分构成。不含软脂酸的豆油可用作色拉油，富含 80% 油酸的豆油可用于烹饪，而含 30% 硬脂酸的豆油则适合用于人造黄油及松脆糕饼。现在市场上有多种同类基因工程产品，利用基因工程改造的豆油的品质和商品价值都大大提高。在食品酸味剂方面，柠檬酸是食品工业中很重要的一类。目前柠檬酸生产菌主要是黑曲霉。通过基因工程手段进行改造，可以用遗传改良过的酵母和工程菌来生产柠檬酸。工程菌的使用使乳酸、苹果酸等有机酸的产量也在逐年增加。利用基因工程和细胞融合技术，改造产生苏氨酸和色氨酸的生产菌，经改造的工程菌的氨基酸产量大大超过了一般菌的生产能力。日本的味精公司利用细胞融合和基因工程的方法改造菌株，使谷氨酸的产量提高了几十倍。

　　基因工程技术在能源工业上应用更为广泛。随着经济的高速发展，能源大量消耗，世界各国均面临着化石能源资源枯竭，以及因大量化石能源的开采和使用而造成的地质灾害频繁发生、温室效应、酸雨等严重的环境问题。如何开发新型的、对环境友好的可再生能源成为一项重要课题。以能源植物为主的生物质能是指利用生物可再生原料和太阳能生产的清洁、可持续利用的能源，包括燃料酒精、生物柴油、生物制氢和生物质气化及液化燃料等，将是人类利用新型的可再生能源的理想选择。其中，酒精（乙醇）

是清洁汽油生产的主要替代物,目前酒精生产涉及的能源植物主要有糖类作物、淀粉类谷物和纤维植物。研究表明,普通植物对阳光的利用效率不到 4%,利用植物基因工程技术调控光合作用途径来提高植物对光能的捕获和利用效率已成为能源植物改良的重要目标。利用基因工程技术,将 C_4 植物光合作用途径中磷酸烯醇式丙酮酸羧化酶、丙酮酸磷酸双激酶及磷酸烯醇式丙酮酸羧激酶等基因转入 C_3 植物中,可以降低植物的光呼吸、提高植物最初光能捕捉效率。另外,也可利用细菌、酵母等基因工程菌种生产乙醇。科学家们还在研究利用基因工程创造出能分解纤维素和木质素的多功能超级工程菌,从而使得稻草秸秆、植物屑、食物的下脚料等都可用来生产乙醇。纤维素质原料是地球上最丰富的可再生资源之一,但由于纤维素质原料中的纤维素主要以木质纤维素的形式存在,必须经化学或高温处理去除木质素和半纤维素,才能分离出纤维素。可通过基因工程改变木质素合成途径中不同基因的表达来降低木质素的含量,从而提高植物纤维素含量。此外,还可以利用基因工程技术研究高油含量的植物,从而生产出更多植物来源的生物柴油及其他植物油。例如,通过将拟南芥的一个乙酰辅酶 A 羧化酶同源基因导入油菜的质体,在种子特异性启动子的控制下表达,可以产生更高的乙酰辅酶 A 羧化酶活性,提高了质体中丙酰辅酶 A 的含量,使转基因油菜的种子产油量显著提高。

1.5.3　基因工程在农业生产中的应用

通过转基因技术生产的大量遗传改良生物(genetically modified organism,GMO),也称转基因生物(transgenic organism),在农业和畜牧业中得到了大量应用。转基因生物是通过提取某种生物具有特殊功能的基因片段,利用基因工程技术加入到目标生物当中。基于系统生物学的基因工程、合成生物学发展,人工设计、合成基因与转基因技术,可使转基因从单基因转移进展到多基因、基因调控网乃至人工基因组的转基因系统生物技术时代(张自立和王振英,2009)。目前,应用转基因技术培育的转基因生物已多达上百种,它们中有的用于生产医药类的疫苗、生物制剂;有的用于生产食品工业中的纤维素酶、凝乳酶;有的用于消除环境污染;还有许多转基因生物在农业生产中发挥了重要作用。

在这些转基因生物中,目前应用最广泛、争议最大的是转基因农作物及其产品的应用。随着人口的不断增加,世界上不少地方的粮食供给成了大问题。转基因技术的应用为解决这一问题提供了一条可能更为有效的途径。经基因改造的农作物,外表与天然作物没多大区别,味道也相似,但有的转基因作物中添加了提高营养物质的基因,有的则可以适应恶劣的自然环境,还有的可以提高产量和质量等。科学家利用基因工程技术培育出上百种具备抗寒、抗旱、抗盐碱、抗病虫害、抗除草剂,以及增加种子中的蛋白质含量或含油量、增加果实的耐储藏性等优良性状的新品种,包括烟草、番茄、马铃薯、胡萝卜、向日葵、油菜、亚麻、甜菜、棉花、黄瓜、水稻、玉米、大豆等。这些转基因农作物可分为 4 个种类:一是转 *Bt* 基因农作物,可产生一种对某些害虫有毒性的 Bt 蛋白,这种蛋白质存在于常见的土壤细菌苏云金芽孢杆菌中,可抵御害虫的侵害、减少杀虫剂使用量;二是抗除草剂农作物;三是抗病毒农作物;四是营养增强型农作物,此类转基因作物中特定营养组分和维生素含量更高。

全世界种植的主要转基因农作物有玉米、棉花、大豆和油菜籽。这 4 种转基因农作物的种植面积早在 1998 年就占到转基因农作物种植总面积的 99%，占该 4 种农作物种植总面积约 16%。其他转基因农作物包括水稻、烟草、番木瓜、马铃薯、番茄、亚麻、向日葵、香蕉和瓜菜类等，很快也将要正式投入商业化种植。中国的转基因植物有 22 种，其中转基因大豆、马铃薯、烟草、玉米、花生、菠菜、甜椒、小麦等进行了田间试验，转基因棉花已经大规模应用；国外转基因大豆等也大量进入我国。

在大力发展转基因作物的同时，也存在强烈的质疑和反对声音。由于欧洲食品商的抵制，美国转基因农产品出口量近年来严重下降。在欧洲，对种植转基因农作物的反对呼声日益强烈的同时，美国消费者对种植转基因农作物的支持程度也在下降，甚至有部分环保人士和宗教人员严禁开展转基因作物研究（焦悦等，2016）。造成转基因农作物市场危机的原因，是转基因农作物在科学上引起激烈争论，从而导致人们对转基因农作物安全性的担忧。在基因转移对生态环境的潜在影响、抗病毒和抗害虫农作物对作物负面影响，以及植入基因对人类和动物健康的负面影响等方面，人们各执一词，争论不休。目前，在我国列入转基因标识目录并在市场上销售的有 5 大类 17 种转基因生物。我国市场上的转基因食品如大豆油、油菜籽油及含有转基因成分的调和油均已标识，消费者只需在购买时认真查询即可鉴别（朱水芳，2017）。

关于转基因动物方面，人们的争论相对较少，使得转基因动物在畜、牧、渔业中得到比转基因作物更广泛的应用（李俊生等，2012）。科学家利用胚胎显微注射技术将生长激素基因注入动物的受精卵或胚胎中，使其发生基因重组，可使子代特性改变。若将牛的生长激素基因在乳牛或羊羔体内表达，能够改善食物的转换效率，提高蛋白质对脂肪的比例，产生瘦肉类型。有人将生长激素基因转入小鼠、鱼、猪、兔的受精卵中，其子代生长速度明显加快，并将此特性传给下一代，进而产生了巨鼠、巨鱼、巨猪、巨兔的子代，改变了原有的特性，产生了新品种。1985 年，科学家第一次将人的生长激素基因导入猪的受精卵获得成功，转基因猪与同窝非转基因猪相比，生长速度和饲料利用效率显著提高，胴体脂肪率也明显降低。转基因动物也可作为"生物工厂"或者"生物反应器"，用来生产一些特殊的药品。例如，经培养可使乳腺细胞分泌新型多肽或蛋白质；转红细胞生成素、血清蛋白素、组织纤溶酶原激活剂等基因的牛或羊含有更多目标蛋白；转基因动物还能提供皮肤、角膜、心、肝、肾等器官，为挽救众多危重患者提供了帮助。

1.5.4 基因工程在医药健康产业中的应用

医药研发与制造是一件关系着国计民生、社会稳定的重大事件，各界政府及企业都给予了高度重视和大量的财务支持。基因工程在生物制药行业应用最早，且效果最为显著。一般情况下，基因工程药物囊括了细胞因子、抗体、疫苗及各种激素等，不仅能够针对肿瘤、癌症、艾滋病等重大绝症，还能够广泛用于心血管疾病、糖尿病及高血压等慢性病的治疗上。

早在 1982 年，重组人胰岛素在美国开始工业化生产，这是世界上第一种基因工程药物。此后，基因工程药物一直是世界各国政府和企业投资研究开发的热点领域。现已研制出的基因工程药物主要有三类：生物活性多肽、疫苗和单克隆抗体。其中，生物活性多肽类药物有干扰素、人生长激素、白细胞介素、促红细胞生成素、表皮生长因子、血小板生长因子、人胰岛素、肿瘤坏死因子、尿激酶原、链激酶、天冬酰胺、超氧化物歧化酶等。这些生物活性多肽类药物已经被开发成 50 多个药品，广泛用于治疗癌症、肝炎、发育不良、糖尿病、囊性纤维病变等一些遗传病，并形成了一个独立的新型高科技产业。在疫苗类基因工程药物中，主要有肝炎疫苗、疟疾疫苗、霍乱疫苗、出血热疫苗、登革热疫苗等。我国也开发出了多种基因工程药物，并已形成产业化，产生了良好的经济效益，有代表性的产品如重组人干扰素，是我国批准的第一种国内生产的基因工程药物。目前，我国已有 20 余种基因工程药物批准上市，包括干扰素、重组人白细胞介素、新型白细胞介素、重组人粒细胞集落刺激因子、粒细胞巨噬细胞集落刺激因子、重组人促红细胞生成素等。

基因工程技术除了可用于生产预防、治疗疾病的疫苗和药品外，在疾病的基因诊断与基因治疗方面也发挥着日益重要的作用。基因诊断是利用重组 DNA 技术作为工具，直接从 DNA 水平确定病变基因及其定位，因而比传统的诊断手段更加可靠。目前已经建立起多种病变基因的诊断和定位方法，如基因探针法、PCR 扩增靶序列法、限制性片段长度多态性分析法、单链构象多态性分析法、DNA 与 DNA 芯片杂交病变图谱法等。目前基因诊断主要着眼于遗传性疾病的基因诊断、感染性疾病的基因诊断和肿瘤的基因诊断等三个方面。未来，医药基因工程技术必将朝着对人类有利的方向发展。

1.5.5　基因工程应用前景展望

基因工程在 1973 年正式诞生后，立即成为一项新兴的研究技术并得到了迅速的发展，无论是基础研究还是应用研究均取得了喜人的成果。基因工程运用 DNA 分子重组技术，能够按照人们预先的设计创造出许多新的遗传结合体，具有新奇遗传性状，增强了人们改造动植物的主观能动性、预见性，且在疾病诊断、治疗等方面具有革命性的推动作用，对提高人口素质、保护环境等具有突出贡献。开展基因工程研究几十年来，人们已建立了多种分别适用于微生物、动植物转基因的载体受体系统，克隆出了一批有用的目的基因，研制出了数十种昂贵的基因工程药物，培育出了一批具有特殊性状的转基因动植物。这是生命科学发展的一次飞跃，生命科学已经进入了一个定向、快速改造生物性状的新时代，所以，各国政府及公司都十分重视基因工程技术的研究与应用，竞相抢夺这一高科技制高点。

但是，任何科学技术都是一把"双刃剑"，在给人类带来利益的同时也可能会带来灾难。例如，克隆和基因编辑技术的发展，如果不加以严格管制，任由其发展，势必会造成克隆人和基因编辑人的出现，最终给人类带来不可挽救的灾难。转基因生物与常规繁殖生长的品种一样，是在原有品种的基础上对其部分性状进行修饰或增加新性状，或消除原来的不利性状。常规育种是通过自然选择，而且是近缘杂交，适者生存下来，不适者被淘汰掉；而转基因生物远远超出了近缘的范围，人们对可能出现的新组合、新性状会不会影响人类健康和环境仍缺乏经验。因此，如何科学、合理地应用这项技术，是值得我们思考和探究的问题。展望 21 世纪，基因工程将在医药、食品、畜牧业等各个领域有更加广阔的发展前景，成为新世纪的主导产业。

本 章 小 结

基因工程是指在体外将外源目的基因通过载体导入受体细胞，使之能够在受体细胞内复制、增殖并表达基因产物的生物技术。基因工程操作的基本流程包括：目的基因的获取与制备，目的基因与载体 DNA 的连接和重组，重组 DNA 分子导入受体细胞，含目的基因重组克隆的筛选与鉴定，外源目的基因在受体细胞内的扩增与表达。1973 年基因工程诞生后，其便得到了迅猛发展并迅速应用于医药和工农业生产各个领域，形成了具有巨大社会效益和经济效益的基因工程制药产业，也产生了许多具有优良性状的转基因农作物和转基因动物新品种，并且为新型生物能源的开发、新型环保工业的设计展现了十分诱人的前景。同时，基因工程技术与功能基因组学研究相结合，相互促进，必将为揭示人类全基因组的基因功能与分子调控以及基因诱发疾病的发生机理做出贡献，为人类遗传性疾病、肿瘤、艾滋病和器官移植的基因治疗和人类本身的体细胞克隆研究带来技术革命。

第 2 章　基因表达调控

　　无论原核生物还是真核生物，其基因表达均受到严格有序的调控，以适应环境、保证其正常生存。探索基因表达调控的基本规律，是阐明生命本质的基础。掌握了基因调控机制，就等于掌握了揭示生物学奥秘的钥匙。基因表达调控可以发生在从 DNA 到 mRNA 再到蛋白质的任何步骤中，可以是染色体自身水平的控制，也可以通过控制转录和翻译来控制表达，还可以在蛋白质合成之后，通过蛋白质的化学修饰控制其活性，从而控制生物性状。

　　基因表达调控的指挥系统有很多种，不同生物使用不同的信号来指挥基因调控。原核生物和真核生物之间存在着相当大差异。原核生物中，营养状况和环境因素对基因表达起着十分重要的作用；而真核生物尤其是高等真核生物中，激素水平、发育阶段等是基因表达调控的主要因素，营养和环境因素的影响则为次要因素。

2.1　基因调控基本特征

2.1.1　基因表达

　　基因表达是遗传信息合成功能性基因产物的过程。基因表达的产物通常是蛋白质，但是非蛋白质编码基因如转移 RNA（tRNA）或小核 RNA（snRNA）的表达产物是功能性 RNA。基因表达在一定的调节机制控制下进行，使细胞中基因表达的过程在时间和空间上处于有序状态。同时，生物体可以调整不同基因的表达水平，以适应环境、维持正常新陈代谢。

2.1.2　基因表达的时空特性

　　基因表达的时间特异性和空间特异性是指生物在生长发育过程中，基因何时表达、何处表达。在生物体不同的功能阶段，根据功能的需要，相应基因严格按一定的时间顺序开启或关闭，这是基因表达的时间特异性。

　　空间特异性是指多细胞生物个体在某一生长发育阶段，同一个基因在不同的组织器官中的表达水平不同；或在同一生长阶段，不同基因的表达水平在不同的组织、器官也不完全相同。因此，基因表达的空间特异性就是某种基因产物在个体中按不同组织空间顺序出现的规律。这种空间分布的差异是由细胞在器官的分布决定的，故又称细胞特异性或组织特异性。

2.1.3 基因表达的方式

2.1.3.1 组成型表达

组成型表达是指基因没有时间和空间特异性，几乎在生命的全过程和生物体的所有细胞中持续表达。这类基因称为管家基因（house-keeping gene），其产物是维持细胞基本生命活动所必需的。管家基因包括 tRNA、rRNA、核糖体蛋白基因、RNA 聚合酶基因，以及参与新陈代谢过程的蛋白酶等基因，其表达只受启动序列或启动子与 RNA 聚合酶相互作用的影响，不受其他机制调节，外界环境的变化对基因表达量的影响较小（图 2-1）。

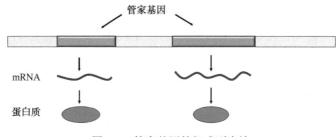

图 2-1 管家基因的组成型表达

2.1.3.2 诱导和阻遏表达

某些基因的表达水平易受环境变化的影响，随外环境信号变化呈现升高或降低的现象，表达水平上调称诱导表达，表达水平下调称阻遏表达（图 2-2）。Wendrich 等（2020）研究表明，低磷可能触发木质部细胞中生长素信号的增加，诱导 TMO5/LHW 途径和下游细胞分裂素的生物合成。细胞分裂素信号跨越多个组织层传递到根表皮细胞，促进根毛生长以吸收土壤中的磷元素。植物通过产生活性氧（ROS）来响应非生物胁迫，活性氧过度积累则会抑制植物生长发育。对玉米中 ROS 相关蛋白 SROs 进行分析，发现 6 个 *SRO1* 基因均可被多种非生物胁迫诱导表达。

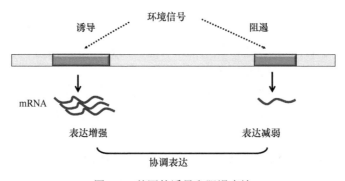

图 2-2 基因的诱导和阻遏表达

2.1.4　基因表达调控的基本原理

2.1.4.1　基因表达的多级调控

基因表达调控是生物体内细胞分化、形态发生和个体发育的分子基础。基因表达的调控在多个层次上进行，包括基因水平、转录水平、转录后水平、翻译水平和翻译后水平的调控。

2.1.4.2　基因转录调节的基本要素

1. 特异的 DNA 序列

在原核生物中，以操纵子（operon）为转录单元。操纵子又称操纵元，是指一组关键的核苷酸序列，通常由 2 个以上的编码序列、操纵序列以及其他调节序列在基因组中成簇串联，组成一个转录单位。原核生物特异的 DNA 序列主要包括启动序列、操纵序列和调节序列。

在真核生物中，参与基因表达调控的特异 DNA 序列称为顺式作用元件（*cis*-acting element）。顺式作用元件是指 DNA 序列上对基因表达有调控活性的特定调控序列，是转录因子的结合位点，它们通过与转录因子结合而调控基因转录的精确起始和转录效率。按照功能特性，真核基因的顺式作用元件分为启动子、增强子、沉默子、绝缘子和专一性元件（激素反应元件、cAMP 反应元件等）。

2. 调节蛋白

（1）DNA 结合蛋白。原核生物中，基因的调节蛋白称为 DNA 结合蛋白。根据它们的功能，可以分为以下三类：①特异因子，决定 RNA 聚合酶对启动区的识别和结合能力；②阻遏蛋白，该类蛋白质与操纵区相结合，阻遏基因的转录；③激活蛋白，促进 RNA 聚合酶与启动区相结合，增强基因的转录。

（2）转录因子。真核生物基因调节蛋白称为转录因子，能够直接或间接地识别或结合顺式作用元件，并对基因的转录有激活或抑制作用的 DNA 结合蛋白。

3. DNA-蛋白质、蛋白质-蛋白质相互作用

（1）反式作用因子直接与顺式作用元件结合，调控基因的表达。例如，在冷胁迫下，苹果 bHLH 转录因子 MdCIbHLH1 蛋白与 *AtCBF3* 启动子中的 MYC 识别序列特异性结合，使得 *AtCBF3* 基因上调表达，增强了转基因拟南芥、烟草和苹果幼苗等植物的耐寒性（图 2-3）。

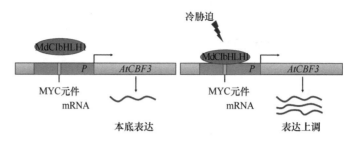

图 2-3　bHLH 转录因子与 MYC 元件相互作用

（2）蛋白质-蛋白质相互作用及蛋白质的修饰是反式作用因子的另一种调控方式。在生物体中，2 个或 2 个以上的蛋白质相互作用，形成复合物，共同调控下游基因的表达（图 2-4A）。此外，还可以通过蛋白质修饰的方式调控基因的表达。Ding 等（2015）的研究表明，拟南芥 *SnRK2.2/SRK2D*、*SnRK2.6/SRK2E/OST1* 和 *SnRK2.3/SRK2I* 属于 *SnRK2* 家族第Ⅲ亚类，受 ABA 诱导激活表达，是 ABA 信号主要的调节因子。在拟南芥中，这 3 个基因与 ABA 信号相关基因 *CHYR1*（具有锌指结构的 CHY 锌指和 RING 结构域）互作。对 CHYR1 蛋白的氨基酸序列进行分析，显示在 CHYR1 RING 结构域中有一个 RDIT[178] 基序，并证明 CHYR1 作为 SnRK2.6 下游磷酸化底物蛋白，其磷酸化位点发生在 T[178]。该位点的磷酸化状态对于 CHYR1 响应 ABA 和干旱刺激具有重要的作用（图 2-4B）。

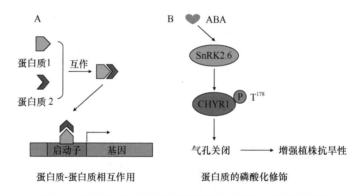

图 2-4　蛋白质-蛋白质相互作用及蛋白磷酸化修饰示意图

A. 蛋白质 1 和蛋白质 2 相互作用后，可以结合到特定基因的启动子上，调控基因的表达水平。B. 当激素 ABA 存在时，SnRK2.6 蛋白会使 CHYR1 蛋白第 178 位色氨酸（T[178]）磷酸化，从而使得气孔关闭，减少水分的散失，提高植株的抗旱性

（3）蛋白质-配基结合。有的调节蛋白并不与 DNA 序列直接结合，而是先和配基结合，活化后发挥作用。此类调节蛋白多为受体类蛋白，当激素与受体蛋白结合后，导致受体构象发生改变，成为活化状态，从而进入细胞核，调控下游基因的表达。例如，在高等植物中，BRI1 是油菜素内酯（BR）的主要受体，定位于细胞膜上。当 BR 信号存在时，受体蛋白 BRI1 自磷酸化，同时激活与 BRI1 蛋白相互作用的另外一个 LRR 受体激酶 BAK1，经过下游基因的逐级激活反应，调节 BR 下游基因的表达，促使细胞伸长，达到调节植物生长的作用。当 BR 降解后，BRI1 和 BAK1 激酶的磷酸化过程终止，BR 信号转导途径阻断（图 2-5）。

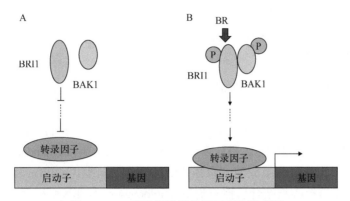

图 2-5　BR 信号调控相关基因表达模式图

A. 当 BR 信号不存在时，细胞膜表面受体蛋白 BRI1 与 BAK1 失活，无法激活 BR 信号转导的下游基因，导致 BR 信号转导途径阻断。B. 当 BR 信号存在时，BRI1 蛋白自磷酸化，并激活 BAK1 蛋白，逐级激活 BR 信号转导的下游基因，调控 BR 相关的下游基因表达

4. RNA 聚合酶

RNA 聚合酶是指以一条 DNA 或 RNA 链为模板，催化核苷-5′-三磷酸合成 RNA 的酶。原核生物 RNA 聚合酶只有一种，参与整个转录过程，催化所有 RNA 的转录合成。真核生物 RNA 聚合酶有 3 种，分别是 RNA 聚合酶 I（RNA pol I）、RNA 聚合酶 II（RNA pol II）和 RNA 聚合酶III（RNA pol III）。

原核细胞靠 RNA 聚合酶本身识别启动子，而真核细胞的 RNA 聚合酶无法识别启动子，要靠转录因子识别启动子。启动区序列影响 RNA 聚合酶或转录因子的亲和力，而亲和力的大小直接影响转录启动的频率。

一些特异调节蛋白在适当环境信号刺激下在细胞内表达，随后通过 DNA-蛋白质、蛋白质-蛋白质相互作用影响 RNA 聚合酶活性，从而改变基础转录频率。

2.1.5　基因表达调控的生物学意义

2.1.5.1　适应环境、维持生长和增殖

生物体赖以生存的外环境是在不断变化的，为了生存，所有活细胞都必须对外环境变化作出适当反应、调节代谢过程，以适应环境的变化，维持生物体正常生长。生物体适应环境、调节代谢的能力与蛋白质分子的生物学功能有关，而蛋白质的水平又受基因表达的调控，因此，研究基因表达调控的机理具有重要意义。

2.1.5.2　维持个体发育与分化

生长发育的不同阶段、不同组织器官中，蛋白质的种类和含量不同。多细胞生物调节基因的表达可以维持组织器官分化和个体发育；当某种基因缺陷或表达异常时，则会出现相应组织或器官的发育异常。

2.2 原核基因表达调控

2.2.1 原核生物基因的转录机制

原核生物基因转录的过程分为转录的起始、转录的延伸和转录的终止。原核生物 RNA 聚合酶研究得最清楚的是大肠杆菌(*E. coli*)RNA 聚合酶(Fernandez-Rodriguez et al., 2017)。该酶是由 5 种亚基组成的六聚体（α2ββ′ωσ）。其中，α2ββ′ω 称为核心酶（core enzyme），σ 因子与核心酶结合后称为全酶（holoenzyme）。RNA 聚合酶正确识别 DNA 模板上的启动子并形成由酶、DNA 和核苷三磷酸构成的三元起始复合物，转录便开始进行。转录起始后，σ 因子脱离酶分子，留下的核心酶与 DNA 的结合变松，因而较容易继续往前移动。原核细胞转录终止子分为两种类型：一种是在 ρ（Rho）因子参与下，引发核心酶终止转录反应，称依赖 ρ 因子的转录终止子；一种是不需要 ρ 因子及其他任何因子的参与，能够自发引导核心酶终止转录反应，称不依赖 ρ 因子的转录终止子。

2.2.2 原核基因转录调节特点

2.2.2.1 σ因子决定 RNA 聚合酶识别特异性

σ 因子的主要作用是识别 DNA 模板上的启动子，其单独存在时不能与 DNA 模板结合；与核心酶结合成全酶后，才可使全酶与模板 DNA 上的启动子结合。

2.2.2.2 操纵子模型的普遍性

操纵子是原核生物基因表达调控的基本单位，由若干个结构基因、一个或数个调节基因及控制单元组成。控制单元包括操纵基因和启动区序列。结构基因（structural gene）：细胞中基本看家蛋白如代谢酶类、转运蛋白和细胞骨架成分等的编码基因；操纵基因（operator）：接受来自调节基因合成的调节蛋白的作用，使结构基因转录活性得以控制的特定 DNA 区段；调节基因（regulatory gene）：编码用以控制其他基因表达的 RNA 或蛋白质产物的基因（图 2-6）。

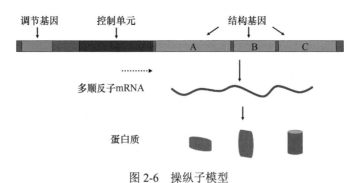

图 2-6 操纵子模型

由于原核生物基因组较小，受环境变化影响较大，操纵子的普遍存在使得基因表达调控更加经济、有效。

2.2.2.3　阻遏蛋白与阻遏机制的普遍性

由于营养供给随时都可能发生变化，原核生物具有可以变换不同代谢底物的能力，能够对环境的改变作出迅速反应。原核生物基因表达具有灵活性和经济性，在缺乏底物时不必合成大量相关的酶类，因此原核生物产生了一种阻遏蛋白及阻遏调节机制。

阻遏蛋白可以关闭结构基因的转录。当诱导物存在时，其与阻遏蛋白结合，阻遏蛋白从操纵基因上下来，RNA 聚合酶可通过启动子和操作基因正常转录出一条多顺反子mRNA；当除去诱导物时，结构基因又重新被阻遏。

2.2.3　乳糖操纵子调节机制

大肠杆菌的乳糖操纵子（lac operon）由 3 个结构基因 *lac Z*（*Z*）、*lac Y*（*Y*）和 *lac A*（*A*）组成基因簇。其调控机制有 3 种：阻遏蛋白的负性调节，cAMP 参与的正性调节，阻遏蛋白和 cAMP 的协调调节。详见第 11 章。

2.2.4　色氨酸操纵子调节机制

2.2.4.1　色氨酸操纵子的基本结构

色氨酸（tryptophan，Trp）是一种重要的营养必需氨基酸，只能由微生物或植物合成，以葡萄糖为底物，经过若干步酶促反应，形成分支酸，并进入色氨酸分支代谢途径。色氨酸分支代谢途径分 5 步完成，有 7 个基因参与。这些基因在基因组中成簇排列，由共同的启动子和操纵基因控制，组成色氨酸操纵子（trp operon）。

大肠杆菌色氨酸操纵子结构简单，是研究得最清楚的操纵子，结构基因依次排列为 *trp EDCBA*。*trp E* 编码邻氨基苯甲酸合酶，*trp D* 编码邻氨基苯甲酸磷酸核糖转移酶，*trp C* 编码吲哚甘油磷酸合酶，*trp A* 和 *trp B* 分别编码色氨酸合酶的 α 和 β 亚基，5 个结构基因全长约 6800bp。结构基因的上游由调节基因、调控序列（启动子、操纵基因及前导序列）组成（图 2-7）。

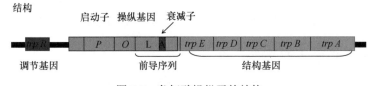

图 2-7　色氨酸操纵子的结构

调节基因 *trp R* 是一个独立的操纵子，距离 trp 操纵子基因簇很远，编码色氨酸阻遏物，该阻遏物是一个同二聚体，可与操纵子的操纵基因特异性结合，阻止 RNA 聚合酶转录起始。

启动子与结构基因之间被操纵序列和前导序列隔开。操纵序列与启动子在–21 和+3 碱基之间重叠,阻遏蛋白或 RNA 聚合酶结合位点在操纵序列的中心结合区控制转录进行,中心结合区为包含 18 个碱基对的反向重复序列。当阻遏物结合到操纵基因上时,便成为转录的强抑制物。前导序列是位于结构基因 trp E 起始密码子前一段长 162bp 的 DNA 序列,含有 1、2、3 和 4 四段能够两两互补的反向重复序列。当前导序列被转录进入 RNA 单链内时,可能发生 1:2、2:3、3:4 区段互补配对而形成发夹或者茎环等局部二级结构。当序列 3 和 4 配对时,就形成了弱化子发夹结构,位于转录产物前导序列的末端。因为序列 4 中富含 GC 的回文结构,之后是 8 个串联排列的 U 残基,致使 3:4 茎环结构一旦形成,就成为不依赖 ρ 因子的强终止子结构。

此外,trp D 远侧还有一个二级启动子,在细胞生长需要过量色氨酸时发挥作用。

在枯草芽孢杆菌(B. subtilis)色氨酸操纵子中,启动子、结构基因均与大肠杆菌中的色氨酸操纵子略有不同。在 B. subtilis 色氨酸操纵子中,包含 7 个结构基因。Trp EDCFBA 共 6 个结构基因依次排列,位于含有 12 个结构基因的芳香族氨基酸超操纵子中;剩下的第 7 个结构基因 trp G 位于叶酸合成操纵子中,该基因所编码的酶参与并调控叶酸和色氨酸的合成。B. subtilis 色氨酸操纵子与 E. coli 操纵子最大的区别是,它的结构中共有两个启动子参与调控,一个位于芳香族氨基酸超操纵子的起始位置,另一个位于 trp E 上游约 200bp 处。

2.2.4.2 色氨酸操纵子的阻遏作用

trp 操纵子转录起始的调控是通过阻遏蛋白实现的。产生阻遏蛋白的基因是 trp R,该基因距 trp 操纵子基因簇很远。阻遏蛋白与 trp 操纵子的操纵序列特异性结合,抑制 trp 操纵子的转录起始。该阻遏蛋白二聚体具有 2 个螺旋-转角-螺旋 DNA 结合结构域,包含 1 个中心区域和 2 个灵活的 DNA 解读头部(即 DNA 结合区),2 个解读头部分别由 2 个亚基的羧基端形成。DNA 中心结合区位于操纵基因中 18 个回文碱基结构处。但阻遏蛋白的 DNA 结合活性受色氨酸调控,与色氨酸结合的动力学常数为 $1 \times 10^{-5} \sim 2 \times 10^{-5}$ mol/L。在有高浓度色氨酸存在时,阻遏蛋白-色氨酸复合物形成一个同源二聚体,并且与 trp 操纵子中的操纵基因的 DNA 大沟特异性结合,阻止 RNA 聚合酶与操纵基因结合,抑制模板开链,从而阻止转录起始。阻遏蛋白-色氨酸复合物与基因特异位点结合的能力很强,动力学常数为 2×10^{-10} mol/L,因此细胞内阻遏蛋白数量仅有 20~30 分子时即可充分发挥作用。当色氨酸水平低时,阻遏蛋白以一种非活性形式存在,不能结合 DNA。在这样的条件下,trp 操纵子被 RNA 聚合酶转录,同时色氨酸生物合成途径被激活(图 2-8)。

2.2.4.3 色氨酸操纵子的衰减作用

大肠杆菌 trp 操纵子的前导序列的区段 1 中第 21~68 碱基的序列编码一个包含 14 个氨基酸残基的前导肽,且第 10、第 11 个密码子是连续的 2 个色氨酸密码子,能感知细胞中色氨酸浓度的变化。

细菌中一个有趣的现象就是翻译与转录是偶联的:正在被转录的新生 mRNA 可以不经历任何转录后加工即可作为翻译的模板,这也为衰减作用调控转录的终止提供了可能。

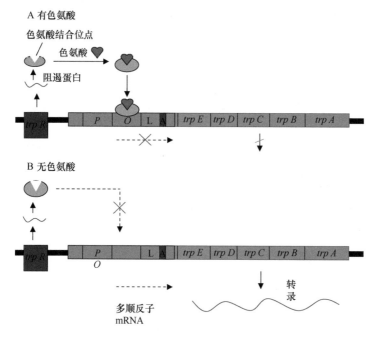

图 2-8 色氨酸操纵子的阻遏作用

trp 操纵子开始转录时，当 RNA 聚合酶转录到区段 2 时会发生暂停，一直到有核糖体结合到新生 mRNA 5′端的核糖体结合位点，RNA 聚合酶才重新开始转录。当细胞内色氨酸水平高时，细胞内色氨酰 tRNA 含量随之增多，核糖体能够迅速通过 trp 操纵子前导序列的区段 1 而到达区段 2（即占据区段 2），此时区段 3 亦被转录完成。但是，区段 2 因为核糖体的结合而不能与区段 3 互补配对，RNA 聚合酶和核糖体均向下游移动，当区段 4 被转录完成后，即可与区段 3 互补配对形成不依赖 ρ 因子的强终止子结构，即弱化子（或称衰减子），使已经起始的转录过程提前停止；当细胞内色氨酸水平较低时，核糖体因色氨酰 tRNA 分子的缺乏而在第 10、11 位密码子上滞留，占据封闭区段 1，此时因核糖体的结合 RNA 聚合酶会继续转录，当区段 2、3 被转录完成时，因区段 1 被核糖体占据，因而区段 2、3 之间可以互补配对，导致 RNA 聚合酶稍作暂停，之后会继续向下游转录。2∶3 配对的二级结构可以称为抗终止子结构。当区段 4 被转录完成时，因2∶3 双链的存在而不能与区段 3 互补配对形成强终止子结构，RNA 聚合酶继续转录下游的结构基因，并被翻译为色氨酸合成所需的酶，通过细胞内合成色氨酸以弥补外界环境中色氨酸的不足（图 2-9）。

B. subtilis 色氨酸操纵子的衰减机制还受色氨酸操纵子 RNA 结合衰减作用蛋白（trp RNA-binding attenuation protein，TRAP）的调节。在这种机制中，TRAP 在抗终止子结构（2∶3 双链结构）形成之前与新生转录物结合并导致衰减子形成，引起前导序列转录终止。与色氨酸操纵子阻遏蛋白一样，TRAP 对细胞内色氨酸浓度很敏感。当细胞内色氨酸水平低时，TRAP 处于非色氨酸结合状态，无活性，无法与新生的 RNA 结合，2∶3 配对而成的抗终止子结构形成，操纵子被转录；当细胞内色氨酸水平较高时，TRAP 蛋白与色氨酸结合而被激活。在结构基因被转录之前，TRAP 与色氨酸操纵子前导序列转录

产物中靠近区段 3 的 11 个（G/U）AG 重复序列结合，形成内部终止子（弱化子），使前导序列转录终止。这两种情况下生成的两种 RNA 结构竞争性存在，调控转录的进程。

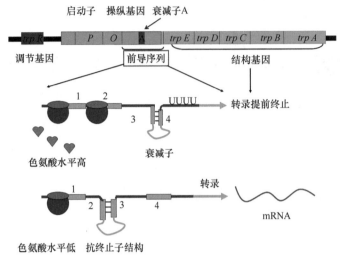

图 2-9　色氨酸操纵子的衰减机制

B. subtilis 对未负荷色氨酸的 tRNA^{Trp} 也很敏感，后者大量堆积，会诱导合成抗 TRAP 蛋白（anti-PRAP，AT）。AT 与激活的 TRAP 结合，可以取消其转录终止活性。*trp G* 表达也受 TRAP 调控，活化的 TRAP 与同 *trp G* 相重叠的 SD 序列（Shine-Dalgarno sequence）结合，阻碍核糖体的结合，抑制 *trp G* 转录。

此外，研究还发现了参与转录暂停或终止的调节因子 NusA、NusG 和 TrpY 等。以 NusA 和 NusG 两个转录延伸因子为例，RNA 聚合酶在色氨酸操纵子前导序列有 U107 和 U144 两个暂停位点，NusA 和 NusG 均在这两个位点刺激 RNA 聚合酶停滞，为 TRAP 与新生转录产物结合提供时间。

2.2.4.4　色氨酸操纵子的反馈抑制作用

由于基因表达必然消耗一定的能源和前体物，相对于阻遏和衰减作用，反馈抑制作用更为经济和高效。终产物色氨酸对催化分支途径反应的酶具有反馈抑制作用，其 50% 抑制浓度分别为：邻氨基苯甲酸合酶，0.0015mmol/L；邻氨基苯甲酸磷酸核糖转移酶，0.15mmol/L；色氨酸合成酶，7.7mmol/L。对于普通野生菌株，邻氨基苯甲酸合酶对色氨酸合成起到关键调控作用，常被称为瓶颈酶；但对高产色氨酸工程菌，上述任何一种酶的反馈抑制都会直接影响色氨酸产量。研究发现，酶蛋白某些特殊位点突变可以导致对反馈抑制作用的敏感性显著下降，如邻氨基苯甲酸合酶 38 位的丝氨酸被精氨酸取代，抗反馈抑制能力显著提高，当环境中色氨酸浓度为 10mmol/L 时酶活性不受影响，而相同条件下野生型酶活性不到 1%。邻氨基苯甲酸磷酸核糖转移酶 162 位缬氨酸被谷氨酸取代，抗反馈抑制能力也有显著提高，当环境中含有 0.83mmol/L 色氨酸或 0.32mmol/L 5-甲基-色氨酸时，酶活性分别为野生菌的 3.6 倍和 2.4 倍。科学家报道了 1 株谷氨酸棒杆菌，其邻氨基苯甲酸合酶基因的 7 个碱基突变导致了 6 个氨基酸残基改变，使得抗反馈抑制能力显著增强,环境中色氨酸浓度达到 15mmol/L 时,邻氨基苯甲酸合酶活性几乎没有变化。

2.2.5 半乳糖操纵子调节机制

2.2.5.1 半乳糖操纵子的结构

半乳糖操纵子(gal operon)由 3 个结构基因 gal ETK 及其上游操纵基因 gal O、启动子 gal P 组成。3 个结构基因分别编码半乳糖激酶(galactokinase,K)、半乳糖转移酶(galactose transferase,T)和半乳糖表面异构酶(galactose epimerase,E),其操纵基因和启动子的结构特点如下。

1. gal P 有 2 个重叠的启动子:P1 和 P2

P1 和 P2 启动子的转录起始位点分别为+1 和 5。当有活性的 CAP 存在时,P1 启动子启动;当 CAP 缺乏时,P2 启动子启动。

2. gal 操纵子有 2 个操纵基因:OE 和 OI

OE 在上游,位于 CAP 位点之内,OI 在基因 gal 内部;无论是 OE 还是 OI 都与启动子有一段距离,不直接毗邻。

2.2.5.2 半乳糖操纵子的双重控制

(1)当没有葡萄糖、有半乳糖存在时,gal R 编码的阻遏物失活,CAP 结合在–47~23 区域,RNA 聚合酶结合在–10 S1 区,CAP 和 RNA 聚合酶直接相互作用,使 P1 顺利转录;当无半乳糖时,gal R 结合在 gal OE 上,gal OE 具有回文顺序(TTGTGTAAAC|GATTCCACTAA)供 CAP 结合。它离启动子较远,阻断 S1 的转录可能有两种方式:通过影响 cAMP-CAP 和 RNA 聚合酶的作用来阻断;通过干扰 cAMP-CAP 与 DNA 的相互作用来阻断。

在葡萄糖存在的情况下,cAMP-CAP 含量少,当半乳糖存在而无 gal R 时,P1 不能启动而 P2 启动,RNA 聚合酶结合到–10 S2 顺序上,–10 S2(TATGCTA)和–10 S1(TATGGTT)顺序相似,从 S2 开始转录 gal E 而不转录另外的 2 个基因 gal T 和 gal K。这是由于半乳糖可以作为碳源,同时 UDP-Gal 又是合成细胞壁的重要前体,因此无论葡萄糖是否存在,只要有半乳糖,gal E 总可以得到转录。

在葡萄糖存在的情况下,若无半乳糖存在,gal R 可结合在 gal OE 和 OI 上,并相互作用形成环。S2 位点阻遏作用与 S1 的阻遏机制完全不同,在上述条件下,即使有 gal R 存在,P2 仍不受阻遏开始转录(组成型),但由于 OI 上也有 gal R 的结合并且成环,故转录只进行 20bp 便停止。

(2)cAMP-CAP 的存在对 P1 可以激活,是正调控;而对 P2 都是抑制,是负调控。其机制尚不清楚。

(3)gal R 这个阻遏物对 P1 和 P2 两个启动子都是负调节,但在 cAMP-CAP 含量少时,P2 仍可转录,其机制也不清楚。

（4）*P1* 启动子与 RNA 聚合酶的亲和力远远大于 *P2* 启动子与 RNA 聚合酶的亲和力。这可以解释为什么在没有葡萄糖而有半乳糖存在时，*P1* 转录而 *P2* 不转录。可能二者要竞争 RNA 聚合酶，而 RNA 聚合酶在细胞中的数量是一定的，由于 *P1* 的亲和力大大超过 *P2*，所以 RNA 聚合酶几乎都结合到 *P1* 启动子上，*P2* 由于得不到 RNA 聚合酶而不能启动。

虽然半乳糖操纵子与乳糖操纵子的表达调控方式基本相似，但体内实验表明二者有明显的差别。具体体现在：①cAMP-CAP 有明显的激活效应，但半乳糖操纵子不像乳糖操纵子那么依赖于分解代谢物的活化；②当操纵子被阻遏时，半乳糖操纵子仍然出现低水平的酶合成，合成水平远超过其他操纵子。这与两种糖的生理功能有关，半乳糖是构成细菌细胞壁糖蛋白的必需成分，即使半乳糖不用作能源，少量半乳糖的存在仍然是必需的，所以少量与半乳糖代谢有关的酶仍然是不可缺少的。而乳糖仅作为能源，如果环境中有其他能源时，就没有必要再合成与乳糖代谢有关的酶了，即使少量也是多余的。

2.2.6 阿拉伯糖操纵子调节机制

2.2.6.1 阿拉伯糖操纵子的结构

阿拉伯糖操纵子（ara operon）由 3 个结构基因 *ara B*、*ara A* 和 *ara D*，以及调节基因 *ara C*、两个启动子 *PC* 和 *PBAD*、操纵基因 *ara O* 组成。*ara B* 编码 L-核酮糖激酶，*ara A* 编码 L-阿拉伯糖异构酶，*ara D* 编码 L-核酮糖与磷酸差向异构酶。它们的连续作用使 L-阿拉伯糖转变成 D-木酮糖与磷酸，后者经磷酸戊糖途径进一步分解代谢。调节基因编码的 *ara C* 蛋白是双功能的，根据结合位点的不同，既能起到阻遏的作用，也能起到诱导作用。此外，C 蛋白还可以调节分散的基因 *ara E* 和 *F*。因此，此转录单位也称调节子（regulon）。本操纵子的两个启动子 *PC* 和 *PBAD*，可以双向转录，且 *PC* 启动子和 *ara O1* 重叠。

2.2.6.2 阿拉伯糖操纵子的双向控制

阿拉伯糖操纵子（ara operon）的调节蛋白既可以充当阻遏蛋白抑制转录，又可作为正调因子促进转录，因此，阿拉伯糖操纵子的转录调控方式稍有变化。这种调控方式也说明了各种不同操纵子的调控方式是多种多样的。

当葡萄糖和阿拉伯糖都存在时，*C* 本底转录，产生少量的 C 蛋白，结合于 *ara O1*（–106～–144），RNA 聚合酶不能与 *PC* 启动子结合，导致 *ara C* 的转录受到阻遏。

当有阿拉伯糖存在而没有葡萄糖时，阿拉伯糖可作为碳源。此时，阿拉伯糖和少量的 C 蛋白结合形成了诱导型的 C 蛋白（Cind），它作为正调控因子结合于 *ara I*，与 cAMP-CAP 正调控途径一起结合到 *PBAD* 启动子上，使结构基因转录表达，产生分解阿拉伯糖的 3 种酶。

当阿拉伯糖不存在时，过量的 C 蛋白可以结合到 *ara O1* 上，阻碍 RNA 聚合酶在此区域结合，从而关闭操纵子；或者结合到 *ara I*（–40～–78）和 *ara O2* 上，彼此相互作用，阻遏 *PBAD* 和 *PC* 的启动。

2.2.7 原核生物的翻译水平调控

基因表达的转录调控是生物体内最经济的调控方式，但转录生成 mRNA 以后，在翻译或翻译后水平进行"微调"，是对转录调控的补充，它使基因表达的调控更加适应生物本身的需求和外界环境的变化。

2.2.7.1 翻译起始调控

mRNA 的二级结构是翻译起始调控的重要因素。mRNA 5′端合适的空间结构有利于核糖体的 30S 亚基与之相结合。核糖体结合位点（RBS）中 SD 序列的微小变化，往往会导致表达效率上百倍甚至上千倍的差异，这是由于核苷酸的变化改变了形成 mRNA 5′端二级结构的自由能，影响了核糖体 30S 亚基与 mRNA 的结合，从而造成蛋白质合成效率上的差异。

2.2.7.2 稀有密码子对翻译的影响

大肠杆菌 DNA 复制时，冈崎片段之前的 RNA 引物酶是由 *dnaG* 基因编码的引物酶催化合成的，细胞对这种酶的需求量不大，而引物酶过多对细胞是有害的。*dnaG*、*rpoD* 及 *rpsU* 属于大肠杆菌基因组上的同一个操纵子，而这 3 个基因的产物在数量上差异较大，每个细胞内有 50 个拷贝的 dnaG 蛋白、2800 个拷贝的 rpoD 蛋白、40 000 个拷贝的 rpsU 蛋白。基因转录出的 3 个蛋白质相应的 mRNA 拷贝数相同，由于翻译的调控，使得蛋白质的拷贝数发生了很大变化。

研究 *dnaG* 序列发现其中含有不少稀有密码子。分别计算大肠杆菌中 25 种结构蛋白和 *dnaC*、*rpoD* 序列中 64 种密码子的使用频率，可以看出 *dnaG* 与其他两类有明显不同（表 2-1）。很明显，稀有密码子 AUA 在高效表达的结构蛋白及 σ 因子中均极少使用，而在表达要求较低的 dnaG 蛋白中使用频率相当高。

表 2-1 几种蛋白质异亮氨酸密码子使用频率比较

蛋白质	AUU/%	AUC/%	AUA/%
结构蛋白	37	62	1
σ 因子	26	74	0
dnaG 蛋白	36	32	32

许多调控蛋白在细胞内含量也很低，这些蛋白质的编码基因中密码子的使用频率和 *dnaG* 相似。由于细胞内对应于稀有密码子的 tRNA 较少，高频率使用这些密码子的基因翻译过程容易受阻，影响了蛋白质合成的总量。

2.2.7.3 RNA 高级结构对翻译的影响

以 RNA 噬菌体 f2 的 RNA 作为模板，在大肠杆菌无细胞系统中进行蛋白质合成时，大部分合成外壳蛋白，RNA 聚合酶只占外壳蛋白的 1/3。用同位素标记分析 RNA 噬菌体几种蛋白质的起始翻译过程，发现外壳蛋白起始翻译频率是 RNA 合成酶的 3 倍。

研究发现，f2 外壳蛋白基因的琥珀突变影响了 RNA 聚合酶合成的起始。但若该突变不是发生在接近外壳蛋白的翻译起始区，而是较靠后的位点，则对 RNA 聚合酶的起始翻译没有影响。现阶段研究认为，RNA 聚合酶的翻译起始区被 RNA 的高级结构所掩盖，外壳蛋白的起始翻译破坏了 RNA 的立体构象，使核糖体有可能与翻译起始区结合，导致聚合酶的起始翻译。用甲醛处理 RNA 可以增加聚合酶的产量，这说明 RNA 的高级结构对基因翻译调控的可能性。

2.2.7.4 魔斑核苷酸水平对翻译的影响

当培养基中营养缺乏时，蛋白质合成停止后，RNA 合成也趋于停止，生物学上将这种现象称为严紧控制（rel$^+$）；反之，则称为松散控制（rel$^-$）。研究发现，在氨基酸缺乏时，rel$^+$菌株能合成鸟苷四磷酸（ppGpp）和五磷酸（pppGpp），而 rel$^-$菌株则不能。

$$GTP+ATP \longrightarrow pppGpp+AMP \longrightarrow ppGpp$$

ppGpp 与 pppGpp 为超级调控子，可以影响多个操纵子，其主要作用可能是干扰 RNA 聚合酶与启动子结合的专一性，从而成为细胞严紧控制的关键。当细胞缺乏氨基酸时产生 ppGpp 与 pppGpp，可以在很大范围内做出应急反应，例如，抑制核糖体和其他大分子的合成、启动某些氨基酸操纵子的转录表达、抑制与氨基酸运转无关的转运系统、活化蛋白水解酶等，从而帮助细菌在不良环境条件下得以生存。

2.3 真核基因表达调控

真核细胞基因表达调控最明显的特征是在特定时间、特定的细胞中，特定的基因被激活，实现"预定"的、有序的、不可逆转的分化和发育，并使生物的组织和器官保持正常功能。这一过程是由生命活动规律决定的，环境因素在其中的作用不大。

真核生物基因调控可分为两大类：第一类是瞬时调控或称可逆性调控，它相当于原核细胞对环境条件变化所做出的反应，包括某种底物或激素水平升降，或细胞周期不同阶段酶活性的调节；第二类是发育调控或称不可逆调控，是真核基因调控的精髓部分，它决定了真核细胞生长、分化和发育的进程。

根据基因调控发生的先后次序，可将其分为转录前调控、转录水平调控及转录后水平调控。转录后水平调控又进一步分为 RNA 加工成熟过程的调控、翻译水平的调控及蛋白质加工水平的调控。诱发基因转录的信号、基因调控的发生以及不同水平基因调控的分子机制是研究基因调控的 3 个主要内容。

2.3.1 真核生物的基因结构与转录前调控

2.3.1.1 真核基因的类型

真核生物具有 3 种不同的细胞核 RNA 聚合酶，分别是 RNA 聚合酶 I（RNA pol I）、RNA 聚合酶 II（RNA pol II）和 RNA 聚合酶III（RNA pol III）。根据启动子区结合的

RNA 聚合酶类型的差别，可以将真核基因分为 3 类：RNA 聚合酶 I 转录的基因（pol I 基因）、RNA 聚合酶 II 转录的基因（pol II 基因）、RNA 聚合酶Ⅲ转录的基因（pol Ⅲ基因）。

1. pol I 基因

核糖体 RNA（rRNA）是细胞内含量最多的一类 RNA，也是 3 类 RNA（tRNA、mRNA、rRNA）中相对分子质量最大的一类 RNA，它与蛋白质结合形成核糖体，其功能是在 mRNA 的指导下将氨基酸合成为肽链。沉降系数（S）为大分子物质在超速离心沉降中的一个物理学单位，可间接反映分子质量的大小。根据 S 的差异，原核生物的 rRNA 分 3 类：5S rRNA、16S rRNA 和 23S rRNA；真核生物的 rRNA 分 4 类：5S rRNA、5.8S rRNA、18S rRNA 和 28S rRNA；酵母的 rRNA 分 4 类：5S rRNA、5.8S rRNA、18S rRNA 和 25S rRNA（表 2-2）。

表 2-2　原核生物及真核生物的 rRNA 类型

物种	rRNA 类型	
	小亚基	大亚基
大肠杆菌	16S	23S，5S
酿酒酵母	18S	25S，5.8S，5S
大鼠	18S	28S，5.8S，5S

真核生物中，除了 5S rRNA，RNA 聚合酶 I 合成核糖体 RNA（rRNA）前体 45S，成熟后会成为 28S、18S 及 5.8S 核糖体 RNA，是将来核糖体的主要 RNA 部分，因此称为 pol I 基因。

2. pol II 基因

RNA 聚合酶 II 合成信使 RNA（mRNA）的前体（hnRNA）、大部分小核 RNA（snRNA）及微型 RNA（microRNA），这类基因统称 pol II 基因。hnRNA 经过加工形成成熟的 mRNA，是指导蛋白质生物合成的直接模板。mRNA 占细胞内 RNA 总量的 2%～5%，种类繁多，其分子大小差别非常大。它在转录过程中需要多种转录因子才能与启动子结合，所以这是研究最多的一类基因。

3. pol Ⅲ基因

RNA 聚合酶Ⅲ合成转运 RNA（tRNA）、5S rRNA 及其他可以在细胞核及原生质找到的小 RNA，这些基因被称为 pol Ⅲ基因。

2.3.1.2　真核生物的基因结构

由 RNA 聚合酶 II 转录的蛋白质编码 pol II 基因的结构，在 DNA 水平上可以分为启动子、转录区和终止子 3 个组成部分；在 hnRNA 水平上，分为 5'-UTR、外显子、内含子和 3'-UTR 4 个组成部分；在 mRNA 水平上，分为 5'-帽结构、5'-UTR、编码序列区、3'-UTR 和 3'-帽结构 5 个组成部分。真核生物复杂的基因结构，决定了其基因表达调控的复杂性。

2.3.1.3 染色质水平的调控

染色质由 DNA 与组蛋白组装而成。染色质三维空间结构的变化在调控真核基因表达方面发挥至关重要的作用。染色质构象的变化一方面可以使增强子等调控元件与靶基因相互靠近，从而促进基因表达，另一方面也可能通过形成空间结构阻碍调控元件作用于靶基因，抑制基因表达。

1. DNase I 敏感位点与染色质开放状态

染色质 DNA 的不同区域对核酸酶（如 DNase I、DNase II、微球菌核酸酶等）的敏感性具有很大差别，易受核酸酶作用的位点为核酸酶敏感位点，其中具有高度敏感性的 DNA 区域称为超敏感位点（hypersensitive site，HS）。HS 常分布在具有转录活性的基因启动子区，通常具有较低的甲基化水平，且核小体结构消失或排列松散，可能存在重要的转录因子结合位点。例如，位于人类 β-珠蛋白基因簇上游的位点控制区（locus control region，LCR）元件就具有多个 HS，是 β-珠蛋白基因表达的重要调控元件。当不同的 HS 与其下游相应的珠蛋白基因启动子区相互作用并靠近后，将会介导形成珠蛋白基因表达所需的染色质环状结构，启动该基因的表达。

2. 核小体定位

核小体定位（nucleosome positioning）是指核小体对染色质 DNA 片段的选择特性。在特定的基因组区域内，组蛋白核心颗粒优先结合一定的 DNA 序列，从而决定核小体的定位。一般情况下，活性基因组区域拥有较少数量的核小体，有利于转录因子及其复合物结合于染色质 DNA 上的相应位点，促进和启动基因的表达；相反，处于抑制状态的基因组区域的核小体数目相对较多，使得大部分转录因子的结合位点被掩藏，基因处于沉默状态。高通量的 DNA 测序及微阵列杂交技术已经能较为精确地绘制出核小体在整个基因组上的位置图谱。这些图谱显示，几乎在每一个基因的起点和终点均具有一段约 140bp 且缺少核小体结构的区域，即无核小体区（nucleosome-free region，NFR）。通常，5'-NFR 是转录复合物组装的位点，3'-NFR 则为转录复合物解聚的位点。核小体对转录的调控作用很大程度上受其定位的影响，而其定位的多变性又决定其调控作用的复杂多样性。

3. 组蛋白修饰

组蛋白修饰是指在相关酶系统的催化下，组蛋白的某些氨基酸（主要是精氨酸或赖氨酸）上会发生乙酰化、甲基化、磷酸化、腺苷酸化、泛素化、类泛素化、ADP 核糖基化等的修饰过程，也可以在其对应的逆向修饰酶系统的作用下发生相反的过程，如组蛋白去乙酰化酶可以去除组蛋白上的乙酰化基团。

组蛋白修饰调控基因表达的机制主要有两种。一是直接影响整体或局部染色质的结构。组蛋白乙酰化和磷酸化修饰可有效减少组蛋白携带的正电荷，电荷的变化在一定程度上会影响组蛋白与 DNA 的静电互作，形成更加松散的染色质构象，有利于 DNA 与转录因子等蛋白质的结合或靠近。在人类红细胞 β-珠蛋白基因区域的组蛋白高度乙酰化，染色质结构松散，DNase I 敏感性较高，转录因子等易与 DNA 结合，该基因组区域具有较高的转录活性。二是正调控或负调控作用分子与 DNA 的结合或靠近。与染色质相关的作用因子主要通过特殊的结构域识别特定的组蛋白修饰，从而调控基因表达。研究发现，ING 蛋白家族的 PDH 结构域识别 H3K4me3，并招募其他与染色质修饰相关分子如 HAT 和 HDAC 等。

此外，外界环境的变化也可以导致组蛋白修饰水平的变化。以拟南芥为例，周期性的热压力、冷胁迫及盐胁迫均能导致免疫应答基因 *FRK1*、*WRKY53* 和 *NHL10* 启动子与第一个外显子区域的 H3K4me2 修饰水平升高。

4. 异染色质化

染色质分为常染色质（euchromatin）和异染色质（heterochromatin）。细胞分裂间期，大部分染色体松散，分散在核内，称为常染色质，松散的染色质中的基因可以转录。染色体中的某些区段在分裂期仍保持紧凑折叠的结构，在间期核中可以看到浓集的斑块，称为异染色质，其中基因不能转录表达。

紧密的染色质结构阻止基因表达，原本在常染色质中表达的基因若移到异染色质内也会停止表达。例如，哺乳类雌体细胞 2 条 X 染色体，在间期时，一条变成异染色质，这条 X 染色体上的基因就全部失活。

5. 染色体的三维结构

染色体的三维结构与基因表达的精准调控密切相关。得益于染色质空间构象捕获技术和测序技术的发展，三维基因组学的研究取得了巨大的进步。染色质构象捕获（chromosome conformation capture，3C），以及由 3C 发展而来的高通量测序技术结合染色质构象捕获（high throughput chromosome conformation capture，HiC）、ChIA-PET（chromatin interaction analysis by paired-end tag sequencing）、Capture-HiC 等技术手段的出现，使人们可以从一个全新的视角和更精细的分辨率来探索基因组在细胞核内的空间结构。

在从配子到合子直至发育成生命个体的过程中，染色体的三维结构处于动态变化的过程，众多因素参与调控。三维基因组学是在一维基因组序列及基因结构等的基础上，研究基因组的三维空间结构，以及不同的调控元件在三维空间结构中对基因表达、转录的调控机制。涉及的调控元件不仅包括启动子周围的近程调控元件，更包括同一染色体上的远程调控元件，甚至不同染色体之间的调控元件。已知的远程增强子和基因转录启动子之间的相互作用是一个很好的远程调控元件通过三维空间结构发挥调控功能的例子。在乳腺癌细胞系 MCF7 中，已经发现很多远程调控元件参与了与乳腺癌相关的基因调控；在多个癌细胞系研究中，发现了大量启动子与启动子之间的远程相互作用，展示了很多基因在线性基因组序列上距离很远，但在空间结构上距离很接近，并为多个基因的共同表达调控提供了特定的拓扑结构基础。

2.3.1.4　DNA 水平的调控

在个体发育过程中，DNA 会发生规律性变化，从而控制基因表达和生物的发育。

这样的 DNA 水平的调控是真核生物发育调控的一种形式，主要包括基因丢失、基因扩增、基因重排、DNA 甲基化和去甲基化、串联重复序列和转座子等。

1. 基因丢失

在一些低等真核生物的细胞分化过程中，有些体细胞可以通过丢失某些基因，从而达到调控基因表达的目的，这是一种极端形式的、不可逆的基因调控方式。例如，某些原生动物、线虫、昆虫和甲壳类动物在个体发育到一定阶段后，许多体细胞常常丢失整条染色体或部分染色体，而只有在将来分化为生殖细胞的那些细胞中保留着整套的染色体。在马蛔虫中，个体发育到一定阶段后，体细胞中的染色体破碎，形成许多小的染色体，其中有些小染色体没有着丝粒，它们因不能在细胞分裂中正常分配而丢失；在将来形成生殖细胞的细胞中，不存在染色体破碎现象。但是，基因丢失现象在高等真核生物中还未发现。

2. 基因扩增

基因扩增是为了满足某个阶段生长发育的需要，某些基因拷贝数大量增加的现象，是基因活性调控的一种方式。例如，非洲爪蟾的卵母细胞中原有 rRNA 基因（rDNA）约 500 个拷贝；卵裂期和胚胎期需要大量的 rRNA，基因会大量复制 rDNA，使拷贝数达到 200 万个，扩增约 4000 倍。

3. 基因重排

基因重排是指 DNA 分子中核苷酸序列的重新排列，分为基因内重排和基因间重排。这些序列的重排可以形成新的基因，也可以调节基因的表达。这种重排是由基因组中特定的遗传信息决定的，重排后的基因序列转录成 mRNA、翻译成蛋白质。尽管基因组中的 DNA 序列重排并不是一种普通方式，但它是某些基因调控的重要机制，在真核生物细胞生长发育中起关键作用。

4. DNA 甲基化和去甲基化

DNA 甲基化是指在 DNA 序列不改变的前提下，在 DNA 甲基化转移酶的作用下，主要将特定位点的胞嘧啶脱氧核苷酸 5′端的胞嘧啶进行甲基化，使之转化为 5′-甲基胞嘧啶。这种 DNA 的甲基化是可逆的，在 DNA 去甲基化酶的作用下，甲基化的 DNA 可以完成去甲基化过程。

在脊椎动物中，DNA 的甲基化或者去甲基化主要发生于启动子中富含胞嘧啶与鸟嘌呤的区域，即 CpG 岛［胞嘧啶（C）-磷酸（p）-鸟嘌呤（G）］，而植物中除了 CpG 岛甲基化，还有 CHH 和 CHG 的甲基化（H 可以为 A 或 C 或 T）。通过甲基化碱基序列影响核酸空间构象、稳定性及其与蛋白质相互作用方式等，可起到调控基因表达的作用。

5. 串联重复序列和转座子

串联重复序列又被称为卫星 DNA，由重复单元首尾相接串联组合而成，它们通常聚集于着丝粒及端粒，对着丝粒和端粒的形成及异染色质的建立和保持起着重要的作用。串联重复序列也可能位于常染色质区域中调控基因的表达，其原理是重复序列改变了基因的局部染色质结构，形成核小体缺失区域，使各种转录因子与该区域结合，进而影响基因表达。

转座子是基因组中一段可移动的 DNA 序列，转座子的活动改变了基因的结构，有时还可以引起染色体断裂、非常规重组和基因组重排。因此，转座子对基因的表达起到重要的调控作用。转座子还可以作为顺式作用元件调控基因的活动，如 LTR 可作为调控 *NAIP* 和 *CYP19* 基因转录的启动子，ERV9 LTR 可作为 β-球蛋白 LCR 中的增强子，Alu 元件可作为沉默 *BRCA* 基因的沉默子，B2 SINE 元件可作为阻止抑制型染色质修饰的绝缘子。

6. 外显子和内含子的可变调控

内含子与外显子间隔分布是真核基因的基本特征之一。内含子中还可能含有可变启动子、可变剪接位点，以及与可变剪接有关的顺式作用元件，可变启动子和可变剪接的调控方式在真核生物复杂性及多样性的形成方面有着重要的作用。通常，一个基因的转录产物通过组成型剪接只能产生一种成熟 mRNA。但是，由于选择性剪接，有一些真核生物基因的原始转录产物可通过不同的剪接方式，产生不同的 mRNA。

2.3.2　真核基因的转录调控

真核基因的调控主要也是在转录水平上进行，具体是特定的反式作用因子与顺式作用元件相互作用而进行的。转录水平上基因的调控模式如图 2-10 所示。

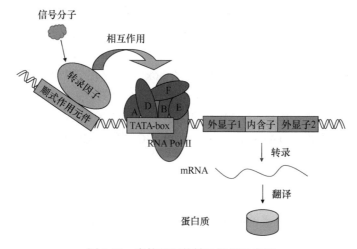

图 2-10　真核基因的转录调控示意图

2.3.2.1　顺式作用元件

1. 启动子

真核基因启动子由核心启动子和包含增强子、沉默子、绝缘子的远端区域组成，是在基因转录起始位点(+1)及其 5′端上游的一组具有独立功能的 DNA 序列,是决定 RNA 聚合酶 II 转录起始点和转录频率的关键元件。核心启动子是指保证 RNA 聚合酶 II 转录正常起始所必需的、最少的 DNA 序列,一般含有起始子(initiator region,Inr)、TATA-box、CAAT-box 和下游启动子元件(downstream promoter element,DPE)。需要注意的是,并非每个启动子都包含上述所有元件。

1)起始子

起始子(Inr)通常包含转录起始位点或位于其附近的序列,其保守序列为 YYCARR。当 TATA-box 存在时,起始子区域可与其协同转录起始。由于起始子是由 TFIID 识别,所以它可以取代 TATA-box 起始基础转录,并决定转录起始点的位置。若一个启动子既无起始子又无 TATA-box,则转录起始会发生在多个位置且没有严格界定。

2)TATA-box

TATA-box 是第一个被确定的 RNA 聚合酶 II 核心启动子元件,位于转录起始位点(transcription start site,TSS)上游–30~–25bp 处,是富含 AT 的保守序列区域,其保守序列为 TATAAA。TATA-box 由 TFIID 的亚基 TBP(TATA-binding protein)识别并结合,且无方向性,反向 TATA-box 序列也能指导下游的转录。有研究表明,启动子的活性会随着插入的 TATA-box 数目增加而增加,例如,在铁调节转运蛋白 1(IRT1)启动子上游序列中插入 TATA-box,可以是增强该基因的表达,促进植物对铁的吸收。

3)上游启动子元件

上游启动子元件(upstream promoter element,UPE)通常包括位于–100~–80bp 附近的 CAAT-box 和 GC-box 等,能通过 TFIID 复合物调节转录起始的频率,提高转录效率。该元件对基因转录的两个方向都有激活作用,且控制转录起始频率。CAAT-box 的保守序列为 GGCTCAATCT,研究发现 TATA-box 上游存在一个 CAAT-box 时,该基因的表达将会增强,例如,小麦花粉特异性表达基因 *TaPSG719* 启动子中的 CAAT-box 可能对该基因的表达有增强作用。GC-box 的保守序列为 GCCACACCC 或 GGGCGGG,少数基因启动子序列中没有 TATA-box,而是富集 GC,含有 GC-box。

4)下游启动子元件

下游启动子元件(DPE)位于转录起始位点下游 28~34bp 处,是 TFIID 识别位点。DPE 与 Inr 元件是协同反应的,二者的间距对 DPE 依赖性启动子转录活性至关重要(图 2-11)。

图 2-11　真核生物 5′端的顺式作用元件

De Boer 等(2020)开发了一种名为 GPRA(gigantic parallel reporter assay)的方法,借鉴了双重报告系统的原理,在质粒上插入持续表达的红色荧光蛋白和依赖启动子的黄色荧光蛋白,以两者荧光强度的比例来衡量表达强度。接着,使用流式细胞仪将细胞按表达强度分为 18 个区间,并对每个区间的启动子序列分别测序。随后建立了一个数学模型,通过提取启动子序列中的信息来预测启动子及基因表达水平。GPRA 技术可以预测超过 1 亿个完全随机的合成酵母启动子序列的表达量,这些随机 DNA 高通量数据使建立基因调控预测模型成为可能。

2. 增强子

增强子(enhancer)是指能使与它连锁的基因转录频率明显增加的 DNA 序列。若某个区域包含了很多的增强子,则称为超级增强子。这段区域密集地受到转录因子的调控,对基因表达的影响更大(图 2-12)。SE analysis 是一个用来分析超级增强子调控的数据库,这个数据库可以鉴定超级增强子相关基因、转录因子对于超级增强子的调控及转录因子上游的相关通路。Chen 等(2018)成功利用成像技术追踪增强子及其靶基因的位置,同时在活的果蝇胚胎中监测基因的活性。

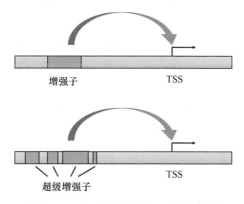

图 2-12　典型真核生物增强子示意图

作为基因表达的重要调节元件,增强子通常具有下列特性。

(1)增强效应十分明显。一般能使基因转录频率增加 10~200 倍,有的可以增加上千倍。经过人巨大细胞病毒增强子增强后的珠蛋白基因表达频率比该基因正常转录高 600~1000 倍。

(2)增强效应与其位置和取向无关。不论增强子以什么方向排列(5′→3′或 3′→5′),甚至与靶基因相距较远(通常距离 1~4kb),或在靶基因下游,均表现出增强效应。

(3)大多为重复序列。一般长约 50bp,适合与某些蛋白因子结合。其内部常含有一个产生增强效应时所必需的核心序列:(G)TGGA/TA/TA/T(G)。

(4)没有基因专一性,可以在不同的基因组合上表现增强效应。

(5)具有组织特异性。许多增强子只在某些细胞或组织中表现活性,是由这些细胞或组织中具有的特异性蛋白质因子所决定的。

(6)许多增强子受外部信号的调控。例如,金属硫蛋白基因启动子上游所带的增强子,就可以对环境中的锌、镉浓度做出反应。

(7)增强子的功能可以累加。SV40 增强子序列可以被分为两半,每一半序列本身作为增强子功能很弱，但合在一起，即使其中间插入一些别的序列，仍然是一个有效的增强子。

在增强子预测中，人们利用高通量测序技术开发了一系列的鉴定方法，主要包括免疫沉淀结合高通量测序技术（ChIP-seq）、DNase 消化伴随高通量测序技术（DNase-seq）、3C、ChIP-exo、ChIA-PET、STARR-seq 等。增强子的预测方法主要有增强子部位是否存在调节因子的结合位点、染色质的易接近性、增强子组蛋白修饰、增强子与启动子之间的相互作用。

3. 沉默子

沉默子（silencer）是一种负调控元件，它能够与反式作用因子协同作用，抑制靶基因的转录活性，在基因表达调控中发挥重要作用。例如，鼠 *B29*（*Igβ*）基因启动子侧翼 5′端 DNA 序列抑制 *B29* 启动子活性，表明该区域可能含有沉默元件。

4. 绝缘子

绝缘子（insulator）是增强子活性的物理边界元件，是一段能够抑制或隔离增强子功能效应的顺式转录调节序列。它保护特定基因免受周围不适当增强、沉默信号影响而形成相对独立的表达区域，具有双向调控功能，遍布整个 DNA 的局部调控区。目前已识别的绝缘子大都具有若干个 DNase I 的高度敏感区，包括果蝇 gypsy 绝缘子、鸡 β-globinHS4 绝缘子、IGF2/H19DMR 绝缘子等。

其双向调控功能表现在：限制邻近增强子活性来阻断其对特定基因启动子的增强作用；限制邻近沉默子作用来防止特定基因的表达抑制。

绝缘子的具体机制如下。

（1）抗增强子机制。若绝缘子的位置介于特定基因启动子与邻近增强子之间，可通过特异性"绝缘子体"蛋白（现在认为有 CTCF 和 YY12）来截获增强子信号，抑制启动子活性，绝缘子越强，增强子越弱，其抗增强子效应就越明显。

（2）抗沉默子机制。①物理的数量依赖性屏障作用：通过"全"或"无"扰动效应来对抗沉默子发动的、Sir 复合体介导的异染色质扩散效应，这种屏障作用也是相对的，两个较弱的绝缘子具有协同效应。②作为核作用蛋白的结合位点：通过与组蛋白乙酰转移酶 Sas2、Esa1、Gcn5，以及 Raplp、Abflp、Reblp 等核作用蛋白结合，修饰染色质、核小体、DNA 拓扑结构以发挥抗沉默子作用（图 2-13）。

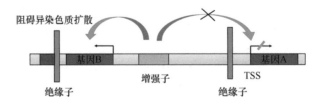

图 2-13　典型真核生物绝缘子机制示意图

5. 应答元件

细胞的生存环境是不断变化的，外界 pH、营养供给、温度及渗透压等环境的改变，都可能给细胞的生存造成影响，有些甚至是致命的。细胞为了在新的条件下生存，必须具有快速响应外部环境变化的能力，应答元件就是这么一类可以对某些特定的环境作出应答的顺式作用元件，它能被特定情况下表达的调控因子识别。

以果蝇中的热激蛋白诱导表达为例，在没有受热的情况下，热激因子（heat shock factor，HSF）主要以没有 DNA 结合能力的单体存在；一旦受到热激刺激，HSF 就会三聚化并与热激应答元件（heat shock response element，HSE）特异性结合，然后招募共调控因子和核小体重塑复合物，移除热激蛋白启动子区的核小体，以便于基因转录。另外，在 HSF 所招募的介导因子作用下，P-TEFb 磷酸化 NELF 的 Ser2 残基，将 NELF 与 RNA 聚合酶 II 分离，才能最终使基因转录延伸。

2.3.2.2　反式作用因子

反式作用因子是参与调控靶基因转录效率的蛋白质，它们能识别或者结合在各类顺式作用元件的核心序列上。这些因子有两种独立的活性，能特异地与 DNA 结合位点相结合，然后激活转录。两种活性可以独立分配给特定的蛋白结构域，分别称为 DNA 结合结构域和激活结构域。

1. DNA 结合结构域

1）螺旋-转角-螺旋（helix-turn-helix，HTH）结构

这一类蛋白质分子中有至少两个 α 螺旋，中间由短侧链氨基酸残基形成"转角"，近羧基端的 α 螺旋中氨基酸残基的替换会影响该蛋白质在 DNA 双螺旋大沟中的结合。与 DNA 相互作用时，同源域蛋白的第一和第二两个螺旋往往靠近外侧，第三个螺旋与 DNA 大沟相结合，并通过其 N 端的多余臂与 DNA 的小沟相结合（图 2-14）。

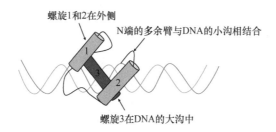

图 2-14　螺旋-转角-螺旋结构示意图

2）锌指结构（zinc finger）

目前研究最多的锌指结构是最初在 TFIIIA 中发现的。在真核生物的转录因子中含量最丰富的是 C2H2 锌指，通过 2 个半胱氨酸和 2 个组氨酸残基固定，这 4 个残基与锌离子在空间上形成一个四面体结构。这种锌指折叠形成一个紧密的结构，由 2 条 β 链和 1 个 α 螺旋组成，α 螺旋与 DNA 大沟结合。该 α 螺旋区域上含有保守的碱性氨基酸，负责与 DNA 的结合。另一锌指结构是锌离子与 4 个半胱氨酸结合，它出现在一百多种类固醇激素受体转录因子中。这些因子由同型或异型的二聚体组成，其中每一单体包含

2 个 C4 锌指结构。两个单体通过锌离子稳定折叠成更复杂的构象，再把每个单体的 α 螺旋插入到 DNA 的连续大沟中。此外，根据序列与功能的不同，还有 C6、C8、C3HC4、C2HC、C2HC5、C3H、C4HC3 等类型（图 2-15）。

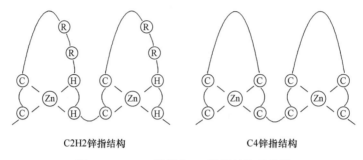

C2H2锌指结构　　　　　　　　　C4锌指结构

图 2-15　C2H2 锌指和 C4 锌指结构示意图

3）亮氨酸拉链（bZIP）

亮氨酸拉链的肽链上每隔 7 个残基就会有一个疏水的亮氨酸残基，这些残基位于 DNA 结合域的 C 端 α 螺旋上，这样，α 螺旋的侧面每两圈就会出现一个亮氨酸，形成一个疏水的表面。α 螺旋的疏水表面间可以互相作用，形成二聚体。这种相互作用形成一个卷曲结构（coiled-coil structure）。

bZIP 转录因子包含一个碱性的 DNA 结合区域，其 N 端与亮氨酸拉链相连，这也可以被看成是 α 螺旋 C 端的延伸。每个 α 螺旋相连的碱性结构域形成一个对称的结构，沿 DNA 相反的方向延伸，并与对称的 DNA 识别位点发生作用，最终像一个夹子夹在 DNA 上。亮氨酸拉链在一些利用 DNA 结合结构域的蛋白质中也可以作为二聚体结构域使用（图 2-16）。

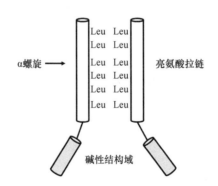

α螺旋 →　　　　　　　　亮氨酸拉链

碱性结构域

图 2-16　bZIP 蛋白的亮氨酸拉链和碱性结构域

4）螺旋-环-螺旋（helix-loop-helix，HLH）结构

这一结构在总体上与亮氨酸拉链相似，由 40～50 个氨基酸组成，由一个环将两个螺旋结构分隔开来，通过两条螺旋对应位置上的疏水性氨基酸残基之间的相互作用，可以生成同源二聚体或异源二聚体。每个螺旋区包含 15～16 个氨基酸，其中部分氨基酸残基是保守的。两个螺旋区之间的环使两个螺旋区可以彼此独立地相互作用。大部分

HLH 蛋白的 HLH 基序旁边都有一段高度碱性的氨基酸序列，这是同 DNA 结合所必需的。在 15 个氨基酸组成的序列中有 6 个保守的氨基酸残基，含有这一段氨基酸序列的 HLH 蛋白被称为 bHLH 蛋白。例如，E12 和 E47 两种 bHLH 蛋白，结合在免疫球蛋白基因的增强子上。bHLH 蛋白可分为两类：一类遍布于各种组织，如哺乳动物的 E12/E47；另一类只存在于某种组织中，包括哺乳动物的 MYOD 和果蝇的 AC-S。该结构与螺旋-转角-螺旋结构域的差别在于，它的两个螺旋的一侧还有一段疏水链。

2. 转录激活结构域

1）酸性激活结构域

通过比较酵母 Gcn4 和 Gal4 的转录激活结构域、哺乳动物糖皮质激素受体及疱疹病毒 VPI6 蛋白，发现这些转录因子的转录激活域富含酸性氨基酸，这样的结构域为酸性激活结构域。

2）富含谷氨酰胺结构域

富含谷氨酰胺的结构域在转录因子 SP1 的两个激活区域首次发现。与酸性结构域一样，该结构域中谷氨酰胺残基所占的比例很大。

3）富含脯氨酸结构域

在一些转录因子中所发现的富含脯氨酸的结构域，与富含谷氨酰胺结构域相似，有一个能激活转录的连续脯氨酸残基链。

3. 阻抑物结构域

转录的阻抑有可能是通过对激活因子功能的间接干扰而实现的，有以下两种情况：①阻断了激活因子的 DNA 结合位点；②并非阻碍 DNA 结合而是掩盖了激活结构域。

2.3.2.3　转录调控的对象

激活结构域多样性的存在给我们提出了一个问题，即在起始转录复合体中它们的调控对象是相同的还是不同的？酸性激活结构域可以从下游的增强子位点激活转录，而富含脯氨酸结构域的激活能力很弱，富含谷氨酰胺的结构域无法激活；酵母中富含脯氨酸的结构域和酸性结构域均具有活性，而富含谷氨酰胺的结构域则没有活性，这些都表明激活结构域有着不同的调控对象。

不同的转录激活因子调控的对象是不一样的，可能的情况有以下几种。

1. 染色质结构

在细胞内，存在多种预先组装好的蛋白质复合物，参与染色质结构的调节。一些蛋白质复合物能抑制基因的表达，如 SIR3/SIR4、Pc-G；另一些蛋白质复合物被称为染色质重塑复合物，如 SWI/SNF、RSC、NURF、CHRAC、ACF、FACT、SAGA、E-RC1，在 ATP 存在时，能改变核小体的结构。SWI/SNF 复合物可与核小体 DNA 非特异性结合并形成 DNA 环，而 RSC 能将核小体从一个 DNA 分子转移到另一个 DNA 分子上，因此，这些复合物可能通过增加核小体的流动性，暴露 DNA 上的结合位点，进而促进转录起始复合物的组装。最近的研究表明，活化蛋白能募集 SWI/SNF 等复合物结合于转录调节区，促进染色质结构的开放，这些复合物的持续存在是基因持续活化所必需。类似地，阻遏蛋白也可募集 SIR3/SIR4 等复合物结合于 DNA 上，促进致密染色质结构的形成，抑制特定基因的表达。

2. 与 TFⅡD 作用

TFⅡD 是 RNA 聚合酶Ⅱ的通用转录因子，第一个结合到启动子上，由 8～10 个亚基组成。这些亚基中与 TATA 框结合的称为 TATA 结合蛋白（TBP），其他亚基称为 TBP 相关因子（TAFⅡ）。接下来招募其他通用或特异转录因子，以增强或抑制转录。

3. 与 TFⅡB 作用

TFⅡB 亦是 RNA 聚合酶Ⅱ的通用转录因子，当 TFⅡD 与启动子结合后，TFⅡB 结合在 TFⅡD 上，TFⅡB 在 TFⅡD 和 RNA 聚合酶Ⅱ间起着桥梁作用，招募 RNA 聚合酶Ⅱ和 TFⅡF 到 DNA 上，形成了核心前起始复合物。TFⅡE 和 TFⅡH 逐渐被招募到核心前起始复合物上，构成了完整的前起始复合物，RNA 聚合酶Ⅱ中的 10 个核心组分构成了类似"蟹钳"的结构，"蟹钳"中装载着封闭的双链 DNA 分子。当核苷三磷酸进入后，活性位点中的 DNA 分子解旋形成转录泡，形成开放的转录起始复合物，活性位点随着 DNA 模板链移动，调控 RNA 分子的合成。转录因子间通过特定的结构相互交流，使之在特定的位置发挥功能。

4. TFⅡH 对前起始复合物的作用

对前起始复合物的 3D 结构进行研究，发现 TFⅡH 与启动子逃脱密切相关，TFⅡH 是一个大的、既有激酶活性又有螺旋酶活性的多组分蛋白质复合体，其活性导致 RNA 聚合酶Ⅱ的羧基末端结构域（CTD）磷酸化，允许 RNA 聚合酶Ⅱ离开启动子区域而进入延伸阶段。RNA 聚合酶Ⅱ的延伸过程受到 CTD 的磷酸化与去磷酸化调控。

不同的激活结构域有着不同的调控对象，而且转录起始和延伸过程的任何组分或阶段都可能成为调控的对象，从而实现转录的多阶段调控。Cramer（2019）聚焦转录的起始和延伸过程，介绍了当下对真核生物基因调控的观点，结合 RNA 聚合酶Ⅱ在细胞核中与其他因子动态聚合的研究，提出了聚合物模型，解释 RNA 聚合酶Ⅱ是如何依靠磷酸化修饰在起始和延伸过程中聚合穿梭于不同的因子间。

2.3.2.4 转录调控实例

1. 组成型转录因子：Sp1

Sp1 与一段富含 GC 的保守序列 GGGCC 相连，是一种组成型转录因子。Sp1 存在于所有的细胞类型中，包含 3 个锌指结构，以及 2 个富含谷氨酰胺的转录激活结构域。Sp1 中富含谷氨酰胺的结构域与 TAFⅡ发生特异性作用，而 TAFⅡ与 TBP 相结合组成 TFⅡD。这就是 Sp1 调控转录起始复合体的一种方式。

2. 激素调控

激素由一类细胞分泌，然后将信号转移给另一类细胞。例如，类固醇激素是脂溶性的，可以穿过细胞膜，与被称为类固醇激素受体的转录因子相互作用。在没有类固醇激素存在的条件下，该受体与抑制蛋白结合，游离在细胞质中，对转录有阻抑作用。当类固醇激素与受体结合后，可以使受体从抑制蛋白上游离出来，然后受体二聚化，进而转移到细胞核中，转化为转录激活因子（图 2-17）。

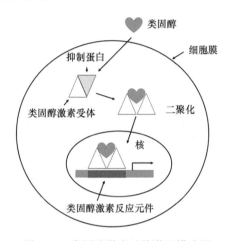

图 2-17　类固醇激素受体激活模式图

3. 磷酸化调控：STAT 蛋白

某些激素不穿过细胞，它们与细胞表面的受体结合，通过信号转导的过程将信号传递给细胞内的蛋白质。例如，γ干扰素通过激活 JAK 激酶，诱发转录因子（STAT1α）的磷酸化（当 STAT1α 没有磷酸化时，以单体的形成存在于细胞质中，没有转录活性）。它的一个特定酪氨酸残基发生磷酸化后，便能够形成同型二聚体，并从细胞质转移到细胞核中，进而激活在启动子处含有一保守 DNA 结合序列的目标基因的表达（图 2-18）。

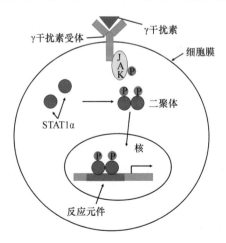

图 2-18　γ干扰素引起的 STAT1α 转录因子的磷酸化和二聚化

4. 转录延伸：HIV Tat 蛋白

HIV 编码一种称为 Tat 的激活蛋白，该蛋白质为 *HIV* 基因的大量表达所必需。Tat 与 RNA 上的一段称为 TAR 的茎环结构结合（TAR 是 HIV RNA 5'端的转录起始点后一段非翻译区域）。在哺乳动物细胞中，Tat 所起的主要作用表现在转录延伸的过程中，若没有 Tat 的存在，RNA 聚合酶Ⅱ转录复合体将因进程过慢而使 *HIV* 的转录过早终止。

Tat 可与 RNA 结合因子一起以复合体形式结合在转录物的 TAR 序列上，Tat-RNA 复合体可以向后成环，并与装配在启动子处的、新形成的转录起始复合体作用，这种作用导致 TFⅡH 的激酶活性被激活，结果 RNA 聚合酶Ⅱ的羧基端结构域（CTD）实现磷酸化，使得 RNA 聚合酶前进，完成 *HIV* 转录单位的阅读，实现 HIV 蛋白的大量合成（图 2-19）。

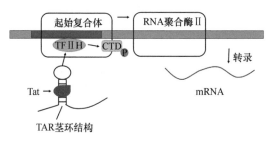

图 2-19 Tat 蛋白激活转录延伸机制

5. 胚胎发育：同源域蛋白

同源框是一段保守的 DNA 序列，编码一种同源异型域的螺旋-转角-螺旋 DNA 结合蛋白。果蝇同源异型基因编码的转录因子中，同源异型域负责身体各部分的正确分化。例如，同源异型基因中 *Antennapedia* 突变可使果蝇在应该长触角的地方长出腿来。

2.3.3 真核基因的转录后调控

真核生物从转录之后到翻译，所经步骤较多，因此，基因的转录后调控就显得更为重要。RNA 的加工成熟和蛋白质合成，在真核基因调控中起着重要作用。

2.3.3.1 mRNA 加工成熟过程中的调控

编码蛋白质的基因，转录时首先生成 hnRNA，经过加工剪接为成熟的、有生物功能的 mRNA。这些加工主要包括：在 mRNA 的 5'端加"帽子"，在 3'端加上 poly(A) 尾，进行 RNA 的剪接，进行核苷酸的甲基化修饰等。由于 hnRNA 进行不同的加工会产生不同 mRNA，翻译形成的蛋白质功能就会不同，所以 mRNA 的加工成熟是基因表达的重要调控环节。

1. 复杂转录单位对调控的影响

一些编码组织和发育特异性蛋白质的基因含有复杂转录单位，它们除了含有数量不等的内含子, 其原始转录产物能通过多种不同方式加工成两个或两个以上的 mRNA。

1) 利用多个 5′端转录起始位点或剪接位点产生不同的蛋白质

肌球蛋白碱性轻链基因选用不同的 5′转录起始位点及剪接不同外显子, 产生蛋白质异构体 C1 轻链和 C3 轻链 (图 2-20)。

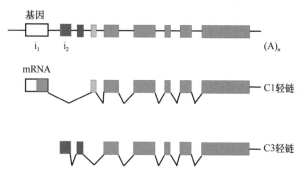

图 2-20 肌球蛋白碱性轻链基因剪接多样性

2) 利用多个加 poly(A)位点和不同的剪接方式产生不同的蛋白质

这类基因调控点在于有两个或多个加 poly(A)位点, 可通过不同的剪接方式得到不同的蛋白质。例如, 大鼠降钙素基因就是如此, 在甲状腺体中, poly(A)加在第 4 外显子处, 经加工成熟后的 mRNA 合成降钙素; 在脑器官中, poly(A)加在第 6 外显子处, 合成的降钙素与甲状腺中不同 (图 2-21)。

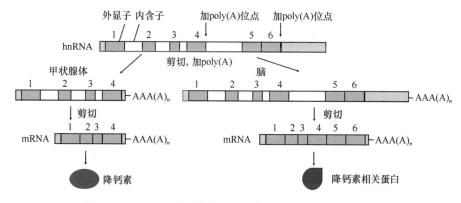

图 2-21 hnRNA 不同的剪切方式产生不同的降钙素样蛋白

2. mRNA 有效性的调控

真核生物能否及时、长时间利用成熟的 mRNA 翻译出蛋白质, 与 mRNA 的稳定性相关。原核生物 mRNA 的半衰期平均约 3min, 高等真核生物迅速生长的细胞中 mRNA 的半衰期平均约 3h。在高度分化的终端细胞中, 许多 mRNA 极其稳定, 有的寿命长达十几天, 加上强启动子的多次转录, 使一些终端细胞特有的蛋白质合成达到惊人的水平。例如, 家蚕丝心蛋白基因具有很强的启动子, 几天内即可转录出 10^5 个丝心蛋白 mRNA,

而它的寿命长达 4 天，每个 mRNA 分子能重复翻译出 10^5 个丝心蛋白，所以 4 天内可产生 10^{10} 个丝心蛋白，说明 mRNA 寿命的延长是 mRNA 有效性的一个重要因素。

3. mRNA 的结构

剪接后成熟 mRNA 的翻译是由它两端的非翻译区所调控的。其中，5′-UTR 从 mRNA 起点的甲基化鸟嘌呤核苷酸帽延伸至 AUG 起始密码子，调控转录物翻译的起始；3′-UTR 从编码区末端的终止密码子延伸至多聚 ploy（A）的末端，调控转录物的稳定性、聚腺苷酸化和翻译。

正如基因转录的起始需要各种转录因子与启动子区的顺式作用元件结合一样，翻译的起始也是由各种顺式作用元件和反式作用因子所调控的。调控翻译起始的顺式作用元件主要位于 5′-UTR，5′端的加帽是各种起始因子（eukaryotic initiation factor，eIF）和核糖体 40S 小亚基的结合部位，结合后的核糖体起始复合物开始阅读 mRNA；读到起始密码子 AUG 时，eIF5 水解 eIF2-GTPase，tRNA 与 eIF2 脱离并释放起始因子，招募核糖体 60S 大亚基，从而使翻译延伸，这是经典的基于加帽的翻译起始过程。另外，核糖体也可以直接结合到内部核糖体位点（internal ribosome entry site，IRES）来起始翻译。

4. 竞争性内源 RNA

竞争性内源 RNA（competing endogenous RNA，ceRNA）假说提出了一种 RNA 在转录后水平调控基因表达的机制，即 mRNA、长链非编码 RNA（long non-coding RNA，lncRNA）、假基因（pseudogene）转录物及环状 RNA（circular RNA，circRNA）通过竞争结合相同的 miRNA 来影响靶基因 RNA 的稳定性或翻译活性，从而实现转录后水平的基因表达调节。

以转录因子 HMGA2（high mobility group AT-hook2）为例，研究表明 HMGA2 的 mRNA 可以竞争性结合 miRNA *let-7*，从而上调 *let-7* 靶基因转化生长因子 β 受体 3（TGFBR3）的水平，促进肺癌细胞的生长、侵袭和扩散。

此外，miRNA 可以实现跨界调控，在促进远缘物种串扰、交流和信号传播方面具有独特的作用。蜂粮里的植物 miRNA 通过抑制蜜蜂幼蜂的卵巢和整体的生长发育，使之成为工蜂；而蜂王浆中不含有植物 miRNA，因此吃到蜂王浆的幼蜂则发育为蜂王。

5. 反义 RNA

反义 RNA 最早在原核生物中发现，许多实验证明在真核生物中也存在反义 RNA。根据反义 RNA 的作用机制可将其分为三类：Ⅰ类反义 RNA 直接作用于靶 mRNA 的 SD 序列和（或）部分编码区，直接抑制翻译，或与靶 mRNA 结合形成双链 RNA，从而易被 RNA 酶Ⅲ降解；Ⅱ类反义 RNA 与 mRNA 的非编码区结合，引起 mRNA 构象变化，抑制翻译；Ⅲ类反义 RNA 则直接抑制靶 mRNA 的转录。近年来，通过人工合成反义 RNA 的基因，并将其导入细胞内转录成反义 RNA，能抑制某特定基因的表达，阻断该基因的功能，有助于了解该基因对细胞生长和分化的作用，同时也暗示该方法对肿瘤实施基因治疗的可能性。

2.3.3.2　翻译水平的调控

1. mRNA 翻译的控制

在高等真核生物中，转铁蛋白受体（TfR）及铁蛋白负责铁吸收及铁解毒。这两个 mRNA 上存在相似的铁应答元件（iron responsive element，IRE），IRE 与 IRE 结合蛋白（IREBP）相互作用控制了这两个 mRNA 的翻译效率。当细胞处于缺铁或高铁水平时，能产生两个数量级的蛋白质水平差异，却没有在 mRNA 水平上发现显著差异。

催乳素能明显延缓酪蛋白（casein）mRNA 的降解。不加入催乳素时，体系中的酪蛋白 mRNA 在 1h 内降解 50%，而加入催乳素后 40h，酪蛋白 mRNA 降解 50%。因此，催乳素能促进酪蛋白 mRNA 有更多翻译机会，产生更多的酪蛋白。

2. 可溶性蛋白因子的修饰与翻译起始调控

许多可溶性蛋白因子对蛋白质合成的起始有着重要的作用，对这些因子的修饰会影响翻译起始。例如，eIF-2 磷酸化对翻译起始的影响是用兔网织红细胞粗提液研究蛋白质合成时发现的。如果不向蛋白质合成体系中添加氯高铁血红素，几分钟之内蛋白质合成活性急剧下降，直到完全消失。这是由于没有氯高铁血红素存在时，网织红细胞粗提液中的蛋白质合成抑制剂会被活化，从而抑制蛋白质合成。抑制剂（HCI）是 eIF-2 的激酶，可以使 eIF-2 的 α 亚基磷酸化，从而由活性型变成非活性型，但氯高铁血红素能够阻断 HCI 的活化过程。

3. 蛋白质加工

生物体按照 mRNA 上的遗传信息合成蛋白质，合成的蛋白质经过加工修饰后才会具有活性，行使其生物学功能。

蛋白质剪接是一种在蛋白质水平上的翻译后加工过程，由蛋白质内含肽介导的一系列分子内剪切反应组成。蛋白质内含肽是一个蛋白质前体中的多肽序列，可以催化自身从蛋白质前体中断裂，连接两侧的蛋白质外显肽，形成成熟的蛋白质。蛋白质内含肽的发现，不仅丰富了遗传信息翻译后加工的理论，在实践中也有广泛的应用前景。

蛋白质的修饰是控制蛋白质活性的一种方式，可以令酶活化或钝化。其类型多种多样，主要包括磷酸化、羧基化、甲基化、烷基化、糖基化、乙酰化、生物素化、谷氨酸化、甘氨酸化、硫辛酸化、硫酸化等。

2.4　调控真核基因表达的主要研究技术

在细胞的生命活动过程中，诸如 DNA 的复制与重组、mRNA 的转录与修饰，以及病毒的感染与增殖等，都涉及特定 DNA 区段与特殊蛋白质结合因子之间的相互作用。现在不仅研究并分析了参与基因表达调控的 DNA 元件，而且还分离和鉴定了与这些调控元件结合的特异蛋白质因子，相继发展出一系列专门用于研究相互作用的实验技术，主要包括凝胶迁移实验、染色质免疫共沉淀技术、DNase I 足迹实验、甲基化干扰实验、体内足迹实验，以及酵母单、双杂交系统等。

2.4.1 凝胶迁移实验

凝胶迁移实验，又称电泳迁移率实验（electrophoretic mobility shift assay，EMSA），是 20 世纪 80 年代初期出现的用于体外分析 DNA 与蛋白质相互作用的一种特殊的凝胶电泳技术，具有简单、快捷等优点，是当前被选作分离纯化特定 DNA 结合蛋白的一种经典实验方法。此外，这项技术也用于研究 RNA 结合蛋白与特定 RNA 序列的相互作用。

2.4.1.1 基本原理

蛋白质与 DNA 结合后将大大增加分子质量，而凝胶电泳中 DNA 朝正极移动的距离与其相对分子质量的对数成正比，因此，没有结合蛋白质的 DNA 片段跑得很快，而与蛋白质形成复合物的 DNA 由于受到阻滞而跑得慢。当特定 DNA 片段与细胞提取物（或纯化的蛋白质）混合后，若复合物在凝胶电泳中的迁移率小，就说明该 DNA 可能与提取物中某个蛋白质分子发生了相互作用。

2.4.1.2 实验流程

合成标记的 DNA 探针（同位素、生物素或染料等），将纯化的蛋白质和标记后的 DNA 探针共同孵育，在非变性聚丙烯酰胺凝胶电泳上，分离复合物和未结合的探针，X 光片压片或用其他适当仪器设备检测，进行 DNA 凝胶分析。

EMSA 不仅可以用来鉴定在特殊类型细胞的提取物中是否存在着能够同某一特定 DNA 片段结合的蛋白质分子（如特异的转录因子等），而且还可以用来研究发生此种结合作用的精确 DNA 序列的特异性。具体方法是在 DNA-蛋白质结合反应体系中加入超量的非标记竞争 DNA（competitor DNA），如果它与标记的探针 DNA 结合的是同一种蛋白质，那么可能出现以下情况：①没有加入竞争 DNA 的正常的凝胶阻滞实验，探针 DNA 与特异蛋白质结合，出现阻滞条带；②加入的超量竞争 DNA 与探针 DNA 竞争结合同一种蛋白质，阻滞条带消失；③加入的超量突变的竞争 DNA 与探针 DNA 竞争结合同一种蛋白质，出现同①一样的阻滞条带（图 2-22）。

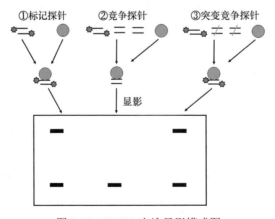

图 2-22　EMSA 电泳显影模式图

在此基础上，可以合成一系列一个或数个突变碱基的标记探针，运用 EMSA 确定该探针 DNA 分子中与蛋白质直接发生相互作用的关键碱基，确定其结合位点。从对 DNA 片段进行同位素标记，到用地高辛、生物素标记，再到采用染料（如吖啶菁绿）标记寡核苷酸，探针的灵敏度逐渐提高。使用荧光染料来标记 DNA，这种方法易于处理、节省时间，并降低了成本。EMSA 所用标记探针，可以由单链探针经 PCR 制得双链探针，不会出现由于复性不彻底造成的假阴性，还克服了单链游离探针带来的显影误差。

EMSA 已经成为研究转录因子与核酸体外相互作用的经典方法。例如，通过 EMSA 证明，诱导 ABA 合成的转录因子 NGA1 可以直接结合到 *NCED3* 基因启动子区的 CACTTG 顺式作用元件上，并激活该基因的表达，*NCED3* 的上调表达可以提高拟南芥的抗旱能力。中国农业大学田丰团队在 *Science* 杂志上发表的研究表明，调控玉米叶枕发育的转录因子 LG1 与下游基因 *ZmRAVL1* 启动子中的 GTAC 元件相结合，进而改变玉米植株叶夹角的大小，从而影响玉米株型。探针的甲基化会影响其与蛋白质的亲和力，如甲基化探针在相应的转录因子 NF-Y、GATA-1、GATA-2 的结合上具有较低的亲和力。

2.4.2　染色质免疫共沉淀技术

染色质免疫共沉淀技术（chromatin-immunoprecipitation，ChIP）能真实、完整地反映结合在 DNA 序列上的靶蛋白的调控信息，是目前基于全基因组水平研究 DNA-蛋白质相互作用的标准实验技术。ChIP 技术由 Orlando 等于 1997 年创立。

2.4.2.1　ChIP 基本原理

在活细胞状态下固定蛋白质-DNA 复合物，并将其随机切断为一定长度范围内的染色质小片段，然后通过免疫学方法沉淀此复合体，特异性地富集与目的蛋白结合的 DNA 片段，通过对目的片段的纯化与检测，从而获得蛋白质与 DNA 相互作用的信息。

2.4.2.2　实验流程

ChIP 的实验流程较为复杂，可以简单概括如下：①细胞的甲醛交联与超声破碎；②超声破碎结束后，离心去除不溶物质；③加入目的蛋白的抗体，与靶蛋白-DNA 复合物相互结合；④加入 Protein A，结合抗体-靶蛋白-DNA 复合物并沉淀；⑤对沉淀下来的复合物进行清洗，除去一些非特异性结合的复合物；⑥洗脱，得到富集的靶蛋白-DNA 复合物；⑦解交联，纯化富集的 DNA 片段；⑧PCR 分析。

2.4.2.3　技术结合

1. 染色质免疫共沉淀测序技术（ChIP-seq）

将 ChIP 与第二代测序技术相结合，即为 ChIP-seq，能够高效地在全基因组范围内检测与组蛋白、转录因子等互作的 DNA 区段。该技术创建于 2007 年，现在已经成为在全基因组范围内分析转录调控和表观遗传学机制的实验标准。获得 ChIP-seq 数据后，可以开展多个领域的研究：①判断 DNA 链的某一特定位置会出现何种组蛋白修饰；②检测 RNA 聚合酶 II 及其他反式因子在基因组上的结合位点；③研究组蛋白共价修饰与基因表达的关系；④CTCF 转录因子研究。

2. 染色质免疫共沉淀芯片（ChIP-chip）

ChIP-chip 是 ChIP 与芯片方法的结合，被广泛应用于蛋白质修饰、染色质表观遗传修饰、转录调控分析、药物开发、有丝分裂、DNA 损伤与凋亡分析等研究领域。

3. 其他

ChIP 与体内足迹法相结合，可以用于寻找反式作用因子的体内结合位点；RNA-ChIP 可用于研究 RNA 在基因表达调控中的作用。

2.4.3　DNase I 足迹实验

DNase I 足迹实验（footprinting assay）是一类用于检测与特定蛋白质结合的 DNA 序列的部位及特性的专门实验技术，1978 年引入科研领域。DNase I 足迹法与 EMSA 的侧重点不同，EMSA 主要用于与特异性 DNA 结合的目的蛋白的检测，而 DNase I 足迹法在此基础上进一步证明了 DNA 元件和目的蛋白的特异结合，并能告知与该蛋白质结合的相应 DNA 元件序列。

2.4.3.1　基本原理

用 DNase I 部分消化已进行单链末端标记的待测双链 DNA，形成在变性聚丙烯酰胺凝胶上以相差一个核苷酸为梯度的 DNA 条带。但当 DNA 片段与其特异性结合蛋白结合后，DNA 结合蛋白就阻碍了 DNase I 在结合位点及其周围部位的结合，形成切割梯中的空白区域，结合 DNA 化学测序法，就可知该结合区的碱基序列。

2.4.3.2　实验流程

在 DNase I 足迹实验过程中，首先是将待检测的双链 DNA 分子用 ^{32}P 进行末端标记，并用限制酶去掉其中的一个末端，得到只有一条链单末端标记双链 DNA 分子，而后在体外与细胞蛋白质提取物混合。待二者结合之后，再加入少量的 DNase I 或硫酸二甲酯-六氢吡啶（它可沿着靶 DNA 作随机单链切割）消化 DNA 分子。这一反应中，DNase I 或硫酸二甲酯的用量非常关键，使之达到平均每条 DNA 链只发生一次磷酸二酯键断裂。最后，沉淀 DNA（包括与 DNA 相结合的蛋白质）并进行 DNA 凝胶分析。

如果某个蛋白质已经与 DNA 的特定区段相结合，就会保护该区段 DNA 免受消化或降解作用。在电泳凝胶的放射自显影图片上，与蛋白质结合的部位不产生放射性标记的条带。

2.4.3.3　技术结合

1. DNase I 足迹法与 EMSA 法结合

DNase I 足迹法与 EMSA 相结合可以共同用于体外 DNA-蛋白质相互作用的鉴定。

组蛋白类核结构蛋白（H-NS）在 *evpC* 基因的上游具有多个结合位点，高亲和力基序为 9 个核苷酸序列 ATATAAAAT；*ArsZ* 的转录表达直接受激活蛋白 NtrC 和 σ 因子 RpoN 协同调控，预示其在氮代谢调控中可能发挥作用。上述结果均是通过 EMSA 和 DNase I 足迹法证实的。

2. DNase-seq

将传统的 DNase I 足迹法与新一代高通量测序技术结合，称为 DNase-seq。在染色质致密区域，DNA 链被致密结构很好地保护起来，使得通过核酸酶、转座酶或物理化学手段无法切割或打断。同样，在开放区域，缠绕在核小体上的 DNA 被核小体结构所保护，只有核小体之间的 DNA 序列能够被 DNase I 切割，这些区域内能够被 DNase I 切割的位点也被称为 DHS，即 DNase 超敏感位点（DNase hypersensitive site）。使用 DNase I 对样品进行片段化处理后再进行高通量测序，可以在全基因组水平研究蛋白质和 DNA 相互作用模式，解析基因组上的不同类型转录因子结合位点及其调控机制。

2.4.4　酵母单杂交系统

酵母单杂交（yeast one-hybrid，Y1H）是一项常用于研究 DNA 与蛋白质之间相互作用的方法，是 20 世纪 90 年代中期从酵母双杂交技术发展起来的新技术。通过该方法可以识别稳定结合于 DNA 上的蛋白质，可在酵母细胞内研究真核生物 DNA 与蛋白质之间的相互作用，并通过筛选 DNA 文库直接获得靶序列相互作用蛋白的编码基因。

2.4.4.1　基本原理

Y1H 通过对报告基因的表型检测，分析 DNA-蛋白质之间的相互作用，以研究真核细胞内的基因表达调控。真核生物的转录起始，需要转录因子的参与。这些转录因子通常有 DNA 结合结构域和转录激活结构域。用于酵母单杂交系统的酵母 GAL4 蛋白即是一种典型的转录因子。研究表明，GAL4 的 DNA 结合结构域位于 N 端 1～65 个氨基酸，其中 7～40 个氨基酸构成 Zn_2Cys_6 锌指结构，结合在酵母半乳糖苷酶的上游激活位点（UAS）；而转录激活结构域是位于 C 端 148～196 位和 768～881 位氨基酸，可与 TBP 等通用转录因子作用，将 RNA 聚合酶 II 招募到启动子区，激活基因的表达。在这一过程中，DNA 结合结构域和转录激活结构域可完全独立地发挥作用。据此，可将 GAL4 的 DNA 结合结构域置换为其他蛋白质，只要它能与想要了解的目的基因相互作用，就可以通过其转录激活结构域激活 RNA 聚合酶 II，从而启动下游报告基因的转录。基于这一理论，酵母单杂交系统由两部分组成：①将文库蛋白片段与 GAL4 转录激活结构域融合表达，构建 cDNA 文库；②含有目的基因和下游报告基因的报告质粒。其中，文库的设计和筛选是整个酵母单杂交系统的核心技术。

2.4.4.2　实验流程

cDNA 替换了结合结构域（BD）蛋白基因，与已知酵母转录激活结构域（AD）融合，导入酵母细胞。在酵母细胞中，基因表达合成蛋白质，与酵母中报告基因上游的顺式作用元件相结合，激活 *Pmin* 启动子，使得报告基因得到表达，从而筛选出阳性克隆，进行测序分析。

2.4.4.3 应用领域

酵母单杂交技术是建立的基础，是许多真核转录因子在结构和功能上由独立的 DNA 结合结构域和 DNA 激活结构域组成，这使得研究者可以构建不同的基因融合体，在酵母中表达融合蛋白，以同时结合特异的目的基因并激活转录。

理论上，在酵母单杂交技术中，任何目的基因都可捕获能与目标因子特异结合的蛋白质。目前，酵母单杂交技术主要用于：①确定某个 DNA 分子与某个蛋白质之间是否存在相互作用；②用于分离与特定顺式作用元件结合的蛋白质；③验证反式转录调控因子的 DNA 结合结构域；④准确定位参与特定蛋白质结合的核苷酸序列。

2.4.5 双萤光素酶报告系统

双萤光素酶报告基因检测是研究转录因子参与基因调控的有效手段，通过对启动子 DNA 片段的分析，验证启动子结合元件的反式激活能力，探讨转录因子在信号转导中的分子机制。

2.4.5.1 基本原理

萤光素酶（luciferase）是生物体内催化荧光素（luciferin）氧化发光的一类酶的总称，来自于自然界能够发光的生物，如萤火虫、发光细菌、发光海星、发光节虫、发光鱼、发光甲虫等。目前，以北美萤火虫（*Photinus pyralis*）来源的萤光素酶基因应用得最为广泛，该基因可编码 550 个氨基酸的萤光素酶蛋白，是一个 61kDa 的单体酶，无须表达后修饰，直接具有完全酶活。

生物萤光实质是一种化学萤光。萤火虫萤光素酶在 Mg^{2+}、ATP、O_2 的参与下，催化 D2 荧光素（D2 luciferin）氧化脱羧，产生激活态的氧化荧光素，并放出光子，产生 $550\sim580nm$ 的荧光，其无须激发就可发出偏红色的生物荧光，且组织穿透能力明显强于 GFP。萤光素酶是靠酶和底物的相互反应发光，特异性很强，灵敏度高，由于没有激发光的非特异性干扰，信噪比也比较高。

2.4.5.2 实验流程

（1）用生物信息学方法分析并预测启动子区可能的转录因子结合位点。

（2）设计引物，用 PCR 法从基因组 DNA 中克隆所需的靶启动子片段，将此片段插入到萤光素酶报告基因质粒（pGL3-basic）中。

（3）筛选阳性克隆、测序。扩增克隆并提纯质粒备用。

（4）扩增转录因子质粒，提纯备用。同时准备相应的空载质粒对照，提纯备用。

（5）培养 293 细胞（或其他目的细胞），并接种于 24 孔板中，生长 10~24h（80% 汇合度）；或制备植物原生质体。

（6）将报告基因质粒与转录因子表达质粒共转染细胞。

（7）提取蛋白质并用于萤光素酶检测。

（8）加入底物，测定萤光素酶的活性。

（9）计算相对荧光强度，并与空载对照比较。

2.4.5.3　应用领域

双萤光素酶报告系统可以用于：①潜在启动子/启动子核心区域检测；②潜在增强子/抑制子等调控子核心元件检测；③启动子区可能的转录因子结合位点检测；④启动子/增强子与转录因子的相互作用；⑤病毒/细胞相互作用；⑥药物等化学诱导因素对启动子活性的调节（抑制或增强）；⑦射线等物理诱导因素对启动子活性的调节（抑制或增强）。

2.5　转基因植物中外源基因的表达调控

2.5.1　转化外源基因的瞬时表达和稳定表达

当外源基因导入植物细胞中以后，其表达方式有瞬时表达（transient expression）和稳定表达（stable expression）两种。

2.5.1.1　外源基因的瞬时表达

瞬时转染后的初期，质粒或 DNA 片段是游离在细胞中的，能够进行表达，称为瞬时转染表达。植物瞬时表达是一种高效、快速获得外源基因表达的方法，在瞬时表达状态的基因转移中，引入细胞的外源 DNA 和宿主细胞染色体 DNA 并不发生整合。这些 DNA 一般随载体进入细胞后 12h 内就可以表达，并持续约 80h，是一种快速、高效的基因功能分析方法。外源基因瞬时表达的影响因素如下。

1. 质粒 DNA 的结构

表达载体中的作用元件和表达载体骨架等均会影响外源蛋白的表达量。为了提高外源蛋白的表达量，可以对表达载体自身组件进行优化，主要集中在启动子、终止子、非编码区、转录后沉默抑制因子等主要作用元件上。

2. 内源核酸酶的影响

外源基因在转染细胞中瞬时表达时，质粒 DNA 或外源基因转录的 mRNA 会受到转染细胞中核酸酶的影响。

3. 受体细胞生理状态

植物遗传背景（品种）、生长发育阶段及外界环境因素均会影响受体细胞生理状态，进而影响外源基因的瞬时表达。常用的受体细胞有烟草叶片表皮细胞和原生质体（拟南芥、玉米、水稻等植物叶片均可制备成原生质体）。

4. 蛋白酶体

26S 蛋白酶体（proteasome）是真核细胞内负责蛋白质降解的主要分子机器，当外源基因在受体细胞内大量表达合成蛋白质时，蛋白酶体会对其进行不同程度的降解。在实验研究的过程中，加入 MG132 可以选择性抑制蛋白酶体的活性，以保证外源基因的表达水平。

5. 农杆菌菌悬液 OD_{600} 值及其遗传背景

由农杆菌介导的基因瞬时表达效率受到菌悬液 OD_{600} 值及其遗传背景（菌系）的影响。在拟南芥中，分别利用 5 个菌系比较瞬时表达效率，结果发现，菌系 LBA4404 的表达效率最高。不同菌系的最高表达效率的 OD_{600} 值不完全相同，当农杆菌菌悬液 OD_{600} 值为 0.6～0.9，即菌株处于对数生长期时，其转化效率最高。

2.5.1.2 外源基因的稳定表达

稳定表达是指外源基因转染真核细胞，导入宿主细胞的 DNA 整合到染色体 DNA 上，以永久形式存在，并可传给后代，形成稳定的转化细胞。

2.5.2 转录调控序列对外源基因表达的影响

将设计好的核酸序列通过农杆菌或基因枪等方式导入植物细胞内获得的转基因植物，外源基因的表达水平受多种因素的影响，本部分对启动子等转录调控序列进行阐述。

2.5.2.1 启动子

在植物转基因工程中，常用的启动子为组成型启动子、诱导型启动子、组织特异型启动子等，详见第 13 章。

2.5.2.2 mRNA 3′端非编码区序列对外源基因表达的影响

在 mRNA 加工成熟过程中，3′端也可能存在影响基因表达的调控序列。不同来源的 3′端序列有着很大影响。由 35S 启动子、*NPTII* 结构基因与不同 3′端构成嵌合基因，在转化烟草中检测 *NPTII* 基因的转录水平。实验结果如表 2-3 所示，植物来源 *rbcs* 基因的 3′端存在时，*NPTII* 结构基因表达量最高，与查尔酮合成酶基因（*CHS*）3′端存在时相差约 60 倍。

表 2-3 不同来源的 3′端序列对 *NPTII* 基因表达的影响

3′端序列	*NPTII* 基因的相对活性
2S 种子蛋白基因	1/5
伸展蛋白基因	1/10
rbcs 基因	3
CHS 基因	1/22

2.5.2.3　5′-UTR 内含子对外源基因的表达调控作用

5′-UTR 内含子是距离 5′端转录起始位点最近的内含子,可能与转录因子的结合有关。此外,5′-UTR 内含子的存在对于 mRNA 的翻译与输出有促进作用。Gallegos 和 Rose (2017)的研究揭示内含子将比启动子更能决定基因的转录起始位点。以拟南芥中 *UBQ10* 基因的内含子作为研究对象,将该内含子插入报告基因 *TRP1: GUS* 的 TSS 周围 6 个不同位置,检测 *GUS* 基因表达的水平,结果表明,处于 TSS 周围的内含子均能够增强基因的表达;当内含子处于 5′-UTR 区域时,TSS 会发生改变。这些新发现的内含子的功能不仅有助于深化我们对于基因转录调控机制的认识,而且能够为以增强外源基因表达为目的的基因表达盒的设计提供新的方法。

2.5.3　外源基因在翻译水平上的调控

2.5.3.1　mRNA 结构对翻译的影响

真核生物 5′帽子到 AUG 之间的先导序列,可以形成二级结构被核糖体识别,依此来调节翻译的效率。二级结构往往对翻译不利。

2.5.3.2　翻译增强因子对转录的影响

1. 烟草花叶病毒(TMV)的 Ω 因子

Ω 因子来自 TMV 126kDa 蛋白基因的转录序列 5′端非翻译区,由 68bp 组成,能够促进 mRNA 的翻译。在 AUG 之前,Ω 因子由 3 个 8bp 的重复序列串联组成。在 AUG 前 51bp 处,Ω 因子提供了另外一个核糖体结合位点,因此推测 Ω 因子促进 mRNA 翻译是通过提供一个额外的核糖体结合位点实现的。体外实验证明 5′端含 Ω 因子的 *GUS* 基因的 mRNA 在烟草细胞内的翻译水平比不用 Ω 因子高 64 倍,而且 Ω 因子对植物、动物和微生物细胞的翻译都有促进作用。

2. 苜蓿花叶病毒(AMV)的 Ω 样因子

AMV RNA 的 436bp 先导序列具有提高外源基因翻译活性的功能,推测是由于这段序列不形成特定的二级结构,从而提高了翻译的效率。常用 Ω 及 Ω 样因子提高翻译效率,使外源基因有效表达。

2.5.3.3　碱基组成

随着高通量测序技术的发展,大量基因组数据被发布在公用数据库中。对这些基因组进行研究发现,基因组 GC 含量对核苷酸和氨基酸组成有影响。不同物种 DNA 双链中的 GC 含量有很大差异。在真核生物中,基因组 GC 含量的变化在 30%~50% 范围内,在基因组序列中,GC 含量的分布也是不均匀的,有高 GC 含量片段和低 GC 含量片段相间出现的情况,也有高 GC 含量片段重复出现的情况。这些 GC 含量的变换,有可能在调控基因表达和发生基因突变时起重要作用。

2.5.3.4 密码子偏好性

遗传信息在由 mRNA 到蛋白质的传递过程中是以三联体密码子的形式传递的。每种氨基酸至少对应一个密码子，最多的有 6 种对应的密码子，因此某些编码相同氨基酸的不同密码子，在不同物种、不同生物体中使用的频率并非完全的平均分布，实际上，绝大多数生物倾向于只利用这些密码子中的一部分，该现象称为密码子的偏好性。其中那些被最为频繁利用的密码子称为最佳密码子，而那些不常利用的密码子称为稀有或利用率低的密码子。

植物基因在编码氨基酸的同义密码子的选择上也是有偏好的。由于密码子的简并性和摆动性而产生选择偏好，即第三位选择 G、C 还是 A、U。例如，植物叶绿体和线粒体基因同义密码子第三位更偏爱 AU（NNA/U>65%），绿藻、氰化细菌偏爱 GC（NNG/C>90%）；植物核编码基因，单子叶偏爱 GC（NNG/C>75%），双子叶轻微偏好 GC（NNG/C>55%）。这些偏好可能与两个原因有关：一是避免使用类似终止密码子的密码子；二是这些密码子对应于生物体中非常丰富的 tRNA，能够有效地翻译。

2.5.3.5 起始密码子周边序列的影响

起始密码子 ATG 周围的碱基影响基因的转录效率，从而影响蛋白质的产量。大量的实验结果表明，起始密码子 ATG 周围序列对蛋白质表达有不同程度的影响。例如，比较了 50 种家蚕的自身基因，发现 AAAAATCAAAATGG 序列影响转录效率，利用 EGFP 和萤光素酶作为报告基因，发现这些序列对基因转录和蛋白质产量有显著影响，并且具有组织特异性。

2.5.3.6 信号肽序列对转化外源基因翻译产物的调控作用

信号肽序列是起始密码子后的一段编码疏水性氨基酸序列的 RNA 区域，它负责把蛋白质引导到细胞含不同膜结构的亚细胞器内。该段序列合成的短肽即为信号肽，位于分泌蛋白的 N 端，一般由 15～30 个氨基酸组成。

信号肽序列对外源基因的翻译蛋白具有运输和定向作用。翻译的完成不是基因表达的结束，初级翻译产物并不具有生物活性，称之为前体蛋白，它通常还需要加工、修饰和正确折叠才能成为有活性的蛋白质。前体蛋白的信号肽与活性蛋白的成熟有关，也与蛋白质的运输和分泌有关。蛋白质可以分为分泌型和运转型，根据目的基因的蛋白质起作用的部位选择相应的信号肽 DNA 序列，构成嵌合基因，使其融合表达，翻译生成具有生物活性的蛋白质在信号肽的作用下定位分泌到细胞特定区间，发挥其生物学功能。

2.5.4 外源 DNA 整合的遗传效应对基因表达的影响

2.5.4.1 位置效应

通过转基因技术可以将外源基因导入到受体中，改良目标农艺性状。在同一实验中获得的不同转化植株，外源基因的表达水平存在很大差异，这主要是由于外源基因在染色体上插入的位点不同而造成，这种现象称为位置效应（position effect）。外源基因的插入改变了一个基因与其邻近基因或其邻近染色质的位置关系，随着外源基因整合区域的不同，可发生位置效应，从而影响宿主植物的特定功能及表型。因此，外源基因插入位点的旁侧序列及其插入位点就显得尤为重要。

有研究认为，位置效应是由于插入位点附近染色体的微环境影响了外源基因启动子的表达所致。外源基因插入位点的位置效应能引起转基因的失活，其原因可能是插入位点周围的 DNA 序列起重要作用。位置效应的明显表现是外源基因的整合位置对表达水平的影响。目前的转化方法通常导致转基因在宿主细胞中随机整合，因此位置效应是转基因表达不一致的主要原因之一。例如，将玉米 A1 基因转化到烟草中，有的转基因株系中 A1 基因表现为失活状态。测序结果显示，A1 基因与插入位点两侧碱基组成差异太大，从而导致基因不表达。A1 基因中 AT 含量为 47.5%，而在烟草插入点 5′端 AT 含量为 74%，3′端 AT 含量为 77%。

在染色体的各个区段，碱基组成是不均匀的，在某些区段常含有固定的、较高的 GC 碱基对，这样的组成方式称为等容线。这样的区段会产生易于识别的甲基化位点，依赖碱基的甲基化，调控外源基因的表达水平。

2.5.4.2　重组效应

转基因很容易被植物基因组的重组和修复系统所识别，使外源 DNA 在不同程度上进行重排或重组（recombination）。转基因的同源和非同源的重组必然引起 DNA 的易位、缺失、重复等结构变化。外源基因结构的变化对基因表达的影响，可能处于正效应、负效应或无影响状态。

Ti 质粒转化烟草的研究表明，基因在转化细胞中发生缺失、重排和扩增，导致表型变异。Southern 杂交除了目的基因的杂交带，还有大小不一的条带，说明外源基因整合引起了 DNA 重组，造成受体细胞内存在结构、拷贝数等差异。

2.5.4.3　甲基化作用

DNA 甲基化能够改变染色质结构、DNA 构象、DNA 稳定性、转座子活性，以及 DNA 与蛋白质相互作用方式，从而调控基因的表达。大量的研究表明，外源基因的 DNA 甲基化是导致植物转基因沉默的主要原因。

在大多数植物、无脊椎动物、真菌或原生生物的基因组中，DNA 甲基化发生在某些特定的基因组元件上，并且基因组上 DNA 甲基化区域与非甲基化区域交替存在。利用甲基化抑制剂等降低 DNA 甲基化程度，在研究甲基化对基因表达调控研究中起到了重要作用。5-氮杂胞苷（5-azacytidine，5-Azac）是一种核苷酸类似物，在 DNA 的复制过程中，通过取代胞嘧啶而整合到新合成的 DNA 链中，以降低基因组中胞嘧啶甲基化的程度。5-Azac 脱甲基作用能够显著改善转化植物中外源基因的表达水平。例如，5-Azac 处理转化后的烟草细胞或组织时，外源基因的活性显著增加；5-Azac 的处理导致水稻 Ubi1 基因启动子的去甲基化和 BAR 转基因的重新激活；DNA 甲基化的增加降低了拟南芥组织培养中愈伤组织的芽再生能力，而 5-Azac 的使用可以恢复这种能力。

本 章 小 结

　　基因表达是基因经过一系列步骤表现出其生物功能的整个过程，是受严密、精确调控的。基因表达调控可以在转录前水平、转录水平、转录后水平、翻译水平和翻译后水平上进行。原核生物的转录调控单位称为操纵子。trp 操纵子还含有衰减子，通过色氨酸浓度水平的高低，协调结构基因的表达。原核生物调控蛋白可受特定小分子作用发生构象改变，从而调控操纵子结构基因的表达，这是许多原核基因适应内外环境变化、改变表达水平的机理所在。真核生物基因表达调控机制要复杂得多，DNase I 敏感位点与染色质开放状态、组蛋白修饰、异染色质化和染色体的三维结构属于染色质水平的调控；基因丢失、扩增或重排及 DNA 甲基化属于 DNA 水平的调控；顺式作用元件和反式作用因子是主要的转录水平调控作用因子，在真核生物中，以转录水平调控为主。转录后调控的方式也很多，如 RNA 的加工成熟和蛋白质合成、加工及修饰等。EMSA、ChIP-seq、Y1H、Dual-Luciferase 等是研究分析参与基因表达调控的 DNA 元件，以及分离和鉴定与这些调控元件特异结合的蛋白质因子的主要技术手段。通过对真核基因表达调控的认识和研究，有助于了解转基因植物的基因功能。

第 3 章 基因组研究

基因组学是对所有基因进行基因作图、核苷酸序列分析、基因定位和基因功能分析的一门科学。简单地说，以 DNA 测序为基础的基因组学研究主要包括物理图谱绘制、遗传图谱绘制、基因组序列测定和基因组序列注释分析等 4 个方面的内容。

基因组研究可以分为结构基因组学（structural genomics）和功能基因组学（functional genomics）两个基本方面。结构基因组学主要研究基因组的物理特点，进行基因组作图；功能基因组学主要进行基因组功能的注释，了解基因的功能，认识基因与表型的关系，掌握基因的产物及其在生命活动中的作用。

3.1 基因组及其类型和大小

基因组（genome）是指单倍体细胞中的全套染色体或单倍体细胞中的全部基因。真核生物的遗传物质通常以 DNA 大分子形式存在，主要以染色体作为载体；原核生物中的遗传物质多以裸露的染色质形式存在。不同物种的染色体数目和 DNA 含量不同（表 3-1）。每条染色体包含数量不等的基因，少的有几十个，多的有几十万个。

表 3-1 不同生物的正常染色体数目和 DNA 含量

物种	染色体数目	DNA 含量/bp
λ 噬菌体（λ bacteriophage）	1	5.0×10^4
大肠杆菌（E. coli）	1	4.2×10^6
酿酒酵母（Saccharomyces cerevisiae）	34	1.4×10^7
拟南芥（Arabidopsis thaliana）	5	1.3×10^8
水稻（Oryza sativa subsp. japonica）	12	4.2×10^8
玉米（Zea mays）	20	2.3×10^9
果蝇（Drosophilid melanogaster）	8	1.4×10^8
小鼠（Mus musculus）	40	4.7×10^9
爪蟾（Xenopus laevis）	26	4.5×10^9
人（Homo sapiens）	46	3.2×10^9
鸡（Gallus gallus）	78	2.1×10^9

人们曾认为每个基因组的 DNA 组成序列是稳定不变的。但 20 世纪 60 年代，在大肠杆菌的半乳糖操纵子中发现了插入序列以及可转移位置的遗传因子，此后人们认识到基因组某些成分和位置并不是一成不变（陈宏，2003）。

基因组的类型非常广泛，包括原核生物（prokaryote）基因组、真核生物（eukaryote）核基因组及细胞器（线粒体和叶绿体）基因组等，不同物种的基因组大小和编码基因的数量各不相同（表 3-2）。

表 3-2 部分代表性生物的基因组大小及所含基因数目

物种	基因组大小	基因数目	物种	基因组大小	基因数目
MS2 噬菌体	3.6kb	4	裂殖非洲粟酒酵母	20Mb	6 000
Qβ 噬菌体	4.2kb	3	盘基网柄菌	47Mb	7 000
SV40	5.2kb	8	秀丽新小杆线虫	100Mb	19 100
ΦX 74 噬菌体	5.4kb	9	拟南芥	70Mb	25 500
TMV	6.4kb	4	水稻（籼稻）	74.8Mb	46 022～55 615
HIV	9.3kb	10	黑腹果蝇	165Mb	13 000
腺病毒 2	35.9kb	11	河豚	400Mb	70 000
λ 噬菌体	48.5kb	50	担尼鱼	1.9Gb	70 000
T4 噬菌体	169kb	300	非洲爪蟾	2.9Gb	70 000
大肠杆菌	4.64Mb	4288	小鼠	3.3Gb	70 000
酿酒酵母	13.5Mb	5885	人类	3.3Gb	31 000

不同物种单倍体的基因组大小也不同，大部分真核生物的单倍体含有 10^7～10^{11} 个碱基（图 3-1）。

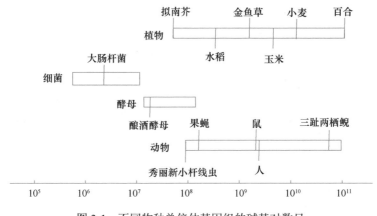

图 3-1 不同物种单倍体基因组的碱基对数目

3.1.1 原核生物基因组

原核生物的核物质分散在细胞质中，无核膜包围，只有染色质，不形成染色体，通常为双链环状结构，少数为线状，例如，伯氏疏螺旋体（*Borrelia burgdorferi*）就具有线状染色体。

原核生物的基因组一般由一个单一 DNA 分子组成。然而，随着大量原核生物基因组公布，越来越多的证据表明，有些原核生物基因组中除了环状大染色体，还具有小染色体和质粒（图 3-2）。例如，固氮菌中华根瘤菌（*Sinorhizobium meliloti*）含有一个 3.65Mb 的环状染色体，还具有两个大小分别为 1.35Mb 和 1.7Mb 的质粒。固氮菌的基因数目约有 6000 个，其中约 2800 个基因位于 1.7Mb 的小染色体上，这些基因与氮素和碳素的代谢有关。针对三者之间的亲缘关系，一种观点认为原核生物基因组中小染色体来源于其祖先捕获的巨大质粒，另一种观点则认为原核生物基因组中的小染色体与大染色体同源（贺淹才，2008）。

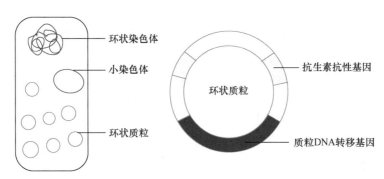

图 3-2　大肠杆菌及质粒结构示意图

质粒（plasmid）是细菌胞质内的小双链环状 DNA 分子，大小一般为 $4×10^6～100×10^6$ bp，具有自我复制能力和调控系统。质粒广泛存在于细菌和部分酵母菌中，部分真菌中也发现存在质粒。

质粒有很多种类。有的质粒携带编码基因，例如，携带 β-内酰胺酶的质粒使宿主菌对 β-内酰胺酶抗生素（青霉素和氨苄西林等）产生耐受性，这些质粒是耐药性质粒；有的是 Col 质粒，可以编码大肠杆菌素，大肠杆菌素是一种能够杀死其他细菌的蛋白质；有的质粒能够让宿主菌代谢一些通常情况下无法利用的分子，例如，恶臭假单胞菌的 TOL 质粒能够代谢甲苯和水杨酸；有的质粒是毒性质粒，能够赋予宿主菌致病性，例如，根瘤农杆菌（*Agrobacterium tumefaciens*）的 Ti 质粒能够在双子叶植物中诱导冠瘿瘤。质粒可以从一个细菌转移至另一个细菌，也可以在同种属的细菌或在不同种属的细菌之间转移，从而导致多重耐药菌株。

基因组 GC 含量（G 与 C 所占的百分比）是基因组组成的标志性指标。早在 20 世纪 50 年代，科学家就发现细菌基因组 GC 含量范围为 25%～75%。迄今，解释不同生物之间 GC 含量差异主要有两种观点：中性说和选择说。

中性说认为不同生物之间 GC 含量的差异是由碱基的随机突变和漂移造成，而选择说则认为 GC 含量的差异是环境及生物的生活习性等因素综合作用的结果。在选择说的模式下，Thiery 等分析了一些脊椎动物的基因组，发现温血脊椎动物的基因组 GC 含量要比冷血脊椎动物的高；Galtier 等和 Hurst 等研究了原核基因组 GC 含量与生物最适生长温度的相关性，发现总体上相关性并不明显，而一些 RNA（如 16S rRNA）的 GC 含量却与相应细菌的最适生长温度有较好的相关性（王正朝，2019）。

3.1.2　真核生物细胞核基因组

真核生物的基因组普遍比原核生物基因组要大。单个细胞核中 DNA 含量通常用皮克（pg）或是百万碱基对数（Mb）表示。这两种表示方法可以通过 1 pg DNA 大约相当于 1000Mb 来相互换算。例如，人的单倍体基因组大小为 $3.2×10^9$ bp，含有 3 万个左右的基因。真核生物染色体通常具有多个复制起始点，但每个复制子的平均长度较小。

真核生物 DNA 在细胞中会和蛋白质结合包装成染色体。整个基因组分布在细胞核内的多条染色体中。真核生物 DNA 在细胞周期内的大部分时间以染色质（chromatin）形式存在。染色质的基本单位是核小体（nucleosome）。

真核生物的体细胞一般是双倍体，含有两份同源的基因组。真核基因组含有许多来源相同、结构相似、功能相关的基因，在染色体上成串存在，这样的一组基因称为基因家族（gene family）。多基因家族是真核生物基因组的一个重要特征。真核细胞的基因无操纵子，转录产物是单顺反子，一个结构基因经过转录和翻译生成一个 mRNA 和一条多肽链。真核基因组含有大量重复序列，重复次数可达百万次以上。真核生物基因组中非编码序列多于编码序列。真核细胞的基因含有内含子，结构基因通常是不连续的，称为断裂基因（split gene）。

3.1.3 真核生物细胞器基因组

真核细胞的细胞器如叶绿体、线粒体也含极少量 DNA，所占比例不到细胞全部 DNA 的 1%。叶绿体是质体的一种，在植物中普遍存在，它拥有自身完整的一套基因组，是植物细胞内具有自主遗传信息的重要细胞器。叶绿体基因组具有以下特点：基因组结构及基因含量相对保守，保证了类群间的同源性；母系单亲遗传，除反向重复区外，所有基因均为单拷贝，保证了物种间基因的直系同源；基因组虽小，但可以提供大量的数据信息，其核苷酸和氨基酸序列及基因组特征均可作为系统发育分析的有效资源；植物体内叶绿体拷贝数量较多，易提取、纯化及测序，且费用较低。

1986 年，烟草（*Nicotiana tabacum*）和地钱（*Marchantia polymorpha*）的叶绿体全基因组序列测序完成，这是最早报道的两种植物叶绿体全基因组序列。截至 2021 年 9 月，NCBI 数据库上已有 1000 多个叶绿体基因组序列公布。

以茄科烟草属的烟草为例（图 3-3），茄科植物叶绿体基因组 DNA 一般为环式双链结构，双链环形 DNA 由 4 个基本部分组成，两个反向重复区（inverted repeat，IR）把基因组分隔为大单拷贝区（large single copy，LSC）和小单拷贝区（small single copy，SSC）。这两个 IR 区域的序列相同，但方向相反。茄科植物叶绿体基因组大小一般为 120～170kb，LSC 区长度为 80～90kb，SSC 区长度为 16～27kb。两个 IR 大小为 20～25kb，是叶绿体基因组进化过程中延展或缩小的区域。

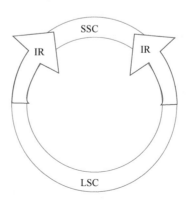

图 3-3 茄科植物叶绿体基因组模式图

茄科植物叶绿体基因组含有许多功能基因,大体可以分为 3 类:遗传系统基因、光合系统基因和其他功能未知基因。遗传系统基因是指与转录和翻译有关的基因,包括编码 rRNA、tRNA、核糖体蛋白亚基、RNA 聚合酶、RNA 成熟酶及叶绿体蛋白酶亚基等基因;光合系统基因包括光系统 I 基因和光系统 II 基因、细胞色素 b6f 复合体基因、ATP 合酶基因、NAD(P)H 脱氢酶基因、Rubisco 大亚基基因以及 cemA;此外,还有一些功能未知基因,包括一些保守的开放阅读框,以及出现于部分植物叶绿体基因组的 chlB、chlL 和 chlN(焦凯丽等,2019)。

根据美国国立生物技术信息中心(National Center of Biotechnology Information,NCBI)已公布的叶绿体基因组信息,目前全世界有 240 多家研究单位正致力于叶绿体基因组研究,涉及的研究对象达 20 余个科。植物叶绿体基因组的长度主要集中在 140~160kb 范围内,GC 含量多为 35%~40%,编码 80~100 个基因。大部分开花植物的叶绿体基因组结构高度保守。叶绿体基因组在物种间变化不大,所有的基因组都有相似的组成。高等植物叶绿体基因组都有两段较大的反向重复区段,反向重复结构可阻止叶绿体基因组的分子内重组,使其保持较为稳定的组成。植物叶绿体基因组进化速度较慢,因而长期被用于植物分类及分子进化研究。基于叶绿体全基因组的物种鉴定及系统进化研究是植物系统分类生物学的一个发展趋势,正受到越来越多学者的关注和认可。

线粒体是具有双层膜结构、独特 DNA 分子和完整遗传信息传递与表达系统的半自主性细胞器。它是细胞进行生物氧化和能量转换的主要场所,参与细胞凋亡等许多生命活动,在真核细胞中广泛存在。真核生物的线粒体 DNA(mtDNA)多为共价闭合双链环状结构,编码线粒体的 tRNA、rRNA 和一些蛋白质,全长约有 14kb。当然,95% 以上的线粒体蛋白是由核 DNA 编码的,当细胞分裂时,线粒体 DNA 也可以复制,并进入子代细胞器中。

线粒体基因组的大小与生物复杂性无关。许多动物的线粒体基因组都很小,基因之间缺少间隔序列。人类线粒体基因组总长仅为 16 569bp,编码 37 个基因,包括 2 个 rRNA 基因、12 个 tRNA 基因和 13 个蛋白质编码基因(图 3-4)。脊椎动物线粒体基因之间很少有间隔序列,整个人类线粒体基因组只有 87bp 是无功能的。核糖体 RNA 基因极短,

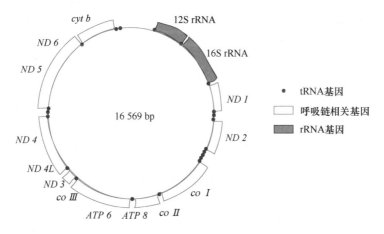

图 3-4　人类细胞线粒体基因组

大小亚基 rRNA 的沉降系数分别为 16S 和 12S，比细菌和真核生物细胞中的 rRNA 小得多。有的基因缺少终止密码子，需要在 RNA 编辑时产生（李天杰等，2016）。

低等真核生物和显花植物线粒体要大许多，许多线粒体基因有内含子，且基因组含有许多较短的重复序列。酵母线粒体基因组见图 3-5。重复序列之间的重组常导致线粒体基因组的重排，因此高等植物线粒体基因组的大小变化很大，在 200~2500bp 范围内，有很多非编码序列。大多数高等植物线粒体基因组都具有结构非均一性，即在同一个线粒体中含有多个线性和环状 DNA（王如意等，2019）。

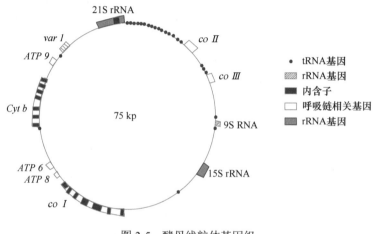

图 3-5 酵母线粒体基因组

线粒体 DNA 易发生突变且不易修复，是线粒体疾病发生的重要诱因，包括 Leber 遗传视神经病、线粒体肌病和 Kearns-Sayre 综合征等。由于线粒体结构功能和遗传的重要性及特殊性，mtDNA 在临床疾病的诊治、法医学鉴定、遗传学及系统发育学等方面得到广泛应用。1981 年，*Nature* 杂志公布了人类线粒体基因组的全部序列，之后越来越多的无脊椎动物和脊椎动物 mtDNA 测序工作完成。近年来，GenBank 中动物线粒体基因组报道的数目呈指数级增加；仅在 2015 年，*Mitochondrial DNA* 上收录的文章中线粒体相关报道就达上千篇，众多生物的线粒体基因组图谱已经被绘制成功并公布出来。

与核基因组相比，mtDNA 相对很小，其独特的环状结构、在细胞中远离核基因组的分布，都在一定程度上有利于 mtDNA 的分离、复制和全基因组测序。线粒体基因组几乎全是编码序列，所以从功能角度分析，其本身已经属于外显子组的定义范畴。由于 mtDNA 在细胞中的拷贝数可以达到数百甚至数万，线粒体基因组在外显子组测序数据中的覆盖度很高，甚至超过目标测序区域。

3.2 遗 传 图 谱

通过遗传重组得到的基因在具体染色体上线性排列的图谱称为遗传连锁图，简称遗传图谱。遗传图谱可以用经典的连锁作图，以遗传表型为标记，测定在减数分裂中重组值的数据；也可以依赖放射线诱导染色体的断裂进行作图。

遗传图谱的单位是厘摩（centimorgan，cM），一个厘摩是一个遗传图距单位，即重组值为 1%，相当于 1 Mb（10^6bp）DNA。1 cM 所含的 DNA 分子序列长度随物种及染色体部位等而异。辐射杂种的作图单位为厘镭（centiRay，cR），定义为 DNA 分子暴露在 N rad X 射线剂量下，两个分子标记之间发生 1%断裂的频率。两个标记在染色体上的位置离开越远，其发生断裂的可能性越高。

遗传图谱的构建主要包括以下四个步骤。第一步，选择适合的遗传标记。依据标记的特点、实验条件、作图作物的生长发育特性、对该物种的研究情况以及实验目的等决定具体选用何种标记。第二步，根据遗传材料之间的多态性确定亲本组合，建立一个能充分、准确地反映染色体重组交换的分离群体，这个群体包含的交换信息越多、越均衡、越准确，则构建的遗传图谱越能真实地反映客观的染色体结构。通常用于构建遗传图谱的分离群体有 F_2 群体、F_3 家系、重组自交系（RIL）、DH 系、回交一代（BC_1）等。第三步，搜集反映染色体交换信息的遗传标记。第四步，进行数据的处理分析，构建连锁群。

遗传图谱是基因组研究的基础，反映了遗传标记与少数功能基因之间的相对关系，是开展重要性状基因位点分析的基础。经典的遗传图谱是以形态、同工酶等生理生化常规标记来构建的，而现在的分子连锁遗传图谱则基本上是以 DNA 分子标记为主要标记而构建的。遗传连锁群中 DNA 标记的数量、分布状态和杂合度会影响遗传图谱的应用。

遗传图谱作图的基本原理是染色体的交换与重组，即同源染色体减数分裂过程中发生交换，使染色体上的基因发生重组。两个基因之间发生重组的频率取决它们之间的相对距离。因此，只要准确地估算出交换值，进而确定基因在染色体上的相对位置，就可以绘制出连锁遗传图。遗传作图一般是通过两点测验和三点测验来进行。

数十年来，遗传学家利用形态标记、生化标记和传统的细胞遗传学方法，为构建各种主要作物的遗传图谱进行了大量工作，并取得很多进展。但植物中可以用肉眼区分的形态标记数量非常有限，很难利用形态学标记对整个基因组进行分析，而且形态学标记的多态性是遗传与环境相互作用的综合结果，受环境影响较大，加之形态标记的数目及多态性非常有限，所以在构建遗传图谱时有很大局限性。同工酶等生化标记检测的方法相对较为简便和快速，费用也不高，然而遗憾的是，迄今为止人们知道的同工酶位点数太少，而且只分布在染色体组的部分染色体上，仅在特定组织和时期表达，因此其应用受到限制，用这种方法还不能绘成一张详尽的遗传图谱。因此，人们需要一种更为有效的遗传标记以绘制详尽的遗传图谱。

目前，遗传图谱的发展趋势是高饱和化、实用化和通用化。高饱和化即增加图谱上标记的密度，高密度的遗传图谱有助于基因定位、物理图谱的构建、基于图谱的基因克隆和精确分析数量性状基因；实用化即遗传连锁图谱可以直接应用到植物育种中，利用遗传连锁图谱导入野生种的有利等位基因；通用化即遗传连锁图谱的信息可以在种内甚至种间交流，而不局限于作图亲本（吴龙芬等，2019）。

3.3　物　理　图　谱

物理作图（physical mapping）是指采用分子生物学技术直接将 DNA 分子标记、基因或克隆标定在基因组的具体位置。物理作图获得的位置图就是物理图谱（physical map）。物理图谱的距离按照方法不同而异，例如，辐射杂种作图的图距单位为厘镭，限制性片段作图与克隆作图的图距为 DNA 分子长度，即碱基对。物理图谱可以用遗传重组以外的基因定位方法，得到基因线性排列图。它可以采用已定位的 DNA 序列标签位点（sequence tagged site，STS）为路标、以 DNA 的实际长度（bp、kb、Mb）为图距的基因图谱，显示染色体上基因的绝对位置关系，图谱上的距离反映 DNA 的碱基数。

物理图谱以大片段的基因组 DNA 分子为基本单位，以连续的重叠群体为基本框架，通过遗传标记将重叠群或基因组 DNA 分子排列在染色体上，描绘 DNA 上可以识别的标记位置和相互之间的距离（以碱基对的数目为衡量单位），这些可以识别的标记包括限制性内切核酸酶的酶切位点、基因等。例如，水稻物理图谱指的是将水稻基因组 DNA 用酶切割成许多 DNA 片段，再按照水稻基因组天然的结构将这些片段重新排列成 12 条染色体。

物理作图一般有四类：限制性作图（restriction mapping）、基于克隆的基因组作图（clone-based mapping）、荧光原位杂交（fluorescence *in situ* hybridization，FISH）和序列标签位点（STS）作图。

转录图谱是指利用表达序列标签（expressed sequence tag，EST）作为标记所构建的分子遗传图谱，本质上是序列标签位点作图。由于 EST 是蛋白质合成和最终决定形态性状、组织器官特征的基因模板的产物，因此得到的转录图谱可称为基因组表达图谱，可以利用该图谱系统研究基因功能。这些 EST 不仅为基因组遗传图谱的构建提供了大量分子标记，而且来自不同物种、不同生育期、不同组织器官的 EST 也为基因功能的比较研究、新基因的发现和鉴定提供了非常有价值的信息。此外，EST 还可以为基因功能鉴定提供候选基因。

物理图谱的绘制可以将克隆基因或 DNA 标记精确地定位于染色体上，对于定位克隆重要性状功能基因和研究物种进化有着十分关键的作用，可以为遗传结构的改造和遗传工程育种提供理论依据。

3.3.1　作图文库

高精度的物理图谱构建是利用限制性内切核酸酶将染色体切成片段，再根据重叠序列确定片段间连接序列及遗传标记之间物理距离来构建图谱。植物基因组的物理图谱构建广泛采用脉冲电泳，大概 1Mb 以上的 DNA 片段均可以进行分析。

基因组文库在构建高精度的物理图谱时是必需的。基因组文库可利用能携带较大插入序列的载体构建，如 YAC（酵母人工染色体）、BAC（细菌人工染色体）和 Cosmid（柯斯质粒）克隆，可以分别插入 400~600kb、100~150kb 和 40kb 左右的 DNA 片段。基因间或基因相对重复序列的物理分布，可通过分析与其杂交的克隆推断，也可以利用基因组文库进行基于作图的克隆，即遗传连锁标记先杂交到文库中，然后通过染色体步移鉴定带有拟克隆基因的较大的重叠群（contig，一组从基因组中克隆的重叠 DNA 序列）。以水稻物理图谱的构建为例，首先将水稻染色体用限制性内切核酸酶切割成许多小的 DNA 片段，并把它们装入用细菌染色体载体库（BAC）或人工酵母染色体库（YAC），使水稻的 DNA 小片段在载体库中复制和扩增，然后综合利用电泳分析和计算机辅助计算绘制成物理图谱。

在早期的植物基因组研究中，已经建立了水稻、拟南芥和番茄的 YAC 文库，以及拟南芥、大豆和水稻的 BAC 文库等。这些文库的建立极大地促进了植物物理图谱的构建。例如，拟南芥的 YAC 文库覆盖了拟南芥 4 号染色体 90%和 2 号染色体 80%的核苷酸序列。

转录图谱的作图原理与遗传图谱相似，但它是以表达序列标签（EST）作为标记所构建的分子遗传图谱。EST 一般长 100～500bp，是从生物组织提取 mRNA 后，利用反转录法从 mRNA 合成相应的互补 cDNA 片段。再以 EST 作为探针，就可以从基因组文库中筛选到全长的基因序列。目前已经建立了人类、拟南芥、水稻、小麦等物种的 EST 文库。

由于转录图谱的构建以 EST 作为分子标记，通过随机测序有时难以获得低丰度表达的基因，以及某些在生物胁迫和非生物胁迫环境条件下诱导表达的基因。为了弥补 EST 的不足，必须开展基因组测序。通过分析基因组序列能够获得基因组结构的完整信息，例如，基因在染色体上的排列顺序、基因间的间隔区结构、启动子的结构以及内含子的分布等。

3.3.1.1　限制性作图

基因组 DNA 经过限制性内切核酸酶（简称限制酶）酶切会产生 DNA 片段。不同限制酶识别的序列各异，大多数限制酶的识别序列为 4～6 个碱基对，但也有一些限制酶的识别序列为 7、8 个甚至更多的碱基对（表 3-3）。现已发现有 2500 多种限制性内切核酸酶，常用的有 300 多种。

表 3-3　常用限制性内切核酸酶及其识别序列位点

限制性内切核酸酶	识别序列位点（5′→3′）
I -Sce I	TAGGGATAA/CAGGGTAAT
VDE	TATSYATGYYGGTGY/GGRGAARKMGA/AWGAAWC
I -Ceu I	TAACTATAACAATAATA/AGGTAGCGA
I -Tli I	GGTTCTTTATGCGGACAC/TGACGGCTTTATG
I -Ppo I	CTCTCTTAA/GGTAGC
	识别序列大于 6 碱基
Pac I	TTAAT/TAA
Pme I	GTTT/AAAC
Swa I	ATTT/AAAT
Sse83888t I	CCTGCAGC
	识别序列大于 6 碱基，可针对 CpG 岛序列
Not I	GC/GGCCGC
Srf I	GCCC/GGGC
Sfi I	GGCCNNNN/NGGCC

续表

限制性内切核酸酶	识别序列位点（5′→3′）
	识别 CpG 岛序列，产生大于 200kb 片段
Mlu I	A/CGCGT
Sal I	G/TCGAC
Nru I	TCG/CGA
Eag I	C/GGCCG
Sac II	CCGC/GG

注：N 代表任意碱基；R 代表 A 或 G；Y 代表 C 或 T；M 代表 A 或 C；K 代表 G 或 T；S 代表 G 或 C；W 代表 A 或 T

构建限制图谱的方法是将样品分成 3 组，首先用一种限制酶处理第一组样品，经过琼脂糖凝胶电泳分离染色后，可以见到大小确定的 DNA 片段；然后用第二种限制酶处理样品获得第二组样品；最后用两种酶混合处理，获得第三组样品。根据上述电泳结果，综合分析这些片段序列大小，进行对比组装（图 3-6）。

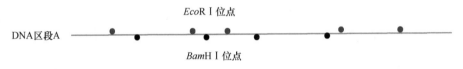

图 3-6 同一段 DNA 分子上有不同的限制酶酶切位点

如果样品 DNA 中的限制酶酶切位点少，用常规的限制酶即可绘制 DNA 物理图。如果 DNA 很长，酶切位点很多，产生的条带非常多，会增加分辨单个条带的难度。限制酶作图使用 50kb 以下的 DNA 分子作图，但 50kb 远远低于细菌和真核细胞染色体的长度，只能用于少数病毒和细胞器基因组。随着稀有酶切位点限制酶的发现，扩大了限制性作图的使用范围，在低等生物基因组及大片段 DNA 克隆片段的物理图谱绘制中广泛使用。限制性作图的特点是快速，但是因为大基因组可能产生太多 DNA 片段，造成后续分析和组装困难，所以并不适合用于大基因组的限制性作图。

3.3.1.2 辐射杂种作图

辐射杂种（radiation hybrid）是含有另一种生物染色体片段的啮齿类细胞。人体细胞在 3000～8000 拉德（rad）剂量的 X 射线处理下，染色体会随机断裂。辐射的 X 射线剂量越大，产生的染色体片段越小。经辐射处理的人体细胞很快死亡，但若在辐射后立即将处理过的细胞与未辐射的仓鼠或其他鼠类细胞融合，人体细胞染色体片段会整合到鼠类染色体中进行扩增。聚乙二醇（polyethylene glycol，PEG）或仙台病毒（Sendai virus）可以诱导细胞融合。为了筛选杂种细胞，一般用不能合成胸苷激酶（thymidine kinase，TK）或次黄嘌呤磷酸核糖基转移酶（hypoxanthine phosphoribosyl transferase，HPRT）的鼠类细胞，这种细胞在 HAT 培养基中会死亡，而融合的杂种细胞却可以生长。由此可以获得一系列随机插入人类 5～10Mb DNA 片段的杂种细胞（图 3-7）。

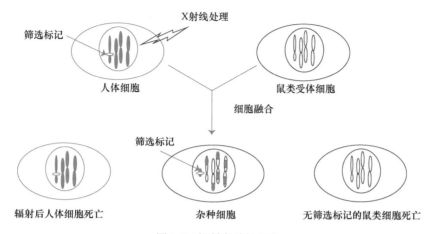

图 3-7　辐射杂种的制备

　　有的杂种仅含有特定的单个人体染色体，将这些杂种细菌继续用辐射处理，再与仓鼠细胞融合，筛选出杂种细胞。它们或者含有人类染色体片段，或者含有仓鼠染色体片段，或者兼而有之。用人类基因组中广泛分布的重复序列，如短散在核元件（short interspersed nuclear element，SINE）Alu 作为探针，可以筛选出只含有人类染色体片段的杂种细胞。Alu 序列在人基因组中的重复拷贝数为 7.5×10^5，平均每 4kb 就含有 1 个 Alu 序列。一旦确定含有单个人染色体片段的杂种细胞后，就可以采用 PCR 方法检测 STS 标记及其连锁情况。

　　人类基因组辐射杂种作图最初采用特定染色体，因为单个染色体作图所用的杂种数量要比全基因组少许多。一个高分辨率的单个染色体的作图要求 100～200 个杂种群，很适合常规的 PCR 检测程序。全基因组辐射杂种作图在人类基因组计划的物理图谱绘制中非常重要。

　　辐射杂种作图适合大基因组物理图谱的构建，该方法主要利用基因组中序列标记位点（sequence-tagged site，STS）进行作图。每个 STS 都由独一无二的序列组成，在染色体上的位置是确定的。位于染色体上相邻的 STS 在外力作用下断裂或被酶切时，位置邻近的 STS 出现在同一个 DNA 片段中的概率大，而位置较远的 STS 出现在不同 DNA 片段中的概率大。当两个 DNA 片段具有同一 STS 时，表明这两个 DNA 片段重叠。用于作图的 STS 一般为长度 100～500bp 的已知序列，可以通过设计特异性 PCR 引物来检测不同的 DNA 片段中是否存在这一序列。STS 可以从表达序列标签（EST）、短串联重复序列（short tandem repeat，STR）等标记中筛选。需要注意的是，用于筛选的 EST 须来自单拷贝基因或者位于基因家族成员基因的非翻译区。在基因的非翻译区，同一基因家族中不同成员的序列常常具有专一性。辐射杂种作图的分辨率可达到 50kb，对于一些缺少遗传作图资源的模式生物基因组图谱绘制具有重要意义。

3.3.1.3　DNA 片段的分离

　　在琼脂糖凝胶电泳中，DNA 分子的长度与迁移率在一定的范围内呈线性关系，随着 DNA 分子长度的增加，凝胶电泳的分辨率下降。常规琼脂糖凝胶电泳只能分离约 30kb

以下的 DNA 分子。大于 30kb 的 DNA 在常规琼脂糖凝胶电泳中彼此挤压，形成单一的 DNA 条带，无法分辨（图 3-8）。稀有酶切位点限制酶产生的 DNA 片段长度往往超过 50kb，一般无法使用常规的琼脂糖凝胶电泳分离。

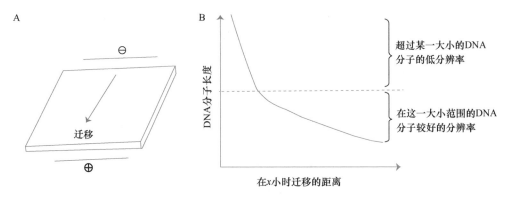

图 3-8 传统琼脂糖凝胶电泳（A）及其限制性（B）

大于 30kb 的 DNA 需要脉冲场凝胶电泳（pulsed field gel electrophoresis，PFGE）来分离。PFGE 的原理是用方向不断变换的电场取代简单的单一电场，使电泳中受阻的 DNA 分子在电场改变时扭转迁移方向，达到分离的目的。正交交变电场凝胶电泳（orthogonal field alternation gel electrophoresis，OFAGE）可以分辨大分子 DNA 片段，甚至可以将酵母的染色体彼此分开（图 3-9）。

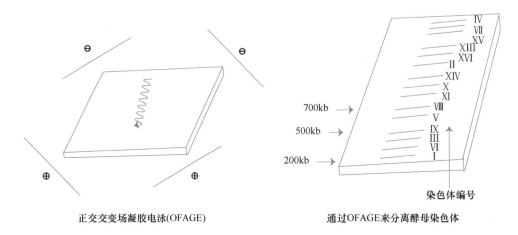

图 3-9 利用正交交变电场凝胶电泳分离酵母染色体示意图

通过凝胶电泳分离纯化单一染色体上的 DNA，可以制备一系列染色体基因文库。每一个文库含有一条染色体上的全部基因，这比完整基因组文库更容易处理。此外，还可以通过 Southern 转移和杂交，将染色体分子固定在硝酸纤维素膜或尼龙膜上。通过这种方法，可以鉴定出携带着目的克隆或基因的染色体。

3.3.1.4 DNA 片段的克隆载体

DNA 片段的克隆载体有酵母人工染色体、噬菌体 P1 载体、细菌人工染色体、P1 人工染色体、F 黏粒等。克隆大于 100kb DNA 片段需要使用酵母人工染色体（yeast artificial chromosome，YAC）。YAC 载体的物理图谱见图 3-8，其中的 *ARS1* 在细胞中具有启动染色体复制的功能。*TRP1* 和 *URA3* 基因可以让酵母在基本培养基上生长，缺少这两个基因的受体酵母只能在添加色氨酸和尿苷酸的培养基上生长。转化之后，含有这个 pYAC2 载体的受体菌可以在基本培养基上生长。载体是否插入了外源基因，可以通过检测 SUP4 酶的活性监测。在插入片段存在时，SUP4 失活，克隆显示红色；没有插入片段时，克隆为白色。

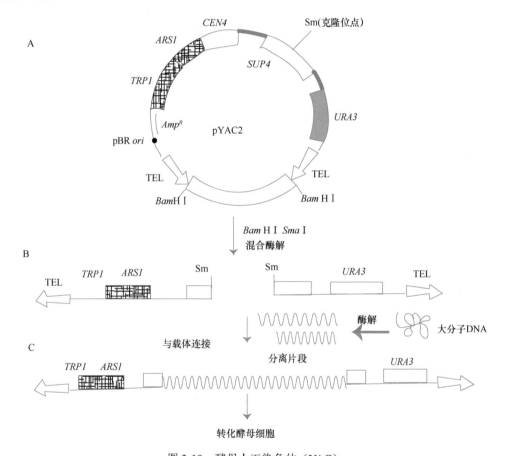

图 3-10　酵母人工染色体（YAC）

A. 酵母人工染色体 pYAC2 物理图谱；B. 外源 DNA 的克隆；C. 重组的酵母人工染色体。*CEN4*，酵母 4 号染色体着丝粒；*ARS1*，酵母自主复制序列 1；pBR *ori*，大肠杆菌质粒复制起始点；*Amp^R*，质粒扩增筛选基因

噬菌体 P1 载体与 λ 载体类似，通过将天然噬菌体基因组中的一定区域缺失而构成，该序列缺失区域可以容纳长度达 125kb 的外源 DNA 片段。细菌人工染色体（bacterial artificial chromosome，BAC）来源于大肠杆菌中天然的 F 质粒。F 质粒与一般质粒有两点不同：可以单拷贝复制；相对分子质量大。这个载体可以容纳 300kb 以上的片段，而且比较稳定。

P1 人工染色体又称 PAC（phage P1 artificial chromosome），它结合了 P1 载体与 BAC 载体的优点，可容纳 300kb 的片段（图 3-11）。

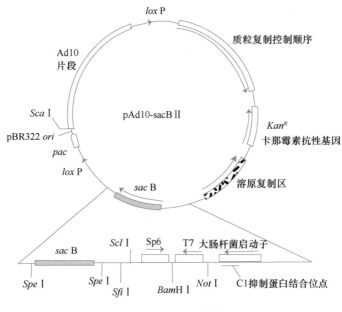

图 3-11   PAC 载体

Sac 基因编码的蛋白质是果聚-蔗糖酶，可以将蔗糖转变为果聚糖。果聚糖的积累可使大肠杆菌致死，在 2%蔗糖存在时，细菌不能生长。当外源基因插入到克隆位点后，可以阻止果聚-蔗糖酶的表达，所以只有重组子能够存活。

3.3.1.5   作图文库大小

作图文库的大小与基因组的碱基数和克隆片段大小有关。例如，高等植物中，最小的拟南芥基因组为 $1.0×10^8$ bp（黄娟和李家洋，2001）。如果克隆的 DNA 平均长度为 40kb，覆盖一个单倍体拟南芥基因组必须有 2500 个克隆，才能达到 95%的覆盖率；若要达到 99.9%的覆盖率，则需要 25 000 个克隆。常见生物作图文库需要的克隆数目见表 3-4。

表 3-4   常见生物作图文库需要的克隆数目

物种名称	基因组大小/bp	克隆数目	
		17kb 片段	35kb 片段
大肠杆菌	$4.6×10^6$	820	410
酿酒酵母	$1.8×10^7$	3 225	1 500
果蝇	$1.2×10^8$	21 500	10 000
水稻	$5.7×10^8$	100 000	49 000
人	$3.2×10^9$	564 000	274 000
蛙	$2.3×10^{10}$	4 053 000	1 969 000

人类基因组是拟南芥基因组的 30 倍，含有 30 亿个碱基对，如果每个克隆中的 DNA 平均长度为 40kb，覆盖一个人基因组必须有 75 000 个克隆。所以，当基因组比较大时，需要用能够容纳大分子 DNA 片段的克隆载体，以便减少克隆数目。

3.3.2 物理图谱的构建

物理图谱一般将整个基因组中每一条染色体分成片段，然后整合所有片段，拼接为一个连续的 DNA 分子。构建物理图谱时，需要对重叠群进行排序。如果遇到含有较长的随机重复序列的区域，如编码核糖体大亚基 RNA 的基因，则容易产生错误。

3.3.2.1 重叠群

重叠群（contig）为 contiguous 的缩写，是染色体上一段连锁的 DNA 区域，由多个重叠的 DNA 克隆片段所组成。借助 STS 可以将多个 DNA 片段排列起来，形成重叠群（图 3-12）。染色体重叠群可以组合成重叠群图谱。在同一个克隆中，STS 标记是连锁的。一个基因组重叠群可以定义为一个连锁的 DNA 区域，由多个重叠的克隆片段所组成。但是，人工染色体可以将两个不连锁的 DNA 片段人为地连在一起，造成假连锁。

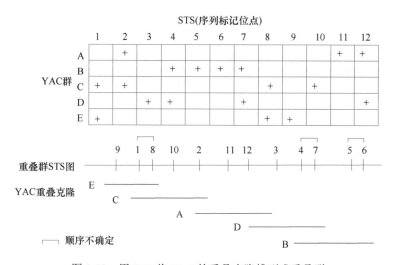

图 3-12　用 STS 将 YAC 的重叠克隆排列成重叠群

3.3.2.2 染色体步移

染色体步移是指由生物基因组或基因组文库中的已知序列出发，逐步探知其旁邻的未知序列，或与已知序列呈线性关系的目的核苷酸序列。染色体步移是一种重要的分子生物学研究技术，可以有效克隆已知序列的侧翼未知序列。该技术常用于：鉴定 T-DNA或转座子的插入位点，探知特定位点的上游和下游序列，进行 PAC、YAC 和 BAC 的片段拼接，找寻已知基因的启动子和调控元件等。

该方法一般是从基因组文库中挑选一个指定的或随机的克隆，将该起始克隆的末端序列分离纯化作为探针，然后在基因组文库中寻找与之重叠的第二个克隆；在第二个克隆的基础上，继续用同样的方法寻找第三个重叠的克隆，依次延伸，直到完成所需要的重叠群（图 3-13）。染色体步移的速度缓慢，仅适合小基因组及小区段染色体的物理图谱绘制。对大基因组物理图谱的绘制，需要寻找更加快捷的方法。

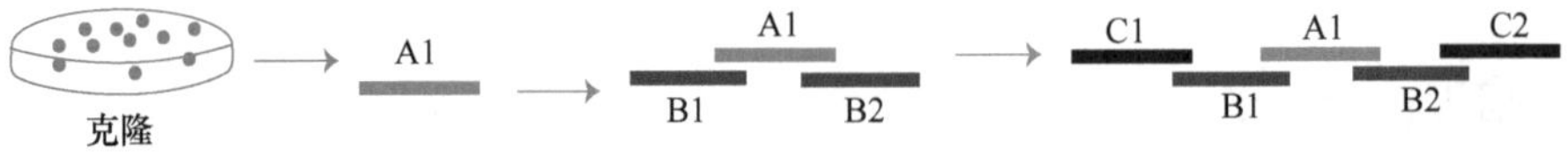

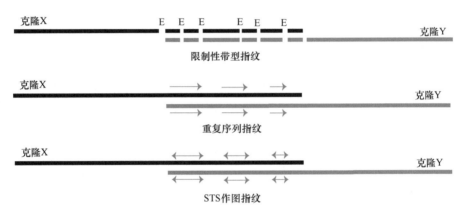

图 3-13 染色体步移

3.3.2.3 指纹作图

指纹作图法已经被证明是一种可靠的作图方法。在基因组查找重叠的克隆，最好的方法就是克隆指纹（clone fingerprinting）排序。克隆指纹是指 DNA 片段经过凝胶电泳后产生的特定排列顺序的 DNA 条带。每个克隆的 DNA 序列都有特定的指纹。如果两个 DNA 克隆含有部分重叠的序列，那么由这些重叠的 DNA 序列产生的 DNA 指纹应该是相同的。如果两个克隆含有部分相同的指纹，那么这两个克隆就含有部分重叠的 DNA 序列（图 3-14）。

图 3-14　3 种克隆指纹分析方法

指纹作图可以利用限制性带型、重复序列 DNA、重复序列 DNA PCR 和 STS 产生的指纹，进行重叠群的排序。限制性带型（restriction pattern）是用不同限制酶处理样品，经凝胶处理产生 DNA 条带。如果两个克隆产生的 DNA 条带有部分是相同的，说明这两个克隆含有重叠的序列。重复 DNA 指纹（repetitive pattern DNA fingerprint）是指将不同克隆的 DNA 限制性片段电泳后转移到杂交膜中，用一种或几种基因组成的重复序列作为探针与之杂交，如果出现相同的杂交带型，就说明这两个克隆是重叠的。重复 DNA PCR（repetitive DNA PCR）或穿插重复元件 PCR（interspersed repeat element PCR，IRE-PCR）指纹是首先设计一对与重复序列互补的引物，对检测的克隆进行 PCR 扩增，产生很多 DNA 条带。如果两个克隆具有相同的 PCR 引物，说明含有重叠的序列。其原因是分散重复序列在基因组中的密度很高，它们与单一序列间隔排列，很少串联。两个相邻重复序列之间的单一序列长度是不一致的。例如，人类基因组中有广泛分布的重复序列 Alu 家族，平均 4～6kb 中就有一个 Alu 序列。一个 150kb 的 BAC 克隆中可以获得 38 个 PCR 产物，有足够的指纹可供分辨。STS 作图（STS content mapping）的原理是：STS 是已知的单一序列，根据某个 STS 序列设计专一性引物，可对大量的单个克隆进行 PCR 检测，凡是能扩增出条带的克隆均含有重叠序列。

　　基因组遗传图谱和物理图谱的绘制是根据不同的作图原理，采用不同的作图方法得到的。因为实验误差，物理图谱和遗传图谱在染色体的某些区段会存在同一分子标记所处位置不相同的现象。这些差异需要进行整合。

　　因为每个分子标记的序列是单一的，在染色体上都只有一个特定的对应位置，因此可以通过分子标记使克隆重叠群物理图谱与遗传图谱彼此衔接。这些用于衔接不同基因组图的分子标记又称为锚定标记（anchored marker）。如果同一连锁群上所有的分子标记在遗传图谱和物理图谱上的排列次序是相同的，说明遗传图谱和物理图谱之间吻合良好；如果分子标记在遗传图谱和物理图谱上的排列次序出现差异，说明其中一定存在错误，必须重新验证。通过将遗传图谱和物理图谱整合，可以把来源不同的分子标记归并在一张整合图上，提高了基因组整合图（integrated genome map）的分子标记密度，有利于基因组的测序和序列组装（徐晋麟等，2015）。

3.3.3　物理图谱和遗传图谱比较

　　物理图谱根据精度高低可以分为两种。染色体图谱（或称细胞遗传学图谱）是精度低的物理图谱，直接表明染色体上基因的位置，用染色体带型表示。染色体是一个三维的螺旋体，对染色体的某一具体位点来说，有多个核苷酸片段在这一位点相互重叠或交叉连接，基因间的实际碱基长度要比遗传图谱上的重组交换的直线距离大很多。

　　遗传图谱是根据重组率来确定遗传距离，在染色体重组时，交换主要发生在远离着丝点的端部区段，这样势必造成遗传标记位点密集于着丝点附近，因而染色体不同区段的遗传距离与所代表的物理距离差异较大。借助于原位杂交技术，能够真正反映染色体上基因排列确切位置。用标记的 RNA 或 DNA 作为探针与通过细胞学制片得到的染色体进行杂交，就能将这些标记定位到染色体的特定位点上。

　　此外，遗传图谱、物理图谱分别是用不同的方法构建的，只有当它们结合在一起时，才能最有效地发挥作用。STS 是基因组 DNA 序列的一个片段，仅在基因组中出现一次，是一种被广泛用于连接遗传图谱和物理图谱的标记。包含简单重复序列（simple sequence repeat，SSR）的 STS 是遗传连锁图谱的极好标记；而来自基因序列的 STS，如 EST，则有助于在物理图谱上快速定位基因。

3.4　基因组测序

　　1977 年，Walter Gilbert 和 Frederick Sanger 发明了第一台基因测序仪，并应用其测定了第一个物种基因组序列，即噬菌体 ΦX174，该基因组全长为 5375 个碱基。由此开始，人类获得了探索生命遗传本质的能力，生命科学的研究进入了基因组时代。迄今为止的四十多年时间内，测序技术已经取得了相当大的发展，从第一代发展到了第三代测序技术，各阶段的里程碑事件见表 3-5。

表 3-5　测序技术发展里程碑事件

年份	里程碑事件
1977	Sanger 发明 DNA 双脱氧链终止法测序
1981	第一次测得人类线粒体基因组
1990	人类基因组计划启动
1995	第一次得到完整的嗜热流杆菌细菌基因组
1996	第一次得到真核生物酿酒酵母的基因组
2001	人类基因组计划完成
2005	Roche 推出第一台二代测序仪 454 GS20
2007	Illumina 推出二代测序仪 Genetic Analyzer 2
2008	计划启动研究人类微生物组计划
2009	Pacific Biosciences 公司推出 SMRT 测序技术
2011	PacBio 公司发布三代测序仪 PacBio RS
2014	纳米孔测序平台 MinlON 发布
2019	人类微生物组计划第二阶段完成
2020	完整人类 X 染色体端粒到端粒的组装

3.4.1　DNA 测序的方法

　　DNA 测序（DNA sequencing）就是确定 DNA 分子中 4 种化学碱基的排列顺序。DNA 测序是分子生物学相关研究中最常用的技术手段之一。早期测序方法的基本过程包括：将待测序的 DNA 分子进行处理，得到只差 1 个核苷酸的一系列逐步缩短的 DNA 分子混合物；通过凝胶电泳把这些长度不一的 DNA 分子分离开，形成阶梯状排列的条带，再逐步读出 DNA 的碱基序列。

　　DNA 测序技术至今已经发展到了第三代。每一代测序技术的更替都标志着生物学中基因芯片、数据分析、表面化学、生物工程等技术领域有了新的突破，从而应用在了测序领域，大大降低测序成本，提高了测序效率，使测序向着高通量、低成本、高安全性和商业化的方向发展。下面依次介绍 DNA 测序技术的发展历程，以及各代 DNA 测序技术的主要原理和优缺点。

3.4.1.1　第一代 DNA 测序

　　1954 年，Whitfeld 尝试使用层析法对核酸进行测序，这是有关 DNA 测序技术较早的报道。1977 年，Maxam 和 Gilbert 发明的化学降解法（Maxam-Gilbert method）标志着第一代测序技术的出现；同年 12 月，Sanger 等发表了双脱氧链终止法（dideoxy chain termination method），也就是至今仍在被广泛使用的 Sanger 测序法。

　　到了 20 世纪 80 年代，在 Sanger 法的理论基础上，出现了荧光自动测序技术，使得 DNA 测序的效率和安全性有了显著提高。1987 年，Martin 开发出了基于荧光双脱氧链终止法的 DNA 快速自动测序系统。以上 DNA 测序技术均被称为第一代测序技术。人类基因组计划（HGP）自 1985 年被提出，1990 年正式启动，所采用的大规模测序技术正是基于 Sanger 法。1993 年，第一代荧光自动测序仪问世，人类基因组计划真正进入规模化获取人类基因组数据的阶段，这是 DNA 测序技术的一次革命。

1. Maxam-Gilbert 化学降解法

20 世纪 70 年代末期，Maxam 和 Gilbert 率先发明了一种新的 DNA 测序方法——化学降解法，具体是将 5′端被标记的目的 DNA 分子分别进行 5 个各自独立的反应，分别用不同的化学试剂将目的 DNA 分子部分打碎成重复的单个碱基片段，然后进行聚丙烯酰胺凝胶电泳分离，再经过放射自显影，根据不同泳道所显示的条带情况，获得目的 DNA 分子的碱基序列。聚丙烯酰胺凝胶电泳可以把长度只相差一个核苷酸的单链 DNA 分子分离开来，而 5 种不同的化学试剂可以使目的 DNA 分子上特异性的碱基体系断裂，由于断裂后的 DNA 片段长度与其在原 DNA 分子上的位置有关，电泳结果可以按顺序进行分析，得到目的 DNA 碱基序列（孙汶生等，2004）。

化学降解法与 Sanger 法相比，其显著特点是所测序列来自目的 DNA 分子而不是酶促合成产生的拷贝序列，避免了合成时造成的错误，可以分析诸如甲基化等 DNA 修饰的情况，检测 DNA 构象和蛋白质-DNA 的相互作用。但化学降解法操作过程复杂，逐渐被随后发明的 Sanger 法所代替。

2. 双脱氧链终止法

双脱氧链终止法又称 Sanger 测序法，于 1977 年由 Sanger 发明。该方法需要进行单引物的 PCR 反应。主要原理是：双脱氧核苷三磷酸（dideoxyribonucleoside triphosphate，ddNTP）的结构与脱氧核糖核苷三磷酸（deoxy-ribonucleoside triphosphate，dNTP）相比缺少 3′-OH，ddNTP 的掺入阻止了磷酸二酯键的形成，使得用 DNA 聚合酶延伸结合在目的 DNA 模板上引物的反应停止。根据这一特性，Sanger 设计了 4 个相互独立的 PCR 反应。在每个反应中，分别加入足量的 4 种 dNTP 和不同的 ddNTP，其上用特异性的同位素标记（^{32}P、^{35}S），通过 DNA 聚合酶连接在一起，成为目的 DNA 分子的互补链，直到连接 ddNTP 使延伸停止。然后，4 个反应的产物分 4 个泳道，用聚丙烯酰胺凝胶电泳分离，不同长度的引物会被按长短顺序分离，从而可以读出目的 DNA 分子的碱基序列。但是不同泳道的迁移率会有差异，影响最后的测序结果。

Sanger 采用的是末端终止法，目前已可测长达 1000bp 的 DNA 片段，测序结果准确可靠，测序成本大大降低，对每一个碱基的读取准确率高达 99.999%。在高通量基因组鸟枪法测序操作中，使用 Sanger 测序法的费用约为 0.5 美元/1000bp。

Sanger 所发明的测序方法被称为第一代测序技术，该技术直到现在依然被广泛使用，但是其一次只能获得一条长度在 700～1000 个碱基的序列，无法满足现代科学发展对生物基因序列获取的迫切需求。

3. 荧光自动测序技术

因为 DNA 合成链的终止是被放射性元素标记，通过放射自显影读出 DNA 序列。放射性标记会对人的身体健康造成伤害，不能大规模进行。20 世纪 80 年代末期，荧光标记技术凭借着更加安全、简便的特性，逐步取代同位素标记技术，并应用于 Sanger 法。自动化测序的关键是标记方法与手工测序不同。由于荧光标记可以用不同颜色的荧光标记 4 种 ddNTP，使得最后产物的电泳分离过程可以在一个泳道内实现，用激光对 ddNTP 上的荧光标记进行激发，然后检测不同波长的信号，通过计算机处理信号后即可获得碱基序列，很好地解决了原技术中不同泳道迁移率存在差异的问题，同时也提高了测序效率（图 3-15）。

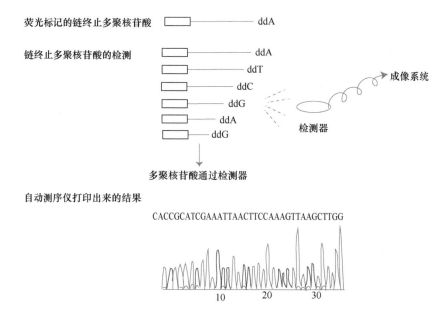

图 3-15 自动 DNA 测序

荧光信号的检测需要一个图像显示系统，它可以使用计算机来读取 DNA 序列，而不再依赖人的眼睛。反应产物被装入聚丙烯酰胺凝胶的单孔井里，或者装入毛细管电泳系统的单管里，之后产物在管中通过荧光探测器。荧光探测器识别出每个信号条带发出的荧光信号并传送给计算机，计算机把这些信息转换成 DNA 序列并打印出来。

到了 20 世纪 90 年代，随着基因组学研究对 DNA 测序技术的需要，毛细管阵列电泳 DNA 测序仪应运而生。此时期，ABI 公司开发的 377 型、373 型测序仪采用了毛细管电泳技术，可以实现电泳过程自动化、并行化，灵敏度高、所需样品少，且快速高效，一定程度上满足了当时基因组学的发展需要，使得人类基因组计划比原定计划提前两年顺利完成。

3.4.1.2 第二代 DNA 测序

高通量测序（high-throughput sequencing，HTS）是对传统 Sanger 测序的革命性变革，解决了第一代测序技术一次只能测定一条序列的限制，一次运行即可同时得到几十万到几百万条核酸分子的序列，因此也被称为新一代测序（next generation sequencing，NGS）或第二代测序。第二代测序技术是对第一代测序技术的划时代变革，主要特点是在真正意义上实现了高通量。现有的技术平台主要包括 Roche/454 GS FLX、Illumina/Sol-exa Genome Analyzer、Helicos BioSciences 公司的 HeliScope™ Single Molecule Sequencer、美国 Danaher Motion 公司推出的 Polonator，以及连接法测序（sequencing by ligation），即通过引物来定位核酸信息；技术平台有 Applied Biosystems/SOLiD™ system。以上技术平台所运用的测序原理均为循环微阵列法。

1. 454 焦磷酸法平台

454 焦磷酸法平台的特点是边合成边测序（sequencing by synthesis，SBS）技术，避免了 Sanger 法存在的宿主菌克隆问题。测序使用了 DNA 聚合酶、三磷酸腺苷硫酸化酶、萤光素酶和三磷酸腺苷双磷酸酶。

测序的原理是：反应底物有 4 种脱氧核苷酸（dATP、dCTP、dGTP、dTTP），每次反应只需添加一种核苷酸；当发生聚合反应时，选中的核苷酸连接前一个核苷酸，释放一个焦磷酸 PPi；释放的焦磷酸在三磷酸腺苷硫酸化酶的催化下与反应池中的 dATP 类似物 5′-磷酸化硫酸腺苷反应产生等摩尔量的 ATP；反应池中的萤光素酶催化 ATP 与荧光素反应发光，最大波长约为 560nm，可用光电倍增管（PMT）或电荷耦合装置（CCD）检测（图 3-16）。

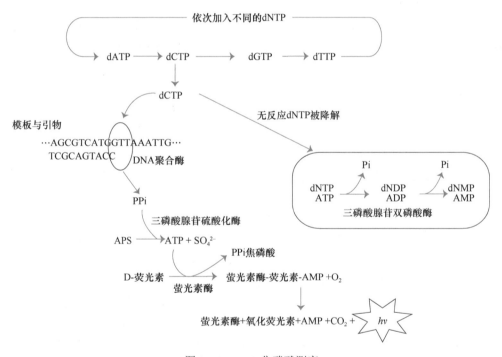

图 3-16 DNA 焦磷酸测序

首先将待测的目的 DNA 分子打断成 300～800bp 的片段，然后在 DNA 片段的 5′端加上一个磷酸基团，3′端变成平端，在两端分别加上 44bp 的 A、B 两个衔接子，组成目的 DNA 的样品文库。加上这样两个衔接子 A、B 的目的是其在生物素和链霉亲和素的作用下，与含有过量链霉亲和素的磁珠特异性结合。目的 DNA 片段固定到一个磁珠上之后，将磁珠包被在单个油水混合小滴（乳滴），在这个乳滴里进行独立的扩增，而没有其他的竞争性或者污染性序列的影响，从而实现了所有目的 DNA 片段进行平行扩增乳滴 PCR（emul-sion PCR，emPCR），经过富集之后，每个磁珠上都有约 10^7 个克隆的 DNA 片段。随后将这些 DNA 片段放入 PTP (pico titer plate) 反应板中进行后继测序。PTP 平板含有 160 多万个由光纤组成的孔,孔中载有化学发光反应所需的各种酶和底物。测序开始时,放置在 4 个单独的试剂瓶里的 4 种碱基,依照 T、A、C、G 的顺序依次循环进入 PTP 平板,每次只进入一个碱基。如果发生碱基配对,就会释放一个焦磷酸盐 (inorganic pyrophosphate,PPi) 分子。PPi 在 ATP 硫酸化酶的催化下与腺苷酰硫酸反应生成 ATP,ATP 与荧光素反应发光,光信号的最大波长约为 560 nm。此反应释放出的光信号实时被感光耦合组件或电荷耦合器件 (charge-coupled device,CCD) 捕获到。有一个碱基和测序模板进行配对,就会捕获到一分子的光信号,由此一一对应,就可以准确、快速地确定待测模板的碱基序列,读长可达近 500bp。

454 测序仪可应用于细菌基因组测序和比较基因组研究、小 RNA 测序和基因组结构研究等,也可利用其高通量的特性对含有大量重复序列的基因组进行测序。454 测序仪最新开发的末端配对测序法则适于发现人类基因组中的结构变异。

2. Solexa 基因组分析仪

Solexa 基因组分析仪通常也被称为 Illumina 测序仪,所使用的方法是克隆单分子阵列技术 (clonal single molecule array)。2007 年年初,Illumina 生物芯片公司以 6 亿美元的价格收购了 Solexa,面向市场推出基于 Solexa 技术的 Illumina HiSeq2500、Illumina Miseq 等分析仪。

测序的原理是:将目的 DNA 分子打断成 100~200bp 的片段,随机连接到固相基质上,经过 Bst 聚合酶延伸和甲酸胺变性的桥 PCR 循环,生成大量的 DNA 簇 (DNA cluster),每个 DNA 簇中约有 1000 个相同序列的 DNA 片段。之后的反应与 Sanger 法类似,加入用 4 种不同荧光标记并结合了可逆终止剂的 dNTP。固相基质上每个孔有 8 道独立检测的位点,所以一次可以并行 8 个独立文库,可容纳数百万的模板克隆,可把多个样品混合在一起检测,每个固相基质上一次可读取 10 亿个碱基。DNA 簇与单链扩增产物的通用序列杂交,由于终止剂的作用,DNA 聚合酶每次循环只延伸一个 dNTP。每次延伸所产生的光信号被标准的微阵列光学检测系统分析测序,下一次循环中把终止剂和荧光标记基团裂解掉,然后继续延伸 dNTP,实现了边合成边测序 (徐子勤,2007)。

该方法的主要缺点是:由于光信号衰减和移相的原因,使得序列读长较短,每个 DNA 测序片段的末端双向测序反应的读长仅为 75bp。该方法在真核全基因组测序、基因组重测序、小 RNA 测序、基因突变和基因多态性的大规模筛查等研究领域中都有着广泛的应用,例如,对于 microRNA、long intergenic non-coding RNA (LincRNA) 等生物标记物的鉴定方法,RNA-Seq 有着较高的可信度。

3. SOLiD 高通量测序仪

SOLiD (sequencing by oligonucleotideligationand detection,SOLiD) 测序技术最初是由哈佛大学 Church 研究小组成员 Shendure 等所发明的。使用该技术测序首先需要制备 DNA 文库。SOLiD 技术支持两种测序文库,分别是片段文库 (fragment library) 和配对文库 (mate-paired library)。将待测的 DNA 分子打断,并在两端加上接头,则可组成片段文库。而配对末端文库则是先把 DNA 分子打断,在中间加入 EcoP15 酶切位点和

internal 接头后进行环化，然后用 *Eco*P15 酶切，使得接头的两端各有 27 bp 的碱基，最后在两端加上接头，构成文库，适用于全基因组测序、SNP 分析、结构重排及拷贝数的分析等相关领域。

第二个阶段与 454 焦磷酸测序法相同，加入磁珠等反应元件进行 emPCR 平行扩增，不同的是，该方法中所使用的磁珠只有 1μm。在连接测序中，底物是 8 个碱基的八聚体单链荧光探针，在 5′端分别标记了 CY5、Teaxs Red、CY3 和 6-FAM 这 4 种颜色的荧光染料。3′端的第 1、2 位碱基类别排序分别对应着一个固定的荧光染料，第 3、4、5 位碱基"n"是随机碱基，第 6、7、8 位碱基"z"是可以和任何碱基配对的特殊碱基。一次测序中包括了 5 轮连接反应。每轮连接反应首先是由 3 个碱基"n"介导，将八聚体连接在引物上，测序仪记录荧光染料信号，然后断裂掉碱基"z"，准备连接下一个八聚体。一次循环后，将引物重置，进行第二轮连接反应，反应位置比前一轮错开一位，这样引物上的每个碱基都会有两次机会与第 1、2 位的相连接，显著减小了测序误差。

该技术的创新之处在于双碱基编码（two-base encoding），即通过两个碱基来对应一个荧光信号，这样每一个位点都会被检测两次，具有误差校正功能，能将真正的单碱基突变或 SNP 与随机错误区分开来，降低错误率，可使准确率大于 99.94%。该技术可应用于转录组测序、RNA 定量、microRNA 分析、重测序、3′,5′-RACE、甲基化分析、染色质免疫沉淀（chromatin immunoprecipitation，ChIP）测序等相关领域的研究。

4. HeliScope 测序仪

HeliScope 测序仪是由 Quake 团队设计开发的。从原理上来看，其属于第二代测序仪，是循环芯片测序仪的一种。但是，该测序仪在第二代的基础上引入了单分子测序的概念，被称为 2.5 代。该方法克服了第二代测序技术中需要用 PCR 扩增来增强荧光信号这一技术难题，采用了更加灵敏的图像传感器（charge-coupled device，CCD），可以检测单分子 dNTP 携带的荧光基团发出的信号，单次扫描时间只有 15 ms。并且，HeliScope 利用精密的全内反射显微镜（total internal reflection microscopy）技术，在测序结束后去掉延伸的合成链，从相反的方向再进行另一次测序，生成同一模板的第二个序列信息，双向测序显著提高了原始数据准确度。HeliScope 测序仪和 454 测序仪一样，测序不是同步完成的，而测序速度由每条模板的序列来确定。由于大量的未标记碱基、不发光碱基和污染碱基的掺入，检测确实突变的出错率较高，但检测碱基替换突变的误差率较低。

第二代测序技术虽然测序通量大大增加，但是其获得的单条序列长度很短，想要得到准确的基因序列信息，必须依赖于较高的测序覆盖度和准确的序列拼接技术，最终得到的结果中会存在一定的错误信息。因此，科研人员又发明了第三代测序技术，也称为单分子测序技术，该技术在保证测序通量的基础上，对单条长序列进行从头测序，能够直接得到长度为数万个碱基的核酸序列信息。

3.4.1.3　第三代 DNA 测序

第三代测序技术，又被称为下下一代测序（next-next-generation sequencing），基于单分子读取技术，不需要 PCR 扩增，特别是在甲基化识别，SNP 检测等需要很高分辨率，且第一、第二代测序技术无法胜任的领域有着广泛的应用，如遗传学领域基因定位（含有大量 SNP）、复杂的基因组测序（多倍性或大量重复序列）等。

Pacific Bioscience 公司的单分子实时测序技术（single molecule real-time DNA sequencing），简称 SMRT，不仅可以对大于 3000bp 的非扩增 DNA 样本进行快速测序，还可以检测出甲基化的碱基位点。与 HeliScope 测序仪不同的是，SMRT 将 4 种 dNTP 同时加入反应体系中，用零模波导（zero-mode waveguide，ZMW）的纳米结构，光线进入 ZMW 中会呈指数型衰减，只有靠近基质的部分会被保留，这可以很好地消除背景荧光的干扰，同时也提高了测序速度，拥有超长的读长，且无 GC 偏好等。

Oxford Nanopore Technologies 公司研发的纳米孔单分子测序（nanopore single molecule sequencing）技术是一种全新的第三代测序技术。当单链 DNA 分子穿过生物分子组成的纳米级小孔时，由于不同的碱基形状大小有差异，与孔内的环式糊精（cyclodextrin moiety）分子发生特异性反应，引起电阻变化。只要在纳米孔的两侧加上一个恒定电压，就可以检测到纳米孔的电流变化，从而反映出通过小孔的单链 DNA 分子的碱基排序情况。各代测序技术的特点比较见表 3-6。

表 3-6 各代测序技术的比较

测序技术	测序平台	测序原理	读长	通量	准确率	优点	缺点
一代测序技术	LIFE3730（ABI），LIFE3500（ABI）	Sanger 双脱氧终止法，毛细管电泳法	400～900bp	0.2Mb/run	>99%	读长较长，准确率高	通量小，测序成本较高
二代测序技术	Illumina Hiseq	边合成边测序，可逆链终止法	50～150bp（×2）	750～1500Gb/run	>99%	通量高，单位测序成本低	读长较短，样本制备较烦琐
	Life Tech SOLiD	连接测序法	50bp	30～50 Gb/run	>99%		
	Roche 454	焦磷酸测序法	200～600bp	0.45Gb/run	>99%		
三代测序技术	PacBio RS	DNA 单分子测序，纳米孔测序	1000～10 000bp	0.5～9 Gb/run	<90%	读长较长，样本制备较简单	准确率较低
	Oxford Nanopore Minlon	纳米孔测序	平均读长 5400bp	30～400bp/s	<90%		

近几年，纳米孔单分子测序技术发展迅猛，研究产生了生物纳米孔、固态纳米孔及其他新型纳米孔，如二维单层纳米孔、DNA 折纸纳米孔和超短单壁碳纳米管纳米孔等。目前，固态纳米孔测序领域面临的最大挑战是纳米孔器件承载膜太厚（空间分辨率不够）及 DNA 分子穿孔太快（超过仪器的时间分辨率）。

除了以上这些较为成熟的第三代测序技术，还有一些尚停留在理论阶段的直接测序方法也非常具有研究价值，具体包括以下几类。①非光学显微镜成像：通过对碱基进行特异性标记的方式将 DNA 分子上的碱基可视化，再用透射电镜（transmission electron microscope，TEM）、隧道扫描显微镜（scanning tun-neling microscope，STM）、原子力显微镜（atomic force microscope，AFM）等进行观察识别，主要优势是避免了光学错误。②石墨烯和碳纳米管：石墨烯是由碳原子组成的二维晶体，碳原子排列与石墨的单原子层一样，非常稳定且具有良好的导电性，适合制作核酸测序用电极。与纳米孔技术类似，该技术是在 DNA 分子通过 1 nm 的小孔时，根据发生的电流变化来确定碱基序列。

不可否认，第三代测序技术所测出的结果准确率较低，SMRT 技术的准确率仅约为 85%，而 93% 的错误均是插入缺失。而且，第三代测序技术发明的初衷是对样本浓度低、需要高通量测序的全基因组进行测序，反而使得在应对单个基因位点测序时性价比会很低。由于第三代测序的特点是单分子测序，由此产生的信号强度低、背景噪声高、读长短等特点仍会是将来亟待解决的问题之一。同时，由于测序技术的改进，基因组的数据量呈指数性提高，各种不同维度的算法、整合分析，使得生物信息学面临着严峻的挑战。

除了测序通量和读长的进步，测序技术的大范围应用最主要应该归功于成本的下降。在早期只有第一代测序技术之时，人类基因组计划耗资 30 亿美元才获得了大部分人类基因组信息，这样高昂的成本显然不是常规科学研究者能够承受的。

新一代测序技术的发明和应用大大降低了获取核酸序列所需的成本，其打破了摩尔定律的限制，使得获得基因序列的花费出现了断崖式的下降。2008 年，全基因组测序的成本降至 20 万美元；到 2010 年，该费用已经可以控制在 10 000 美元以内。目前，测定一个人类的全基因组只需要不到 1000 美元即可完成。

随着科技水平的持续进步，DNA 测序技术的发展呈现出加速趋势，测序仪也在向着个人化、小型化的方向改进。2011 年 3 月，ABI 公司（现已与 Invitrogen 公司合并成为 Life Technologies 公司）的 ion torrent^{TM} 半导体芯片测序技术平台 PGM（Personal Genome Machine），又称个体化基因组测序平台，正式对外发布。

2012 年 3 月 29 日，Life Technologies 公司宣布在中国推出新的台式基因测序仪 IonProton^{TM}，也意味着人类朝着个人基因组测序时代又迈进了一步，相信在不久的将来，可以真正实现以 1000 美元的成本测个人基因组的目标。

3.4.2　基因组测序

基因组序列是分辨率为单个碱基的物理图谱，也是最终基因图谱的主要结构基础。在实践中，获得足够序列的数据只是基因组计划中的第一步。面对海量的序列，如何将单个长度为 750bp 的序列片段组装成连续的基因组序列呢？

3.4.2.1　基因组测序的策略

在基因组测序中有两种策略：全基因组随机测序策略；以物理图谱为基础、以大片段克隆为单位的定向测序战略（图 3-17）。

全基因组随机测序策略主要采用鸟枪法（shotgun method）或霰弹法，是随机将整个基因组打碎成小片段进行测序，最终利用计算机，根据序列之间的重叠关系进行排序和组装，并确定它们在基因组中的正确位置。

鸟枪法需要采用超声波或酶解的方法，将待测的 DNA 片段切成大小不同的小片段并克隆，分别测定核苷酸序列后，通过计算机处理各片段核苷酸的资料，最终根据重叠的序列连成待测 DNA 的全长序列。超声波破碎法能够产生更为随机的片段，从而减少基因组序列中出现缺口的可能性。

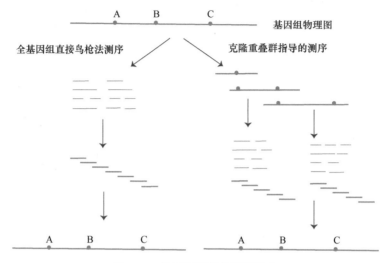

图 3-17　基因组测序的不同策略

鸟枪法的主要步骤：建立高度随机、插入片段大小为 2kb 左右的基因组文库。克隆数要达到一定数量，即经末端测序的克隆片段的碱基总数应达到基因组 5 倍以上。之后是大规模的末端测序、序列集合和填补缺口。缺口包括没有相应模板 DNA 的物理缺口，以及有模板 DNA 但未测序的序列缺口。鸟枪法的优点是快速；缺点是排序困难，特别在具有重复序列的情况下，容易造成重复序列丢失。所以，鸟枪法对细菌较小且没有重复序列的基因组是可行的。此外，鸟枪法还会出现许多序列片段难以定位在确切的染色体上，成为游离片段。也会有许多地方因没有足够的覆盖率而形成空缺。

以物理图谱为基础、大片段克隆为单位的定向测序可以先将染色体分成长度为 400kb 的片段，每段克隆到一个酵母菌人工合成染色体（YAC）上，所有 YAC 克隆都按照其在染色体上的实际位置进行排序，可得到一个能够覆盖整个染色体的 YAC 文库。把每一个 YAC 克隆携带的染色体片段酶切形成一系列有重复序列区域的、40kb 左右的片段克隆到黏粒上，得到黏粒文库。每个黏粒上的染色体片段再经酶切形成 4kb 左右的片段，克隆到测序用的质粒载体上，测序每个质粒上携带的 4kb 片段。将所有质粒上克隆的 DNA 片段序列读出，再按照各个片段在染色体上的实际位置进行排列，最后就可以得到染色体的全部核苷酸碱基对序列。除此以外，引物延伸法、嵌套缺失法和克隆重叠群法都被用于测序。

引物延伸法（primer walking）是利用通用引物确定待测 DNA 片段两端的序列以后，根据测出片段的一端序列，设计新的引物再向前测序，以此方式不断测序，直到获得待测片段的全长序列。嵌套缺失法即限制酶酶切-亚克隆法，是指采用外切核酸酶从待测 DNA 片段的一段逐个降解核苷酸，通过选择不同的降解时间，可以获得一套长短不同、单向缺失的突变株。突变株亚克隆后分别进行序列测定，然后将这一整套单向缺失突变株的核苷酸序列拼接起来，就可以获得待测 DNA 片段的序列。克隆重叠群法（clone conting approach）是在测序前鉴定出一系列的重叠克隆区，然后测定克隆 DNA 的每一个片段的序列，再把这些序列放到重叠群图谱中适当的位置，从而逐渐地扩展出重叠的基因组序列。

3.4.2.2　基因组测序的覆盖面

基因组测序覆盖面是指随机测序获得的序列总长与多倍体基因组序列总长之比。覆盖面越大，遗漏的序列越少，因为测序的 DNA 克隆数目是有限的，会造成 DNA 片段的遗漏。

遗漏的概率（P_0）一般用下面的公式计算：
$$P_0=e^{-m}$$
式中，m 为覆盖面，即单倍体基因组倍数；e 为自然对数底数。

若 $m=1$，则 $P_0=e^{-1}=0.37=37\%$；

若 $m=5$，则 $P_0=e^{-5}=0.0067=0.67\%$；

若 $m=10$，则 $P_0=e^{-10}=4.5\times10^{-5}=0.0045\%$。

因为基因组 DNA 的测序具有随机分布的特点，因此，要使测序的覆盖面达到 99.99%，就必须使覆盖面达到 8 个以上。要测定一个 200kb 的 DNA，将其打断成小片段后进行随机测序，测序的总长需要 1600kb 才能覆盖 99.99% 的序列。

3.4.2.3　序列间隙与物理间隙

测序的时候会出现序列间隙（sequence gap）和物理间隙（physical gap）。序列间隙是指测序时遗漏的序列，这些序列还在未挑选到的克隆中。填补序列间隙，可以搜寻所有已知间隙两侧的序列，然后根据间隙的两侧序列设计专一性探针，从基因组文库筛选阳性克隆，继续设计 PCR 引物，然后克隆和测序，填补序列间隙（图 3-18）。

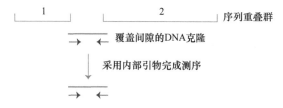

图 3-18　基因组测序产生的序列间隙的填补

物理间隙是指构建基因组文库时被丢失的 DNA 序列，它们从已有的克隆群体中消失。物理间隙的产生主要有以下原因：特殊的碱基组成，如染色体着丝粒的高度重复序列缺少合适的限制性内切核酸酶酶切位点，很难获得大分子 DNA 克隆；高度重复序列在克隆载体中很不稳定，在扩增中容易丢失；有的基因表达产物对宿主菌具有毒性，如果在克隆细胞中进行表达，宿主菌会死亡，克隆的片段也随之消失。

物理间隙很难填补，但是，针对 DNA 毒害可以采用基因型不同的宿主菌构建不同的基因组文库，从而得到携带该片段的克隆。也可以采用 PCR 扩增法，将不同重叠群的末端序列作为引物，两两配对扩增基因组 DNA，如果能够克隆出 DNA 片段，说明这两个引物所在的片段是相连的（图3-19）。

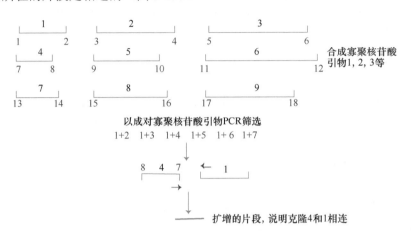

图 3-19　基因组测序产生的物理间隙的填补

3.4.2.4　人类基因组测序

人类基因组计划自 1990 年开始实施，目的是测定人类染色体中所有核苷酸序列的碱基组成，绘制出人类基因组图谱，并且辨识其中的基因和基因序列，破译人类遗传信息。

人类基因组计划分为 6 个阶段。第一阶段是遗传图谱的绘制。遗传图谱主要用遗传标签来确定基因在染色体上的排列。第二阶段是物理图谱的绘制。物理图谱是通过序列标签位点对构成基因组的 DNA 分子进行测定，从而对某些基因对相对的遗传信息及其在染色体上的位置进行线性排列。1998 年 10 月完成了 52 000 个序列标签位点的物理图谱的绘制。第三阶段是转录图谱的绘制。转录图谱又称为 cDNA 图或表达序列图，是一种以表达序列标签（EST）为"位置标记"绘制的分子遗传图谱。第四阶段是序列测定。通过测序得到基因组的序列，2003 年 4 月，98%的基因序列获得了测定。第五阶段是辨别序列中的个体差异。每个人都有唯一的基因组序列，因此，基因组只是很少匿名捐赠人基因组的组合。最后一个阶段是基因鉴定和基因的功能性分析。以获得全长的人类 cDNA 文库为目标，至 2003 年 3 月，已获得 15 000 个全长的人类 cDNA 文库。目前获得的人类基因组中只有 20 000～25 000 个基因，远远低于大多数科学家先前的估计。2001 年，国际人类基因组测序组织与 Celera Genomics 公司同时发布了人类基因组序列草图。Celera Genomics 的测序构建了 3 个不同插入子大小的基因组文库（2kb、10kb、50kb），共完成约 2700 万次插入子末端测序，获得了覆盖人类基因组 5 个单倍体数量的序列，总长为 14 800Mb。人类 DNA 序列存储在数据库中，任何人都可以通过互联网下载。GenBank（http://www.ncbi.nlm.nih.gov/GenBank）是美国国立卫生研究院的基因序列数据库，汇集并注释了所有公开的核酸序列。

国际人类基因组测序联合体将人类基因组染色体区段分配到各个参加计划的国家与单位，中国承担了 3 号染色体端部区域的测序工作。这种分工决定了采用 BAC 克隆和物理图谱进行测序及组装。首先对 BAC 克隆用限制酶酶切获得 DNA 指纹，然后按照指纹重叠方法组建 BAC 克隆重叠群。根据 STS 标记，将 BAC 克隆重叠群锚定到物理图谱上。在每个 BAC 克隆内部采取鸟枪法测序，然后进行序列组装。将 BAC 插入子序列与 BAC 克隆指纹机重叠群对比，将序列锚定在物理图谱上。

　　人类基因组比酵母基因组大 250 倍。人类遗传图谱不能通过实验操纵来完成，不能通过回交和自交来作图，造成人类基因的克隆、作图和测序任务比其他物种更为艰巨。人类基因组含有大量的重复 DNA 序列和非编码 DNA 序列，编码基因仅有 2 万～2.5 万个，每个基因的大小按照 3kb 估算，编码区仅占基因组的 2%～2.5%。而且，每个基因都含有 10～20 个内含子，编码区所占的比例更小。根据数百个人类基因的分析，发现大部分蛋白质的编码基因长 10～100kb，外显子编码序列仅 1～5kb，其余的都是不编码的内含子区域和转录调节区。人类基因一般是长的内含子将短的外显子分开。

3.4.3　序列组装

　　在序列组装时，出现了很多名词，下面将几个主要概念列出。

　　（1）支架（scaffold），是一组锚定在染色体上的重叠群。

　　（2）草图序列（draft sequence），是经 Phred Q20 软件认可的、可覆盖测序克隆片段 3～4 倍的 DNA 序列，间隙可有可无，排列方向和位置未定。

　　（3）完成序列（finished sequence），是指序列差错率（错误碱基数）低于 0.01% 的 DNA 序列，排列方向确定，没有间隙，一般测序覆盖率在 8～10 个单倍体基因组。

3.4.3.1　作图法测序与序列组装

　　作图法测序是从基因组物理图谱上已知的 BAC（或 PAC）克隆中挑选待测的成员，提取 DNA，使用超声波断裂 DNA，电泳分离，收集 2kb 大小的 DNA 片段插入到质粒载体中进行克隆，然后从两端进行测序。测序序列要经过 Phred Q20 软件初筛，然后组装。在组装之前，还要过滤掉载体序列及各种重复序列，如 rRNA 基因、转座子等，以保证组装序列的质量。为了减少测序间隙，随机克隆两端测序的序列总长即覆盖面至少不低于 3 个单倍体基因组。一般两端序列至少有 40bp 的序列重叠，重叠序列之间的碱基序列差异小于 6%。因为测序时会产生间隙，要对克隆中的序列进行填补和组装。作图测序法的大致程序见图 3-20。

3.4.3.2　鸟枪法测序与序列组装

　　全基因组鸟枪法的测序很复杂。例如，在小鼠（mouse）基因组的测序中，构建了 6 个插入片段大小不同的基因组文库，分别为 2kb、4kb、6kb、10kb、40kb 和 150～200kb。10kb 以下的文库采用质粒克隆载体，40kb 文库采用 Fosmid 载体，150～200kb 文库采用 BAC 载体。

　　采用多个基因组文库可以避免某些插入片段与宿主菌不兼容而不能扩增，造成 DNA 片段丢失。10kb 文库的构建可以对 2kb 质粒来源的测序序列组装进行校正，可以纠正由重复序列产生的差错。因为小鼠基因组大多重复序列的长度在 5kb 左右，10kb 文库的插入子覆盖了 5kb 重复序列的长度。Fosmid 和 BAC 文库的构建可以使小片段文库构建的重叠群在大分子克隆中有效归并与整合（图 3-21）。

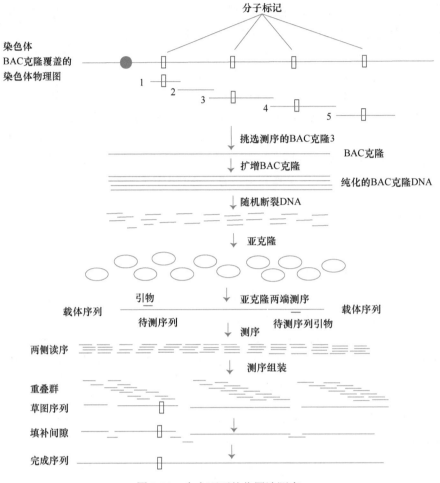

图 3-20　自上而下的作图法测序

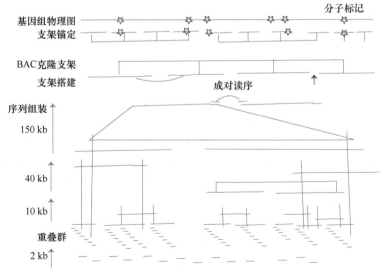

图 3-21　全基因组鸟枪法测序

果蝇是第一个采取鸟枪法完成基因组测序的真核生物。果蝇有 3 对常染色体、2 条性染色体，基因组总长为 180Mb。研究者构建了 3 个基因组文库，插入子长度分别为 2kb、10kb 和 130kb。10kb 的长度覆盖了多数重复序列，可在序列组装时找到单一序列连接成重叠克隆。130kb 的 BAC 文库为序列组装提供了便利，能更有效建立全基因组的物理图谱支架。

3.4.3.3 序列组装的标准

基因组的测序与序列组装可分为两个大的阶段：草图序列（draft sequence）和完成序列（finished sequence）。

由基因组测序获得的 DNA 序列按照质量可分为 4 个等级（图 3-22）。

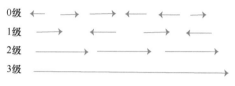

图 3-22 基因组 DNA 序列的质量标准

在这 4 个等级中，0 级（phase 0）是指测序覆盖面一次的 DNA 序列；1 级（phase 1）是指测序覆盖面 4～10 次的 BAC 克隆，BAC 及内部片段的位置和排列方向未定；2 级（phase 2）是指测序覆盖面 4～10 次的 BAC 克隆，BAC 及内部片段的位置和排列方向已定；3 级（phase 3）是完成序列，即已测序的每 10 000 个碱基中出现一个差错且内部不存在间隙的 DNA 序列。

3.5 基因组序列分析

一旦基因组测序完成，下一步就是定位基因组内所有的基因，并确定各个基因的功能，进入功能基因组研究，此时主要是研究基因及其转录调控信息，注释所有基因产物的功能，进而开展比较基因组研究，在基因组水平对各种生物进行对比，揭示生命起源和进化的本质规律。

3.5.1 搜寻基因

从序列中搜寻基因有两个常见方法：根据已知序列人工判读或计算机分析寻找与基因有关的序列；进行克隆和转基因的实验研究，检测基因表达产物及其对表型的影响。

如果已知一个蛋白质的氨基酸序列，可以从中推断出基因的核苷酸序列；或者，如果相应的 cDNA 或 EST 已经测序，定位一个基因就非常容易。但是，更多基因没有先前的信息来源或识别出正确的 DNA 序列；即使有图谱可用，基因定位也相当困难。多数图谱的准确性有限，只能描绘出大概位置，还需要再搜索上万个核苷酸序列才能够鉴定到这个基因。

3.5.1.1 根据基因结构特征搜寻基因

可以根据可读框的有无、密码子偏爱等特征从大量序列中搜寻基因。一个基因的DNA 序列就是一个开放阅读框（open reading frame，ORF），一般是从起始密码子（通常是 ATG，但并不总是）开始，结束于终止密码子（在大多数基因组中是 TAA、TAG 或 TGA）。因此，基因定位的第一步就是通过肉眼，或者利用计算机辅助在基因组中找出 ORF（图 3-23）。

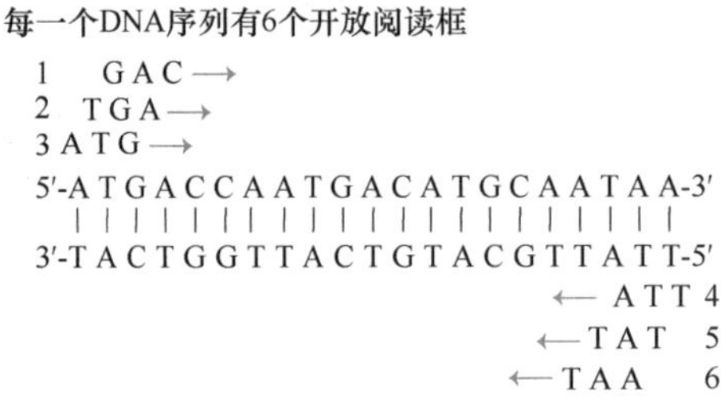

每一个DNA序列有6个开放阅读框

```
1   GAC →
2   TGA →
3 ATG →
5′-ATGACCAATGACATGCAATAA-3′
  ||||||||||||||||||||||||
3′-TACTGGTTACTGTACGTTATT-5′
                    ← ATT 4
                  ← TAT   5
                ← TAA     6
```

图 3-23　搜索开放阅读框

对于细菌基因组，可以找到几乎和基因同样大小的 ORF，许多小的 ORF 部分或全部包含于基因中，但是位于不同的阅读框中。这些短序列可以随机形成 ORF，却不是基因。如果一个阅读框完全位于两个基因之间的空隙中，很容易被错误地识别成基因，但大多数细菌基因组中基因之间的空隙是非常小的，只偶尔会出现这种情况。

在真核细胞中，基因定位更加困难。真核细胞基因组中基因之间有更长的间隙。在进行序列检查时，会发现许多小 ORF。例如，酵母菌基因组中，有 400 多个短小 ORF，但其中多数并不是真正的基因。在人类和其他高等真核细胞，搜索基因的工作更加复杂，因为许多基因被分割成外显子和内含子。特殊的核苷酸序列通常出现在外显子-内含子边界处，当外显子和内含子中也有这些阅读框时，确定一个基因就非常困难。

如何确定一个基因组中的开放阅读框是否代表着一个真实的基因？有些基因组能够提供有用的路标，指示附近有基因存在。例如，人类和脊椎动物基因组中，有 50%～60% 的基因伴随有 CpG 岛。CpG 岛是一个富含 GC 的序列，它的位置可以大概指示出一个基因的起始点。水稻基因组中相当比例的基因 5′ 端含有很高的 GC 含量（Yu et al.，2002）。

另外，在许多基因组中，识别密码子偏好（codon bias）是一个很好的手段。除了甲硫氨酸和色氨酸，所有的氨基酸都由两种或两种以上的密码子编码，例如，缬氨酸有 4 个密码子 GTA、GTC、GTG 和 GTT。在大多数基因组中，密码子家族中的所有成员并不是以相同的频率被使用。人类基因组使用 GTG 的频率是使用 GTA 的 4 倍。人类基因中，丙氨酸（Ale）密码子多为 GCA、GCC 或 GCT，GCG 很少使用。如果一个 ORF 很高频率地含有一个稀有密码子，那么这个 ORF 就可能不是基因。通过考察一个 ORF 内所有密码子的偏好，可以判断这个序列是不是基因。

3.5.1.2 同源查询

初步识别基因之后，通常需要进行同源查询（homology search）。将待查基因序列和国际 DNA 数据库中存在的基因序列进行相互比较。来源于不同生物体的两个基因在功能上相似，在序列上也往往会相似。通常将基因的核苷酸序列翻译成氨基酸序列再进行同源序列比较，这样能够提高比较的灵敏度和准确性。

同源查询需要通过互联网进行，登录到 DNA 数据库的网站，然后使用类似 BLAST（basic local alignment search tool）的搜索程序完成检索。如果被测试序列长度超过 200 个氨基酸，而且和数据库中的某个序列有 30% 或更高的相似性（也就是说，这两个序列的 100 个氨基酸中有 30 个是相同的），那么这两个序列几乎就是同源的，而且能据此确定所研究的 ORF 是否是真正的基因。如果需要，可以通过转录分析来进一步确定，真实的基因编码序列能够被转录成 RNA。当某一序列从数据库中无法找到同源序列，又无法排除其不是基因的可能性时，必须依靠实验来确认。同源查询时，缺少同源序列的 ORF 被称为孤儿基因（orphan gene）。

基因的比较和功能注释可以利用软件来进行，GenScan、Abinition 等软件是目前基因预测中用得较多的软件。这些软件一般可以确定基因组中可以转录为 mRNA 的序列、外显子和内含子的位置，以及基因编码的蛋白质序列。但是这些软件对每个外显子注释的准确率只能达到 80%。通过软件进行基因注释需要根据不同的数据进行检测与验证。例如，线虫基因组利用软件注释预测的基因有 19 477 个，随后进行克隆验证，确定了 11 984 个 cDNA，其中未能预测到的 cDNA 为 4365 个。水稻基因组的基因数目最初估计为 40 000～60 000 个，但利用转录物 cDNA 和 EST 进行位点锚定分析发现的编码蛋白质基因数目约为 30 000 个，远远低于软件注释预测的基因数目（Yu et al.，2002）。

3.5.2　基因功能预测

同源序列比较除了能够确定某个基因的真实性，还能够揭示出基因的功能。基因功能预测主要采用软件分析。假设其同源基因的功能是已知的，这个基因大概率具有同样的功能。在酵母基因组中，大约有 2000 个基因是通过这种途径来确定功能的。

同源基因分为直系同源基因（orthologous gene）和旁系同源基因（paralogous gene）。直系同源基因是不同物种之间的同源基因，来自物种分隔之前的同一祖先。旁系同源基因是指同一生物内部的同源基因，一般是多基因家族的不同成员。

可以使用生物信息学的知识，通过基因的核苷酸序列来预测被编码蛋白质的结构，进而预测其功能。蛋白质的域结构（domain architecture）又称为蛋白质指纹（protein fingerprint），用来指蛋白质成员中结构域的组合形式及其排列次序。

可根据 α 螺旋和 β 片层的位置，推测出这个蛋白质的功能。例如，结合在细胞膜上的蛋白质通常拥有跨膜的 α 螺旋成分。几乎所有的转录因子都有一个共同的特点，即与 DNA 结合，它们之间的差别在于所结合的 DNA 碱基序列的差异。DNA 结合部位大多具有锌指结构。例如，植物中的转录因子家族 MYB 蛋白，它所结合的顺式元件为 -AACAAA-。采用蛋白质域同源性检索在水稻基因组中发现 129 个 MYB 转录因子编码基因。TIRG 生物技术公司利用 Pfam 和 InterPro 蛋白质域软件在水稻基因组中鉴别出 2462 个转录因子基因，它们位于 2261 个基因组位点，组成了 44 个转录因子基因家族。

涉及 mRNA 加工的蛋白质都具有 RNA 结合域，有的负责 mRNA 的转运，有的参与 mRNA 前体的剪接加工，有些与 mRNA 的翻译或编辑有关。

但是，常常找到的同源基因是一个没有确定功能的基因，这些基因就是孤儿基因。孤儿基因的具体功能还需要依赖于传统的生物学实验进行验证。研究孤儿基因的具体生物学功能将是后基因组计划的重要目标。

3.6 基因组序列特征

基因组类型广泛，包括原核生物基因组、真核生物核基因组及细胞器基因组，不同类群的基因组序列具有不同特征。原核生物基因组重复序列含量很少，而真核生物中大型基因组有很高比例的重复序列，植物中多倍体的重复序列高于二倍体物种。

3.6.1 基因组序列复杂性

基因组中单拷贝的 DNA 序列称为单一序列，多拷贝的 DNA 序列称为重复序列。不同序列的 DNA 总长称为复杂性（complexity）。

DNA 的复杂性可以通过复性动力学描述，通常用 $Co_{t_{1/2}}=1/k$ 表示特定 DNA 的序列复杂性，Co 表示起始时完全变性的 DNA 浓度，t 表示保温时间，k 为反应常数，$Co_{t_{1/2}}$ 为起始浓度 DNA 在保温 t 时间后有半数 DNA 完全复性的数值。$Co_{t_{1/2}}$ 值越大，说明复性速率越慢。基因组序列复杂性的单位一般以碱基对表示。例如，一个真核生物基因组具有快速复性组分（fast compenent）、居间复性组分（intermediate compenent）和缓慢复性组分（slow compenent）。如果它们的复杂性为 340bp、6.0×10^5bp、3.0×10^8bp，则该生物的复杂性就是 340bp+6.0×10^5bp +3.0×10^8bp。基因组复杂性越高，确定数量 DNA 中含有重复序列的拷贝数越少。

3.6.1.1 C 值与 C 值悖理

一种生物的基因组大小是指该种生物单倍体基因组中 DNA 的总量，即 C 值。图 3-24 列出了代表性生物物种基因组 C 值的分布范围。总的趋势是，C 值随着分类地位的提高而递增。在真核生物中，不同种类生物基因组的大小变化范围非常大，最大的基因组和最小的基因组之间相差超过 8 万倍，例如，最小的原核生物支原体基因组小于 10^6bp，某些植物和两栖类的基因组大于 10^{11}bp。

真核生物的基因位于 DNA 上，人们很自然地认为，进化地位越高、结构越复杂的生物需要的基因就越多，其基因组中相应地含有更多 DNA，即它的基因组就应该越大。然而，越来越多的证据表明，这个假定是不完全成立的。例如，红股秃蝗（*Podisma pedestris*）的基因组大小是我们人类基因组的 6 倍多；百合基因组的大小是重要粮食作物水稻的 200 多倍。一种生物的基因组大小同该种生物的结构复杂性或其在进化上所处的地位高低无直接关系，这种现象被称为 C 值悖理，也称为 C 值佯谬。

C 值佯谬现象困扰了人们半个多世纪。随着越来越多的真核生物基因组测序的完成，人们发现基因组的绝大部分 DNA 序列不是用来编码蛋白质的，而是以重复序列（主要是转座元件）为主的非编码序列。例如，在人类的基因组中，只有大约 1.5%的 DNA 序列是用来编码蛋白质的，而剩下的 98.5%是各种类型的非编码 DNA 序列，尤其是重复序列。

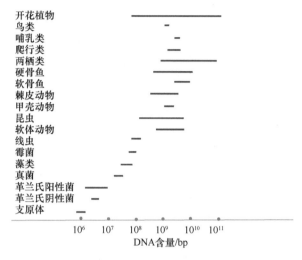

图 3-24　不同分类单元物质基因组 DNA 含量

真核生物的基因组中绝大部分是非编码序列，这一发现在一定程度上解释了 C 值佯谬，即为什么生物的基因组大小与生物体的复杂性无直接关系。然而，另外一个问题随之产生了：既然重复序列决定了真核生物基因组的大小，又是什么因素决定了重复序列的产生和积累？

目前解释真核生物基因组中重复序列的积累有两个主要的假说。第一个假说是"突变-漂变"模型（mutation-drift model）。这个假说认为基因组中的重复序列没有任何用处，这些 DNA 序列是在随机的遗传漂变过程中固定下来的，基因组只是被动地携带它们。根据该假说，自然选择往往不能够有效地抵制真核生物基因组中重复序列的积累。最终，一种生物的基因组大小就是其所能忍受的重复的最大限度（这依赖于该种生物特定的生态以及发育需求）。

第二个假说是"适应性（adaptive）"理论，该假说认为，尽管基因组中的重复序列不能编码蛋白质，但是它们可以直接或者间接地对表型产生影响，进而产生适应性。例如，大的基因组可以直接或者间接增加细胞核、整个细胞的体积，从而缓冲细胞内调节蛋白浓度的波动。根据这个理论，基因组大小差异反映的是不同种生物的不同适应性需求，或者说是作用在不同种生物上的自然选择效力的差别。

作为以上两个假说的补充，还有两个假说也解释了真核生物基因组中非编码序列的积累，其中之一认为真核生物基因组的大小是由该基因组删除非编码 DNA 序列的能力决定的；另外一个假说则把目光集中到真核生物基因组的主要成分——转座元件身上。由于基因组利用小 RNA 来调控转座元件扩增的机制被揭示，这个假说认为，转座元件的转座（扩增）效率决定着基因组的大小。专家建议，未来的研究方向应更多地关注转座元件和它的宿主之间的相互作用，关注转座元件如何有效地避开宿主的防御机制来进行成功的扩增。尽管至今还没有任何一种假说能够完美地解释基因组中重复序列的积累，但很可能是以上各种假说中所提到机制的综合作用决定了真核生物基因组的大小。

3.6.1.2 基因组的序列组成

基因组中单拷贝的 DNA 序列称为单一序列；多拷贝的 DNA 序列称为重复序列。一般原核生物基因组重复序列含量很少。真核生物中大型基因组有很高比例的重复序列，植物中多倍体的重复序列高于二倍体物种（表 3-7）。

表 3-7　部分生物基因组的序列组成

物种	序列组成		
	单一序列/%	中度重复序列/%	高度重复序列/%
细菌	99.7	—	—
小鼠	60	25	10
人类	70	13	8
玉米	30	40	20
棉花	61	27	8
拟南芥	55	27	10

3.6.2 原核生物基因组序列

原核生物基因组相对较小，基因组大小不足 10Mb，可以采用鸟枪法快速测序。近年来已有大量细菌与古细菌基因组序列被发表。例如，大肠杆菌的 DNA 总长为 4 639 221bp，编码 4288 个可读框。

多数原核生物基因组大小不到 5Mb。它们的基因组非常紧凑，基因间很少间隔，大肠杆菌基因组中非编码序列仅占 11%，许多编码功能相关蛋白的基因簇以操纵子（operon）的形式连锁在一起，共用上游的调控区。原核生物基因组多为单一序列。原核生物基因组中只有编码 tRNA、rRNA 的基因通常为多拷贝。细菌的结构基因多为单拷贝，但编码 rDNA 的基因通常是多拷贝的，这样可以适应蛋白质的快速合成。

细菌的几个结构基因往往串联排列在一起形成操纵子（operon），受上游调控区控制。转录时，几个基因转录在一条 mRNA 链上，再分别翻译成各自的蛋白质。

细菌基因组结构基因未发现重叠现象，也没有内含子，在转录后不需要加工修饰。细菌的 DNA 绝大部分是编码蛋白质的功能基因。

最小基因组（minimal genome）是指维持细胞生命在最适环境条件（营养、温度、湿度和酸碱度，无外界环境压力）下生存而必需的最小数目的基因集合。生殖支原体（*Mycoplasma genitalium*）是自然界最简单的原核生物之一，基因组大小为 58 297 bp，仅有 482 个蛋白质编码基因，是目前已知的基因组最小的物种。

最小基因组研究主要采用两种方法：一是通过比较基因组的研究预测非必需基因并删除，二是通过随机基因敲除的方法获得最小基因组。这两种方法就是"自上而下"策略。1995 年，美国的 Eugene Koonin 通过生殖支原体和流感嗜血杆菌（*Haemophilus influenzae*）基因组比较分析，发现两个物种有 240 个基因存在直系同源，并以此推测支原体的最小基因组约含 250 个基因。

Venter 等用基因敲除方法，对生殖支原体的基因进行了逐个敲除，证明该菌株基因组含 265～300 个基因，这一结论和比较基因组的研究结果相近。Venter 等因此提出"自下而上"策略，合成最小基因组。2016 年，Venter 等发表了第一个人工设计和合成的最小基因组。

3.6.3　真核生物基因组序列

低等真核生物基因组中，大部分 DNA 为单一序列，约 20% 为中度重复序列。动物细胞中的中度重复序列和高度重复序列约占 50%。多数植物与两栖类单一序列只占基因组的很少比例，约 80% 为中度重复序列和高度重复序列。

例如，1996 年，酿酒酵母（*Saccharomyces cerevisiae*）基因组的核苷酸全序列被公布，全长为 12 068kb，其中编码蛋白质的可读框为 5885 个，编码 RNA（rRNA、snRNA 和 tRNA）的基因为 455 个。酵母基因组几乎 70% 用于编码蛋白质，基因之间的平均距离约为 2kb。秀丽隐杆线虫（*Caenorhabditis elegans*）基因间平均距离为 6kb，而人类的基因间平均距离为 30kb 以上，表明越是高等的生物，基因间距越大，排列得越稀疏。

3.6.3.1　基因组的复杂性

真核生物基因组都含有数目不等的线性 DNA 分子，每个长链 DNA 分子都与蛋白质结合成染色体。所有真核生物都具有环状线粒体 DNA，植物细胞还含有环状叶绿体 DNA。复杂性较高的生物基因组大多都比较臃肿，在整个基因组范围内分布有大量重复序列。较小基因组中重复序列也较少，例如，玉米基因组和人类基因组大小类似，其中绝大多数为重复序列。

现已在线虫、锥虫和脊索动物等低等生物基因组中发现存在多顺反子组成的操纵子。这些真核操纵子没有操纵基因序列，多顺反子之间的间隔序列比原核生物操纵子的间隔要长；多顺反子具有外显子和内含子结构。例如，线虫基因组含有 900 个操纵子，15% 的基因位于操纵子中，每个操纵子平均含有 2.6 个基因。

3.6.3.2　编码基因

真核生物基因的特点之一就是除了有编码产物的外显子外，还有非编码序列——内含子，内含子与外显子间隔排列，所以真核基因又叫断裂基因。内含子通常并不是重复序列，它在基因组中可能有重要作用，其产生可能与转座因子有关。除极少数基因，如 α 型和 β 型干扰素基因外，其他大多数基因都含有数目、大小相差悬殊的内含子。有观点认为，可移动因子在很长一段进化时间里在基因中积累，直至出现自我剪接机制时便形成了内含子。

断裂基因的结构为外显子的重组、拼接提供了位点，通过重组拼接使真核生物中分子质量大的复杂蛋白质能正确编码。Kruger 等发现，一些内含子能自我剪接而另一些则在转录时编码"成熟酶"（maturase）参与 RNA 剪接，说明内含子可能自己提供必需的信息使其从 RNA 转录物中切除。是否所有的内含子都由移动因子插入产生？这仍是个有争议的话题。

真核生物中大量非编码序列既不编码特异的蛋白质，也极少存在于 mRNA 中，除一小部分具有功能外，大部分非编码序列到目前为止都没有发现什么功能，故 Crick 将之称为自私 DNA（selfish DNA）。自私 DNA 有两个特性：①该 DNA 序列能在基因组中自我复制，产生另一个拷贝；②对表型无特殊贡献。

在真核基因组非编码序列的研究方面已取得了许多进展，但目前对大多数物种重复序列的详细结构的了解仍然不够，从而不能肯定它们的起源。尽管目前绝大部分重复序列的功能还不清楚，但搞清这些重复序列的详细结构以及在基因组中的分布情况，用重组 DNA 技术研究同类序列在不同物种中的同源性，将重复序列克隆，在一定的体系中研究其编码、调控甚至表达产物，将是今后该领域的研究趋势。

3.6.4 重复 DNA

与原核生物相比，真核生物一般包含更大的基因组，其中不仅包含原核生物中已存在的单拷贝 DNA 序列，还包含相当大部分的重复序列。每个单倍人体基因组含 $3.2×10^9$bp，其中仅有 2%～3% 为编码基因，而绝大部分为非编码基因。非编码基因包括基因间隔序列及各种重复序列。

根据重复序列的结构、分布及重复频率等特性可以对这些序列分类。从重复频率上来分，可将重复序列分为高度重复序列和中度重复序列。重复序列有的在基因组中串联排列，有的在基因组中散布。

3.6.4.1 串联重复

植物基因组中至少含有三类串联重复序列：位于染色体臂之间并跨越着丝粒的着丝粒卫星重复序列；端粒区；核糖体 RNA 基因。最长的串联重复序列是编码赫斯特大亚基 RNA 的基因，重复片段有 10kb。大多数串联重复序列长度在 180～360bp，与核小体 DNA 的单位长度类似。端粒 DNA 参与了减数分裂和有丝分裂过程中染色体与纺锤体的结合，通常形成浓缩的异染色质。

编码 18S、5.8S、25S 核糖体 RNA 的基因以串联重复的形式排列于核仁组织区。重复单元由这三种 RNA 的编码序列和内在的转录隔离区域-基因间区组成。重复单元的数目从几百到多于 2 万不等（图 3-25）。

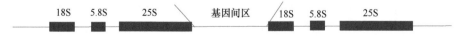

图 3-25　核糖体大亚基 RNA 基因的重复单元

高度重复序列的重复频率大于 10^5，每个重复单位长 10～30bp，许多是以串联形式排列在基因组中。高度重复序列在氯化铯溶液中进行密度梯度离心，可形成特异的卫星带，故又被称为卫星 DNA（satellite DNA）。高度重复序列一般分布在着丝粒和近端粒区。

　　某些生物细胞核的 DNA 经氯化铯密度梯度超离心后，在主带外出现一条卫星带，这是最初发现的卫星 DNA，实质上是一部分高度重复的 DNA。这些卫星 DNA 有一个共同特征，即它们的序列是串联重复的。

　　卫星 DNA 可能是真核基因组的一个重要组成成分，在人类基因组中约占 10%，可分为 4 种类型：卫星 DNA Ⅰ、Ⅱ、Ⅲ、Ⅳ。同一类型的不同重复序列家族间不能杂交，而不同类型的相应成员间可以杂交。原位杂交技术证明大多数人类卫星 DNA 能与许多染色体杂交，极少具染色体特异性。但也有研究发现，有些卫星 DNA 家族杂交的对象仅为 Y 染色体或 X 染色体。

　　由于高度的保守性和染色体特异性，卫星 DNA 被认为在基因组中起重要功能。是否具有保守性、在基因组中所占比例及其是否为染色体特异，是目前衡量某类重复序列是否有重要功能的基本条件。因此，将各类卫星 DNA 定位、分析其是否具染色体特异性是重复序列研究领域的重点之一。

　　已经有一些假说解释卫星 DNA 串联重复结构的起源和演化问题，如跳跃复制学说、随机不等交换假说等。目前多数学者更倾向于随机不等交换假说。该假说认为，在减数分裂时，姐妹染色体或同源染色体之间发生不规则交换，结果使其中一条染色体产生一个串联重复区域，而另一条在同一区域发生缺失。另有观点认为，短的高度重复序列直接重组进而产生卫星 DNA。

　　还有一类卫星 DNA 被称为中卫星 DNA（midi-satellite DNA），该重复序列长 250～500kb，其核心序列与胰岛素基因、δ-珠蛋白假基因中的重复序列有一定的同源性。与小卫星 DNA 相同的是，其在群体中也存在高度多态性；不同于小卫星 DNA 的是，其重复序列成簇串联排列。有观点认为，在几种重复序列单位中都存在共同的序列 GTGGG，可能在重组过程中有重要功能。

　　串联重复在真核生物基因组中广泛存在。除了卫星 DNA，还有组蛋白基因及 rRNA 基因等。rRNA 基因扩增的重复序列不仅包括编码序列，还包括含增强子在内的间隔区。

3.6.4.2　分散重复

　　中度重复序列是个含义很广的概念，它包括许多不同的低拷贝重复序列，这部分序列加起来要占真核生物 DNA 总序列的 30%～40%。果蝇中的唾液腺多线染色体为研究中度重复序列提供了方便。可以用一段特异的已克隆重复序列作为探针，与多线染色体进行原位杂交，来定位所有散在的中度重复序列。用该方法对果蝇种内和种间的此类序列进行定位，得出了令人惊讶的结果。黑腹果蝇基因组中，中度重复序列约占 12%，其中 1/4 由散在的 tRNA 基因、重复排列的 tRNA 基因、rRNA 及 5S rRNA 基因组成，其余 3/4 的序列由散在的 50 多个家族组成，每个家族含有 10～100 个重复单位。

　　中度重复序列重复频率为 10^2～10^5。它们在基因组中有散在分布，也有串联排列。哺乳动物中的中度重复序列有两类：一类是短散在核元件（short interspersed nuclear element, SINE），长度在 500bp 以下，拷贝数可达 10 万以上；另一类是长散在核元件（long interspersed nuclear element, LINE），长度在 1000bp 以上，拷贝数可达 1 万左右。

中度重复序列有许多可能是转座子元件家族的成员。绝大多数重复序列现在看来还只不过是过剩的 DNA，但其中的某些重复序列可能有特殊的功能。这些功能包括调节基因表达、与染色体间的配对、与重组及基因转变有关、调节 mRNA 前体的加工、控制 mRNA 进入细胞质的过程、参与 DNA 的复制、可能与基因转座有关等。

哺乳动物中存在许多中度重复序列，它们的长度及拷贝数变化也很大，其中包括 Alu 家族序列、L1 因子序列、Kpn l 家族序列、Hin f 家族序列等。例如，哺乳动物中度重复序列的大部分仅由几百碱基长的重复序列家族构成。其中，Alu 家族是 300bp 的短序列，在人类 DNA 中拷贝数达 50 万次。该序列因含一个限制性内切核酸酶 Alu I 的特异性识别序列而得名，该重复序列可被 Alu I 裂解成长度分别为 170bp 和 130bp 的两个片段。人类基因组中的 Alu 重复通常由两段长约 130bp 的相关序列头对尾排列而成，每一段以富含 A 的序列终止，其中的一段还内含一个 32bp 的插入序列。

还有一类真核重复序列，称为折回 DNA（fold back DNA），其结构是两个序列相同的互补拷贝在同一 DNA 分子上呈反向排列，这类序列在大多数真核基因组中占 1%～10%。对许多种真核生物中折回 DNA 的结构及分布进行了研究。基因组中的折回 DNA 由很多 DNA 片段（10～30kb）组成，可以分成三类：染色体外 rDNA 卫星构成的结构；小的散在折回序列；一般由较长倒位重复 DNA 簇产生的复杂折回序列。对人类 DNA 也进行了类似的观察：人类基因组中大约含 5% 折回序列，每个重复单位长约 30bp，在两个倒位重复序列间有一个长约 1.6kb 的环相隔，两对倒位序列间的平均距离约 12kb。据推测，基因组中各种复杂的折回 DNA 序列是由一个重复单位转座产生的，这类序列在目的位点处任何取向的整合都将形成复杂的折回序列结构。对基因组序列测定后，将对基因组序列进行分析，定位基因、调控序列和其他感兴趣的特征，然后通过实验来确定未知基因的具体生物学功能，这就是后基因组学（post-genomics）的主要研究内容。

随着人类基因组、模式生物基因组及微生物基因组计划的蓬勃发展，已有成千上万种生物体全基因组完成测序，国际三大核酸序列数据库中的碱基数量呈指数形式增长。基因组序列测定之后，找出其中的蛋白质编码基因是进行基因组分析的第一步，在生物信息学研究中占有非常重要的地位。

本 章 小 结

基因组学就是对所有基因进行基因作图（包括遗传图谱、物理图谱、转录图谱）、核苷酸序列分析、基因定位和基因功能分析的一门科学。基因组学研究主要包括：遗传图谱、物理图谱的绘制，基因组序列的测定，解读、注释分析基因组序列等。基因组的研究主要包括结构基因组学和功能基因组学。

本章主要介绍了基因组的概念、物理作图、基因组测序、基因组的序列分析、基因组的序列特征等内容。基因组（genome）是指单倍体细胞中的全套染色体或单倍体细胞中的全部基因。

基因组的类型非常广泛，包括原核生物（prokaryote）基因组、真核生物（eukaryote）核基因组以及细胞器（线粒体和叶绿体）基因组等，不同物种的基因组大小和编码基因的数量各不相同。通过遗传重组得到的基因在具体染色体上线性排列的图谱称为遗传连锁图，简称遗传图谱。

遗传图谱可以用经典的连锁作图，以遗传表型为标记，测定在减数分裂中重组值的数据，也可以依赖放射线诱导染色体的断裂进行作图。物理作图是采用分子生物学技术直接将 DNA 分子标记、基因或克隆标定在基因组的实际具体位置。

物理作图获得的位置图就是物理图谱。DNA 测序就是确定 DNA 分子中 4 种化学碱基的排列顺序。DNA 测序是分子生物学相关研究中最常用的技术手段之一。早期测序方法的基本过程包括：将待测序的 DNA 分子进行处理，得到只差 1 个核苷酸的一系列逐步缩短的 DNA 分子混合物；通过凝胶电泳把这些长度不一的 DNA 分子分离开，形成阶梯状排列的条带；逐步读出 DNA 的碱基序列。DNA 测序技术至今已经发展到了第三代测序技术。每一代测序技术的更替都标志着生物学中基因芯片、数据分析、表面化学、生物工程等技术领域有了新的突破，从而应用在测序领域，大大降低了测序成本，提高了测序效率，使测序向着高通量、低成本、高安全性和商业化的方向发展。下面依次介绍 DNA 测序技术的发展历程，以及各代 DNA 测序技术的主要原理和优缺点。

基因组测序完成之后，下一步就是定位基因组内所有的基因，并确定各个基因的功能，进入功能基因组研究阶段。基因组的类型非常广泛，包括原核生物基因组、真核生物核基因组及细胞器基因组。不同类群的基因组序列具有不同的特征，原核生物基因组重复序列含量很少，真核生物中大型基因组有很高比例的重复序列，植物中多倍体的重复序列高于二倍体物种。

第 4 章 多组学与生物信息学

4.1 转录组学

4.1.1 转录组学概述

随着各种生物基因组测序工作的完成，后基因组时代已经到来，转录组学、蛋白质组学、代谢组学、表型组学等各种组学技术相继出现。转录组学作为一个率先发展起来的学科，是研究细胞表型和功能的重要手段，也是深入研究基因表达、基因结构和基因功能的一个新方向，受到广泛关注。

遗传学中心法则表明，遗传信息是从 DNA 通过信使 RNA（mRNA）传递到蛋白质。因此，mRNA 在 DNA 与蛋白质之间信息传递的过程中起桥梁作用。转录组（transcriptome）是指某特定发育阶段或生理条件下，细胞内全部转录基因的集合，包括信使 RNA（mRNA）、非编码 RNA（ncRNA）和小 RNA（sRNA）。mRNA 是指蛋白质编码的信使序列，是连接基因组信息和功能蛋白质的纽带，负责遗传信息的传递。ncRNA 和 sRNA 是无编码蛋白功能 RNA 的总称，参与转录调控、mRNA 剪接与修饰、蛋白质定位、甲基化及端粒合成等生物学过程。

转录组学是基因组学范畴的重要组成部分，是一门从整体水平上研究基因转录及调节特性、解读基因组功能元件、揭示细胞和组织分子组成，以及了解发育和疾病的学科。其核心研究内容是：对全部转录产物进行分类，确定它们的结构、可变剪接方式及转录后修饰，进而分析特定转录物在不同发育阶段、组织及胁迫条件下的表达模式。

4.1.2 转录组研究方法

转录组研究是基因功能与结构研究的基础和出发点。转录组分析内容一般包括：①对所有转录产物进行分类；②确定基因的转录结构，如起始位点、5′端和 3′端、剪切模式和其他转录后修饰；③量化各转录物在发育过程中和不同条件下表达水平的变化等。与基因组不同，转录组更具有时间性和空间性。例如，不同植物的大部分细胞具有一模一样的基因，即使同一细胞在不同的生长时期及生长环境下，其基因表达情况也不完全相同。

目前，多种技术可用于转录组学研究，总体可分为以杂交为基础和以测序为基础两类方法。基于杂交的方法源于 20 世纪 80 年代计算机和半导体芯片技术的发展，1995 年，Schena 在 *Science* 杂志上首次报道了基因芯片（gene chip）技术应用的论文，标志着基因芯片时代的开始。虽然以杂交为基础的转录组学研究方法实现了高通量水平的检测，但仍存在几个明显的技术缺陷，包括：①依赖于已知基因组信息；②交叉杂交引入高背景噪声；③由于背景和信号的饱和度导致检测范围受限；④不同微阵列（Microarrays）的结果间进行基因表达量比较的难度较大，需要复杂的均一化方法进行校正。

基于测序的方法可直接获得 cDNA 序列信息。该方法是利用 Sanger 技术对表达序列标签（EST）文库进行测序。EST 技术由 Adams 等（1991）提出，主要通过构建 cDNA 文库、测序及序列分析实现对特定样本一定数目的表达基因进行分析。EST 技术用于转录组学研究的巨大潜力突出表现在物种覆盖度大、应用范围广，以及可将不同来源的 EST 数据整合进行跨物种转录组比较分析。但该方法仅对转录组中经均一化的一小部分 cDNA 进行测序，导致通量有限，且不能进行基因表达的定量研究。随着测序技术的不断发展，以 Tag 为基础的基因表达系列分析（serial analysis of gene expression，SAGE）技术和大规模平行测序（massively parallel signature sequencing，MPSS）技术相继出现，实现了高通量的数字基因表达分析。SAGE 是 Velculescu 等（1995）提出的一种快速比较不同样本间基因表达差异的技术，其原理基于转录物 3′端特定位置的核苷酸序列（SAGE-Tag），可区分某样本基因组中 95% 的基因，并通过检测 SAGE-Tag 出现与否及出现频率分析它们所代表基因的表达情况，是揭示基因功能及作用机制、鉴定差异表达基因的高效工具（Velculescu et al.，1995）。MPSS 是 Brenner 等（2000）建立的基因克隆体系，与 SAGE 技术类似，该技术以代表特定转录物 10～20 个核苷酸的序列为标签（MPSS-Tag），通过检测它们在特定样本中的拷贝数，实现在短时间内检测待测细胞或组织内几乎全部转录基因的表达模式，特别是对低丰度表达基因或表达差异较小基因的检测，被广泛应用于功能基因组研究中。测序技术的高通量和较为精确的数字基因表达量计算使转录组学研究取得了重大突破，但仍存在一些技术瓶颈：费用较高；相当部分短 Tag 无法匹配到参考基因组上，造成信息丢失；仅部分转录基因被检测和分析，无法很好地区分异构体。

近年来，迅速发展的二代测序技术革命性地推动了转录组学研究。基于下一代测序技术（NGS）的转录组学研究被称为 RNA-Seq，该方法通过对某物种片段化的信使 RNA、小 RNA 和非编码 RNA 的全部或者其中的一类反转录得到的 cDNA 文库进行高通量测序，然后将测序结果比对到参考基因组、基因序列或从头组装的序列上，实现从整个转录组水平研究基因的转录情况和表达模式。

RNA-Seq 较其他转录组学研究方法具有巨大的优势，集中体现在以下几个方面：第一，分辨率高，该技术能精确判断转录物的边界区域，可检测转录区域的单碱基突变位点；第二，背景噪声低，由于测序 Reads 能够唯一匹配到参考序列的特定位置，使该方法背景噪声极低；第三，信号不饱和性高，即没有数量上限，可以检测多达 5 个数量级动态范围的基因表达变化；第四，重复性好，生物重复率可达 93%～95%，技术重复率可达 99%；第五，测序读长可显示两个外显子的连接情况，长读长或双末端测序读长甚至可以显示多个外显子的拼接状态，有效揭示基因的可变剪接和基因融合。

RNA-Seq 技术是目前最佳的转录组学研究工具，几乎克服了其他转录组分析方法的所有弊端。与普通基因芯片技术相比，RNA-Seq 技术不依赖于基因组背景，使转录组学研究能扩展到大多数没有进行基因组测序的物种上；无信号饱和上限、背景噪声低、重复性好，所以不同批次样品间的基因表达数据易于进行比较分析；与高密度全基因组

Tiling array 相比，RNA-Seq 技术可在较少 RNA 样本量的条件下精确、专一性地检测新转录物及基因的可变剪接模式；与 SAGE 技术和 MPSS 技术相比，RNA-Seq 具有极强的可变剪接分析、新基因发现及低丰度表达转录物检测的能力。

4.1.3 非编码 RNA

非编码 RNA（non-coding RNA，ncRNA）是指不编码蛋白质的 RNA，因其不编码蛋白质曾被认为是"垃圾 RNA"。非编码 RNA 主要包括小 RNA 和长链 RNA，在微生物、动植物等许多生命活动中均发挥着极广泛的调控作用。越来越多的科学家开始关注 ncRNA 的生物学功能及其与重大疾病的关系，人们逐渐意识到，ncRNA 对基因调控、基因敲除、农艺性状、病害防治及生物进化等都具有重要意义。

内源性非蛋白质编码小 RNA（small RNA，sRNA）广泛存在于各种生物体内，通过对靶标 mRNA 直接剪切或抑制其翻译，在转录后水平对基因表达进行精确调控。已知的小 RNA 主要分为两大类：一类是微小 RNA（microRNA，miRNA），另一类是小干扰 RNA（small interfering RNA，siRNA）。在植物和动物体内，miRNA 与 siRNA 的产生机制和作用形式均有所不同。miRNA 是由具有发夹结构的初级转录物（pri-miRNA）经过一系列加工过程，包括内切核酸酶 DCL1（dicer-liker）加工后生成；而 siRNA 则是通过内切核酸酶 DCL1、DCL2、DCL3 和 DCL4 对具有较好互补结构的长双链 RNA 前体进行加工形成。

长链非编码 RNA（long noncoding RNA，lncRNA）是指长度大于 200 个核苷酸的非编码 RNA。已有研究表明，lncRNA 对 mRNA 的转录及转录后都存在着调控作用，并且能够与 DNA 及蛋白质相互作用，进一步影响生物体的生命活动。尽管生物体内含有丰富的 lncRNA，但对于它们在生物体内的功能及调控机制的了解并不透彻。根据 lncRNA 与相邻编码蛋白基因的关系，我们可以将其分为四类：lncRNA 与编码基因有重叠，并且转录方向一致，将其列为同义 lncRNA；lncRNA 与编码基因有重叠，却在反义链上，将其列为反义 lncRNA；lncRNA 由编码基因的内含子转录产生，将其归类为内含子 lncRNA；lncRNA 位于两个编码基因之间的非编码区，将其归类为基因间区 lncRNA。部分 lncRNA 像 mRNA 一样具有 5′帽子和 3′ poly(A)尾巴，通过剪接而成熟。生物物理学分析表明，lncRNA 可以折叠形成许多有功能的二级结构。有些 lncRNA 在不同的物种间相当保守，可能调节不同物种间共有的信号通路，使这些物种具有某些共同的生物学功能。另一方面，有些非保守的 lncRNA 功能具有物种特异性，这可能是不同物种的环境选择压力和表型分离相关的进化结果。

4.1.4 RNA 测序技术的应用

将高通量测序技术应用到由 mRNA 反转录生成的 cDNA 上，从而获得来自特定样本不同基因的 mRNA 片段和含量，这就是 mRNA 测序或 mRNA-Seq；同样原理，各种类型的转录物都可以用深度测序技术进行高通量检测，统称为 RNA 测序技术（RNA-Seq）。该技术首先将细胞中的所有转录产物反转录为 cDNA 文库,然后将 cDNA 文库中的 cDNA

随机剪切为小片段，在 cDNA 两端加上接头后利用高通量测序仪测序，直到获得足够的序列，所得序列通过比对（有参考基因组）或从头组装（无参考基因组）形成全基因组范围的转录谱。

RNA-Seq 应用范围十分广泛，主要有：挖掘未知转录物和稀有转录物；确定基因表达量，分析不同转录物表达水平的差异；研究非编码 RNA 的功能和结构，包括 miRNA、lncRNA 等；研究转录物结构变异，发现新的 RNA 剪切方式和基因融合模式；开发新的分子标记，如 SSR、cSNP、cINDEL 等。

4.1.4.1　小 RNA 测序

小 RNA（small RNA）是一类长度在 20～30nt 的 RNA 分子，主要包括 miRNA、siRNA 等。小 RNA 测序是对目标物种中小 RNA 进行大规模测序分析，能够快速、全面地鉴定该物种在特定状态下的小 RNA 和发现新的小 RNA。小 RNA 测序为研究小 RNA 的种类、结构和功能，以及此物种的基因调控机制提供了有用的方法。

4.1.4.2　降解组测序

降解组测序（degradome sequencing）主要针对 miRNA 介导的剪切降解片段进行测序，从实验中筛选 miRNA 作用的靶基因，并结合生物信息学分析，确定降解片段与 miRNA 精确的配对信息。

降解组测序的原理是：绝大多数的 miRNA 是利用剪切作用调控靶基因的表达，且剪切常发生在 miRNA 与 mRNA 互补区域的第 10～11 位核苷酸上。靶基因经剪切产生两个片段：5'剪切片段和 3'剪切片段。其中，3'剪切片段包含自由的 5'单磷酸和 3'poly(A) 尾巴，可被 RNA 连接酶连接，连接产物可用于下游高通量测序；而含有 5'帽子结构的完整基因，或是含有帽子结构的 5'剪切片段，或是其他缺少 5'单磷酸基团的 RNA，是无法被 RNA 酶连接的，因而无法进入下游的测序实验。最后，对测序数据进行深入比对分析，可以直观地发现在 mRNA 序列的某个位点会出现一个波峰，而该处正是候选 miRNA 的剪切位点。

4.1.4.3　第三代测序技术

第二代测序技术具有通量大、时间短、精确度高和信息量丰富等优点，但是仍不能满足日益深入的研究工作，因此第三代测序技术应运而生。第三代测序（third generation sequencing，TGS）是基于单个分子信号检测的 DNA 测序，也被称为单分子测序（single molecule sequencing，SMS）。目前，第三代测序的新技术包括 Helicos 的 tSMS、PacBio 的 SMRT、Oxford 的 Nanopore，以及其他一些尚处于实验室阶段的技术，如电镜测序、蛋白质晶体管测序等。

4.2　蛋白质组学

4.2.1　蛋白质组学概述

蛋白质组学被认为是后基因组时代研究基因功能的最重要的方法之一。"蛋白质组"

和"蛋白质组学"这两个概念已被科学界广泛认可和应用（何华勤，2011）。蛋白质组（proteome）一词起源于 20 世纪 90 年代，是蛋白质"PROTEin"与基因组"genOME"两个词的组合，指一个基因组、细胞或组织所表达的全套蛋白质。1994 年 9 月，马克·威尔金斯（Marc Wilkins）博士正式提出了蛋白质组（proteome）的概念（丁士健和夏其昌，2001）。

蛋白质组学（proteomics）是以蛋白质为研究对象，在整体水平上研究细胞全部蛋白质的组成、功能及作用规律的科学，主要研究蛋白质的表达水平、翻译后修饰、蛋白质与蛋白质相互作用等内容，以期在整体蛋白质表达水平上认识细胞发生不正常状态的机理和代谢过程。其中，"-omics"是"组学"的意思，代表对生物体生命活动规律的一种全局研究策略，即从整体的角度来研究一个生物体的结构与功能分析、蛋白质定位、蛋白质差异表达以及蛋白质间的相互作用分析等方面。如今，蛋白质组学分为 3 个主要研究领域：第一，大规模鉴定组织蛋白和翻译后修饰蛋白；第二，对鉴定蛋白进行差异表达分析的定量蛋白组学研究；第三，研究蛋白质与蛋白质间的相互作用及具体生物学功能（李衍常等，2014）。

4.2.2 基于凝胶的差异蛋白分离技术

4.2.2.1 蛋白质双向电泳技术

在蛋白组学的研究中，不可避免地需要处理复杂的蛋白质混合物，需将蛋白质混合物分为单一成分，以便对蛋白质进行可视化、鉴定和理化性质表征。蛋白质双向电泳技术（two-dimension electrophoresis，2-DE）结合质谱技术是最经典、最传统的蛋白质分离和鉴定技术（Barreneche et al.，1996），自 20 世纪 70 年代发明以来就得到了广泛的应用。时至今日，双向电泳技术仍旧是处理复杂蛋白质混合物的唯一可视化有效研究方法。

蛋白质双向电泳技术的原理实际上是将等电聚焦与聚丙烯酰胺凝胶电泳相结合而分离蛋白质的一种电泳技术。第一向是等电聚焦技术（isoelectric focusing，IEF），根据蛋白质分子携带的不同静电荷来分离。蛋白质是两性电解质，同时具有酸性基团和碱性基团，将蛋白质加入到含有 pH 梯度的载体上，由于蛋白质所在位置的 pH 与其等电点 pI 不相符，在电场中受到电场力的作用而移动，直到蛋白质移动到 pH 与 pI 相同的区域，停止运动，此时蛋白质静电荷为 0，蛋白质被"聚焦"在 pH 与 pI 相同的窄带中，即蛋白质依据其等电点 pI 值的不同而分离，这就是等电聚焦的原理。第二向是十二烷基硫酸钠-聚丙烯酰胺凝胶电泳（sodium dodecyl sulfate-polyacrylamide gel electrophoresis，SDS-PAGE）是一种根据蛋白质相对分子质量大小来对其进行分离的电泳技术。十二烷基硫酸钠（SDS）是一种阴离子表面活性剂，不仅能够断裂分子间的氢键，还能断裂分子内的氢键，与蛋白质结合能够使蛋白质变性，破坏蛋白质的二级和三级结构，解聚形成单链的肽链分子，从而消除不同蛋白质分子间空间构型差异导致的迁移率差异。此外，SDS 分子结合并包被在变性蛋白质分子周围，形成 SDS-蛋白复合物，保持了基本相同的电荷密度，从而消除不同蛋白质间的电荷差异和结构差异。此时，蛋白质在聚丙烯酰胺凝胶中电泳时，蛋白质的迁移率主要取决于它的相对分子质量，而与所带电荷和蛋白质分子的空间构型无关。

2-DE 技术是传统的分离组织蛋白最有效的方法,自出现以来已经取得了很好的研究进展。最初,IEF 在聚丙烯酰胺凝胶棒中形成 pH 梯度两性电解质,但是不稳定、重现性差,并且难以使用。后来,固相化 pH 梯度技术（immobilized pH gradient,IPG）建立了稳定和可重复的 pH 梯度,增大了蛋白质上样量,极大地提高了双向电泳的分辨率和可重复性,提高了可分离蛋白的数量,使双向电泳成为目前分离复杂蛋白复合物的重要手段之一（Barreneche et al.,1996）。使用 2-DE 技术分离蛋白质主要有两个目的:一是鉴定新的蛋白质;二是测量它们在不同样品中的相对丰度。2-DE 与质谱联用仍然是进行蛋白质组研究的常用方法之一。

尽管 2-DE 技术在蛋白质研究中已获得广泛的应用,但是其仍旧有很多局限性:一是重复性差;二是灵敏度差;三是自动化困难。尤其在低丰度蛋白的检测中,高分子质量蛋白质及极酸性和极碱性蛋白质的分离技术更是制约着 2-DE 技术在蛋白质组学中的应用。

4.2.2.2　荧光差异显示双向凝胶电泳

荧光差异显示双向凝胶电泳（fluorescence two-dimensional differential gel electrophoresis,2D-DIGE）技术是在传统双向电泳的基础上发展而来的新型蛋白质组学定量技术,最早在 1997 年由 Jon Minden 实验室的 Unlu 等提出,后来 Amresham 成为此技术的主要推动者（何华勤,2011）。2002 年,Gharbis 等巧妙地将所有实验组样品等量混合为内标用在每块胶上。不久,GE Healthcare 公司便将内标作为 2D-DIGE 实验设计的核心技术,使 2D-DIGE 技术发展得更为成熟。

2D-DIGE 分离蛋白质的原理与双向电泳是一致的,主要利用蛋白质的等电点和分子质量的差异来分离蛋白质混合物,同时引入了内标。2D-DIGE 使用的荧光染料有 Cy2、Cy3 和 Cy5,它们能与蛋白质的赖氨酸侧链氨基反应而使蛋白质被标记,被标记蛋白质的等电点和分子质量不受影响,等量混合标记好的蛋白质进行双向电泳,最终在一张 2D 胶上对两个样本的多种蛋白质进行分离并分别单独成像。不同凝胶之间可以通过 Cy2 内标匹配,消除凝胶之间的差异,蛋白质表达量的变化则通过 Cy3 和 Cy5 不同荧光的强度来体现。在 DIGE 技术中,每个蛋白点都有它自己的内标,并且软件会自动根据每个蛋白点的内标对其表达量进行校准,保证所检测到的蛋白丰度变化是真实的。DIGE 技术可检测到样品间小于 10% 的蛋白表达差异,统计学可信度达到 95% 以上。

与常规双向电泳相比,2D-DIGE 具有以下优势:一是灵敏度高,最低可检测到 125pg 的蛋白质;二是高效性,同一块凝胶上可以电泳两个样品,减轻了工作量;三是线性范围更广,动态范围高达 10^{-5};四是定量准确,采用内标消除了凝胶与凝胶之间的实验误差,显著提高了实验的可信度和可重复性;五是统计学分析,DeCyder 软件可以得到统计学可信的结果,降低了操作者之间的偏差。

4.2.3　质谱鉴定蛋白质技术

对分离的蛋白质进行鉴定是蛋白质组学研究的重要内容之一,而生物质谱技术是蛋白质组学的重要支撑技术。相比传统的蛋白质鉴定技术,质谱技术有着高灵敏度、高精准度等特点，能够准确、快速地鉴定蛋白质。大多数质谱仪有 4 个基本组成部分：离子源；一个或多个质量分析器；离子阱；检测器。各种仪器的名称来自其离子源和质量分析器的名称。目前，生物质谱的离子化方法主要有两种：基质辅助激光解吸飞行时间质谱（MALDI-TOF-MS）技术和电喷雾电离质谱（ESI-MS）技术。通过质谱分析技术能够获得蛋白质结构信息，如肽段（peptide masses）或氨基酸序列。这些信息可以用于从核苷酸和蛋白质数据库来鉴定蛋白质，也可以用来确定蛋白质修饰的类型和位置（李衍常等，2014）。

总体而言，质谱分析是一种测量离子质荷比（质量-电荷比）的分析方法，基本原理是使试样中各组分在离子源中发生电离，生成不同质荷比的带正电荷离子，经加速电场的作用，形成离子束，进入质量分析器。在质量分析器中，利用电场和磁场使它们发生相反的速度色散，再将它们分别聚焦而得到质谱图，从而确定其质量。

4.2.3.1 基质辅助激光解吸电离飞行时间质谱技术

基质辅助激光解吸电离（matrix-assisted laser desorption ionization，MALDI）是一种用于质谱的软电离技术，是 1998 年德国科学家 Hillenkamp 和 Karas 首次提出的。该技术具有灵敏度高、适用范围广、操作简单、离子化均匀等特点，适合生物分子和高聚物的相对分子质量测定。

MALDI 离子源的原理是用激光照射样品与基质形成的共结晶薄膜，基质从激光中吸收能量传递给生物分子，电离过程中将质子转移到生物分子或从生物分子得到质子使生物分子电离的过程，是一种软电离技术，适用于混合物及生物大分子的测定。TOF 质量分析器的原理是离子在电场作用下加速飞过飞行管道，根据到达检测器的飞行时间不同而被检测，即测定离子的质荷比（m/z），与离子的飞行时间成正比。将 MALDI 离子化技术和 TOF 质谱技术相结合产生的基质辅助激光解吸电离飞行时间质谱技术（MALDI-TOF-MS）是近年来发展起来的新型软电离质谱，无论在理论上还是设计上都十分简单和高效。MALDI-TOF-MS 具有准确度高、分辨率高等特点，为生命科学领域提供了强有力的分析测试手段。

4.2.3.2 电喷雾电离质谱技术

电喷雾电离（electrospray ionization，ESI）是一种新发展起来的产生气相离子的软电离技术。该技术是 1984 年由 Yamashaita 和 Aleksandrov 等将 ESI 和 MS 相匹配形成的电喷雾电离质谱技术。电喷雾电离质谱技术（ESI-MS）可以产生多电荷峰，与传统的质谱相比扩大了检测的分子质量范围，同时提高了灵敏度。由于 ESI-MS 方法产生的是一系列多电荷峰，故可以获得准确的离子分子质量。另外，ESI-MS 技术还可以与高效液相色谱（HPLC）分离技术相连接，扩大了质谱技术的应用领域。

ESI 是一种离子化技术，其基本原理是将溶液中的离子转变为气相离子而进行 MS 分析。电喷雾过程可简单描述为：样品溶液在电场及辅助气流的作用下喷成雾状带电液滴，挥发性溶液在高温下逐渐蒸发，液滴表面的电荷体密度随半径减少而增加，当达到雷利极限时，液滴发生库伦爆破现象，产生更小的带电微滴。上述过程不断反复，最终实现样品的离子化。由于这一过程没有直接的外界能量作用于分子,对分子结构破坏较少,是一种典型的"软电离"方式。

4.2.3.3 肽质量指纹图谱鉴定蛋白质技术

肽质量指纹图谱(PMF)是一种蛋白质鉴定技术,利用质谱技术测定蛋白质水解肽片段的质量。通过将测定的肽质量与来自蛋白质或核苷酸序列数据库的相应肽质量进行比对来识别蛋白质。肽质量指纹图谱是分析蛋白质组学的有效手段。与其他基于质谱的蛋白质组学分析技术一样,蛋白质鉴定的质量取决于质谱数据的质量、数据库的准确性,以及所用搜索算法和软件的能力。

MALDI-TOF 肽质量指纹图谱分析是一种常用的肽质量指纹图谱分析工具。MALDI-TOF 分析肽混合物时,能耐受适量的缓冲剂、盐,而且各个肽片段几乎都只产生单电荷离子。当我们需要对蛋白质样品的理论序列进行 MALDI-TOF-MS 鉴定时,首先对样品进行酶切,然后通过 MALDI-TOF-MS 进行肽质量指纹图谱的鉴定,再通过 MS/MS 对峰图进行验证,最后通过理论序列比对得到肽覆盖图谱。

4.2.4 基于质谱的定量蛋白质组学研究

定量蛋白质组学是蛋白质组学的一个重要组成部分,即对一套基因组表达的全部蛋白质或某一复杂的混合物体系中所有蛋白质进行定量和鉴定。基于质谱的蛋白质组学定量技术的基础在于肽段丰度可以用质谱峰的信号强度来表现。根据有无同位素的引入,定量蛋白质组学技术可以分为两大类:第一类为稳定同位素的标记技术,第二类为非标记定量技术。

目前常用的方法有 4 种,即 TMT、iTRAQ、DIA 和 label-free,如图 4-1 所示。其中,TMT 和 iTRAQ 具有相似的原理,都是通过标签实现样本的区分及蛋白质的定量,可同时进行多个样本的分析和比较,准确度高且能有效降低系统误差。DIA 和 label-free 均不带标签,利用具有一定区分度和代表性的肽段可实现肽段的定量,定量结果准确度相对较差,而且只能实行单样本上机,受系统误差影响较大(李衍常等,2014)。

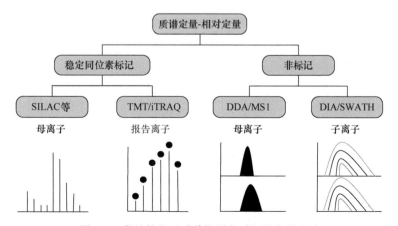

图 4-1 常见的基于质谱的蛋白质组学定量方法

4.2.4.1 同位素标记相对和绝对定量

同位素标记相对和绝对定量（isobaric tags for relative and absolute quantification，iTRAQ）技术是由美国 AB SCIEX 公司于 2004 年研发推出的一种体外同位素标记的相对与绝对定量技术。iTRAQ 试剂实际上是一种同位素标记试剂，可与氨基酸 N 端氨基及赖氨酸侧链氨基连接的胺标记同重元素。目前，有 4-plex 和 8-plex 两种主要使用的 iTRAQ 试剂，可同时标记 4 组或 8 组样品。

iTRAQ 试剂包括三部分：报告基团、平衡基团和肽反应基团。报告基团是不同数量的 ^{13}C 和 ^{15}N 标记产生分子质量分别为 114Da、115Da、116Da、117Da 的基团；平衡基团是质量分别为 31Da、30Da、29Da、28Da 的基团，使得 4 种 iTRAQ 试剂分子质量均为 145Da，保证 iTRAQ 标记的同一肽段的质荷比（m/z）相同。肽反应基团是将报告基团与肽段的 N 端氨基及赖氨酸侧链反应，基本可以标记样本中所有的蛋白质。

将蛋白质样品裂解为肽段，然后用 iTRAQ 试剂进行差异标记。由于 iTRAQ 试剂是等量的，即不同同位素标记同一多肽后在第一级质谱检测时分子质量完全相同，所以一级质谱不同 iTRAQ 标记的肽段出现在同一质荷比位置。而在二级质谱分析过程中，由于中性离子丢失，酰胺键断裂，电荷被报告分子携带，分别形成质荷比为 114.1、115.1、116.1、117.1 的报告分子。根据报告基团的质谱峰强度或峰面积，可相对定量不同状态的样品。如果合成一个内标肽段，同时用 iTRAQ 试剂标记，即可通过加入的内标肽段和待测肽段报告基团的峰强度比值测定出相应肽段或蛋白质的绝对量（图 4-2）。

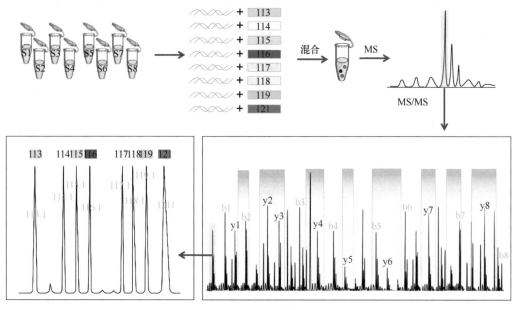

图 4-2 iTRAQ 技术原理和方案

iTRAQ 技术有以下优点：一是适用范围广，iTRAQ 可检测到的蛋白质除胞浆蛋白外，还有线粒体蛋白、膜蛋白和核蛋白，也能对不同类型的蛋白质进行鉴定，包括高分子质量、酸性、碱性蛋白质；二是通量高，一次最多可以实现 8 个样品的定性、定量分析；三是结果的准确度高，基于高度敏感性和精确性的串联质谱方法，完成相对和绝对定量分析；四是灵敏度高，相比凝胶电泳观测到的蛋白变化在 2 倍以上，iTRAQ 计算出的蛋白变化在 1.3～1.6 倍之间，可检测低丰度蛋白；五是效率高，定性、定量同步进行，且有较高重复性。

4.2.4.2 串联质谱标签

串联质谱标签（tandem mass tag，TMT）是 Thermo Scientific 公司研发的一种多肽体外标记技术，用于标记不同的蛋白样品，并同时进行高通量的 LC-MS/MS 定量研究。该技术采用 2 种、6 种或 10 种同位素标签，通过特异性标记多肽的氨基基团，进行串联质谱分析，可以同时比较 2 组、6 组或 10 组不同样品中蛋白质的相对含量。

其实，iTRAQ 和 TMT 技术只是生产商不同、专利不同，但是使用原理基本一致，除了标记规格和标签分子结构有些差异，标记肽段的原理基本上是一样的。

4.2.4.3 非同位素标记定量技术

非同位素标记定量蛋白质组学技术是通过液质联用技术对蛋白质酶解肽段进行质谱分析，通过比较质谱分析次数或质谱峰强度，分析不同来源样品蛋白的数量变化。

非同位素标记定量蛋白质组学按其原理不同，主要分为两种方法：一是通过谱图计数的方法进行定量，这种方法发展比较早，已经形成多种定量算法，但主要原理都是以 MS2 的鉴定结果为定量基础；二是通过比较信号强度或者肽离子的峰面积值进行定量，这种方法以 MS1 为基础，计算每个肽段的信号强度在 LC-MS 色谱上的积分。目前，非同位素标记定量技术主要的数据分析方法是利用 Maxquant 软件，根据一级质谱相关的肽段峰强度、峰面积、液相色谱保留时间等信息进行定量分析。

非同位素标记定量的优势就在于蛋白质不需要进行标记，所需样品总量少、耗费低。相比 iTRAQ/TMT 等标记方法，非同位素标记定量方法具有特定的技术优势：一是检测起始样本量少；二是前处理少，更多地保留样本最原始的信息；三是对于低丰度多肽的覆盖程度更高；四是不受标记试剂盒限制，可进行大批量样本检测。

4.2.4.4 DIA 定量蛋白质组学技术

DIA（data-independent acquisition）技术是一种靶向蛋白质组学技术，对选定质荷比（m/z）范围内的所有离子进行碎裂和二级质谱分析。DIA 是数据依赖性采集（data-dependent acquisition，DDA）的替代方案，有更高的定量准确性和可重复性。DIA 的原理是液相色谱与串联质谱（LC-MS/MS）相结合，蛋白质通过蛋白水解酶消化成肽段，这些肽段通过高效液相分离后经电喷雾电离（ESI）加上电荷，发射到质谱仪中进行一级质谱（MS）和二级质谱（MS/MS）的分析。一级质谱由肽段离子的质荷比和信号强度组成，二级质谱由肽段碎裂后的碎片离子质荷比和信号强度组成。DDA 为数据依赖性采集方式，选择一级质谱中特定数量的肽段分子（如信号强度强的前 10 个离子）进行高能碰撞碎裂，产生的碎片离子送入二级质谱检测。DIA 为数据非依赖性采集方式，随着时间连续设置一定范围的质荷比窗口，将通过窗口的全部肽段离子进行碎裂并用二级质谱检测碎片离子的信号。相比之下，DIA 模式不涉及对肽段离子的限制性筛选，定量准确性和重复性都要优于 DDA 模式。但 DIA 模式产生的碎片离子谱图过于复杂，丢失了肽段及碎片离子的对应关系，对其结果的解析较为困难。目前的方法是通过建立样本的参考库（如同一样本的 DDA 数据），对 DIA 的混合数据进行去卷积分析来鉴定和定量肽段。

DIA 技术的优势：提升了单次分析的数据量；减少了每次采集的数据缺失、空值，提高了鉴定重现性；提升了定量的稳定性和准确性；可获得更多低丰度蛋白的数据。

4.2.5 蛋白质翻译后修饰

蛋白质的翻译后修饰（post-translational modification，PTM）是指蛋白质在翻译中或翻译后经历的一个共价加工过程，即通过一个或几个氨基酸残基加上修饰基团，或通过蛋白质水解剪去基团而改变蛋白质的性质。可以说，蛋白质组中任一蛋白质都能在翻译中或翻译后进行修饰。不同类型的修饰都会影响蛋白质的电荷状态、疏水性、构象和稳定性，最终影响其功能。目前，已经发现 300 多种不同的翻译后修饰，主要形式包括磷酸化、糖基化、乙酰化、泛素化、羧基化、核糖基化及二硫键的配对等。

蛋白质翻译后修饰的分析鉴定难度远远高于蛋白质的鉴定，主要是因为：发生翻译后修饰的蛋白质样本量相对较少；发生修饰时的共价键不稳定，且处于动态变化中；修饰与未修饰蛋白质或多种修饰形式的蛋白质常常混合存在。目前，蛋白质翻译后修饰的研究主要是利用现有的蛋白质组学技术体系，包括电泳技术、质谱技术、染色技术及生物信息学工具等。

磷酸化是最常见的蛋白质翻译后修饰方式之一，在动植物体内大约有 1/3 的蛋白质发生磷酸化修饰，且是一种可逆的蛋白质翻译后修饰，主要依靠蛋白激酶和蛋白磷酸酶的作用实现蛋白磷酸化的可逆过程。目前，对磷酸化蛋白的检测方法主要有：放射性标记技术、免疫印迹技术、荧光染料染色技术、质谱技术等。

糖基化是蛋白质的又一重要的翻译后修饰，是指在蛋白质生物合成时或者合成后，其特定糖基化位点上加入短链的碳水化合物残基（寡糖或聚糖）的过程。真核生物中，有一半以上的蛋白质发生了糖基化修饰。糖基化一般发生在特定位点的氨基酸残基上。糖蛋白中糖与肽链以糖苷键共价连接，有 3 种主要的类型：N-连接糖基化、O-连接糖基化和糖基磷脂酰肌醇。

相对于磷酸化蛋白，糖基化蛋白的分析除了要对蛋白质部分进行分析，还要对寡糖链进行结构和组成分析，同时糖基化的不均一性也给糖蛋白的分离分析带来很大困难。获得糖基化蛋白的方法主要有电泳法和色谱法结合质谱鉴定技术。肼化学富集法是传统的糖化学研究方法，双向电泳法结合糖蛋白的显色技术可以分离糖蛋白，更为直接有效的方式是直接对糖蛋白进行富集。蛋白质翻译后修饰的分析和鉴定，对揭示蛋白质的生理功能及内在分子机制都有重要意义。

4.2.6 功能蛋白质组学研究

功能蛋白质组学也称细胞图谱蛋白质组学，是研究蛋白质遗传和物理相互作用，以及蛋白质与核酸或小分子间相互作用的科学。蛋白质相互作用分析不仅能提供蛋白质自身的功能信息，而且能够提供关于蛋白质在代谢通路、调控网络和复合体中如何起作用的信息。酵母双杂交技术是研究相互作用蛋白质组的关键技术之一。

科学家利用酵母（*Saccharomyces*）中 GAL4 转录因子的特性建立了研究蛋白质相互作用的酵母双杂交系统。转录因子 GAL4 与所有真核生物的转录因子一样，也含有 DNA 结合结构域（binding domain，BD）和 DNA 转录激活结构域（transcription activating domain，AD）这两个极其重要的功能结构域。BD 结构域负责 GAL4 蛋白与上游激活序列（UAS）的结合，AD 结构域负责 GAL4 蛋白激活 UAS 序列下游靶基因转录，如图 4-3A 所示。这两个结构域相互独立、互不干扰，但只有当这两个功能结构域在空间上较为接近时，才能表现完整的转录激活活性，任何一个功能结构域的缺失或结构异常都会使 GAL4 失去作用。

酵母双杂交系统的巧妙之处在于将 GAL4 蛋白的 BD 结构域（N 端 1～147 个氨基酸）和 AD 结构域（C 端 768～881 个氨基酸）分开。将 BD 结构域的编码序列与一个功能已知的蛋白质基因（被称为诱饵蛋白）的编码序列共连在同一个载体上，将 AD 结构域编码序列与待研究的目的基因（被称为靶蛋白）的编码序列共连在另一个载体上，分别构建成"饵蛋白载体"（BD 载体）和"靶蛋白载体"（AD 载体），当基因表达时，能分别形成 GAL4 BD-诱饵蛋白的融合蛋白和 GAL4 AD-靶蛋白的融合蛋白。在载体转化的酵母细胞中含有报告基因（*Lac Z*、*His*、*Leu*、*Trp*、*ADE* 等），但不具备报告基因转录活性，因此报告基因不能表达，报告基因的表达依赖于 GAL4 转录因子的激活。单独将 BD 载体或 AD 载体转化酵母细胞时，由于只能产生 BD 结构域或 AD 结构域，缺乏 AD 活性或 BD 活性，因此报告基因不能表达，如图 4-3B 和图 4-3C 所示。当 BD 载体和 AD 载体共同转化酵母细胞时（双杂交），如果靶蛋白不能和诱饵蛋白相互作用，则 AD 结构域和 BD 结构域在空间上不能被拉近，因此不能启动报告基因表达（图 4-3D）；只有当靶蛋白能和饵蛋白相互作用时，才可以形成 GAL4 BD 结构域-诱饵蛋白-靶蛋白-GAL4 结构域的蛋白复合体，此时 AD 结构域和 BD 结构域在空间结构上被拉近，GAL4 获得完整的转录因子活性，可以启动报告基因表达（图 4-3）。因此，只需要检测报告基因是否表达，就可初步推断出功能未知的靶蛋白是否与功能已知的诱饵蛋白相互作用。

酵母双杂交系统所用的载体是大肠杆菌-酵母菌穿梭载体，这样，载体构建过程可在大肠杆菌中进行，只有检测靶蛋白和饵蛋白是否具有相互作用时才在酵母中进行，这大大提高了酵母双杂交的效率。酵母双杂交技术是蛋白质相互作用研究领域的重大突破，它可以精确地测定蛋白质之间的相互作用，只需要构建 DB 载体和 AD 载体，不需要分离和纯化蛋白质，易于操作。

近年来，酵母双杂交系统得到了进一步的改进和发展，现已广泛应用于分子生物学的各个领域。其主要应用有以下几个方面：①检测已知蛋白质间的互作；②发现新蛋白及蛋白质的新功能；③构建蛋白质互作网络；④筛选多肽药物、寻找药物靶标。

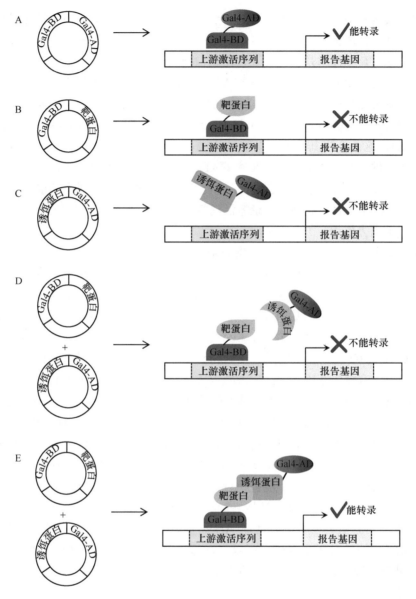

图 4-3　酵母双杂交基本原理

4.2.7　蛋白质组研究应用

4.2.7.1　蛋白质组学在植物遗传多样性中的应用

遗传多样性是生物多样性的重要组成部分，有广义和狭义之分。广义的遗传多样性是指地球上所有生物携带的遗传信息的总和。狭义的遗传多样性是指种内的遗传多样性，即种内个体之间或一个群体内不同个体的遗传变异总和。遗传变异是生物体内遗传物质发生变化而造成的一种可以遗传给后代的变异。正是这种变异导致生物在不同水平上体现出遗传多样性。基于基因组学的一些遗传标记（如 RAPD、RFLP、ISSR 等）已经广泛应用于植物遗传研究中。相比之下，蛋白质组学的研究对象——蛋白质是基因的表达产物，是功能的执行者，是介于基因型和表型之间的特性，因而植物遗传多样性的蛋白质组学研究主要以蛋白质组学标记为纽带联系基因多样性和表型多样性，比传统的蛋白质标记技术更能全面反映植物的种内和种间进化趋势。

Zivy 等（1983）利用双向电泳技术分析了小麦（*Triticum aestivum*）的 18 个异源多倍体株系的叶片蛋白表达谱，发现有 14 个蛋白质反映了 3 个小麦品种间核的遗传变异。利用 2-DE 结合质谱鉴定技术分析了亲缘关系很近的硬粒小麦不同株系的遗传多样性，发现品系间的多态性很低，并且有 7 个蛋白质可以用于基因型的鉴定。

4.2.7.2　植物组织器官与生长发育蛋白质组研究

基因的表达具有时空性，在不同的组织器官中，基因的表达不一定是相同的。植物蛋白的表达在不同的细胞、组织或器官中存在一些特异性。不同植物基因型、同一基因型的不同植株之间、同一植株的不同组织和器官间，都存在着蛋白质组学上的差异。尽管不同植物中这些特异蛋白在种类、数量或者某一特定时空的表达不同，但这些蛋白质很可能是体细胞或生殖细胞形成的特定时期的基因表达产物，与该时空细胞的功能或者组织器官的形态建成及机体的生理生化变化密切相关。因而，植物的发育过程中，不同组织器官的分化也表现在不同器官蛋白质的组成和数量差异上。蛋白质组学的研究有助于加深我们对植物发育过程机制的认识和理解。

有关植物组织和器官的蛋白质组学研究已经有很多报道。科学家用 2-DE 技术分离了水稻（*Oryza sativa*）根、茎、叶、种子、芽及愈伤组织等部位的蛋白质，共得到 4892 个蛋白点，其中只鉴定了 3%的蛋白质。胚与种子发育相关蛋白的研究是揭示植物产量和品质形成机制的关键要素。科学家用蛋白质组学的方法研究模式豆科植物紫花苜蓿（*Medicago sativa*）品种'Jemalong'种子在灌浆期间的差异蛋白表达情况，发现种子在发育期间积累了豆球蛋白、豌豆球蛋白和脂氧合酶等。科学家进而研究了小麦胚乳发育过程中蛋白质的表达情况，鉴定了 250 个蛋白质，这些蛋白质参与碳代谢、转录翻译、蛋白质合成和组装等 13 个主要生理过程。

4.2.7.3　植物非生物胁迫应答蛋白质组研究

植物在生长发育过程中会遭遇各种干旱、盐和重金属等不利的环境因子。植物感受这些胁迫信号后会通过信号转导过程调节细胞内相关蛋白的表达，进而调整自身的生理状态或形态来适应不利环境。胁迫是指对植物生长和生存不利的各种环境因素的总称，又称逆境。植物在长期的系统发育中逐渐形成了对胁迫的适应和抵抗能力，称为植物的抗胁迫性。

干旱胁迫是全球农业生产中最严重的一种环境胁迫，全球气候变暖导致极高温气候的出现并增加了干旱地区的面积，影响到至少 50%的陆地面积，导致作物严重减产。科学家通过对干旱敏感（RGS-003）和耐旱品系（SLM-003）及其 F_1 代的干旱胁迫油菜根的蛋白质组差异比较分析发现，在敏感品系中，与代谢、能量、疾病/防御和运输相关的蛋白质在干旱胁迫下减少。在耐受品系中，涉及代谢、疾病/防御和转运的蛋白质增加，而能量相关蛋白质减少。最终确定 V 型 H$^+$-ATP 酶、质膜相关阳离子结合蛋白、热激蛋白 90 和延伸因子 EF-2 在油菜的耐旱性中具有作用。

重金属胁迫是对植物较严重的非生物胁迫之一。重金属对环境的污染主要是人为活动引起的，如使用化肥、重金属杀虫剂等和一些工业活动等。镉能干扰植物的生理过程，影响光合作用、水分和矿质元素的吸收。Alvarez 等（2009）用 2D-DIGE 结合 iTRAQ 技术，对芸薹属植物进行了镉胁迫的处理，研究发现甲硫氨酸亚砜还原酶、二硝基丙烷双加氧酶、O-乙酰丝氨酸巯解酶、谷胱甘肽-S-转移酶等在芥菜的镉吸收和耐镉过程中起着关键的作用。

盐胁迫是对植物最严重的非生物胁迫之一，能够严重影响农作物的生产，对其生理与分子机制已经有较深入的了解。盐胁迫能够使植物细胞膜解体，产生活性氧，抑制光合作用等。科学家用 iTRAQ 技术对油菜幼苗响应盐胁迫和干旱胁迫进行比较蛋白质组学研究，共鉴定了 5583 个差异蛋白、205 个响应干旱胁迫，其中 45 个也响应盐胁迫。

此外，蛋白质组学在医学、动物科学、微生物学研究中也取得了重要进展。

4.3 代 谢 组 学

4.3.1 代谢组学概述

代谢是生命活动中所有（生物）化学变化的总称，代谢活动是生命活动的本质特征。分子生物学中心法则认为信息流主要是从脱氧核糖核酸到信使核糖核酸再到蛋白质，酶蛋白催化代谢物的反应，最后汇聚并相互作用产生多种多样的生物表型。DNA 作为生命信息的载体，发挥着至关重要的作用，全面解析物种的 DNA 组成及其构成的基因功能的基因组学研究是最早发展起来的生物组学。基因组学研究带动了生命科学的迅猛发展，基因组学的成功应用极大地推动了转录组学、蛋白质组学、代谢组学、表型组学等的快速发展（图 4-4）。随之，采用上述组学多层次地全面揭示生命现象的系统生物学应运而生（张自立和王振英，2009）。

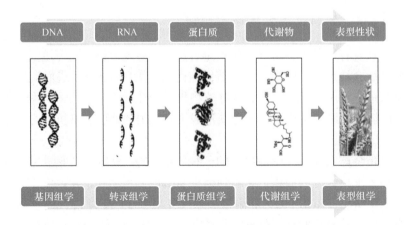

图 4-4 各组学揭示植物性状形成的分子和代谢基础

代谢组学（metabolomics）旨在研究生物体或组织甚至单个细胞的全部小分子代谢物成分及其动态变化。早在公元前 300 年，古希腊人就意识到通过观察体液或组织的改变可以预测疾病，这与代谢组学用于疾病诊断的思路一致。代谢组学是有机化学、分析化学、化学计量学、信息学、基因组学、表达组学等多学科相结合的交叉学科，已经渗透到生命科学研究的各个方面。代谢组学是系统生物学中非常重要的一个环节，而且距表型最接近，通过研究不同物种的代谢产物，可以指导植物分类学；通过研究不同基因型植物的代谢物，可以发现新的功能基因；通过研究不同生态环境下植物的代谢产物，可以了解植物的区域性分布；通过研究某种药用植物的代谢产物，可以用于中药道地药材的确定。植物在受到某种内部或外界因素刺激之后会产生特定的应激变化，最终会表现在代谢物的改变上，通过研究这种变化规律，可以为从植物中定向培养得到某一特定代谢物提供指导。代谢组学可以在代谢物的基础上来区分表型：不论是可见的还是不可见的表型，用代谢物来区分可能更准确，至少提供了代谢水平上的变化证据。在那些由基因突变或者转基因造成的可测量表型变化实例中，代谢组学的方法可以被用来阐明造成这种可见表型的生化原因或者结果（许国旺，2008）。

因此，以 DNA、mRNA、蛋白质和代谢物为研究对象的基因组学、转录组学、蛋白质组学和代谢组学是一个密切相关的整体，它们共同构成系统生物学（systems biology）。

4.3.2　代谢组学研究技术

4.3.2.1　植物培养与样品制备

相对于微生物和动物，植物的人工栽培需要考虑更多的因素，如不同生长时间、不同发育阶段、不同部位，以及光照、水肥、耕作等环境因素的微小差异都可引起生理状态的变化，而这些非可控及可控双重因素的影响很难进行精确的控制，从而影响植物代谢组学研究的可重复性。推荐使用无土栽培技术进行植物代谢组学研究，利用无土栽培系统可将水和养分直接引入植物根部，并对供给量进行精确控制，从而提高实验的可重复性。

取样、代谢物提取及分析前处理（衍生化）是代谢组学样品制备技术的 3 个关键组成部分，也是获得可靠数据的前提。为了使取样和提取过程快速、高效、均一性好且能保持化合物的稳定，一般将植物组织器官用液氮快速冷冻，研磨成粉末后，迅速加入样品提取液。目前应用较多的方法是气相色谱-质谱和液相色谱-质谱联用方法。为实现代谢组学分析所要求的全局性、重现性及高通量的特点，已发展了一些有效的取样、提取及衍生化方法（许国旺，2008）。

由于样品制备技术过程烦琐、复杂，极易引起代谢组学数据出现较大的误差，因此，自动化的取样、提取和分析前处理技术应运而生。使用多功能自动进样器进行样品的在线衍生化和自动进样系统，大大减少了手动衍生化的烦琐步骤和衍生化时间差异等引起的误差。样品制备技术的机械化和自动化是代谢组学研究今后发展的趋势，能最大限度地减少实验误差，使数据更具稳定性和重现性。

4.3.2.2　代谢物分离和检测分析

对获得的样品中所有代谢物进行分析鉴定是代谢组学研究的关键步骤，也是最困难、最多变的步骤。与原有的各种组学技术只分析特定类型的物质不同，代谢组学分析对象的大小、数量、官能团、挥发性、带电性、电迁移率、极性及其他物理化学参数差异很大，要对它们进行无偏向的全面分析，单一的分离分析手段往往难以保证。色谱、质谱、核磁共振、红外光谱、库仑分析、紫外吸收、荧光散射和光散射等分离分析手段及其组合都被应用于代谢组学的研究。一般根据样品的特性和实验目的，可选择最合适的分析方法。

目前最常用的分离分析手段有以下几种。

1. 全二维气相色谱与高分辨率飞行时间质谱联用技术

全二维气相色谱的发展成熟，进一步加强了探测复杂代谢物的能力。GC×GC 是将两支固定相不同且互相独立的色谱柱以串联方式连接，第一维色谱柱分离后的每一个组分，经过调制器的捕集聚焦，以脉冲方式进入第二维色谱柱，而第二维色谱柱很短，可实现快速分离，结合高达每秒 500 张谱图的速度进行质谱扫描，获得二维气相色谱数据。全二维气相色谱与飞行时间质谱联用，具有极高的分离能力及灵敏度，是目前最为强大的分离工具之一，广泛应用于代谢组学等复杂体系的分离分析中。最近，Zoex 公司推出的全二维气相色谱与高分辨率的飞行时间质谱联用设备，其 TOF-MS 具有 4000～7000 的分辨率，质量精确度为小数点后 3 位。精准的质量数可用于推测化合物的分子式，高质量精确度的碎片离子峰使重叠解卷积变得准确且容易，大大加强了化合物的定性能力。可以预言，此类型的设备将会广泛应用于植物代谢组学的研究，是植物代谢组学分析技术的发展趋势。

气相色谱适用于分析容易气化的低极性、低沸点代谢物（如各类挥发性化合物），或衍生化后低沸点的物质（如氨基酸、有机酸、糖类、醇类等），能检测到植物提取物中的部分初生代谢产物；单独使用 GC-MS 还不能全面揭示植物所有代谢物的变化。

2. 超高效液相色谱与串联四极杆飞行时间质谱联用技术

液相色谱不受样品挥发性、热稳定性的影响，样品前处理非常简单，过滤后可以直接进样。因此，液相色谱与质谱结合可有效分析植物中丰富的次生代谢产物，包括各种萜类化合物、生物碱、黄酮、硫代葡萄糖苷等化合物，基于 LC-MS 的分析设备已发展成为代谢组学分析必备的核心设备。与液相色谱（LC）相连的质谱类型较多，如四极杆质谱、串联三重四极杆质谱、离子阱质谱、飞行时间质谱、串联四极杆飞行时间质谱、串联离子阱飞行时间质谱、傅里叶变换离子回旋共振质谱、电场轨道阱回旋共振组合质谱等。在众多的质谱类型中，高分辨率的串联四极杆飞行时间质谱（Q-TOF-MS）能最大限度地满足植物代谢组研究的需要。目前，Q-TOF 的扫描速度可达每秒 20 张谱图，最新的飞行时间质谱可达每秒 100 张谱图，分辨率普遍达到 4 万以上，同时拥有宽于 10^5 的动态范围。LC-Q-TOF-MS 已成为植物代谢组学研究广泛选用的分析仪器。科学家使用 Waters 公司的 CapLC 与 Q-TOF-MS 联用，对拟南芥（*Arabidopsis thaliana*）根和叶中的代谢物进行了全面分析。LC-Q-TOF-MS 已成功用于分析拟南芥 14 个生态型和 160 个重组自交系的营养生长期代谢物变化，发现 75%的化合物峰可稳定遗传，并通过代谢物数量性状位点（quantitative trait loci，QTL）分析将其定位于拟南芥基因组。

超高压液相色谱（ultra-high performance liquid chromatography，UPLC 或 UHPLC）技术的发展也为代谢组学分析技术锦上添花。该技术使用粒径<2.0μm 填料的色谱柱，并且克服了传统高效液相色谱（HPLC）压力的限制，柱压可提高到 1500psi（1psi=6894.76Pa）以上，提高了柱效，色谱峰宽更窄，增加了色谱分离度，并且缩短了分析时间，非常适合与高扫描速度的 Q-TOF-MS 联用，进行植物代谢组学高通量分析。

总之，色谱是最常用和有效的分离分析工具，其与质谱的联用可以完成从成分分离到鉴定的一整套工作。GC-MS 和 LC-MS 可以同时检测出数百种化合物，包括糖类、有机酸、氨基酸、脂肪酸和大量不同的次生代谢物。GC-MS 有很好的分离效率，且相对较为经济，但需要对样品进行衍生化预处理，这一步骤会耗费额外的时间，甚至引起样品的变化。受此限制，GC-MS 无法分析膜脂等热不稳定的物质和分子质量较大的代谢产物。而 LC-MS 对样品提取要求简单，易于实现高通量和自动化，能检测到植物中大部分种类代谢物，必将在植物代谢组学研究中发挥更大的作用。液相色谱与质谱匹配的组合多种多样，具有很大的发展潜力。超高压液相色谱与高分辨率的串联四极杆飞行时间质谱联用技术将是植物代谢组学分析的主流平台。

3. 毛细管电泳-质谱联用技术

毛细管电泳是 20 世纪 80 年代初发展起来的一种基于待分离物组分间淌度和分配行为差异而实现分离的电泳新技术，具有快速、高效、分辨率高、重复性好、易于自动化等优点。毛细管电泳-质谱联用技术（capillary electrophoresis mass spectrometry，CE-MS）的主要优点是能够检测离子型化合物，如磷酸化的糖、核苷酸、有机酸和氨基酸等。CE-MS 分离样品的效率比普通的色谱-质谱联用技术要高得多，更为便利的是，其耗时很短，10 min 就可以完成一个样品的分离过程。研究人员曾使用 CE-MS 技术从拟南芥中检测到 200 个代谢物，并鉴定了其中的 70～100 个化合物。

4. 核磁共振技术

核磁共振（nuclear magnetic resonance，NMR）是一种无偏的、普适性的分析技术，样品的前处理简单、测试手段丰富，包括液体高分辨 NMR、高分辨魔角旋转（high resolution-magic angle spinning，HR-MAS）NMR 和活体（*in vivo*）核磁共振波谱（magnetic resonance spectroscopy，MRS）技术等。NMR 方法也有其局限性，例如，它的检测灵敏度较低，而且检测动态范围有限，很难同时检测同一样品中含量相差很大的物质。近年来，在线 LC-UV-SPE-NMR-MS 技术结合液相分离、固相萃取（solid phase extraction，SPE）进行富集和全氘代溶剂洗脱，已在植物代谢物结构的鉴定中广泛使用。

核磁共振技术最初被用于病理生理学和药理毒理学方面，但目前已被广泛用于代谢组学研究。其优点是：不同于质谱具有离子化程度的差别和基质干扰等问题，NMR 没有偏向性，对所有化合物的灵敏度是一样的；NMR 无损伤性，不破坏样品的结构和性质，可在接近生理条件下进行实验，可在一定的温度和缓冲液范围内选择实验条件，进行实时和动态的检测；NMR 氢谱的谱峰与样品中各化合物的氢原子是一一对应的，所测样品中的每一个氢原子在图谱中都有其相关的谱峰，图谱中信号的相对强弱反映样品中各组分的相对含量，更为直观，非常适合研究代谢产物中的复杂成分。

5. 傅里叶变换-红外光谱

傅里叶变换-红外光谱（fourier transform infrared，FT-IR）是基于红外线引起分子中的化学键振动或转动能级跃迁而产生的吸收光谱。植物样本的红外光谱是其中所有化合物红外光谱的叠加，具有指纹特性，FT-IR 可以对样品进行快速、高通量地扫描，并且不破坏样本，每天能够分析 1000 多个样本，适合从大量群体中筛选代谢突变。该法的缺点是难以鉴定差异的代谢物，对结构类型相似的化合物难以区分。

植物代谢物具有化学多样性，有些成分含量极微且动态范围宽，代谢物的合成和积累易受外界环境的影响。代谢组学也不能像蛋白质组学、转录组学那样，利用基因组信息来推断代谢物的结构。目前还不能使用单一的分析手段实现代谢物的全景定性和定量分析，只能使用多种分析手段，相互取长补短，尽可能多地跟踪监测植物代谢物的变化。

4.3.2.3　代谢组学数据库

代谢组学分析离不开各种代谢途径和生物化学数据库。与基因组学和蛋白质组学已有较完善的数据库供搜索、使用相比，目前代谢组学研究尚未有类似功能完备的数据库。一些生化数据库可供未知代谢物的结构鉴定或用于已知代谢物的生物功能解释，如连接图数据库（connections map DB）、京都基因与基因组百科全书（KEGG）、METLIN、HumanCyc、EcoCyc 和 metacyc、BRENDA、LIGAND、MetaCyc、UMBBD、WIT2、EMP 项目、IRIS、AraCyc、PathDB、生物化学途径（Ex-PASy）、互联网主要代谢途径（main metabolic pathways on Internet，MMP）、植物化学和民族植物学数据库、大学天然产物数据库等，其中 IRIS、AraCyc 分别为水稻和拟南芥的有关数据库。表 4-1 给出了其中的一些网址，可供读者参考。

表 4-1　代谢产物相关数据库

No.	数据库名	网址
1	KEGG	http://www.genome.jp/kegg/ligand.html
2	HumanCyc	http://biocyc.org
3	代谢的原子重构（ARM）项目数据库	http://www.metabolome.jp
4	新药及其代谢产物质谱库	http://www.ualberta.ca/_gjones/mslib.htm
5	METLIN 数据库	http://metlin.scripps.edu/
6	"肿瘤"代谢组数据库	http://www.metabolic-database.com
7	Lipidomics：Lipid Maps	http://www.lipidmaps.org/data/index.html
8	Lipidomics：SphinGOMAP	http://sphingomap.org/
9	Lipidomics：Lipid Bank	http://lipidbank.jp/index00.shtml
10	人类代谢组数据库	http://www.hmdb.ca
11	ChemSpider Beta	http://www.chemspider.com
12	Pubmed 化合物数据库	http://www.pubmed.gov
13	NIST 质谱数据库	http://www.nist.gov/srd/nistl.htm

理想的代谢组学数据库应包括各种生物体的代谢组信息，以及代谢物的定量数据，如人类代谢组数据库（http://www.hmdb.ca）。实际上，这方面的信息非常缺乏。一些公共数据库对各种生物样本中代谢物的结构鉴定也非常有用，如 PubMed 化合物库和 ChemSpider 数据库等（表 4-1），后者包含有 1650 万个化合物的结构信息，可供网上检索。但是，到目前为止，代谢物数据库所收集的代谢物数量还很少，并且大多数物种的大部分代谢途径还很不完善，这是代谢物学研究面临的主要挑战和机遇。

4.3.3　代谢组学的应用

代谢组学自从出现以来，引起了各国科学家的极大兴趣，广泛地应用于各个领域，如药物开发、疾病诊断、植物代谢组学、营养科学和微生物代谢组学等。

4.3.3.1　药物开发

代谢组学在疾病动物模型（包括转基因动物）的确证、药物筛选、药效及毒性评价、作用机制和临床评价等方面有着广泛应用。目前，基于 NMR 的代谢组学技术在药物毒性评价方面开展了深入的工作。在对 147 种典型药物的肝肾毒性研究项目中，科学家通过检测正常和受毒大鼠、小鼠的体液及组织中代谢物的 NMR 谱，结合已知毒性物质的病理效应，建立了第一个大鼠肝脏和肾脏毒性的专家系统。该专家系统分为 3 个独立的级别，可实现正常/异常的判别、对未知标本进行毒性或疾病的识别，以及进行病理学的生物标志物识别，并进一步研究有毒药物的分子机制，进而建立可预测性的构效关系。科学家利用基于 H-NMR 的代谢组学方法，采用 FeNTA 或溴化钾引起的两种肾功能损伤小鼠模型，研究了 4-羟基-2（E）-壬醛基-巯基尿酸作为肾功能损伤标志物的可行性。结果表明，H-NMR 代谢组学方法可以用来指示肾功能损伤，但对氧化应激无特异性；HNE-MA 和其他的磷脂过氧化标志物有很好的相关性，标志物的类型与病理条件有关，但尚未发现普适性的氧化应激标志物。

4.3.3.2　疾病诊断

由于机体的病理变化，代谢产物也产生了某种相应变化。对这些由疾病引起的代谢产物进行分析，即代谢组学分析，能够帮助人们更好地理解病变过程及机体内物质的代谢途径，还有助于疾病生物标志物的发现，达到辅助临床诊断的目的。例如，Brindle 等应用 H-NMR 技术，以 36 例严重心血管疾病患者和 30 例心血管动脉硬化患者的血清及血浆为研究对象进行代谢组学分析，结合 PCA、SIMCA、PLS-DA、OSC-PLS 等模式识别技术实现了对心血管疾病及其严重程度的判别，得到了高于 90%的灵敏度及专一性。

代谢组学在疾病研究中的应用主要包括病变标志物的发现、疾病的诊断、治疗和预后的判断。最广泛的应用是发现与疾病诊断、治疗相关的代谢标志物（群），通过代谢物谱分析得到的相关标志物是疾病分型、诊断、治疗的基础。目前已有较多文献报道代谢组学在疾病研究中的应用，如新生儿代谢紊乱、冠心病、膀胱炎、高血压和精神系统疾病等。

4.3.3.3 植物代谢组学

植物代谢组学主要是通过研究植物细胞中的代谢产物在基因突变或环境因素变化后的相应变化，探讨基因型和表型的关系并揭示一些沉默基因的功能，进一步了解植物的代谢途径。植物代谢组学研究大多集中在代谢轮廓或代谢物指纹图谱（metabolite fingerprint）上。

根据研究对象不同，植物代谢组学研究主要包括以下几个方面。①某些特定种类（species）植物的代谢物组学研究。这类研究通常以某一植物为对象，选择某个器官或组织，对其中的代谢物进行定性和定量分析。②不同基因型（genotype）植物的代谢组学表型研究。一般需要两个或两个以上的同种植物（包括正常对照和基因修饰植物），然后应用代谢组学对所研究的不同基因型植物进行比较和鉴别。③某些生态型（ecotype）植物的代谢组学。这类研究通常选择不同生态环境下的同种植物，研究生长环境对植物代谢物产生的影响。④受外界刺激后植物自身的免疫应答。

植物代谢组学研究中最具代表性的是 Fiehn（2002）的工作，他们利用 GC/MS 技术，通过对不同表型葫芦韧皮部（*Cucurbita maxima* phloem）的 433 种代谢产物进行代谢组学分析，结合化学计量学方法（PCA、ANN 和 HCA）对这些植物的表型进行了分类，找到了 4 种在分类中相当重要的代谢物质——苹果酸（malic acid）、柠檬酸、葡萄糖和果糖。

随着植物细胞代谢组学的迅速发展，人们已经开始利用这一技术的成果。Metanomics 公司的成立就是一个典型的代表，他们的目标是寻找植物代谢过程中的关键基因，如能够让植物耐寒的基因。其思想就是利用代谢组学的方法，在改变植物的基因后，进行植物的代谢分析或记录代谢产物，从而更迅速地掌握有关植物代谢途径的信息。

目前所发现的次生代谢产物大约有 80% 来自植物。植物次生代谢产物包含很多功能组分，可用作药物（如青蒿素、紫杉醇、三萜皂苷等）、杀虫剂、染料、香精香料等。尽管植物能合成数十万种低分子质量的有机化合物（次生代谢产物），且很多具有利用价值，但植物细胞的巨大合成能力并没有被很好地利用，更重要的是，很多次生代谢产物的含量很低，例如，我国科学家首先自青蒿中分离得到的、对疟疾有突出疗效的青蒿素，在青蒿中的含量低于 1%，与人们的期望值相差甚远。到目前为止，植物的次生代谢网络仍没有被很好地表征，与生物合成相关的功能基因组图还远未完成，而这些对突破植物或植物细胞培养低产率的瓶颈十分重要。为此，科学家们开展了青蒿中萜类物质代谢途径的研究，建立了基于全二维气相色谱-飞行时间质谱联用技术（GC×GC-TOF-MS）的青蒿挥发油分离分析方法，对青蒿中挥发油的成分进行分析，结果表明挥发油主要由烷烃、单萜、单萜含氧衍生物、倍半萜、倍半萜含氧衍生物 5 部分组成。进一步用全二维气相色谱-飞行时间质谱联用技术从青蒿挥发油中鉴定出 300 多个化合物，并鉴定出了许多青蒿素代谢途径中的重要中间产物。采用 GC×GC-TOF-MS 方法对转不同基因青蒿样品进行分析与定性，初步鉴定了将近 100 种萜类物质，并找出普通植株与转基因植株在代谢产物上的差异。利用气相色谱火焰离子化检测器（GC-FID）和 GC-MS 方法，对不同生长阶段的青蒿代谢指纹谱进行了研究，青蒿的 5 个生长时期（幼苗期、成苗期、现蕾前期、现蕾期和盛花期）可以得到很好的区分，并证实了青蒿素产生途径中存在的瓶颈。

4.3.3.4　展望

总体来看，代谢组学仍然处于快速发展阶段，在方法学和应用两个方面均面临着极大的挑战，需要其他学科的配合和交叉研究。

在技术平台和方法学研究方面，生物样本的复杂性使得代谢组学研究对分析技术的灵敏度、分辨率、动态范围和通量提出了更高的要求。代谢组学研究的深入得益于分析技术的不断发展，如高分辨质谱、超高效液相色谱/质谱、毛细管液相色谱/质谱、多维色谱质谱联用技术和多维核磁共振技术等的使用。生物标志物的结构鉴定也是目前代谢组学研究的重点和难点问题之一，由于缺乏标准的可通用质谱数据库，基于 LC-MS 的技术在代谢组学研究中的应用一定程度上受到了制约。理论上讲，LC-MS-NMR 可提供较好的、关于组分结构的信息，但该法存在仪器复杂、操作烦琐、灵敏度和通量急需改进提高等问题。功能完善的代谢产物数据库的构建及代谢组学研究的标准化等问题已越来越受到关注。

与其他组学一样，如何克服瓶颈，从大量的代谢产物中找出特异性的生物标志物（特别是低丰度的标志物），是决定此技术能否在药物和临床领域广泛应用的一个重要因素。毛细管电泳技术的出现推动了基因组学的发展，二维凝胶电泳和二维液相色谱质谱技术促进了蛋白质组学的发展。从目前来看，代谢组学还没有类似的可通用新技术出现。如今，多种分析技术的集成是代谢组研究的主要技术平台。

4.4　表 型 组 学

4.4.1　表型组学概述

表型组学（phenomics）是近年来发展起来的一门新兴学科，主要研究生物的物理和化学等表型性状（phenome，表型组）随突变和环境影响而变化的规律，即对不同环境下物种的全部表型进行系统研究。它在功能基因组学、植物性状及功能、药物研究和代谢工程领域有潜在的应用价值。

在传统经典遗传学中，把某一生物个体全部基因组合的总称称为基因型（genotype）。它无法用肉眼或直观方法观测，需要利用杂交实验方法才能鉴定。表型（phenotype）是生物体可被观察到的结构和功能方面的特性，如形态和行为方面的特征，是可以用肉眼或直观方法观察到的。表型是基因型和环境交互作用的产物，即特定的基因型在一定环境条件下的表现形式。在早期研究中，科研人员主要局限于对生物体某个或某几个基因对应的表型进行研究。但随着分子生物学的发展，从 20 世纪 50 年代，尤其是 20 世纪末期，多个基因组计划的实施促使研究人员在分子生物学研究中更加重视整体性的基因组学，同时也促进了表型组学的发展。

"表型组学"（phenomics）一词最早由美国加利福尼亚大学衰老研究中心主任 Steven A. Garan 在 1996 年加拿大滑铁卢大学的演讲中提出。随后，"phenomics"越来越多地出现在动物及生物医学论文中。2002 年，Niculescu 和 Kelsoe 将表型组学用于精神病表型的实验研究中，提出了表型组学是联系表现型与基因型的桥梁，并以一体化的形式联系着遗传学与功能基因组学（Niculescu and Kelsoe，2002）。Niculescu 等（2006）提出了一种新的、用于表型组学分析的实验定量方法，即表型芯片（phenochipping），用于解构及定量分析精神病的表型，该方法使表型研究更容易整合到基因组学研究中。与此同时，植物表型及相关组学的研究也逐渐得到发展。1998 年，比利时 CropDesign 公司开始研发大规模植物性状评价的高通量技术平台，经过多年研究，CropDesign 公司的 Reuzeau 等（2006）发表了具有里程碑意义的论文。该论文详细阐述了称为"性状工厂"（TraitMill）的、可大规模自动化分析全生育期植物表型的技术设施。该设施可以对植物表型进行数字化分析，在鉴定基因和基因组方面非常有效，并已全面应用于水稻转基因及性状的评价。同时，许多国家的研究机构投入大量人力和财力用于建立表型组学平台，包括中国作物表型组学交叉研究中心、欧洲植物表型组平台、英国国家植物表型组学中心及澳洲植物表型组学设施等。

表型组学研究主要可以分为 6 个步骤（图 4-5），具体包括：第一，实验设计；第二，通过表型采集技术，获得原始表型数据集；第三，对数据进行初始处理，将原始数据标准化，获得标准化数据集；第四，利用多种数据分析挖掘方法，对标准化的数据进行分析，获得表型组数据；第五，对表型组数据进行性状获取，获得性状信息；第六，利用生物学知识进行内容和信息挖掘，最终解决实际科学问题。

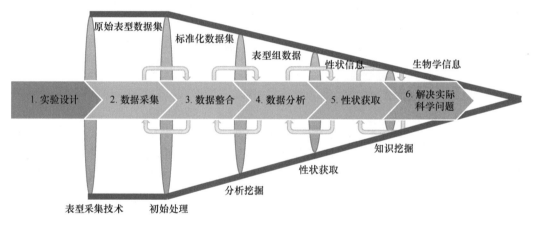

图 4-5　表型组学研究策略

表型组学作为一个与表型鉴定相关的研究领域，是联系生物体基因型和表现型的桥梁。同时，表型组学利用目标群体详细的表型信息，将为功能基因组学研究提供遗传基础，在生命科学各个领域越来越受到广泛重视。经过二十多年的发展，表型组学已经成为一门生物领域新兴的交叉学科，其借助高通量的表型分析技术和平台，与基因组学、转录组学、蛋白质组学、代谢组学结合在一起，成为系统生物学的主要技术平台，已经广泛应用于复杂的生命系统研究。

4.4.2　表型组学研究技术

表型组学的核心是获取高质量、可重复的性状数据，进而量化分析基因型和环境互作效应（genotype-by-environment interactions，GxE）及其对生物相关主要性状的影响。因此，国际上很多科研团队和商业机构开发了一系列高通量、高精度的表型研究工具，涵盖了环境传感（environmental sensor）、非侵入式成像（non-invasive imaging）、反射光谱（reflectance spectroscopy）、机器人技术（robotics）、机器视觉（computer vision）和高通量细胞表型筛选（high-content screening）等技术领域。在此基础上，表型组学发展和利用全新的统计方法设计大数据生物试验；使用复杂的数据管理手段对表型数据集进行注释、标准化和存储；基于本体论进行数据的优化整合；引入最新的机器学习和深度学习等人工智能方法，对多维表型组数据集进行分析；获取可靠的性状特征信息，最终挖掘出有意义的生物学信息，并解决实际的科学问题（Arbab et al.，2020）。

4.4.2.1　多层次表型组学采集技术

现代多层次表型采集技术可以获取多维生物表型数据集。根据不同的应用载体平台，表型采集技术大致可分为手持、人载、车载、室外实时监控、大型室内外自动化平台、航空机载，以及不同级别的卫星成像平台等。根据不同的成像技术，可分为二维成像技术和三维成像技术。具体技术简介见表 4-2。

表 4-2　表型采集技术简介

分类	成像技术	元数据	波长范围	采集性状
二维成像技术	可见光成像	灰度或彩色图像，RGB 通道反射值	400～700nm	外部形状轮廓、颜色等
	近红外成像	灰度图像	900～1 700nm	NIR 反射值
	热成像	灰度图像，IR 反射值	8 000～14 000nm	IR 反射值
	荧光成像	颜色图像，荧光反射值	400～700nm	荧光反射强度
	叶绿素荧光成像	颜色图像	400～700nm	荧光强度
	多光谱成像	灰度或彩色图像，光谱吸收曲线	400～2 500nm	可溶性固形物、色素、水分含量等
	高光谱成像	灰度或彩色图像，光谱吸收曲线	400～2 500nm 连续波长	可溶性固形物、色素、水分含量等
三维成像技术	激光雷达成像	点阵云图	532nm	表面形态、轮廓等
	计算机断层扫描成像	连续灰度图像	100μm 或更低	生物量、外观形态、内部结构等
	磁共振成像	连续灰度图像	200～500μm	外观形态、内部结构等

4.4.2.2　表型组数据解析技术

表型组数据解析技术用于从数据集提取性状，以获得高可信度、可重复的生物学结论。只有将各类表型采集技术获得的大规模数据进行解析，转化成科研人员可以利用的信息，才能完成后续的各项研究。因此，数据解析技术在表型组学研究中的地位十分重要。

表型组数据包括可视图像数据、传感器数据及试验元数据等多种数据集，因此，数据解析实际包含从最初数据采集到最终细化分析的整个过程。数据解析环节可分为数据采集、数据整合和数据分析 3 个部分。在数据采集环节中，需要考虑各试验点和各种试验方法间的数据预处理，包括基本数据筛选、数据校准和多试验的数据交叉验证；在数据整合环节中，需要考虑对包含表型图像、环境传感、试验设计和各种元数据的多维数据集的整合，以此分类采集多维表型组数据集；而在数据分析环节，需重点考虑分析结果的可视化表现、各类性状在不同试验条件下的对比、GxE 动态互作分析、生长预测建模，以及模型与实际性状之间的差异和原因分析等。

随着各类计算机视觉算法、图像处理和机器学习分类方法在表型数据解析中的应用，许多商业或科研团队研发了各类自动分析管线软件对生物大小、形状、生长动态等重要性状进行提取（Arbab et al., 2020）。由商业机构研发的软件包一般针对特定的硬件系统或分析任务而设计，因此很难被广泛应用。通过使用开源软件库如 OpenCV、SciKit-Image、Scikit-Learn 和 TensorFlow 等，设计开发的自动化表型分析流程，有望解决表型组学研究中的数据解析瓶颈。

4.4.3 表型组学的应用

4.4.3.1 基因型-表型关系研究

基因型、表型和环境三者构成了遗传学研究的"铁三角"。表型组学能够有效地揭示基因型、环境因素和表型之间的联系。近些年来，许多物种开始将基因组数据与表型数量变化数据相结合进行研究，并成立了相应的表型组计划项目，这些项目实施的目的是能够揭示基因型-表型图谱（G-P 图谱）。其中的表型组数据对于了解 G-P 图谱中遗传变异的多效性起到了重要作用。目前世界上表型组学研究计划有很多，主要包括国际植物表型组学网络（澳大利亚植物表型组中心）、德国 Jülich 植物表型分析中心、拟南芥研究组织合作计划（美国国家自然基金和 NIH 基金）、果蝇（*Drosophilid*）基因组资源平台（Baylor 医学院人类基因组测序中心）、小鼠（*Mus musculus*）表型组数据库、欧洲表型组计划、日本国家生物资源计划、美国犬类表型组计划、神经心理表型组学协作计划、中国人类表型组国际大科学计划等。通过这些计划，可以更好地阐释基因、环境与表型的具体关系和内在机制，实现对基因的更精准干预与调控。

例如，自闭症谱系障碍（ASD）的遗传学研究面临着功能风险未知的候选基因和基因变体数量的不断增加。传统研究方法很难将大量基因与表型的关系联系起来。Mcdiarmid 等（2020）在秀丽隐杆线虫（*Caenorhabditis elegans*）体内表征了 ASD 相关基因，利用表型组学平台机器视觉系统，对 135 株菌株中的 26 种表型进行了形态、运动、触觉敏感性和习惯性学习的监测，发现了数百种基因型与表型之间的关系（Mcdiarmid et al., 2020）；通过对表型特征相似的基因进行聚类，绘制了 ASD 相关基因的表型分布图，并提供了 ASD 潜在的治疗靶标。环境对生物基因的表达也同样会产生影响，但阐明基因型与环境之间的相互作用并划分其两者对表型变异的影响程度仍然是科研人员面临的挑战。Campbell 等（2021）利用高通量图像的自动化表型组学分析平台，在干旱条件下连续 21 天对水稻进行表型分析，估算每日茎的生物量和土壤含水量。利用采集到的数据构建了以时间和土壤含水量为函数的水稻茎生长模型，确定了生长趋势发生变化的时间点。结果发现，相对于植物形态弱小、长势缓慢的水稻，形态较大、生长旺盛的水稻更早出现生长抑制，这表明水稻在干旱条件下对植物活力和抗旱性进行了平衡。通过对模型参数和不同拐点时间的基因组进行分析，确定了几个水稻干旱响应候选基因。

4.4.3.2　证实复杂性状的遗传基础

复杂性状一般是由多个基因和非遗传因素共同作用而产生的一类性状，人类复杂疾病和动植物的许多重要经济性状均属于复杂性状范畴，其往往从遗传基础的角度进行阐述。而表型组学能够在基因组的基础上对表型进行系统研究，从而解释基因组的未知功能。Manev 和 Manev（2010）通过偶然地结合两种不相关的表型，即将 5-脂氧合酶（5-LOX）缺陷型小鼠的 5-LOX 水平与阿尔茨海默病（AD）风险较低的患者中调节食欲的脂肪分子（adipokine leptin）水平这两个无关的表型连接起来，推测出脂肪分子对阿尔茨海默病患者的 *ALOX5*（编码 5-LOX 的基因）基因缺陷具有有益的影响。多年生黑麦草（*Lolium perenne*）是澳大利亚温带草场的优势种。氮肥在支持牧草的生产活动中起到必不可少的作用。提高牧草的氮利用效率（NUE）可以有效减少施肥量，并减少氮素向环境中的淋失。NUE 是一个复杂的性状，通过基因筛选可以为牧草育种提供有利的候选基因。科学家通过基于图像的自动化表型组学平台，在一个连续 3 次收获的低氮（0.5mmol/L）和中氮（5mmol/L）水平下，筛选了来自一个繁殖种群的 76 个基因型黑麦草的 NUE，获得了对氮响应度高的黑麦草基因型。

4.4.3.3　植物性状改良及抗逆表型组研究

传统植物分子育种及性状改良主要通过植物基因信息进行，但其研究过程仍然需要相应的表型数据。表型分析是提高基因研究结果选择效率和重现性的必要条件。但是，传统表型数据观察和采集费时费力，且数据一致性及可靠性难以保证。与容易获取的大量基因数据相比，表型数据获取的瓶颈阻碍了植物复杂性状表型组学研究。

表型组学能够从细胞水平、器官水平、植物水平到种属水平进行多层次、多维度表型数据的收集。通过这种高通量的表型数据采集，能够非常快速、准确、高效地获取植物基因对应的全部表型数据，为性状改良及抗逆研究提供可靠的数据基础。

目前，表型组学主要研究的表型性状集中于植物活力、根形态、叶的形态特性、光合效率、产量相关性状、生物量和对非生物胁迫的响应等方面。例如，幼苗的早期活力是豌豆（*Pisum sativum*）的一项有益性状，有助于控制杂草、提高水分利用效率，并能在特定环境下提高产量。尽管传统育种方法被认为是提高豌豆早期活力的最有效方法，但是一直以来缺少一种有效且高通量的表型分析工具来剖析这种复杂性状。Nguyen 等（2018）在澳大利亚通过自动植物表型组学平台对 44 种不同基因型的豌豆进行了实验，获得了植物生理生化指标及重要的早期活力性状（如苗生物量、叶面积和株高等），且数据证实它们之间具有高度的关联性。通过这些植物生理生化指标可以预测豌豆幼苗的活力性状。同时，植物生长分析表明，"分割线段模型"与所有豌豆基因型的生长模式非常吻合，可用于确定直线生长期。该结果可以使人们在育种过程中快速识别豌豆早期活力特征并加以利用。植物的非生物胁迫响应是一个由多基因控制的数量性状。因为抗逆表型鉴定的困难性，植物抗逆遗传机制的解析一直是非生物逆境研究的一个难点。而表型组学技术的出现能够有效地解决精准表型鉴定的难题。通过高通量和多维度表型组学数据，结合高通量的重测序技术，能够全面地解析植物在响应非生物胁迫过程中的遗传特性，准确地挖掘相关抗逆候选基因。Li 等（2020）通过对 200 份棉花核心种质资源在苗期进行轻度和重度干旱胁迫处理，利用自动化的高通量表型组平台对棉花苗期进行了动态的、多维度的表型鉴定，共采集、提取到 119 个数字化形态和纹理特征。将这些数据结合重测序数据，通过全基因组关联分析的方法鉴定到了 390 个与干旱相关的 QTL，其中发现了一些新的抗旱基因。

随着下一代测序技术到来，以及基因组学、转录组学、蛋白质组学和代谢组学等研究领域的发展，生物学研究将进入大数据时代。因此，利用生物信息学、生物数学和生物统计学等数据挖掘技术，通过将基因组和高通量表型组等多组学技术联合运用，可以加快生物功能基因组学的研究，为后基因组学时代提供新的发展动力。同时，我们也需要认识到，表型组学研究相比于基因组学，其复杂程度和技术难度均有巨大差异。目前的研究仅表明现有技术和方法可以将基因组、表型组和环境变化相互联系，通过量化分析来研究部分基因的功能，但距离解析生物体全部基因功能及分子机理还十分遥远，需要更进一步探索。

4.5 生物信息学

4.5.1 生物信息学概述

生物信息学（bioinformatics）一词由美国学者 Cantor 和 Lim 在 1991 年首次提出，是将"生物"（biology）+"信息"（information）+"学"（theory）组合而成的一个新词汇（陈铭，2012）。生物信息学是随着人类基因组计划而逐渐发展起来的一门新兴交叉科学，包含了生物信息的获取、处理、存储、发布、分析和解释等方面。从广义上说，生物信息学是应用信息科学的方法和技术，研究生物体系和生物过程中信息的存储、信息的内涵和信息的传递，分析生物体细胞和组织器官的生理、病理、药理过程中各种生物信息（张成岗和贺福初，2002）。狭义上讲，生物信息学就是生命科学中的信息科学，即应用信息科学的理论、方法和技术，管理、分析和利用生物分子数据；也可以说，生物信息学是一门利用计算机技术研究生物系统规律的学科。生物信息学的研究内容主要包括两个方面：一是发展新的数理和信息科学的技术及方法用于管理和分析生物数据；二是收集、整理、储存、加工、发布、分析及解释生物学数据的数据挖掘与运用。

生物信息学是随着分子生物学和基因组学研究不断发展与深入而诞生并逐渐发展成熟的，它经历了以下发展阶段。

1. 前基因组时代

前基因组时代是指 20 世纪 90 年代前生物学研究时期。这一阶段主要是各种序列比较算法的建立、生物数据库的建立、检索工具的开发，以及 DNA 和蛋白质序列分析等。

2. 基因组时代

基因组时代主要是指 20 世纪 90 年代后至 2001 年，其间主要展开大规模的基因组测序、基因识别和发现，以及网络数据库系统的建立和交互界面工具的开发。

3. 后基因组时代

随着人类基因组测序工作于 2001 年完成，各种模式生物基因组测序相继完成，生物科学的发展进入到后基因组时代，基因组学研究的重心由基因的结构向基因的功能转移。这种转移的一个重要标志是产生了功能基因组学，而基因组学的前期工作相应地被称为结构基因组学。

4. 多组学时代

随着高通量测序技术，以及大数据、人工智能、机器学习等各种技术的不断突破和发展，基因组学、转录组学、蛋白质组学、代谢组学、表观组学、生物信息学等多组学数据不断产生和成熟，生命科学研究在 2010 年之后进入多组学时代，产生了计算系统生物学。其中，生物信息学成为当今生命科学研究的前沿领域之一，也是 21 世纪自然科学的核心领域之一。

4.5.2　生物信息学研究内容

生物信息学以 DNA 和蛋白质序列分析为源头，以核酸、蛋白质等数据库为核心，以揭示序列信息结构的复杂性及遗传语言的根本规律为目的，阐明生命的信息学本质。生物信息学的研究内容主要包括以下几个方面。

（1）把核酸、蛋白质等生物大分子数据库作为主要研究对象，以数学、计算机科学等为主要研究手段，对大量生物学原始实验数据进行存储、管理、注释、加工，使之成为具有明确生物学意义的生物信息。

（2）通过对生物信息的查询、搜索、比较、分析，从中获取基因编码、基因调控，以及核酸和蛋白质结构、功能及其相互关系等。

（3）在大量信息和知识的基础上，探索生命起源、生物进化，以及细胞、器官和个体的发生、发育、病变、衰亡等生命科学中的重大问题。

生物信息学在短短十几年间，已发展成为生物学领域必不可少的组成部分，形成了多个研究方向，取得了很多突破性研究成果。

4.5.2.1　基因序列分析

基因序列分析是生物信息学研究最基本的研究方向。随着测序数据的不断增加，采用人工分析 DNA 序列显得不切实际，需要借助生物信息学方法和工具对基因序列进行储存、管理和分析，包括：①DNA 测序序列分析；②序列比对；③基因组注释；④比较基因组学分析；⑤泛基因组学分析；⑥疾病遗传及癌症突变分析。

4.5.2.2　基因和蛋白质表达分析

基因和蛋白质表达分析就是对 DNA 表达过程中基因和蛋白质的表达特性及模式进行研究，并分析转录、转录后、翻译和翻译后水平等多种调控机制对基因表达的影响。生物性状的表型都是通过基因和蛋白质的表达调控实现的，对基因和蛋白质表达调控进行研究，是生物信息学研究的重要内容，也是揭示生命本质的根本途径。

4.5.2.3　蛋白质结构预测

蛋白质结构的认识是理解蛋白质功能的关键。基于同源建模方法，可以对蛋白质的结构进行预测分析，进而推导其功能。2021 年，新开发的 AlphaFold 软件系统已经可以对人类蛋白质的结构进行较准确的结构预测，完成了人类蛋白质组中 98.5%蛋白质的结构预测，这是 21 世纪在生命科学技术领域的最大突破之一。另外，结构生物信息学还可将蛋白质结构用于虚拟筛选模型的构建，如定量结构-活性关系模型和蛋白质化学模型等。

4.5.2.4　调控网络分析

网络分析旨在了解生物网络中的关系，如代谢或蛋白质-蛋白质相互作用网络。尽管生物网络可以由单一类型的分子或实体（如基因）构建，但网络生物学通常会尝试整合许多不同的数据类型，如蛋白质、小分子、基因表达数据等。

4.5.2.5　分子进化分析

分子进化是利用不同物种中同一基因序列的异同来研究生物的进化，构建进化树：可以用 DNA 序列或其编码的氨基酸序列构建，甚至可通过相关蛋白质的结构比对来研究分子进化，前提是相似物种在基因上具有相似性。

4.5.2.6　生物信息技术开发

生物信息学不仅仅是生物学知识的简单整理，更是数学、物理学、信息科学等学科知识的综合应用。海量数据和复杂的背景导致机器学习、统计数据分析和系统描述等方法需要在生物信息学所面临的背景之中迅速发展（张成岗和贺福初，2002）。生物信息学研究需要开发出不同的流程和算法以满足巨大的计算量、复杂的噪声模式、海量的时变数据等，给传统的统计分析带来了巨大的困难。在计算机算法的开发中，需要充分考虑算法的时间和空间复杂度，使用并行计算、网格计算等技术来拓展算法的可实现性。

4.5.3　生物信息数据库

4.5.3.1　核酸数据库

核酸序列构成了一级数据库的主体部分。目前，国际上有 3 个主要核苷酸序列公共数据库：位于英国剑桥的欧洲分子生物学实验室（EMBL）下的欧洲核苷酸档案库

（European Nucleotide Archive，ENA）；位于美国国立卫生研究院（NIH）美国国家生物技术信息中心（NCBI）的 GenBank 数据库；日本 DNA 数据库（DNA Databank of Japan，DDBJ）。这 3 个大型数据库于 1988 年达成协议，组成合作联合体。它们每天交换信息，并对数据库序列记录的统一标准达成一致。每个机构负责收集来自不同地理分布的数据（ENA 负责欧洲，NCBI 负责美洲，DDBJ 负责亚洲等），然后将来自各地的所有信息汇总在一起，3 个数据库共享并向世界开放，故这 3 个数据库又被称为国际公共序列数据库（Public Sequence Database）。从理论上说，这 3 个数据库所拥有的序列数据是完全相同的，但是由于同步时间的关系，这些数据库之间的记录可能有一定差异。

4.5.3.2　蛋白质数据库

Swiss-Prot 和 PIR 是国际上两个主要的蛋白质序列数据库，目前这两个数据库在 EMBL 和 GenBank 数据库上均建立了镜像站点。Swiss-Prot 数据库包括了从 EMBL 翻译而来的蛋白质序列，这些序列经过了人工检验和注释。该数据库主要由日内瓦大学医学生物化学系和欧洲生物信息学研究所（EBI）合作维护。Swiss-Prot 的数据存在一个滞后问题，即把 EMBL 的 DNA 序列准确地翻译成蛋白质序列并进行注释需要时间，一大批含有开放阅读框（ORF）的 DNA 序列尚未列入 Swiss-Prot。为了解决这一问题，建立了 TrEMBL（Translated EMBL）。TrEMBL 也是一个蛋白质数据库，它包括了所有 EMBL 库中的蛋白质编码区序列，提供了一个非常全面的蛋白质序列数据源。目前，Swiss-Prot 和 TrEMBL 已经合并为 UniProtKB 数据库（Universal Protein Knowledgebase）。PIR 数据库的数据由美国国家生物技术信息中心（NCBI）翻译自 GenBank 的 DNA 序列。

实验获得的三维蛋白质结构均储存在蛋白质结构数据库中。PDB 是国际上主要的蛋白质结构数据库，虽然它没有蛋白质序列数据库那么庞大，但其增长速度也很快。该数据库储存有由 X 射线和核磁共振（NMR）确定的结构数据。NRL-3D 数据库提供了储存在 PDB 库中的蛋白质序列，它可以进行与已知结构蛋白质序列的比较。对 PDB 中每个已知三维结构的蛋白质序列进行多序列同源性比较，结果被储存在 HSSP（Homology-derived Structures of Proteins）数据库中。被列为同源的蛋白质序列很有可能具有相同的三维结构，HSSP 因此根据同源性给出了 Swiss-Prot 数据库中所有蛋白质序列最有可能的三维结构。

蛋白质组鉴定数据库（Proteomics Identification Database，PRIDE）是欧洲生物信息研究所建立的、主要基于质谱数据的蛋白质组学数据库。PRIDE 允许研究者们存储、分享并比较他们的结果。这个免费使用的数据库存在的目的就在于通过集合不同来源的蛋白质识别资料，让研究者们能方便地搜索已经公开发表的蛋白质数据。

蛋白质功能域一般是指一条蛋白质序列中一段保守的区域，该区域能够独立行使功能、进化等。许多蛋白质序列包含若干结构功能域。在分子进化上，不同功能域可以作为一个单元被重组，产生新的蛋白质序列，行使不同的功能，因此，一个功能域可能在许多不同蛋白质序列中存在。目前，国际上蛋白质功能域数据库主要包括 PROSITE、Pfam、ProDom、PRINTS、SMART 等，它们均属于 InterPro 功能域联盟。

4.5.3.3　蛋白分子互作数据库

BioGRID 是一个包含蛋白质之间互作、遗传互作、化学物质互作及翻译后修饰的专业生物数据库。DIP（Database of Interacting Proteins）收录蛋白质之间的相互作用。IntAct Molecular Interaction Database 是 EBI 数据库分子互作的一个分数据库，其中包括蛋白质互作、蛋白质-小分子互作、蛋白质-核酸互作。STRING 数据库收纳了已知蛋白质之间的相互作用，并能够预测蛋白质互作。

4.5.3.4　基因表达数据库

目前收集和存储基因表达数据的最有影响的数据库是微阵列数据库（GEO）和微阵列公共知识库（ArrayExpress）。GEO 是由 NCBI 于 2000 年开发的基因表达和杂交芯片数据库，提供了来自不同物种的基因表达数据的在线资源。截至 2021 年 9 月，GEO 数据库已存储 4348 个数据集（datasets），包括 136 372 个系列（series）、21 396 个平台（platforms）、3 882 968 个样本（samples）。ArrayExpress 是基于基因表达数据的芯片公共知识库，包含多个基因表达数据集合及与实验相关的原始图像。ArrayExpress 提供一个简单的、基于网页的数据查询页面，并直接与 Expression Profiler 数据分析工具相连，可以进行表达数据聚类和其他类型的网页数据挖掘。另外，ArrayExpress 中的数据可与所有由 EBI 维护的在线数据库相连接，方便进行交叉查询和数据分析。

4.5.3.5　代谢通路数据库

KEGG（Kyoto Encyclopedia of Genes and Genomes）由日本京都大学和东京大学联合开发，为主流代谢途径数据库。它也可用来查询酶（或编码酶的基因）、产物等，或通过 BLAST 比对查询未知序列的代谢途径信息。KEGG 主要通过 Web 界面进行访问，也可通过本地运行的 Perl 或 Java 等程序进行访问。MANET（Molecular Ancestry Network）是一个把蛋白质结构演化关系直接映射到生物分子网络上的数据库。MANET 数据库的主旨是以生物信息、进化及数据统计的方式来研究代谢酶个体的祖先及代谢的演化问题。MANET 数据库目前以 SCOP（Structural Classification of Protein）、KEGG 利用系统发生关系重建的方式从全局的角度来阐释蛋白折叠结构的演化问题。

MetaNetX 是一个能够在基因组水平对代谢网络及生化通路进行收集和分析操作的在线数据库。该数据库提供了直观的、可视化在线生物信息工具，为通路的基础研究、基因组分析、系统生物的发展和教育提供可能。Mapman 是一个用户为主导、将大量代谢组表达数据通路以图像形式表现的软件。MapmanWebTools 为 Mapman 的在线使用数据库，包括大麦、拟南芥、水稻在内的 3 个物种的表达数据集。

4.5.4　分子进化分析

分子水平的进化主要是指在生物进化过程中构成生物体的大分子物质，如蛋白质、核酸的演变过程。由于分子生物学的迅猛发展，许多生物大分子的结构已经基本了解。

在对某些同源蛋白质（或核酸）进行比较时，发现不同生物间同源蛋白质（或核酸）在结构上存在差异。分子进化是发生在生物分子层次上的进化，是生物进化中最基础层次上的进化。在分子水平上，进化过程涉及在 DNA 中发生碱基的插入、缺失、倒位、替换等变异。如果发生变异的 DNA 片段编码某种多肽，那么这类变异就可能使多肽链中的氨基酸序列发生变化。

从生物大分子的信息推断生物进化的历史，或者说"重塑"系统发生关系，是分子系统学的任务。假如生物大分子进化速率是相对恒定的，那么大分子进化改变的量只与大分子进化所经历的时间呈正相关。如果我们将不同种类生物的同源大分子的一级结构进行比较，其差异量只与所比较的生物由共同祖先分异以后所经历的独立进化的时间呈正比。用这个差异量来确定所比较生物种类在进化中的地位，并由此建立系统树，称为系统发生树。系统发生树的构建主要有 3 种方法：距离矩阵法、最大简约法和最大似然法。距离矩阵法（distance matrix method）是根据每对物种之间的距离进行计算，其计算一般很直接，所生成的树的质量取决于距离尺度的质量，距离通常取决于遗传模型。最大简约法（maximum parsimony，MP）较少涉及遗传假设，它通过寻求物种间最小的变更数来完成。对模型的巨大依赖性是最大似然法（maximum likelihood，ML）的特征，该方法在计算上繁杂，但为统计推断提供了良好基础。该方法特别适用于那些序列间差异非常明显的进化分析，同时它可以利用不同进化模型构建最佳系统发生树。

4.6 多组学整合研究

4.6.1 多组学整合概述

随着高通量实验技术的不断发展，产生和涌现了大量基因组、转录组、代谢组等组学数据。传统的研究主要是对单一组学进行整合和分析。然而，由于生物本身的系统性和复杂性，生物学现象复杂多变，基因表达调控复杂多样，无法通过单一组学进行完全描述，研究结论往往也不够全面。多组学数据整合分析与研究在此背景下孕育而生，它可以从不同的生物学水平来研究不同层次分子间的数据关系，有利于从不同分子层面全面深入地研究复杂的生物学过程，甚至可以补充任何单一组学中缺失或不可靠的信息。

多组学整合分析是探究生物系统中多种物质之间相互作用的方法，包括基因组学、表观基因组学、转录组学、蛋白质组学、翻译后修饰蛋白质组学、代谢组学等，是指对来自基因组、转录组、蛋白质组和代谢组等不同生物分子层次的批量数据进行归一化处理、比较分析和相关性分析等统计学分析，建立不同层次分子间数据关系；同时结合 GO 功能分析、代谢通路富集、分子互作等生物功能分析，系统全面地解析生物分子功能和调控机制。

4.6.2 多组学整合研究思路

多组学整合分析是指结合两种或者两种以上组学数据集，包括基因组、转录组、蛋白质组和代谢组等，对生物样本进行系统研究，从而探究生物系统中多种物质之间的相互作用。采用多组学联合分析,可以实现蛋白质/转录及代谢物的全谱分析,实现从"因"和"果"两个方向探究生物学问题,相互间的验证作用更明显,还可以阐述分子调控-表型间的关联机制,筛选出重要代谢通路或基因、蛋白质、代谢物,进行实验分析和研究。

多组学整合分析的常见思路:筛选各种目标生物分子,根据系统生物学的功能层级逻辑,分析目标分子的功能,对转录、蛋白质和代谢等数据,根据协同网络协同调控逻辑进行整合分析。通过数据的整合分析,可相互验证补充,最终实现对生物变化大趋势与方向的综合了解,提出分子生物学变化机制模型,并筛选出重点代谢通路或蛋白质、基因、代谢物,进行后续深入实验分析与应用。

4.6.3 多组学数据整合分析的应用及展望

目前,植物多组学整合分析已经被应用到各个研究方向,包括生长发育研究、非生物胁迫机制、作物育种、药用植物研究等。

4.6.3.1 整合组学在植物生长发育中的研究

根、茎、叶是植物主要的营养组织,在植物的整个生长发育阶段都十分重要。根分生组织和叶原基细胞通过增殖快速生长和分化出新的器官,这一过程涉及 ABA 途径、MAPK 途径、TOR 途径、SOS 途径等多个代谢途径。仅仅采用分子实验很难将这些生理途径的内在调控机制研究清楚。科学家为了阐明玉米基部区域和中间区域节间抵抗能力存在强度差异的原因,通过系统分析表型、代谢组和转录组的差异,发现基部区域具有较高的维管束密度但尺寸较小,而中间区域上调的代谢物和基因主要参与木质素合成及次级代谢物合成。多组学联合分析在研究植物果实生长发育时应用较多,Baldi 等(2018)通过转录和广泛靶向代谢组数据联合分析,鉴定了柑橘从果实生长到发育成熟阶段的几个基因及几种重要代谢过程,如类黄酮、苯丙素、支链氨基酸等协调发生的情况,进一步研究发现在果实发育早期,黄酮类通路的基因激活导致花青素和单宁产生,而在果实成熟期,花青素是黄酮类通路活化的主要产物。该研究关联了非呼吸跃变型植物在果实发育过程中的代谢物变化与基因表达,对定向改良果实品质具有一定的借鉴作用。

4.6.3.2 整合组学分析在植物非生物胁迫中的研究

植物经常会受到干旱、高温、重金属等非生物胁迫。在逆境条件下,植物会在生理生化、遗传、代谢等水平上发生一系列变化来适应逆境环境。随着组学技术的发展,整合多组学分析为植物抗逆性机制研究提供了新的思路。张黛静等(2015)为探讨外源铜胁迫对小麦幼根的影响,对铜胁迫下小麦幼根转录组学及蛋白质组学进行研究。转录组测序得到 2283 个差异表达基因,其中 826 个差异基因表达上调、1457 个表达下调;KEGG分析发现这些差异表达基因分配到 31 个代谢途径中;比较蛋白质组学发现,差异表达蛋白主要为谷胱甘肽转移酶、27K 蛋白等抗性蛋白,在胁迫下表达上升,而生理代谢相关蛋白表达下降。整合分析结果显示植物在重金属逆境中,转录水平和翻译水平具有一致性，与非胁迫条件下的差异均表现在代谢、物质合成、糖酵解等生命活动各个环节。

4.6.3.3　整合组学分析在作物育种中的研究

含油量及脂肪酸组成是油菜育种过程中评价油菜品质的关键指标。低芥酸、低 α-亚麻酸与高油酸、高亚油酸育种一直是科学家们追求的营养品质方面的重要育种目标之一。为了更好地了解高油酸油菜的调控机理，王晓丹等（2017）用高油酸近等基因系材料自交授粉后 20～35 天得到的新鲜种子为材料，结合转录组测序与 iTRAQ 技术，进行蛋白质组与转录组的关联分析，发现有 23 个基因在蛋白质组与转录组均有显著性差异，为解释高油酸、高脂肪酸代谢机理提供了理论基础，并推测磷酸化酶、乙酰胺酶及庚二酰 ACP 甲基酯的羧酸酯酶为高油酸、高脂肪酸代谢育种的候选对象。

4.6.3.4　整合组学分析在药用植物中的研究

丹参是药用价值很高的药用植物，具有活血化瘀、养心安神、消肿止痛等功效。其活性成分主要包括酚酸和丹参酮。随着丹参植物野生资源的短缺和栽培种质量不稳定等问题的突显，其主要活性成分的生物合成与调控机制研究成为关注的热点。而多组学技术在丹参研究中的应用，为揭示丹参遗传信息调控机制研究提供了可能。

丹参酮和酚酸是丹参中合成的重要活性化合物。茉莉酸甲酯是一种有效的诱导因子，可以同时促进酚酸和丹参酮的产生，而酵母提取物作为一种生物胁迫诱导因子，只诱导丹参酮的积累。然而，人们对不同的分子机制了解甚少。为了确定参与丹参酮和酚酸生物合成的下游调控基因，科学家对茉莉酸甲酯和酵母提取物处理的丹参酮毛状根进行了全面的转录组分析。共收集到 55 588 条基因，其中 42 458 条（76.4%）被成功注释。采用实时荧光定量 PCR 技术对 19 个基因在显著上调的基因中的表达模式进行了验证。通过与特定生物合成基因的共表达模式比较，从 RNA-Seq 数据集中筛选了参与丹参酮和酚酸生物合成通路后期步骤的候选下游基因和其他细胞色素 P450 基因。此外，375 个转录因子在诱导条件下表现出显著上调的表达模式。这项研究为阐明丹参毛状根丹参酮和酚酸合成的分子机制提供了重要的基因资源信息。

4.6.3.5　多组学整合研究的展望

随着组学测序技术在动植物研究中的快速发展、数据量与日俱增，生物学的研究进入了组学时代。多组学研究就是为了更好地研究生物学问题，探索生命科学的奥秘。在植物领域，组学技术可在传统育种的基础上进行预测和筛选，大大缩短了育种时间。植物的非生物胁迫往往不是单一基因控制的，整合组学分析对于植物抗逆性研究也大有帮助。通过组学关联分析可以更快地找到具有最优遗传力和配合率的亲本，培育优良性状的品种。但是整合组学数据分析仍然面临很大的挑战，如何更好地关联各组学的数据、从数据中挖掘更多有用信息，还有待进一步深入的研究。

本 章 小 结

随着人类和模式生物基因组测序工作的实施及完成，新的高通量测序技术不断涌现，高通量组学方法的应用产生了大量基因组、转录组、蛋白质组和代谢组等组学数据。生物学的研究逐渐从单一的基因功能研究转向系统生物学研究。系统生物学研究的重要内容之一就是通过多组学的实验技术方法，在整体和动态研究水平上积累数据、挖掘数据，并发现新的规律。对多组学数据的整合分析已成为科学家探索生命机制的新方向。本章从后基因组时代的研究方法着手，系统地介绍了转录组学、蛋白质组学、代谢组学、表型组学以及生物信息学产生的原因与发展历史，总结了转录组学、蛋白质组学、代谢组学及表型组学的主要研究技术，阐述了转录组学、蛋白质组学、代谢组学及表型组学的发展应用及特色，总结了当前组学技术的主要研究内容，概述了多组学整合研究的基本内容、研究思路及应用。

第5章 基因工程工具酶

基因工程的操作是分子水平上的操作，它必须依赖于一些重要的酶作为工具来实现在体外对 DNA 分子进行切割和重新连接等，因此工具酶是进行基因工程操作的重要基础之一。基因工程中应用的酶类统称为工具酶。基因工程涉及的工具酶种类繁多、功能各异，就其用途和功能不同可分为限制性内切核酸酶、连接酶、修饰酶、末端脱氧核苷酸转移酶、核酸酶、T4 噬菌体多核苷酸激酶、外切核酸酶和碱性磷酸酶。

5.1 限制性内切核酸酶

5.1.1 限制性内切核酸酶的发现和分类

20 世纪 50 年代，人们在研究噬菌体的宿主范围时，发现了这样一种现象：在不同大肠杆菌菌株（如 K 菌株和 B 菌株）上生长的 λ 噬菌体（分别称为 λ.K 和 λ.B）能高频感染它们各自的大肠杆菌宿主细胞 K 菌株和 B 菌株，但当它们分别与其宿主菌交叉混合培养时，则感染频率明显下降，说明 K 菌株和 B 菌株中存在一种限制系统，可排除外来的 DNA。限制作用实际就是限制酶降解外源 DNA、维护宿主遗传稳定的保护机制，一旦 λ.K 噬菌体在 B 菌株中感染成功，由 B 菌株繁殖出的噬菌体的后代便能像 λ.B 一样高频感染 B 菌株，但却不再感染它原来的宿主 K 菌株。这种现象称为宿主细胞的限制（restriction）和修饰（modification）作用。

研究发现，限制和修饰系统与 3 个连锁基因有关。其中，*hsdR* 编码限制性内切核酸酶，这类酶能识别 DNA 分子上的特定位点并将双链 DNA 切断。*hsdM* 的编码产物是 DNA 甲基化酶，这类酶使 DNA 分子特定位点上的碱基甲基化，起到修饰 DNA 的作用；在甲基化后，DNA 位点被保护起来，所有宿主细胞中甲基化的 DNA 能够不被限制性内切核酸酶所消化。那么 DNA 复制的时候呢？新产生的 DNA 链因为没有被甲基化而很容易被切割吗？细胞 DNA 每复制一次，在新生的双链中有一条是新生的、没有甲基化的链，而另外一条是母链，是甲基化了的，这个半甲基化就已经足够保护 DNA 二聚体不受大多数的限制性内切核酸酶的破坏，所有甲基化酶有时间找到位点并甲基化另一条链，形成完全甲基化的链（李立家和肖庚富，2004）。

由于限制性内切核酸酶无法识别甲基化的序列，从而保护了自身 DNA 分子。细菌可以抵御新病毒的入侵，而这种"限制"病毒生存的办法可归功于细胞内部可摧毁外源 DNA 的限制性内切核酸酶。识别和切割 dsDNA 分子内特殊核苷酸顺序的酶统称为限制性内切核酸酶，简称限制酶。从原核生物中已发现了约 400 种限制酶，可分为 I 类、II 类和III类。其中，I、III类酶具有特定识别位点，但没有特定的切割位点，其切割位点在距识别位点 1000bp 处和 24～26bp 处，且酶对其识别位点进行随机切割，很难形成稳定的特异性切割末端，因此基因工程实验中基本不用Ⅰ类和Ⅲ类限制性内切核酸酶。所以，如果没有专门说明，通常所说的限制性内切核酸酶均是指Ⅱ型酶。

5.1.2 Ⅱ类限制性内切核酸酶的特点

（1）识别特定的核苷酸序列，其长度一般为4个、5个或6个核苷酸且呈二重对称。

（2）识别位点即为其切割部位，即限制性内切核酸酶在其识别序列的特定位点对双链DNA进行切割，由此产生特定的酶切末端。

（3）没有甲基化修饰酶功能，不需要ATP和SAM（S-腺苷甲硫氨酸）作为辅助因子，一般只需要Mg^{2+}。Ⅱ类限制性内切核酸酶的主要作用是切割DNA分子，以便对所含的特定基因的DNA片段进行分离和分析，是基因工程中使用的主要工具酶。

限制性内切核酸酶在双链DNA分子上能识别的特定核苷酸序列称为识别序列或识别位点，它们对碱基序列有严格的专一性，这就是它识别碱基序列的能力，被识别的碱基序列通常具有双轴对称性，即所谓的回文序列（palindromic sequence）。从大肠杆菌中分离鉴定的EcoRⅠ是最早发现的一种Ⅱ类限制性内切核酸酶，它的特异识别序列如图5-1所示，具有回文序列，因此能够特异地结合在一段含这6个核苷酸的DNA区域内，在每一条链的鸟嘌呤和腺嘌呤间切断DNA链。DNA的回文结构也是顺看、反看都一样，但是应该注意要从两个方向来读（5′→3′），即上面的链必须从左往右读，下面的链从右往左读。例如，HindⅢ、BamHⅠ、HinfⅠ的识别序列分别为：

5′...AAGCTT....3′　5...GATCC...3′　5...GANTC...3′
3′...TTCGAA...5′　3...CCTAG...5′　3′...CTNAG...5′

图5-1　回文序列

Ⅱ类限制性内切核酸酶的切割方式通常有3种：①在识别序列的对称轴同时切割磷酸二酯键，形成齐平末端，如SmaⅠ，见图5-2A；②在识别顺序上两条链对称轴上两侧同时从5′端切断磷酸酯键，形成5′-磷酰基端2～5个核苷酸单链黏性末端，如BamHⅠ，见图5-2B；③在识别顺序两条链对称轴两侧同时从3′端切断磷酸酯键，形成3′-OH端2～5个核苷酸单链黏性末端，如SacⅠ，见图5-2C。

经限制酶切割后产生的DNA片段称为限制性片段，不同限制酶切割DNA后所形成的限制性片段长度不同。一些常用的限制性内切核酸酶及其识别位点列于表5-1。

有的限制性内切核酸酶可识别两种以上的核苷酸序列，例如，AccⅠ既可识别GTATAC，又可识别GTCGAC；DdeⅠ可识别的核苷酸序列有CTAAG、CTTAG、CTGAG和CTCAG。这样的限制性内切核酸酶为获得多种酶切片段提供了方便。另有一些来源不同的限制酶识别的是同样的核苷酸靶序列，这类酶称为同裂酶。同裂酶的切割位点可能不同，识别位点和切割位点都相同的称为同序同切酶，识别位点相同但切割位点不同的称为同序异切酶。同裂酶在载体构建方面往往具有巧妙的应用。最具代表性、应用较多的同裂酶如SmaⅠ和XmaⅠ，它们均识别CCCGGG，但前者切后产生钝末端，后者切后产生黏性末端。

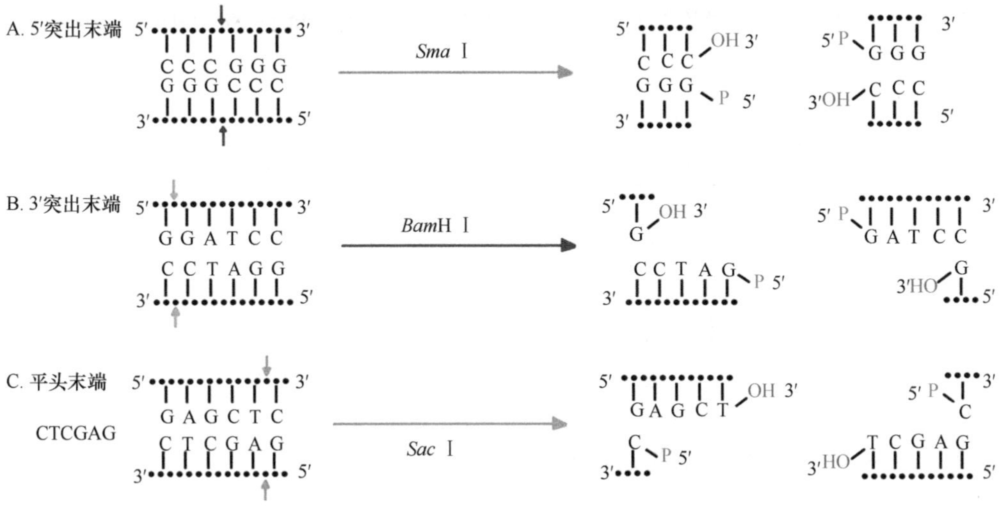

A. 5′突出末端

```
5′ •••┬┬┬┬┬┬ 3′          5′ •••┬┬┬        5′ P ┬┬┬ 3′
      C C C G G G    SmaI        C C C OH 3′       G G G
      G G G C C C    ──────→      G G G        C C C
3′ •••┴┴┴┴┴┴ 5′          3′ •••┴┴┴ P 5′    3′OH ┴┴┴ 5′
```

B. 3′突出末端

```
5′ •••┬┬┬┬┬┬ 3′          5′ •••┬ OH 3′        5′ P ┬┬┬┬┬ 3′
      G G A T C C   BamH I       G               G A T C C
      C C T A G G   ──────→   C C T A G      
3′ •••┴┴┴┴┴┴ 5′          3′ •••┴┴┴┴┴ P 5′     3′HO ┴ 5′
                                                  G
```

C. 平头末端

```
5′ •••┬┬┬┬┬┬ 3′          5′ •••┬┬┬┬┬ OH 3′     5′ P ┬ 3′
CTCGAG  G A G C T C  Sac I      G A G C T            C
        C T C G A G  ──────→   C            T C G A G
3′ •••┴┴┴┴┴┴ 5′          3′ •••┴ P 5′         3′HO ┴┴┴┴┴ 5′
```

图 5-2　Ⅱ类限制性内切核酸酶酶切割方式

表 5-1　一些常用的限制性内切核酸酶及其识别位点

限制性内切核酸酶	识别位点	产生的末端类型	限制性内切核酸酶	识别位点	产生的末端类型
Bbu I	↓ GCATGC CGTACG ↑	3′突出	Not I	↓ GCGGCCGC CGCCGGCG ↑	5′突出
Sfi I	↓ GGCCNNNNNGGCC CCGGNNNNNCCGG ↑	3′突出	Sau3A I	↓ GATC CTAG	5′突出
EcoR I	↓ GAATTC CTTAAG ↑	5′突出	Alu I	↓ AGCT TCGA	平末端
Hind III	↓ AAGCTT TTCGAA ↑	5′突出	Hpa I	↓ GTTAAC CAATTG	平末端

　　同尾酶是一类识别序列不完全相同，但产生的黏性末端至少有 4 个碱基相同的限制性内切核酸酶，由此产生的 DNA 片段，能够通过其黏性末端之间的互补作用彼此连接起来。当把同尾酶切割的 DNA 片段与原来的限制性内切核酸酶切割的 DNA 片段连接后，原来的酶切位点将不存在，不能被原来的限制性内切核酸酶所识别。例如，Sal I 和 Xho I 是一组同尾酶，它们切割 DNA 后都形成 TCGA 的黏性末端，用这组同尾酶处理载体和外源 DNA 得到的黏性末端可以像完全亲和的黏性末端那样进行连接，但不同的是，一般不会在连接部位上存在原来限制性内切核酸酶的识别位点。例如，

Sal I 与 *Xho* I 的酶切片段连接后，得到的杂合靶位点既不能被 *Sal* I 切开，也不能被 *Xho* I 切开（图 5-3）。

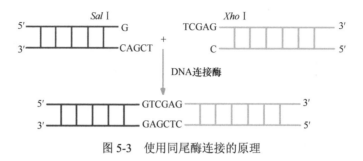

图 5-3 使用同尾酶连接的原理

5.1.3 限制性内切核酸酶的命名法

由于目前发现了大量的限制酶,因此需要有一个统一的命名法。H.O. Smith 和 D. Nathans 提议的命名系统现已广泛应用（孙明，2013），该命名系统包括如下几点。

（1）用属名的头一个字母加上种名的头两个字母，表示寄主菌的物种名称。例如，大肠杆菌（*Escherichia coli*）用 *Eco* 表示，流感嗜血菌（*Haemophilus influenzae*）用 *Hin* 表示。

（2）如果一种特殊的寄主菌株具有几个不同的限制与修饰体系，则以罗马数字表示。例如，流感嗜血菌 Rd 菌株的几个限制与修饰体系分别表示为 *Hind* I 、*Hind* II 、*Hind* III 等等。

（3）如果限制与修饰体系在遗传上是由质粒或病毒引起的，则在缩写的寄主菌的种名右侧附加一个标注字母，如 *Eco*R I 、*Ecop* I 。

（4）除限制性内切核酸酶（R）这个总的名称外，还应加上系统的名称，如内切核酸酶 R.*Hind* III。如果是修饰酶，则应在它的系统名称前加上甲基化酶（M）的名称，如甲基化酶 M.*Hind* III。

5.1.4 限制性内切核酸酶的反应条件

1. 标准酶解体系的建立

一个单位的限制性内切核酸酶定义为：在合适的温度和缓冲液中，在 20 μL 反应体系中，1 h 完全降解 1μg DNA 所需要的酶量。对于大量 DNA 的酶解，反应体积可按比例适当扩大。加入过量的酶，可以缩短反应时间并达到完全酶解的效果；但是加入的酶过量，其储存液中的甘油会影响反应，而且许多限制性内切核酸酶过量可导致识别序列的特异性下降，所以一般推荐稍过量的酶（2～5 倍）和较长的反应时间。

2. 反应终止

终止酶反应的方法如下。

（1）若 DNA 酶切后不需进行进一步的酶反应，可加入乙二胺四乙酸（EDTA）至终浓度 10mmol/L，通过螯合内切酶的辅助因子 Mg^{2+} 而终止反应；或加入十二烷基硫酸钠（SDS）至终浓度 0.1%（m/V），使酶变性而终止反应。

（2）若 DNA 酶解后仍需进行下一步反应（如连接或限制性内切核酸酶反应等），可将酶解溶液于 65℃ 水浴中保温 20min，通过加热使酶失活，但这种方法只适合于大多数最适反应温度为 37℃ 的限制性内切核酸酶。

（3）用酚/氯仿抽提，然后乙醇沉淀，此法最为有效且有利于下一步 DNA 的酶学操作。

3. 酶解结果鉴定

酶解完成后，不必立即终止反应，先取出适量反应液进行快速的微型琼脂糖凝胶电泳。在紫外灯下观察酶解结果，再决定是否终止反应。

5.1.5　影响限制性内切核酸酶酶切的反应条件

与其他酶反应一样，应用各种限制性内切核酸酶酶切 DNA 时需要适宜的反应条件。

1. 温度

大部分限制性内切核酸酶最适反应温度为 37℃，但也有例外，如 *Sma* I 的反应温度为 25℃。降低最适反应温度，会导致只产生切口，而不是切断双链 DNA。

2. 盐离子浓度

不同的限制性内切核酸酶对盐离子强度（Na^+）有不同的要求，一般按离子强度不同分为低盐（0mmol/L）、中盐（50mmol/L）、高盐（100mmol/L）3 类。Mg^{2+} 也是限制性内切核酸酶酶切反应所需的。双酶切或多酶切时，一般先用低盐浓度的酶切，再用高盐浓度的酶切。

3. 缓冲体系

限制性内切核酸酶要求有稳定的 pH 环境，这通常由 Tris·HCl 缓冲体系来完成。另外，保持限制性内切核酸酶稳定和活性一般使用 DTT。

4. 反应体积和甘油浓度

商品化的限制性内切核酸酶均加 50% 甘油作为保护剂，一般在–20℃下储藏。在进行酶切反应时，加酶的体积一般不超过总反应体积的 10%；若加酶的体积太大、甘油浓度过高，则会影响酶切反应。

5. 限制性内切核酸酶反应的时间

限制性内切核酸酶反应的时间通常为 1h，但大多数酶活性可维持很长的时间，进行大量 DNA 酶解反应时，一般酶解过夜。

6. DNA 的纯度和结构

一个酶单位定义为在 1h 内完全酶解 1μg 的 λ 噬菌体 DNA 所需酶量。DNA 样品中所含蛋白质、有机溶剂及 RNA 等杂质均会影响酶切反应的速度和酶切的完全程度。酶切的底物一般是双链 DNA，DNA 的甲基化位置会影响酶切反应。

7. 星号活性

限制性内切核酸酶的识别位点是在特定的消化条件下测定的，当条件改变时，有些酶的识别位点也随之改变，可能切割一些与特异识别序列相类似的序列，这种现象称为星号活性。诱发星号活性产生的常见原因有：①高甘油含量；②内切酶用量过大；③低离子强度；④高 pH；⑤含有机溶剂，如乙醇；⑥Mn^{2+}、Cu^{2+}、Zn^{2+} 等非 Mg^{2+} 的二价阳离子存在。由此可见，只有在特定条件下，限制性内切核酸酶的活性才能正常发挥。为达到限制性内切核酸酶的最佳反应速度和切割专一性，应尽量遵循生产商推荐的反应条件。

5.2 连 接 酶

5.2.1 连接酶的发现

1967 年，世界上有数个实验室几乎同时发现了 DNA 连接酶（ligase）。它能催化一条 DNA 链的 3′端游离羟基（–OH）和另一条 DNA 链的 5′端磷酸基团（–P）共价结合形成磷酸二酯键，因此它能催化两个 DNA 分子末端连接，用来产生重组 DNA 分子。目前，连接酶多来自 *E.coli* 体内，由于这个反应是需要能量的，因此在大肠杆菌及其他细菌中，反应过程利用 NAD^+［烟酰胺腺嘌呤二核苷酸（氧化型）］作为能源；而在动物细胞及噬菌体中，则是利用 ATP（腺苷三磷酸）作为能源。

5.2.2 连接酶的种类

5.2.2.1 T4 DNA 连接酶

基因工程中最常用的连接酶是 T4 DNA 连接酶。它既能连接黏性末端，又能连接平末端，但连接平末端的效率较低。T4 DNA 连接酶的作用分为 3 步：T4 DNA 连接酶与辅助因子 ATP 形成酶-AMP 复合物，酶-AMP 复合物结合在具有 5′-磷酸基和 3′-羟基切口的 DNA 上，使 DNA 腺苷化，产生一个新的磷酸二酯键，把缺口封起来。

连接酶作用的最佳反应温度是 37℃，但在这个温度下，黏性末端之间的氢键结合是不稳定的。因此，连接黏性末端的最佳温度，应介于酶作用速率最佳温度和末端结合速率最佳温度之间，一般认为 4～15℃比较合适。根据 DNA 片段的分子大小及末端结构，在 12～30℃下反应 1～16 h。对于黏性末端，一般在 12～16℃进行反应，以保证黏性末端退火及酶活性、反应速率之间的平衡。平末端连接反应可在室温（<30℃）进行，并且需用比黏性末端连接大 10～100 倍的酶量。

5.2.2.2 大肠杆菌的 DNA 连接酶

大肠杆菌的 DNA 连接酶是一条分子质量为 75kDa 的多肽链，对胰蛋白酶敏感，可被其水解。水解后形成的小片段仍具有部分活性，可以催化酶与 NAD（而不是 ATP）反应形成酶-AMP 中间物，但不能继续将 AMP 转移到 DNA 上促进磷酸二酯键的形成。DNA 连接酶在大肠杆菌细胞中约有 300 个分子，在 DNA 复制、修复和重组中起着重要的作用；连接酶有缺陷的突变株不能进行 DNA 复制、修复和重组。反应的温度和体系与 T4 DNA 连接酶相同。

5.2.3　不同末端的连接策略

在 DNA 重组操作中，待重组 DNA 分子由于各种限制，在连接重组时可能具有各种不同的末端，因此 T4 DNA 连接酶连接不同末端的 DNA 分子时会有各自不同的策略。

（1）单酶切产生的相同黏性末端：这是由同一种限制性内切核酸酶分别切割目的基因 DNA 片段和载体分子产生的，是最常见也最容易连接的情况。T4 DNA 连接酶可以直接把两个分子连接重组。

（2）双酶切产生的黏性末端：DNA 分子重组时，为了保证目的片段以正确的方向连接进入载体，往往尽可能选择两种具有不同黏性末端的酶分别酶切目的 DNA 分子和载体，这种双酶切虽然使载体和目的 DNA 都产生了两种不同的黏性末端，但是连接酶会选择把相同的黏性末端连接起来，从而保证目的基因只以一个方向连接入载体。

（3）双酶切产生的不同 5′突出末端：在不得已的情况下，只能分别用一种酶酶切目的 DNA，用另一种酶酶切载体。如果这时候两种酶都产生 5′突出黏性末端，那么连接前往往要经过补平处理，用 Klenow 酶分别以突出的 5′端为模板，延伸 3′端至平末端后再连接。

（4）双酶切产生的不同 3′突出末端：如果用两种酶分别酶切目的片段和载体分子，结果产生的是两种不同的 3′突出末端，则连接前必须通过切平的方式使两个末端变成平头末端。T4 DNA 聚合酶具有 3′→5′外切核酸酶活性，可以用于 3′突出末端的切平。

（5）双酶切产生的 5′突出末端和 3′突出末端：还有一种情况是，如果用两种酶分别酶切目的片段和载体分子，结果一个产生 3′突出末端、一个产生 5′突出末端，那么连接前，3′突出末端必须切平、5′突出末端必须补平后才能连接。

（6）平切产生的平头末端：T4 DNA 连接酶虽然能够连接平头末端，但是连接效率很低，因此，为了提高平头末端的连接效率，可以通过在平头末端增加人工接头的策略，如利用末端转移酶 TdT 分别目的片段和载体分子的末端加上互补的多聚 A 和多聚 T 碱基，人工造成黏性互补末端，从而提高连接效率。

（7）DNA 片段的连接过程与许多因素有关，如 DNA 末端的结构、DNA 片段的浓度和分子质量、不同 DNA 末端的相对浓度、反应温度、离子浓度等。

5.2.4　DNA 连接酶的影响因素

1. DNA 末端的浓度

（1）两个 DNA 末端之间的连接可认为是双分子反应，在标准反应条件下，其反应速度完全由互相匹配的 DNA 末端浓度所决定。在连接反应体系中，由于 DNA 末端之间的相互竞争，一般可形成两种不同构型的 DNA 分子：①线性分子，由不同 DNA 片段的两个末端首尾相连而成；②环状分子，由线性分子的两端进一步连接形成。

（2）重组子的分子构型与 DNA 浓度及 DNA 分子长度存在密切关系。在一定浓度下，小分子 DNA 片段进行分子内连接，有利于形成环化分子，因为 DNA 分子的一个末端找到同一分子的另一末端的概率要高于找到不同 DNA 分子的概率。对于长度一定的 DNA 分子，其浓度降低有利于分子环化。如果 DNA 浓度增加，则在分子内连接反应发生以前，某一个 DNA 分子的末端碰到另一个 DNA 分子末端的可能性也有所增大。因此，较高浓度的 DNA 有利于分子间的连接，形成线性二聚体或多聚体分子。

2. 反应温度

对于黏性末端，连接温度介于同源黏性末端的 T_m 与酶的最佳反应温度（37℃）之间，以保证黏性末端退火及酶活性、反应速率之间的平衡，所以一般在 12～16℃进行反应，黏性末端中 G+C 含量高，其连接反应温度也可提高。与黏性末端的连接反应相比，平头末端连接反应受温度的影响较小，因为平头末端连接不需要考虑两个末端的退火问题，所以连接反应的最适温度原则上近似于反应中最小片段的 T_m，一般为 10～20℃。

5.3 DNA 聚合酶

5.3.1 DNA 聚合酶的发现

DNA 聚合酶（DNA polymerase）最早在大肠杆菌中发现，以后陆续在其他原核生物及微生物中找到。这类酶的共同性质是：①以脱氧核苷三磷酸（dNTP）为前体催化合成 DNA；②需要模板和引物的存在；③不能起始合成新的 DNA 链；④催化 dNTP 加到生长中的 DNA 链的 3′-OH 末端；⑤催化 DNA 合成的方向是 5′→3′。此酶是细胞复制 DNA 时起重要作用的酶。

5.3.2 DNA 聚合酶的功能

下面首先介绍大肠杆菌 DNA 聚合酶的功能。

1. 聚合作用

在引物 RNA′-OH 末端，以 dNTP 为底物，按模板 DNA 上的指令由 DNA 聚合酶逐个将核苷酸加上去，这就是聚合作用。酶的专一性主要表现为新进入的脱氧核苷酸必须与模板 DNA 配对，才有催化作用。dNTP 进入结合位点后，可能使酶的构象发生变化，促进 3′-OH 与 5′-PO₄ 结合生成磷酸二酯键。若是错误的核苷酸进入结合位点，则不能与模板配对，无法改变酶的构象而被 3′→5′外切酶活性位点所识别并切除。

2. 3′→5′外切酶活性——校对作用

这种酶活性的主要功能是从 3′→5′方向识别和切除不配对的 DNA 生长链末端的核

苷酸。当反应体系中没有反应底物 dNTP 时，由于没有聚合作用而出现暂时的游离现象，从而被 3′→5′外切酶活性所降解。如果提高反应体系的温度可以促进这种作用，则表明温度升高使 DNA 生长链 3′端与模板发生分离的机会更多，因而降解作用加强。当向反应体系加入 dNTP，而且只加放与模板互补的上述核苷酸，才会使这种外切酶活性受到抑制，并继续进行 DNA 的合成。由此推论，3′→5′外切酶活性的主要功能是校对作用，当加入的核苷酸与模板不互补而游离时则被 3′→5′外切酶切除，以便重新在这个位置上聚合对应的核苷酸。

3. 5′→3′外切酶活性——切除修复作用

5′→3′外切酶活性就是从 5′→3′方向水解 DNA 生长链前方的 DNA 链，主要产生 5′-脱氧核苷酸。这种酶活性只对 DNA 上配对部分（双链）磷酸二酯键有切割活性，方向是5′→3′。每次能切除 10 个核苷酸，而且 DNA 的聚合作用能刺激 5′→3′外切酶活力达10 倍以上。因此，这种酶的活性在 DNA 损伤的修复和冈崎片段 5′端 RNA 引物的去除中起着重要作用。

5.4 核酸修饰酶

5.4.1 末端脱氧核苷酸转移酶

末端脱氧核苷酸转移酶（terminal deoxynucleotidyl transferase，TdT）简称末端转移酶。目前商品提供的末端转移酶是从小牛胸腺中分离纯化而来的。末端转移酶能在二价阳离子作用下，催化 DNA 的聚合作用，将脱氧核糖核苷酸加到 DNA 分子的 3′-OH 末端。与 DNA 聚合酶不同的是，这种聚合作用不需要模板，反应需要 Mg^{2+}，其合适底物为带有 3′-OH 突出末端的双链 DNA。对于平头末端或带 3′-OH 凹陷末端的双链 DNA 和单链DNA，末端转移酶催化的聚合作用仍能进行，但需 Co^{2+}激活，且反应效率低（图 5-4）。

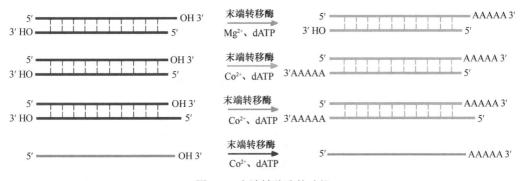

图 5-4 末端转移酶的功能

在分子克隆中，末端转移酶的主要用途是给载体和外源 DNA 分别加上互补的同聚体尾巴，以便二者在体外连接。另一个用途是进行 DNA 的 3′-OH 末端标记，而且作为底物的核苷酸若经过修饰（如 ddNTP），可以在 3′端仅加上一个核苷酸；标记物可以是放射性的（如 α-^{32}p-dNTP），也可以是非放射性的（如生物素-11-dUTP），它们可用于 DNA 序列分析、DNase I 足迹分析、分子杂交等实验中。

5.4.2 碱性磷酸酶

常用的碱性磷酸酶有两种：一种来源于大肠杆菌，叫作细菌碱性磷酸酶（bacterial alkaline phosphatase，BAP）；另一种来源于小牛肠，叫作小牛肠碱性磷酸酶（calf intestinal alkaline phosphatase，CIAP）。它们都可以催化核酸分子的脱磷作用，使 DNA 或 RNA 的 5′磷酸变为 5′-OH 末端。

1. 5′端标记前的处理

在使用多核苷酸激酶进行 5′端标记之前，用碱性磷酸酶去除 DNA 或 RNA 的 5′磷酸，可以得到较高的标记效率。5′端标记的 DNA 可用于测序和特异性 DNA 或 RNA 片段的图谱构建。

2. 去除 DNA 片段的 5′磷酸基团，防止自身连接

在载体和目的基因的重组过程中，如果使用同一种限制性内切核酸酶对载体及外源 DNA 进行消化，则它们的连接产物有多种形式，包括载体与外源 DNA 连接形成的重组子和载体自身连接形成的载体分子，后者称为自身环化的载体或空载体。显然，这种环化作用对于 DNA 体外重组是非常不利的。为了防止线性载体的自身环化作用，必须在连接之前使用碱性磷酸酶处理，去除其 5′端的磷酸基团。这样，即使载体 DNA 分子的两个黏性末端发生退火互补，但失去了连接能力，不能形成共价环化结构（图 5-5），通过碱性磷酸酶预处理线性载体，有效防止了载体的自身环化，提高了载体与外源 DNA 的连接效率，从而降低了细菌转化时的背景。

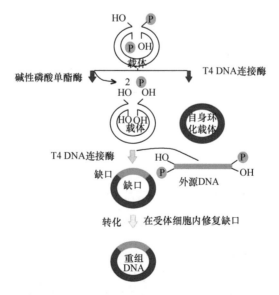

图 5-5　碱性磷酸酶防止载体自身连接示意图（吴乃虎，2001）

5.4.3　T4 噬菌体多核苷酸激酶

T4 噬菌体多核苷酸激酶（T4 phage polynucleotide kinase）是由 T4 噬菌体的 *pseT* 基因编码的一种蛋白质，该酶具有多种功能，其激酶活性定位于肽链的 N 端，磷酸酶活性在 C 端。

T4 噬菌体多核苷酸激酶可催化 ATP 的 γ-磷酸基团转移到单链或双链的 DNA 或 RNA 的 5'-OH 末端，包括两种反应：正向反应和交换反应。

1. 正向反应

正向反应（forward reaction）即催化 5'-OH 末端的磷酸化。反应需要 Mg^{2+}，加入 DTT 可提高酶活性（pH 6.5～8.5）。这是多核苷酸激酶的最主要功能。

T4 噬菌体多核苷酸激酶催化 5'突出末端磷酸化的速度比催化平端或 5'凹陷末端磷酸化快得多，对双链 DNA 切口或裂口处进行磷酸化的效率比单链末端的磷酸化效率低。但是，只要有足够的酶和 ATP 存在，平头末端、5'凹陷末端和双链 DNA 的切（裂）口都能得到磷酸化（图 5-6）。

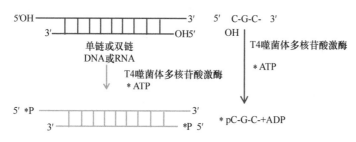

图 5-6　T4 噬菌体多核苷酸激酶的正向反应活性

*代表放射性同位素标记

2. 交换反应

交换反应（exchange reaction）是指在过量 ADP 存在时，DNA 的 5'磷酸转移给 ADP，然后 DNA 从 γ³²P-ATP 中获得标记的 γ-³²P，重新磷酸化。反应需要 Mg^{2+}，pH6.2～6.6，效率低于正向反应。反应的底物是带有 5'磷酸末端的单链或双链 DNA 或 RNA（图 5-7），其中含 5'磷酸末端的单链 DNA 得到标记的效率最高。

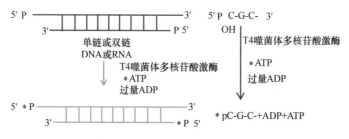

图 5-7　T4 噬菌体多核苷酸激酶的交换反应活性

*代表放射性同位素标记

在实际应用中,主要是利用多核苷酸激酶进行 DNA 或 RNA 的 5′端标记,以及在连接反应之前,使缺乏 5′磷酸的 DNA 或接头磷酸化。由于天然核酸的 5′端为磷酸基团而不是羟基,所以利用多核苷酸激酶进行 5′端标记时,必须先用碱性磷酸酶处理,使其发生脱磷作用暴露出 5′-OH 之后才能进行。

5.5 核酸酶和外切核酸酶

核酸酶是一类能降解核酸的水解酶,它在基因工程操作中应用非常广泛。根据核酸酶对底物作用的专一性,可将其分为 3 类:①只作用于 RNA 的酶叫作核糖核酸酶(ribonuclease,RNase);②只作用于 DNA 的酶叫作脱氧核糖核酸酶(deoxyribonuclease,DNase);③既可作用于 RNA 又可作用于 DNA 的酶叫作核酸酶(nuclease)。

5.5.1 核糖核酸酶

5.5.1.1 核糖核酸酶 A

核糖核酸酶 A(RNase A)又称 RNA 酶 A,来源于牛胰脏,是一种内切核糖核酸酶,可特异攻击 RNA 上嘧啶残基的 3′端,切割胞嘧啶或尿嘧啶与相邻核苷酸形成的磷酸二酯键,反应终产物是 3′嘧啶核苷酸和末端带 3′嘧啶核苷酸的寡核苷酸。RNase A 的反应条件极宽松,且极难失活。去除反应液中的 RNase A,通常需要蛋白酶 K 处理、酚反复抽提和乙醇沉淀。

在分子克隆中,核糖核酸酶 A 的主要用途如下。①DNA:RNA 杂交体中去除未杂交的 RNA 区。②确定 RNA 或 DNA 中的单碱基突变的位置。在 RNA:DNA 或 RNA:RNA 杂交体中,若存在单碱基错配,可用 RNase A 识别并切割。通过凝胶电泳分析切割产物,即可确定错配的位置。③RNA 检测。核糖核酸酶保护分析法(RNase protection assay)是近年来发展起来的一种检测 RNA 的杂交技术。其基本原理是利用单链 RNA 探针与待测的 RNA 样品进行杂交形成 RNA:RNA 双链分子,由于核糖核酸酶可专一性地降解未杂交的单链 RNA,而双链受到保护不被降解,经凝胶电泳可以确定目的 RNA 的长度。④降解 DNA 制备物中的 RNA 分子。要达到此目的,必须使用无 DNase Ⅰ 的 RNase(DNase Ⅰ free RNase),市售的一般 RNase A 常含有 DNase,可在 100 mmol/L Tris-HCl(pH 7.5)和 15 mmol/L NaCl 溶液中于 100℃加热 15 min 除去。

5.5.1.2 核糖核酸酶 H

核糖核酸酶 H(RNase H)最早是从小牛胸腺组织中发现的,其编码基因已被克隆到大肠杆菌中。它能特异地降解 DNA:RNA 杂交双链中的 RNA 链,产生具有 3′OH 和 5′磷酸末端的寡核苷酸及单核苷酸,而不能降解单链或双链的 DNA 或 RNA。

5.5.2 脱氧核糖核酸酶 Ⅰ

DNase Ⅰ 来源于牛胰脏,分子质量为 31 kDa,通常得到的是几种同工酶的混合物。

它从嘧啶核苷酸 5′端磷酸随机降解单链或双链 DNA，生成具有 5′磷酸末端的寡核苷酸。当 Mg^{2+} 存在时，其能在双链 DNA 上随机独立地产生切口；当 Mn^{2+} 存在时，则在双链 DNA 的大致同一位置上切割，产生平头端 DNA 片段。

5.5.3　S1 核酸酶

S1 核酸酶来源于米曲霉菌（*Aspergillus oryzae*），是一种含锌的蛋白质，分子质量为 32 kDa。催化反应通常需要 Zn^{2+} 和酸性条件（pH 4.0～4.5），其特点是：①降解单链 DNA 或 RNA，包括双链分子中的单链区域（如发夹结构），而且这种单链区域可以小到只有一个碱基对的程度，但降解 DNA 的速率大于降解 RNA 的速率，反应产生带 5′磷酸的寡核苷酸；②降解反应的方式为内切和外切；③酶量过大时，伴有双链核酸的降解，该酶的双链降解活性仅为单链的 1/75 000。由于具有以上特性，S1 核酸酶可用于切掉 DNA 片段的单链突出末端产生平头末端、在双链 cDNA 合成时切除发夹环结构等实验操作中。

5.5.4　外切核酸酶

外切核酸酶（exoIulclease）是一类从多核苷酸链的末端开始逐个降解核苷酸的酶，与内切核酸酶相对应。按照酶对底物二级结构的专一性，将其分为 3 类：①作用于单链的外切核酸酶，如大肠杆菌外切核酸酶Ⅰ和大肠杆菌外切核酸酶Ⅶ；②作用于双链的外切核酸酶，如大肠杆菌外切核酸酶Ⅲ、λ 噬菌体外切核酸酶和 T7 噬菌体基因 6 外切核酸酶等；③既可作用于单链又可作用于双链的外切核酸酶，如 *Bal* 31 核酸酶。

本 章 小 结

基因工程必须依赖于一些重要的酶来实现在体外对 DNA 分子进行切割和重新连接等操作，常用的基因工程工具酶有限制性内切核酸酶、DNA 连接酶、DNA 聚合酶Ⅰ、反转录酶、碱性磷酸酯酶及末端转移酶等。限制性内切核酸酶就像一把基因工程的"手术刀"，将不同的 DNA 分子进行特异性剪切；DNA 连接酶就像基因工程的"缝合剂"，把不同的 DNA 片段连接在一起。其他的工具酶可以起到修饰等作用，如碱性磷酸酶、末端转移酶、T4 噬菌体多核苷酸激酶和核糖核酸酶等。

第6章 目的基因分离

6.1 化学合成 DNA 分离目的基因

从 20 世纪 70 年代起,核苷酸链的化学合成方法也日趋完善,从几十个碱基对到上千个碱基对的目的基因已经能化学合成。化学合成的方法主要有磷酸二酯法、磷酸三酯法及亚磷酸三酯法等(郑振宇和王秀利,2015)。超过 200bp 的 DNA 片段需要分段合成,然后再在 DNA 连接酶的参与下连接成完整基因。因此,如果能从现有的 cDNA 文库中查到目的基因的核苷酸序列,也可以采用化学合成的方法获得目的基因用于基因重组。

以 5′或 3′脱氧核苷酸或 5′磷酰基寡核苷酸片段为原料,采用化学方法将其逐个缩合成基因的方法称为化学合成法。采用化学合成法时,首先要知道这种 tRNA 的核苷酸顺序,并由此推出它的基因(tDNA)的核苷酸顺序,然后用有机化学方法把单核苷酸缩合成具有几个核苷酸的小片段,并使各个小片段间有部分碱基互补。通过碱基配对,互补的区段形成双链,未配对部分又与另一核苷酸小片段的互补部分配对,通过连接酶的作用,把同一链上的片段连接起来。依次重复这些步骤,就可以合成所需的基因。一种情况是,各片段退火以后就可以得到全长基因,但是在基因中间存在一些切口,这时可用 T4 噬菌体 DNA 连接酶将这些切口连接起来。另一种情况是合成一套包括重叠区域的核苷酸片段,在适当的条件下退火,这样就可形成包括全基因但每条单链上都有缺失的双链 DNA,然后用大肠杆菌 DNA 聚合酶 I 补足缺失的部分,并用 T4 噬菌体连接酶得到完整基因。

6.2 基因的电子克隆

随着多种植物基因组计划的顺利推进和功能基因组学的发展,电子克隆(in silico cloning)在植物基因工程研究中将会发挥巨大的作用。电子克隆技术应用的前提条件是要具备所研究植物和其他物种的丰富核酸序列信息,以及强大的计算机硬件和相关生物信息学分析软件。

利用电子克隆方法获得新基因是生物信息学的研究内容之一。生物信息学资源由数据库、计算机网络和应用软件三大部分组成,而电子克隆的应用是基于这三部分生物信息学资源而展开的。它是利用计算机技术,依托现有的网络资源,如 EST 数据库、核苷酸数据库、蛋白质数据库、基因组数据库等,采用生物信息学方法(主要包括同源性检索、聚类、序列拼装等),通过 EST 或基因组的序列组装和拼接,然后利用 RT-PCR 快速获得部分乃至全长 cDNA 序列的方法。

基于基因组信息的电子克隆流程如图 6-1 所示。①将目的氨基酸或核苷酸序列在 NCBI 网站中对特定物种基因组数据库进行 BLAST 分析;②从中筛选出感兴趣的外显子序列,

通过连接得到其所在的基因组序列，把这些感兴趣的外显子序列按照其所在基因组上的
位置依次进行直接连接，或者把基因组序列提交到 Gen-Scan 和 GencFinder 等网站进行
预测，得到可能的新基因序列；③把筛选后的新基因序列提交到 db EST 数据库做 BLAST
分析并延伸，同时进一步确认其真实存在的可信度；④根据最终的序列设计引物，进行
RT-PCR 实验得到新基因。

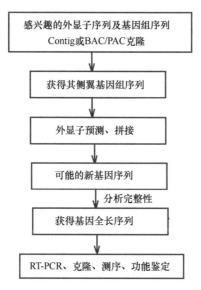

图 6-1　基于基因组信息的电子克隆流程图

　　基于 EST 数据库的电子克隆流程如图 6-2 所示。首先，在数据库或 PubMed 中获得
感兴趣的 cDNA 或氨基酸序列，称为种子序列。根据所用数据库资源的不同，电子克隆
的策略有所差别。利用 EST 数据库信息资料：①使用序列同源性比对软件（如 Blast）

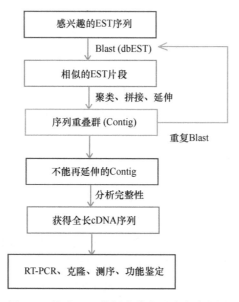

图 6-2　基于 EST 数据库的电子克隆流程图

用种子序列对库检索；②从数据库中挑选出全部相关序列；③对所有序列进行片段整合分析（即 Contig 分析），形成延伸后的序列，称为新生序列。随后，将此新生序列作为种子序列重复进行上述三步分析，直至新生序列不能被进一步延伸为止，通过完整性分析即获得了全长的新基因序列。

6.3　基因文库获取目的基因

6.3.1　构建基因文库法分离目的基因

　　基因组文库又叫基因文库，是通过克隆方法保存在适当宿主中的某种生物、组织、器官或细胞类型的所有 DNA 片段构成的克隆集合体。某种生物细胞基因组的 DNA 经限制酶切割，然后与合适载体重组并导入宿主中，这样保存的基因组是多拷贝、多片段的，当需要某一片段时，可以在这样的"图书馆"中查找。通常所说的基因文库包括基因组文库（genomic library）和 cDNA 文库（cDNA library），前者的插入片段是基因组 DNA，后者的插入片段是以 mRNA 为模板合成的互补 DNA（complementary DNA, cDNA）。构建基因文库的意义不只是使生物的遗传信息以稳定的重组体形式储存起来，更重要的是，它是分离克隆目的基因的主要途径。构建文库的基本程序主要包括载体的制备、插入片段的制备、载体与插入片段的连接和重组 DNA 分子导入宿主菌。目的基因的筛选通过核酸杂交方法。

　　建立基因文库（gene library）是从大分子 DNA 上分离基因的有效方法之一。由于目的基因仅占染色体 DNA 分子总量极其微小的比例，必须经过扩增才有可能分离到特定的、含有目的基因的 DNA 片段，故必须先构建基因文库。

6.3.1.1　用于构建基因组文库的载体

　　一个完整的基因组 DNA 文库所需要的重组体的数目是由基因组的大小和载体的装载容量共同决定的。能够插入载体中的 DNA 片段越大，完整文库所需重组体的数目就越少。因此，使用装载容量大的克隆载体能显著减少基因文库构建和筛选的工作量。目前，适合基因组文库构建的克隆载体主要有噬菌体（bacteriophage）载体、黏粒（cosmid）载体和人工酵母染色体（yeast artificial chromosome, YAC）载体，这 3 种载体装载外源 DNA 的容量不同，建库时应根据生物体基因组的大小和实际需要来选择。

　　1）载体 DNA 的酶切

　　在构建基因组文库时，一般用合适的限制性内切核酸酶对载体 DNA 进行部分消化，这种酶切既可以是单酶切，也可以是双酶切。在适当温度下消化一段时间后，取部分消化产物进行琼脂糖凝胶电泳分析。若酶切不完全，可增加酶的用量或延长消化时间，直至酶切完全为止。在酶切反应结束后，通常需用碱性磷酸酶对载体进行去磷酸化（dephosphorylation）处理，目的是减少载体分子间的自身连接，从而降低非重组背景。但在进行载体去磷酸化处理时，应严格掌握碱性磷酸酶的用量，并在反应结束后用适当的方法灭活和去除残留的碱性磷酸酶，以免影响以后的连接反应效率。

2）载体 DNA 的纯化

对于黏粒载体，酶切完全后可直接用酚-氯仿抽提和乙醇沉淀法进行纯化。但对于噬菌体载体，酶切反应结束后，通常需用蔗糖密度梯度离心等方法进行纯化，以便去除噬菌体基因组中的非必需片段。

6.3.1.2　基因文库的构建

基因文库的构建大量使用了基因工程技术，其大致步骤如下：①从供体细胞或组织中制备高纯度的染色体基因组 DNA；②用合适的限制酶把 DNA 切割成许多片段；③DNA 片段群体与适当的载体分子在体外重组；④重组载体被引入到受体细胞群体中，或被包装成重组噬菌体；⑤在培养基上生长繁殖成重组菌落或噬菌斑，即克隆；⑥筛选出含有目的基因 DNA 片段的克隆。一个典型的真核基因组 DNA 文库的构建过程如图 6-3 所示。

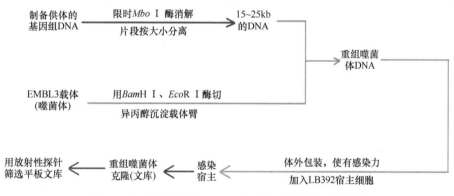

图 6-3　在噬菌体载体 EMBL3 中制备基因组文库流程图

1. 基因组 DNA 的提取

构建基因组 DNA 文库的关键一步是制备高分子质量 DNA。染色体 DNA 分子越长，酶切产生有效末端的克隆片段越多，连接反应的效率越高。因此，在提取染色体 DNA 时，必须尽可能地避免机械切割，以便获得分子质量大的基因组 DNA。同时，要注意防止线粒体或叶绿体等细胞器 DNA 的污染。

2. DNA 克隆片段的制备

制备 DNA 克隆片段的关键是将基因组 DNA 降解成大小适中的随机片段。常用的方法有机械剪切法和限制性内切核酸酶消化法。机械剪切法主要有移液器抽吸法和超声波裂解法，但前者产生的 DNA 片段以平头末端为主，其连接效率不高，操作较为烦琐，目前不常使用。

限制酶消化法能产生与载体相匹配的黏性末端 DNA 片段，连接的效率较高。但由于基因组 DNA 上限制酶位点分布的非随机性，酶切往往具有非随机倾向。为了最大限度地进行随机切割，通常使用 *Sau*3A I 、*Mbo* I 和 *Hae*III 等识别 4 个核苷酸的限制性内切核酸酶对基因组 DNA 进行消化。

对于识别 4 个碱基的限制性内切核酸酶，理论上，基因组 DNA 每 256（4^4）个碱基就有一个酶切位点，完全消化仅能产生 256 个碱基的插入片段，与噬菌体和黏粒载体的适宜克隆片段的大小（15～25 kb 或更大）相差甚远，不能用于基因组文库的构建。为了解决这一问题，实践中常用所谓的部分消化法（partial digestion）来制备基因组 DNA 插入片段，即通过控制限制性内切核酸酶的用量或消化时间，使基因组 DNA 的部分酶切位点被切割，从而获得长度适宜的克隆片段。一般情况下，基因组 DNA 被消化成平均大小为 35～45 kb 的片段，然后用碱性磷酸酶处理，这样可以抑制 DNA 小片段连接成能被包装到噬菌体颗粒中的重组分子，便于重组子的筛选和鉴定。

3. 基因组文库的完整性测定

基因组文库的完整性包括两层含义：一是文库具有代表性，即文库中所有克隆所携带的 DNA 片段重新组合起来可以覆盖整个基因组，或者说基因组中的任何一段 DNA 都可以从文库中分离得到；二是文库具有随机性，即基因组每段 DNA 在文库中出现的频率都应该是均等的。通常根据文库所包含的总的克隆数目来预测一个基因组文库的完整性。对于完整文库应该具备的克隆数目，Clarke 和 Carbon 于 1975 年提出了如下的计算公式：

$$N=\ln(1-p)/\ln(1-f)$$

式中，N 表示基因组文库必需的克隆数目；p 表示文库中目的基因出现的频率，如果是完整文库，则其概率一般规定为 99%；f 是克隆的 DNA 片段平均大小与基因组大小的比值。

4. 基因文库的扩增、分装及保存

构建基因文库是一项较为烦琐的工作，因此文库建成后，需要将其培养扩增，以供多次使用或存储备用。扩增基因文库的方法主要有液体培养增殖法、影印滤膜培养法和制备已包装的转导性裂解物。液体培养是最简便的方法，然而，由于细菌在液体中以混合群体的形式生长，且不同克隆的生长速率存在差异，更容易引起基因文库成分的改变，所以在进行基因文库放大时，应严格限制细菌在液体培养中的生长代数。影印滤膜培养法是用包装后的噬菌体颗粒感染细菌，并让细菌在硝酸纤维素滤膜上生长，然后将滤膜上的文库影印到其他滤膜上，以供筛选和低温（–70℃）保存。影印滤膜培养法是失真最小的基因文库扩增方法，缺点是需要保存大量的滤膜。对于黏粒文库，可用 λ 噬菌体对重组细菌进行超感染，使细菌内环形黏粒的 COS 位点被 λ 噬菌体的 ter 功能切割，形成能被重新包装的线性黏粒 DNA。新形成的 λ 噬菌体颗粒很容易分离，并能将重组黏粒的基因组片段转导到其他细胞中去。这种以噬菌体颗粒来拯救黏粒 DNA 的方法是扩增黏粒文库的一种简便方法，转导裂解物可以在低温下长期储存。

6.3.2 cDNA 基因文库的构建和筛选

构建 cDNA 文库是研究真核基因表达的基本手段。cDNA 文库是指含有重组 cDNA

的细菌或噬菌体克隆的群体。根据 mRNA 来源的不同，可将 cDNA 文库分为区域特异性 cDNA 文库和组织特异性 cDNA 文库。前者的 mRNA 是从含有特定染色体或其片段的杂交细胞中分离而得，经过反转录合成 cDNA 后，用特定的 Alu 序列（重复序列）作为引物进行 PCR 扩增，寻找外显子，旨在获得该染色体或其特定片段内基因表达的分布图。后者通常是从不同发育阶段的特定组织或细胞分离 mRNA，进行 cDNA 的合成。因为 mRNA 含有相应细胞的所有转录信息，所以合成的 cDNA 是各种 mRNA 拷贝的群体。

cDNA 文库和基因组文库的不同之处在于，cDNA 文库在 mRNA 拼接过程中已经除去了内含子等成分，便于 DNA 重组时直接使用。真核生物基因组 DNA 十分庞大，许多真核基因是断裂的，而且含有大量的重复序列，在 DNA 链上有编码区和非编码区。通过建立基因文库的方法来筛选目的基因，无论是采用电泳分离技术还是通过杂交的方法，都难以直接分离到目的基因片段；另外，真核基因中含有能转录但不能翻译的内含子序列，翻译 RNA 自细胞核转移至细胞质中除去内含子后才能合成 mRNA，而且包含目的基因的一个基因组的克隆可能含有任意插入物或其附近可能含有非转录顺序，因此，自基因组文库中获得的重组基因在宿主中的表达尚有许多问题需要解决。上述问题可以通过由 mRNA 产生的 cDNA 进行克隆而得以部分解决，采取以 mRNA 为模板合成 cDNA 的方法得到相应的基因片段再进行克隆，可获得完整的、能直接进行表达的真核生物编码目的基因，并可以在任何一种生物体中进行表达。

6.3.2.1 mRNA 的提取及其完整性的确定

1. mRNA 的来源

显然，mRNA 中目的序列的含量越高，筛选和克隆相应 cDNA 的成功率就越高。对于多数基因，其表达具有不同程度的组织特异性和发育阶段性，从而导致特定 mRNA 丰度（abundance）的差异。当特定 mRNA 在细胞总 mRNA 群体中所占的比例达到 50%～90% 时，该 mRNA 被称为高丰度（high abundance）mRNA；而当上述比例小于 0.5% 时，该 mRNA 则称为低丰度（low abundance）mRNA 或稀有 mRNA。因此，选择特定发育阶段的特定组织作为分离 mRNA 的材料，将大大增加 cDNA 克隆的成功率。此外，特定环境或信号刺激（如药物处理和病毒感染）对某些基因的表达具有显著影响，利用经过特定方法处理的组织细胞作为分离 mRNA 的材料，对 cDNA 的克隆也将大有帮助。在建立 cDNA 文库时，如果选择的细胞或组织类型得当，就容易从 cDNA 文库中筛选出所需的基因序列。

2. mRNA 的提取

几乎所有的真核细胞 mRNA 都是经过多腺苷酸化（polyadenylated）的，即在其 3′端具有 30～300 个腺苷酸组成的 poly(A)尾，后者可与人工合成的 poly(dT)互补结合，这为真核细胞 mRNA 的提取和 cDNA 合成引物的设计带来了极大的方便。到目前为止，提取 mRNA 最常用的方法是纤维素柱层析法，此层析柱的纤维素上交联有人工合成的、能与真核细胞 mRNA poly(A)尾互补结合的 poly(dT)。虽然该方法能获得质量较高的 mRNA，但操作较为烦琐，需时较长。根据同样原理设计的磁珠分离法具有快速、简便的优点，在进行 mRNA 分离时，将交联有 oligo(dT)的磁珠与细胞总 RNA 或细胞裂解液混合，mRNA 通过其 poly(A)尾与固定在磁珠上的 oligo(dT)互补结合，然后在巨大的磁场作用下，可以将 mRNA 从混合液中"拖"出来。该方法需时较短，可以将核酸酶对 RNA 的降解作用降低到最低限度。

3. mRNA 完整性的确定

mRNA 的完整性直接决定其 cDNA 的长度。因此，在构建基因文库之前，有必要检查 mRNA 的完整性。琼脂糖或聚丙烯酰胺凝胶电泳是检查 mRNA 完整性更加常用的方法，经电泳分离和溴化乙锭染色后，mRNA 呈现为大小 0.5～10 kb 的一片拖尾（smear），但据此很难判定其完整性，通常是根据高丰度的 28S 和 18S 核糖体 RNA（rRNA）条带的亮度来判断 RNA 的完整性，间接地判定 mRNA 的完整性。如果电泳观察到的 28S rRNA 条带的亮度约为 18S rRNA 条带亮度的两倍，说明 RNA 样品完整，降解不多；如果两条带的亮度反过来，说明部分 28S RNA 已降解；如无清晰条带，表明样品已严重降解。

4. mRNA 的富集

在 cDNA 克隆之前，对 mRNA 进行富集或分级分离将有助于目的 cDNA 的克隆，这对低丰度 mRNA 显得特别重要。虽然 mRNA 富集的方法较多，但多是根据其大小而设计的。琼脂糖凝胶电泳能有效地分离不同大小的 mRNA 分子，但 mRNA 的回收率较低，不够使用。非变性蔗糖密度梯度离心法的回收率很高，但分离的效果受到 RNA 二级结构的影响，若在梯度材料中加入氢氧化甲基汞等变性剂，可以提高分离效果。cDNA 克隆片段的获得包括 cDNA 第一链的合成、第二链的合成和双链 DNA 末端的处理。

6.3.2.2 cDNA 第一链的合成

所有 cDNA 第一链的合成都要依赖于 RNA 的 DNA 聚合酶（反转录酶）的催化反应，其中有两个关键的因素，一是 mRNA 模板（前已述），二是反转录酶。几乎所有的 cDNA 第一链都是以人工合成的、长度为 12～18 个核苷酸的 poly(dT)寡核苷酸为引物来合成的（图 6-4）。反转录酶以在引物 3'端添加互补核苷酸的方式，连续进行模板的拷贝。

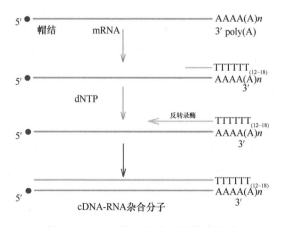

图 6-4 cDNA 第一链合成的技术路线

6.3.2.3 cDNA 第二链的合成

1. 自身引导合成法

该方法是合成 cDNA 第二链的经典方法，其基本过程是先用加热或碱处理的方法，将第一链合成过程中形成的 cDNA-RNA 杂合分子变性，降解 RNA，以便单链 cDNA 的 3′端自身环化，形成发夹结构。然后在 DNA 聚合酶的作用下，以 3′端发夹为引物，进行第二链的合成。最后用单链特异的 S1 核酸酶消化双链 cDNA 中对应于 mRNA 5′端的发夹结构，获得可供克隆的双链 DNA 分子。

由于自身引导法合成的双链 cDNA 必须用 S1 核酸酶消化，去除其末端的发夹结构后才能成为可供克隆的 DNA 分子，但 S1 核酸酶的消化反应很难控制，几乎不可避免地导致对应于 mRNA 5′端序列的缺失和重排，并造成克隆效率降低。因此，自身引导合成法已经进行了很多改进。

2. 置换合成法

该方法是在焦磷酸钠存在的条件下合成 cDNA 的第一链，然后用 RNA 酶 H 处理 cDNA-RNA 杂合分子，使 mRNA 产生一系列缺口，并成为一系列引物，再在大肠杆菌 DNA 聚合酶 I 作用下进行 cDNA 第二链的合成。若在反应体系中加入大肠杆菌 DNA 连接酶，可避免异常结构的产生，并得到相对完整的 cDNA 链。最后在 T4 噬菌体 DNA 聚合酶的作用下，使 cDNA 的末端成为可与接头分子连接的平头末端。

目前，构建 cDNA 文库大多数采用置换合成法来合成 cDNA 第二链，该方法具有以下优点：非常有效；直接利用第一链反应产物，无须进一步处理和纯化；不使用 S1 核酸酶来切割双链 cDNA 中的发夹结构，避免了 cDNA 的损失。该方法产生的 cDNA 非常接近全长，仅缺少对应于 mRNA 5′端的几个核苷酸。

3. PCR 合成法

该方法是构建 cDNA 文库的一种新策略，已经得到广泛应用。它是以 cDNA 的第一条链为模板，设计并合成一组引物，通过 PCR 扩增获得多拷贝双链 cDNA（图 6-5）。由于其放大的高度灵敏性，PCR 合成法能利用非常有限的生物材料构建 cDNA 文库，特别适合低拷贝 mRNA 的克隆。同时，可用总 RNA 作为合成 cDNA 第一链的模板，不用纯化 mRNA，所以避免了纯化过程中某些信息分子的丢失。PCR 合成 cDNA 第二链是通过在第一链 3′端同聚物加尾的方法实现的，不会丢失其末端的最后几个核苷酸，所以容易得到完整的 cDNA。

用上述方法合成的双链 cDNA 的末端往往需要经过特定的处理，才能成为可克隆的分子。常用的处理方法为同聚物加尾法和接头法。

（1）同聚物加尾法。该方法是利用小牛胸腺末端转移酶催化 dNTP 加到单链或双链 DNA 3′羟基端的能力，将同聚物加到单链 cDNA 和载体的末端，然后利用同聚物的互补结合将 cDNA 与载体相连接。在起初的 cDNA 克隆试验中，多数是通过 dA:dT 同聚物之间的配对关系进行 cDNA 与载体的连接。目前该策略已很少用，其缺点是很难找到合适的方法将插入的 cDNA 从载体上切下来，而且克隆的效率和重复性较差。目前多用 GC 加尾的方法进行 DNA 分子的克隆，即将 dC 同聚物加到双链 cDNA 末端，而将互补的 dG 同聚物加到经特定限制性内切核酸酶消化的载体末端。

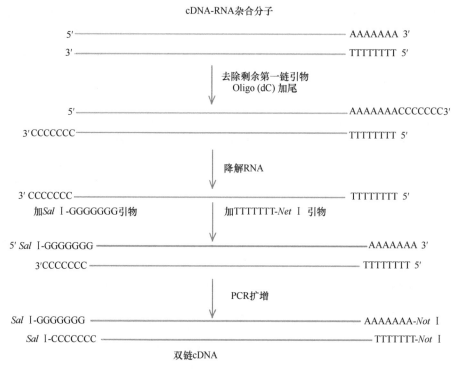

图 6-5　PCR 合成法合成 cDNA 第二链的技术路线

（2）接头法。该方法是通过含一个或多个限制性内切核酸酶识别位点接头（linker）的双链 cDNA 与载体相连接的 cDNA 克隆方法。其基本思路是：用 T4 噬菌体 DNA 聚合酶或大肠杆菌聚合酶 I 处理上述合成的双链 cDNA，以其 3′→5′外切酶活性去除单链的 3′突出端，以其聚合酶活性填补 3′羟基凹端，从而产生平头末端的 cDNA 分子。然后与摩尔数过量的接头分子混合，在 T4 噬菌体 DNA 连接酶的作用下，使 cDNA 与接头分子连接。最后用相应的限制性内切核酸酶切割，产生与载体末端相匹配的黏性末端。

6.3.2.4　cDNA 与载体的连接

在将 cDNA 与载体进行连接时，需要考虑的一个重要问题是两者的比例，其目的是获得尽可能多的重组克隆数，同时尽可能地避免多拷贝插入。这一问题通常是通过精心设计的一系列预试验来解决，一般是固定载体的用量，选择不同量的 cDNA 与之连接，以转化质粒或进行噬菌体包装后产生最多克隆数的连接反应条件作为最佳连接反应条件。

（1）一个 cDNA 文库的组建包括如下步骤：首先，分离表达目的基因的组织或细胞；其次，从组织或细胞中制备总 RNA 和 mRNA；最后，用反转录酶以 oligo（dT）为引物合成 cDNA 第一链。

（2）用 RNA 酶 H 和 DNA 聚合酶 I 等合成 cDNA 第二链。①cDNA 的甲基化（非必需步骤）。②cDNA 与接头或衔接头的连接，并经限制酶消化产生黏性末端。③cDNA 的分部收集（非必需步骤）cDNA 与末端匹配的载体连接。④包装及转染宿主菌。⑤在培养基上生长繁殖成重组菌落或噬菌斑，即克隆。⑥筛选出含有目的基因 DNA 片段的克隆。⑦cDNA 文库的质量检测及保存。

6.3.2.5　cDNA 克隆的操作流程

综上所述，合成和克隆 cDNA 的方法与策略较多，还有许多未进行介绍的改进或变通办法。随着 cDNA 克隆经验的积累和方法的不断改进，逐渐形成了下列相对成熟和标准的构建 cDNA 文库的操作流程。①转录酶以 oligo（dT）为引物合成 cDNA 第一链；②用 RNA 酶 H 和大肠杆菌聚合酶 I 等合成 cDNA 第二链；③cDNA 的甲基化（非必需步骤）；④cDNA 与接头或衔接头的连接，并经限制酶消化产生黏性末端；⑤cDNA 的分部收集（非必需步骤）；⑥cDNA 与末端匹配的载体连接；⑦重组 cDNA 导入宿主菌。

6.3.2.6　cDNA 克隆片段的分析

在连接反应之后和 cDNA 文库生成之前，通常需要对 cDNA 克隆片段进行分析，分析的内容主要包括重组克隆的比例和插入片段的大小。具体方法是：取部分反应产物转化感受态细菌（重组质粒）或包装成噬菌体颗粒后感染细菌，涂布琼脂平板，然后随机挑取 15～20 个菌落或噬菌体空斑，按常规方法制备 DNA，并用适当的限制性内切核酸酶进行酶切分析。如果相当数量的克隆中无插入片段，表明所建文库的背景高，其原因可能是载体的去磷酸化不完全或未能去除未连接的接头分子及酶切产生的其他小分子。解决的办法是用碱性磷酸酶对载体做进一步处理，并对 cDNA 进行分部收集。如果重组体中的插入片段大小各异，且平均大小在 1.0 kb 以上，就可以进行建库的下一步骤；反之，如果插入片段的大小显著小于 1.0 kb，预示所建文库的质量不会很高，有必要重新进行 cDNA 的克隆。

6.3.3　PCR 技术的基本原理

PCR 技术的基本原理类似于天然 DNA 复制，利用 DNA 聚合酶依赖于模板 DNA 的特性，模仿体内的 DNA 复制过程进行复制。PCR 技术的特异性取决于引物和模板 DNA 结合的专一性，以待扩增的 DNA 分子为模板，以一对分别与 5′端和 3′端互补的寡核苷酸片段为引物，在 DNA 聚合酶的催化下，按照 DNA 半保留复制的机制，沿着模板链延伸直至完成新 DNA 链的合成。PCR 的每一个循环都包括变性、退火和延伸 3 个环节。变性是指在高温条件下，DNA 由双链 DNA 变为单链 DNA 的过程。退火是指在适当温度下，引物与互补的 ssDNA 模板结合形成双链的过程；当温度调至 DNA 聚合酶的最适温度时，以引物 3′端为新链合成的起点、4 种 dNTP 为原料，从 5′→3′方向延伸合成 DNA 新链。这样，DNA 模板经过一次循环所产生的新 DNA 链又可作为下一循环的模板。因此，每经过一次循环，DNA 拷贝数便增加一倍，PCR 扩增使目标区域 DNA 的量呈指数上升，n 次循环后，拷贝数增加 2^n 倍。通常 25～30 个循环后，拷贝数可增加 10^6～10^9 倍，达到扩增的目的（图 6-6）。经过扩增后的 DNA 产物大多是介于引物与原始 DNA 相结合的位点之间的片段，按指数倍增加。而产物中超过引物结合位点的较长 DNA，则以算术倍数增加，其比例将随着循环数的增加不断地进行稀释，直至可以忽略的程度。因此 PCR 产物主要为引物之间的目标区域片段。PCR 扩增产物可以借助于凝胶电泳或其他方法予以检测分析。

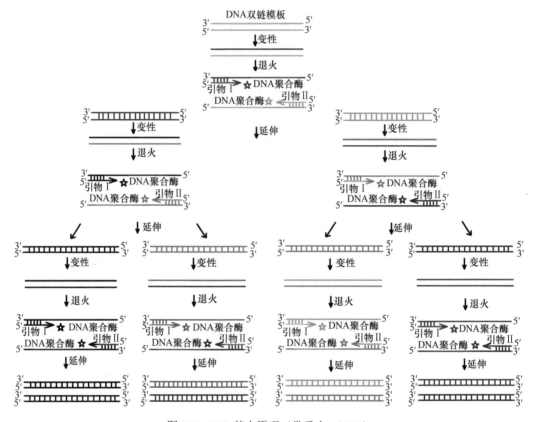

图 6-6　PCR 基本原理（常重杰，2015）

　　PCR 技术具有以下特点：①特异性强，引物与模板以碱基互补配对原则相结合，且耐热 DNA 聚合酶使整个反应可以在较高温度下进行，特异性大大提高；②灵敏度高，PCR 产物的生成量是以指数方式增加，能将皮克（$1pg=10^{-12}g$）级的起始待测模板扩增到微克（$1\mu g=10^{-6}g$）级水平；③简便迅速，PCR 反应中变性—退火—延伸 3 个步骤循环进行，一般 2～4h 即可完成 10^6 倍以上的扩增，且扩增产物可直接进行电泳分析；④对模板要求低，粗制 DNA 即可作为普通 PCR 模板。PCR 反应体系包括：模板、引物、DNA 聚合酶、4 种脱氧三磷酸核苷（dNTP），以及含有 Mg^{2+} 的缓冲液（buffer），混匀后，在 PCR 试管中加石蜡油，防止反应液的挥发。目前有些 PCR 仪在无特殊要求时可不用石蜡油密封。标准 PCR 反应体积为 100 μL，其中含有：1×反应缓冲液（含 1.5mmol/L Mg^{2+}）；4 种 dNTP 混合物各 200μmol/L；引物各 10～100 pmol；模板 DNA 0.1～2g；DNA 聚合酶 2.5U；加纯水至 100μL。反应条件为：94℃预变性 5min；94℃变性 30s，55℃退火

30s，72℃延伸 60s，循环 30 次；72℃延伸 10min，最后终止反应，4℃保存。

利用琼脂糖凝胶电泳检测 PCR 产物，是大多数实验室常用的方法。尽管琼脂糖凝胶的分辨能力较低，但适用范围广。基于不同浓度的琼脂糖凝胶可分离长度为 200bp 至 20kb 的 DNA。非变性聚丙烯酰胺凝胶电泳检测 PCR 产物，也是众多实验室常用的方法。聚丙烯酰胺凝胶分离的 DNA 片段在 5～500bp 的效果最好，其分辨力极高，相差 1bp 的 DNA 片段都能区分开。而将 PCR 产物直接进行核苷酸序列测定分析，是检测 PCR 产物特异性最可靠的方法。

6.3.4　影响 PCR 反应的因素

影响 PCR 反应（特异性、高效性和严谨性）的因素很多，概括起来主要有两个方面：一是反应体系；二是反应程序。特异性是指 PCR 反应只产生一种扩增产物；高效性是指经过相对少的循环会产生更多的产物；严谨性是指 DNA 聚合酶严格按照碱基配对原则合成新链，无错配。

6.3.4.1　PCR 反应体系

1. 模板

PCR 反应的模板是待扩增的核酸序列，其来源广泛，可以是基因组 DNA、质粒 DNA、噬菌体 DNA，也可以是 cDNA 或 mRNA。单链或双链 DNA 或 RNA 都可作为 PCR 模板，模板 DNA 既可以是线状，也可以是环状。虽然 PCR 反应对模板纯度要求不高，利用标准分子生物学方法制备的样品并不需要另外的纯化步骤，但样品中的有些成分如核酸酶、蛋白酶、DNA 聚合酶抑制剂等均会影响 PCR 反应结果。PCR 模板的量不宜过多，否则会降低扩增效率，导致非特异性扩增。线状 DNA 的扩增效率高于闭环状 DNA。

2. 引物

引物是与待扩增 DNA 两条链的 3′端特异性结合的寡核苷酸片段。PCR 扩增结果的特异性取决于引物的特异性。引物在反应体系中的终浓度一般要求在 0.1～1.0μmol/L 或 10～100 pmol。引物浓度过高易形成引物二聚体并产生非特异性扩增；浓度过低又不足以完成几十个循环的扩增反应。

PCR 技术引物设计应遵循下列原则：①引物长度一般为 15～30bp，通常为 20bp 左右，过短会降低特异性，过长则增加合成费用；②扩增片段长度以 200～1000bp 为宜，特定条件下可扩增长达 10kb 的片段；③4 种碱基应随机分布，避免出现 5 个以上单一碱基重复排列，GC 含量宜在 40%～60%，太少则扩增效果不佳，过多则易出现非特异条带；④避免引物内部出现二级结构和两条引物间互补，特别是 3′端的互补，否则会形成引物二聚体；⑤引物的延伸是从 3′端开始的，引物 3′端的碱基特别是最末端的两个碱基，应严格要求配对，避免 3′端任何修饰和形成二级结构；⑥引物 5′端对扩增特异性影响不大，可加入限制酶切位点序列，以便于克隆；⑦引物应与核酸序列数据库的其他序列无明显同源性。

3. DNA 聚合酶

DNA 聚合酶是 PCR 技术中的关键因素之一。早期 PCR 所用的 Klenow DNA 聚合酶不耐高温，每次 DNA 变性时均被灭活，每一循环需补充新的酶，直到 1989 年从嗜热细菌中获得耐高温的 DNA 聚合酶（*Taq* 酶）后，才使 PCR 技术进入完全自动化阶段。

目前有两种 *Taq* 酶：一种是从耐热水生杆菌中提纯的天然酶，另一种为大肠杆菌合成的基因工程酶。*Taq* 酶的最适温度为 70～80℃，在 90℃ 以上仍可保持相对稳定。如果每轮循环在最高温度（95℃）保温 20s，50 个循环后，酶活力仍能保持起始时的 65%。*Taq* 酶的缺点在于其错配率较高；由于它没有 3'→5' 外切酶活性，所以如果发生 dNTP 的错误掺入时，无校正能力，任何错误都将保留到最后的结果中，在利用 PCR 产物进行 DNA 序列分析时需要引起高度注意。不过，现已发现了几种具有 3'→5' 修复活性的 DNA 聚合酶和高保真性的 DNA 聚合酶，减少了扩增过程中产生错配的概率，大大提高了在复制过程中的保真性。*Taq* 酶的用量可根据模板、引物及其他因素适当调整，一般 PCR 反应需酶量约为 2.5U/100μL，浓度过高可引起非特异性扩增，浓度过低则合成产物量减少。

4. dNTP

dNTP 是 PCR 反应的基本原材料，其质量和浓度直接关系到 PCR 扩增效率。在 PCR 反应体系中，4 种 dNTP 的浓度要相等，如果其中任何一种 dNTP 浓度高于或低于其他几种 dNTP，都会引起错配，各 dNTP 的终浓度应为 0.02～0.2mmol/L，过高可加快反应速度，但同时会增加出错率和实验成本；过低则降低反应速度，但可提高扩增的精确性。

5. 反应缓冲液

反应缓冲液一般制成 10× 浓度的母液，其中含有 100 mmol/L Tris·HCl（pH 8.3）、500 mmol/L KCl、15mmol/L MgCl 和酶稳定剂（如 0.1% 明胶）等，使用时缓冲溶液的终浓度为 1×。Tris·HCl 为 PCR 反应提供稳定的 pH 环境；KCl 有利于引物的复性，但浓度过高会抑制酶活性。酶稳定剂可保护酶不变性失活，Mg^{2+} 对酶的活性、PCR 扩增的特异性和产量均有影响，因此需将 Mg^{2+} 浓度调至最佳。在 PCR 反应中，Mg^{2+} 浓度一般在 0.5～2.5mmol/L，当各种 dNTP 浓度为 0.2mmol/L 时，Mg^{2+} 浓度在 1.5～2.0mmol/L 为宜。Mg^{2+} 浓度过高，反应特异性降低；浓度过低，*Taq* 酶的活性降低，反应产物减少。

6.3.4.2 PCR 反应程序

1. 温度和时间

变性温度一般在 90～95℃，93℃ 以上 1min 就足以使模板预变性，若低于 93℃ 则需延长时间，否则变性不完全。但温度也不能过高，因为高温环境对酶的活性有影响。变性所需时间取决于 DNA 的复杂性。通常采用 94℃、30s 对模板进行变性。变性温度低、时间短，都可以导致解链不完全，而解链不完全又直接关系到 PCR 的成败。

退火温度是影响 PCR 特异性的一个重要因素。变性后，快速冷却至 40～60℃，可使引物和模板发生结合。由于模板比引物复杂很多，引物和模板之间的碰撞结合概率远远高于模板互补链之间的碰撞。退火温度与时间取决于引物的长度、碱基组成和浓度，以及靶基因序列的长度。在解链温度（melting temperature，T_m）允许范围内，选择较高的复性温度可大大减少引物和模板间的非特异性结合，提高 PCR 反应的特异性，但温度不能过高，否则引物不能与模板牢固结合，导致扩增效率降低；温度低则产量高，但温度过低可造成引物与模板的错配，导致非特异性产物增加。

延伸温度的选择取决于 Taq 酶的最适温度。PCR 反应的延伸温度一般选择在 70～75℃，常用 72℃，温度过高不利于引物和模板的结合。反应的时间可根据待扩增片段的长度而定，一般 1kb 以内的 DNA 片段，延伸时间 1min；3～4kb 的靶序列需 3～4min；扩增 10kb 长度，需延伸 15min。延伸时间过长会导致非特异性扩增带的出现。

2. 循环次数

PCR 循环次数主要取决于模板的浓度，循环次数一般选择 25～40 次。循环次数越多，非特异性产物的量亦随之增多；循环次数太少，则产率偏低。所以，在保证产物得率的前提下，应尽量减少循环次数。

为了使 PCR 能够适用于不同核酸的分析与制备，人们通过改变其反应条件及与其他技术配合，建立了多种新型 PCR 技术。下面对几种常用的改进 PCR 技术进行介绍。

6.3.5　反向 PCR

常规 PCR 是扩增两引物之间的 DNA 片段，而反向 PCR（inverse PCR）是对一个已知的 DNA 片段两侧的未知序列进行扩增（图 6-7）。选择已知序列内部没有酶切位点的限制酶对此 DNA 片段（短于 2～3kb）进行酶切，然后用连接酶使带有黏性末端的靶DNA 片段环化，选择与已知序列两端互补的引物，经 PCR 扩增后的产物就是该环状 DNA分子中未知序列的 DNA 片段。该技术可对未知序列扩增后进行分析，如探索已知 DNA片段的邻接序列，已成功地用于仅知部分序列的全长 cDNA 克隆。

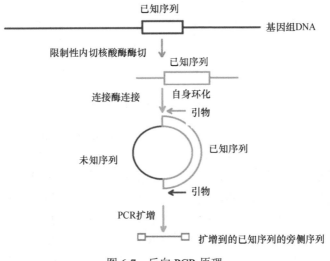

图 6-7　反向 PCR 原理

6.3.6 反转录 PCR

反转录 PCR（reverse transcription PCR，RT-PCR）是以 RNA 为模板，通过反转录酶（详见第 8 章）合成 DNA 的过程，是 DNA 生物合成的一种特殊方式。反转录与反转录从严格意义上并不等同。反转录是进行基因工程过程中，人为地提取出所需要的目的基因的 mRNA，并以之为模板人工合成 DNA 的过程；反转录是 RNA 类病毒的自主行为，是以 RNA 为模板形成 DNA 的过程。二者虽同为 RNA→DNA 的过程，但环境不同，反转录是指在体外进行的 cDNA 合成，而反转录则是在体内进行 cDNA 合成。反转录过程由反转录酶催化，该酶也称依赖 RNA 的 DNA 聚合酶，即以 RNA 为模板催化 DNA 链的合成。合成的 DNA 称为互补 DNA（complementary DNA，cDNA）。

6.3.7 荧光定量 PCR

由于传统 PCR 技术只能对基因的检测做定性分析，也就是只针对特定基因的探测做出有或无的推断，无法精确定量基因的数量。定量 PCR（quantitative PCR）是利用 PCR 反应来测量样品中的 DNA 或 RNA 的原始模板拷贝数量（图 6-8）。定量 PCR 技术有广义和狭义之分。广义的定量 PCR 技术是指以外参或内参为标准，通过对 PCR 终产物的分析或对 PCR 过程的监测，进行 PCR 起始模板量的定量。狭义的定量 PCR 技术（严格意义的定量 PCR 技术）是指用外标法（荧光杂交探针保证特异性）通过监测 PCR 过程（监测扩增效率）达到精确定量起始模板数的目的，同时以内参基因作为对照，有效排除假阴性结果（扩增效率为零）。

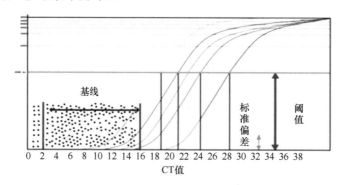

图 6-8　实时荧光定量 PCR 原理（龙敏南等，2014）

定量 PCR 又包括竞争定量 PCR（competitive quantitative PCR）和实时荧光定量 PCR（real-time quantitative PCR，RQ-PCR）。竞争定量 PCR 是一种快速、可靠的靶 DNA 定量方法。该方法是采用相同的引物，同时扩增靶 DNA 和已知浓度的竞争模板，竞争模板与靶 DNA 大致相同，但其内切酶位点或部分序列不同，用限制性内切核酸酶消化 PCR 产物或用不同的探针进行杂交即可区分竞争模板与靶 DNA 的 PCR 产物，因竞争模板的起始浓度是已知的，通过测定竞争模板与靶 DNA 二者 PCR 产物，便可对靶 DNA 进行定量。实时荧光定量 PCR 是在 PCR 反应体系中加入荧光基团，利用荧光信号积累实时监测整个 PCR 进程，最后通过标准曲线对未知模板进行实时定量分析的方法。实时荧光定量 PCR 已广泛应用于染色体核型分析、基因缺失、突变和多态性分析及基因表达研究等。

6.3.8　RACE-PCR

cDNA 末端快速扩增（rapid amplification of cDNA end，RACE）是一种基于 mRNA 反转录和 PCR 技术建立起来的新技术，不同于 RT-PCR，它是以部分已知序列为起点，扩增基因转录物未知区域，从而获得 cDNA 完整序列的方法，即扩增基因转录产物内的已知序列与其 3′端或 5′端之间的未知 cDNA 序列。因此，cDNA 末端快速扩增法有 3′RACE 和 5′RACE。

3′RACE 的基本原理：利用 mRNA 的 3′端 poly(A)尾巴作为一个引物结合位点进行 PCR。以 oligo(dT)和一个接头组成的接头引物（adaptor primer，AP）反转录总 RNA 得到加接头的 cDNA 第一链，然后用目的基因的已知序列设计特异引物 GSP（gene specific primer）和一个含有 oligo(dT)及部分接头序列的引物（universal amplification primer，UAP），分别与已知序列区和 poly(A)尾区退火，经 PCR 扩增捕获位于已知信息区和 poly(A)尾之间的未知 3′端 mRNA 序列。为减少非特异片段的产生，可进行第二轮扩增即巢式 PCR，采用第一轮 PCR 产物中邻近 GSP1 的序列设计引物 GSP2，与含有部分接头序列的引物 UAP 配对扩增（图 6-9）。

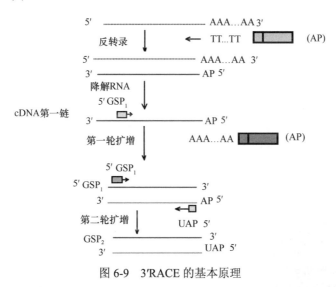

图 6-9　3′RACE 的基本原理

5′RACE 的基本原理：5′RACE 与 3′RACE 略有不同。反转录时所用引物不是采用 oligo（dT），而是采用基因特异引物（GSP）进行扩增；在获得 cDNA 第一链后，增加了 3′端加尾步骤，即先用 GSP-RT 反转录 mRNA 获得 cDNA 第一链后，用脱氧核糖核酸末端转移酶（terminal deoxynucleotidyl transferase，TdT）和 dNTP 在 cDNA 的 3′端加尾；再用与加尾互补的接头引物（AP）合成 cDNA 第二链，接下来与 3′RACE 过程相同。用接头引物和位于延伸引物上游的基因特异性引物（GSP1）进行 PCR 扩增，即可得到未知 mRNA 的 5′端（图 6-10）。

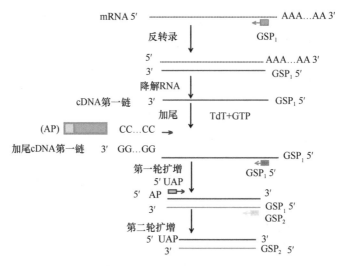

图 6-10　5′RACE 的基本原理

根据部分已知序列设计特异性引物 GSP，另一条非特异性引物可与存在于 mRNA 的 3′端 poly(A)尾巴互补，或与反转录产生的第一链 cDNA 3′端附加的同聚尾互补，二者结合用来扩增它们之间的未知序列，并且可通过改变特异性引物延伸方向，有选择性地扩增已知序列上游（5′RACE）或下游（3′RACE）的未知序列。该方法可以从有限的已知序列获得完整的单个目的基因或一系列基因序列，甚至可以获得序列完全未知的目的基因片段。

6.3.9　多重 PCR

多重 PCR（multiplex PCR）是在一个反应体系中同时加入多对 PCR 引物，同时对模板 DNA 上的多个或不同区域进行扩增。多重 PCR 技术的关键在于其多对引物的设计，必须保证多对引物之间不形成引物二聚体，引物与目标模板区域具有高度特异性。多重 PCR 可以用来检测特定基因片段，在用于基因大小、缺失、突变和多态性分析等方面有独到的优势（图 6-11）。

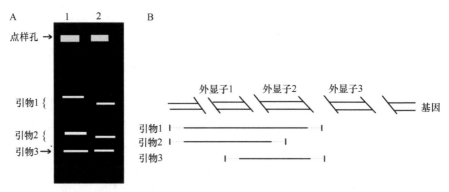

图 6-11　基因多重 PCR 扩增结果

A. 两样品某基因 3 对引物混合扩增结果示意图；B. 3 对引物在基因上扩增片段位置示意图，虚线表示引物。
结果表明两个样品 1 和 2 之间在外显子 1 处存在变异

6.3.10　原位 PCR

原位 PCR（*in situ* PCR）由 Hasse 等于 1990 年建立的。该技术是在组织细胞里进行 PCR 反应，结合了具有细胞定位能力的原位杂交和高度特异敏感的 PCR 技术的优点。即通过 PCR 技术，以 DNA 为起始物，对靶序列在染色体上或组织细胞内进行原位扩增，使其拷贝数增加，然后通过原位杂交的方法予以检测，从而对靶核酸进行定性、定量、定位分析（图 6-12）。原位 PCR 既能分辨带有靶序列的细胞，又能标出靶序列在细胞内的位置，具有很大的实用价值（王正朝，2019）。

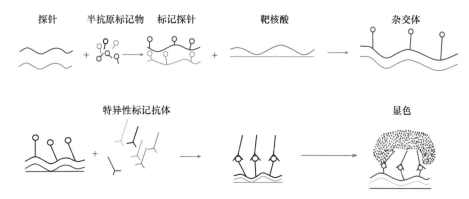

图 6-12　原位 PCR 原理

6.3.11　重组 PCR

重组 PCR（recombinant PCR）是指将两个不相邻的 DNA 片段通过 PCR 扩增将其重组在一起。其基本原理是根据突变碱基、插入或缺失片段，以及一个物种的几个基因片段设计引物，先分段对模板进行扩增，除去多余的引物后，将产物混合，再用一对引物对其进行 PCR 扩增。所得到的产物是重新组合的 DNA。

重组 PCR 需要两对引物：一对引物为 a 和 b，b 引物中含有"突变碱基"（替代、缺失或插入）或其 5′端不同于扩增模板；另一对引物为 b′和 c，其中 b′引物的 5′端与 b 引物的 5′端应具有一定长度的互补序列。先用两对引物分别对模板进行扩增。除去多余引物后将两种扩增产物混合，先变性然后复性。由于 b′引物与 b 引物在 5′端具有一定的互补序列，所以两种 DNA 扩增片段存在有部分碱基互补的区域，故可通过复性进行互补配对，然后再加入引物 a 和 c。经 PCR 扩增后，便能得到位于引物 a 和 c 之间的 DNA 片段。重组 PCR 可用于制备突变体或重组体克隆，并对基因的功能进行研究。

6.3.12　不对称 PCR

不对称 PCR（asymmetric PCR）是在扩增体系中引入两种浓度不同引物的 PCR 技术。这两种引物分别称为限制性引物和非限制性引物，控制限制性引物的绝对量是其扩增的关键，两条引物的比例需要多次摸索优化，通常浓度比为 1∶50～1∶100。在最初 10~15 个循环中，两条模板等量扩增，主要产物是 dsDNA，当低浓度引物即限制性引物耗尽后，其扩增产物则减少，以致最后消失；高浓度引物即非限制性引物介导的PCR 反应会产生大量 ssDNA，可用于直接测序。不对称 PCR 主要为测序制备单链 DNA，或为杂交制备核酸探针。另外，用 cDNA 经不对称 PCR 进行 DNA 序列分析，也是研究真核 DNA 外显子的首选方法（图 6-13）。

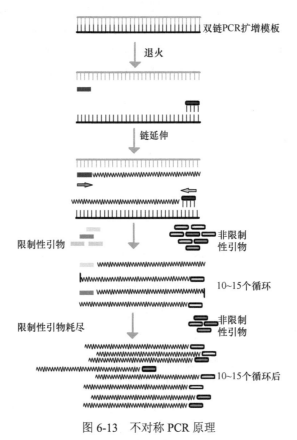

图 6-13 不对称 PCR 原理

6.4 目的基因分离技术

基因芯片技术是随着人类基因组计划的进展而发展起来的具有广阔应用前景的生物技术之一。目前人们测定了多种生物基因组序列，基因序列数据库数据飞速增长，因此基因功能研究成为生命科学研究的重点（详见 10.2）。利用基因芯片技术分析目的基因是指从基因组中发现或找出某个目的基因。

6.4.1 利用 DNA 芯片分析目的基因

首先制备 DNA 芯片，然后从某种处理的植物中分离出总 mRNA 进行标记，与 DNA芯片杂交，通过分析杂交位点及信号强弱，可判断在这种条件下各基因的表达程度，从而分析这些基因的生理功能，进而找出与该生理功能相关的功能基因。

6.4.2　利用 cDNA 微阵列分离目的基因

目前应用较多的方法是利用 cDNA 微阵列差异表达的目的基因。该方法的基本原理是：先构建足够的、已知或未知的 cDNA 克隆并进行 PCR 扩增，然后将各 cDNA 的扩增产物"转印"到一块或几块玻璃板或其他载体上，经化学和热处理使变性 cDNA 固定在介质表面，制成 cDNA 微阵列。将不同来源的 mRNA 分别用不同荧光标记物标记。两种标记样品等量混合，并与同一个微点阵杂交。通过检测两种荧光强度，便可直观地反映出不同条件下的基因表达差异。利用 cDNA 微点阵还可以分离同源目的基因。该方法的原理是：利用基因在物种进化中的保守性，即同源基因在结构上具有相似性进行分离。以保守区结构为探针，或以一种植物的同源基因片段为探针，与亲缘关系较近的某植物靶 cDNA 微阵列杂交，可以从靶 cDNA 片段中分离出同源基因。

基因芯片技术的应用依赖于对植物基因组结构及对各种基因功能的认识，因此植物基因组测序工作是该方法的基础。该技术具有许多优点，可以高通量、平行监测基因的表达，筛选大量新基因，从而推断基因的功能。该法自动化程度高，发现新基因速度快。利用基因芯片比较不同个体或物种之间或同一个体在不同生长发育阶段、正常和逆境状态下基因表达谱差异，寻找、发现和定位植物中新的目的基因，如高产、抗病虫、耐盐、抗逆基因等，已成为植物学研究领域的方向和热点之一。

6.4.3　转座子诱变分离克隆目的基因

在植物中插入突变的方法有多种，最初采用的方法主要为转座子插入突变法。用转座子的特异性基因片段作探针进行杂交，从而分离出由转座因子导致突变的目的基因的方法称为基因标签法（gene tagging）。这种方法的最基本步骤是：将一株携带功能性转座系统的植物与遗传上有差异的同种植物杂交，因转座子插入到某一特定的基因序列而破坏了该基因编码的蛋白质，进而导致可见的表型破坏或改变，这样就可在产生的后代中筛选出新型的突变体。迄今，已形成了一个完整的基因标签法分离克隆过程。利用这种方法进行基因克隆和功能分析，虽然在许多植物中应用并获得成功，但转座子转座频率低，且插入的片段为多拷贝，这样在检测引起表型变异的插入片段时就比较困难；另外，有内源转座子的植物很少，这也限制了这种方法的使用。

6.4.4　T-DNA 标签法分离目的基因

T-DNA 标签就是利用农杆菌介导的遗传转化方法将外源 T-DNA 转入植物，以 T-DNA 作为插入突变原或分子标记来分离或克隆因为插入而失活的基因，并研究基因功能的方法。由于 T-DNA 左右边界及内部的基因结构是已知的，因此可以通过已知的外源基因，利用各种 PCR 策略对获得的转基因插入突变体进行突变基因的克隆和序列分析，对比突变的表型，进而研究基因的生理生化功能。由于农杆菌介导的 T-DNA 转化方法具有高效、重复性好、简便易行和表达稳定等优点，而且技术已经非常成熟，大多数植物都可以使用。此外，T-DNA 插入随机比，插入的位点可以贯穿整个基因组，甚至达到饱和，尤其像拟南芥这样基因组很小的植物几乎可以标签到所有的基因。因此，使用 T-DNA 作为插入突变源进行突变体的筛选并进行基因功能的研究已在许多植物中应用并取得成功。尽管 T-DNA 标签在具体的应用中存在一些问题，例如，在目的基因的确定方面具有盲目性、突变的频率比较低、工作量比较大，但目前该方法仍是一种比较切实可行的研究植物基因功能的有效方法。

6.4.5 图位克隆法分离目的基因

图位克隆（map-based cloning）又称定位克隆（positional cloning），于 1986 年首先由剑桥大学的 Alan Coulson 提出，是近几年来随着各种植物的分子标记图谱相继建立而发展起来的一种新的基因克隆技术。它是根据目的基因在染色体上的位置进行基因克隆的一种方法，其基本的原理是：功能基因在基因组中都有相对较稳定的基因座，在利用分子标记技术对目的基因进行精细定位的基础上，用与目的基因紧密连锁的分子标记筛选 DNA 文库（包括 YAC、BAC、TAC 或 Cosmid 等），从而构建基因区域的物理图谱，再利用此物理图谱通过染色体步移（chromosome walking）逼近目的基因，最后找到包含有该目的基因的克隆，最后经遗传转化试验证实目的基因功能。

6.4.5.1 图位克隆的技术环节

1. 筛选与目的基因紧密连锁的分子标记

筛选与目的基因连锁的分子标记（molecular marker）是实现基因图位克隆的关键。实质上，分子标记是一个特异的 DNA 片段或能够检出的等位基因，精确的分子标记能够极大地提高图位克隆的效率。迄今为止，已有几十种技术可用于分子标记的筛选，包括 RFLP 标记、RAPD 标记、AFLP 标记、SSLP 标记、SSR 标记、SNP 标记等。其中，最为常用的是简单序列长度多态性（SSLP）和单核苷酸多态性（SNP）。SSLP 是基于 PCR 的分子标记，检测方法比较直接，只需要通过设计引物便可检测假定的 SSLP 标记；对 SNP 标记的检测也比较直接，它是不同生态型之间基因组中的单个核苷酸的差别。最常见的用于检测 SNP 标记的方法主要是剪切扩增多态性序列（CAPS），它也是基于 PCR 的检测方法。随着分子标记技术的发展，一些植物的遗传图谱构建和比较基因组的研究也为分子标记的筛选提供了有益的借鉴。

2. 目的基因的定位

目的基因的定位分为初步定位和精细定位。目的基因的初步定位（mapping the target gene）是利用分子标记技术在一个目标性状的分离群体中把目的基因定位于染色体的一定区域内。在初步定位的基础上，接下来就要利用高密度的分子标记连锁图对目的基因区域进行区域高密度分子标记连锁分析以便精细定位（fine mapping）目的基因。精细定位通常采用的方法是侧翼分子标记或者混合样品作图。侧翼分子标记是指利用初步定位的目的基因两侧的分子标记，鉴定更大群体的单株来确定与目的基因紧密连锁的分子标记。混合样品作图是把大群体中单株突变体分成若干组（通常 5 个单株一组），以组为单位提取 DNA，形成一个混合的 DNA 池，用目的基因附近所有的分子标记对混合的 DNA 池进行分析，根据所有池中的分子标记与目的基因发生的重组数来确定与目的基因连锁最紧密的分子标记及目的基因附近所有分子标记的顺序。

本 章 小 结

基因工程的目的是通过对目的基因的改造产生新的遗传性状，因此目的基因的获取和制备是基因工程操作的首要环节。获取目的基因的主要途径包括：利用化学合成法合成目的基因，根据基因组数据库进行基因电子克隆，从基因文库中筛选和分离目的基因，通过 PCR 扩增目的基因，利用 DNA 芯片分析目的基因，利用 cDNA 微阵列分离目的基因，转座子诱变分离克隆目的基因，T-DNA 标签法、图位克隆法分离目的基因等。基因文库包括基因组文库和 cDNA 文库。PCR 是最常用、最便捷的分子克隆技术，近年来发展起来的许多新型 PCR 技术如反转录 PCR、荧光定量 PCR、反向 PCR、RACE-PCR 及多重 PCR 等还可以针对不同的特殊用途进行未知序列基因扩增、基因表达定量测定和 DNA 指纹图谱的构建等。

第7章 基因工程载体

载体（vector）是保障基因工程准确操作及正确进行的物质基础。基因工程载体是在 DNA 分子重组的过程中，能将外源基因或者 DNA 片段带入宿主细胞，并且能在宿主细胞中进行复制、扩增与表达的运载工具。在基因工程中所使用的载体，其实质是经过人工改造或人工合成的 DNA 分子（如质粒载体、病毒载体、酵母载体及人工染色体等），只有极少数为 RNA 分子。

按照载体所发挥的功能，可以将载体分为克隆载体（cloning vector）和表达载体（expression vector）两大类。其中，克隆载体的主要功能是进行基因克隆及 DNA 片段的扩增，包括质粒载体（plasmid vector）、病毒或噬菌体载体（virus or phage vector），以及人造染色体载体（artificial chromosome）三大类。表达载体的主要功能是将基因工程中所获得的外源基因在宿主细胞中进行准确、高效、可控的表达，分为植物表达载体、动物表达载体、病毒表达载体及酵母表达载体四大类。

载体通常具有以下三个方面的特性：

（1）具有协助目的基因进入宿主细胞的转移能力；

（2）具有帮助外源基因在宿主细胞内高效复制或整合到宿主基因组的能力；

（3）具有帮助外源基因在宿主细胞内高效扩增及表达的能力。

7.1 基因克隆载体

克隆载体主要包括质粒载体、噬菌体载体、黏粒载体及人工染色体载体等。一个好的克隆载体，应当具备以下条件：

（1）能够在宿主细胞内进行自主复制；

（2）具备选择标记基因，选择标记至少有 1 个，也可以有多个；

（3）具备多克隆位点，可以实现外源基因或者 DNA 片段的转移；

（4）拷贝数要尽可能高，以便于外源基因的高通量制备；

（5）尽量能够装载较大的外源基因或者 DNA 片段。

7.1.1 质粒载体

质粒载体是最常见也是最重要的载体之一，它是在质粒 DNA 分子的基础上，通过人工构建得来，主要用于实现基因的转移、构建基因组文库及 cDNA 文库。

7.1.1.1 质粒的概念及其生物学特性

所谓质粒（plasmid），是指在原核或真核生物细胞中的一类独立于染色体 DNA 而存在，并且能够进行自我独立复制的遗传物质，包括 DNA 与 RNA。

1. 质粒的大小

大多数质粒为环状、闭合的双链 DNA 分子，只有一小部分质粒 DNA 为线状。质粒的大小差别较大，范围为 1～200kb，多数质粒的大小在 10kb 左右，约占细菌基因组 DNA 的 0.5%～3.0%。

2. 质粒的构型

在大多数情况下，质粒 DNA 分子会呈现 3 种构型，即超螺旋构型（supercolied DNA，SC DNA）、开环构型（open circles DNA，OC DNA）及 L 构型（linear DNA，L DNA）。所谓超螺旋构型，是质粒 DNA 的两条核苷酸链均为完整的环状、闭合结构时所呈现出的构型。在进行琼脂糖凝胶电泳时，超螺旋构型质粒的电泳迁移速率最快。所谓开环构型，指的是质粒 DNA 分子两条核苷酸链中，一条完整而另外一条出现一个或者多个缺口时表现出的构型，该构型质粒在琼脂糖凝胶上的迁移速率最慢。所谓 L 构型，也就是线性构型，指的是双链质粒 DNA 分子经过限制酶酶切后双链断裂所形成的构型，该构型在琼脂糖凝胶上的迁移速率介于超螺旋构型与开环构型之间。

3. 质粒的命名

国际上于 1976 年提出一项质粒命名原则，根据此原则，一个质粒载体的名称包括三个部分：第一部分是一个小写的英文字母 p，代表 plasmid 即质粒；第二部分包括两个大写的字母，代表质粒建造者或者发现者的名字、单位、质粒表型性状或者其他特征；第三部分由几个阿拉伯数字组成，代表同一类型不同质粒的编号。例如，pBR322，其中 B、R 为该质粒的两位构建者 F. Bolivar 与 R. L. Rodriguez 的姓氏的首字母，"322"则是这个质粒在设计质粒实验中的具体编号；pUC18 中的 UC，代表 University of California。

用作基因工程中的质粒载体，应当具有以下的生物学特性。

（1）自我复制特性。质粒能够在宿主细胞中存在并且进行自我复制。质粒能够进行自我复制依赖于其所包含的复制子。该复制子包含一个复制起始位点和相关顺式作用元件（图 7-1）。不同的质粒，其复制子各异，也就决定了其复制所采用的方式不同。质粒的复制包括两种方式，即滚环复制与 θ 复制，并以前者为主。

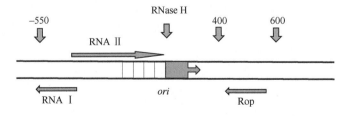

图 7-1 质粒 pMB1 复制子的结构［改编自袁婺洲（2019）］

（2）丰富的拷贝数。所谓拷贝数，是指在标准培养的条件下，每一个细菌细胞中所包含的质粒数目。质粒在进行复制时，要受到其本身以及宿主细胞复制控制元件的双重制约。按照细胞内质粒拷贝数的多少，可以将质粒的复制分为两类：一是严紧控制（stringent control），二是松散控制（relaxed control）。前者在细胞中的拷贝数较少，约为1个至几个，如F因子；而后者的拷贝数较多，最少为几十个，多者可达上百个。基因工程实践中常用的质粒多为松散控制型质粒。表7-1列举了常见的质粒载体及其拷贝数。

表7-1　不同质粒载体及其拷贝数［改编自袁婺洲（2019）］

质粒的类别	复制子种类	拷贝数/个
Col E1	Col E1	15～20
pACYC及其衍生质粒	p15A	10～12
pBR322及其衍生质粒	pMB1	15～20
pSC101及其衍生质粒	pSC101	约5
pUC系列及其衍生质粒	变异的pMB1	500～700

（3）能够转移的特性。质粒能够借助结合作用，从一个宿主细胞横向转移到另外一个细胞，甚至是另外一个亲缘关系较为接近的菌类细胞。

（4）不相容特性。质粒的不相容特性（incompatibility）是指具有相同或者类似复制遗传构件的两类不同的质粒，无法在同一个宿主细胞中共存的现象。一般情况下，采用滚环复制型的质粒，多数呈现较强的不相容性；而采用θ复制型的质粒，其不相容性往往不太明显。

7.1.1.2　质粒载体的基本特征

质粒克隆载体应当具有以下的特征。

（1）较高的拷贝数与较小的分子质量。拷贝数高，易于进行质粒DNA的制备，同时也增加了所克隆的外源基因的数量。质粒的分子质量较小，则对大片段的外源DNA容纳性较强。同时，小分子质量的质粒转化效率较高；当质粒超过15kb时，其转化效率就会大大降低。

（2）易于鉴定的选择标记。选择标记的存在，使对阳性克隆的筛选易于进行。质粒克隆载体的选择标记一般有两类。一类是较为常见的抗性标记，如卡那霉素抗性（kan^r）、氨苄青霉素抗性（Amp^r）及四环素抗性（tet^r）等。带有抗性标记基因的质粒，其宿主菌表现为对抗生素不敏感。如果在抗性基因的内部设计一些单一的限制酶酶切位点，在这些位点引入外源基因时，抗性基因就会失活，其宿主菌此时就会表现出对抗生素的敏感，从而易于挑选出抗性的克隆。另一类筛选标记为营养筛选标记，其中最为常见的是蓝白斑筛选所使用的β-半乳糖苷酶筛选系统。

（3）具有较多的单一限制酶酶切位点。质粒克隆载体上均包含有多克隆位点（multiple cloning site，MCS），外源基因的插入就是在此区域内。单一的、较多的限制酶酶切位点，会为DNA分子的重组提供极大的便利。

（4）带有复制子。质粒一般包含有一个独立的复制子，进行自我复制与扩增。对于穿梭质粒，却包含有两个复制子，其中一个用于进行原核复制，另外一个用于真核复制，从而保证穿梭质粒在原核细胞及真核细胞中都能够增殖与复制。

（5）为非接合型不能转移的质粒。其可避免 DNA 重组对环境的污染，从而保证实验的安全。

7.1.1.3 常见质粒载体

在基因工程实践中，经常用到的质粒克隆载体包括 pUC 系列和 pGEM 系列质粒。回顾质粒克隆载体发展的历史，pSC101 是第一个在基因工程中成功运用的大肠杆菌质粒。而号称万能质粒的 pBR322 则是人工创建的、应用十分广泛的质粒载体，符合上述质粒克隆载体的理想条件。下面就简要介绍一下 pBR322、pUC18/19 及 pMD18/19-T 质粒。

1. pBR322 质粒

pBR322 质粒的创建，经由较为复杂的构建过程而成，其中涉及 pSF2124、pMB1 及 pSC101 三个质粒。该质粒是一个双链、闭合、环状的 DNA 分子，其核苷酸长度为 4361bp，包含氨苄青霉素（Amp）和四环素（Tet）两个抗性基因、多个单一的限制酶酶切位点，以及一个复制起始位点（ori）。在这两个抗性基因的内部，均包含有单一的限制酶酶切位点，可供外源基因的插入。该质粒的空载体成功转化没有抗性的大肠杆菌时，该宿主菌即获得氨苄青霉素和四环素抗性，能够在含有这两个抗生素的培养基上生长。当 pBR322 两个抗性基因内部均插入外源基因时，则失去对这两个抗生素的抗性，此时转化的宿主菌就不能够在含有这两个抗生素的培养基上形成菌落。在实际操作时，一般只在一个抗性基因内部插入外源 DNA 片段，使其失活；另一个抗性基因则作为标记基因，供转化宿主菌后进行阳性克隆筛选之用（图 7-2）。

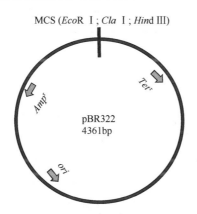

图 7-2 pBR322 质粒结构示意图［改编自张惠展（2017）、邢万金（2018）、袁婺洲（2019）］
MCS，多克隆位点

2. pUC 系列质粒

pUC 质粒家族包括 pUC8/9、pUC18/19 及 pUC118/119 等。该系列质粒是在 pBR322 质粒的基础上构建而来，通常包括 4 个组成部分（图 7-3）。①复制起点 ori，来自于 pBR322 质粒；②氨苄青霉素抗性基因 amp^r，该基因同样来自 pBR322 质粒，但其核苷酸序列已经改变，原来的限制酶酶切位点亦发生改变；③大肠杆菌 lacZ（β-半乳糖苷酶基因）的启动子，以及编码该基因 N 端（氨基端）蛋白质片段的 lacZ' 基因，该部分是 pBR322

质粒所缺少的；④多克隆位点（MCS）区域，该区域位于 *lacZ'*基因内部邻近 5′端，其中包含十多个单一的限制酶酶切位点。这个 MCS 区域的存在，对 *lacZ'*基因的功能并不会产生影响。

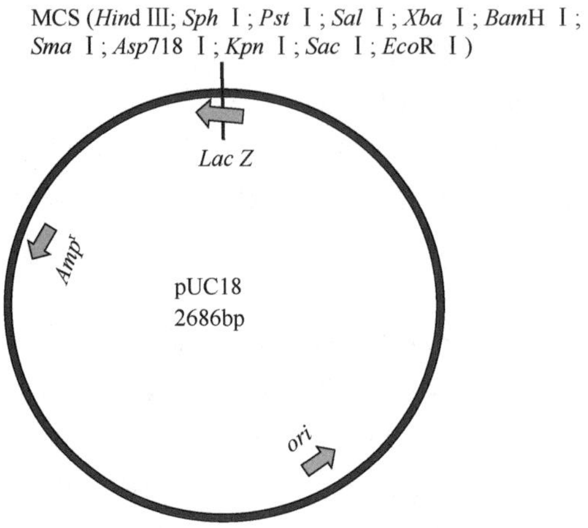
MCS (*Hind* Ⅲ; *Sph* Ⅰ; *Pst* Ⅰ; *Sal* Ⅰ; *Xba* Ⅰ; *Bam*H Ⅰ;
Sma Ⅰ; *Asp*718 Ⅰ; *Kpn* Ⅰ; *Sac* Ⅰ; *Eco*R Ⅰ)
Lac Z
*Amp*r
pUC18
2686bp
ori

图 7-3　pUC18 质粒结构示意图［改编自张惠展（2017）、袁婺洲（2019）］

在基因工程研究中，pUC 系列质粒的使用最为广泛，其优越性主要体现在以下 3 个方面。

（1）更小的载体及更大的拷贝数。与 pBR322 质粒相比，pUC 系列质粒缺少四环素的抗性基因，这样 pUC 质粒的分子质量（2686bp）就比 pBR322 质粒小了许多。同时，由于在 pBR322 质粒复制起始区域发生了自然突变，使得 *rop* 基因的功能缺失。因为 *rop* 基因编码蛋白具有抑制质粒复制的作用。该基因的失活常导致单一细胞中 pUC 质粒拷贝数的巨幅增加（500～700 个拷贝）。因此，在进行 DNA 重组时，能够获得大量的克隆 DNA 分子。

（2）能够方便地进行阳性克隆筛选。由于 pUC 质粒中包含 *lacZ'*基因，可以采用组织化学染色的方法，利用 X-gal 显色进行蓝白斑筛选，挑选重组子。

（3）包含多克隆位点。pUC 质粒上的多克隆位点区段，与 M13mp8 噬菌体载体的多克隆位点区段完全相同。克隆到该区段的外源基因或者 DNA 片段，能够十分方便地实现在 pUC 质粒载体与 M13mp8 噬菌体载体之间的转移（“穿梭”），为外源基因或 DNA 片段的核苷酸序列测定提供了便利条件。此外，对于具有两种不同黏性末端的外源基因或 DNA 片段，如 *Sac* Ⅰ与 *Xba* Ⅰ，可以直接被克隆到 pUC 质粒载体上。

3. pMD18-T 质粒

质粒克隆载体 pMD18-T 是由载体 pUC18 改造而来的一个高效的 TA 克隆载体。该载体是一个线性的 DNA 分子，在双链的 3′端各带有一个碱基“T”。由于在进行 PCR 反应时，大多数的 DNA 聚合酶都能够在 PCR 反应产物的末端添加一个碱基“A”。所以，在将 PCR 反应产物插入克隆载体时，如果采用 pMD18-T 作为克隆载体，则其连接的效率就会很高。

将 pUC18 克隆载体改造为 pMD18-T 时，关键是对 pUC18 克隆载体多克隆位点的 DNA 序列进行适当改变。具体就是在限制性内切核酸酶 *Xba* I 与 *Sma* I 的识别位点之间，插入一个 *Eco*R V 的 DNA 识别序列（识别位点），然后用 *Eco*R V 酶切该载体，并在双链的 3′端添加一个碱基 "T"，形成新的克隆载体——pMD18-T（图 7-4）。

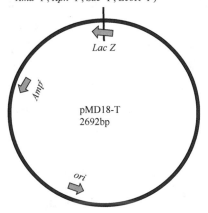

图 7-4 pMD18-T 质粒结构示意图［改编自邢万金（2018）］

4. pCR-Blunt 载体

pCR-Blunt 也是一个克隆载体，其主要的用途是用于提高平末端 DNA 片段的克隆效率。从结构上看（图 7-5），该载体大小约为 3.5kb，与 pUC 克隆载体相比，有以下两点不同。

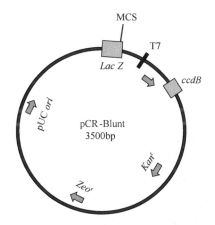

图 7-5 pCR-Blunt 载体结构示意图［改编自袁婺洲（2019）］

（1）增加了一个 *ccdB* 基因，该基因位于 *lacZ*′基因的下游，当其表达时，对大肠杆菌具有致死作用。

（2）去掉了氨苄青霉素抗性基因，增加了卡那霉素抗性基因（*Kan*ʳ）及新霉素抗性基因（*Zeo*ʳ）。

使用 pCR-Blunt 载体进行平末端 DNA 片段克隆,与使用 pUC 系列载体的程序相同。在转化大肠杆菌细胞后,所有发生载体自连的转化细胞,由于 *ccdB* 基因表达,大肠杆菌细胞不能存活。当载体与克隆片段发生重组时,由于 *ccdB* 基因不能表达,只有重组后的转化细胞能够在培养基上正常生长,因此提高了平末端 DNA 片段克隆的重组效率。

5. pGEM 系列载体

pGEM 系列载体包括能够用于体外转录的 pGEM-3Z、pGEM-4Z,以及可同时用于 DNA 片段克隆及体外转录的 pGEM-T 载体。从载体大小上来看,pGEM-3Z 为 2743bp,而 pGEM-T 约为 3000bp。从结构上来看,pGEM 系列载体与 pUC 载体类似,唯一的区别在于 pGEM 系列载体在多克隆位点两侧增加了 T7 启动子及 SP6 启动子,这两个启动子均来自噬菌体,其用途在于实现克隆基因的体外转录。当反应体系中存在 SP6 或者 T7 聚合酶时,外源的 DNA 片段即能够转录出相应的 mRNA。图 7-6 为 pGEM-3Z 载体的结构示意图。

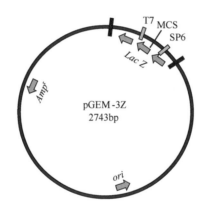

图 7-6　pGEM-3Z 载体结构示意图［改编自袁婺洲（2019）］

pGEM-T 载体在多克隆位点处被 *Eco*R Ⅴ所酶切,并且在切口端补上了一个 "T" 碱基,以便于使所克隆的 DNA 片段与载体连接。

7.1.1.4　质粒的种类与使用

根据功能与用途不同,由人工创建的基因工程质粒载体可以分为以下 6 类。

(1)克隆质粒:用于外源基因的克隆与扩增,如 pUC 系列质粒。

(2)测序质粒:用于进行测序反应,测定目的基因或者 DNA 片段的核苷酸序列。常见的测序质粒包括 pUC18/19、M13mp 系列等。

(3)整合质粒:该类载体质粒具有相应的整合位点和整合酶编码基因,当其进入宿主细胞后,就可以将其所携带的外源基因准确地整合到宿主细胞的染色体上。

(4)穿梭质粒:这一类质粒载体具备两套不同来源的复制子和选择标记基因,可以在两个亲缘关系不同的物种细胞中进行复制与遗传。装载在这类载体中的外源基因,不必更换载体就可以从一种宿主进入到另外一种宿主,如大肠杆菌-酵母穿梭质粒。

(5)探针质粒:该类载体主要用来鉴定与筛选某一基因的表达调控元件,如启动子、终止子等。这一功能的实现，有赖于该类载体所携带的能够定量检测表达强度的报告基因（如显色酶编码基因或者抗生素抗性基因）。由于该类载体中并不包含该报告基因的启动子或者终止子，空载体自身的报告基因并不能够表达。只有当载体所插入的外源 DNA 分子包含启动子或者终止子活性时，该报告基因才能够表达，且表达量亦能够被检测出来，这个表达量能够说明表达调控元件的调控强弱程度。

（6）表达质粒：顾名思义，该类载体主要用来进行目的基因在宿主细胞中的表达。其载体的多克隆位点上包含有转录效率较高的启动子、核糖体结合位点（SD 序列）和强终止子。此外，为了研究的便利，有些表达质粒载体（如 pET 系列质粒）还包含有特别的寡肽标签编码序列，如 His-tag、Flag-tag 等。该标签的添加，为目的基因表达产物的亲和层析分离提供了极大的方便。

7.1.1.5 基因工程改造的质粒

基因工程研究中所使用的工程质粒，均是根据研究的目的与需求，对天然质粒进行改造人工构建而来。因为天然质粒存在较多的缺陷，不能够直接用来进行基因工程研究。质粒改造的主要内容包括以下 5 个方面。

（1）缩短质粒长度，减少不必要的 DNA 区域，提高外源基因的承载量。质粒越大，转化效率就越低。当质粒超过 20kb 时，则很难进入宿主细胞。

（2）失活天然质粒的某些基因。例如，删除 *mob* 基因（该基因能够促进质粒在细菌种间的转移）可以保证 DNA 重组试验的安全，防止污染环境。同时，失活能够抑制质粒复制的基因，从而提高质粒在宿主细胞中的拷贝数。

（3）添加易于识别的选择标记基因，从而便于阳性克隆的挑选。

（4）在选择标记基因内部建立多克隆位点，引入多个限制酶酶切位点；同时删除质粒载体上重复的限制酶切位点，保证其唯一性，以便于 DNA 分子重组的进行。

（5）根据基因工程研究目的的不同，添加报告基因或者寡肽标签编码序列。

7.1.2 噬菌体载体

在基因工程研究中，噬菌体载体也得到了广泛的应用。噬菌体载体源自于对噬菌体的基因工程改造。噬菌体（bacteriophage，简称 phage）是一类细菌病毒的总称。在结构上，噬菌体比质粒稍微复杂一些。其病毒颗粒由两个部分组成：一部分是位于病毒核心的遗传物质核酸（主要是 DNA），另一个部分是包裹在核酸外面的蛋白质外壳。因此，病毒 DNA 分子除了携带有自身复制所必备的复制起点等元件，还包含有编码其外壳蛋白的基因。

从功能方面来看，噬菌体载体也可以用来进行外源基因或者 DNA 片段的克隆与扩增。与质粒载体相比，噬菌体载体具有两个方面的优势，即感染宿主细胞的效率更高、克隆片段的容量更大。目前，在 DNA 重组研究中常用的噬菌体克隆载体主要有 λ 噬菌体与单链丝状噬菌体 M13。

7.1.2.1 噬菌体的生物学特性

一个完整的噬菌体颗粒，由外壳蛋白及其包裹的遗传物质所构成。从其颗粒的结构来看，大多数噬菌体是具有尾部结构的二十面体。

噬菌体的遗传物质主要是 DNA，少数为单链的 RNA。其中，DNA 既有双链也有单链，其性状既有环形也有线性。从分子质量方面来看，不同的噬菌体颗粒之间相差很大。从碱基构成来看，构成噬菌体 DNA 的碱基并不一定是标准的 DNA 组成碱基（A、T、C、G）。

噬菌体对细菌细胞的感染效率非常高。当一个噬菌体颗粒感染一个细菌细胞后，会产生数百个子代噬菌体颗粒。这些颗粒被释放出来后，每一个颗粒又会感染一个细菌细胞，然后又会产生数百个子噬菌体颗粒。如此循环感染以后，经测算，一个噬菌体颗粒只需要 4 次的感染周期，就可以感染数十亿个细菌细胞并致其死亡。如果将噬菌体加入到大肠杆菌培养液中，在 37℃下大约经过 6 h，大肠杆菌培养液就会由浑浊变为澄清状态，表明大肠杆菌细胞全部裂解死亡。如果用噬菌体感染在琼脂固体培养基上生长的细菌，就会形成直径不一、圆形透明的噬菌斑，这也是噬菌体名称的由来。其中，每一个噬菌斑都是由最初的一个噬菌体颗粒感染细菌细胞后逐渐形成的。噬菌斑的形成，是在进行 DNA 重组研究时筛选噬菌体阳性克隆的一个重要标志。

噬菌体的生活周期包括两种类型，即溶菌周期与溶源周期。两者的主要区别在于噬菌体中的 DNA 是否整合到宿主细菌的染色体上。当噬菌体进行溶菌周期时，噬菌体 DNA 进行自我复制的同时，合成自我包装所需的头部与尾部蛋白质，然后进行组装并形成子代噬菌体颗粒。最后，在酶的作用下，细菌发生溶菌作用，细菌的细胞壁裂解，细菌死亡，噬菌体颗粒被释放出来。具有这种溶菌周期的噬菌体称为烈性噬菌体（virulent phage）。与此相反，当噬菌体处于溶源周期时，噬菌体 DNA 进入细菌细胞后并不进行复制，而是将自身的 DNA 整合到细菌的染色体上，并随其复制而复制，不会产生噬菌体颗粒。只有当环境条件合适时，噬菌体 DNA 才会从细菌染色体上切割下来，进入溶菌周期，最后产生子代噬菌体颗粒，裂解细菌细胞并释放出来。通常将这种既有溶源周期又有溶菌周期的噬菌体称为温和型噬菌体（temperate phage）。

7.1.2.2 λ 噬菌体载体

1. λ 噬菌体载体的特性

λ 噬菌体载体属于温和型噬菌体，是最早应用的噬菌体克隆载体，也是目前了解最为透彻的噬菌体载体。λ 噬菌体载体所携带的 DNA 为双链线性 DNA，长度为 48 502bp。在其 5′端，分别带有一条长度为 12bp 的单链黏性末端（核苷酸序列 5′-GGGCGGCGACCT-3′）。当噬菌体进入宿主细胞后，该黏性末端通过双链互补配对，即可形成双链环形的 DNA 分子。这个由黏性末端结合而形成的双链区域，称为 cos（cohesive end site）位点，该位点同时也是包装蛋白质的识别位点。噬菌体在细菌细胞中的复制，即以该环形的 DNA 分子为模板进行。

在增殖过程中，λ噬菌体具有溶菌周期与溶源周期两种途径（图7-7）。当λ噬菌体进入细菌细胞后，以少部分进入溶菌周期，利用细菌的复制与转录系统相关组件，大量增殖并包装为成熟的子代噬菌体颗粒，裂解细菌后，释放出新的噬菌体病毒颗粒；与此同时，大多数的λ噬菌体进入溶源周期，将自身DNA整合到细菌的染色体上，并随其复制而复制。复制后的噬菌体DNA随着宿主细菌的染色体传递到子代细菌中。

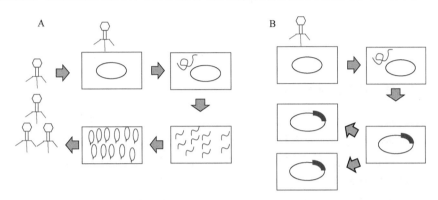

图 7-7　噬菌体的溶菌周期与溶源周期［改编自吴乃虎（2001）、刘志国（2020）］
A. 溶菌周期。示意图依次表示：噬菌体吸附到细菌细胞表面；噬菌体进入细胞内部；噬菌体在细胞内大量繁殖；噬菌体组装为新的噬菌体颗粒；裂解细菌释放噬菌体。B. 溶源周期。示意图依次表示：噬菌体吸附到细菌细胞表面；噬菌体进入细胞内部；自身DNA整合到宿主细胞染色体上随之遗传。在环境条件允许时，在溶源周期中的噬菌体也可以进入溶菌周期

值得注意的是，在子代λ噬菌体颗粒的包装过程中，其头部蛋白质外壳对DNA分子的包装，与所包装的DNA特性及序列无关，而与被包装的DNA大小密切相关，其大小范围在35～51kb。因此，当采用λ噬菌体载体进行DNA分子重组时，其所装载的外源基因或者DNA片段要比质粒载体大许多。

2. λ噬菌体载体的种类

常见的λ噬菌体载体有两类，即插入型载体（insertion vector）与置换型载体（replacement vector）。

（1）插入型载体：该类载体上仅包括一个可用于外源基因插入的克隆位点，所插入的DNA片段的大小一般为6～15kb。按照所插入的基因不同，插入型载体又分为两类，分别是*cI*与*lacZ*基因插入失活。前者外源基因插入导致*cI*基因失活后，细菌不能进入溶源周期，因而产生清晰的噬菌斑，如λgt10与λNM1149等载体；反之，则产生浑浊的噬菌斑。后者的外源基因插入导致*lacZ*基因失活后，可以用蓝白斑（X-gal）进行筛选，如λgt11、Charon2和Charon16A等载体。

（2）置换型载体：也叫取代型载体（substitutional vector）。该类载体包含了一段λ噬菌体复制非必需的区域，用外源基因取代该区域不会影响λ噬菌体的生活周期。因此，该区域可以用作外源基因的克隆位点。该区域的结构特点是两端具有两个相对应的多克隆位点，而且，这两个多克隆位点区往往是以反向重复的方式进行排列（图7-8）。因此，当进行DNA分子重组时，一对克隆位点之间的DNA片段就会被外源基因所取代。置换型的λ噬菌体载体应用最为广泛，在构建基因组文库时常常用到，其可供插入的外源

基因大小为 9~23kb。

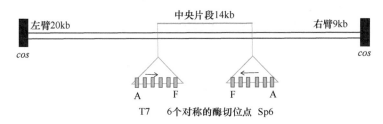

图 7-8　λ噬菌体置换型载体示意图［改编自袁婺洲（2019）］

3. λ噬菌体载体的改造与构建

天然的λ噬菌体由于存在若干缺陷，必须进行一系列的改造后方可用于 DNA 重组。例如，λ噬菌体基因组大、较为复杂，且包含有常见的多个限制性内切核酸酶位点，例如，*Eco*R Ⅰ、*Bam*H Ⅰ 均有 5 个位点，这就给外源基因的重组插入带来不便。

对λ噬菌体载体的修饰与改造，主要包括以下内容。

（1）删除λ噬菌体 DNA 的非必需区段，以增加外源 DNA 片段的装载量。非必需区段去除后，λ噬菌体 DNA 变小、外源 DNA 片段增大，可以装载 5~20kb 的 DNA 片段。

（2）删除不必要的、富余的酶切位点，以使多克隆位点区域的限制酶酶切位点更加单一，如只保留 1~2 个单酶切位点；而位于λ噬菌体必需区域的该酶切位点，则必须进行封闭，以免外源 DNA 片段的误插入。

（3）加入选择标记基因，便于对阳性克隆的筛选。构建λ噬菌体载体所使用的选择标记基因，与质粒载体的抗性标记不同（质粒载体一般选用抗生素标记，如氨苄青霉素、四环素、卡那霉素抗性基因标记等），主要利用λ噬菌体本身的生物学特性来做选择标记，如 *cI* 基因失活、*lacZ* 基因失活、*Spi* 筛选等，具体如下。① *cI* 基因失活：*cI* 基因所编码的蛋白质能够抑制λ噬菌体进入溶菌周期而使其开始溶源周期。当外源 DNA 片段插入该基因导致其失活后，λ噬菌体即开始进入溶菌周期的裂解生长状态，从而形成清晰、透明的噬菌斑；反之，*cI* 基因存在时，则只能够形成浑浊的噬菌斑。利用这一特性，就可以实现重组子的筛选。② *lacZ* 基因失活：*lacZ* 基因也可以构建到λ噬菌体载体上，在其中引入限制酶酶切位点，当外源基因插入该位点时，*lacZ* 基因失活，从而在 IPTG/X-gal 平板上形成白色的噬菌斑；反之，*lacZ* 基因内部没有外源基因插入、能够正常行使功能时，就会形成蓝色的噬菌斑。因此，也可以进行阳性克隆的筛选。③ *Spi* 筛选：在 P2 原噬菌体溶源化的大肠杆菌中，野生型的噬菌体不能进入溶菌周期，这种表型称为 *Spi*⁺（P2 干扰敏感型），其控制基因为 *red* 及 *gam*。当这两个基因失活时，抑制作用解除，噬菌体就可以进行正常的裂解生长，形成噬菌斑，此时的表型称为 *Spi*⁻。可以利用这一特性，使得外源基因与包含有这两个基因的噬菌体 DNA 片段进行置换，导致 *red* 及 *gam* 基因功能失活。在实际操作时，凡是阳性重组子，均表现出 *Spi*⁻ 表型，形成噬菌斑。值得注意的是，利用这种特性进行筛选时，受体菌必须是 P2 原噬菌体溶源性细菌。

（4）建立能够高效感染宿主细胞的λ噬菌体 DNA 分子的体外包装系统。众所周知，外源基因要进入宿主细胞进行增殖，可以经由 3 种途径，即转染、转导和转化。转染是重组的 λ 噬菌体 DNA 分子直接进入受体细胞的行为，其效率较低。转导是噬菌体颗粒对宿主细胞的感染，DNA 引入的效率较高。转化是质粒 DNA 引入宿主细胞的过程，效率也较高。其实，从本质上来看，这些途径均为将外源 DNA 片段引入受体细胞，只不过导入的效率有差异。此外，λ 噬菌体 DNA 及噬菌体颗粒导入后，会形成噬菌斑，而质粒 DNA 导入后形成的是转化子菌落。为了提高外源基因导入的效率，对 λ 噬菌体 DNA，一般不采用转染的方法，而是将 λ 噬菌体 DNA 与外壳蛋白进行组装，形成成熟的噬菌体颗粒，再感染受体细胞。

λ 噬菌体 DNA 分子的体外包装是指在实验室的试管中完成类似于在宿主细胞中进行的噬菌体颗粒组装过程。要实现 λ 噬菌体 DNA 分子的体外包装，首先要筛选得到两株噬菌体突变株，即 D 基因与 E 基因缺失的突变株 D⁻与 E⁻。D 基因与 E 基因是一对互补基因，共同控制噬菌体头部外壳蛋白的合成。D⁻与 E⁻两个突变株分别感染受体细胞时，虽然其 DNA 的复制不受影响，但均不能够组装成完整的噬菌体颗粒。而当两个突变株感染细菌菌液混合后，两者合成的蛋白质彼此互补，形成完整的外壳蛋白，就可以完成噬菌体颗粒的组装。采用这种体外包装的办法，重组 DNA 感染受体细胞效率很高，据测算，每微克 λ 噬菌体 DNA 可形成 10^6 个噬菌斑。

7.1.2.3 M13 单链丝状噬菌体

M13 单链丝状噬菌体颗粒外形呈丝状，专一感染含 F 性散毛结构的大肠杆菌。其噬菌体基因组 DNA 包含 6407 个核苷酸，拥有 9 个重叠基因，能够编码 10 种蛋白质。成熟的 M13 单链丝状噬菌体所包含的 DNA 为闭合环状的单链正链 DNA。当 M13 进入宿主细胞后，利用菌体内酶，以正链 DNA 为模板合成双链 DNA，并进行自我复制。DNA 复制包含两个阶段，即双链复制阶段及随后的单链复制阶段。复制完成后，经过包装，形成成熟的 M13 噬菌体颗粒，然后以挤压的方式从菌体中分泌出去，并不裂解细菌。因此，受 M13 感染的细菌并不产生裂解，也不会停止生长，只不过生长的速度慢一些，所以就会在平板上形成典型的浑浊型噬菌斑。

M13mp 系列克隆载体是对天然的 M13 噬菌体改造以后的工程载体，能够满足 DNA 重组的需求。对天然的 M13 噬菌体的改造主要包括两个方面：一个是引入多克隆位点，另一个是引入 *lacZ'* 基因（图 7-9）。因此，可以运用 IPTG 与 X-gal，通过蓝白斑筛选的方法，进行阳性克隆的挑选。

应用 M13 单链丝状噬菌体作为克隆载体，主要包括以下几个方面的优点。

（1）M13 单链丝状噬菌体的基因组为单链 DNA，克隆到此载体上的外源 DNA 均能够产生单链形式的模板 DNA。由于单链 DNA 容易产生特异性的突变，利用 M13 载体易于进行目的基因的定点突变。

（2）易于制备单链测序模板，便于进行目的基因的测序。

（3）如果目的基因片段不大，就可以采用类似质粒转化的方法，将重组 DNA 分子直接导入受体细胞，而无须进行噬菌体颗粒的包装，这样操作时就较为简便。

（4）在 M13 噬菌体 DNA 的复制过程中，包含有双链的 DNA 分子，也包含有单链

DNA 的成熟噬菌体颗粒。采用类似于制备质粒的方法，可以从菌体中提取重组 DNA 分子；同时，又可以在感染的细菌培养上清液中收集噬菌体颗粒，获得单链的重组 DNA 分子，以用于 DNA 序列的定点诱变。

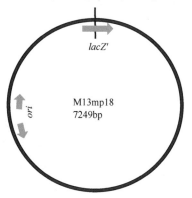

MCS (*Hind* III; *Sph* I; *Pst* I; *Sbf* I; *Sal* I; *Xba* I; *Bam*H I; *Sma* I; *Kpn* I; *Sac* I; *Eco*R I)

图 7-9　M13mp18 克隆载体结构示意图［改编自袁婺洲（2019）］

7.1.3　黏粒载体

黏粒载体也称为柯斯质粒载体（cosmid vector），是指将 λ 噬菌体载体与质粒载体经过人工重组以后形成的一类特殊类型的载体。该类载体最早由 J. coffins 与 B. Hohn 于 1978 年创建，具有很大的外源 DNA 片段装载能力，在真核基因组的研究中发挥了巨大的作用。

7.1.3.1　黏粒载体的特性

黏粒载体是一种环状、双链的 DNA 分子，大小为 4～6kb。在结构上，黏粒载体包括来自 λ 噬菌体载体与质粒载体的组分，主要包括以下 4 个部分（图 7-10）：①λ 噬菌体

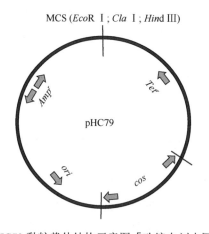

MCS (*Eco*R I; *Cla* I; *Hind* III)

图 7-10　pHC79 黏粒载体结构示意图［改编自刘志国（2020）］

载体的黏性末端 *cos*；②质粒载体的复制起始位点；③用于进行 DNA 分子重组的多克隆位点（含有多个限制性内切核酸酶的单一切割位点）；④抗生素选择标记基因。

7.1.3.2 黏粒载体的优点

黏粒载体兼具 λ 噬菌体载体及质粒载体的优点，主要表现在以下 4 个方面。

（1）能够像 λ 噬菌体载体一样，进行 DNA 分子的重组与体外包装形成噬菌体颗粒，并且高效地感染大肠杆菌受体细胞。

（2）外源 DNA 片段的装载能力强，能够进行大片段 DNA 的克隆，克隆能力可以达到 31～45kb。这个特性在真核基因组文库的构建上极具优势。由于受 λ 噬菌体包装能力的控制，在进行体外包装时，非重组的载体分子由于有 *cos* 位点，不能够被包装，选择性很强。

（3）操作简便。黏粒载体既能够像质粒一样转化宿主细胞，也可以像质粒一样对载体进行大规模的制备与提取；此外，还可以利用载体上的选择标记，对阳性克隆进行筛选。

（4）具备多克隆位点，为外源基因的克隆提供了极大的方便。

但是，黏粒载体在大片段真核基因组克隆的应用中也会存在一些问题。例如，在利用限制性内切核酸酶对载体进行切割后，这些具有黏性末端的载体分子能够进行随机的自我重组，即多个载体分子首尾相连形成多聚体。这种多聚体可以被噬菌体包装蛋白所识别，并被成功包装。这样就会造成基因克隆中的一些假阳性问题。再如，真核基因组 DNA 被限制性内切核酸酶消化后，会形成大小不一的 DNA 片段。在随后进行连接反应时，这些片段就有可能随机相连，并被克隆进入黏粒载体。这种 DNA 片段随机相连的顺序，会与它们在染色体上的真实顺序产生差别。如果对这种克隆子进行核苷酸测序的话，其结果就不能够反映实际的情况，从而造成误差。

7.1.3.3 采用黏粒载体进行进克隆的过程

黏粒载体具有与质粒载体相类似的性质，因而可以采用与质粒相似的方法进行操作，具体的程序如下。

（1）真核基因组 DNA 的酶解。利用适宜的限制性内切核酸酶对基因组进行水解，其产物的大小应为 40～45kb。之所以有酶切片段大小的要求，主要是考虑到后期噬菌体颗粒的正确包装。同时，应尽量采用相同的酶来切割黏粒载体，以便形成线性的黏粒载体 DNA 分子。

（2）进行连接反应。将上述酶切产物进行连接，所形成的连接产物中，有相当比例的重组子两端应各带有一个 *cos* 位点。两个 *cos* 之间的外源 DNA 片段长度为 40～45kb 的重组子较为理想。

（3）体外包装。在噬菌体的体外包装体系中，λ 噬菌体的 Ter 功能能够识别上述的理想重组子，并且在 *cos* 位点处进行切割，将切割后的产物包装进 λ 噬菌体的头部，可形成成熟的噬菌体颗粒。

（4）感染大肠杆菌，进行阳性克隆筛选。包装好的黏粒载体颗粒，就可以感染大肠杆菌。进入宿主细胞后，黏粒载体 DNA 的 *cos* 位点被环化，并在质粒复制元件的指导下进行复制。阳性克隆的挑选，可以根据黏粒载体上的抗性基因来进行。应该注意的是，此时大肠杆菌的阳性克隆是大肠杆菌菌落，而非噬菌斑。

7.1.4 人工染色体载体

在对真核基因组进行研究时，经常要进行大于 50kb 的大片段 DNA 的克隆。此时，前述的质粒载体、噬菌体载体及黏粒载体都不能够满足研究的需求，需要创建更大容量的载体。

构建人工染色体最初的构想是受到生物染色体的结构与特性的启发。人工染色体载体（artificial chromosome vector）就是通过将原核生物基因组或者真核生物染色体的功能组件进行组装，从而创造出能够克隆大片段 DNA（大于 50kb）的人造载体。其特点是能够承载超大的 DNA 片段（大于 1000kb，甚至 3000kb）。

1983 年，第一条酵母人工染色体创建成功。常见的人工染色体包括细菌人工染色体（bacterial artificial chromosome，BAC）、酵母人工染色体（yeast artificial chromosome，YAC）、哺乳动物人工染色体（mammalian artificial chromosome，MAC），以及噬菌体P1 衍生的人工染色体（P1-derived artificial chromosome，PAC）等。随着对人工染色体研究的不断深入，人工染色体在染色体结构与功能、功能基因以及生物基因组研究等方面发挥了越来越大的作用。

从结构上看，人工染色体包含质粒克隆载体的复制起始位点（*ori*）、真核生物染色体着丝粒、端粒、复制起始位点及选择标记基因。所以，人工染色体载体能够在第一受体细胞中按照质粒复制的方式进行高拷贝复制，在第二受体细胞内按照染色体复制的方式进行复制，以及向子细胞中进行传递。对第一受体克隆子的筛选，往往采用抗生素标记进行选择；而对第二受体克隆子的筛选，一般采取营养缺陷筛选法。

7.1.4.1 细菌人工染色体载体

细菌人工染色体（BAC）载体是进行基因工程研究的常见载体，其 DNA 承载容量平均为 125～150kb，最大可达 300kb，因而是一种大片段 DNA 的克隆载体。在结构上，BAC 载体是一种环状的 DNA 分子，包含大肠杆菌 F 因子、复制起始位点及拷贝数控制组件。在大肠杆菌细胞内，BAC 载体非常稳定，嵌合体发生频率较低，重排或者缺失也较少发生，并且容易分离纯化。基于上述优点，BAC 载体应用较为广泛。

7.1.4.2 酵母人工染色体载体

从外源 DNA 片段的装载容量来看，酵母人工染色体（YAC）载体是目前最大的克隆载体，其可克隆的 DNA 片段长度为 100～2000kb，已经成为基因组文库构建及基因作图的重要工具。

1. YAC 载体的特性

YAC 载体是将酵母复制与分配的必要组件和筛选标记基因，通过一定的方法克隆到大肠杆菌的 pBR322 质粒上而形成的新的克隆载体。酵母复制的必需元件包括 1 个复制起始位点（ori）、自主复制序列（autonomously replicating sequence，ARS）、2 个端粒（telomere，TEL）、1 个着丝粒（centromere，CEN）。其中，端粒的作用是保护线状的 DNA 稳定地进行复制，并免遭胞内核酸酶的降解；自主复制序列（ARS）具有 DNA 在酵母菌中进行双向复制的信号，从而能够实现 YAC 在酵母菌细胞中进行自我复制；着丝粒（CEN）是细胞进行有丝分裂时所形成的纺锤丝的结合部位，保证 YAC 能够在酵母细胞进行分裂时正确地分配到子细胞中。

在酵母菌中，YAC 载体所携带的选择标记基因为营养缺陷型基因，常见的营养缺陷型基因是 Trp1（色氨酸营养缺陷型基因）、His3（组氨酸营养缺陷型基因）、URA3（尿嘧啶合成缺陷型基因）及 Sup4（赭石突变抑制基因）。相应地，Trp1⁻ 与 URA3⁻ 分别为酵母色氨酸与尿嘧啶合成缺陷型菌株。当 YAC 载体转化这两个宿主菌后，只有转化子能够在营养缺陷型选择培养基上生长。

Sup4 基因是一个能够抑制酿酒酵母赭石突变的基因。所谓赭石突变，是指野生型酿酒酵母菌落是白色，而 ADE2 基因突变后所形成的酵母菌落是红色的现象。原因在于：ADE2 基因编码了一个参与嘌呤合成的蛋白质，即磷酸核糖基氨基咪唑羧化酶（phosphoribosyl aminoimidazole carboxylase）。ADE2 基因突变后，酵母的磷酸核糖基氨基咪唑羧化酶缺失，嘌呤合成受阻，就会造成酵母磷酸核糖胺咪唑（该物质为合成嘌呤的中间产物）聚合形成红色的物质，导致酵母突变株的菌落呈现出红色。将 Sup4 基因转入酵母突变株后，由于 Sup4 基因能抑制这种突变，野生型酵母的白色菌落的表型就得以恢复。YAC 载体中，在 Sup4 基因的内部引入多克隆位点，当有外源基因插入时，Sup4 基因失活，对赭石突变抑制解除，因此，克隆子菌落就会呈现红色，反之呈现白色。利用这一特点，就能够进行阳性克隆子的筛选。

YAC 克隆载体上还带有来自质粒载体的复制起始位点（ori）以及氨苄青霉素抗性基因，故可以在大肠杆菌中进行复制与扩增。从这个意义上来讲，YAC 克隆载体也是一个穿梭载体。

2. 利用 YAC 载体进行基因克隆的基本程序

在进行大片段 DNA 克隆时，需要先利用合适的限制性内切核酸酶对基因组进行消化，制备待克隆的 DNA 片段。同时，将 YAC 载体用 Sma I 以及 BamH I 进行酶切，形成 3 个片段，包括左臂（约 6.0kb）、右臂（约 3.6kb）以及酵母的 His3 基因片段（约 3.6kb）。切去 His3 基因片段后，回收左、右臂，然后与外源基因连接形成线性质粒，即可进行转化与增殖。

3. YAC 载体的优缺点

YAC 载体的优点主要是载体的承载量大，可以进行超大片段的 DNA 克隆。然而，其缺点也很明显，主要表现在以下两个方面：一方面，YAC 克隆库中会存在大量的嵌合体；另一方面，由于 YAC 载体的大小与酵母染色体的大小差异不大，导致 YAC 载体 DNA 分离与纯化较困难。

7.2 基因表达载体

在基因功能研究中，或者在以应用为目的所进行的基因工程实践中，都会遇到必须将外源基因在宿主细胞中进行表达的问题。在功能基因组研究领域，只有将目的基因表达出来，才能够了解、探究基因的功能；也只有将目的基因所编码的蛋白质表达出来，才能够将这些有活性的蛋白质在工业、农业、医疗等领域加以推广应用。

要想让目的基因在宿主细胞中进行表达，就必须借助于外源基因的表达体系。这个体系包括宿主细胞与表达载体（expression vector）两个部分，其中，将外源基因插入表达载体是首先要进行的构建工作。

所谓的表达载体，是指含有外源基因表达所需的各种调控元件的一类特殊载体。从结构上来看，表达载体除了具有克隆载体所必备的复制起始位点、多克隆位点及筛选标记基因，还必须具有外源基因表达所要求的调控元件，如转录启动子、终止子等。所以，表达载体在组成上要比克隆载体复杂一些。

外源基因在宿主细胞中的成功表达，除了对载体有要求，还要求目的基因具备完整的起始密码子、终止密码子及核糖体结合位点。只有这样，外源基因在宿主细胞中才能够正确地翻译为完整的目的蛋白。

表达外源基因的系统（宿主细胞），可以是原核细胞（如大肠杆菌、枯草杆菌等），也可以是真核细胞（如酵母、昆虫、哺乳动物细胞系等），甚至是整株植物，或者是整个动物。要想使目的基因成功地在表达系统中进行表达，宿主细胞与表达载体必须配套，即不同的宿主细胞要求不同的表达载体。

7.2.1 大肠杆菌原核表达载体

在基因工程研究中，最先是以大肠杆菌充当外源基因的表达系统，现在大肠杆菌已成为应用最为广泛的细菌，人们对其遗传背景及生物学特性了解得也较为透彻。外源基因要在大肠杆菌中高效表达，表达载体必须具备转录起始启动子、诱导外源基因表达的调控元件、多克隆位点及筛选标记基因等。

7.2.1.1 大肠杆菌表达载体的生物学特性

从结构方面来看，大肠杆菌表达载体均为质粒载体。大肠杆菌表达载体中，控制外源基因表达的基本元件包括启动子、核糖体识别与结合位点以及终止子。

大肠杆菌的 RNA 聚合酶并不能识别真核基因的启动子，故在大肠杆菌表达载体上的启动子必须为原核启动子。原核表达载体上的启动子类型主要包括乳糖启动子（Lac）、色氨酸启动子（Trp）、乳糖及色氨酸杂合启动子（Tac）、λ 噬菌体左向启动子（PλL）和 T7 噬菌体启动子等。值得一提的是 T7 噬菌体启动子，该启动子来自于 T7 噬菌体，转录激活的特异性很高，只受 T7 RNA 聚合酶的诱导。此外，T7 RNA 聚合酶的转录效率很高，约为大肠杆菌的 5 倍。因此，有些不能被大肠杆菌有效转录的基因，可以应用 T7

RNA 聚合酶控制的转录系统进行表达。常见的带有 T7 噬菌体启动子的表达载体为 pET 系列载体，其中包括 pET5、pET15、pET16、pET-28a（图 7-11）、pET30 及 pET42 等。

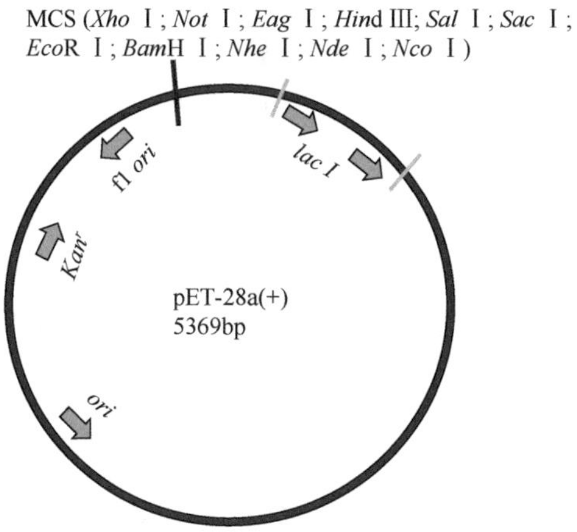

MCS (*Xho* Ⅰ; *Not* Ⅰ; *Eag* Ⅰ; *Hind* Ⅲ; *Sal* Ⅰ; *Sac* Ⅰ; *EcoR* Ⅰ; *BamH* Ⅰ; *Nhe* Ⅰ; *Nde* Ⅰ; *Nco* Ⅰ)

f1 *ori* *lac I* *Kan^r* pET-28a(+) 5369bp *ori*

图 7-11　pET-28a 表达载体结构示意图［改编自张惠展（2017）］

以目前目的蛋白表达常用的 pET 系列载体 pET-28a 为例（图 7-11），该载体包括：T7 噬菌体启动子、核糖体结合位点、T7 噬菌体终止子；乳糖操纵子、乳糖阻遏子序列（*lac I*）；His6 标签序列、凝血酶切割位点；pBR322 复制起始位点 *ori*、f1 噬菌体复制子、多克隆位点及卡那霉素筛选标记序列。其中，T7 噬菌体启动子、核糖体结合位点、T7 噬菌体终止子是外源基因高效转录的元件；乳糖操纵子和乳糖阻遏子序列（*lac I*）则能够实现外源基因的受控转录。

7.2.1.2　大肠杆菌融合蛋白表达载体

为了更高效地表达出有生物活性的目的蛋白，往往会将目的蛋白与载体上的担体蛋白以融合蛋白的形式一起表达出来。在表达载体的构建上，融合蛋白的形成有赖于将两个或者两个以上基因的 ORF（开放阅读框）按照一定的顺序串联在一起。目前，能够与目的蛋白形成融合蛋白的载体担体蛋白（也称为标签蛋白或标签多肽），常见的有谷胱甘肽-*S*-转移酶（glutathione-*S*-transferase，GST）、蛋白质 A（protein A）、六聚组氨酸肽（polyHis-6）、纤维素结合域（cellulose binding domain，CBD）及 LacZ 等。在所形成的融合蛋白中，载体的担体蛋白通常位于 N 端，而目的蛋白则位于 C 端。

下面就以 GST 以及组氨酸标签融合表达载体为例，简要介绍其结构与应用。

1. GST 融合表达载体

该载体表达的标签蛋白为谷胱甘肽-*S*-转移酶。pGEX 系列载体均为 GST 融合表达载体。以 pGEX-4T-1 载体为例（图 7-12），在载体的 Tac 启动子与多克隆位点之间，插入 *GST* 基因及凝血蛋白酶（thrombin）切割位点的编码序列。因此，当携带有外源基因的 GST 融合表达载体进行表达时，所形成的融合蛋白就含有 GST、凝血蛋白酶切割位点及目的蛋白 3 组序列。

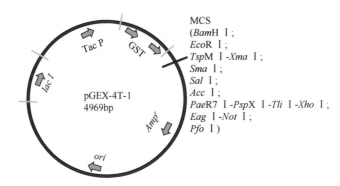

图 7-12   pGEX-4T-1 表达载体结构示意图［改编自袁婺洲（2019）］

2. 组氨酸标签表达载体

前述的 pET-28a 就是一个带有组氨酸标签的表达载体（图 7-11）。从结构方面来看，该载体的启动子的下游插入有两段特殊的序列：一段编码 6 个组氨酸，另外一段编码 Xa 因子酶切位点。当携带有外源基因的 pET-28a 载体转入 BL21（DE3）菌株后，即可以表达出带有 His-6 标签的融合蛋白。

7.2.1.3   大肠杆菌分泌表达载体

在基因工程研究中，有时会遇到目的蛋白难以纯化的情况。此时，通过构建分泌型表达载体，实现目的蛋白的分泌表达，不失为一个解决问题的方法。构建分泌型表达载体，把信号肽序列作为融合标签，就能够将融合蛋白分泌到细胞外。可以使用的信号肽主要包括蛋白质 A 的信号肽及碱性磷酸酶的信号肽。

目的蛋白的分泌型表达主要有以下优点：①蛋白质以可溶形式表达，具有较高的生物活性；②目的蛋白前的信号肽被切除后，形成的目的蛋白的功能与活性不受影响；③周质腔中的氧化环境有利于二硫键的正确形成；④周质腔中蛋白水解酶相对较少，活性较低，提高了重组蛋白分泌后的稳定性；⑤消除了被分泌蛋白对细胞本身的毒性作用；⑥表达的蛋白质易于后续的分离纯化。周质腔中的细菌蛋白质较少，目的蛋白更容易纯化，便于目的蛋白的大规模生产及后续商品化分离与纯化。

分泌型表达载体 pEZZ18 采用的就是蛋白质 A 的信号肽，下面简要介绍一下该载体。

pEZZ18 分泌型表达载体 DNA 序列长度为 4591bp，融合蛋白表达的调控元件为 Lac 启动子、蛋白质 A 的信号肽序列以及两个合成的 Z 结构域（图 7-13）。这两个 Z 结构域能够与 IgG 抗体特异结合。因此，在融合蛋白表达系统中，所产生的融合蛋白会在信号肽的指引下被分泌到胞外的培养基中。然后，就可以利用固定有 IgG 的琼脂糖层析柱，对目的蛋白进行分离与纯化。

7.2.2   酵母与动物细胞真核表达载体

尽管原核表达系统对基因功能研究有很大的帮助，但将真核生物的基因在原核表达系统中表达，还是存在着一些问题。主要表现在以下 3 个方面。

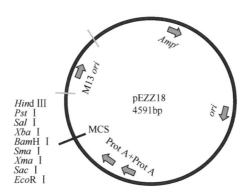

图 7-13　pEZZ18 表达载体结构示意图 [改编自袁婺洲 (2019)]

（1）原核表达系统只能表达真核生物基因的 cDNA，而不能表达其基因组基因。原因是原核表达系统缺乏能够对真核基因转录加工的元件。

（2）原核表达系统表达出来的真核生物蛋白，往往缺乏足够的生物活性。原因是原核表达系统缺乏对真核生物蛋白进行加工、修饰的元件，不能够对蛋白质进行磷酸化、糖基化等修饰，无法形成正确的空间构型。

（3）原核表达系统所表达出来的真核生物蛋白，往往会由于蛋白质的合成速率较快、产生的蛋白质产量较高而形成包涵体（inclusion body）。其结果是，所表达的目的蛋白成为丧失生物活性的不溶性蛋白，无法进行下一步的研究工作。

鉴于以上的原因，真核表达系统的建立就显得十分必要。一般情况下，真核表达系统包括真核宿主细胞及真核表达载体两个部分。前者主要包括哺乳动物、植物、酵母、昆虫细胞；后者则主要包括酵母表达载体、动物细胞表达载体、植物细胞表达载体以及病毒表达载体等。在此，对前 3 种真核表达载体进行简要介绍，把病毒表达载体放在后面的章节再进行阐述。

7.2.2.1　真核表达载体的构成

从构成上来看，真核表达载体主要包括四大部分，即原核载体的复制元件与筛选标记基因、真核基因表达调控元件（包括启动子、增强子、终止子和 mRNA 加工序列等）、能够在真核细胞复制与增殖的元件、多克隆位点和真核细胞筛选标记基因。具体特点如下。

（1）原核质粒 DNA 序列。该序列主要包括能够在原核细胞中进行复制与增殖的复制子，以及筛选标记基因。原核质粒 DNA 序列存在的目的，是为了保证阳性克隆的筛选及阳性重组子的大量增殖，以满足对真核细胞转化的需求。

（2）真核基因启动子。启动子既有组成型（如 CaMV 35S 启动子），也有组织器官特异型，应根据研究的目的不同，选择不同类型的启动子。此外，不同启动子的转录效率亦不相同，如真核表达载体常用的 PCMV 就属于强启动子。

（3）增强子。顾名思义，增强子是能够显著提高基因转录效率的多个独立的核苷酸序列，属于顺式作用元件。增强子往往具有组织表达特异性，应根据研究的需要及宿主细胞的不同来选择相应的增强子。

（4）mRNA 剪接信号。真核生物基因组基因转录后形成的 mRNA 为前体 mRNA（pre-mRNA），需要加工后才能够形成成熟的 mRNA，成为目的蛋白的翻译模板。这个加工过程包括内含子的删除和外显子的连接。当表达真核生物基因组基因时，真核表达载体上就必须携带有 mRNA 剪接信号序列。

（5）终止子。外源真核基因的有效表达，既需要适宜的启动子，也需要有效的终止子。为了有效地终止转录，真核表达载体上必须包含多聚腺苷化信号下游的一段终止子序列。通常的做法是引入 SV40 的一段含有多聚腺苷化信号的序列，该序列为 237bp 长的 *Bam*H I -*Bcl* I 限制性片段。

（6）筛选标记基因。酵母表达载体通常使用营养缺陷型基因作为选择标记，如 *LEU*、*TRP*、*HIS*、*LYS*、*URA*、*ADE* 等氨基酸与核苷酸合成基因。哺乳动物细胞表达载体一般使用抗生素标记基因，也有其他标记基因，如二氢叶酸还原酶（dihydrofolate reductase，DHFR）基因和胸苷激酶（thymidine kinase，TK）基因等。植物细胞表达载体所使用的标记基因通常是抗生素抗性基因，如潮霉素、卡那霉素抗性基因等。

7.2.2.2 酵母表达载体

酵母表达系统是在基因工程研究领域应用最为广泛的系统之一。相对于原核表达系统，酵母表达系统能够进行真核基因表达，并且可以进行蛋白质翻译后的加工与修饰。同时，该系统还具有安全可靠、操作简便、价格低廉等优点（详见 12.1）。

酵母表达载体具有以下特点：能够在大肠杆菌中克隆、增殖，并且拷贝数较高；具有能够在酵母菌中进行筛选的标记基因；具备较为适宜的多克隆位点，便于目的基因插入。

应用于酵母表达系统的酵母质粒表达载体主要包括整合型载体（yeast integrative plasmid vector，YIp）、自主复制型载体（yeast replicating plasmid vector，YRp）、着丝粒型载体（yeast centromere-containing plasmid vector，YCp）和附加型载体（yeast episomal plasmid vector，YEp）四大类。

7.2.2.3 动物细胞表达载体

动物细胞表达系统是指能表达出真核基因编码蛋白质的一类真核细胞表达系统。在基因工程研究中，常见的动物细胞表达系统包括哺乳动物与人细胞系 HeLa、HEK293、COS 及 CHO 等。

由于动物细胞表达系统具有能够对基因转录及表达产物进行修饰与加工的元件，因此，外源基因所表达出来的蛋白质能够进行相应的修饰（如糖基化、磷酸化等），并被运输到相应的区域发挥功能。动物细胞表达系统不但能够表达 cDNA，还能够表达真核生物的基因组基因，对于真核基因功能的研究有极大帮助。

适用于动物细胞表达系统的表达载体有两类，即瞬时表达载体与组成型表达载体。

7.2.3 植物细胞真核表达载体

在植物基因工程研究领域，常见的表达载体为根癌农杆菌 Ti 质粒表达载体、发根农杆菌 Ri 质粒表达载体及植物病毒表达载体（详见 13.1）。下面简要介绍 Ti 质粒表达载体。

在自然界，根癌农杆菌（*Agrobacterium tumefaciens*）能够从植物的受伤部位侵入植物内部，并诱导植物产生冠瘿瘤。而冠瘿瘤的形成，是由于根癌农杆菌所携带的 Ti 质粒（tumor inducing plasmid）所导致的，故名肿瘤诱导质粒，简称 Ti 质粒。Ti 质粒为一个双链的环状 DNA 分子，其长度为 200～250kb。在结构上，Ti 质粒可以分为 T-DNA（transfer-DNA region）区域、致病区、结合转移编码区和复制起始位点四大部分。

天然的 Ti 质粒具有植物表达载体的优良特性，能够在自然条件下，自主地将本身携带的 T-DNA 片段转移并整合到植物细胞的染色体上；并且，T-DNA 区域中的冠瘿碱合成酶基因拥有一个强启动子，能够将外源基因在植物细胞中高效表达。但是，天然的 Ti 质粒并不能直接用于植物基因工程，原因包括：质粒片段过大（大于 200kb），无用基因太多；限制酶酶切位点不合适、不单一，不利于构建过程中的 DNA 重组；携带有引发肿瘤的基因（*Onc*），严重影响植物细胞的正常生长，必须删除；没有大肠杆菌复制子，不能够在大肠杆菌中复制。

因此，必须对天然的 Ti 质粒进行适当的改造，以满足植物基因工程的需求。对 Ti 质粒的改造，主要从以下 3 个方面进行：①删除 T-DNA 区域的有害基因，但要保留 T-DNA 的转移功能；②增加合适的多克隆位点和抗性筛选标记；③增加能够在大肠杆菌中复制的复制子及抗性筛选基因。

下面简要介绍常用的植物表达载体 pBI121-GUS（图 7-14）。该载体长约 13kb，包含有 pUC 质粒的基本骨架，因此能够在大肠杆菌中进行自我复制（筛选标记为卡那霉素抗性）。在其 T-DNA 区域，包含 35S 强启动子、GUS 报告基因及卡那霉素抗性基因。当研究某个目的基因的表达区域或者表达模式时，可以用目的基因的启动子序列，或者目的基因的启动子序列+基因的 CDS 序列替换掉 35S 强启动子，然后筛选重组子，侵染植物细胞，筛选阳性转化子后进行 GUS 染色。根据 GUS 信号的强弱及区域，从而推测出目的基因的表达区域及表达模式。

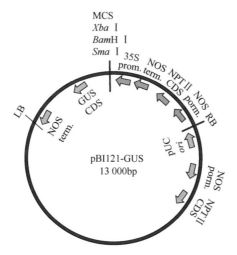

图 7-14　植物细胞表达载体 pBI121-GUS 结构简图［改编自张俊莲等（2006）］

植物的 Ti 质粒表达载体主要包括一元表达载体与双元表达载体两种类型。一元表达载体实际上是一种复合型载体，是由携带目的基因的中间载体与改造后的 Ti 质粒进行同源重组后所形成的。双元表达载体由微型 Ti 质粒（min-Ti plasmid）与辅助 Ti 质粒（help Ti plasmid）构成。前者也叫大肠杆菌-农杆菌穿梭质粒，包含目的基因、T-DNA 区域及边界、大肠杆菌与农杆菌复制子、多克隆位点及选择标记基因等部分，但不含 *vir* 基因。辅助 Ti 质粒的主要功能是表达毒蛋白，激活 T-DNA 向植物染色体的整合。在结构上，该质粒含有 T-DNA 转移所需的 *vir* 区段，但不包含 T-DNA 区域或者只包含部分 T-DNA 序列。

双元表达载体的构建较为方便，而且转化效率比一元表达载体高。详细构建过程详见本书第 13 章，在此不再赘述。

本 章 小 结

基因工程载体是指能够携带 DNA 片段或者外源基因进入宿主细胞，并且能够在宿主细胞中进行复制、扩增与表达的核酸分子，主要是 DNA，极少数是 RNA。基因工程载体能够协助目的基因进入宿主细胞，帮助外源基因在宿主细胞内高效复制或整合到宿主细胞基因组，帮助外源基因在宿主细胞内高效扩增及表达，能够接受外源基因插入，且具有遗传筛选标记，便于对重组子进行筛选与鉴定。基因工程载体包括克隆载体与表达载体。

克隆载体的主要功能是进行目的基因的克隆与增殖，主要包括质粒载体、噬菌体载体、黏粒载体及人工染色体载体等。常见的质粒载体包括 pBR322、pUC 系列、pMD18 等，其克隆能力在 10kb 以内。常用的噬菌体载体有温和型的 λ 噬菌体与单链丝状噬菌体 M13。λ 噬菌体载体包括插入型载体与置换型载体，两者的克隆能力分别为 10kb 及 20kb 大小的 DNA 片段。人工染色体载体是将原核生物基因组或者真核生物染色体的功能组件进行组装而创造出来的能够克隆>50kb 大片段 DNA 的人造载体，主要用于真核生物基因组文库的构建。常见的人工染色体包括细菌人工染色体、酵母人工染色体、哺乳动物人工染色体以及噬菌体 P1 衍生的人工染色体等。

表达载体是指能够使外源基因在受体细胞中高效表达的一类载体，分为原核细胞表达载体及真核细胞表达载体两大类。原核细胞表达载体主要包括融合蛋白表达载体和分泌蛋白表达载体。在结构上，原核细胞表达载体由自我复制元件、启动子、终止子、核糖体结合位点及筛选标记基因构成。真核细胞表达系统不但能够表达基因的 cDNA，还可以表达真核基因组基因。真核表达载体可以分为酵母表达载体、动物细胞表达载体、植物细胞表达载体及病毒表达载体等 4 种类型（Bredell et al.，2018）。在结构上，真核表达载体主要包含原核表达载体的复制元件与筛选标记基因、真核基因表达调控元件、真核细胞复制与增殖元件、多克隆位点和真核细胞筛选标记基因等结构。

第8章 重组 DNA 分子导入受体细胞

无论以何种方式获得的目的基因，若欲使其在靶细胞中稳定地遗传、表达以获得基因表达产物或者改变受体生物的遗传性状，均需要通过一定的基因工程手段来实现。首先需要将上述获得的基因连入相应载体构成重组 DNA 分子，然后将重组 DNA 分子导入某种受体细胞进行扩增、筛选和表达。对于原核细胞，这种外源重组 DNA 分子的导入过程被称为转化（transformation）。通常，重组分子的连接效率及重组子转化受体细胞的转化效率不可能达到 100%，因此，需要通过特定的方法对实施重组子转化操作的受体细胞进行鉴定和筛选，以区分重组子、非重组子、转化子和非转化子。

在广义转化操作中，能够接受外源 DNA 重组分子的细胞通常都被称为受体细胞，也叫宿主细胞。广义的受体细胞不仅仅局限于原核生物，也包括动物、植物和真菌类等真核生物细胞。其中以微生物（主要有大肠杆菌、枯草杆菌和酵母菌）为受体细胞的基因工程在技术上最为成熟，在生物制药中也得到广泛的应用。

作为基因工程中重组质粒的承载体，无论原核受体细胞还是真核受体细胞，均需具备以下基本特征：①便于重组 DNA 分子的导入；②便于重组 DNA 分子稳定存在于细胞中；③便于重组子的筛选，即根据表达载体所含的选择性标记是否与受体细胞基因相匹配，从而选择易于对重组子进行筛选的受体细胞；④遗传稳定性高，易于进行扩大培养或易于进行高密度发酵而不影响外源基因的表达效率，对动物细胞而言，所选用的受体细胞应该具有对培养环境较强的适应性，可以进行贴壁或悬浮培养，可以在无血清培养基中进行培养；⑤安全性高，无致病性，不会对外界环境造成生物污染，一般选用致病缺陷型的细胞或营养缺陷型细胞作为受体细胞；⑥受体细胞内源蛋白水解酶基因缺失或蛋白酶含量低，利于外源蛋白表达产物在细胞内积累，可促进外源基因高效分泌表达；⑦受体细胞在遗传密码子的应用上无明显偏倚性；⑧具有较好的转录和翻译后加工机制等，便于真核目的基因的高效表达，并表达出有生物活性的产物；⑨理论与实践上均具有较高的应用价值。

实验目的不同，受体细胞类型和所用载体也各异，外源基因导入受体细胞的方法就会有所不同。虽然每种方法都具备一定的优势，但同时也存在不足，选择什么样的受体细胞、用何种方法将外源重组 DNA 分子导入受体细胞，都需要根据具体情况而定。

8.1 重组 DNA 分子导入原核受体细胞

原核受体细胞常被用作分子生物学、基因工程等领域的工程菌和克隆载体的宿主菌，以实现对重组 DNA 分子的扩增、鉴定和筛选，或被用来构建基因组和 cDNA 文库，以及用于表达一些目的基因产物。目前，常用的原核受体细胞主要有大肠杆菌、枯草芽孢杆菌和蓝细菌。把外源重组 DNA 分子导入大肠杆菌是基因工程领域使用最多的方法。

在此，我们将在本部分以大肠杆菌为例，介绍重组 DNA 分子导入受体细胞的方法。

大肠杆菌是一种革兰氏阴性菌，常被用作基因工程菌。外源 DNA 分子进入大肠杆菌受体细胞的方法主要有转化（transformation）、接合（conjugation）和转导（transduction）。"转化"一词来源于著名的细菌转化实验，原指狭义上的转化，1944 年，美国微生物学家奥斯瓦尔德·西奥多·埃弗里（Oswald Theodore Avery）从杀死的光滑型肺炎链球菌（有荚膜）中提取 DNA，将其与粗糙型肺炎链球菌（无荚膜）一起培养，结果发现部分粗糙型肺炎链球菌转变成光滑型。这项研究轰动了整个生物界，首次确立了 DNA 是遗传物质的概念。因此，在微生物学中，转化是指细菌吸收外源性 DNA 而改变自身遗传性状的现象。自然的转化现象在原核生物中广泛存在，是自然界外源基因重组的一种主要形式。1946 年，Lederberg 和 Tatum 两位科学家在大肠杆菌细胞中发现了接合现象，即两个细菌细胞可借助细胞间的接合管通道直接接触并传递 DNA。转导即噬菌体携带外源 DNA 分子，并将其注入细菌细胞的现象。

8.1.1 自然条件下细菌受体细胞的转化过程

自然转化现象在原核生物中广泛存在，是自然界外源基因重组的一种主要形式，自然环境中细菌可以吸收外源遗传物质以增加自身对环境的适应性。有些细菌如流感嗜血杆菌（*Haemophilus influenzae*）（VanWagoner et al.，2004）和肺炎双球菌（*Streptococcus pneumoniae*）（Battig and Muhlemann，2008）内存在自然转化的现象，但是其转化效率普遍较低，并且大多数细菌细胞不能在自然条件下摄取外源 DNA 分子。作为基因工程研究中的常用原核菌种，大肠杆菌在自然条件下很难吸收外源 DNA 分子。1972 年，大肠杆菌（*Escherichia coli*）的基因克隆系统首次被报道（Cohen et al.，1972）；1973 年，美国斯坦福大学的斯坦利·诺曼·柯恩（Stanley Norman Cohen）等发现，经氯化钙处理的大肠杆菌很容易摄取外源 DNA，由此建立了大肠杆菌转化体系，这一最初的化学转化方法对基因工程的发展具有重要意义。除此之外，基因工程技术中还可将构建的重组质粒 DNA 分子或者噬菌体载体通过聚乙二醇（PEG）介导、电击转化等方法导入大肠杆菌、枯草杆菌或链霉菌等受体细胞。

8.1.2 感受态细胞的选择

野生型的大肠杆菌因具有限制和修饰系统、转化效率低，且具有潜在的致病性，并不是理想的原核受体细胞。所以，必须通过适当的诱变手段对野生型大肠杆菌进行遗传性状改造，以获得恰当的突变菌株用于基因工程转化实验操作。根据实验需要，良好的基因工程受体细胞必须具备以下性能。

8.1.2.1 遗传性条件

从遗传性状方面考虑，基因工程受体细胞需具备以下条件。

（1）重组缺陷型：*rec* 基因编码的产物能驱动野生型细菌将外源 DNA 整合入自身染色体 DNA，外源基因被导入受体细胞通常是以扩增和表达为目的，而非与内源基因发生重组，因此受体细胞必须选择同源重组缺陷型的菌株，与其相应的受体细胞基因型为 recA⁻、recB⁻ 或 recC⁻。

（2）限制缺陷型：野生型细菌通常对外源 DNA 有限制和修饰系统，因此如果外源 DNA 分子直接进入某种大肠杆菌中，后者的限制系统便会对该外源 DNA 分子进行切割，阻止其在该细胞中进行复制增殖，因此转化效率很低。为了打破细菌转化的种属特异性、提高外源 DNA 分子的转化效率，基因工程中常选用限制系统缺陷型的受体细胞。大肠杆菌限制系统的元件主要由 *hsdR* 基因编码，因此 *hsdR⁻* 基因型的各种大肠杆菌菌株都失去了切割并降解外源 DNA 分子的能力，能大大提高外源 DNA 分子转化的成功率，常被用作基因工程受体菌。

（3）遗传互补型：受体细胞必须含有与载体所携带的选择性遗传标记互补的性状，便于转化细胞的筛选。

（4）转化亲和型：对于外源重组 DNA 分子，基因工程受体细胞需具备较高的可转化性。

8.1.2.2　安全性条件

从安全性方面考虑，受体细胞应具备以下条件。
（1）受体细胞需对其他生物，如人、畜等不具有感染性或者寄生性。
（2）不适合在非培养条件下生存。
（3）在非培养条件下，其 DNA 容易发生降解或者失活。
（4）DNA 不易转移。
（5）质粒只在这一宿主中复制。
（6）便于检测。

8.1.3　重组 DNA 分子导入大肠杆菌细胞的方法

8.1.3.1　CaCl₂ 诱导的大肠杆菌感受态转化法

在自然条件下，很多质粒均可通过接合作用转移到新的宿主细胞内，但是人工构建的重组质粒载体中通常缺乏此种转移必需的 *mob* 基因，因此不能通过细菌接合作用完成转移。1970 年，Mandel 和 Higa 发现 CaCl₂ 处理过的大肠杆菌能够吸收 λ 噬菌体 DNA。1972 年，Cohen 团队发现，用 CaCl₂ 处理的大肠杆菌能促进 R 质粒 DNA 的转化；他们还发现延长冰冷 CaCl₂ 溶液孵育时间至 60min，并在冷孵后放入 42℃进行 2min 的热激处理，能大幅提高外源重组 DNA 分子的转化效率（Cohen et al.，1972）。此后，Cohen 团队的冷孵育-热激转化方法成为分子克隆实验中的常规转化方法并一直沿用至今。

Ca^{2+} 主要使受体细胞的细胞膜通透性发生暂时性的改变，进而使其成为允许外源重组 DNA 分子进入的感受态细胞（competent cell）。该方法操作简便快捷，重复性好，适用于成批制备大肠杆菌感受态细胞。Ca^{2+} 诱导大肠杆菌感受态形成及转化的基本实验步骤为：①将–80℃保存的菌种取出，于 LB（Luria-Bertani）固体培养基上画线，37℃倒置培养过夜以获取单菌落；②挑取单菌落，用液体 LB 培养基进行扩大培养，37℃、

200 r/min 培养至菌液 OD$_{600}$ 为 0.4 左右（对数生长期）；③将处于对数生长期的细菌细胞用冰预冷的 CaCl$_2$ 溶液重悬，使细胞膨胀，同时 Ca^{2+} 使细胞膜磷脂层形成半晶格状态，位于外膜与内膜间隙中的部分核酸酶离开所在区域，进而使大肠杆菌形成人工诱导的感受态；④向感受态细胞中加入重组 DNA 分子，Ca^{2+} 与 DNA 接合并形成抗脱氧核糖核酸（DNase）的羟基-磷酸钙复合物，黏附在细菌细胞膜的外表面；⑤经短暂的 42℃ 热激处理，细胞膜的半晶格状态变成流动性，并出现许多间隙，致使膜通透性增加，外源重组 DNA 分子便可趁机进入细胞内。制成的感受态细胞于 4℃ 下可保存 3 天。转移感受态细胞悬浮液至已消过毒的冷藏管内，并加入已灭菌的甘油使其终浓度达到 20%，混匀。甘油储液可在 4℃、−20℃ 和 −70℃ 下分别储存待用（黄学娟等，2017）。CaCl$_2$ 法制备大肠杆菌感受态细胞及转化过程见图 8-1。

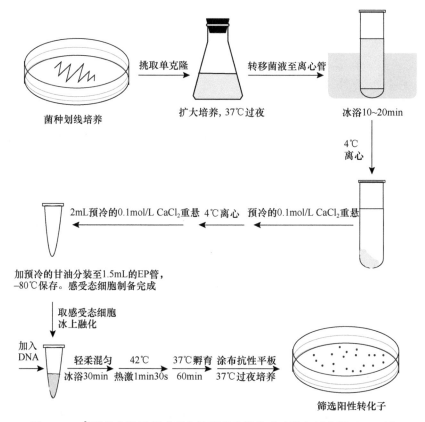

图 8-1　Ca^{2+} 诱导大肠杆菌感受态的形成及转化［改编自刘志国（2020）］

为了提高转化效率，感受态细胞的制备及转化过程中需要注意以下几点。

（1）细胞生长的状态和密度：使用单克隆菌落制备的新鲜菌液，要严格控制菌体生长密度（OD$_{600}$ 为 0.4 左右），菌体密度过低或者过高都会影响转化效率。

（2）外源重组质粒的质量和浓度：用于转化的重组质粒应主要是超螺旋或共价闭合环状结构，通常 1ng 的超螺旋质粒 DNA 可使 50μL 的感受态细胞达到饱和。一般情况下，外源重组 DNA 溶液的体积不应超过感受态细胞体积的 5%，配比过高或者过低均会影响转化效率。

（3）为了提高转化效率，所有试剂最好使用最高纯度，如 GR（guarantee reagent，保证纯度试剂）或者 AR（analytical reagent，分析纯度试剂）。

（4）转化过程中要防止杂菌和杂质粒的污染：整个转化操作过程应在无菌环境下进行，所有试剂和器皿均需要经过高温、高压灭菌。为了避免因杂菌或者杂 DNA 污染出现假阳性转化子，在转化过程中可分别设置正、负对照组：①在感受态细胞中加入少量易转化或者易筛选的质粒 DNA 进行转化操作，以检测感受态效果；②转化过程中，用无菌水代替感受态细胞作为转化体系，以检测质粒溶液染菌的可能性；③用 NTE 缓冲液代替转化体系中的质粒溶液，以检测感受态细胞中染菌的可能性。

8.1.3.2　电穿孔转化法

电穿孔是一种适用于多种细胞转化的高效技术，主要通过电场来提高细胞膜的可渗透性。受体细胞在电场脉冲的刺激下，其细胞壁和细胞膜会在瞬间形成一些可逆的微孔道，方便受体细胞对外源质粒 DNA 分子、蛋白质、病毒颗粒及其他分子的吸收。该方法最早被应用于真核细胞外源 DNA 分子的导入，1988 年，Dower 等首先成功地将该法应用于大肠杆菌的转化过程中（Dower et al.，1988）。电穿孔转化法的基本操作步骤为：首先，取对数生长期的大肠杆菌细胞，低温离心后弃上清，用 ddH_2O 或者低盐缓冲液进行充分清洗，以降低细胞悬浮液的离子强度；其次，将细胞在电极杯中悬浮，向电极杯中加入适量的待转化质粒 DNA 并轻轻混匀，冰浴电极杯并将其推入电转仪中；打开电转仪，调整一个合适的电转化参数，通过在电极杯两侧外接高压电源，提供一个短暂的高压脉冲电场，使细胞膜出现裂隙或者孔洞，方便外源 DNA 分子进入。

电穿孔转化法的转化效率受诸多因素的影响，如电场强度、脉冲时间、宿主细胞遗传转化背景及生长状态、重组质粒 DNA 的浓度、DNA 的拓扑结构和实验操作温度等。如果各种参数都合适，1μg 的重组质粒 DNA 可以得到 $10^9 \sim 10^{10}$ 个转化子。相较于传统的 $CaCl_2$ 转化法，电穿孔转化法的转化效率更高，尤其适合大分子克隆，如近 1000kb 大小的重组 DNA 分子。

8.1.3.3　接合转化法

接合转化法主要是供体和受体细胞通过直接接触来传递质粒 DNA 的方法。该系统需要 3 种不同的质粒，即接合质粒、辅助质粒和运载质粒（载体）来共同完成转化过程。其中，接合质粒通常具有促进供体细胞与受体细胞有效接触的接合功能，以及诱导 DNA 分子传递的转移功能，是基于非接合型质粒的迁移作用而建立的一种 DNA 转化方式，因此在转化过程中，接合质粒发挥非常重要的作用。该法适用于那些难以采用 Ca^{2+} 诱导转化法或电穿孔法转化的受体菌。

然而，接合质粒分子较大，自我转移的随意性强，转移过程中经常伴随着宿主细胞染色体的高频转移，因此难以被用作基因工程载体。非接合型质粒分子较小，缺少编码质粒转移体系所需的全部基因，不能像接合型质粒那样在宿主细胞间自我转移。辅助质粒是一种融合性的接合质粒，当宿主细胞中含有该质粒时，非接合型质粒通常也会被转移，这种由共存的接合型质粒引发的非接合型质粒的转移过程称为迁移作用。

接合转化的主要原理为：当受体细胞和含有以上 3 种质粒的宿主细胞混合时，宿主细胞和受体细胞的直接接触使运载质粒进入受体细胞并在受体细胞中稳定复制和遗传表达。现在，分子生物学和基因工程实际操作过程中，通常将含有接合质粒和辅助质粒的宿主细胞（辅助细胞），与单独含有运载质粒的宿主细胞（供体细胞）和接受外源重组子的受体细胞进行混合，使运载质粒进入受体细胞并在受体细胞中稳定复制和遗传表达。除此之外，也有把含有接合质粒和运载质粒的宿主细胞与单独含有辅助质粒的宿主细胞和受体细胞进行混合以完成转化的操作。不管是以上哪种方法，由于整个接合转化方法中涉及 3 种不同的菌株，因此接合转化法通常也被称为三亲本接合转化法，并且此方法主要用于微生物细胞的遗传转化。具体流程如图 8-2 所示。

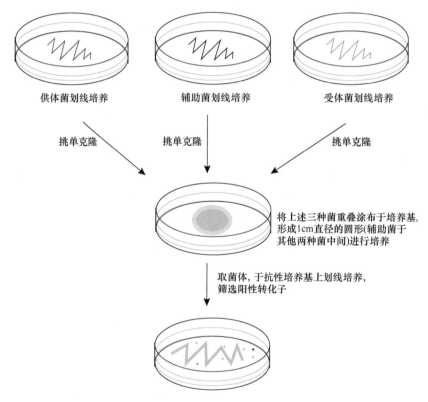

图 8-2　接合转化法操作流程图

8.1.3.4　重组 λ 噬菌体转导法

转导（transduction）即通过 λ 噬菌体或者病毒颗粒感染宿主细胞，进而将外源 DNA 或者 RNA 转移到受体细胞的过程。转导是自然界中外源 DNA 进入细菌的主要方法之一。在研究鼠伤寒沙门氏菌（*Salmonella typhimurium*）的重组时，科学家发现将甲硫氨酸和组氨酸营养缺陷型菌株 LT-2，以及苯丙氨酸、色氨酸和酪氨酸营养缺陷型菌株 LT-22 分别加入一支 U 形管的两臂，管的中部用一个玻璃细菌滤片将两臂隔开。培养几小时后，发现 LT-22 这一边出现不需要任何氨基酸的原养型细菌。由于两臂之间是用细菌滤片隔开的，所以并不是通过细菌接合作用产生的基因重组导致原养型细菌的出现，而是 LT-2

菌株在没有游离噬菌体存在的条件下偶尔能裂解并释放有感染力的沙门氏菌的噬菌体 P22。这种噬菌体在从 LT-2 细胞释放出来后可以通过滤片去感染 LT-22 细胞，因此导入的基因重组整合到 LT-22 的染色体上时，使 LT-22 由原来的缺陷型变成原养型细菌。

此后这种转导现象被广泛研究，在大肠杆菌、肺炎克雷伯菌（*Klebsiella pneumoniae*）、痢疾志贺氏菌（*Shigella dysenteriae*）、金黄色葡萄球菌（*Staphylococcus aureus*）、枯草芽孢杆菌（*Bacillus subtilis*）、鼠伤寒沙门氏菌等几十种细菌中都有发现，在放线菌和高等动物的细胞株中也有报道。当噬菌体增殖并裂解细菌时，某些 DNA 噬菌体（称为普遍性转导噬菌体）可在罕见的情况下（$10^5 \sim 10^7$ 次包装中发生一次），将细菌的 DNA 误作为噬菌体本身的 DNA 包入头部蛋白衣壳内。当裂解细菌后，释放出来的噬菌体通过感染易感细菌，可将供体菌的 DNA 携带进入受体菌内。如发生重组，则受体菌获得了噬菌体媒介转移的供体菌 DNA 片段，这一过程称为普遍性转导。质粒也有可能被包入衣壳进行转导。不具有转移装置的质粒可以依赖噬菌体媒介进行转移，转导可转移比质粒转化更大片段的 DNA，转移 DNA 的效率较高。

在基因工程操作中，基因的转导常借助 λ 噬菌体。λ 噬菌体是一种能感染大肠杆菌的双链 DNA、中等大小的温和噬菌体。λ 噬菌体为常用噬菌体，有较高的感染能力。λDNA 载体是一种较常用的载体，能够承载较长的外源 DNA 片段，因此，λDNA 的重组子通常较大，需要人工将其包装成具有感染活力的噬菌体颗粒，再用转导的方法将其导入受体细胞。其基本原理是：根据 λ 噬菌体 DNA 体内包装的途径分别获得缺失 D 包装蛋白和缺失 E 包装蛋白的噬菌体突变株。这两种突变株均不能单独地包装 λ 噬菌体 DNA，但将它们分别感染大肠杆菌，从中提取缺失 D 蛋白的包装物（含 E 蛋白）和缺失 E 蛋白的包装物（含 D 蛋白），两者混合后就能包装 λ 噬菌体 DNA。所以，转导的第一步操作就是要对重组的噬菌体 DNA 分子进行体外包装，即在体外模拟 λ 噬菌体 DNA 分子于受体细胞内发生的一系列特殊的包装反应过程，将重组 λ 噬菌体 DNA 分子包装为成熟的、具有感染能力的 λ 噬菌体颗粒的技术。具体步骤如下：①制备包装物，用于体外包装的蛋白质可直接从溶源性大肠杆菌菌株中获得，通常用于体外包装的蛋白质组分需要功能互补，并且要分别获得、储存（如上所述）；②包装，λDNA 与目的 DNA 片段的连接反应产物与上述包装体系混匀，室温静置 60min，之后加入少量氯仿，混匀后离心，以去除细菌的细胞碎片，收集上清液，该上清液包含具有转导活力的 λ 噬菌体；③转导，将上述得到的上清液稀释至合适浓度，与相应的大肠杆菌受体细胞混合后涂布平板，过夜培养。具体转导过程如图 8-3 所示。

经过体外包装的噬菌体颗粒可以感染适当的受体菌细胞，并将重组 λ 噬菌体 DNA 分子高效导入细胞中。在良好的体外包装反应条件下，1μg 野生型的 λ 噬菌体 DNA 可形成 $10^8 \sim 10^9$ pfu；对于重组的 λ 噬菌体 DNA，包装后的成斑率要比野生型的有所下降，但仍可达到 $10^6 \sim 10^7$ pfu，完全可以满足构建真核基因组基因文库的要求。

8.1.4　聚乙二醇介导的细菌原生质体转化

革兰氏阳性菌（如枯草杆菌、链霉菌等）接纳外源 DNA 的主要屏障是细胞壁，因而这类细菌通常采用原生质体（去除细胞壁的细胞团）转化的方法转移质粒或重组 DNA 分子。此外，酵母菌、霉菌、植物细胞也可用原生质体法进行转化。PEG 是乙二醇的多聚物，存在不同分子质量的多聚体。它可改变各类细胞的膜结构，便于重组 DNA 分子进入细胞。

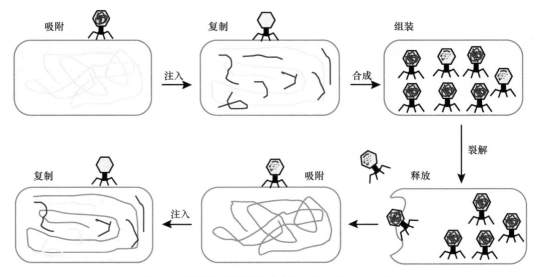

图 8-3　噬菌体转导过程［改编自邢万金（2018）］

细菌的原生质体转化步骤主要如下。

1. 细菌原生质体的制备

不同细菌的原生质体制备方法不尽相同，以链霉菌为例，细菌需生长在高渗培养基中（如 34%蔗糖溶液），并加入甘氨酸以增加细菌细胞壁对溶菌酶的敏感性。在制备过程中，菌体应始终悬浮在 10.3%的蔗糖等渗溶液中。与原生质体接触的所有器皿应保持无水、无去污剂。

2. 细菌原生质体的转化

取 0.2～1mL 的原生质体悬浮液（10^8～10^9 个原生质体），加入 10～20mL DNA 重组连接液，同时加入含有 PEG1000 和 Ca^{2+}的等渗溶液，混匀。

3. 细菌原生质体的再生

原生质体再生的主要目的是使细菌重新长出细胞壁。再生过程于特殊的固体培养基上进行，内含脯氨酸和微量元素。

8.2　重组 DNA 分子导入酵母细胞

酵母是一类以裂殖或者芽殖方式进行无性生殖的单细胞真核生物，也是结构最简单的真核生物之一，其作为真核生物表达系统的优势为：①基因表达调控机制较清晰，遗传操作背景和实验操作技术相对简单；②具有原核生物不具备的蛋白质翻译后修饰系统；③不含有特异病毒，生长代谢过程中不产生毒素，属于安全型基因工程受体系统；④用酵母菌进行大规模发酵的规模较小，增殖快（90min/代），易培养；⑤酵母菌能将表达产物分泌至培养基中，方便代谢产物的提取、获得；⑥用酵母系统表达真核生物如动物和植物的基因，能在一定程度上揭示高等真核生物甚至人类基因表达调控的原理和机制，以及基因产物、结构与功能之间的关系；⑦易于研究突变体与基因功能，如构建酵母人工染色体等。酵母表达系统的缺点是：提纯工艺复杂，成本高，制品纯度达不到要求，制品免疫原性差，接种剂量大。作为真核基因最理想的表达系统，酵母菌在基因工程及分子生物学领域具有极为重要的经济意义和学术价值（Bredell et al.，2018）。

目前，酵母中已被广泛用于外源基因表达系统的有酿酒酵母（*Saccharomyces cerevisiae*）、乳酸克鲁维酵母（*Kluyveromyces lactis*）、巴斯德毕赤酵母（*Pichia pastoris*）、粟酒裂殖酵母（*Schizosaccharomyces pombe*）和多形汉逊酵母（*Hansenula polymorpha*）等，其中酿酒酵母的遗传学和分子生物学遗传背景研究得最为详尽。通过对野生型菌株进行多次经典诱变改良，酿酒酵母表达系统目前已成为酵母菌株中能高效表达外源基因，尤其是高等真核生物基因的优良系统。

在受体菌株选择时，通常选择转化率高、与载体基因互补，以及不会与其他菌株发生接合的酵母菌株。早期的酵母转化方法为等渗缓冲液中稳定的原生质球转化法。在 Ca^{2+} 和 PEG 存在的情况下，酵母原生质球吸收外源质粒 DNA，其转化效率与受体细胞的遗传特性和所使用的选择性标记有关。酵母转化使用的转化方法有 PEG 介导法、电穿孔、超声波和金属阳离子介导转化法等。酵母原生质球转化法应用广泛，但是操作周期长，且转化效率受原生质球再生率的制约。因此，一些转化率与原生质球法不相上下的完整细胞的转化体系相继被建立。酿酒酵母的完整细胞经碱性金属离子如 Li^+ 或者二硫苏糖醇（DTT）处理，在 PEG 和热激处理之后可高效吸收外源质粒 DNA 分子，虽然不同的酵母菌株对碱性金属离子种类要求不同，但是 LiAc 和 LiCl 介导的酵母完整细胞转化法在多种不同的酵母菌株中都同样适用，如粟酒裂殖酵母、乳酸克鲁维酵母和解脂耶氏酵母。

8.2.1 聚乙二醇介导的酵母细胞转化

酵母细胞的细胞壁主要由多糖和糖蛋白组成，如几丁质、葡聚糖和甘露聚糖蛋白等。细胞壁的存在阻碍了外源基因的进入，因此，英国酿酒工业研究基金会的 Eddy 和 Williamson 在 1957 年建立了用蜗牛酶消化酵母细胞壁以获得酵母原生质体的方法。这种原生质体因仍残留部分细胞壁，所以被称为球浆体，并且该原生质体可在 30%明胶或者 2%琼脂中进行细胞壁再生。

聚乙二醇介导法可用于植物细胞和真菌细胞的原生质体转化与融合。1979 年，美国康奈尔大学的 Gerald Fink 等首次建立了利用聚乙二醇转化酵母球浆体的技术。他们用蜗牛酶消化 *leu⁻* 酵母菌株的细胞壁，并将获得的球浆体放入 1mol/L 的山梨醇溶液中，随后用 0.5mL 含 1mol/L 山梨醇、10mmol/L Tris-HCl 和 10mmol/L $CaCl_2$ 的溶液（pH 7.5）重悬，然后向上述球浆体中加入终浓度为 10～20μg/mL pYeleu10 质粒 DNA，室温放置 5min，最后向上述体系中加入 5mL 含 40% PEG4000、10mmol/L Tris-HCl 和 10mmol/L CaCl$_2$ 的 pH 7.5 的溶液，处理 10min 后离心收集菌体，将收集的菌体在相应培养基上进行细胞壁重生。虽然球浆体转化法应用比较广泛，但是转化后的酵母细胞通常需要在含有琼脂的培养基上再生细胞壁；再者，PEG 会介导不同球浆体之间的融合，从而使得到的转化子中一部分为含有相同基因的二倍体或者多倍体，由此，转化带有完整细胞壁的酵母细胞的相关转化技术和体系被逐渐建立。

8.2.2　电转化法介导的酵母细胞转化

利用电穿孔转化法转化酵母的原生质体技术很早就已经被广泛应用了，经实验发现，酵母原生质体制备的质量直接影响转化结果。顺利进行原生质体制备的关键在于把握细胞的生长状态，通常对数生长期的细胞易于破壁。同时，研究发现用巯基乙醇处理时，加上适量（0.05mol/L）的 EDTA 之后再进行酶解，细胞壁去除效果较好，并且可缩短酶解时间。电穿孔法还可以直接转化完整的酵母细胞，对于不易于制备原生质体的酵母菌种的转化是最好的选择。由于转化体系和条件的优化，电击转化法从最初的 945cfu（clone formation unit，阳性克隆菌落的数目）/μg 质粒 DNA 到后来的 $2×10^5$～$5×10^5$cfu/μg 质粒 DNA，转化效率比原生质体球转化法高 10 倍。高压电脉冲现在不仅用于质粒的转化，还用于酵母人工染色体的转化。

8.2.3　碱性阳离子 Li$^+$ 介导的酵母细胞转化

1981 年，日本京都大学 Kousaku Murata 发现去污剂 TritonX-100 可使酵母细胞表面发生变化，使其能被外源质粒 DNA 转化。随后，1983 年，日本国家酿酒研究所的 Limura 等仿照大肠杆菌的冰冷 CaCl$_2$ 和热激转化法进行酵母细胞的转化，1μg 的质粒 DNA 转化 10^8 个酵母细胞仅能得到 50～60 个阳性克隆，转化效率不及球浆体法。与此同时，Kousaku Murata 等尝试用多种不同的金属阳离子处理酵母细胞以制备感受态细胞。他们发现，Ca^{2+} 和 Zn^{2+} 虽能诱导大肠杆菌和植物细胞成为感受态细胞，但不适用于酵母细胞，然而某些碱性金属阳离子（如 Na$^+$、K$^+$、Rb$^+$、Cs$^+$ 和 Li$^+$）与 PEG 合用能促进酿酒酵母对外源质粒 DNA 的吸收（何秀萍，2014）。在该过程中，PEG 和 42℃热激处理是不可或缺的步骤。经实验发现，用 LiAc 处理时，能达到 400 个转化子/μg DNA 的转化率。虽然单价阳离子转化法的转化效率比球浆体法低，但是该方法快速简便，且不需要额外消化酵母细胞的细胞壁以获得原生质体。后来，经过大量的实验摸索和改进，该法的转化率已被提高至 10^4 个转化子/μg DNA。目前，LiAc 处理已经成为酵母细胞转化的常用步骤。LiAc 处理可使酵母细胞形成一种短暂的感受态细胞的状态，以便接受外源质粒 DNA 分子。而同时加入的 PEG 则可在高浓度的 LiAc 环境下保护酵母细胞的细胞膜，减少 LiAc 对其产生过度损伤，同时促进外源质粒与细胞膜之间的紧密接触。

8.3　外源重组基因导入植物细胞

植物细胞与动物细胞最大的区别之一就是，高度分化的植物细胞或组织仍然具有高度的全能性，在适当条件下，其分化的组织依然能再次分化发育成为完整植株。众多实验结果表明，植物可以通过"植物组织-愈伤组织-植物"的方式进行无性繁殖。高等植物通常都具有由纤维素和果胶质等组成的坚硬细胞壁，阻碍了植物细胞对外源质粒 DNA 的摄取，因此，原生质体转化法在植物中也得到了应用。

植物原生质体（protoplast）即去掉细胞壁后仍能保持细胞完整性的植物细胞。1892 年，德国科学家 Klercker 曾用机械法得到了植物原生质体粗制品。1960 年，诺丁汉大学的 Cocking 受到酶解细菌和真菌细胞壁获得原生质体的启发，使用从真菌疣孢漆斑菌（*Myrothecium verrucaria*）中提取的纤维素酶处理番茄幼苗根尖细胞，然后得到了植物细胞的原生质体。后来，研究者们利用商业化的纤维素酶和果胶酶，通过酶解获得了烟草叶片组织细胞的原生质体。1971 年，Takebe 与德国马普研究所合作，把烟草叶肉栅栏组织的单个原生质体诱导形成愈伤组织，并进一步诱导分化使其发育成为完整的植株，证明了植物可以通过"植物组织-原生质体-愈伤组织-植物植株"的形式进行无性繁殖。

借助以上技术，人们可以通过直接或者间接的方式给体外培养的植物细胞转入外源基因，并诱导其分化发育成为完整植株，从而获得转基因植物。

8.3.1　DNA 直接转化法

DNA 直接转化法是利用物理或者化学的方法将外源基因导入植物受体细胞的技术。目前常用的方法有物理和化学法、脂质体法、花粉管通道法和基因枪法。相较于其他的转化方法，这些方法无宿主种类和范围的限制，且适合用于各种不同的植物细胞，特别是单子叶植物细胞。实验时，可直接将共培养的植物原生质体细胞和外源 DNA 分子施以物理或者化学处理，致使原生质体细胞膜的通透性短时间内发生改变，以便 DNA 分子进入并进一步整合在植物细胞基因组中。

8.3.1.1　物理法

物理法可大致分为物理刺激法和机械法。物理刺激法常用电击法，既适用于单子叶植物，也适用于双子叶植物。在植物领域，不同研究者在实验中所采用的可逆击穿临界电压、脉冲时长、PEG 的浓度和处理时间，以及溶液理化性质和受体细胞类型各异，因此他们所获得的最佳转化条件也各有不同。目前，利用电击法已经成功地转化了玉米、水稻和烟草的原生质体。该方法虽然操作简便、对细胞的毒性低，但是转化率不高，应用领域限于只能用原生质体再生植株的植物。与电击法类似，激光微束法是利用激光微束脉冲使细胞膜可逆性穿孔，进而使外源 DNA 分子进入受体细胞的一种转化方法。显微注射法是一种经典的物理机械法转基因技术，该法借助显微注射仪，通过机械的方法将外源 DNA 或者 RNA 注射到受体细胞中，其转化效率可高达 60%，并且使用范围较广，无论游离细胞、原生质体，还是分生组织和胚胎组织都可使用该技术进行转化，但是在转化前需要对待转化的受体细胞或者细胞团进行固定。然而，由于缺乏有效的受体材料固定方法，且费时费力，每次只能处理一个细胞，对操作者的技术要求较高，因此该法在植物转基因领域应用较少，但在动物转基因操作用领域一直在使用（刘旭霞和刘渊博，2014）。

8.3.1.2 化学刺激法

在植物遗传转化研究领域，化学刺激法是建立较早、应用较广泛的方法。其主要原理类似于大肠杆菌和酵母细胞的 PEG 和 Ca^{2+} 转化法。该法对受体细胞种类没有限制，且对细胞伤害少，易于选择转化体，因此在水稻、玉米、小麦等多种植物转化过程中均有应用。

8.3.1.3 基因枪法

基因枪技术也称为微弹射击法或微粒轰击技术，是一种快速有效的植物 DNA 转移技术，主要通过包裹有外源 DNA 的金属微粒（microcarrier），一般是金粉或钨粉（直径从零点几微米到几微米），在载体（macrocarrier）的携带下经加速，高速向前运动，经过一定距离打在有穿孔的挡板（或金属网）上，载体被拦截下来，而微弹在惯性的作用下穿过小孔继续运动，击中转化材料，穿透植物细胞壁进入靶细胞，释放出外源 DNA 分子并整合进寄主细胞染色体上得以表达，从而实现基因的遗传转化（图 8-4）。

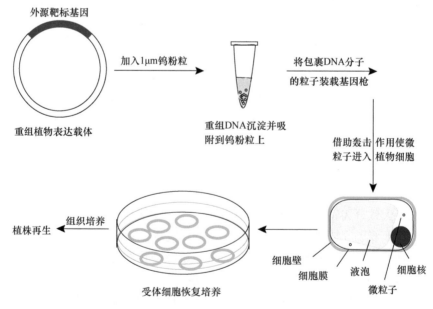

图 8-4 微弹射击法或微粒轰击技术将外源 DNA 导入植物细胞［改编自马建岗（2007）］

1987 年，美国康奈尔大学的 Sanford 等发明了基因枪，同年 Klein 首次将其用于植物转基因研究，克服了农杆菌介导的转基因方法中受体种类和基因型的限制，开创了植物转基因方法的新领域。根据动力来源的不同，基因枪可分为 3 类：火药式（gun powder）、气动式（gas powder）、放电式（electric discharge）。3 种类型基因枪的结构基本相同，均由点火装置、发射装置、挡板、样品室及真空系统等几部分组成。基因枪的转化实质是物理过程，因而对受体材料要求不是十分严格，细胞、组织、器官均可用于转化。自 1988 年科学家用基因枪转化大豆胚性组织获得成功以来（Christou et al., 1988），该法已被成功地用于植物各种不同来源器官、组织和细胞的转化过程，如悬浮细胞、胚性细胞、原生质体、根茎的切段、叶片、分生组织、愈伤组织、花粉细胞、胚芽鞘等。基因枪转化法没有宿主范围的限制，靶受体类型广泛。目前，该项技术在水稻、甘蔗、棉花、番木瓜、杨树、云杉、大果越橘等植物转基因领域均获得成功（许新萍等，1999；王鸿鹤等，2000；徐琼芳等，2001）。有研究结果显示，基因枪技术还可以将外源基因转入叶绿体和线粒体，使细胞器转化成为可能，显示了其旺盛的生命力和广泛的应用前景（Dubald et al., 2014；Ozyigit and Yucebilgili, 2020）。

然而，基因枪的转化效率差异较大，有报道称其转化率仅为 10^{-4}，也有研究表明其转化率可达到 2.0%。虽然基因枪转化法是目前应用最广的转化方法之一，然而该转化方法成本较高，转化体中获得嵌合体的概率较大，遗传稳定性低，外源基因整合到植物基因组上的机理不明确，并且通常会发生多拷贝整合致使植物自身基因非正常表达，造成共抑制现象。

8.3.1.4　脂质体介导法

脂质体是由人工构建的磷脂双分子层组成的膜状结构。该法利用生物膜的结构和功能特征，将待转化的外源核酸分子包裹在人工合成的双层囊膜中，使其免受核酸酶的降解，达到遗传转化的目的。脂质体介导的转化方法有两种：其一是脂质体融合法，即先将含有外源核酸分子的脂质体与原生质体共培养，使脂质体和原生质体膜融合，进而实现遗传转化；其二是脂质体注射法，即通过显微注射技术将含有外源核酸分子的脂质体注射到植物细胞体内，以实现遗传转化。1985 年，Deshayes 等利用该法将卡那霉素抗性基因 *NPT-II* 转入烟草原生质体中（Deshayes et al., 1985）。1990 年，朱桢等首次利用一种新型脂质体将人体的 α 干扰素 cDNA 转入水稻原生质体中，并获得转基因株系。

脂质体法是近年来化学转化法中应用最广泛的方法之一，其转化效率较高、植物种类适用广、重复性好、操作步骤简单。但是，与其他化学转化法类似，该方法只能应用于植物原生质体遗传转化，因此在一定程度上限制了其应用范围。

8.3.1.5　花粉管通道法

花粉管通道法是我国科学家周光宇于 1983 年首次报道的植物遗传转化方法。该方法的主要原理是：将外源 DNA 片段在植物授粉后的特定时期注入柱头或者花柱，外源 DNA 沿着花粉管通道或者传递组织通过柱心进入胚囊，转化受精卵、合子及早期胚胎细胞。花粉管通道法是一种可用于任何开花植物的转化方法，该方法参与了被转化植物的生殖过程及后代整个植株的生长发育，避免了基因枪法和其他转化方法对组织培养技术的要求，转化方法简单、便捷，对于单、双子叶植物均适用。除此之外，该方法育种时间短，实用性强，无基因型限制，易于实现大规模的基因转化，因此该法问世以来，引起了国际上的广大关注。世界各地的诸多实验室将这一转基因技术应用于水稻、大麦、小麦、棉花、豌豆和牧草等物种的基因重组和总 DNA 导入的研究中（Chen et al., 1998; Yang et al., 2009）。目前，花粉管通道法主要用于改良玉米自交系的研究，如抗虫、抗除草剂及提高植株抗逆性能等方面。花粉管通道法将外源 DNA 分子导入玉米自交系中的转化有柱头滴加法、花粉粒携带法、子房微注射法等不同方式。经研究者实验证明，柱头滴加法无论是在转化效率还是对幼穗的伤害程度方面都具有一定优势。

8.3.1.6 超声波转化法

超声波转化法是利用低声强脉冲超声波的生物学效应使细胞膜形成通道，便于外源 DNA 进入细胞。该转化方法可避免脉冲高压对细胞的损伤，有利于原生质体的存活。此外，超声波转化法操作方便，无须昂贵的设备，对受体细胞无限制范围，但是目前该法仍有待进一步完善。

8.3.1.7 碳化硅纤维转化法

碳化硅纤维转化法是将细胞或者细胞团与质粒 DNA 和针状碳化硅纤维（直径 d=0.6μm，长度 l=10~80μm）混合，然后在涡旋振荡引起的相互碰撞过程中，纤维将细胞刺穿并将附着在其上的 DNA 分子导入细胞，从而实现植物细胞的遗传转化。该方法操作简便、快速、成本低，受体类型广泛。

外源基因的直接转移方法扩大了植物基因的转移范围，尤其是对原生质体培养困难的禾谷类作物。为了提高转化效率、简化操作程序及避免组织培养再生的困难，新的植物遗传转化方法不断涌现，老的方法也在不断完善，相信经过科研工作者的努力，植物遗传转化系统将会越来越完善。

8.3.2 农杆菌 Ti 质粒转化法

土壤农杆菌介导法是目前最常用的获得转基因植物的方法，虽然在少数单子叶植物系统中也得到应用，但是它主要用于双子叶植物转基因系统。利用土壤农杆菌介导的基因转移具有再生率高、外源基因转入及整合过程中未发生任何重大修饰等优点。一般来说，通过土壤农杆菌介导方法转入的基因通常拷贝数较低，并且多为单拷贝。

农杆菌是一类普遍存在于土壤中、生活在植物根系表面，依靠从根部组织渗透出来的营养物质生存的革兰氏阴性菌，主要分为根癌农杆菌（*Agrobacterium tumefaciens*）和发根农杆菌（*Agrobacterium rhizogenes*）两类。目前应用较多的是根癌农杆菌，被誉为"自然界最小的遗传工程师"。根癌农杆菌的 Ti（tumour inducing）质粒有一段 T-DNA（transferring DNA）区，农杆菌可以通过侵染植物的伤口进入细胞，因此，人们可以通过将目的基因插入到经过改造的 T-DNA 区，借助农杆菌的侵染能力，经过一系列的过程，实现外源基因向植物细胞的转移和整合，然后通过细胞和组织培养技术，得到大量的转基因植物。

8.3.2.1　Ti 质粒的结构组成

多数根癌农杆菌都携带一种 Ti 质粒(tumor inducing plasmid)，Ti 质粒长 200~250kb，是一种双链环状 DNA 分子。根据其合成的冠瘿碱的不同，可将 Ti 质粒分为以下 4 种：章鱼碱型、胭脂碱型、农杆碱型和琥珀碱型。冠瘿碱可以为农杆菌的生长提供能源。

天然的 Ti 质粒由 4 个不同的结构区域构成：复制起始区（Ori 区域）调控 Ti 质粒的自我复制；接合转移区（Con 区域）存在与细菌间接合转移相关的基因，调控 Ti 质粒在农杆菌之间的转移；转移 DNA 区，即 T-DNA 区，该区域是农杆菌感染植物细胞时，从 Ti 质粒上切割下来并转移到植物细胞的一段 DNA 区域；毒性区（Vir 区域）的基因能激活 T-DNA 的切割转移，从而使农杆菌显出毒性。

8.3.2.2　T-DNA 区域的结构与功能

T-DNA 区域长 12~24kb，是 Ti 质粒中能够转移并且整合到植物基因组上，从而导致冠瘿瘤产生的区域。T-DNA 的两端边界分别为左边界（LB 或 LT）和右边界（RB 或 RT），均由 25bp 的重复序列构成，其中右边界在 T-DNA 的转移过程中发挥重要作用。在章鱼碱型 T-DNA 右边界的右边还存在一段约 15bp、发挥增强子作用的超驱动序列，并且为 LT、RT 和 T-DNA 的转移所必需的。

通常，在 T-DNA 左、右边界之间的区域包含 3 类与植物冠瘿碱产生密切相关的基因，即生长素合成相关基因、细胞分裂素合成基因和冠瘿碱合成基因。当上述 3 个基因伴随 T-DNA 转移并整合到植物基因组上后，伴随植物基因的表达，上述生长素合成基因和细胞分裂素基因表达产物使转化区细胞不断分裂生长，随着冠瘿碱合成基因表达产物的积累，植物细胞在感染处逐渐形成冠瘿瘤。

8.3.2.3　T-DNA 整合机制及诱导植物细胞致瘤过程

农杆菌 Ti 质粒中的 T-DNA 转移并整合到植物基因组上的过程大体分为 6 个步骤：①农杆菌识别受体细胞；②农杆菌附着到受体细胞上；③Vir 区域相关基因被诱导表达；④农杆菌和植物细胞之间的通道复合体合成并装配；⑤T-DNA 的切割及转移；⑥T-DNA 整合到植物基因组上。在步骤①中，农杆菌对植物细胞的识别依赖于细菌的趋化性，即菌株对植物细胞释放的某些化学物，如糖类、氨基酸类或者酚类等物质的趋化作用。在植物创伤部位生存了 8~16h 后，农杆菌的生长状态处于细胞调节期，此时的细菌会产生纤丝并将自己缚附在植物细胞的表面。受损伤的植物细胞会分泌乙酰丁香酮和羟基乙酰丁香酮等酚类物质，这些物质可以诱导 Ti 质粒的 Vir 区域基因表达，其产物蛋白 VirD2 可在 T-DNA 边界的特定位点（通常被认为是边界末端第 3 和第 4 碱基间）进行切割，产生单链 T-DNA 片段。单链 T-DNA 片段和 VirE2 蛋白形成转移复合体，穿过由 VirB 蛋白在细胞膜上形成的转移通道，从而到达植物细胞，便于 T-DNA 与植物基因组的整合。待 T-DNA 整合到植物基因组上之后，T-DNA 的三类结构基因伴随植物基因的表达而表达，其表达产物促进植物冠瘿瘤的产生和形成。

8.3.2.4 毒性区域的基因及其功能

Vir 区域虽然在 T-DNA 区域以外，但是该区域内基因表达的相关蛋白质在 T-DNA 的切割、保护、稳定和转移过程中发挥至关重要的作用。Vir 区域全长约 40kb，由 VirA、VirB、VirC、VirD、VirE、VirF 和 VirG 共 7 个操纵子组成。其中，VirA、B、D、E 和 G 编码的蛋白质对 T-DNA 的转移和致瘤作用是必不可少的。VirA 编码一个定位于细胞膜上的跨膜组氨酸蛋白激酶，VirG 是一个胞质应答调节因子。一旦受到酚类物质的诱导，被激活的 VirA 可以立即激活 VirG，被激活的 VirG 可进一步激活其他 Vir 基因的表达。双子叶植物受伤后产生的酚类物质（如乙酰丁香酮和羟基乙酰丁香酮）对激活农杆菌 Ti 质粒的 Vir 基因有重要作用。包含 11 个 ORF（开放阅读框）的 VirB 编码的蛋白质通常被运送到细菌细胞膜上或者周质中，在农杆菌细胞和植物细胞之间形成通道，便于 T-DNA 的转移。VirD 编码的蛋白产物为 VirD1～5，其中 VirD2 具有内切核酸酶活性，可以特异性地识别 T-DNA 的右边界序列，并在特定位点进行切割，并且与切口的 5′ 端结合。VirE2 为单链结合蛋白，多个 VirE2 蛋白和上述切割产生的单链 T-DNA 片段结合，形成核蛋白丝。VirD2 和 VirE2 蛋白上都有核定位信号，能介导 T-DNA 进入植物细胞核内。由以上内容可以看出，Vir 区域的基因相互作用形成了切割-保护/护送-通道-转移为一体的 T-DNA 系统转移途径。

8.3.2.5 Ti 质粒载体系统

农杆菌的 Ti 质粒虽然是一种智能、有效的载体系统，但是和常规克隆载体系统相比，该系统具有致命缺陷，例如，转化细胞生长过程中产生的激素会阻碍其自身的再生作用；冠瘿碱的合成主要利用植物体内的能源物质，造成植物体内能源物质的消耗，因此植物产量会降低；Ti 质粒因载体过于庞大，不利于转化操作过程；Ti 质粒在基因工程菌大肠杆菌体内不能复制，给细菌基因工程操作和质粒的保存造成困难。目前植物遗传工程中常用的为改造后的 Ti 质粒系统。

目前经改造并且应用于植物遗传工程的 Ti 质粒载体系统主要有共整合载体系统和双元质粒载体系统。共整合载体系统即利用只能在大肠杆菌而不能在农杆菌中复制的中间质粒载体，如 pBR322 等，在其上以同源重组或者克隆的方式插入与 Ti 质粒同源的一段序列，然后将外源基因构建到中间载体上并转化大肠杆菌，进一步将该大肠杆菌与含有 Ti 质粒的农杆菌进行融合，以促进中间载体和 Ti 质粒之间的同源重组，通过抗性标记筛选，从而得到含有外源目的基因的重组 Ti 质粒，最后方可进行植物细胞的侵染工作。

双元质粒载体系统充分利用了 Vir 区域基因产物可以促进 T-DNA 转移的特性，将原始 Ti 质粒改造成只含有 Vir 基因、不含 T-DNA 区域的协助质粒和含有 T-DNA 区域却不含 Vir 区域的微型 Ti 质粒。前者因为不含 T-DNA 区域，因此完全丧失了致瘤作用，只提供 Vir 基因产物，使其促进 T-DNA 的转移。基因工程中常用的改良农杆菌菌种，如 LBA4404，其中有只包含 Vir 区域的协助质粒 pLBA4404。微型 Ti 质粒，如 Bevan 构建的 pBIN19 和 Jefferson 构建的 pBI121，其 T-DNA 左、右边界序列之间包含有植物细胞抗性筛选标记（如 NPT-II 或者 LacZ 基因），并且含有多克隆位点（MCS），方便外源目的基因的克隆。T-DNA 区域外含有大肠杆菌的复制起始点和筛选标记，便于中间载体的构建和筛选。因此，只要将外源目的基因构建到微型 Ti 质粒的 T-DNA 区域内，辅以合适的、含有 *Vir* 基因的协助质粒共同转化农杆菌，筛选出阳性克隆便可转化植物，就可以获得转基因植物。由于双元载体系统使用方便、可操作性强，因此在植物遗传转化过程中被广泛应用。

与其他遗传转化方法相比，农杆菌介导法具有其独特的优点，被广泛应用：①农杆菌转化系统是目前原理研究最清楚、方法最成熟、应用最广泛的遗传转化方法；②人们可以根据自己的需要，在 T-DNA 区连接不同类型的启动子，从而使整合进植物的基因在再生植株的各种组织器官中特异性表达；③Ti 质粒的 T-DNA 区，在一定的片段大小范围之内，可以容纳不同大小的 DNA 片段插入；④由农杆菌介导转化的外源基因，在植物基因组中多数为单拷贝，遗传稳定性较好，并且大多数符合经典孟德尔遗传定律，从而使转基因植株能较好地为育种家提供选育材料；⑤农杆菌介导转化法所需仪器设备简单，对设备没有特殊要求，操作比较简单，成功率高。

农杆菌介导的植物遗传转化技术在单、双子叶植物及受体材料种类方面都取得了重大突破，不仅转化率高，而且外源基因能稳定遗传表达。但是，不可否认的是，农杆菌介导的遗传转化方法也有很多缺点，例如：①在农杆菌侵染受体过程中，会对受体材料造成不同程度的损伤；②农杆菌介导法依赖于高效的组织培养，而组织培养受基因型、外植体来源等各种因素的影响；③目前关于农杆菌介导遗传转化方法的机理和分子调控虽然已研究得较为深入，但是对相关植物因子的作用机理还知之甚少。

随着转化技术的发展，农杆菌转化法中可用作受体的材料越来越多，然而，由于植物体细胞胚胎发生能力和植株再生能力在不同基因型中有很大的差异，基因型的限制会导致有的植物品种不适合作为受体细胞。不同基因型植物的再生能力差异有如下规律：

（1）双子叶>单子叶；

（2）被子植物>裸子植物；

（3）双子叶植物中，茄科（Solanacea）、秋海棠科（Begoniaceae）、景天科（Crassulaceae）、苦苣苔科（Gesneriaceae）、十字花科（Cruciferae）再生力特强，而郁金香属（Tulipa）再生力较弱；

（4）同一种植物中，活体（*in vivo*）再生力强者，离体（*in vitro*）再生力也强。

另外，外植体取自母株的部位不同、母株所处的发育阶段不同，以及组织的幼嫩程度和大小的不同也都会影响外植体再生能力。与原核细胞受体相比，以上因素会使受体细胞不同批次之间一致性的可控难度增加。因此，对应不同的植物细胞，不同的转化材料均需要确立合适的遗传转化体系。

8.4　动物细胞遗传转化的方法

20 世纪 70 年代末至 80 年代初，真核生物基因的表达和调控研究逐渐深入，真核细胞病毒载体、外源基因转化、转染技术及动物细胞工程等领域均取得了较大进展，于是人们开始利用哺乳动物细胞获得原核细胞无法表达或者表达产物无活性的蛋白质。20 世纪

80 年代以后，Gordon 首先用受精卵原核注射法获得了相应的转基因小鼠。1982 年，Palmiter 等又将带有小鼠 MT 启动子的大鼠生长激素（RGH）基因导入小鼠受精卵，得到"超级小鼠"。1997 年，Wilmut 等用来自成年母绵羊未受精卵细胞和成年绵羊的乳腺上皮细胞进行核移植，获得克隆羊"多莉"（Wilmut et al.，1997），首次证明了成年动物的分化细胞具有发育的全能性，可以维持核移植胚胎发育到出生。体细胞克隆小鼠、牛及山羊的成功，同样证明了高度分化的动物细胞也具有全能性。进入 21 世纪以来，动物转基因技术有了很大的发展。Lai 等（2002）把以纤维原细胞作为供体核、以体外成熟的猪卵母细胞作为核受体细胞，用有复制缺陷的反转录病毒作为载体，通过核移植获得了转基因猪。至此，动物转基因技术进入了一个崭新的发展阶段。转基因兔、猪、绵羊、山羊、鱼、鸡等的相继问世，预示着转基因技术在基础研究和实际应用方面均呈现出良好的发展前景（刘旭霞和刘渊博，2014）。

与外源基因导入植物和微生物受体细胞的方式及方法略有差异，外源基因导入动物细胞的情况可根据受体细胞的状态分为两种。其一是把外源基因导入体外培养的离体动物细胞（现在通常统称这类方法为转染），如将外源基因导入小鼠 L 细胞、猴肾细胞和各种人类癌肿瘤细胞系（如 HeLa 细胞、成纤维细胞和骨髓细胞系）等受体细胞（Liu et al.，2018）。可实现动物离体细胞转染的转化手段有物理法、化学法和生物法三大类。化学法通常使用化学试剂介导，生物法使用的是病毒载体介导的方法。其二为将外源基因导入动物受精卵、早期胚胎细胞或者胚胎干细胞，进而实现活体动物转化来获得活体转基因动物。常用的方法有显微注射法、体细胞核移植法、胚胎干细胞法、反转录病毒感染法和精子载体法等。

8.4.1　动物细胞的物理转染法

物理法介导动物细胞遗传转化的主要优点是转基因动物体内不会人为地引入任何病毒基因片段，也可以避免化学试剂对细胞的毒害，对于基因治疗，该法尤为安全。但是，外源基因进入受体细胞后，通常以多拷贝的形式整合到受体细胞基因组中，导致受体细胞基因失活。目前，在动物遗传转化领域常采用的物理转化方法有电穿孔法、光穿孔法和显微注射法等。

8.4.1.1　电穿孔法

对于精细胞、卵母细胞、胚胎细胞以及其他某些（如培养基中悬浮生长的淋巴细胞）难以完成转化程序的动物受体细胞，可以采用电穿孔法来实现。其基本过程为：将受体细胞悬浮于冰冷的磷酸盐缓冲液中，浓度为 $1\times10^7\sim2\times10^7$ 个细胞/mL；向细胞悬浮液中加入 $1\sim20\mu g/mL$ 的待转化 DNA 溶液；将上述溶液混匀后转移至电极杯，并在电极杯两端施以短暂的脉冲电场（$2.0\sim4.0kV$，$0.9\sim300mA$，$50nF$），使受体细胞膜形成孔洞，方便外源 DNA 分子进入。电穿孔法的转化率因受体细胞类型和电击条件的不同而相差上千倍，其转化率为 $0.3\sim300$ 个转化子/10^6 个活细胞。除此之外，外源 DNA 的结构状态也会影响转化率，线性 DNA 易整合，所以其转化率比环状 DNA 高至少 20 倍。另外，低温条件下（如 0℃）电击，或者在电击前先用亚致死浓度的秋水仙胺处理细胞，都有利于提高转化率。电穿孔法操作简便、实验周期短、可适用的细胞类型广，但是转移外源 DNA 分子的大小受到限制，且不适合用于大体积细胞的转化；另外，该法难以控制外源 DNA 在受体细胞基因组中的整合位点。电穿孔法适用于外源 DNA 分子转染离体培养的动物细胞。

8.4.1.2　光穿孔法

与电穿孔法的原理类似，日本的 Shirahata 等于 2001 年发明了激光介导的动物细胞转染方法（Shirahata et al.，2001）。该方法利用激光产生的热量，使脉冲激光在细胞膜上打出微孔，从而将外源 DNA 分子从微孔中导入受体细胞。转化过程中，将一束蓝色氩激光通过 100 倍物镜作用于培养基中的细胞，在酚红存在的情况下，受激光照射的部位细胞膜通透性增加、形成微孔，并且微孔的直径受照射时间和照射强度影响，1～2min后，微孔消失。整个过程中无须添加其他试剂，对细胞无明显伤害，可以有选择地对细胞进行转染。光穿孔法适用于外源 DNA 转化离体培养的动物细胞。

8.4.1.3　冲击波法

冲击波法的原理是动物细胞受到冲击后，细胞膜通透性瞬间增加，便于外源 DNA的导入。该方法操作简单，被转移的 DNA 大小和结构形态灵活多变、安全可靠，可用于固体器官中细胞和活体的遗传转化。因为外界冲击波的存在，所以组织中接触到外源DNA 的细胞均可以被转染，故该法不仅适用于外源 DNA 转化离体培养的动物细胞，也适用于动物活体局部的基因转化。

8.4.1.4　磁场吸引法

磁场吸引法是利用强顺磁性纳米颗粒结合外源 DNA 分子，强磁场的吸引力吸附纳米颗粒的同时，将外源 DNA 分子聚集在受体细胞表面，便于吞噬作用，从而完成转化过程。2002 年，德国的 Scherer 等在直径约 200nm 的强顺磁性纳米颗粒上包裹带正电荷的聚乙烯亚胺，该物质可以与带负电荷的 DNA 分子共价结合，然后用强磁场吸引磁性纳米颗粒，使之携带的 DNA 分子聚集在受体细胞的表面，便于受体细胞在吞噬过程中将外源基因一同摄入，从而完成转染过程（Scherer et al.，2002）。该方法适用于外源 DNA分子转化离体培养的动物细胞领域。

8.4.1.5　显微注射法

显微注射法是指通过显微镜操作仪用极细的注射针将外源 DNA 分子注射到动物受精卵中，促使其整合到动物受精卵基因组中，然后通过配体移植技术将该受精卵移植到受体动物子宫内继续发育，通过对后代进行鉴定和筛选以获得转基因动物的方法。显微注射法是制备转基因动物最早、最经典、应用最广的一种物理转化方法，1981 年首次在小鼠受精卵转化实验中获得成功。该方法的基本操作步骤为：①用激素促使雌鼠超数排卵，在其完成与雄鼠的交配后将其杀死，从输卵管中取出受精卵；②用吸管将受精卵固定在倒置显微镜上，然后用直径为 0.5～5μm 的玻璃针穿过受精卵的透明带、卵母细胞质膜、雄性原核核膜后，将外源 DNA 注入雄原核的细胞核内（图 8-5）。通常雄原核比雌原核大，且注入雄原核的外源基因会进入胚胎部分细胞的基因组中，因此后代中会出现一定比例的转基因个体；③将 25～40 个完成注射的受精卵移植到母鼠子宫中继续发育，以获得转基因小鼠后代。外源 DNA 分子进入细胞核后，通常借助细胞核内 DNA 修复途径随机地整合到受体细胞的基因组上，但整合率通常较低，只有 1%～4%。因此，可以通过同时向受体细胞细胞核内注射限制性内切核酸酶，以提高整合效率。

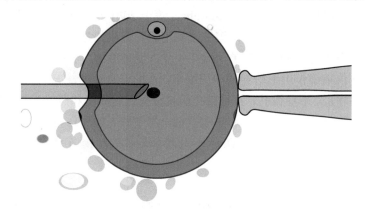

图 8-5　显微注射法操作图［改编自邢万金（2018）］

DNA 显微注射法优点众多，如适用物种范围较广泛、实验周期短、无须专门的载体、导入过程直观且转化率高、外源 DNA 分子大小不受限（可达数百 kb）、无化学试剂对细胞造成的毒害作用；然而，该法操作较为复杂且需昂贵的设备、操作技术难度和要求都较高、胚胎因受到的机械损伤较大而存活率降低、不能实现定点的基因删除或者修饰、外源基因随机整合到受体细胞基因组上，容易导致受体细胞基因重排、易位、缺失、失活或者突变。尤其对于大型动物来说，通过显微注射技术获得转基因个体的效率不高。该方法适用于外源 DNA 分子导入在体动物细胞以获得转基因动物。

8.4.2　动物细胞的化学转染法

外源 DNA 分子进入哺乳动物细胞是一个低效的过程。除了物理法介导的外源 DNA 分子转化动物受体细胞，为了提高转化效率，研究者们发现使用一些天然物质或者化学试剂携带外源 DNA 分子，能促使其与细胞膜结合并进入动物受体细胞。动物细胞转化过程中常用的化学方法有磷酸钙沉淀法、阳离子聚合物法（如聚乙烯亚胺转化法）和脂质体转化法等。

8.4.2.1　磷酸钙沉淀法

磷酸钙沉淀法创建于 1973 年。起初，研究者们将外源 DNA 分子与 DEAE-葡聚糖（二乙氨乙基葡聚糖）等高分子碳水化合物混合，前者带负电荷的磷酸骨架能够吸附到后者的正电荷基团上，形成含有 DNA 分子的大颗粒并黏附在受体细胞表面，通过细胞的胞饮作用使外源 DNA 分子进入受体细胞。然而，这种方法的转化效率极低。

二价金属阳离子能够促进细菌细胞对外源 DNA 分子的吸收，受此启发的 Graham 和 van der Ebb 尝试用 $CaCl_2$ 溶液来增加转染效率。他们发现 $CaCl_2$ 和磷酸缓冲液混合时能够形成磷酸钙沉淀，当将待转化的外源 DNA 溶液与磷酸盐缓冲液混合后，向混合液中加入终浓度为 125mmol/L 的 $CaCl_2$ 溶液，此时外源 DNA 分子将和磷酸钙形成磷酸钙-DNA 复合物并发生共沉淀作用；待沉淀颗粒大小达到合适的尺寸，将其加入到待转化的受体细胞培养皿或者悬浮培养物中，37℃保温 4～16h 之后去除 DNA 悬浮液，添加新鲜的细胞培养基，继续培养 7d 即可进行转化株的筛选，并且转化效率得到很大幅度的提升，有的转化效率提高了 100 倍。另外，在有丝分裂时期，核膜分解，外源 DNA 分子可进入核内，此时用叠氮溴化乙锭和荧光肽核酸标记技术检测发现，大约有 5% 的外源 DNA 分子可被受体细胞接纳。在某些转化条件下，外源 DNA 分子在 HEK293 细胞中可达到 80%～90% 的转化率。采用磷酸钙沉淀法转化肿瘤病毒 DNA 分子可使正常细胞转变成癌细胞，这是人类对肿瘤发生机制最早的认识。

然而，在无渗透压协助时，磷酸钙共沉淀法对 CHO 细胞的转化效果欠佳；除此之外，形成共沉淀的状态随时间而变，因此该法在介导大体积细胞转化时存在技术挑战；另外，使用共沉淀法转化动物细胞时，需要在转化培养基中添加血清以防止沉淀体积太大并聚集成无效复合物。该法操作简单，对细胞和载体没有太大的限制，因此成为真核细胞常用的转染方法。该法适用于外源 DNA 分子转染离体培养的动物细胞。

8.4.2.2　脂质体介导的动物细胞转染法

脂质体是由脂类形成的、可以高效包装外源 DNA 分子的人造脂膜，是一种脂质双层包围水溶液的脂质微球体，因其结构和性质与细胞膜极为相似，二者极容易融合，从而促使外源 DNA 分子经细胞内吞作用进入受体细胞。该法介导的 DNA 转化技术最初于 1979 年由 Robert T. Fraley 创立，他们用脂质体包装的 pBR322 质粒成功转化了大肠杆菌 SF8 菌株受体细胞。在动物遗传转化领域，为了提高转染效率，研究者们将待转化的外源 DNA 溶液与天然的或者人工合成的阳离子脂质化合物（如 DOMTMA、2,3-二油氧基丙基三甲基氯化铵）混合。DNA 分子中带负电的磷酸基团更易与脂质体上的正电荷结合，从而形成 DNA-脂类复合物，后者在表面活性剂的作用下形成包埋水相 DNA 的脂质体结构，如图 8-6 所示。将该脂质体悬浮液加入到待转化细胞的培养皿中，外源 DNA 分子即可经受体细胞的内吞作用进入受体细胞，并进一步整合到受体细胞基因组上。阳性脂质体的转染效率比磷酸钙共沉淀法和二乙胺乙基葡聚糖（DEAE-dextran）法高 5～10 倍，成为一种高效、便捷、低毒的外源 DNA 分子转化离体动物细胞的转染方法。同时，采用商业化的阳离子脂质体转化 CHO 细胞时，不仅可获得高的转化率，且外源基因亦呈高效表达，但是该商业化试剂不仅价格昂贵，且对某些细胞有毒性作用，因而使用范围受到限制，通常用于实验研究或者构建转基因动物。

8.4.2.3　聚乙烯亚胺介导的动物细胞转染法

PEI（聚乙烯亚胺）可由氮杂环丙烷或者 2-乙基-2-恶唑啉单体缩合而成。20 世纪

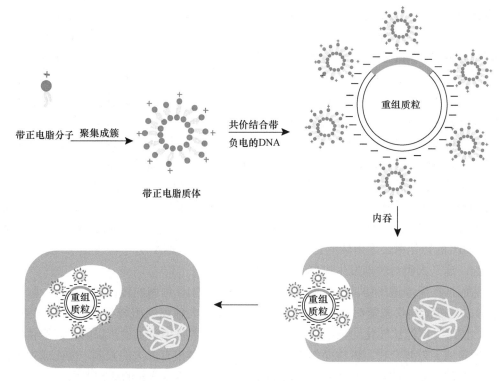

图 8-6　脂质体介导外源基因转化［改编自邢万金（2018）］

70 年代初，研究者就已经发现 PEI 可以沉淀 DNA 分子，但是该法于 20 年后才被应用于外源 DNA 分子转化各种哺乳动物细胞系领域。其原理与 DEAE-dextran 相似：PEI 呈高密度正电荷，能与 DNA 分子上负电荷的磷酸基团结合，并且能有效压缩 DNA 分子形成 DNA-PEI 复合物；该复合物依然呈现出正电荷，因此能够与受体动物细胞表面带负电荷的糖蛋白、蛋白聚糖、硫酸化蛋白多糖等因非特异性作用而结合；类似于磷酸钙共沉淀法一样，DNA-PEI 复合物在受体动物细胞表面聚集，最后借助细胞的胞饮作用进入细胞。动物细胞捕获 DNA-PEI 复合物是一个相对高效的过程，将该复合物与受体细胞混合 3h 后便能在受体细胞中检测到外源 DNA 分子的存在。有研究证据显示，PEI 可以通过"质子海绵"效应从囊泡中逃逸，即 PEI 可以缓冲核内和体内酸碱环境，从而延迟囊泡的酸化作用与溶酶体的融合作用，最终导致囊泡的破裂，使 DNA-PEI 被释放到胞质中。而且，进一步的研究表明，PEI 能够促进外源 DNA 由胞质向核内的转移，使其转化率高达 40%～90%。不过需要注意的是，DNA-PEI 复合物从核内体中释放的速率与复合物进入核内的速率因细胞类型的不同而呈现差异，以上两个因素是限制外源基因表达的重要因素。

8.4.3　动物细胞的生物转染法

生物法介导的动物细胞转染方法通常是借助病毒来完成的，即利用病毒感染动物细胞介导外源 DNA 的转化，该法是一种高效且常用的基因转移技术。通常根据受体细胞类型的不同，可选择不同宿主范围和感染途径的病毒基因组作为转染载体。与其他方法相比，病毒感染法的优势主要表现在：转染效率高；细胞特异性强；外源基因可以在细胞内独立复制，也可随机或者区域倾向性整合；病毒基因组上自带的强表达元件能够驱动外源基因的高效表达。该法的主要缺点为：存在野生型病毒颗粒生存的风险；动物细胞对病毒蛋白出现免疫反应。根据细胞类型的不同，常采用的病毒载体有腺病毒载体、猿猴病毒载体、牛痘病毒载体、反转录病毒载体和慢病毒载体等（Liu et al.，2018）。除了病毒介导的动物细胞转染法，生物法常用的转染手段还有体细胞核移植法和精子载体法。

8.4.3.1　腺病毒介导的动物细胞转染

目前已经鉴定到的人腺病毒共有 6 个亚属，常用来构建外源基因转染载体的主要是 C 亚属的 Ad2（2 型）和 Ad5（5 型）。腺病毒为线性双链 DNA 病毒，呈二十面体，无包膜，一共有一百多个成员，根据其来源可分为哺乳动物腺病毒属和禽腺病毒属。腺病毒通常通过上呼吸道感染人体细胞，感染后虽为裂解型却不致癌；然而对啮齿动物来说，绝大多数腺病毒均能致癌。人腺病毒 Ad2 和 Ad5 的基因组全长 36kb，其包装上限为 37.8kb。腺病毒基因组主要包含以下几种结构域：DNA 两端均有的反向末端重复序列（ITR）、与病毒基因组的复制和晚期基因表达调控相关的早期转录单位（E1～E4）、编码病毒 RNA 聚合酶Ⅲ亚基的基因 Iva2 和 V，以及病毒包装的蛋白质结构基因 L1～L5。E3 编码的基因产物能抵消宿主抗病毒的活性，该基因的缺失会影响病毒颗粒的包装、成熟和释放，然而病毒基因组的复制却不受影响，因而在表达载体中常将该部分删除，使病毒载体对外源 DNA 的装载能力达到 5.0kb。由于腺病毒其他的蛋白质往往会因为刺激宿主细胞而使其产生很强烈的免疫反应，因而在基因工程载体构建过程中，为了保证安全性，通常会删除 E2 和 E4 区域，因此其外源 DNA 的装载量可进一步提升至 14kb，此时的腺病毒载体为第二代腺病毒载体。在第二代腺病毒载体的基础上，进一步删除剩余病毒基因组，只保留病毒基因组复制顺式元件 ITR 和包装信号，从而使其装载量达到 37kb，即第三代腺病毒载体。值得注意的是，第二代和第三代腺病毒载体需在辅助病毒存在的情况下才能完成复制和成熟过程。

该转化体系的特点是：基因组重排率低，外源基因与病毒载体 DNA 重组后能稳定地复制若干个周期；该转化技术安全性能较好，不会整合到人类基因组，也不会导致恶性肿瘤的产生；宿主范围广，对受体细胞的状态要求不严格；转染效率高，外源基因容易获得高效表达。腺病毒介导的转化系统的最大缺陷是：外源基因表达时长受限，而且病毒蛋白对体液及 T 淋巴细胞具有免疫原性。

8.4.3.2　反转录病毒介导的动物细胞转染

反转录病毒是国际病毒分类标准中的一个病毒科的总称，包括 7 个属。其中，动物基因工程中常用作基因转染载体的为 γ-反转录病毒和慢病毒属。反转录病毒是一种整合型的单链 RNA 病毒。反转录病毒感染宿主细胞后，其 RNA 基因组由自身编码的反转录酶反转录成相应的双链 DNA 分子，后者可自我环化并进入细胞核，在整合酶的作用下插入宿主细胞的基因组。在转染过程中，载体和外源基因通常以单拷贝的形式整合到受体细胞基因组上并稳定遗传，然而 γ-反转录病毒载体偏好插入到宿主基因调控元件附近，因而存在激活宿主内源性基因表达的可能性，用于基因治疗恐有安全隐患（图 8-7）。所以，虽然反转录病毒在受体细胞中能持久性地表达外源基因，并且几乎能感染所有类型的哺乳动物细胞，可以说是一种理想的基因转染载体；然而其安全性不高，且反转录病毒载体装载量小，通常只有 8～9kb。该法在用于构建具有商业价值的转基因动物时，使用范围仍受到较大限制。

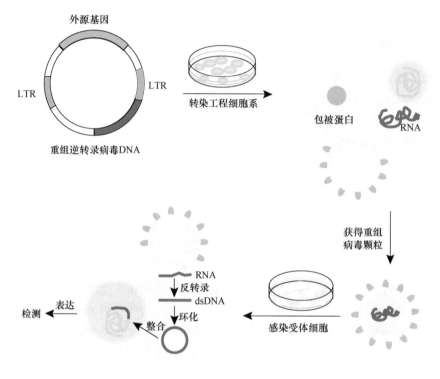

图 8-7　反转录病毒转染表达系统

8.4.3.3　慢病毒载体系统介导的动物细胞转染

慢病毒（lentivirus）载体是以 HIV-1（人类免疫缺陷Ⅰ型病毒）为基础发展起来的基因治疗载体。人类免疫缺陷Ⅰ型病毒结构不同于一般的反转录病毒载体（图 8-8），该载体对分裂细胞和非分裂细胞均具有感染力。在基因工程中，将遗传修饰型人类免疫缺陷病毒（HIV）作为遗传转化的工具已有近 30 年的历史。经过逐步的改良，目前携带标记的 HIV 载体已被改造成更安全、更有效、更实用的慢病毒载体系统。该载体系统具有以下诸多优点：①外源基因整合到宿主基因组中，可以实现持久、稳定的遗传表达；②既能感染分裂型细胞，也可感染非分裂型细胞（如肌肉细胞、脑细胞等），并能完成复制；③组织或者细胞类型适应范围广，包括重要的基因治疗或者细胞治疗的靶细胞类型，如肌细胞、肝细胞、胰岛细胞、神经元、造血干细胞、视网膜细胞等；④转染后，该系统不表达病毒蛋白，不会激发受体细胞的免疫反应；⑤能转移复杂基因结构，如多顺反子，但是装载量有限；⑥操作简便。目前该系统在基因表达和 RNAi 领域的应用已经商业化。

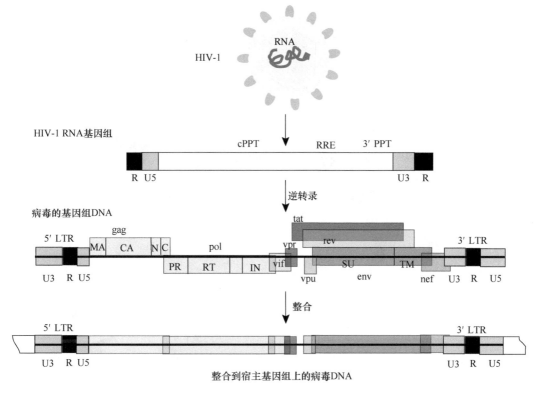

图 8-8　人类免疫缺陷 I 型病毒基因结构

8.4.3.4　体细胞核移植法

体细胞核移植法是将动物早期胚胎卵裂球或者动物体细胞的细胞核移植到去核的受精卵或者成熟的卵母细胞胞质中，从而获得重组的细胞，使其恢复细胞分裂能力并继续发育成与供体细胞基因型完全相同的个体的一项技术。

1997 年，利用体细胞核移植技术产生了世界上的第一只克隆羊"多莉"（图 8-9）。该项操作由英国 PPL 公司的 Schnieke 和罗斯林研究所的 Wilmut 共同完成，该成果开启了哺乳动物细胞核移植的先河。随后，Wilmut 研究小组报道了用胚胎细胞作为核供体，获得能表达治疗人类血友病的凝血因子 IX 基因的转基因克隆羊"波莉"。1998 年，Gibelli 等应用该技术成功获得含有 *LacZ* 基因的转基因牛；1999 年，Alexander 等获得了含有人类抗胰蛋白酶（hAT）基因的转基因奶山羊。体细胞核移植技术已然成为制备大型转基因哺乳动物的有效手段。该法适用于大多数物种，其试验周期短、无须进行嵌合体育种就可直接获得转基因个体，并且便于大规模育种；另外，可在细胞水平完成外源基因是否整合的检测，大大缩短了转基因动物的制备时间和流程；受体细胞和供体细胞的类型选择范围广，操作时间自由，不受胚胎发育规律的制约。虽然具备无数优点，但该技术也存在一定的缺陷：对设备和技术要求高，因而操作较复杂；因为体细胞核移植涉及细胞重编程、细胞核与细胞质的相互作用，因此有些转基因动物可能会表现出一定的生理缺陷；克隆效率不高、胚胎流产率高等。

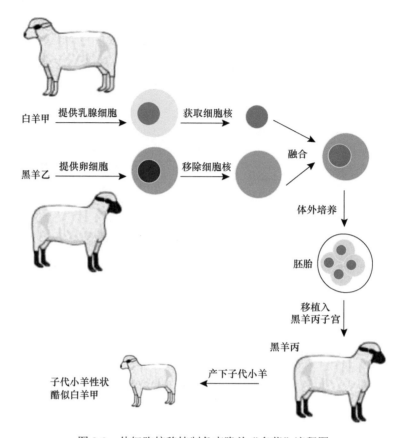

图 8-9　体细胞核移植制备克隆羊"多莉"流程图

8.4.3.5　精子载体法

另一种制备转基因动物非常简便的方法就是精子载体法,即把发育成熟的精子与外源 DNA 分子进行共培养,使精子携带外源 DNA 分子进入卵细胞并使之受精,同时使外源 DNA 分子也整合到受体细胞染色体上的一种方法。该法利用精细胞的自然属性来避免人为机械操作对胚胎或者细胞造成的损伤,简单易行、耗费较低、转染率高、适用性广,对大型转基因动物的获得具有重要意义。截至目前,该法在多数动物中得到应用,并且至少获得了 12 种转基因动物的后代,包括小鼠、家兔、鸡、猪和牛等。然而,该法不仅存在外源基因不能定点整合的问题,同时也不够稳定,因此目前还不能用该方法随意地获得理想的转基因动物。

本 章 小 结

基因工程常用的受体细胞种类为大肠杆菌细胞,以及真核的酵母细胞、植物细胞和动物细胞。根据细胞的共性和转化方法的适用性,将外源基因导入上述受体细胞时可以采用相同的转化方法。另外,根据不同种类受体细胞所具有的特性,它们也常具有适用于自身的特殊转化方法,如将外源 DNA 导入大肠杆菌受体细胞的方法有 CaCl₂ 介导法、电穿孔转化法和噬菌体介导的转导法，其中电穿孔转化法的转化效率最高。外源 DNA 分子转化酵母细胞的方法有化学试剂介导法和电穿孔介导法，常用的为 LiAc 和 PEG 介导的转化方法。相比上述两种方法，外源 DNA 分子转化植物受体细胞的方法有很多，包括化学试剂介导法、脂质体法、电击法、激光束法、基因枪法、花粉管通道法和 Ti 质粒介导的农杆菌转化法，其中基因枪法在植物组织和细胞中的适用范围广、转化效率高，而 Ti 质粒介导外源基因整合入受体植物细胞的基因组当中，有助于外源基因的稳定遗传和表达；与外源基因导入植物细胞类似，动物细胞的遗传转化方法也有很多种，且各有优势和弊端：显微注射法是最经典、适用范围最广泛的动物细胞转化方法，而体细胞核移植法则适合制备大型转基因动物和克隆动物。由此可知，对于不同类型的受体细胞，不同方式的转化方法各具特色，因此，我们可以根据自己的实验目的、结果要求选择最优的转化方式。

第 9 章　转化子筛选与鉴定

利用各种方法获得目的基因、将其连入载体后，重组分子经转化在受体细胞内表达、增殖，由于重组分子的连接及转化效率均不能达到 100%，导致出现转化子［得到外源 DNA 分子（包括空载体和构建的重组 DNA 分子）并稳定存在的受体细胞］和非转化子（没有接纳载体或重组 DNA 的受体细胞）两种转化产物。故需要通过特定的方法将转化和重组过程中的非转化子及非重组子（不含目的基因的空载体转化的受体细胞）排除，并进一步对重组子（重组 DNA 分子的转化子）所含的重组 DNA 片段进行鉴定。

9.1　遗传学检测方法

重组子在转化受体细胞后，可以使受体细胞呈现出特殊的遗传学或表型特性，据此可进行转化子或重组子的筛选。用于筛选的表型特征有两个来源：一个是主要的和应用最多的，克隆载体提供的表型特征；另一个是插入的外源 DNA 序列本身提供的表型特征，相对数量较少。

9.1.1　基于载体基因的筛选与鉴定

根据载体分子所提供的遗传特性进行选择，是获得重组体 DNA 转化子群必不可少的条件之一。它能够在数量很大的群体中直接选择，是一种十分有效的方法。天然质粒和野生型噬菌体都不适合作为基因克隆的载体，在人工构建基因工程载体系统时，载体 DNA 分子上通常携带了一定的选择性遗传标记基因，如柯斯质粒具有抗药性筛选标记、噬菌体具有噬菌斑特征的筛选标记、转化或转染后宿主细胞可呈现出特殊的表型或遗传学特性，据此可进行转化子或重组子的初步筛选。通常的做法是将转化处理后的菌液（包括对照处理）适量涂布在选择培养基上（主要是抗生素或显色剂等），在最适生长温度条件下培养一定时间，观察菌落生长情况，即可挑选出转化子。

选择培养基是针对载体 DNA 分子上携带的选择标记基因而定，一般与标记基因的遗传表型相对应（主要是含有抗生素和显色剂等），相应的筛选（选择）方法包括抗生素抗性筛选、插入失活筛选和显色互补筛选等。

9.1.1.1　抗生素抗性筛选

抗生素抗性筛选是利用重组质粒载体 DNA 分子上的抗药性选择标记进行筛选的方法。其原理是重组质粒 DNA 分子携带特定的抗生素抗性选择标记基因，转化后能使受体菌在含有相应抗生素的选择培养基上正常生长，而不含重组质粒 DNA 分子的受体菌则不能存活，这是一种正向选择方式。

当重组 DNA 载体上携带有受体细胞敏感的抗生素抗性基因时，通常可以取用转化体系涂布在含该抗生素的选择培养平板上，进行转化子的第一轮筛选。常用的抗生素有氨苄青霉素（ampicillin）、羧苄青霉素（carbenicillin）、甲氧西林（methicillin）、卡那霉素（kanamycin）、氯霉素（chloramphenicol）、链霉素（streptomycin）、萘啶酮酸（nalidixic acid）和四环素（tetracycline）等。为了进一步筛选出重组子，往往需要进行第二轮筛选，常用的方法是负选择法。

下面以常见的 pBR322 质粒转化的受体菌为例，说明其筛选原理与过程。pBR322 质粒含有氨苄青霉素（Amp^r）和四环素（Tet^r）抗性基因。Tet^r 上有 *Bam*H I 和 *Sal* I 插入位点，Amp^r 上有 *Pst* I 插入位点（图 9-1）。可利用 *Bam*H I 和 *Sal* I 插入外源基因导致 Tet^r 插入失活，利用 *Pst* I 插入外源基因导致 Amp^r 失活。如果外源 DNA 是插在 pBR322 的限制酶酶切位点 *Bam*H I 和 *Sal* I 上，则可将转化体系涂布在含有氨苄青霉素的选择培养基固体平板上，长出的菌落便是转化子；如果外源 DNA 插在 pBR322 的限制酶酶切位点 *Pst* I 上，则可利用四环素抗性进行转化子的筛选。

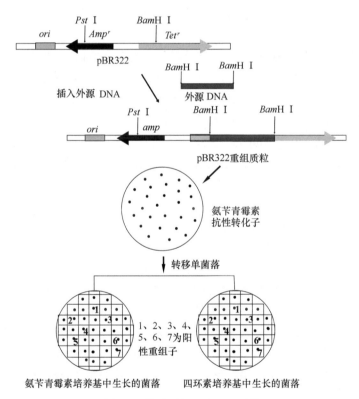

图 9-1 筛选重组 pBR322 质粒

使用抗生素筛选一般要做好两个对照。一个是以受体菌涂布在选择平板上，同步保温培养后不应长出菌落，即空白（阴性对照），用以证明受体菌的纯度、抗生素的有效性和操作的可靠性。另一个是将载体转化感受态细胞后，涂布选择平板，经同步保温培养后应长出菌落（阳性对照），用以证明感受态细胞的制备和转化操作过程、抗生素使用浓度等是正确可靠的。只有建立在空白与阳性对照结果明确和认真分析的基础上，进行转化子的抗性筛选才有意义。

还有两个问题值得注意：①以 pBR322 为载体的基因克隆，通过抗药性筛选得到的只是转化子，如果要确定重组子，还需进一步鉴定；②用 Amp、Tet 等抗生素作为选择药物，观察和确定转化子菌落的培养时间不能过长，以 12~16h 为宜，否则会出现假转化子菌落。这是因为转化子菌落会降解选择药物，导致菌落周围选择药物的浓度降低，从而长出非抗性的菌落，如 β-内酰胺酶降解菌落周围的氨卡青霉素，从而使其周边生长出小的卫星菌落。此外，在培养过程中，这些选择性药物会自然降解，导致药物浓度和药效降低，长出假转化子菌落。因此，抗药性筛选只是初步筛选。

9.1.1.2 插入失活筛选

经过上述抗药性筛选获得的大量转化子中既包括需要的重组子，也含有不需要的非重组子。为了进一步筛选出重组子，可利用质粒载体的双抗药性进行再次筛选。一些质粒载体带有两个或两个以上的抗生素抗性基因，当外源 DNA 插入其中一个抗性基因序列内部时，由于基因编码序列受到破坏，常导致此种抗性的消失，这一现象即为插入失活（Marchuk et al.，1991）。

一种典型的做法是将 Amp^r 的转化子影印至含抗生素 Tet 的平板上，由于外源 DNA 片段插入载体 DNA 的 *BamH* I 位点，导致载体 Tet^r 基因失活，因此待选择的重组子具有 Amp^r 的遗传表型，而非重组子则为 Amp^{r}Tet^r，也就是说，重组子只能在 Amp 板上形成菌落而不能在 Tet 板上生长，非重组子却在两种平板上都能生长。比较两种平板上对应转化子的生长状况，可在 Amp 板上挑出重组子。但是，如果 Amp 板的转化子密度较高，则在影印过程中容易导致菌落遗漏或混杂，造成假阴性或假阳性重组子现象。

9.1.1.3 插入表达筛选

与插入失活筛选法策略相反，插入表达筛选法则是利用外源目的基因插入特定载体后激活筛选标记基因表达，从而筛选出重组子。有些载体在设计时，在筛选标记基因前面连接上一段负调控序列，当插入失活该负调控序列时，其下游的筛选标记基因才能表达。例如，由 pBR322 衍生而来的 pTR262 质粒载体，其 Tc^r 基因的上游含有一段 λ 噬菌体 DNA 的 cI 阻遏蛋白编码基因及其调控序列，*cI* 基因表达的阻遏蛋白可以抑制 Tc^r 基因的表达。当外源 DNA 片段插入 *cI* 基因的 *Hind* III 或 *Bgl* I 位点时，*cI* 基因失活，Tc^r 基因因阻碍解除而得以表达，故阳性重组子为 Tc^r 表型，而质粒本身因为 Tc^r 基因受阻碍为 Tc^s 表型，当转化细菌涂布在 Tc 平板上时，只有含有外源 DNA 插入片段的阳性重组子的转化菌才能生长成菌落。

9.1.1.4 利用报告基因筛选

在植物转基因研究中，载体携带的选择标记基因（selective gene）经常称为报告基因（reporter gene），在有选择压力的情况下，可利用报告基因在受体细胞内的表达，从大量非转化克隆中选择出转化细胞（王关林和方宏筠，2009）；同时，报告基因可以和某些目的基因构成嵌合基因，从报告基因的表达了解目的基因的表达情况并推测基因调控序列。常用的报告基因有抗生素抗性基因及编码某些酶类或其他特殊产物的基因等。

（1）新霉素磷酸转移酶（neomycinphosphotransferase Ⅱ，NPT Ⅱ）基因。新霉素（neomycin）与卡那霉素（kanamycin）等均属于氨基环醇类抗生素，它们的结构相似，能抑制原核细胞核糖体 70S 起始复合物的形成，从而阻碍蛋白质合成，进一步抑制了细胞的生长。NPT Ⅱ基因编码序列来自大肠杆菌易位子 Tn5，它可以催化 ATP 上 γ-磷酸基团转移到上述抗生素分子的某些基团上，从而阻碍抗生素分子与靶位点的结合，并使抗生素失活。因此，在含有上述抗生素的选择培养基上培养植物转化材料，仅有携带 NPT Ⅱ基因的转化植物细胞才能存活下来，由此将转化子与非转化子区别开来。NPT Ⅱ基因对大多数植物是很强的选择标记，应用广泛。该基因作为选择标记基因的缺点是，受体细胞通常具有较高的非特异性磷酸转移酶本底，筛选时假阳性率高。NPT Ⅱ酶活一般是通过卡那霉素与[γ^{-32}P] ATP 的原位磷酸化作用来检测。

（2）潮霉素磷酸转移酶（hygromycin phosphotransferase，HPT）基因。某些植物细胞株系（如水稻）对卡那霉素具有一定的抗性，利用卡那霉素筛选 NPT Ⅱ基因转化体时假阳性率高，这时可采用 HPT 报告基因进行筛选。潮霉素原是一种链霉菌的产物，通过与 70S 和 50S 核糖体的结合来抑制许多原核生物与真核生物的生长。而 HPT 酶能催化 ATP 上的 γ-磷酸基团转移至潮霉素分子上而使之失活，所以使用潮霉素基因作为报告基因可赋予转化植物细胞抗潮霉素的能力。

（3）β-葡糖酸苷酶（β-Glucuronidase，GUS）基因。GUS 基因最早是从 E.coli 12 中克隆出来的，能编码稳定的 GUS 产物。与抗生素抗性基因不同的是，GUS 基因并非正选择标记，其作为报告基因的筛选依据是可作为一种水解酶。转化植物细胞所产生的 β-葡糖酸苷酶能够催化某些特殊反应的进行，通过荧光、分光光度和组织化学的方法对这些特殊反应产物的检测即可确定 GUS 报告基因的表达情况，以此区分转化子和非转化子。例如，β-葡糖酸苷酶能催化裂解人工合成的底物 4-甲基伞形花酮-β-D-葡萄糖酸苷，生成荧光物质 4-甲基伞形花酮，可利用荧光光度计进行定量测定。由于植物细胞 GUS 本底非常低，同时其检测方法简便快捷、灵敏度高，因此 GUS 基因已被广泛用于植物基因转化实验，尤其是在进行外源基因瞬间表达的系统中。此外，GUS 基因的 3′端与其他结构基因所产生的嵌合基因可以正常表达，所产生的融合蛋白中仍有 GUS 活性，利用组织化学分析等可以定位外源基因在不同的细胞、组织和器官类型及发育时期的表达情况，这是其他报告基因所不及的。

在植物转基因研究中采用的新霉素磷酸转移酶基因（NPT Ⅱ）也可作为遗传选择标记用于哺乳动物转基因细胞的筛选；除此之外，常用的标记基因还有胸腺核苷激酶基因（tk）、二氢叶酸还原酶基因（dhfr）等。

（1）胸苷激酶基因。胸苷激酶（thymidine kinase，tk）是核苷酸合成代谢途径中的一种酶，能够把胸苷转换为胸苷一磷酸，保证核苷酸的顺利合成。胸苷激酶的编码基因 tk，几乎在所有的真核细胞中都能有效地表达，因此可采用其作为遗传选择记号以确定哺乳动物基因转移，相应的受体细胞为遗传标记遗传表型的缺陷型。根据目的基因转化方法的不同，转基因动物细胞的筛选方式分为 HAT 选择法和共转化选择法两种。其中，前者主要针对含有选择标记的目的基因转化子的筛选，由于选择培养基中含有次黄嘌呤

（hypoxanthine）、氨基蝶呤（aminopterin）和胸苷（thymidine），所以称为 HAT 选择法。其基本原理是利用培养基中的叶酸类似物氨基蝶呤（APT）阻断细胞核苷酸的全程合成途径，启动以次黄嘌呤为底物的补救合成途径，该途径不受氨基蝶呤的抑制，能继续合成出所需核苷酸。由于在 HAT 培养基中补加有外源的胸苷，通过胸苷激酶的作用，tk^+ 细胞能以其为底物合成出 TTP，所以 tk^+ 细胞可以继续存活下去；而 tk^- 细胞则不会进行这种合成作用，因而死亡。如果要分离不具有这种选择记号的外源基因转化子，可采用共转化选择法。所谓共转化，是指两种无关联的 DNA 混合物，能够以磷酸钙沉淀的方式同时转化受体细胞。至于共转化细胞的筛选，则仍可采用 HAT 法进行。

（2）二氢叶酸还原酶基因。二氢叶酸还原酶（dihydrofolate reductase，dhfr）是真核细胞核苷酸生物合成过程中起重要作用的一种酶，可催化二氢叶酸（DHF）还原成四氢叶酸（THF）。对于 dhfr 突变体细胞，由于它不能够合成四氢叶酸，阻断了正常核酸代谢途径，因此不能在常规培养基上生长。如果在常规培养基中加入次黄嘌呤和胸苷，则突变体细胞可以借助核苷酸的补救合成途径维持生长。具体利用 dhfr 基因进行筛选时，首先须将重组 DNA 分子导入 dhfr 表型的受体细胞，然后撤除原培养基中的次黄嘌呤和胸苷，即可获得 dhfr 产物并能表达外源基因的克隆细胞系。这就是 dhfr 基因作为选择标记的依据。二氢叶酸还原酶催化的反应过程受到叶酸的类似物——氨基蝶呤和氨甲蝶呤的竞争性抑制，因为这些化合物能通过与正常哺乳动物细胞中的二氢叶酸还原酶紧密结合而使该酶失活。如果细胞的培养基中含有这些抑制物，如氨甲喋呤，其浓度只要达0.1μg/mL，就会阻断核苷酸的生物合成，最终导致细胞死亡。由于 dhfr 基因选择系统需要 dhfr⁻ 表型的受体细胞，其使用范围受到限制。如果使用一种突变的 dhfr 基因作为供体DNA，就不再需要 dhfr 受体细胞，因为这类突变基因可以直接选择显性记号。同时，这些突变的 dhfr 基因编码的二氢叶酸还原酶对氨甲蝶呤的抑制作用不敏感。应用 dhfr 基因作为选择记号的一个明显优点是，由于基因扩增的结果，转化的细胞能够合成大量的野生型 DHFR，检测比较方便。

在实验中，经第一轮抗性筛选得到的转化子中，重组子一般已经有比较高的比率，进一步的鉴定还可以采用菌落 PCR 的方法进行筛选验证。此时，PCR 一般选择载体上多克隆位点两侧的序列设计引物。以 pGEMT 载体为例，可以选择多克隆位点两侧的 T7和 SP6 序列的引物进行 PCR 扩增；也可以待第二天以培养得到的菌液为模板进行 PCR。扩增后的 PCR 产物进行琼脂糖凝胶电泳检测，如果条带大小与目的 DNA 片段大小一致，即可初步认为得到了正确的目的 DNA 重组体。进一步准确的鉴定一般是进行 DNA 序列测定和比对。

9.1.2 互补选择法

转化后的细胞能在含有抗生素的培养基上生长成菌落，说明这些细菌细胞内获得了带有抗生素抗性基因的载体，但还不能确定其得到的载体上是否带有目的基因，因为"空载体"自接也会带有抗生素抗性基因。故仍需用其他方法进一步鉴定受体菌细胞内的载体上是否含有目的基因。有的载体上除了带有抗生素抗性基因，还有某种元件能弥补受体菌的某种特定遗传缺陷。如果使用这种受体菌，则可以进一步利用这种互补效应进行筛选（吴乃虎，2001）。

9.1.2.1　蓝白斑筛选法

很多大肠杆菌的载体质粒上含 *lac Z'* 标记基因，它包含大肠杆菌 β-半乳糖苷酶编码基因 *lac Z* 的调控序列以及酶蛋白 N 端 146 个氨基酸残基的编码序列，其表达产物为无活性的不完全酶，称为 α 受体。许多大肠杆菌的受体细胞在其染色体 DNA 上含 β-半乳糖苷酶 C 端的部分编码序列，由其产生的蛋白质也无酶活性，但可作 α 供体。无论在胞内还是胞外，受体一旦与供体结合，便可恢复 β-半乳糖苷酸的活性，将无色的 5-溴-4-氯-3-吲哚基-D-半乳糖苷（X-gal）底物水解成蓝色产物，这一现象称为 α-互补（图 9-2）。

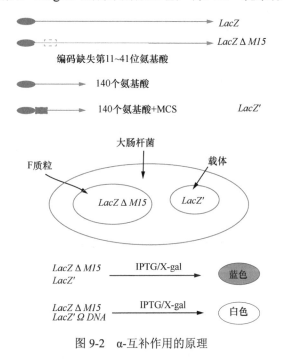

图 9-2　α-互补作用的原理

当外源 DNA 片段插入位于 *lacZ'* 基因内部的多克隆位点中，生长在含 X-gal 平板上的重组子因 *lacZ'* 基因的插入灭活而呈白色，非重组子则显蓝色，由此构成颜色选择模型。但要注意，如果插入的外源 DNA 正好是 3 的倍数并且没有终止密码，不破坏 α 肽，会出现假阳性。有些大肠杆菌质粒（如 pUC18/19）的标记基因为 *lacI'-lacOPZ'*，其编码阻遏蛋白 I 的基因 *lacI* 呈缺失型，因而不能在受体菌中合成具有操作子 *lacO* 结合活性的阻遏蛋白，*lacZ'* 基因得以全程表达，筛选时只需在培养基中添加 X-gal 即可。另一些大肠杆菌质粒如 pSPORT1，携带完整的 *lacI* 基因，能在受体菌中产生阻遏物，后者结合在相应的操作子上并关闭 *lacZ'*，此时在筛选培养基中必须同时添加 X-gal 和诱导物异丙基-β-D-硫代半乳糖苷（IPTG），才能根据颜色反应筛选重组子。显色标记基因通常只用于筛选重组子，而转化子的选择则主要利用抗药性标记或营养缺陷型标记。上述两种质粒除 *lacZ'* 外都含第二个选择标记基因 *Amp^r*。

9.1.2.2 营养缺陷型筛选法

营养缺陷型筛选法的基本原理是：突变型受体细胞缺乏合成某种必需营养物质的能力，而载体分子上携带了这种营养物质的生物合成基因，利用缺少该营养物质的合成培养基进行涂布培养时，阳性转化子能够长出菌落。例如，以经诱变产生的 Lys 合成缺陷型菌株为受体细胞，当载体分子上含有 Lys 合成基因时，转化后利用不含 Lys 的选择培养基即可筛选得到转化子。

噬菌斑筛选法是利用 λ 噬菌体感染细胞时在培养平板上会产生噬菌斑的特性，当 λ DNA 重组载体转染受体菌时，能够形成噬菌斑的则为转化子，非转化子正常生长不会形成噬菌斑。有时可以结合蓝白斑筛选直接得到重组子。也可以利用 λ 噬菌体包装时对 DNA 长度限制的特性选用取代型载体，此时因空载体不能被包装，所以得到的噬菌斑即为重组子。

9.1.3 基于目的基因的筛选与鉴定

从选择培养基上存活的克隆中提取环形质粒，可以先进行电泳，初步判断质粒上是否插入了外源 DNA 片段，但这仍然不能确定插入片段的长度和序列是否符合目的基因片段所预期的特征。因此，还需要进一步根据目的基因的序列结构或功能特点寻找获得了目的基因的克隆。

9.1.3.1 载体插入目的片段长度鉴定

通常可先根据目的 DNA 内部的限制酶酶切位点分布，以及载体多克隆位点上限制酶识别位点的种类和分布选用合适的酶对提取的重组载体进行酶切，将酶切产物与 DNA Marker（已知相对分子质量的线性 DNA 标志）一起电泳，分析酶切产物中重组载体 DNA 片段的长度，进行较为准确的估计。

质粒载体的多克隆位点区域含有限制酶酶切位点和相邻序列。构建重组载体时，通常选择识别位点不存在于目的 DNA 片段内部的酶，但所用的载体多克隆位点处有此限制酶的识别位点，经过酶切、连接可构建重组载体。故可以直接利用构建重组载体时所用的限制酶切割初选得到的重组质粒，以 DNA Marker 或者原始目的 DNA 片段作为对照进行电泳，即可判断酶切产物中的小片段 DNA 的长度与原目的 DNA 片段是否相同。若长度相同，则保留进行下一步鉴定；若长度不同，则说明重组质粒上携带的外源 DNA 片段并非目的 DNA。

商业化的线性 T 载体的接口两侧也含有固定的限制酶位点，与 PCR 产物直接连接后形成重组载体。对于 T 载体上插入 DNA 片段长度的鉴定，可以选用 T 载体接口两侧有单一识别位点、但在 PCR 产物内部没有识别位点的限制酶进行酶切，与原始 PCR 产物一起电泳，即可知道酶切产物中的小片段的长度是否与原始 PCR 产物长度相近。如长度存在差异明显，则表明 T 载体所携带的外源 DNA 片段并非原始 PCR 产物。

9.1.3.2　载体插入目的片段序列鉴定

经过酶切电泳筛选到载体所携带的外源 DNA 片段与原始目的 DNA 片段长度相同的重组载体，仍然不能完全确定载体携带的 DNA 片段就是目的 DNA。因为 DNA 最重要的参数是其序列。长度相同的 DNA 片段，序列不一定相同，需要进一步根据原始目的 DNA 片段内部的序列特点进行鉴定。

通常实验室内识别 DNA 片段内部特定序列的常规手段就是用限制酶酶切，因为限制酶的识别位点的位置和序列具有高度特异性。因此可以从目的 DNA 内部的酶切位点中选择一个单一限制酶位点，并估算该位点至两端的距离（bp）；再从载体多克隆位点处选择一种限制酶，根据目的 DNA 内部酶切位点与末端的距离可以推算出双酶切后将得到的片段数目和长度。双酶切后电泳，观察酶切产物中是否有预期长度的小片段；如果有，则说明重组载体所携带的外源 DNA 片段很可能是目的 DNA。

根据目的 DNA 的序列制备带有标记的探针，对初步筛选得到的重组质粒进行 DNA 印迹（Southern blot）或者荧光原位杂交（fluorescence *in situ* hybridization，FISH）是另一种鉴定载体插入目的片段序列的常用办法。

鉴于 DNA 印迹和荧光原位杂交需要制备及标记探针操作较繁杂，目前对于较大规模筛选，多使用操作较为简单的 PCR 鉴定。根据目的 DNA 内部的序列设计一对 PCR 引物，以初步筛选得到的重组质粒为模板进行 PCR 扩增，电泳检测扩增产物。如果有预期长度的 DNA 片段，则说明重组质粒上所携带的外源 DNA 片段很可能是目的 DNA。

经酶切电泳、PCR 电泳或探针杂交初步鉴定后，如果结果符合预期分析，就可以进行 DNA 测序，最终确定重组质粒上所携带的目的 DNA 片段上的每个核苷酸序列是否正确。用 DNASTART 等生物信息学软件或者 NCBI 的 bl2seq 等在线工具，把测序结果与原始目的 DNA 的序列进行比对，即可准确知道载体所携带的外源 DNA 序列是否有与目的 DNA 序列不一致的变异、插入载体的读码框是否正确等。

9.1.3.3　DNA 序列测定

DNA 序列属于核酸一级结构的范畴。DNA 序列测定即 DNA 测序，是基因工程中的重要技术之一。对 DNA 序列的确定为重组 DNA 分子是否含有目的基因或目的片段是否正确提供了最重要、最直接的依据，也为目的基因进一步表达和功能研究提供了重要前提条件。

目前应用的两种快速序列测定技术是 Sanger 等提出的酶法，以及 Maxam 和 Gilbert 提出的化学降解法（Prober et al.，1987）。虽然其原理大相径庭，但这两种方法都是同样生成互相独立的若干组带放射性标记的寡核苷酸，每组寡核苷酸都有固定的起点，但却随机终止于特定的一种或者多种残基上。由于 DNA 上的每一个碱基出现在可变终止端的机会均等，因此上述每一组产物都是一些寡核苷酸混合物，这些寡核苷酸的长度由某一种特定碱基在原 DNA 全片段上的位置所决定。然后在可以区分长度仅相差一个核苷酸的 DNA 分子的条件下，对各组寡核苷酸进行电泳分析，只要把几组寡核苷酸加样于测序凝胶中若干个相邻的泳道上，即可从凝胶的放射自显影片上直接读出 DNA 上的核苷酸顺序。

1. Sanger 双脱氧链终止法

Sanger 双脱氧链终止法（即 Sanger 法）DNA 测序的试剂包括引物、模板、DNA 聚合酶、ddNTP、dNTP 等。1977 年，Sanger 首次利用 DNA 聚合反应（即加减法）设计了测序技术，首次使用特异引物在 DNA 聚合酶作用下进行延伸反应、碱基特异性的链终止，以及采用聚丙烯酰胺凝胶区分长度相差一个核苷酸的单链 DNA 等。尽管有了这些进展，但加减法仍然很不精确，应用受到限制。直至引入双脱氧核苷三磷酸（ddNTP）作为链终止剂，酶法 DNA 序列测定技术才得到广泛接受和应用。

Sanger 双脱氧链终止法的基本原理是：2′,3′-ddNTP 在 DNA 聚合酶作用下通过其 5′-三磷酸基团掺入到正在增长的 DNA 链中，但由于没有 3′-羟基，它们不能同后续的 dNTP 形成磷酸二酯键，因此，正在增长的 DNA 链不可能继续延伸。这样，在 DNA 合成反应混合物的 4 种普通 dNTP 中加入少量的某种 ddNTP 后，链延伸将与偶然发生但却十分特异的链终止展开竞争，反应产物是一系列的核苷酸链，其长度取决于从引物 3′端到出现过早链终止的位置之间的距离。在 4 组独立的酶反应体系中分别加入 4 种不同的 ddNTP，将产生 4 组寡核苷酸，然后将这 4 组寡核苷酸分别进行聚丙烯酰胺凝胶电泳、放射自显影后，便可根据片段大小排序，并根据相应泳道的末端核苷酸信息读出整个片段的序列信息（图 9-3）。通过调节加入的 dNTP 和 ddNTP 的相对量，即可获得较长或较短的末端终止片段。

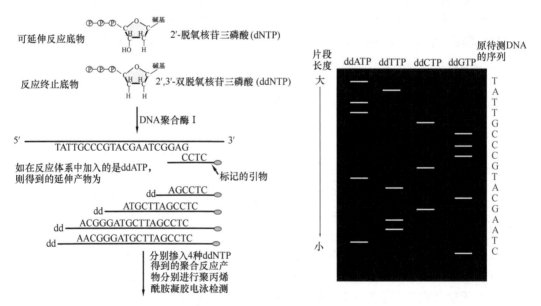

图 9-3　Sanger 双脱氧链终止法示意图

2. Maxam-Gilbert DNA 化学降解法

1977 年，Maxam 和 Gilbert 提出化学降解法测定 DNA 序列。Maxam-Gilbert 法要对 DNA 进行化学降解，其基本原理是：先对 DNA 链的 5′端进行 ^{32}P 放射性标记，再利用特殊试剂降解，可以对链上 1~2 个碱基进行专一性断裂（断裂分为 4 种，在联氨试剂的作用下，嘧啶的位置发生断裂；在高盐浓度和联氨试剂作用下，只在胞嘧啶处断裂；在甲酸试剂作用下，嘌呤处断裂；在硫酸二甲酯作用下，鸟嘌呤处断裂），从而产生一系列长度不一且 5′端被标记的 DNA 片段，再将这些以特定碱基结尾的片段群通过聚丙烯酰胺凝胶电泳进行片段分离（4 条泳道中有 2 条分别是腺嘌呤鸟嘌呤末端断裂的混合物和胞嘧啶胸腺嘧啶末端断裂的混合物），再利用放射性自显影技术判断被标记的 DNA 断裂末端碱基种类，从而读出序列（图 9-4）。

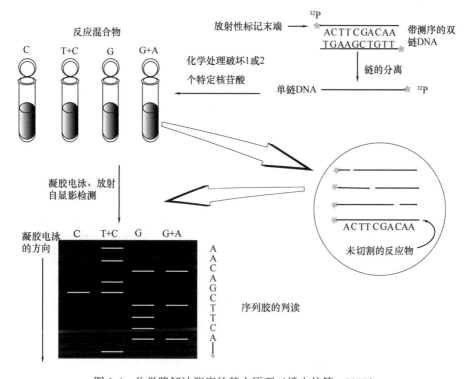

图 9-4　化学降解法测序的基本原理（楼士林等，2002）

Maxam-Gilber 法能测定的长度要比 Sanger 法短一些，它对放射性标记末端 250 个核苷酸以内的 DNA 序列效果最佳。在 20 世纪 70 年代 Maxam-Gilbert 法刚刚问世时，利用化学降解法进行测序，不但重现性更高，而且也容易为普通研究人员所掌握。但随着 M13 噬菌体和噬菌粒载体的发展、现成的引物合成唾手可得及测序反应日趋完善，双脱氧链终止法如今远比 Maxam-Gilbert 法应用更广泛。然而，化学降解较之链终止法具有一个明显的优点，即所测序列来自原 DNA 分子而不是酶促合成所产生的拷贝。因此，利用 Maxam-Gilbert 法可对合成的寡核苷酸进行测序，分析诸如甲基化等 DNA 修饰的情况。然而，由于 Sanger 法既简便又快速，因此是现今的最佳选择方案，事实上，目前大多数测序策略都是为 Sanger 法而设计的。

3. DNA 测序技术

Sanger 法和 Maxam-Gilber 法手工测序方法后期所需人力大，无法自动化，读取序列长度较短，且需同位素标记，对人体存在风险且不稳定，但该法准确性高，是一种应用较为广泛的测序技术，是第一代测序技术真正诞生的标志。第一代测序仪是以 Sanger 测序法为基础，使用 4 种荧光基团标记的引物取代了同位素标记引物的方法。荧光基团标记对反应体系中聚合酶活性和连接反应没有影响。在一个反应体系中将 4 种 ddNTP 同时加入进行连接反应，电泳分离后应用激光诱导装置检测荧光信号。

第二代 DNA 测序技术又称下一代测序技术（next generation sequencing，NGS），成本低、准确度高，一次可对几百、几千个样本的几十万至几百万条 DNA 分子同时进行快速测序分析。代表技术有 Roche 公司的 454、Illumina 公司的 Solexa 和 ABI 公司的 SOLID。

第三代测序技术即单分子测序技术（single molecule sequencing，SMS），是基于单分子水平边合成边测序，不需要进行 PCR 扩增，实现了对每一条 DNA 分子的单独测序。依据原理不同，第三代测序技术主要分为：①单分子荧光测序，以美国螺旋生物 SMS 技术和太平洋生物的 SMRT 技术为代表；②纳米孔测序，以英国牛津纳米孔公司为代表，具有超长读长、运行快、精度高、无须模板扩增、直接检测表观修饰位点等特点。

9.2　电泳检测法

在 DNA 的重组过程中，分子结构必然发生变化，可基于结构变化的特征分析对重组子进行筛选。DNA 电泳检测法是利用琼脂糖凝胶电泳时不同相对分子质量大小的 DNA 片段迁移速率存在差异，直接依据电泳条带分布、限制性内切核酸酶酶切片段的电泳图谱分析或 PCR 扩增后电泳图谱分析，将重组子和非重组子区分开来的一类方法（吴乃虎，2014）。DNA 电泳检测法包括 3 种筛选法：直接电泳法、限制酶酶切电泳法、PCR 扩增电泳检测法（Phil et al.，2010）。以上技术基本都是对转化子个体进行操作，所以较适合小批量转化子，或在初筛基础上进一步对重组子进行检测与鉴定。

9.2.1　直接电泳检测法

从转化后的受体菌中抽提质粒 DNA，经琼脂糖凝胶电泳，根据质粒 DNA 相对分子质量的差别形成不同的条带进行重组子的筛选。因为重组子中插入了外源 DNA 片段，相对分子质量比空载体大，电泳迁移慢（图 9-5）。该方法直观快捷，适合于插入片段较大的重组分子的初步筛选。

电泳法筛选比抗性平板筛选更进了一步。用抗性平板法筛选不易鉴别的一些假阳性转化菌落（如自我连接载体、缺失连接载体、未消化载体、两个互相连接的载体、两个外源片段插入的载体等）可以被电泳法淘汰。其原因是：由这些转化菌落分离的质粒 DNA 分子的大小各不相同，与真正的阳性重组体 DNA 比较，前 3 种的 DNA 分子较小，在电泳时的泳动速度较快，其 DNA 带跑在前面，最终位置高于阳性重组 DNA 带；而后两种 DNA 分子较大，泳动速度较慢，跑在后面，其 DNA 带的位置低于真阳性重组 DNA 带。故而电泳法能够筛选出有插入片段的阳性重组体。但如果插入片段是与目的基因大小相近的非目的基因片段，那么电泳法仍不能鉴别此类假阳性重组体，针对此类情况则需以目的基因片段制备放射性探针和电泳筛选出的重组体 DNA 杂交，即核酸杂交法，才能最终确定真正期望的重组体。

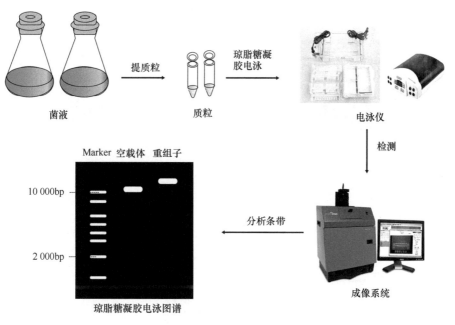

图 9-5　直接电泳检测法

电泳筛选法首先制备转化子单菌落的溶菌物，通常是一次制备多个不同单菌落的溶菌样品，同时进行电泳分析测定。一个直径 1～2mm 的单菌落含有大量的质粒 DNA，挑取单菌落裂解细胞，抽提质粒 DNA，足以在 1%琼脂糖（含 EB）凝胶电泳中形成一条清晰的电泳谱带。对于数量较多的转化子群，可以在培养皿平板背面标记"十"字或"井"字，将转化子分为几个组群，每组内的所有转化子菌落放在一起作为一个样品处理，经电泳分析检测到含有重组子的组后，再将这个组的每个转化子菌落进行第二次电泳检测，最终确定阳性克隆（重组子）单菌落。

9.2.2　酶切电泳检测法

酶切电泳检测法是根据已知的外源 DNA 序列的限制酶酶切图谱，选择 1 或 2 种限制酶切割质粒，电泳后比较 DNA 条带数和相对分子质量大小；或用合适的限制酶切下插入片段，再用其他酶切这个片段，电泳后比较结果是否与预期相符合，据此筛选出相应重组子。用这种方法不仅可以筛选鉴定出重组子，还可判断出外源 DNA 片段插入的方向及相对分子质量的大小（图 9-6 和图 9-7）。此法更适用于转化子中目的重组子比例高的菌落群。其基本做法是：从转化菌落中随机挑选出少数菌落，快速提取质粒 DNA，然后用限制性内切核酸酶解，并通过凝胶电泳分析来确定是否有外源基因插入及其插入方向等（魏群，2007）。

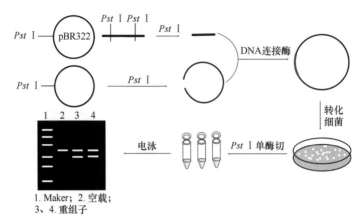

图 9-6 单酶切电泳检测法

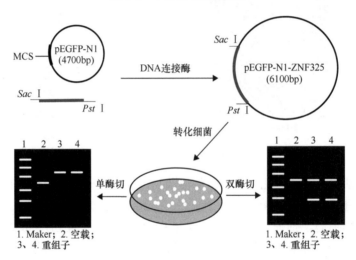

图 9-7 双酶切电泳检测法

限制性内切核酸酶酶解方式主要有全酶解法和部分酶解法（郑高阳等，2009）。全酶解法的简单操作过程是：用一种或两种限制性内切核酸酶酶解质粒 DNA，将外源 DNA 片段从重组质粒上切割下来进行凝胶电泳后，重组质粒分子比单一载体质粒多出一条泳带，据此将重组子和非重组子分离开来。需要注意的是，如果插入片段与载体质粒大小相近，则最好用合适的酶将之线性化，通过比较大小确定其是否为重组分子。进一步判明插入片段的方向，则可利用在外源 DNA 片段上具有识别位点的一种或一种以上的限制性内切核酸酶酶解重组质粒分子，根据酶切图谱分析即可。

部分酶解法则是通过一种或数种限制性内切核酸酶对重组质粒 DNA 分子进行部分酶解分析，根据部分酶解产生的限制性片段大小，确定限制性内切核酸酶识别位点的准确位置及各个片段的正确排列方式，从而将期望重组子筛选出来。部分酶解法较全酶解法简单易行，两者通常用于当载体和外源 DNA 片段连接后产生的转化菌落明显多于任何一组对照连接反应（如只有酶切后的载体或只有外源 DNA 片段）时的重组筛选（Zhou et al.，1995）。

下面以图 9-8 所示 pBR322 质粒为载体说明限制性内切核酸酶酶切电泳鉴定目的基

因的原理：用 *Pst* Ⅰ分别酶切目的片段和载体构成重组体，其中目的基因的外源片段长度为 1.2kb，内含 *Hind* Ⅲ和 *Bam*H Ⅰ两个酶切位点。在理想条件下，限制酶完全切割，根据酶切片段的电泳图谱以及外源 DNA 片段中的酶切位点分析可以鉴定出是否为重组子，以及插入片段的大小和方向。

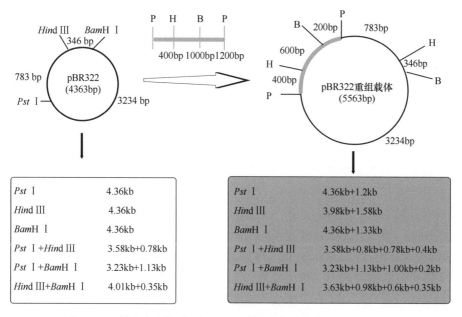

图 9-8　限制酶酶切图谱分析鉴定外源目的基因的插入方向与位点

　　首先选择单酶切。由于重组子是分别用 *Pst* Ⅰ酶切目的片段和载体连接形成的，因此可以仍然选择 *Pst* Ⅰ酶切转化子的质粒提取物。如果是空载体，将得到一条带，大小为 4.36kb；如果是重组子，将得到两条带，大小分别为 4.36kb、1.2kb。虽然通过酶切片段的大小和组成可以区分重组子和空载体，但是目的片段用同一种酶切，连入载体时有正向也有反向。采用 *Pst* Ⅰ酶切无法区分正连和反连的重组子。通过选择目的片段内部的酶切位点可以克服这个不足。例如，分别用 *Hind* Ⅲ或 *Bam*H Ⅰ单酶切转化子的质粒提取物，空载体各有一个酶切位点，因此都只能得到 4.36kb 一条带；但是重组载体在载体和目的片段上各有一个酶切位点，酶切之后将会得到两条带，由此可以区分正、反连接。其中，用 *Hind* Ⅲ单酶切时，若目的片段是正连的，将会得到 3.98kb 与 1.58kb 两条带；若反连，将会得到 4.38kb 与 1.18kb 两条带。用 *Bam*H Ⅰ单酶切时，若目的片段是正连的，将会得到 4.23kb 与 1.33kb 两条带；若反连，将会得到 3.43kb 与 2.13kb 两条带。因此，通过限制性内切核酸酶酶切重组子进行酶切分析时，要尽量选择目的片段内部及载体上共有的酶切位点。

　　为了保证目的片段连接到载体上时具有正确的方向，可以分别采用两种酶酶切载体和目的片段，即以双酶切的方式连入。相应地，在重组子酶切图谱检测时也要用到双酶切。在上述 pBR322 载体的例子中，虽然是单酶切连入目的片段的，也可以采用双酶切的方式来进行酶切图谱的检测，以便鉴定目的基因连入载体与否（重组子）及连入的方向。选择双酶切位点时，至少要选择一个目的基因内部的酶切位点，才能检测出来重组子中的插入片段是目的片段而非大小相似的其他片段。

在实际应用中，限制酶片段电泳谱带分析鉴定是比较复杂的，须进行严格对照处理，以排除由于限制酶消化不完全、酶的星号活性或甲基化作用以及酶切位点相距太近等多种因素造成的假象，获取真实结果。

9.2.3 PCR 扩增检测法

PCR 扩增检测法是以载体 DNA 分子为模板，依据载体上外源 DNA 插入位点两侧已知序列设计引物，通过 PCR 扩增出预期 DNA 片段，电泳检测 PCR 产物，根据 PCR 产物的大小判断多克隆位点上是否有外源 DNA 片段插入，从而进行重组体筛选。PCR 法以其快速、灵敏的特点，被广泛用于转化子的筛选（夏启中，2017）。然而，PCR 鉴定程序一般需要将筛选平板上的单菌落分别挑出逐一进行扩增鉴定（即菌落 PCR），因此不适用于成千上万个转化子的高通量鉴定。

PCR 技术可用于区分重组子与非重组子，根据引物互补区域的不同，亦可用于目的重组子与非目的重组子的鉴定，进一步还能用于判断目的基因或 DNA 片段是否整合到受体细胞的基因组上，其原理如图 9-9 所示。设计鉴定引物时，可选用载体多克隆位点两侧的序列（如 T7、T3、SP6 启动区序列等），亦可用外源插入基因的特异序列。采用载体多克隆位点两侧序列为引物可以得到插入片段长度的信息，而用插入基因特异引物可直接筛选出目的克隆。PCR 对模板的纯度要求不高，因此可以直接用菌落裂解后的提取液扩增，而不用进一步提取质粒后再扩增筛选。目前使用的绝大多数载体都是人工构建的序列已知载体，且一些载体的多克隆位点两侧序列已成为应用广泛的通用型引物。例如，依据 pGEM 系列载体的多克隆位点两侧两个启动子 SP6 和 T7 启动子序列设计引物，提取少量待检转化子质粒 DNA 作为模板，分析 PCR 产物的电泳结果即可判断是否为重组子菌落。PCR 扩增方法的优点在于既能快速获得插入片段，也能直接进行 DNA 序列分析，最终验证插入片段是否正确。

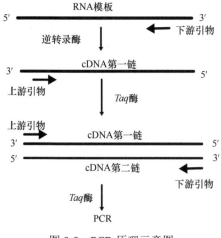

图 9-9 PCR 原理示意图

9.3　核酸分子杂交检测法

目前应用最为广泛的一种重组子筛选方法是依赖于重组子结构特征进行的核酸分子杂交检测法（蔡文琴和王伯，1994）。其基本原理是：具有一定同源性的两条核酸（DNA或 RNA）单链在适宜的温度及离子强度等条件下，可按碱基互补配对原则高度特异地退火形成双链。该技术用于重组子的筛选鉴定时，杂交的双方是待测的核酸序列和用于检测的探针（已知核酸片段，molecular probe）。只要有现成可用的 DNA 探针或 RNA探针，就可以检测克隆子中是否含有目的基因，故而该方法被广泛使用。

核酸分子杂交检测法的基本步骤是：首先进行核酸印迹转移，将待测核酸变性后，用一定的方法将其固定在硝酸纤维素膜（或尼龙膜）上，然后再用经标记示踪的特异核酸探针与其杂交结合，洗去非特异结合核酸分子后，利用示踪标记法能够指示待测核酸中与探针互补的特异 DNA 片段所在的位置。根据待测核酸的来源、待测核酸结合到固相支持物上的方法不同，又可将核酸分子杂交检测法分为 Southern 印迹杂交、Northern印迹杂交、斑点印迹杂交和菌落印迹原位杂交等四类。

9.3.1　探针的制备

探针是指具有同特异性目标分子产生很强的相互作用并可对其相互作用的产物进行有效检测的 DNA 分子、RNA 分子和蛋白质分子。利用分子探针可以对重组子进行有效的分析和鉴定。

探针的长度以及与目的基因之间的序列同源性是杂交实验成败的关键，最佳的探针长度范围为 100～1000bp，有时探针会很短，只有 20 个碱基或更短。探针内部不可以包含大面积的互补序列，否则会直接影响探针与 DNA 靶序列的杂交。获取探针的方法有目的基因同源序列法、cDNA 序列法、人工合成寡聚核苷酸法。

探针需先结合标记物方能被检测。探针的标记方法分为体内标记和体外标记两种（刘妙良，1992）。体内标记法是以标记化合物作为代谢底物，通过活体生物或活细胞的体内代谢完成核酸分子标记。体内标记法标记活性不高，受限制因素多，一般很少使用。

目前较常采用的探针标记方法是体外标记法，其又分为化学法和酶法两种。化学标记法具有简单快速、标记均匀的特点，特别适合非放射性标记物探针的制备，其原理是利用核酸分子中的某种基团（如磷酸基团）与标记物的活性基团发生化学反应，从而直接将标记物连接到探针分子上。化学标记法可分为光敏标记法、化学衍生结合标记法及交叉相连法等。与化学标记法不同，酶标记法则是先将标记物标记在核苷酸上，然后通过酶促聚合反应使带标记的核苷酸掺入到核酸序列中，获得核酸探针（Clark，1998）。酶法应用广泛，对于所有放射性标记探针及部分非放射性标记探针的制备均适用。

9.3.2　Southern 印迹杂交

Southern 印迹杂交是英国爱丁堡大学的 E. M. Southern 于 1975 年建立并使用的，因此而得名（Eisenstein，2012）。Southern 印迹杂交是针对 DNA 分子进行的印迹杂交技术，有时又称为 DNA 印迹杂交或 Southern DNA 印迹杂交等。Southern 印迹杂交是根据毛细管作用的原理，使在电泳凝胶中分离的 DNA 片段转移并结合在适当的滤膜上，然后通过与已标记的单链 DNA 或 RNA 探针的杂交作用检测这些被转移的 DNA 片段。该技术包括两个主要过程：一是将待测定核酸分子通过一定的方法转移并结合到一定的固相支持物（硝酸纤维素膜或尼龙膜）上，即印迹（blotting）；二是固定于膜上的核酸同位素标记的探针在一定的温度和离子强度下退火，即分子杂交过程。早期的 Southern 印迹杂交是将凝胶中的 DNA 变性后，经毛细管的虹吸作用，转移到硝酸纤维素膜上。近年来，印迹方法和固定支持滤膜都有了很大的改进，印迹方法如电转法、真空转移法；滤膜则发展了尼龙膜、化学活化膜（如 APT、ABM 纤维素膜）等。

　　传统 Southern 印迹杂交的操作步骤如图 9-10 所示。首先将进行 DNA 电泳分离的琼脂糖凝胶，经过碱变性等预处理之后平铺在用电泳缓冲液饱和的两张滤纸上，在凝胶上部覆盖一张硝酸纤维素滤膜，接着加上一叠干燥滤纸或吸水纸，最后再压上一重物。由于干燥滤纸或吸水纸的虹吸作用，凝胶中的单链 DNA 便随着电泳缓冲液一起转移，一旦同硝酸纤维素滤膜接触，就会牢固地结合在它的上面，这样在凝胶中的 DNA 片段就会按原谱带模式吸印到滤膜上；在 80℃下烘烤 1～2h，或采用短波紫外线交联法使 DNA 片段稳定地固定在硝酸纤维素滤膜上；然后将此滤膜移放在加有放射性同位素标记探针的溶液中进行核酸杂交。这些探针是同被吸印的 DNA 序列互补的 RNA 或单链 DNA，一旦同滤膜上的单链 DNA 杂交之后，就可以牢固结合。漂洗去除游离的、没有杂交上的探针分子，经放射自显影后，便可鉴定出与探针的核苷酸序列同源的待测 DNA 片段，据此可以将含有外源 DNA 片段的重组子筛选出来。

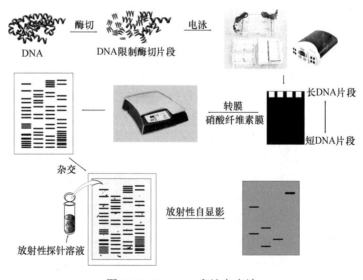

图 9-10　Southern 印迹杂交法

Southern 印迹杂交基本实验步骤如下。

（1）制备待测 DNA：采用适当的化学试剂裂解细胞，用蛋白酶和 RNA 酶消化大部分蛋白质和 RNA，用有机试剂（酚/氯仿）抽提法去除蛋白质。

（2）DNA 限制酶消化：需要将 DNA 切割成大小不同的片段之后才能用于杂交分析，通常用限制酶消化 DNA。一般选择一种限制酶来切割 DNA 分子，但有时为了某些特殊的目的，分别用不同的限制酶消化 DNA。印迹转移的时间取决于酶切片段的大小。小于 1.0kb 的片段，1h 即可基本完成转移过程；大于 15kb 的 DNA 片段则需要 18h 以上，而且转移并不完全。切割 DNA 的条件可根据不同目的设定，有时可采用部分和充分消化相结合的方法获得一些具有交叉顺序的 DNA 片段。消化 DNA 后，加入 EDTA，65℃加热灭活限制酶，样品即可直接进行电泳分离，必要时可进行乙醇沉淀，浓缩 DNA 样品后再进行电泳分离。

（3）琼脂糖凝胶电泳分离待测 DNA 样品：在恒定电压下，将 DNA 样品放在 0.8%～1.0% 琼脂糖凝胶中进行电泳，标准的琼脂糖凝胶电泳可分辨 70～80 000bp 的 DNA 片段，故可对 DNA 片段进行分离。但需要用不同的胶浓度来分辨这个范围内的不同 DNA 片段，原则是：分辨大片段 DNA 需要用浓度较低的胶，分辨小片段 DNA 则需要浓度较高的胶。

（4）电泳凝胶预处理：DNA 样品在制备和电泳过程中始终保持双链结构。为了进行有效的 Southern 印迹转移，使不同大小的 DNA 片段能够同步地从电泳凝胶转移到硝酸纤维素滤膜上，须对电泳凝胶进行适当的预处理。分子质量超过 10kb 的较大 DNA 片段与较小分子质量 DNA 相比，需要更长的转移时间。所以，为了使 DNA 片段在合理的时间内从凝胶中移动出来，必须将最长的 DNA 片段控制在大约 2kb 以下。DNA 的大片段必须被打断以缩短其长度，故通常是将电泳凝胶浸泡在 0.2～0.25mol/L 的 HCl 溶液中进行短暂的脱嘌呤处理之后，移至碱性溶液中浸泡，使 DNA 变形并断裂形成较短的单链 DNA 片段，再用中性 pH 缓冲液中和凝胶中的缓冲液。这样，DNA 片段经过碱变性作用，亦会使之保持单链状态而易于同探针分子发生杂交作用，从而提高转移效率。但是这种做法必须保持一定的限度，片段过小可能产生两个问题：一是不能与膜有效地结合；二是扩散作用增大。

（5）转膜：即将凝胶中的单链 DNA 片段转移到固相支持物上。此过程最重要的是保持各 DNA 片段的相对位置不变。DNA 沿着与凝胶平面垂直的方向移出并转移到膜上，因而凝胶中的 DNA 片段虽然在碱变性过程已经变性成单链并已断裂，但转移后各个 DNA 片段在膜上的相对位置与在凝胶中的相对位置依然一样，故而称为印迹（blotting）。用于转膜的固相支持物有多种，包括硝酸纤维素膜（NC 膜）、尼龙（Nylon）膜、化学活化膜和滤纸等，转膜时，可根据不同需要选择不同的固相支持物用于杂交。其中常用的是 NC 膜和 Nylon 膜。转膜必须充分，要保证 DNA 已转到膜上。

（6）探针标记：用于 Southern 印迹杂交的探针可以是纯化的 DNA 片段或寡核苷酸片段。探针可以用放射性物质或地高辛标记：放射性标记灵敏度高、效果好；地高辛标记没有半衰期，安全性好。人工合成的短寡核苷酸可以用 T4 多聚核苷酸激酶进行末端标记。探针标记的方法有随机引物法、切口平移法和末端标记法。

（7）预杂交：将固定于膜上的 DNA 片段与探针进行杂交之前，必须先进行一个预杂交的过程，因为能结合 DNA 片段的膜同样能够结合探针 DNA。在进行杂交前，必须将膜上所有能与 DNA 结合的位点全部封闭,这就是预杂交的目的。预杂交是将转印后的滤膜置于一个浸泡在水浴摇床的封闭塑料袋中进行,袋中装有预杂交液,使预杂交液不断在膜上流动。预杂交液实际上就是不含探针的杂交液,主要含有鲑鱼精子 DNA、牛血清等大分子,可以封闭膜上所有非特异性吸附位点。

(8)杂交:转印后的滤膜在预杂交液中温育 4~6h,即可加入标记的探针 DNA(探针 DNA 预先经加热变性成为单链 DNA 分子),进行杂交反应。杂交是在相对高离子强度的缓冲盐溶液中进行。杂交过后,在较高温度下用盐溶液洗膜。离子强度越低,温度越高,杂交的严格程度越高,即只有探针和待测序列之间有非常高的同源性时,才能在低盐、高温的杂交条件下结合。

(9)洗膜:取出 NC 膜,在 2×SSC 溶液中漂洗 5min,然后按照条件洗膜。洗膜是采用发光剂标记的探针或核素标记的探针进行杂交的关键步骤。洗完的膜浸入 2×SSC 中 2min,取出膜,用滤纸吸干膜表面的水分,并用保鲜膜包裹。漂洗是保证阳性结果和背景反差对比的关键。洗膜不充分会导致背景太深,洗膜过度又可能导致假阳性。

(10)放射性自显影检测:将滤膜正面向上放入暗盒中,在暗室内,将 2 张 X 光底片放入曝光暗盒,将暗盒置–70℃低温冰箱中使滤膜对 X 光底片曝光(一般 1~3 天)。

虽然通过各种预处理方法可以提高 DNA 片段的转移效率,但传统的 Southern 印迹转移法的转移效率不高,尤其是对于大分子的 DNA 片段。近年来发展了一些新的转移方法,如电转移法和真空转移法等,大大提高了转移效率,而且操作简单、耗时短,应用越来越广。

电转移法是利用电泳的原理,使凝胶上的 DNA 片段在电场作用下脱离凝胶,原位转至固相支持物上。固相支持物应选用经正电荷修饰的尼龙膜或化学活化膜(ABM 或 ATP 纤维素膜),不能使用仅在高盐溶液中才与 DNA 有较好结合的硝酸纤维素膜。因为高盐溶液电泳时会产生强大电流而使转移体系升温,导致 DNA 破坏。根据电转移装置的不同,电转移法又分为湿式电转移和干式电转移。

Southern 印迹杂交方法操作简单,结果十分灵敏,在理想的条件下,应用放射性同位素标记的特异性探针和放射自显影技术,即使每带电泳条带仅含有 2ng 的 DNA,也能被清晰地检测出来。

9.3.3 Northern 印迹杂交

Northern 印迹杂交是指将 RNA 分子变性及电泳分离后,从电泳凝胶转移到固相支持物上进行核酸杂交的方法,又称为 Northern RNA 印迹杂交等。该法是在 Southern 印迹杂交基础上发展起来的,主要针对 RNA 分子的检测,其基本步骤与 Southern 印迹杂交相似。但 RNA 分子与 DNA 分子有所不同,一般不能采用碱变性处理。RNA 电泳时必须解决两个问题:一是防止单链 RNA 形成高级结构,故必须采用变性凝胶电泳;二是电泳过程中始终要有效抑制 RNase 的作用,防止 RNA 分子的降解破坏。

在 RNA 变性凝胶电泳中常用的变性剂有甲醛、乙二酸、甲基氧化汞、尿素和甲酰胺等。尿素和甲酰胺会引起琼脂糖固化,故只限用于 RNA 的聚丙烯酰胺凝胶电泳。经甲基氧化汞作用的 RNA 的变性作用效果好，但由于毒性大而不宜采用。乙二醛变性效果较甲醛好些，杂交后的条带也比甲醛变性电泳清晰，但在操作上不如甲醛变性凝胶电泳简便，故使用最多的还是甲醛变性凝胶电泳。甲醛变性凝胶电泳的原理是它能与 RNA 分子上的碱基结合形成具有一定稳定性的加合物，阻止了碱基间的配对。同时，甲醛对蛋白质分子中的亲核基团如胺基、胍基、疏水基等具一定反应性，可使酶分子失活，防止其对 RNA 分子的降解破坏。

RNA 变性凝胶电泳一般要求较低电压，以 3～4V/cm 为宜。电泳过程中要注意监测电极液的 pH，由于电极缓冲液的缓冲容量有限，因而电泳一段时间后电极槽中缓冲液的 pH 会发生变化，而 pH 超过 8 时，会引起甲醛-RNA、乙二醛-RNA 复合物解离。增加缓冲液的离子强度，虽然可以增大缓冲容量，但增加离子强度会使泳动速度下降，因此在 RNA 变性电泳过程中，缓冲液要不断循环，无循环设备时，每隔 30min 左右更换一次缓冲液，或将两槽的缓冲液混合后再分配到两槽中。

甲醛变性凝胶电泳时，上样缓冲液中可加入 1μg 的 EB（溴化乙锭），电泳后凝胶可以直接置于紫外光下观察、照相。如果条带不清晰，可先将凝胶浸泡在 0.1×SSC 溶液中约 20min，以除去甲醛，然后再将凝胶置于含 0.5μg/mL EB 的 0.01×SSC 溶液中染色 20min。由于 RNA 与 EB 结合后转移效率下降，对于丰度低的 RNA 及乙二醛变性时，宜采用电泳后染色。

Northern 印迹转移完毕，取下的固相膜无须漂洗，应立即在室温条件下进行干燥处理，然后于 80℃真空烘烤 2h 以上使 RNA 固定，经固定，结合在膜上的 RNA 不再对 RNase 敏感，可长时间保存。由于变性剂的存在会干扰杂交灵敏度，因此在与探针进行杂交前，可以将真空干燥后的固相膜转至 20 mmol/L Tris-HCl 缓冲液（pH 8.0）或 CH₃COONH⁺ 中，95℃放置 5～10min，洗脱与 RNA 结合的甲醛或乙二醛，可极大地提高杂交灵敏度。

9.3.4 菌落印迹原位杂交

菌落印迹原位杂交（colony *in situ* hybridization）是直接将菌落从培养平板转移到硝酸纤维素滤膜上，不必进行核酸分离纯化、限制性内切核酸酶酶解及凝胶电泳分离等操作，而是经溶菌和变性处理后使 DNA 暴露出来并与膜原位结合，再与特异性 DNA 或 RNA 探针杂交，筛选出含有插入序列的菌落。将 DNA 烘干固定于膜上，与 ³²P 标记的探针杂交，放射自显影检测菌落杂交信号，并与平板上的菌落对位。由于生长在培养基平板上的菌落或噬菌斑，是按照其原来的位置不变地转移到滤膜上，然后在原位发生溶菌、DNA 变性和杂交作用，所以菌落杂交或噬菌斑杂交隶属原位杂交（*in situ* hybridization）范畴。

以菌落原位杂交为例，其操作步骤具体如下。

（1）将大小适合的硝酸纤维素膜铺放在生长着转化菌落的平板表面，使其中的质粒 DNA 转移到硝酸纤维素膜上。

（2）做好标记，小心取出硝酸纤维素膜，将吸附菌体的一面朝上放置在预先被强碱溶液浸湿的普通滤纸上进行溶菌和碱变性处理。强碱可以裂解细菌，释放细胞内含物，降解 RNA，并使蛋白质和 DNA 变性。

（3）10min 后，将膜转移至预先被中性缓冲液浸湿的普通滤纸上，中和 NaOH。

（4）将膜转移到清洗缓冲液中短暂浸泡 3min，洗去菌体碎片和蛋白质。

（5）取出膜，在普通滤纸上晾干，置于 80℃下干燥 1~2h，使单链 DNA 牢固地结合在硝酸纤维素膜上。

（6）将膜转入探针溶液中，在合适的温度和离子强度条件下进行杂交反应。离子强度和温度的选择取决于探针的长度及与目的基因的同源程度，一般温度越高、离子强度越大，杂交反应越不易进行。因此，对于同源性高并具有足够长度的探针，通常在高离子强度和高温条件下进行杂交，这样可以大幅度降低非特异性杂交的本底。

（7）杂交反应结束后，用离子浓度稍低的溶液清洗薄膜 3 遍，除去未特异性杂交的探针，晾干。

（8）将膜与 X 光胶片压紧置于暗箱内曝光，根据胶片上感光斑点的位置，在原始平板上挑出相应的阳性重组子菌落（图 9-11）。一般情况下，在直径为 8cm 的平皿上长有 100~200 个转化菌落时进行原位杂交效果较理想。如果菌落太多，容易混杂，导致杂交信号弥散，难以区分菌落位置。可用无菌牙签将相应位置上的菌落挑在少量的液体培养基中，经悬浮稀释后涂板培养，待长出菌落后，再进行一轮杂交，即可获得阳性重组子。如果平皿上菌落太过稀少，也可用无菌牙签将各平皿菌落转至一个平皿上，适当培养后再进行实验。

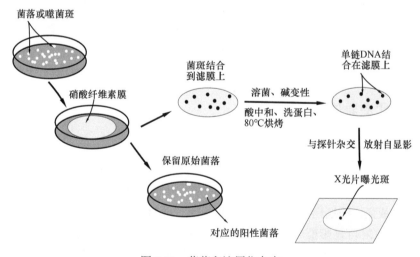

图 9-11　菌落印迹原位杂交

上述方法于 1980 年被改进，用于高密度菌落的检测。通过大规模操作，一次可同时筛选数十万个细菌菌落，大大提高了检测效率。原位杂交也随之成为有效的手段，广泛用于筛选基因组 DNA 文库和 cDNA 文库等。

以上程序被用于噬菌斑筛选，形成了更为简便的噬菌斑印迹原位杂交法，由于每个噬菌斑中含有足够的噬菌体颗粒，可免去 37℃扩增培养，且噬菌体结构简单，不会产生菌体碎片而干扰杂交效果。检测灵敏度高于菌落印迹原位杂交。噬菌斑印迹杂交法的另一个优点是从一个母板上很容易得到几张含有同 DNA 印迹的滤膜，不仅可以进行重复筛选、增加筛选的可靠性，还可使用一系列不同的探针对一批重组子进行多轮筛选。

9.3.5　斑点印迹杂交

如果拥有与目的基因某一区域同源的探针序列，则可采用斑点印迹杂交（dot blotting）或狭线印迹杂交（slot blotting）从成千上万个转化子中迅速检测出目的重组子。这两种方法是在 Southern 印迹杂交基础上发展起来的两种相似的、快速检测特异性核酸（DNA 或 RNA）分子的核酸杂交技术。斑点印迹杂交或狭线印迹杂交的基本原理和操作步骤相同：首先通过特殊的加样装置将变性的 DNA 或 RNA 核酸样品直接转移到适当的杂交滤膜上，然后与核酸探针分子进行杂交以检测核酸样品中是否存在特异性 DNA 或 RNA（Malone and McIvor，1995）。两者的区别仅在于呈现在杂交滤膜上的核酸样品分别为圆斑状和狭线状。与其他核酸分子杂交法相比，斑点杂交法具有简单、快速、经济等特点，一张滤膜上可以进行多个样品的检测，但该法不能用于鉴定目的基因的分子质量，且特异性不高，有一定比例的假阳性。斑点印迹杂交分为 3 类，下面分别介绍。

1. DNA 斑点杂交

（1）先将膜在水中浸湿，再放到 15×SSC 中。

（2）将 DNA 样品溶于水或 TE，煮沸 5min，冰中速冷。

（3）用铅笔在滤膜上标好位置，将 DNA 点样于膜上。每个样品一般点 50μL（2～10μg DNA）。

（4）将膜烘干，密封保存备用。

2. RNA 斑点杂交

与上法类似，每个样品至多加 10μg 总 RNA（经酚/氯仿或异硫氰酸胍提取纯化）。具体方法是：将 RNA 溶于 5μL DEPC 水，加 15μL 甲醛/SSC 缓冲液（10×SSC 中含 0.15mol/L 甲醛）使 RNA 变性；然后取 5～8μL 点样于处理好的滤膜上，烘干。

培养细胞和标本处理技术可以简化，不用提取和纯化 RNA。具体方法是：用含 0.5% Nonidet P40 的低渗缓冲液对多种动物细胞进行简单处理，离心去掉细胞核和细胞碎片，就得到基本不带 DNA 而富含 RNA 的细胞质提取物，这一粗提 RNA 在高盐条件下用甲醛变性，不需加工，直接点到硝酸纤维素膜上。该法可以快速检测大量标本，而只需极少量的细胞（$5×10^4$）或组织。整个 RNA 实验中，要防止激活内源性 RNase，有许多种预防措施，如在样品中加入氧钒核糖核苷复合物（RVC）。

3. 完整细胞斑点杂交

应用类似检测细菌菌落的方法，可以对细胞培养物的特异序列进行快速检测。将整个细胞点到膜上，经 NaOH 处理，使 DNA 暴露、变性和固定，再按常规方法进行杂交与检测。有人曾用此法从 10^5 个培养细胞中检测到少至 5pg 的 Epstein-Barr 病毒 DNA。完整细胞斑点印迹法可以用于筛选大量标本，因为它是使细胞直接在膜上溶解，所以

DNA 含量甚至比常用的提取法还高，且不影响与 ^{32}P 标记的探针杂交。但它不适于非放射性标记探针，因为 DNA 纯度不够，会产生高本底。

为使点样准确方便，市售有多种多管吸印仪（Manifold），如 Minifold I 和 II、Smart Blotter（Wealtec）、Bio-Dot（Bio-Rad）和 Hybri-Dot，它们有许多孔，样品加到孔中，在负压下就会流到膜上呈斑点状或狭缝状。反复冲洗进样孔，取出膜烤干或紫外线照射以固定标本，这时的膜就可以进行杂交。如果没有特殊的加样装置，也可采用手工直接点样。将核酸样品变性后，用微量进样器直接点在干燥的显色纤维素膜上，点样时应避免样斑过大，一般采用小量多次法加样，待第一次样品完全干燥后，再在原位置第二次点样。

9.4 免疫化学检测法

在某些情况下，如待测的重组克隆子既无任何可供选择的基因表型特征，又无理想的核酸杂交探针时，可以考虑采用免疫学方法筛选重组子。免疫学检测法使用抗体探针来鉴定目的基因表达产物。免疫学检测法具有专一性强、灵敏度高的特点，只要有一个拷贝的目的基因在克隆子细胞内表达合成蛋白质，就可以检测出来（孙明，2013）。但使用这种方法的前提条件是克隆基因可在宿主细胞内表达，并且有目的蛋白的抗体。

9.4.1 放射性抗体检测法

放射性抗体检测法的基本依据有：①一种免疫血清中含有多种类型的免疫球蛋白 IgG 分子，这些 IgG 分子分别与同抗原分子上不同的抗原决定簇特异性结合；②抗体分子或其某部分可牢固地吸附在固体支持物（如聚乙烯塑料制品）的表面，不会被洗脱；③通过体外转化作用，IgG 抗体会迅速地被放射性 ^{125}I 标记上。

具体的操作过程如下。

（1）首先将转化的菌体涂布在琼脂平板培养基上，长出菌落后再影印到另一块琼脂平板上培养。

（2）待影印琼脂平板上的菌落长好后，用氯仿饱和气体裂解菌落，使阳性菌落产生的抗原释放出来。

（3）将吸附了未经标记的 IgG 抗体的聚乙烯薄膜覆盖在琼脂平板表面，如释放抗原和抗体具有对应关系，则在薄膜上形成抗原-抗体复合物。小心取下薄膜，再用标记的 IgG 处理，^{125}I-IgG 便会与结合在聚乙烯薄膜上的抗原决定簇结合。

（4）漂洗聚乙烯薄膜，去除过剩的 ^{125}I -IgG，然后于空气中干燥薄膜，经放射性自显影后，即可从母板上获得所需的重组克隆。

这种方法十分灵敏，抗原含量低至 5pg 时仍然可被检测出来。在该法中，首先吸附到固体支持物上的是抗体，相应的抗原与之反应后在固体支持物表面形成抗原-抗体复合物，再用同位素标记的抗体检测该复合物，通过放射性自显影鉴定重组克隆子。目前所采用的免疫学检测方法中，更多的是先将待检测的菌落或噬菌斑按原位印迹到硝酸纤维素膜等固相支持物上，然后裂解细胞，使目的蛋白抗原结合到硝酸纤维素膜上，进一步与相应的抗体（即第一抗体）反应，形成抗原-抗体复合物。对抗原抗体复合物的检测，既可采用放射性 ^{125}I 标记的第二抗体（抗第一抗体种特异性抗原决定基的抗体）直接检测，也可采用放射性 ^{125}I 标记的 A 蛋白进行间接分析。在直接检测法中，针对不同的第一抗体，应分别标记相应的第二抗体进行检测；而间接分析法中，只需标记一种 A 蛋白分子，便可检测多种不同的第一抗体。A 蛋白是金黄色葡萄球菌细胞壁的一种组分，它可以牢固地结合到多种免疫球蛋白分子的 Fc 段，形成多分子复合物。因此，用一种碘化标记试剂可以检测筛选产生不同抗原的重组克隆子，而不必每次标记不同的抗体（第二抗体）。

双位点检测法（two site detection method）也是利用放射性抗体进行检测的方法，该法主要是针对含有杂种多肽或表达融合蛋白菌落的鉴定而设计的。例如，含有重组质粒 DNA 的菌落可以产生由蛋白质 A 和蛋白质 B 融合形成的杂种多肽（A-B）。若要从转化子菌落群体中检测出合成这种杂种多肽的克隆，可以把抗（A-B）杂种多肽中蛋白质 A 部分的抗体固定在支持物上，再把抗蛋白质 B 的抗体在体外用 ^{125}I 标记上，作为检测抗体使用。由于第一种抗体只同蛋白质 A 部分结合，标记的第二种抗体只同蛋白质 B 部分结合。所以，只有含杂种蛋白（A-B）的克隆才能呈现阳性反应，这样便可以十分准确地检测出重组 DNA 分子。

这种方法的基本原理及操作程序与菌落原位杂交法非常相似，只不过后者采用核酸探针，通过碱基互补形式特异性杂交目的 DNA 序列；而前者利用抗体，通过特异性免疫反应搜寻目标蛋白质，因此使用放射免疫原位检测法筛选鉴定目的重组子的前提条件是外源基因在受体细胞中必须表达出具有正确空间构象的蛋白产物，同时应具备与之相对应的特异性抗体。放射免疫原位检测法的标准操作程序如图 9-12 所示。

（1）聚乙烯薄膜或 CNBr 活化纸片覆盖在待检测的菌落平板上，制成影印件。

（2）利用氯仿气体或烈性噬菌体的气溶胶处理影印薄膜，裂解菌落，释放包括外源基因表达产物在内的细胞内含物，此时各种蛋白质分子均原位吸附在薄膜或纸片上。

（3）固定处理后的薄膜或纸片，与含目的蛋白对应抗体的溶液保温一段时间，使抗原（待检测蛋白质）与抗体发生特异性免疫结合反应。

（4）洗去薄膜未特异性结合的抗体分子，再与事先用同位素 ^{125}I 标记的第二种抗体或金黄色葡萄球菌 A 蛋白溶液进行第二次保温，这种放射性的抗体或蛋白分子特异性地与抗原-抗体复合物中的第一种抗体结合，并指示出抗原所在的位置。

（5）将薄膜感光 X 光胶片，并根据感光斑点位置在原始平板上挑出相应的目的重组子克隆。

用于最终检测的第二种抗体既可以用同位素标记，也可以事先将之与生物素共价偶联，在免疫结合反应完成之后，薄膜用含荧光分子的生物素结合蛋白处理，最终通过荧光感光 X 光胶片。另外，还可采用抗体的酶标技术，将第二抗体与某种特定的示踪酶（如碱性磷酸单酯酶）连为一体，与这种抗体-酶复合物溶液保温后的薄膜再用相应的化合物处理，后者在碱性磷酸单酯酶的作用下产生颜色反应，以此定位目的重组克隆。

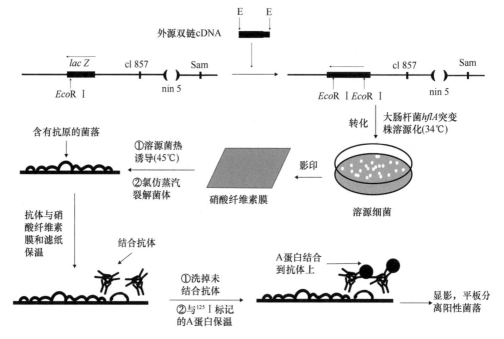

图 9-12 放射免疫原位检测法

放射免疫原位检测法远比探针原位杂交法复杂，它需要使用两种不同的抗体。第一种抗体必须具有与待测蛋白质特异性结合的作用，但在大多数情况下，这种抗体很难通过免疫血清的方法获得足够的数量用于同位素直接标记。因此，通常的做法是将第一种抗体与一种特定的蛋白质用戊二醛交联，而这种特定蛋白质相应抗体的制备方法相当成熟，例如，兔血清白蛋白与第一种抗体结合后，所形成的蛋白复合物能特异性地为第二种抗体（即羊抗兔血清白蛋白抗体）所识别。

9.4.2　免疫沉淀测定法

免疫沉淀测定法也可用于筛选含目的基因的克隆子。在生长有转化子菌落的培养基中，加入与目的基因产物相对应的标记抗体。如果菌落会产生与抗体相对应的抗原蛋白（目的基因产物），则其周围就会出现一种叫作沉淀素的抗体-抗原沉淀物形成的白色圆圈。该方法操作简便，但灵敏度不高、实用性较差。

9.4.3　酶联免疫吸附测定法

酶联免疫吸附测定（enzyme-linked immunosorbent assay，ELISA）法属于非放射性抗体检测法的一种，是通过抗原与抗体的特异反应将待测物与酶连接，然后通过酶与底物产生的颜色反应来定量测定蛋白质的技术（龙敏南等，2014）。其基本原理是：将一抗与目的分子特异结合，再将二抗与一抗特异性结合，二抗上携带的酶能催化一种将无色的底物转变为有色物质（或发光）的反应，通过比色测定有色物质的含量（或光强度），从而推测目的分子存在与否和含量多少。根据所使用的抗体数目和种类，可把 ELISA

分为 3 类：直接 ELISA（direct ELISA）、间接 ELISA（indirect ELISA）和双抗体 ELISA（double-antibody ELISA）。

ELISA 检测的一般步骤如下。

（1）样品固定。将待测样品加入 96 孔微量滴定板孔中，干燥后就被固定在孔底。

（2）一抗结合。加入一抗，反应后冲洗掉未结合的抗体。

（3）二抗结合。加入二抗，与一抗结合后再将未结合的二抗冲洗掉。二抗只识别一抗，二抗偶联有一种酶（碱性磷酸酶、辣根过氧化物酶或脲酶等）。

（4）显色反应。加入无色的底物，被二抗上所带的酶催化转变成有色物质（或发出荧光）。

（5）比色。在特殊的分光光度仪（酶标仪）上比色，打印出结果。

ELISA 对蛋白质表达产物的检测敏感有效，但检测准确性取决于一抗的特异性，选用单克隆抗体（monoclonal antibody）效果更好。

9.5　转译筛选法

转译筛选法是借助无细胞翻译系统实现外源基因的表达，或抑制所选择的克隆载体上外源基因的转录，通过比较判断产物是否符合预期，从而对重组子克隆进行筛选（Sambrook and Russell，2002）。无细胞翻译系统是指没有完整细胞的体外蛋白质翻译合成系统，通常利用无细胞提取物提供所需要的核糖体、tRNA、酶类氨基酸能量供应系统及无机离子等，在试管中把外源的 mRNA 翻译成蛋白质。常用的无细胞提取物有兔网织红细胞裂解物和麦胚抽提物等，适合于高丰度转录的外源基因的筛选。

转译筛选法可以分为杂交抑制转译（hybrid arrested translation）和杂交选择转译（hybrid selected translation）两种不同的筛选策略，其突出优点在于将克隆的 DNA 同所编码的蛋白质产物之间的关系对应起来。

9.5.1　杂交抑制转译检测法

杂交抑制转译检测法所依据的原理是：在体外无细胞的转译体系中，目的基因的转录产物 mRNA 一旦同 DNA 分子杂交之后，就不再能够指导蛋白质多肽的合成。从转化子菌落或噬菌体群体中制备质粒 DNA，变性后选择有利于形成 DNA-RNA 杂种分子但不利于形成 DNA-DNA 杂种分子，同时又能阻止线性质粒 DNA 再环化的反应条件，与原菌落或噬菌体群体的总 mRNA 进行杂交。从杂交混合物中回收核酸，加入到无细胞转译体系进行体外转译。由于在无细胞转译体系中加有 ^{35}S 标记的甲硫氨酸，因此转译合成的多肽蛋白质可以通过聚丙烯酰胺凝胶电泳和放射性自显影进行分析。将结果同未经杂交处理的 mRNA 的转译产物进行比较，找出两者间的差别。若杂交组缺少某种蛋白质（被杂交抑制了的 mRNA 的产物），表明供杂交用的那部分克隆子群体中含有目的基因。然后，将这个群体分成若干较小的群体，并重复上述实验程序，直至最后鉴定出含目的基因的单一克隆子。

如果被研究的目的基因能编码丰富的 mRNA,采用杂交抑制转译检测法筛选阳性克隆子尤为适合。常用的无细胞转译体系包括麦胚提取物和网织红细胞提取物等,系统中包含了基因表达所需要的所有因子,如 RNA 聚合酶、核糖体、tRNA、核苷酸、氨基酸及合适的缓冲液组成成分。

9.5.2 杂交选择转译检测法

杂交选择转译法有时也称杂交释放转译法(hybrid released translation),是一种比杂交抑制转译法灵敏度更高的阳性重组子筛选法,适用于低丰度 mRNA(只占总 mRNA 的 0.1%左右)产物的 cDNA 重组子的检测。与杂交抑制转译法有所不同,杂交选择转译法是通过杂交手段选择目的 mRNA 进行体外转译,而非抑制目的 mRNA 的体外转译。基本做法是:从克隆文库中挑取转化菌落或噬菌体群体,分离制备其质粒 DNA 分子,经适当处理后牢固结合在硝化纤维素膜上;然后用同一菌落或噬菌体群体的 mRNA(甚至是总细胞 RNA)进行杂交;通过洗脱作用,分离出能与结合的 DNA 分子杂交的 mRNA。如果用于杂交的 DNA 分子并非固定在固相支待物上,而是处于溶液状态,则可通过柱层析从总 mRNA 中分离出杂种分子;回收杂交的 mRNA,加到无细胞体系中进行体外转译,通过凝胶电泳分析或根据生物活性鉴定转译合成的、带放射性标记的多肽产物。一旦获得某种呈阳性反应的克隆群体,可将它分成许多小库,直到用划线培养法获得一个或数个呈阳性反应的单菌落重组子为止。

应用杂交选择转译检测法曾成功地从白细胞提取的总 poly(A)mRNA 中分离到干扰素基因。在这个筛选流程中,采用非洲爪蟾(Xenopus laevis)的卵母细胞体系进行 mRNA 的体外转译。基本检测步骤是:将待测 DNA 固定在固相支持物上,与同一材料的 mRNA 进行杂交,从 DNA-mRNA 杂交分子中洗脱出 mRNA;再以微量注射法注入非洲爪蟾卵母细胞进行体外转译;最后通过聚丙烯酰胺凝胶电泳技术分析转译产物,并用免疫沉淀技术做最后鉴定。转译合成的蛋白质中,干扰素能被细胞分泌到周围的培养基环境中,因而可以根据其抗病毒活性予以检测。干扰素的 mRNA 占总 mRNA 的 0.01%~0.1%,理论上必须筛选约 10 000 个转化子克隆才能获得含干扰素基因的阳性克隆子,但要逐个筛选这些菌落既费时又费力,因此实际操作中,最初用的 DNA 是从总数为 512 个菌落的 12 个菌落群体(或称菌落库)中分离出来的。其中有 4 个菌落群体呈阳性反应,于是对这 4 个群体进行再分离、再检测,一直重复到鉴定出单克隆为止。

值得说明的是,无论是杂交抑制转译法还是杂交选择转译法,都需要经过重组 DNA 的分离纯化和 mRNA 的体外翻译等步骤,操作较为繁杂,一般不作为筛选重组克隆子的常规手段,只有在其他方法难以适用时才考虑采用此法。

本 章 小 结

受体细胞的 DNA 分子也会面临不同的命运,只有少部分会稳定遗传和表达。要获得含目的基因的克隆子,需要从大量的被转化细胞中筛选。重组克隆子筛选的一般方法有 5 种。①遗传表型直接筛选。利用克隆载体携带的选择标记基因进行筛选，如抗药性筛选、插入失活筛选、显色互补筛选等；利用报告基因对植物转化细胞进行筛选，如利用氯霉素乙酰转移酶、潮霉素磷酸转移酶、β-葡萄糖酸苷酶等报告基因的表达活性进行筛选；利用遗传选择标记基因筛选哺乳动物转基因细胞，如利用胸苷激酶、二氢叶酸还原酶等标记基因表达活性进行筛选；此外还有营养缺陷型检测筛选、噬菌斑筛选等。②电泳直接检测。依据 DNA 的重组过程结构变化特征分析筛选重组子，包括直接电泳法、限制酶酶切电泳和 PCR 扩增电泳检测。③核酸分子杂交分析。制备分子探针，通过 Southern 印迹杂交、Northern 印迹杂交、斑点印迹杂交和菌落印迹原位杂交等方法对克隆子进行分析鉴定。④免疫化学检测。使用抗体探针来鉴定筛选重组子，如放射性抗体检测法、免疫沉淀检测、酶联免疫吸附测定、蛋白质印迹杂交。⑤转译筛选法。借助无细胞翻译系统实现外源基因的表达，或抑制所选择的克隆载体上外源基因的转录，对重组子克隆进行筛选，包括杂交抑制转译和杂交选择转译两种不同的策略。

第 10 章　基因工程新技术

10.1　核酸分子杂交技术

10.1.1　核酸杂交的基本原理

DNA 或 RNA 是由脱氧核糖核苷酸或核糖核苷酸通过磷酸二酯键缩合形成的长链状分子。DNA（脱氧核糖核酸）的碱基主要有 4 种，即腺嘌呤 A、鸟嘌呤 G、胞嘧啶 C、胸腺嘧啶 T。RNA（核糖核酸）的碱基主要有 4 种，即 A、G、C、U（尿嘧啶）（刘庆昌，2009）。互补的核苷酸序列（DNA 与 DNA、DNA 与 RNA、RNA 与 RNA 等）通过 Watson-Crick 碱基配对形成非共价键，从而形成稳定的同源或异源双链分子的过程，称为核酸分子杂交技术，又称核酸杂交（蔡文琴和王伯，1994）。具有一定同源碱基互补的两条多核苷酸单链，能够根据碱基互补配对原则形成一条双链分子。碱基之间通过氢键相连，在某些条件下（如酸碱、有机溶剂、加热）可使氢键断裂，而在条件恢复后又可依碱基配对规律形成双链结构。杂交通常在支持膜上进行，因此又称为核酸印迹杂交。它不仅能够在 DNA 和 DNA 之间进行，也可以在 DNA 和 RNA 之间进行（陈宏，2003）。因此，核酸杂交是一种从核酸混合液中检测特定核酸分子的传统方法，也是定性或定量检测特异 RNA 或 DNA 序列片段的有力工具。杂交的双方是所使用的探针和要检测的核酸，该检测对象可以是克隆化的基因组 DNA，也可以是细胞总 DNA 或总 RNA；根据检测样品的不同又被分为 DNA 印迹杂交（Southern blot hybridization）和 RNA 印迹杂交（Northern blot hybridization）（李立家和肖庚富，2004）。探针必须经过标记，以便示踪和检测。使用最普遍的探针标记物是同位素，但由于同位素的安全性问题，近年来发展了许多非同位素标记探针的方法。

10.1.2　核酸探针的制备

探针广义上是指能与特定靶分子发生特异性相互作用，并能被特定方法所检测的分子，例如，抗原-抗体、生物素-亲和素等均可看成是探针与靶分子的相互作用（刘妙良，1992）。核酸探针是指能与特定核苷酸序列发生特异互补杂交，杂交后又能被特定的方法检测的、已知被标记（同位素或非同位素标记）的核苷酸链。核酸探针通过分子杂交与目的基因结合，产生杂交信号，能从浩瀚的基因组中把目的基因显示出来。根据杂交原理，作为探针的核酸序列至少必须具备以下两个条件：①应是单链，若为双链，须先进行变性处理；②应带有容易被检测的标记（马建岗，2007）。

探针根据来源与性质不同可分为基因组 DNA 探针、cDNA 探针、RNA 探针、cRNA 探针和人工合成的寡核苷酸探针等 5 类（王关林和方宏筠，2009）。基因组 DNA 探针、

cDNA 探针、RNA 探针、cRNA 探针一般是通过分子克隆获得的，称为克隆探针。寡核苷酸探针是指人工合成的短链 DNA 探针，因其具有独特的优点而备受关注，例如，其对靶序列变异的识别能力较强，短探针中碱基错配会导致杂交体系的融链温度显著下降，可识别靶序列内的单碱基变化、一次大量合成且价格低廉等。目前，寡核苷酸探针主要靠 DNA 合成仪合成。但是，由于寡核苷酸探针序列较短，随机遇到互补序列的可能性大，所以特异性不高，且由于序列较短，可标记的位点较少，获得的杂交信号较弱，灵敏度较低。

10.1.2.1　DNA 探针

DNA 探针是以病原微生物 DNA 或 RNA 的特异性片段为模板，人工合成的带有放射性或生物素标记的单链 DNA 片段，可用来快速检测病原体（吴乃虎，2001）。其将一段已知序列的多聚核苷酸用同位素、生物素或荧光染料等标记后可制成 DNA 的探针，可与固定在硝酸纤维素膜的 DNA 或 RNA 进行互补结合，经放射自显影或其他检测手段就可以判定膜上是否有同源的核酸分子存在。DNA 探针由最常用的核酸探针，指长度在几百碱基对以上的双链 DNA 或单链 DNA 探针组成（张惠展，2017）。现已获得 DNA 探针数量很多，有细菌、病毒、原虫、真菌、动物和人类细胞 DNA 探针。这类探针多为某一基因的全部或部分序列，或某一非编码序列。这些 DNA 探针的获得有赖于分子克隆技术的发展和应用。

DNA 探针（包括 cDNA 探针）主要有 3 个优点（刘祥林和聂刘旺，2005）：①这类探针多克隆在质粒载体中，可以无限繁殖、取之不尽，且制备方法简便；②DNA 探针不易降解（相对 RNA），一般能有效抑制 DNA 酶活性；③DNA 探针的标记方法较成熟，有多种方法可供选择，如缺口平移法、随机引物法、PCR 标记法等，能用于同位素和非同位素标记。DNA 探针可以用来诊断寄生虫病、现场调查及虫种鉴定、病毒性肝炎的诊断、遗传性疾病的诊断，还可用于检测饮用水病毒含量。据报道，DNA 探针能从 1 t 水中检测出 10 个病毒来，精确度大大提高。

10.1.2.2　cDNA 探针

cDNA 是由 RNA 经一种称为反转录酶（reverse transcriptase）的 DNA 聚合酶催化产生的，这种逆录酶是 Temin 等在 20 世纪 70 年代初研究致癌 RNA 病毒时发现的（马建岗，2007）。该酶以 RNA 为模板，根据碱基配对原则，按照 RNA 的核苷酸顺序合成 DNA（其中 U 与 A 配对）。这一途径与一般遗传信息流的方向相反，故称反向转录或反转录。利用真核 mRNA 3′端存在一段聚腺苷酸尾，可以合成一段寡聚腺苷酸用作引物，在反转录酶催化下合成互补于 mRNA 的 cDNA 链，然后再用 RNase H 将 mRNA 消化掉，加入大肠杆菌的 DNA 聚合酶 I 催化合成另一条 DNA 链，即完成了从 mRNA 到双链 DNA 的反转录过程。所得到的双链 cDNA 分子经 S1 核酸酶酶切平两端，后接一个有限制酶酶切点的接头（linker），再经特定的限制酶消化产生黏性末端，即可与含互补末端的载体进行连接。用这种技术获得的 DNA 探针不含有内含子序列，因此尤其适用于基因表达的检测（陈宏，2003）。

10.1.2.3 RNA 探针

RNA 探针是一类很有前途的核酸探针，由于 RNA 是单链分子，所以它与靶序列的杂交反应效率极高。早期采用的 RNA 探针是细胞 mRNA 探针和病毒 RNA 探针，这些 RNA 是在细胞基因转录或病毒复制过程中得到标记的，标记效率往往不高，且受到多种因素的制约。这类 RNA 探针主要用于研究，而不是用于检测（楼士林等，2002）。例如，在筛选反转录病毒——人类免疫缺陷病毒（HIV）的基因组 DNA 克隆时，因无 DNA 探针可利用，就利用 HIV 的全套标记 mRNA 作为探针，成功地筛选到多株 HIV 基因组 DNA 克隆。又如，转录分析时，在体外将细胞核分离出来，然后在 α-^{32}P-ATP 的存在下进行转录，所合成 mRNA 均掺入同位素而得到标记，此混合 mRNA 与固定于硝酸纤维素滤膜上的某一特定基因的 DNA 进行杂交，便可反映出该基因的转录状态，这是一种反向探针实验技术。

RNA 探针除可用于检测 DNA 和 mRNA 外，还有一个重要用途，即在研究基因表达时，常常需要观察该基因的转录状况（孙明，2013）。在原核表达系统中，外源基因不仅进行正向转录，有时还存在反向转录（即生成反义 RNA），这种现象往往是外源基因表达量不高的重要原因。另外，在真核系统，某些基因也存在反向转录，产生反义 RNA，参与自身表达的调控。在这些情况下，要准确测定正向和反向转录水平，就不能用双链 DNA 探针，只能用 RNA 探针或单链 DNA 探针。

10.1.2.4 cRNA 探针

cRNA 探针是以 cDNA 为模板，通过体外转录而获得的。因为它是一种单链探针，因此也避免了应用双链 cDNA 探针进行杂交反应时会存在的两条链之间的复性问题。cRNA 与 RNA 之间形成的杂交体要比 cDNA-RNA 杂交体稳定，cRNA-RNA 之间形成的杂交体不受 RNA 酶的影响，因此杂交反应后可用 RNA 酶处理，以除去未结合的探针（张惠展，2017）。由于 cRNA 探针具有以上这些优点，cRNA 探针的杂交饱和水平又比双链 DNA 探针高出 8 倍，因此在原位杂交中应用广泛。cRNA 探针的缺点是：探针的制备过程比较复杂，需要较好的分子生物学实验设备；对 RNA 酶敏感，易受破坏，操作中要谨防 RNA 酶污染。

10.1.2.5 人工合成的寡核苷酸探针

人工寡核苷酸探针是以核苷酸为原料，通过 DNA 合成仪合成，避免了真核细胞中存在的高度重复序列带来的不利影响。由于大多数寡核苷酸序列较短，不需要纯化，组织穿透性极好，是根据目的基因的特异性序列设计的探针，特异性较强。人工寡核苷酸探针的缺点是：探针长度必须适宜，探针太长可造成内部错误配对杂交，探针太短可形成非特异性结合。探针与 mRNA 形成的杂交体不如 cRNA-RNA 杂交体稳定。探针较短时，所携带的标记物少，敏感性较低（夏启中，2017）。

为了确定探针是否与相应的基因组 DNA 杂交，有必要对探针加以标记，以便在结合部位获得可识别的信号。根据标记物不同，探针可分为放射性探针和非放射性探针两大类，标记物质有放射性元素（如 ^{32}P 等）和非放射性物质（如生物素、地高辛等）（楼士林等，2002）。核酸探针的标记最早采用的方法是放射性同位素标记法，^{32}P 是最常用的核苷酸标记同位素，被标记的 dNTP 本身就带有磷酸基团，便于标记。其特点是比活性高，可达 9000 Ci/mmol；发射的 β 射线能量高；用它标记的探针自显影时间短，灵敏度高。虽然放射性同位素标记的探针灵敏度高，但由于半衰期的限制，标记后存放的时间有限，且对操作者和环境有放射性危害，因此越来越多地被非放射性标记取代。非放射性探针的种类丰富，包括金属配合物、荧光染料、地高辛半抗原、生物素和酶等，可以通过酶促反应、光促反应或化学修饰等方法标记到核酸分子上。非放射性标记法有酶标法和化学物标记法（马建岗，2007）。酶标方法与免疫测定 ELISA 方法相似，只是被标记的核酸代替了被标记的抗体，事实上，被标记的抗体也称为探针，现有许多商品是生物素、地高辛标记的。血凝素与生物素有非常高的亲和性，当血凝素标记过氧化物酶或碱性磷酸酶时，经杂交反应最终形成探针-生物素-血凝素酶复合物（ABC 法），酶催化底物显色，可观察显色结果与一般的酶促反应底物不同，ABC 法底物显色可生成不溶物，以便观测探针标记效果。酶标记法复杂、重复性差、成本高，但便于运输、保存，其灵敏度与放射物标记法相当。目前大多采用缺口平移法、末端标记法、随机引物法或 PCR 等技术将标记好的 dNTP 再标记到核酸分子上。

10.1.3　核酸杂交种类与方法

核酸杂交可分为固相杂交、液相杂交和原位杂交。

固相杂交是将待测的靶核苷酸链预先固定在固体支持物（硝酸纤维素膜或尼龙膜）上，而标记的探针游离在溶液中，进行杂交反应后，使杂交分子留在支持物上，然后再进行检测的过程。固相杂交又可分为 Southern 印迹杂交、Northern 印迹杂交、Western 印迹杂交、斑点杂交、菌落原位杂交等（张惠展，2017）。

Southern 印迹杂交（Southern blot hybridization）于 1975 年由英国人 Southern 创建，是研究 DNA 图谱的基本技术，在遗传病诊断、DNA 图谱分析及 PCR 产物分析等方面有着重要价值。该法利用硝酸纤维素膜（或尼龙膜）具有吸附 DNA 的功能，首先从待检测的组织中提取 DNA，然后用限制性内切核酸酶消化待测的 DNA 样品，通过利用琼脂糖凝胶电泳分离经限制性内切核酸酶消化的 DNA 片段，且将胶上的 DNA 变性，并在原位将单链 DNA 片段转移至硝酸纤维素膜或尼龙膜或其他固相支持物上，经干烤或者紫外线照射固定，再与相对应的标记探针进行杂交，用放射自显影或酶反应显色，从而检测特定的 DNA 分子（孙汶生等，2004）。

Northern 印迹杂交（Northern blot hybridization）是一种将 RNA 从琼脂糖凝胶中转印到硝酸纤维素膜上的杂交方法，其检测过程和 Southern 杂交基本相同，所不同的是，Northern 印迹杂交是通过 DNA 探针检测杂交膜中的 RNA 分子。该方法通过提取样品的总 RNA 或 mRNA 用变性凝胶电泳分离，不同的 RNA 分子将按分子质量大小依次排布在凝胶上，之后将它们原位转移到固定膜上，在适宜的离子强度及温度条件下，用探针与膜杂交，然后通过探针的标记性质检测杂交结果。该法主要应用于对样品特定基因表达的定性和定量分析（孙汶生等，2004）。

Western 印迹杂交（Western blot hybridization）是将蛋白质样品转移到膜上，然后利用抗体探针对样品蛋白质进行检测的方法。该方法将蛋白质通过聚丙烯酰胺凝胶电泳分离，然后转移到固相载体（硝酸纤维素膜）上，固相载体以非共价键形式吸附蛋白质，以固相载体上的蛋白质作为抗原，然后用对应的一抗通过免疫反应结合抗原，再与二抗反应最终经过底物荧光基团显影以检测目的基因表达的蛋白质成分，从而分析蛋白质的表达水平。

斑点杂交（dot blot hybridization）是将待测样品进行 DNA 或 RNA 变性处理后，直接点在硝酸纤维素膜上，经过紫外交联固定后，与同位素或生物素标记的探针杂交，杂交后通过显影显色反应形成杂交的斑点以检测目的基因（孙汶生等，2004）。

菌落原位杂交首先将培养皿中的菌落转移到硝酸纤维素膜上，经过细胞裂解、DNA释放、碱变性、固定后，与已知标记好的探针杂交，用于鉴定含有与探针同源的外源DNA 片段的菌落。此技术专门用于从基因文库或 cDNA 文库中筛选与探针同源的重组子（夏启中，2017）。

液相杂交（solution hybridization）是指将待测的核酸单链与放射性标记的、序列已知的核酸探针在溶液中反应，然后用羟磷灰石法或酶解法分离杂交双链和未参加反应的标记探针，用仪器检测和计算分析被测的核酸量（王正朝，2019）。

原位杂交（*in situ* hybridization）是指以特定标记的已知序列核酸为探针，与细胞或组织切片中的核酸进行杂交，从而对特定核酸序列进行精确定量和定位的过程。原位杂交可以在细胞标本或组织标本上进行。该方法使用标记的 DNA 或 RNA 探针来检测与其互补的另一条链在细菌或者真核细胞中的位置。其中，RNA 原位杂交技术是运用 cRNA探针检测细胞和组织内 RNA 表达的一种原位杂交技术，其在细胞和组织结构保持不变的情况下，用标记的已知 RNA 探针与待测细胞和组织内的相应基因片段杂交，经显色反应后在光学显微镜或电子显微镜下观察细胞内相应的 mRNA、rRNA 和 tRNA 分子（孙汶生等，2004）。其在基因分析、诊断等方面能进行定位、定性和定量分析，已成为最有效的分子病理学技术，可进一步从分子水平探讨细胞的功能表达及其调节机制，已成为当今分子生物学和细胞生物学研究的重要手段。

10.1.4 核酸杂交技术的应用

核酸分子杂交作为一项基本技术，已应用于核酸结构与功能研究的各个方面。核酸分子杂交具有很高的灵敏度和高度的特异性，因此该技术在分子生物学领域中已广泛地应用于克隆基因的筛选、酶切图谱的制作、基因组中特定基因序列的定性和定量检测及疾病的诊断等方面。它不仅在分子生物学领域中具有广泛的应用，而且在临床诊断上的应用也日趋增多。例如，我们可以用 DNA 杂交技术来检测患者是否感染了乙肝病毒（乙肝病毒的遗传物质是 DNA）。使用一个用荧光或同位素标记的 DNA 分子探针（这个探针就是乙肝病毒 DNA 分子），如果被检测的 DNA 分子和探针杂交了，或者说杂交的部位非常多，则说明被测者感染了乙肝病毒；如果被检测的 DNA 和探针没有杂交，或者说杂交的部位非常少，则说明被测者没有感染乙肝病毒。

核酸分子杂交在生物合成代谢研究中也有应用。用反转录酶可以在体外以 mRNA 为模板合成 DNA，此种 DNA 称为互补 DNA（cDNA）。用 cDNA 作为探针，可以检测细胞中的 mRNA，其敏感性比直接测定蛋白质要高 1000 倍。以 cDNA 作为探针的原位杂交技术结合蛋白质测定技术，可以了解单个细胞内 mRNA 的翻译水平，即蛋白质合成能力，从而可以了解组织器官的代谢和功能状态，以及器官组织内不同细胞群的功能差异，并能同时进行形态学观察。

10.2　芯　片　技　术

10.2.1　基因芯片的基本原理

基因芯片（gene chip）又称 DNA 芯片、生物芯片、DNA 微阵列（DNA microarray），在 20 世纪 80 年代中期提出，是通过微加工技术将数以万计，甚至百万计的不同碱基序列的特定的寡聚核苷酸或 DNA 片段（探针）按设定的顺序固定在硅片、玻片或硝酸纤维素膜等固相支持物上，构成一个二维的 DNA 探针阵列，与计算机的电子芯片十分相似，所以被称为基因芯片（Bednar，2000）。基因芯片技术主要利用杂交的原理，即碱基互补配对原则将待测样本标记后与芯片进行杂交，通过检测杂交信号并进行计算机分析，从而检测对应片段是否存在、存在量的多少，可同时对大量的核酸和蛋白质等生物分子实现高效、快速、低成本的检测及分析，以用于基因的功能研究和基因组研究、疾病的临床诊断和检测等众多方面（Behzadi and Ranjbar，2019）。基因芯片技术可以一次性对样品的大量序列进行检测和分析，从而解决了传统核酸印迹杂交（Southern blot hybridization 和 Northern blot hybridization 等）技术操作繁杂、自动化程度低、操作序列数量少、检测效率低等不足。此外，通过设计不同的探针阵列、使用特定的分析方法可使该技术具有多种不同的应用价值，如基因表达谱测定、突变检测、多态性分析、基因组文库作图及杂交测序等。

10.2.2　基因芯片的种类

基因芯片可分为 3 种主要类型：①固定在聚合物片基（尼龙膜、硝酸纤维素膜等）表面上的核酸探针或 cDNA 片段，通常用同位素标记的靶基因与其杂交，通过放射自显影技术进行检测；②用点样法固定在玻璃板上的 DNA 探针阵列，通过与荧光标记的靶基因杂交进行检测；③在玻璃等硬质表面上直接合成的寡核苷酸探针阵列，与荧光标记的靶基因杂交进行检测（Heller，2002）。

根据基因芯片的片基或支持物的不同，可将其分为无机片基芯片和有机合成物片基芯片。无机片基主要有半导体硅片和玻璃片等，其上的探针主要以原位聚合的方法合成；有机合成物片基主要有特定孔径的硝酸纤维素膜和尼龙膜，其上的探针主要是预先合成后，通过特殊的微量点样装置或仪器滴加到片基上。

根据探针阵列的形成形式不同，基因芯片可分为原位合成与预先合成然后点样两种。原位合成主要是指光引导合成技术，该技术是照相平板印刷技术与固相合成技术、计算机技术及分子生物学等多学科相互渗透的结果。预先合成然后点样法在多聚物的设计方面与前者相似，合成工作用传统的 DNA 合成仪进行，合成后再用特殊的点样装置将其以较高密度分布于硝酸纤维素膜或经过处理的玻片上。

根据芯片的功能不同，可将基因芯片分为基因表达谱芯片和 DNA 测序芯片两类。基因表达谱芯片可以将克隆到的成千上万个基因特异的探针或其 cDNA 片段固定在一块 DNA 芯片上，对来源于不同个体（正常人与患者）、组织、细胞周期、发育阶段、分化阶段、病变、刺激（包括不同诱导、不同治疗手段）下的细胞内 mRNA 或反转录后产生的 cDNA 进行检测，从而对这些基因表达的个体特异性、组织特异性、发育阶段特异性、分化阶段特异性、病变特异性、刺激特异性进行综合的分析和判断，迅速将某个或几个基因与疾病联系起来，极大地加快对这些基因功能的确定，同时可进一步研究基因与基因间相互作用的关系（Hofman，2005）。DNA 测序芯片则是基于杂交测序发展起来的，其原理是：任何线状的单链 DNA 或 RNA 序列均可分解成一系列碱基数固定、错落而重叠的寡核苷酸，又称亚序列（subsequence），假如我们能把所有这些错落重叠的亚序列全部检测出来，就可据此重新组建出原序列（Hofman，2005）。

另外，也可根据所用探针的类型不同分为 cDNA 芯片和寡核苷酸芯片。根据应用领域不同而制备的专用芯片有临床致病菌检测芯片、毒理学芯片、病毒检测芯片（如肝炎病毒检测芯片）、*p53* 基因检测芯片等。

10.2.3 基因芯片制作技术的基本步骤

基因芯片的制作一般包括基因芯片的设计、基因芯片的构建、待测样品的制备、杂交反应、结果检测与数据分析五个步骤（楼士林等，2002）。

10.2.3.1 基因芯片的设计

基因芯片的设计包括探针的设计和探针在芯片上布局的设计，通过查询基因数据库取得相应的 DNA 序列，通过序列对比分析找出特征序列作为探针设计的参考，然后将不同的探针按照一定的顺序排布在芯片上。通常采用原位合成和微矩阵的方法将寡核苷酸片段或 cDNA 作为探针按顺序排列在载体上。

10.2.3.2 基因芯片的构建

基因芯片的制备方法有两种：一种是原位合成法，将数量众多的电极固定在固相支持物上，电极上具有生物亲和性的多孔空间，用于合成 DNA 片段所需的 4 种单核苷酸可以进入电极上的多孔空间，在电极上合成 DNA 片段，原位合成法又可分为原位光蚀刻合成法、光导原位合成法和原位喷印合成法；另一种是点样法，又称合成后交联法，将人工合成的寡核苷酸片段直接点在固相支持物上，点样法又可分为针式点样法和分子印章法。原位合成法一般用于制备基因芯片；点样法既可以用于制备基因芯片，也可以用于制备蛋白质芯片。

10.2.3.3 待测样品的制备

生物样品往往是非常复杂的生物分子混合体，与芯片反应之前，必须将样品进行生物处理。制作基因芯片时，从血液或活组织中获取的 DNA 或 mRNA 样品要通过荧光标记法、生物素标记法、同位素标记法等方法进行标记，并利用 PCR 扩增提高其灵敏度。制备蛋白芯片时，要采用合适的缓冲液处理蛋白质，以保证其在点样前具有较高的纯度和完好的生物活性。

10.2.3.4　杂交反应

杂交反应是荧光标记的样品与芯片上的探针进行反应产生一系列信息的过程。杂交反应是芯片检测的关键一步，样品 DNA 与探针 DNA 互补杂交。芯片分子杂交的特点是将已知的基因作为探针固定在芯片上，将样品用荧光标记，再根据探针的类型和长度及芯片的应用来选择、优化杂交条件，通过检测杂交信号的强度来分析相关基因的表达丰度。选择合适的反应条件能使生物分子间反应处于最佳状况，减少生物分子之间的错配率。

10.2.3.5　结果检测与数据分析

杂交图谱的检测和分析是用激光激发芯片上的样品发射荧光，严格配对的杂交分子荧光信号强，不完全杂交的分子荧光信号弱，不杂交的无荧光。根据这一原理，通过计算机软件处理分析可得到相关基因图谱。目前，质谱法、化学发光法、光导纤维法等方法更灵敏、快速，有取代荧光法的趋势（楼士林等，2002）。

10.2.4　基因芯片技术的应用

基因芯片技术可同时、快速、准确地分析数以千计的基因组信息，人们已经比较成功地对多种生物包括拟南芥（*Arabidopsis thaliana*）、酵母（*Saccharomyces cerevisiae*）及人的基因组表达情况进行了研究，并且用该技术（共 157 112 个探针分子）一次性检测了酵母几种菌株间数千个基因表达谱的差异（Muyal et al., 2008）。

基因芯片技术也可用于核酸突变的检测及基因组多态性的分析，例如，对人 *BRCA I* 基因外显子 11、*CFTR* 基因、β-地中海贫血基因、酵母突变菌株基因、HIV-1 反转录酶基因及蛋白酶突变基因等的检测，对人类基因组单核苷酸多态性的鉴定、作图和分型，对人线粒体 16.6kb 基因组多态性的研究等（李筱乐，2020）。

通过比较基因的表达差异以揭示生物学现象或疾病发生的分子机制，是高通量研究的一个常用策略。药物都是直接或间接地通过修饰、改变人类（或相关动物）基因的表达及表达产物的功能而生效，而芯片技术具有高通量、大规模、平行性地分析基因表达或蛋白质状况（蛋白质芯片）的能力，在药物筛选方面具有巨大的优势。用芯片进行大规模筛选研究可以省略大量的动物试验甚至临床试验，缩短药物筛选所用时间，提高效率并降低风险。

基因芯片是一种高通量的检测技术，具有高度灵敏性，常用于疾病的诊断。例如，应用于产前遗传性疾病检查时，抽取少许羊水就可以检测出胎儿是否患有遗传性疾病，同时鉴别的疾病可以达到数十种甚至数百种，非常有助于"优生优育"这一政策的实施（连翠飞等，2015）。

在环境保护方面，基因芯片可以快速检测污染微生物或有机化合物对环境、人体、动植物的污染和危害，同时也能够通过大规模的筛选寻找保护基因，制备防治危害的基因工程药品或能够治理污染源的基因产品（苏宁等，2016）。

基因芯片还可以用来筛选农作物的基因突变，以寻找高产、抗病虫、抗干旱、抗冷冻的相关基因；也可以用于基因扫描及基因文库作图、商品检验检疫等领域（苏宁等，2016）。

在司法领域，通过建立全国乃至全世界 DNA 指纹数据库，对犯罪现场获得的可能是疑犯留下来的头发、唾液、血液、精液等进行分析，并立刻与 DNA 指纹库系统存储的 DNA "指纹" 进行比较，可以尽快、准确地破案。此外，如果将基因芯片技术应用于亲子鉴定领域，其鉴定精度也将大幅提高（Laren et al.，2003）。

在实际应用方面，生物芯片技术可广泛应用于疾病诊断和治疗、药物筛选、农作物的优育优选、司法鉴定、食品卫生监督、环境检测、国防、航天等许多领域。它将为人类认识生命的起源、遗传、发育与进化，以及人类疾病的诊断、治疗和防治开辟全新的途径，同时为生物大分子的全新设计、药物开发中先导化合物的快速筛选和药物基因组学研究提供技术支撑平台。

10.3 基因敲除技术

基因敲除技术是利用位点特异性的重组酶或内切核酸酶对靶位点进行修饰的技术（Hauschild et al.，2011）。基于重组酶的技术是用含有一定已知序列的 DNA 片段与受体细胞基因组中序列相同或相近的基因发生同源重组，从而代替受体细胞基因组中相同/相似的基因序列，整合到受体细胞的基因组中（Komor et al.，2016）。它是针对某个序列已知但功能未知的序列，使特定的基因功能丧失作用，并进一步对生物体遗传发育造成影响，进而推测出该基因的生物学功能。它克服了随机整合的盲目性和偶然性，是一种理想的修饰和改造生物遗传物质的方法。这项技术的诞生可以说是继分子生物学技术之后转基因技术的又一革命。尤其是条件性、诱导性基因打靶系统的建立，使得对基因靶位时间和空间上的操作更加明确、效果更加精确和可靠，其发展将为发育生物学、分子遗传学、免疫学及医学等学科提供一个全新的、强有力的手段，具有广泛的应用前景和商业价值。

基因敲除是 20 世纪 80 年代后半期应用 DNA 同源重组原理发展起来的。80 年代初，胚胎干细胞（ES 细胞）分离和体外培养的成功奠定了基因敲除的技术基础（李凯等，2016）。1985 年，首次证实哺乳动物细胞中同源重组的存在奠定了基因敲除的理论基础。1987 年，Thompsson 首次建立了完整的 ES 细胞基因敲除小鼠模型（王立铭，2017）。直到现在，运用基因同源重组进行基因敲除依然是构建基因敲除动物模型中最普遍使用的方法。

基于同源重组的基因敲除技术在小鼠胚胎干细胞基因敲除方面有广泛的应用，但是这种方法存在显著缺陷。其所需实验周期长，通常花费一年多时间才能获得遗传突变的小鼠，并且该方法在人类细胞中应用较难。基于位点特异性核酸酶的技术是利用核酸酶在靶位点切割 DNA 双链，进而诱导非同源末端连接及同源重组两种 DNA 修复机制，导致基因的定点编辑。非同源末端连接不够精确，修复过程中易发生碱基的插入或丢失。在同源重组途径中，供体 DNA（质粒或单链寡核苷酸等）能够整合到靶位点，进而导致基因结构的改变。近年来，利用人工核酸酶 CRISPR/Cas 系统的基因编辑技术逐渐成熟并在动植物中广泛使用，极大地促进了基因功能研究（胡小丹等，2018）。

10.3.1　Cre-*loxP* 基因敲除系统

Cre-*loxP* 基因敲除系统由 Cre 重组酶和 *loxP* 位点两部分组成。Cre 是一种位点特异性重组酶，可以不借助任何辅助因子，作用于多种结构的 DNA 底物，如线形、环状甚至超螺旋 DNA，并能介导两个 *loxP* 位点（序列）之间的特异性重组，使 *loxP* 位点间的基因序列被删除或重组（Gozde et al.，2020）。

LoxP 位点是由两个 13bp 反向重复序列和中间间隔的 8bp 序列两部分组成，8bp 的间隔序列确定了 *loxP* 的方向，13bp 的反向重复序列是 Cre 酶的结合域（McLellan et al.，2017）。Cre-*loxP* 基因敲除系统的工作原理如图 10-1 所示，如果两个 *loxP* 位点位于一条 DNA 链上，且方向相同，Cre 重组酶能有效切除两个 *loxP* 位点间的序列；如果两个 *loxP* 位点位于一条 DNA 链上，但方向相反，Cre 重组酶能导致两个 *loxP* 位点间的序列倒置（Kos，2004）。如果两个 *loxP* 位点分别位于两条不同的 DNA 上，Cre 酶能介导两条 DNA 链的交换或染色体易位。

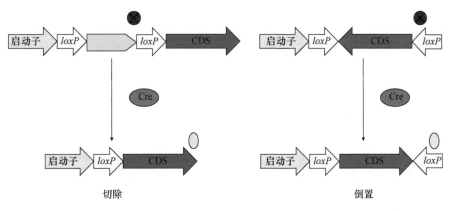

图 10-1　Cre-*loxP* 基因敲除系统工作原理

利用 Cre/*loxP* 系统可以研究特定组织器官或特定细胞中靶基因灭活所导致的表型（刘志国，2020）。该系统实现体内某特定基因在特定条件下的敲除，需要两只转基因小鼠（郑振宇和王秀利，2015）。第一只小鼠一般采用胚胎干细胞技术获得，首先在体外构建一个在目的基因两端分别含有一个 *loxP* 位点的基因序列，之后将体外构建好的这段基因序列转入胚胎干细胞内，使其通过同源重组替代细胞基因组内原来的基因序列。经过这样处理的胚胎干细胞被重新植入到假孕小鼠的子宫内，使其重新发育成为一个完整的胚胎，最终成为一只转基因小鼠。在这只转基因小鼠中，*loxP* 位点被引入到相应基因的内含子中，理论上不会对相应基因的功能产生影响，因此一般情况下，该小鼠的表型是正常的。第二只转基因小鼠一般采用卵母细胞注射或者胚胎干细胞技术获得,在这只小鼠中,Cre 重组酶被置于某特定基因启动子的调控之下,可以使其在某特定的条件下表达。这样,靶基因的修饰(切除)是以 Cre 表达为前提的。Cre 的表达特性决定了靶基因的修饰(切除)特性,即 Cre 在哪一种组织细胞中表达,靶基因的修饰(切除)就发生在哪种组织细胞;而 Cre 的表达水平将影响靶基因在此种组织细胞中进行修饰的效率。所以,只要控制 Cre 的表达特异性和表达水平,就可实现对小鼠中靶基因修饰的特异性和程度。最后,让这两只小鼠进行交配,产生同时含有上述两种基因型的子代小鼠。*Cre* 基因表达产生的 Cre 重组酶就会介导靶基因两侧的 *loxP* 位点间发生切除反应,结果将一个 *loxP* 和靶基因切除,就会在某一特定类型的细胞中缺失某一特定的基因。

很明显,在何种组织细胞或器官中敲除某一特定的基因取决于所选择的启动子。只要选择合适的启动子调控 Cre 重组酶的表达,使其在生物体特定的部位、特定的条件下产生,就可以实现相应条件下某一特定基因的敲除(Kos,2004)。迄今为止,研究者们已经成功地利用多个不同的启动子实现了在不同条件下的基因敲除,它实际上是在常规的基因敲除的基础上,利用重组酶 Cre 介导的位点特异性重组技术,在对小鼠基因修饰的时空范围内设置一个可调控的"按钮",从而使对小鼠基因组的修饰范围和时间处于一种可控状态。它是一种将某个基因的修饰限制于小鼠某些特定类型的细胞或发育的某一特定阶段的一种条件性基因敲除方法。

10.3.2　FLP/FRT 系统

Hartley 和 Donelson(1980)发现酿酒酵母的 2μm 质粒结构上存在 2 个 599bp 的反向重复序列。这两个反向重复序列之间能够发生重组,使酵母细胞中的 2μm 环存在 A 和 B 两种不同的构型。Broach 和 Hicks(1980)进一步研究发现,2μm 环分子内发生的 DNA 重组属于位点特异性重组,并首次将催化这一重组反应的 *flippase* 基因编码的重组酶命名为 FLP。

Lyznik 等(1993)成功地证明了 FLP/FRT 系统在玉米和水稻原生质体中的功能,随后 FLP/FRT 系统被广泛运用于玉米、水稻、烟草、拟南芥等植物中。然而,FLP 重组酶在转基因植物中的重组效率不同。在烟草杂交育种试验中,17.5%的后代幼苗表现出潮霉素敏感表型,而 Cre 酶介导的烟草植物切除效率约为 50%。Kerbach 等(2005)将该系统整合到玉米基因组中。然而,FLP 介导的重组只在含有 FLP 或 FRT 的亲本转基因植株杂交的 7 个杂种中检测到。Hu 等(2008)发现 FLP 重组酶基因能稳定地整合到水稻基因组中,表明该酶能识别靶位点并催化 DNA 重组,FLP 介导的 F_1 代体内 DNA 完全重组效率为 25.6%。

10.3.3　噬菌体 phiC31 位点重组酶系统

来源于链霉菌属噬菌体(*Streptomyces* phage)的 phiC31 定点重组酶系统是一种新型位点重组酶系统(Carroll,2014),可诱导重组位点 attB(细菌基因组)和 attP(噬菌体)之间 DNA 序列的重组,具有基因整合、删除和倒位等功能。

在以往的 Cre/*loxP* 系统和 FLP/FRT 系统中,重组时删除和整合同时进行,即重组反应的可逆性。而 phi C3 重组酶体系对酶底物 DNA 的核心序列同源性要求十分严格，且识别位点 attP 与 attB 自身即为结构具有差异的结合位点，从而严格控制重组反应的单向发生。

链霉菌属噬菌体 phiC31 重组酶由 613 个氨基酸构成，能够识别来自噬菌体自身的 attP（39bp）位点和来自细菌基因组的 attB（34bp）位点（邹丽婷和宋洪元，2014）。attP 和 attB 识别位点均具有 7bp 的核心序列及位于其核心序列两侧 7bp 的反向重复序列（inverted repeat sequence），具有复杂的重组酶识别序列，因为复杂的 phiC31 重组酶识别序列组成保证了 phiC31 重组酶介导重组反应的精确进行。phiC31 重组酶系统中，当重组识别位点 attP、attB 位于同一染色体上并反向排列时，重组酶可介导位于识别位点之间的基因序列发生倒位。除了将启动子位于重组位点之间控制目标基因的表达，还可以通过固定启动子方向而将目的基因插入反向排列的重组位点间，在重组酶诱导下使结合位点间的目的基因序列发生倒位。

phiC31 重组酶系统具有的单向重组特点在基因定点整合到 RMCE 中的应用具有更好的发展前景。近年来，De Paepe 等结合 Cre/loxP 系统删除功能和 phiC31 重组系统的单向整合功能，发展了一种可重复整合系统。通过该系统可以实现多个目标基因顺次整合到基因组上同一位点，达到基因聚合（gene stacking）的目的。

在众多的重组酶系统中，phiC31 重组酶系统介导重组反应的精确性、高效性及稳定性的特点为其在植物基因工程研究中的广泛应用提供了良好的前景。利用 phiC31 重组酶介导的倒位功能设计"基因开关"，使 phiC31 重组酶系统与其他类型重组系统相结合，实现农作物外源基因的精确调控，将是未来主要发展方向之一。

10.3.4　ZFN 技术

基因编辑技术始于锌指核酸酶（zinc finger nuclease，ZFN）的引入。1996 年，首次证明锌指蛋白具有位点特异性的内切核酸酶活性，随后广泛应用到基因编辑研究中。ZFN 是人工设计的限制性内切核酸酶，包含 Cys2His2 型锌指结构域及非特异性的 *Fok* I 内切核酸酶结构域，被用于位点特异性的基因编辑（Gaj et al.，2013）。

Fok I 是最初分离于细菌海床黄杆菌（*Flavobacterium okeanokoites*）的一类 II S 型核酸酶，在有底物 DNA 存在时，用胰蛋白酶水解可以得到 41kDa 的 N 端 DNA 结合结构域与 25kDa 的 C 端 DNA 酶切结构域（Young and Harland，2012）。通常，II 型限制性内切核酸酶的切割位点与其结合位点相同或邻近，II S 型内切核酸酶则在距离结合位点固定距离处切割 DNA 双链。对于 *Fok* I 核酸酶，其 DNA 结合结构域识别结合一段非回文序列 5'-GGATG-3'/5'-CATCC-3'，然后酶切结构域在结合位点下游距离 9 个和 13 个核苷酸的位点非特异性地切割 DNA 双链。*Fok* I 单体并不具有活性，只有当它与靶标 DNA 结合并且形成二聚体时，在二价金属离子辅助下才具有酶切活性。根据此特性，人们设想通过使两分子 *Fok* I 分别在两个相邻识别位点结合，形成具有核酸酶功能的非同源二聚体时，切割两位点之间的 DNA 双链。Li 等（1992）发现将非特异性的 *Fok* I 与不同 DNA 识别结构域组合后可实现序列特异性切割。

每个锌指由约 30 个氨基酸形成一个 α 螺旋和两个 β 折叠的二级结构。每个锌指的 α

螺旋插入 DNA 双螺旋的大沟,从 α 螺旋开始的–1、3 及 6 位氨基酸残基识别并结合特异的三联体碱基,锌指的氨端结合 DNA 的 3′端。Dreier(2000)及其同事鉴定了特异识别结合所有 5′-GNN(N=A、T、G 或 C)的锌指蛋白,随后分离出多个识别 5′-ANN 和 5′-CNN 的锌指蛋白。Sangamo 生物科技公司开发并积累了大量的锌指蛋白。Kim 等(2009)分析了人类基因组中 31 个锌指蛋白的结合特性。

通过将多个特定锌指串联,可实现对特异 DNA 序列的识别。锌指核酸酶通过组合 DNA 识别结构域和 DNA 剪切结构域,形成了高特异性的“基因组剪刀”。*Fok* I 只有形成二聚体后才能发挥作用,实际应用中须设计一对 ZFN,分别识别邻近靶位点的正负链,锌指蛋白识别并结合靶位点后,两个 *Fok* I 结构域形成二聚体切割 DNA 双链,启动 DNA 修复机制。

10.3.5 TALEN 技术

TALEN 是三大类基因组编辑核酸酶之一。它是实现基因敲除、基因敲入或转录激活等靶向基因组编辑的里程碑(Biffi,2015)。它借助于一种由植物细菌(黄单胞杆菌 *Xanthomonas* sp.)分泌的天然蛋白(TAL 效应子)来识别特异性 DNA 碱基对。TAL 效应子可被设计识别和结合所有的目的 DNA 序列(Boch et al.,2009)。TALEN 就是 TAL 效应子蛋白与非特异性核酸酶 *Fok* I 的 DNA 切割域组成的具有 DNA 特异性识别-结合-切割功能的新型工具酶。TALEN 的特异性取决于数量可变的串联重复单元,这也是 TALEN 特异性识别 DNA 的功能结构单元(Dulay et al.,2011)。理论上,人工构建的 TALEN 可以特异性识别任意 DNA 位点并使之断裂,进行基因敲除、插入或修饰(Sommer et al.,2015)。

从结构上来说,TAL 蛋白的 N 端一般含有III型分泌信号肽,C 端则包含有一个功能性核定位信号(nuclear localization signal,NLS),以及一个具有真核转录激活因子特征的高效转录激活结构域(activation domain,AD)(Li et al.,2012)。两者之间则是决定 TALEN 特异性的 DNA 识别结合结构域,由若干(13~29 个)重复氨基酸单元组成,每个重复氨基酸单元含有 34 个呈串联排列的氨基酸(Boch et al.,2009)。每个重复单元的氨基酸序列几乎一致,仅 12 号、13 号位点的氨基酸残基是高度可变的,并且是特异性识别核苷酸的关键部件(Miller et al.,2011)。因此,这两个变化的特殊氨基酸残基被合称为 RVD。其中,第 13 号残基负责识别特定核苷酸,而第 12 号残基则承担了稳定 RVD 结构并与 DNA 蛋白质骨架结合的功能。

由于 TAL 效应子识别 DNA 碱基的模式具有高度专一性,且可以简便地组装出特异性结合任意 DNA 序列的模块化蛋白,现已被广泛使用(Miller et al.,2015)。例如,改良植物基因组,分析和确定待改良性状及其目标基因,针对目标基因 DNA 序列构建一对(或多对)TALEN 表达基因盒,并将其装载入合适的植物表达载体等(Sommer et al.,2015)。

10.3.6 CRISPR/Cas9 技术

CRISPR/Cas9(clustered regularly interspaced short palindromic repeat)是最新出现的

一种由 RNA 指导 Cas 核酸酶对靶向基因进行特定 DNA 修饰的技术，是一个细菌及古细菌进化出来用以抵御病毒和质粒入侵的适应性机制（Anzalone et al.，2020）。CRISPR/Cas9 基因编辑技术是近几年新发现的一种基因编辑技术，它利用一小段 RNA 作为引导，特异性识别靶向序列，再用内切核酸酶 Cas9 对靶向序列进行酶切，破坏其 DNA 结构，成功实现基因编辑（时欢等，2018）。

10.3.7 基因敲除技术的应用

10.3.7.1 在植物基因组定向改良中的应用

基因敲除技术功能强大、应用广泛，不仅解决了当前研究中存在的许多技术性问题，还为许多领域的研究带来了革命性的突破。例如，张晴雯等（2020）利用基因敲除技术创建了水稻中新的不育系。研究中，*tms5* 是从温敏核不育系 '安农 S-1' 中鉴定到的不育基因。为验证 *tms5* 也是控制不育系 HD9802S 育性的关键基因，将 R287 中野生型 *TMS5* 基因通过农杆菌介导的转基因方法导入 HD9802S 中，通过转基因 T_0 代植株育性观察及 T_1 代单株的共分离检测，从遗传上证明不育系 HD9802S 不育基因即 *tms5*。同时，本研究通过基因编辑的方法敲除 R287 中 *TMS5* 基因，转基因 T_0 代单株在高温下表现为不育，说明选择合适的受体材料，通过基因编辑技术敲除 *TMS5* 基因可以创建新的不育系。

10.3.7.2 在植物基因功能研究中的应用

长期以来，由于缺乏有效的构建相关基因突变体库的方法，林木功能基因的基础研究进展十分缓慢。随着越来越多的木本植物基因组序列的完成，包括种植面积很广的经济林作物及药用植物的相关功能基因研究也越来越受到研究人员的重视。利用 CRISPR/Cas9 技术可有效地对基因进行定向敲除、替换、插入等，同时还可实现多基因同时突变与染色体重组，这为研究人员从反向遗传学角度快速解析基因功能及研究多基因控制代谢相关途径的互作机制奠定了基础（肖婧和张宗德，2017）。

温度对植物果实的保存具有关键作用。吕硕（2020）利用基因敲除技术在番茄中的研究有望突破这一关键性因素。番茄是一种冷敏型植物，无论植株生长发育还是采后果实运输或储藏，都极易受到低温的伤害。MAPK 家族基因是植物抗冷信号转导途径中的关键基因，MAPK 级联途径是植物抗冷调控过程中的重要环节。以 '丽春' 番茄为实验材料，采用 CRISPR/Cas9 基因编辑技术，尝试培育 *SlMAPK4* 基因突变番茄植株，并探究 *SlMAPK4* 基因敲除对番茄果实抗冷性的影响（时欢等，2018）。

10.3.7.3 在其他生物基因研究中的应用

基因敲除技术使原本无从下手的研究工作有途径可循，除植物物种之外，还在其他生物领域有显著贡献。

牛美容等（2020）为研究弓形虫冷激蛋白对体外生长和体内毒力的影响，利用 CRISPR/Cas9 技术构建了弓形虫 *Tgcsp2* 基因缺失株（ΔTgcsp2）。通过空斑试验和细胞裂解试验探究 ΔTgcsp2 虫株在体外的生长能力，结果表明 ΔTgcsp2 虫株的空斑形成能力和细胞裂解能力相对于 RH 野生株较弱；弓形虫感染细胞要经过入侵、复制和逸出 3 个过程。为探究 *Tgcsp2* 影响体外感染的具体过程，本研究对 ΔTgcsp2 虫株和 RH 野生株进行入侵试验、复制试验和逸出试验，结果表明，ΔTgcsp2 虫株的入侵能力、复制能力和逸出能力都有不同程度的减弱；将 ΔTgcsp2 虫株和 RH 野生株感染 BALB/c 小鼠进行了体内毒力试验，结果表明，与 RH 野生株相比，ΔTgcsp2 虫株对小鼠的毒力减弱。*Tgcsp2* 基因对弓形虫体外生长和体内毒力均具有重要的作用。

基因编辑系统的出现使原来复杂或很难实现的研究工作变得简单易行，在获得相关基因序列的基础上，对任何生物基因组均可有效开展定点编辑，这对生物遗传改良与新种质培育意义深远。

10.4 基因沉默技术

基因沉默（gene silencing）是指在不改变 DNA 序列的前提下，使基因不表达或低表达的现象，包括小干扰 RNA 等引起的转录后基因沉默，以及 DNA 甲基化等引起的转录基因沉默。

10.4.1 RNA 干扰技术

小干扰 RNA（small interfering RNA，siRNA）介导的转录后基因沉默在动植物基因功能研究中广泛应用。RNA 干扰（RNAi）是在牵牛花花色的研究中偶然发现的。1990 年，R. Jorgensen 研究参与花青素合成的查尔酮合酶（chsA）功能时发现，部分含有受 35S 启动子调控的 *chsA* 转基因植株丧失了内外源的酶活性，导致花色由预期的深紫色变为花斑甚至白色。这种内外源基因同时受到抑制的现象被称为共抑制现象。1995 年，Guo 和 Kemphues 利用反义 RNA 技术研究秀丽隐杆线虫的 *par-1* 基因功能时，发现正义和反义 RNA 都可以降低 *par-1* 基因的表达。1998 年，Fire 等将正义链和反义链的混合物（dsRNA）注入线虫体内，发现极少量的 dsRNA 即可导致比单独注射正义链或反义链更强烈的基因沉默现象，并将该现象定义为 RNAi。RNAi 的发现掀起了 dsRNA 介导的基因沉默机制及生物学功能研究的热潮。

siRNA 是 RNAi 的重要效应因子，它是在 RNase Ⅲ家族成员 Dicer 作用下，切割 dsRNA 形成的长 21～23 个核苷酸、带有 3′端单链尾巴及磷酸化的 5′端的短 dsRNA。Dicer 包含解旋酶结构域、dsRNA 结构域及 PAZ 结构域，在线虫、蝇科、真菌、植物及哺乳动物中高度保守（Ellison et al.，2020）。依据热动力学稳定性，siRNA 可分为对称及不对称两种类型。对称的 siRNA 两条链末端稳定性相近，形成 RNA 诱导沉默复合物（RNA-induced silencing complex，RISC）的概率相近。不对称的 siRNA 两条链末端稳定性差异较大，稳定性较低的单链形成 RISC 的机会更大。通过碱基配对，siRNA 指导 RISC 结合并切割靶基因产生的 mRNA。随后，以 siRNA 反义链为引物、靶 mRNA 为模板形成的新的 dsRNA 被 Dicer 切割，产生新的 siRNA，依次循环，快速降解 mRNA（Gozde et al.，2020）。RNAi 具有诸多优点：首先，RNAi 特异性高，siRNA 能够特异诱导序列同源的 mRNA 降解；其次，RNAi 效率高，少量的 dsRNA 即可产生强烈的 RNAi 效应；

最后，RNAi 作用广泛并可遗传，dsRNA 可在不同细胞间长距离传递和维持，并可传递到子代（贺淹才，2008）。通过基因工程技术将 dsRNA 导入细胞，特异性地降解靶基因，从反向遗传学角度研究基因功能的方法已广泛使用。

10.4.2 表观遗传基因组编辑技术

表观遗传是在不改变 DNA 序列的前提下，对基因表达产生影响的可遗传修饰，包括 DNA 甲基化、组蛋白修饰等。CRISPR 介导的表观遗传编辑利用了工程化缺陷型核酸酶（dCas9），dCas9 含有突变的 RuvC1 和 HNH 两个核酸酶结构域，内切酶活性丧失，但是保留了由 gRNA 引导进入基因组的能力。通过融合 dCas9 及组蛋白修饰酶或 DNA 甲基转移酶，可对靶基因进行表观遗传修饰，进而调控基因表达。Vojta 等（2016）创建了 dCas 和 DNA 甲基转移酶 3A（DNMT3A）融合的质粒，并靶向 HEK293 细胞系的 *BACH2* 和 *IL6ST* 基因启动子，结果表明，两个基因启动子区域甲基化水平升高，基因表达水平下降。James 等（2021）设计了 CRISPR-off 的新表观基因编辑技术，将 dCas9、Dnmt3A 和 3L 及锌指蛋白 10 的 KRAB 结构域融合，该技术能特异性地提高靶位点 DNA 甲基化水平，降低基因表达水平。此外，该团队开发了 CRISPRon 技术，用于逆转 CRISPR-off 的编辑效果。

10.4.3 基因沉默技术的应用

10.4.3.1 在动植物抗病改良中的应用

病毒病是植物重要病害之一，基因沉默技术可有效防治植物病毒病。马铃薯 Y 病毒的 VPg 蛋白能选择性利用真核翻译起始因子 elF4E 协助病毒 mRNA 的翻译及扩散。张余洋等利用 RNAi 技术抑制转基因番茄中 *elF4E* 基因的表达，提高了对马铃薯 Y 病毒的抗性。人类脆性 X 综合征是 FMR1（fragile X mental retardation 1）的基因 5′-UTR 区域 CGG 重复序列异常扩增，进而使该区域甲基化水平显著升高，*FMR1* 基因表达水平降低从而导致发病。Hayashi 等（2018）构建了 dCas9 与 Tet 甲基胞嘧啶双加氧酶 1 的载体，转染 FXS iPSC 细胞系后，成功靶向 *FMR* 基因 5′-UTR 区域去甲基化，为脆性 X 染色体综合征的治疗奠定了理论基础。

10.4.3.2 在改良植物营养成分方面的应用

番茄红素是一种类胡萝卜素，可预防和缓解多种疾病，被认定为一种营养型保健成分，其在番茄红素环化酶（LCY）的作用下转化为其他类胡萝卜素。利用 RNAi 技术抑制番茄果实中 *LCY* 基因的表达，显著提高了番茄红素的含量（万群等，2007）。玉米籽粒中，淀粉含量约 70%，其中直链淀粉约占 20%，在制药业、食品工业及轻工业等方面均具有十分广泛的用途。通过 RNAi 抑制淀粉分支酶的表达，使玉米中直链淀粉含量提高了 50%（郭新梅等，2008）。由此可见，利用基因工程技术可实现植物品质改良，从而造福人类。

10.5　转座子突变技术

10.5.1　转座子基因突变系统

转座子(transposon, Tn)是指存在于染色体 DNA 上可以自主复制和移位的一段 DNA 序列。转座子可以在不同复制子之间转移，以非正常重组方式从一个位点插入到另外一个位点，对新位点基因的结构和表达产生多种遗传效应。

最早的转座子（Ac/Ds 转座子）是美国玉米遗传育种学家麦克林托克（McClintock）在 1951 年发现的，是针对玉米籽粒中色斑不稳定现象提出来的（图 10-2）。从 1932 年开始，麦克林托克就在印度彩色玉米中观察到了玉米籽粒与叶片的色斑无法稳定遗传的现象，而且色斑的大小和出现的时间各不相同。为了找到这个问题的答案，麦克林托克培育出带有某条特定染色体的玉米植物，该染色体的存在会导致隐性棕色表型（*bz* 基因），而该玉米原本具有的染色体编码白色显性表型（无色，*C* 基因）。根据正常的遗传理论，后代应该显示出全白色的籽粒，但是部分籽粒显现出了白色带棕色斑点的性状。麦克林托克将意外的变化归因于染色体断裂，使染色体丢失一个基因，她称这种现象为解离，发生在她称为 Ds 的染色体基因座上；此外，她认为这种断裂是由于"跳跃"活化剂（Ac）引起的，Ac 促使 Ds "跳跃"，Ds 的移动可能导致被插入基因 *C* 产生突变而不能正常行使功能，则隐性基因占据优势，将显示为棕色，而 Ac 控制 Ds 从突变的 *C* 基因处"跳走"又可以恢复 *C* 基因的功能，显示白色，所以，玉米籽粒白色背景上棕色斑点的数量取决于籽粒发育期间基因"跳跃"的时间。这一概念当时突破了以往人们认为基因在染色体上位置是固定不变的认识，所以一开始并不被接受。直到 Shapiro（1967）在大肠杆菌（*E. coli*）的半乳糖操纵子研究中发现了这类插入序列，该理论才得以被普遍认同。现在的研究表明，在生物界中转座子是普遍存在的，并在生物的遗传进化方面有重要作用。转座子从一个位置转座到另一个位置的转入和切出过程，改变了原有基因的结构和排序，从而产生了突变。该发现于 1983 年摘取科学界最高桂冠——诺贝尔生理学或医学奖（图 10-2）。

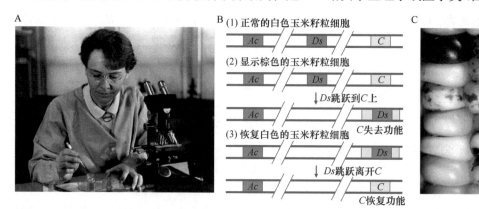

图 10-2　玉米 Ac/Ds 转座子的发现

（A）诺贝尔奖获得者麦克林托克女士；（B）麦克林托克的 Ds-Ac "跳跃"调控理论；
（C）发生转座带斑点的玉米籽粒

在高等真核生物中，根据转座子的结构和转座机制可以将转座子分为 DNA 转座子和反转录转座子两大类。DNA 转座子以 DNA 为中间体，属于"剪切-粘贴"型，转座因子从一个位点转移到另一个位点，这个转座过程涉及转座子从供体 DNA 释放。该机制需要一个转座酶，使转座子插入到靶位点及从供体位点丢失，玉米转座子 Spm/dSpm 族和 Ac/Ds 族属于此类。反转录转座子类似反转录病毒，以 RNA 为中间媒介，属于"复制-粘贴"型，转座子被复制，每转座一次可以增加一个拷贝，一个拷贝保留在原位点，而另一个则插入到新的位点，果蝇 copia 和酵母 Ty1 属于该类转座子（王正朝，2019）。

根据转座的自主性，转座子又分为自主转座子和非自主转座子。自主转座子本身能够编码转座酶而进行转座，非自主转座子则要在自主转座子存在时才能够实现转座。

转座子转座引发了许多遗传学效应，导致遗传变异，主要表现在以下几个方面（杨焕明，2017）。①转座引起插入突变。各种 IS 和 Tn 转座子都可以引起插入突变，如果插入位于某操纵子的前半部分，将导致后半部分结构基因表达失活。②转座产生染色体畸变。当复制型转座发生在宿主 DNA 原有位点附近时，往往导致转座子两个拷贝之间的同源重组，引起 DNA 缺失或倒位。③转座产生新的基因。如果转座子上带有抗药性基因，它会造成靶 DNA 序列上的插入突变，同时也使其产生抗药性。④转座引起的生物进化。由于转座的作用，使原来在染色体上相距甚远的基因组合到一起，构建成一个操纵子或表达单元，可能产生新的生物学功能基因和新的蛋白质分子。

10.5.2　转座子突变技术的应用

10.5.2.1　在基因克隆与功能研究中的应用

转座子突变技术将转座子插入到某个功能基因的内部或邻近位点，造成基因失活产生突变体，进而构建突变体库。转座子具有可选择的标记而容易在体内鉴定突变，经转座子突变技术产生的突变体含有已知的 DNA 片段，可以用转座子 DNA 制备探针，从突变体的基因文库中挑选出含有该转座子和部分突变体 DNA 序列的克隆，然后以该 DNA 序列为探针，筛选野生型植株基因组文库，最终得到完整的目的基因（袁婺洲，2019）。

Fedoroff 等（1984）报道利用 Ac/Ds 转座子突变技术成功地从玉米中分离了 *bronze* 基因，这是首次利用转座子突变技术克隆基因的报道。复旦大学的丁升、李刚等将一种源于飞蛾的 PB 转座子用于小鼠和人类细胞的基因功能研究，于 2005 年在世界上首次创立了一个高效实用的哺乳动物转座系统。他们发现 PB 因子在人和小鼠细胞中表现出高效的转座活性，花了 3 个月时间就初步确定了 70 多个陌生的小鼠基因的功能。这种方法将在世界范围内改变小鼠遗传学研究，并可用于人类基因组计划的研究，这将极大地加速人类基因功能的研究进程，在人类基因治疗中具有潜在的应用前景。

10.5.2.2　构建转基因生物

将带有某种限制酶酶切位点的果蝇 P 因子（转座子）克隆到质粒 pBR322 中，然后在 P 因子酶切位点上插入外源 DNA，经过扩增后，将这种重组 DNA 用微量注射仪直接注入果蝇的受精卵中，所克隆的基因能随 P 因子插入受体细胞的基因中并得到表达。由于携带目的基因的 P 因子可从质粒转座到任意染色体上，故适合作为载体来构建转基因生物（王友华等，2015）。

10.5.2.3 鉴别菌株及群体多样性

转座子通常限制性地分布于特定的真菌菌株或群体中，可以作为特定菌株的诊断工具，已用于丝状真菌群体的多样性分析；转座子在医药工业方面用于有益菌株的鉴别，在植物病理学方面用于鉴别特定的病原。

10.5.2.4 生态环境污染的生态修复

由于基因的可变性及转座子的遗传调控，许多微生物能够利用人工合成的化学物质。与微生物分解代谢相关的基因往往与插入元件相连。当环境污染时，转座子转移频率提高，增加了微生物种群的生物降解潜力（邢万金，2018）。

10.6 植物遗传转化新方法

10.6.1 碳纳米管技术

碳纳米管是一种具有特殊结构（径向尺寸为纳米量级，轴向尺寸为微米量级，管子两端基本上都封口）的一维纳米材料。碳纳米管是主要由呈六边形排列的碳原子构成的数层到数十层同轴圆管；层与层之间保持固定的距离，约 0.34nm，直径一般为 2～20nm。根据碳六边形沿轴向的不同取向，可以将其分成锯齿型、扶手椅型和螺旋型 3 种。其中，螺旋型的碳纳米管具有手性，而锯齿型和扶手椅型碳纳米管没有手性。1991 年，日本 NEC 公司基础研究实验室电子显微镜专家饭岛（Lijima）在高分辨透射显微镜下检查石墨电弧设备中产生的球状碳分子时，意外发现了由管状的同轴纳米管组成的碳分子，这就是现在被称为"carbon nanotube"的碳纳米管（图 10-3）。

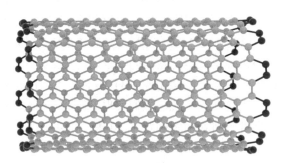

图 10-3 碳纳米管

来自加州大学伯克利分校的 Landry 课题组在纳米材料传递生物大分子研究领域取得一系列的重要进展，其中，该课题组在 2019 年 2 月 25 日发表于 *Nature Nanotechnology* 的研究论文中，首次实现利用碳纳米管材料递送 DNA 和蛋白质到植物细胞中（Gozde et al.，2019）。同时，2019 年 3 月 26 日发表于 *PNAS* 的研究论文，首次表明 DNA 纳米结构可以透过细胞壁内化到植物细胞中，在没有外部辅助的情况下将 siRNA 递送到成熟植物组织，并有效地沉默烟草叶中基因的表达。这两个研究确定了纳米结构将生物大分子递送到植物细胞内的可行性（Zhang et al.，2019）。

对于许多应用，特别是生物合成途径，需要能在植物叶片的所有细胞层中进行引起直接、强烈且瞬时的基因沉默，同时也能减轻 RNA 的降解。研究表明，通过使用高长径比的一维碳纳米材料——单壁碳纳米管（SWNT），可以将不同单链 siRNA 分子传递到完整的植物叶片细胞中（Gozde et al.，2019）。单壁碳纳米管直径为 0.8～1.2nm，长度为 500～1000nm，能够被动地穿过提取的叶绿体包膜和植物细胞膜。单壁碳纳米管可以合成出最小尺寸（1nm），但其内部中空结构使其具有较大的比表面积，由此产生的较大的比表面积可以方便地装载大量的生物货物，如 siRNA（图 10-4）。此外，当与单壁碳纳米管结合时，生物分子在哺乳动物系统中不会被降解，与自由生物分子相比表现出优越的生物稳定性，这一现象可以延伸到植物身上。此外，单壁碳纳米管自身在叶绿素自发荧光范围之外具有较强的近红外（nIR）荧光，因此在生物的透明组织内能够跟踪植物组织深处的纳米复合物货物（Zhang et al.，2019）。

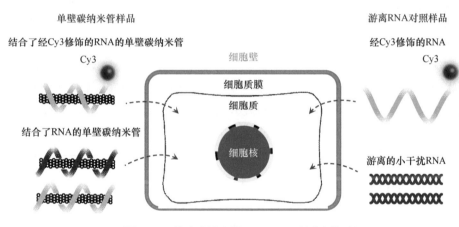

图 10-4 单壁碳纳米管（SWNT）的作用机制

10.6.2 DNA 纳米结构转化技术

DNA 纳米结构融合了 DNA 技术与纳米技术两个热点领域，主要利用 DNA 尺寸的纳米级别、刚性结构，通过 DNA 碱基配对的编程技术来构造各种定制的预设计形状，从刚开始最简单的十字叉状 Holiday 结构到后面的各种形式（图 10-5）（Zhang et al.，2019）。迄今为止，已经合成了大量大小和形状不同的 DNA 纳米结构，并在动物系统中显示出具有传递药物、DNA、RNA 和蛋白质应用的功能（Zhang et al.，2019）。此外，研究者探索 DNA 纳米技术作为植物中的生物大分子传递平台，设计了具有可控尺寸、形状、刚度和紧密度的 DNA 纳米结构，其附着位点可以与 DNA、RNA 或蛋白质货物结合。

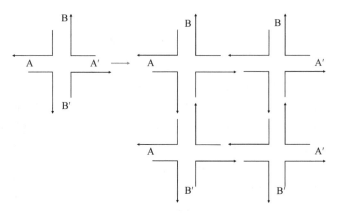

图 10-5　Holiday 结构

通过将荧光团交联的 DNA 链杂交到 DNA 纳米结构的基因座上，追踪发现纳米结构可以内化到几种植物（本氏烟草 *Nicotiana benthamiana*，烟草 *Nicotiana tabacum*，芝麻菜 *Eruca sativa*，西洋菜 *Nasturtium officinale*）的细胞质中，并发现其刚度和大小是纳米结构内化到植物细胞中的重要设计元素。尺寸小于 10nm 且具有更高刚度或紧密度的 DNA 纳米结构显示出更强烈的细胞内化。接下来，研究者将 DNA 纳米结构和靶向 GFP 基因的 siRNA 一起载入植物叶片，表明 DNA 纳米结构能够使植物叶片中的基因沉默，其效率与纳米结构内化趋势相匹配。有趣的是，植物内源性基因沉默机制受 DNA 纳米结构形状和 siRNA 附着位点的影响，这种影响主要是通过转录或转录后基因沉默来实现的。研究证实了 DNA 纳米结构可以被设计并内化到植物细胞中，且 DNA 纳米结构将会是将外源生物分子传递给植物的一种很有前途的工具，在动物系统中已经被证明是有价值的。

10.6.3　干细胞转化技术

植物干细胞是相对于植物体内已经分化成熟的组织，具有自我更新能力，并能不断产生各种分化细胞的原始细胞，主要位于根尖和茎尖的分生组织以及形成层，几乎所有的植物细胞都来源于干细胞。干细胞在植物整个生命周期中保持着自身的多能状态，并控制着植物的生长发育。植物细胞的全能性是植物干细胞的基础，植物干细胞存在于被称为分生组织的特殊构造内，具有非常惊人的再生能力（朱旭芬等，2014）。这些干细胞使得植物可以在数百年间不断生长，并生成全新的器官，这种再生能力意味着它具有十分强大的组织修护能力。植物分生组织根据其位置可以分为顶端分生组织和侧生分生组织两大类。其中，顶端分生组织包括茎尖分生组织（SAM）和根尖分生组织（RAM）；侧生分生组织包括维管形成层（vascular cambium）和木栓形成层（cork cambium）。茎、叶和花这三大地上器官就是由位于茎尖分生组织（图 10-6）中的植物干细胞所产生的，而位于地下的根则是由根尖分生组织中的干细胞分化而来的。这些干细胞伴随着植物的一生，它们的分化不仅产生了所有的地上和地下器官，而且会根据内外环境信号来决定器官的生殖生长、成熟和衰老等生物学过程。因此，植物干细胞是生长发育的源泉和信号调控中心（杨金水，2013）。

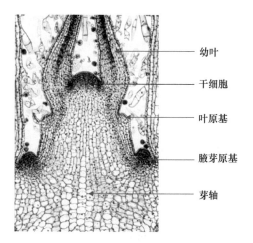

幼叶

干细胞

叶原基

腋芽原基

芽轴

图 10-6　茎顶端干细胞

植物干细胞培养是植物组织培养中的新兴技术。植物干细胞是指包含有原植物生长和发育的所有程式、拥有永恒生命力的细胞。与脱分化而来的细胞不同，植物干细胞存在于分生组织内，在外植体培养过程中由分生组织产生。干细胞形态均一、排列规则，区别于一般组织脱分化细胞的无规则聚集状态。植物干细胞具有非常惊人的再生能力，使得植物可以在数百年间不断生长，并生成全新的器官。

植物干细胞的研究是农业生物技术特别是组织培养技术和转基因技术的基础。目前，已有很多通过 SAM 而不需要通过植物组织培养进行转基因研究成功的例子。Li 等（2008）通过茎尖分生组织转基因技术将 *TsVP* 基因（vacuolar H⁺-pyrophosphatase）转入玉米中，成功地提高了转基因玉米的抗旱性。此外，Li 等（2010）通过茎尖转基因技术，利用 FLP/FRT 重组系统，选育了耐盐性提高的无标记转基因玉米。2013 年，同样通过茎尖分生组织将细胞壁转化酶基因（*Mn1*）在转基因玉米中组成型表达，提高了玉米籽粒产量和淀粉含量（Li et al.，2013）。越来越多的研究证据表明，通过干细胞转化技术改良农林作物的遗传性状是切实可行的转基因方法（如大豆遗传转化系统，图 10-7），由于其不需要通过植物组织培养，突破了植物细胞再生成植株需要摸索再生配方的限制，因此它将成为一种广泛应用的植物转化的新方法。

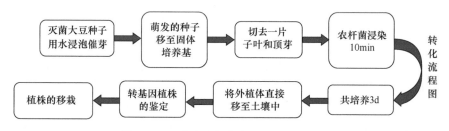

图 10-7　以茎尖为外植体的大豆转化系统

10.6.4　质体转化

在高等植物细胞中，细胞核、质体和线粒体都含有 DNA，它们构成了既相对独立又相互联系的 3 个遗传系统。自 20 世纪 70 年代初基因工程技术诞生以来，向细胞核导入外源基因的核基因转化技术已经非常普遍地应用于重要农林作物改良和分子生物学研究（Xu et al.，2015）。然而，随着研究的深入，人们逐渐认识到核基因转化有其难以克服的弊端。例如，细胞核基因组大，背景复杂；导入的外源基因难以控制；外源基因的表达效率低，后代不稳定；对于来自原核的基因必须加以修饰改造等，这些问题严重影响着核基因转化的实际应用。

质体（plastid）是存在于植物和藻类细胞中的一种细胞器，由前质体分化而来。质体在进化上源于内共生细菌，因而具有原核生物基因组的特点，例如，叶绿体基因组中不少基因以多顺反子形式存在，其调控元件启动子、转录终止序列、核糖体 RNA 等结构也与原核生物非常类似。植物质体基因组由一环状双链 DNA 分子构成，长 120～220kb，序列非常保守（Garneau et al.，2010）。质体基因转化系统的建立为质体基因组的遗传操作提供了有力的工具，它不仅可以促进质体分子生物学的理论研究，而且对于各种农林作物的改良遗传工程也产生了深远影响。为了实现将外源 DNA 整合到质体基因组中，构建质体转化载体时在外源 DNA 两侧各连接一段质体 DNA 序列（定位片段），外源基因进入质体后，通过在定位片段与质体基因组的同源片段之间发生两次同源重组，将外源基因定位到基因组的特定位点，从而实现定点整合（图 10-8）。

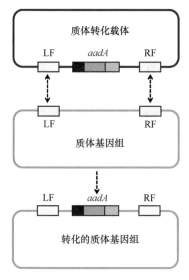

图 10-8　质体转化过程

与核基因转化相比较，质体转化通常有以下几个优点（Yu et al.，2020）。①由于质体基因组拷贝数非常大，整合在其中的外源基因也会以高拷贝数存在，这就为外源基因的高效表达提供了特定的条件。例如，Mcbride 等（1995）将 *Bt* 基因转入到烟草叶绿体，蛋白表达量高达叶片总蛋白的 3%～5%，而核转化技术只能达到 0.001%～0.6%。②由于质体的大多数基因结构、转录及翻译系统均与原核生物类似，因此，对于来自原核生物有价值的重要外源基因，无须改造和修饰就可以在质体内高效表达，这是核基因转化无法达到的。③外源基因整合进质体基因组后，只能进行母系遗传，不像核基因那样可以随花粉扩散，从而保证基因工程对环境的安全性。④质体基因组小，结构简单，烟草、水稻等高等植物的质体基因组全序列已被测定，其他植物也有许多质体基因被定位和测序，遗传背景较清楚，便于遗传操作。⑤外源基因可通过同源重组定点整合到质体基因组。定点整合有利于控制外源基因的表达，维持植物基因的正常功能，对植物的生长发育不会造成任何影响，这在核基因转化中很难做到。⑥质体转化的株系一旦得到纯合而稳定的转化体，由于外源基因的母系遗传特性，这种纯系的种子后代将永远保持纯系，不会因为有性杂交而发生分离。

外源 DNA 穿过质体的双层膜比穿过有孔的核膜要更加困难，因此，质体转化面临的关键问题是如何使 DNA 进入质体双层膜。基因枪的发明使得采用机械的方法将外源 DNA 导入质体成为可能。Boynton 等（1988）用基因枪的方法将野生型的 *atpB* 基因轰入 *atpB* 基因部分序列缺失而丧失了叶绿体 ATP 合成酶活性的衣藻突变体中，该基因通过同源重组整合到了衣藻的叶绿体基因组中，使衣藻突变体恢复了光合自养生长的能力，而且在其后代中能够稳定遗传。

10.6.5　磁性纳米颗粒

基于磁性纳米颗粒基因载体的花粉磁转化植物遗传修饰方法，通过花粉磁感应技术，直接生产转基因种子，在这个系统中，可以利用磁性纳米颗粒 Fe_3O_4 作为载体，在外加磁场介导下通过磁性纳米粒子携外源 DNA 输送至花粉内部，使外源 DNA 成功整合到基因组中，通过人工授粉，利用自然生殖过程直接获得转化种子，然后再经过选育获得稳定遗传的转基因后代。该系统无须培养且与基因型无关（Vejlupkova et al.，2020）。此外，该方法简单、快速、可进行多基因转化。花粉磁感应可以改变几乎所有的作物，极大地促进了转基因作物新品种的培育过程。

该方法将纳米磁转化和花粉介导法相结合，克服了传统转基因方法组织再生培养和寄主适应性等方面的瓶颈问题，可以提高遗传转化效率、缩短转基因植物培育周期，实现高通量与多基因协同转化，适用范围与用途非常广泛，对于加速转基因生物新品种培育具有重要意义，并且在作物遗传学、合成生物学和生物反应器等领域也具有广泛应用前景（Vejlupkova et al.，2020）。因此，利用磁性纳米粒子作为基因载体，创立了一种高通量、操作便捷和用途广泛的植物遗传转化新方法，推动纳米载体基因输送与遗传介导系统研究取得了重要进展，开辟了纳米生物技术研究的新方向。

本 章 小 结

基因工程技术经过 30 多年的进步与发展，已成为生物技术的核心内容。核酸分子杂交技术、基因芯片技术、基因敲除技术、转座子突变技术和植物遗传转化新方法的应用，不仅使生命科学的研究发生了前所未有的变化，而且在实际应用领域——农业、工业、医药、能源、环保甚至国防与航天等方面也展示出美好的应用前景。但是，任何科学技术都是一把"双刃剑"，在给人类带来利益的同时，也会给人类带来一定的灾难。

随着基因工程研究规模的不断扩大和大批基因工程体的问世，基因工程的安全性已成为人们关注的焦点，众说纷纭，褒贬不一。用于筛选的标记基因是否会对人畜有害、转基因动物是否会演变成对人类有极大威胁的新物种、基因治疗是否会对人体正常功能产生不良影响等都是人们所担忧的（刘静等，2013）。在现有的科学水平下，有些问题尚无法定论，但为了促进基因工程发展、保障人类健康、防止环境污染、维持生态平稳，加强对基因工程工作的安全管理是十分必要的。因此，我们在抓住机遇、大力发展基因工程技术的同时，要严格管理，充分重视转基因生物的安全。

第11章 原核细胞基因工程

11.1 原核细胞基因表达特征

原核细胞（prokaryotic cell）是指没有核膜，不进行有丝分裂、减数分裂、无丝分裂的细胞，其遗传物质集中在一个没有明确界线的低电子密度区。原核细胞的 DNA 为裸露的环状分子，通常没有结合蛋白，也没有恒定的内膜系统。

原核细胞表达体系是最早被开发利用的重组表达系统，也是目前最为成熟的表达系统，是当前基因工程研究和应用中最为常用的手段。真核生物的基因表达调控较复杂，包括转录前水平、转录水平、转录后水平、翻译水平和翻译后水平等的调控，而原核生物的基因组和染色体结构简单，细胞内没有由膜围绕形成的细胞器，转录和翻译具有偶联特征，可以在同一时间和位置上发生，其基因表达具有自己的独特性，调控主要在转录水平上进行。由于原核生物大都为单细胞生物，缺乏核膜，极易受外界环境的影响，需要不断地调控基因的表达，以适应外界环境的营养条件和克服不利因素，提高生物的适应能力，以完成生长发育与繁殖的过程。

原核细胞基因表达调控的主要特征如下。

（1）原核生物的基因表达调控主要发生在转录水平上，缺乏真核细胞的转录后加工系统。

（2）操纵子调控的普遍性。原核生物绝大多数基因按功能相关性成簇串联、密集于染色体上，共同组成一个转录单位，名为操纵子。操纵子是指一组关键的核苷酸序列，包括了一个操纵基因、一个普通的启动子，以及一个或一个以上的结构基因，被用作产生信使 RNA 的基元。操纵子通常包含一个或一个以上的结构基因，这个结构基因会被转录成为一个多基因性的 mRNA，导致一个 mRNA 分子编码多个蛋白质。操纵子亦会包含调控基因，如阻遏基因能编码调控蛋白，使之与操纵基因结合并阻止转录。调控基因未必是操纵子的一部分，但是位于基因组的某一处。阻遏基因会插入操纵基因阻碍结构基因的转录。原核基因的协调表达就是通过调控每个操纵子中启动序列的活性来完成的，一个操纵子含一个启动序列及数个可转录的编码基因（图 11-1）。

（3）阻遏蛋白与阻遏机制的普遍性。原核基因调控普遍涉及特异阻遏蛋白参与的转录开关调节机制，通过诱导或阻遏合成一些相应的蛋白质来快速调整与外环境之间的关系。

乳糖操纵子由多种因素（包括葡萄糖及乳糖）来调控。模式生物大肠杆菌的乳糖操纵子 *lac* 是首先被发现的操纵子。1961 年，法国遗传学家雅各布（Jacob）和莫洛（Monod）首先提出了解释大肠杆菌乳糖分解代谢酶编码基因表达调控的操纵子（operon）模型，认为在该操纵子模型中，一个结构基因或者一组毗邻基因的转录是由调节基因（也称阻碍基因）和操纵单元进行调节的。在适当的条件下，调节基因所表达的阻碍蛋白同操纵单元结合，在空间位置上阻碍了 RNA 聚合酶同启动子位点的结合，导致结构基因不能进行正常转录。

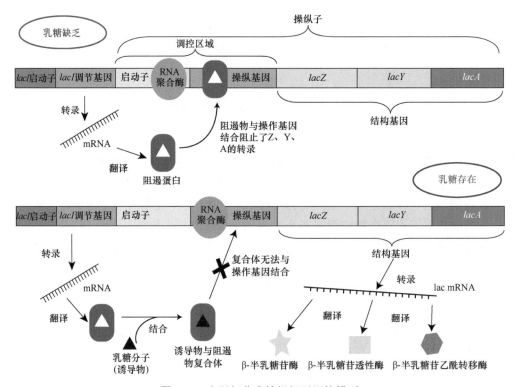

图 11-1 　大肠杆菌乳糖操纵子调控模型

大肠杆菌的乳糖操纵子包含了 3 个相连的结构基因（半乳糖苷酶基因 *lacZ*、半乳糖苷透性酶基因 *lacY*、半乳糖苷乙酰转移酶基因 *lacA*）、启动子、终止子及操纵基因。当环境中葡萄糖浓度高、乳糖浓度低或者缺乏时，阻碍蛋白基因表达，阻止操纵基因表达，从而导致 lac 操纵子结构基因转录受阻，不能表达成蛋白质。相反，当葡萄糖浓度很低、乳糖浓度高时，阻碍蛋白基因表达后不能形成阻碍蛋白，操纵基因和结构基因均可大量表达，lac 操纵子转录生成相关酶

根据操纵子对调节蛋白（阻遏蛋白或激活蛋白）的应答，将其分为正、负转录调控。正转录调控是指在没有调节蛋白存在时基因是关闭的，加入这种调节蛋白后基因活性就被开启，这样的调控称为正转录调控。负转录调控是指在没有调节蛋白存在时基因是表达的，加入这种调节蛋白后基因表达活性便被关闭，这样的调控称为负转录调控。根据操纵子对某些能调节它们的小分子的应答，分为可诱导调节和可阻遏调节两大类。可诱导调节是指一些基因在特殊的代谢物或化合物的作用下，由原来关闭的状态转变为工作状态，即在某些物质的诱导下使基因活化。在可阻遏调节中，基因通常是开启的，在产生蛋白质或酶时，由一些特殊代谢物或化合物的积累而将其关闭，阻遏了基因表达，即在某些物质的阻遏下使基因表达关闭。

11.2　原核细胞基因工程概述

11.2.1　原核细胞基因工程简介

利用原核细胞作为表达宿主进行目的基因重组表达被称为原核表达，相应的基因工

程技术被称为原核细胞基因工程。在基因工程操作中，外源基因的表达最先是在原核细胞中进行的。传统的生物产品生产方式主要是利用生物体本体进行生产，最常用的提高产量的方法是通过人工诱变选育高产个体或细胞，或者通过调控代谢途径实现目的基因的高表达，获得生物活性成分，然后进行分离提纯，但产量和目标产物的纯度都非常有限。原核细胞基因工程诞生后，可以通过大规模培养经基因工程改造的原核生物，如大肠杆菌，赋予一些本来不具有某种功能的生物新的特性或遗传性状，从而生产目标生物产品，即人类所需的产品，其产量比传统方法大大提高，甚至增产成百上千倍。在原核生物基因工程中，目的基因在原核细胞的异源表达主要包括 3 个要素：目的蛋白的 DNA 编码序列、原核表达载体和原核表达宿主（受体细菌）。

与真核表达系统相比，原核表达系统具有以下优越性。

（1）快速可控，价格低廉。原核生物大多数为单细胞异养生物，具有生长快、代谢易于控制的特点，可通过大规模发酵培养，迅速获得大量基因表达产物，所需的成本相对比较低廉。

（2）操作简单，种类繁多。原核生物结构相对简单，代谢途径和基因表达调控过程相对清楚，并且只有一种 RNA 聚合酶（真核细胞有 3 种）识别原核基因的启动子，能催化所有 RNA 的合成。因此，原核生物可以表达的蛋白质种类也比较多。

（3）过程连续，效率较高。原核生物无核膜，所以转录与翻译是偶联的，二者是连续进行的，在翻译过程中，其 mRNA 可与多个核糖体结合形成多核糖体，即在一条 mRNA 链上可以有多个核糖体同时进行合成反应，大大提高了翻译效率，速度相对真核生物要快很多。

由于以上优点，原核细胞，特别是大肠杆菌，已经成为目前最为常用的重组表达宿主，广泛用于各种来源（原核生物、真核生物、病毒等）目的基因表达。例如，全球第一个上市的基因工程药物人胰岛素，就是重组大肠杆菌表达载体生产的。除药物外，原核表达系统还被应用到工具酶、疫苗的生产，以及食品与饲料工业、环境保护、农业生产等广阔领域。

11.2.2　原核细胞基因调控规律

原核细胞表达虽然具有诸多优点，但也有很多局限性，最突出的缺点是表达出来的蛋白质没有经过修饰，不一定具有天然蛋白活性，且表达系统无法对表达时间及表达水平进行精确调控，有些基因持续表达会对宿主细胞产生毒害作用，过量表达可能导致非生理反应，很多蛋白质常以包涵体形式在原核细胞中表达，导致产物纯化困难。

因此，在诸如大肠杆菌之类的原核细胞中表达外源基因，尤其是表达真核基因，需要特别注意满足原核基因表达系统的要求，并考虑到原核细胞基因克隆载体和表达载体的异同之处（图 11-2）。

在原核细胞中表达外源基因，有如下注意事项。

（1）必须用原核基因的启动子和终止子。RNA 聚合酶负责转录基因序列，但无论真核还是原核 RNA 聚合酶，其本身均不能判断或识别 DNA 上的正确转录起始位置，而是需要多种转录因子协助才能与转录起始位点上游的启动子序列结合。原核转录因子与真核转录因子的结构不同,不能识别相同的核心启动子 DNA 序列。因此,在原核细胞中表达基因,就需要把目的基因接在原核转录因子能够识别的原核启动子序列下游。同理,接在目的基因下游的转录终止序列,也必须是原核细胞内起作用的终止子。

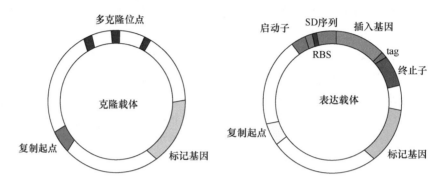

图 11-2 原核细胞基因克隆载体与表达载体结构示意图

原核细胞基因克隆载体(左)和表达载体(右)均有复制起点(ori)、多克隆位点(MCS)和筛选标记基因。
表达载体在多克隆位点两侧还有启动子、终止子、SD 序列、RBS 位点及标签(tag)序列

(2)目的基因起始密码子的上游需要有 SD 序列(Shine-Dalgarno sequence)。虽然真核细胞和原核细胞核糖体都能识别 mRNA 翻译蛋白,但真核核糖体和原核核糖体的结构不同,识别 mRNA 的机制也不同。大量的实验结果显示,在原核生物中,如果要表达的目的基因起始密码子上游没有 SD 序列,则转录出的 mRNA 不能被有效地翻译。真核核糖体是用小亚基识别真核 mRNA 5′端的帽子结构,并不需要 SD 序列(图 11-2)。

(3)要表达的外源基因内不能带有内含子。由于原核细胞 DNA 位于细胞质内,转录也发生在细胞质内,转录出的 mRNA 随即遇到细胞质里的核糖体,被翻译成多肽链,即转录与翻译过程偶联,没有转录后 mRNA 加工机制,因此,如果靶基因内带有内含子,虽然原核细胞能转录该基因的前信使 RNA,但不能剪掉其内部的内含子,导致核糖体在翻译的过程中连同内含子中的核苷酸序列一起按三联体密码子连续阅读,把内含子的核苷酸序列也翻译成氨基酸,或在内含子中遇到终止密码子而提前结束翻译。如果要在原核细胞内表达真核基因产物,必须使用真核基因的 cDNA,而不是真核细胞的基因组中含有内含子的 DNA 序列。

(4)要尽量避免外源基因产物对原核细胞宿主的毒性。在原核细胞内表达外源基因编码的蛋白质对于宿主细胞是异物,可能干扰宿主细胞的代谢,甚至对宿主细胞有很强的毒性,导致宿主细胞死亡。因此,在利用原核细胞表达外源蛋白的时候,需要控制外源基因在宿主细胞内表达的时间和强度,以免对宿主细胞造成严重伤害。

11.2.3 原核细胞基因表达主要调控元件

在原核细胞基因工程中,主要调控外源基因表达的元件包括启动子、终止子、SD 序列等。在原核细胞基因工程中,启动子和终止子对于外源基因表达的第一步转录极为重要,但转录出的 mRNA 还需要翻译。mRNA 上的一些核苷酸基序对于翻译同样非常重

要，还有些序列或基因对于增加重组蛋白的可溶性、分泌表达和分离提纯等后期操作有重要的应用价值，也是原核细胞基因工程表达载体常用的调控元件。这些调控元件主要包括核糖体结合位点、起始密码子、密码子偏好性、转录增强子、宿主菌的 tRNA 结构等。核糖体结合位点对于原核细胞基因表达调控非常关键，基因被转录出 mRNA 后，核糖体解读 mRNA 中的三联体密码子并把对应的氨基酸连接成多肽链，这是基因表达中的翻译过程。密码子偏好性是指各种生物体偏爱使用同义三联体密码子的现象。转录增强子是 DNA 上一小段可与蛋白质结合的区域，与蛋白质结合之后，基因的转录作用将会加强。

宿主菌的 tRNA 结构对原核细胞基因表达的影响也很明显。mRNA 上的所有密码子最终都是被 tRNA 的反密码子解读翻译成氨基酸，如果解读某些密码子的 tRNA 含量低，则翻译效率就低。如果外源蛋白质的表达水平低是由于宿主细胞内的某些特定 tRNA 含量低引起的，就可以通过设法增加宿主细胞内的这些 tRNA 含量，如超表达宿主的稀有 tRNA 基因，以促进目标基因表达。

11.3　原核细胞基因表达系统的种类及特点

11.3.1　原核细胞基因工程表达系统的主要种类

原核细胞基因工程由于操作相对简单、表达产物收集容易、产量可控、质量可靠等优点，越来越受到人们的青睐。一个完整的原核表达系统主要包括原核表达载体和原核受体菌株两大部分。原核表达载体是将目的基因导入原核宿主细胞，在宿主中实现目的基因表达的运输工具。原核表达载体的主体部分主要来自于相应宿主菌株的内源质粒，以此为基础添加与克隆表达相关的元件，即构成原核表达载体。原核表达载体除具有克隆载体所具有的复制起始位点、抗性选择标记等基本元素以外，还带有原核细胞表达所需要的启动子、多克隆位点、终止子和 SD 序列等表达元件（图 11-3）。为了鉴定表达产物或者分离纯化方便，原核表达元件中通常还会包括融合标签的 DNA 编码序列等。

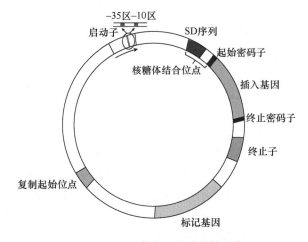

图 11-3　大肠杆菌表达载体结构示意图

原核表达系统的另一个重要组成部分是宿主细胞。依据宿主菌的不同，人们构建了不同的原核表达系统，主要包括大肠杆菌表达系统、芽孢杆菌表达系统、棒状杆菌表达系统、链霉菌表达系统、梭菌表达系统、乳酸菌表达系统、假单胞菌表达系统和蓝细菌表达系统等。

在原核细胞中表达外源基因，尤其是真核基因，需要特别注意，在满足原核基因表达系统基本要求的同时，还应满足以下要求：要表达的外源基因内不能带有内含子；必须用原核基因的启动子；目的基因起始密码子上游需要有 SD 序列等。另外，过量的外源基因产物对原核细胞宿主常常具有较大毒性。在原核细胞内表达外源基因（尤其是真核基因）编码的蛋白质，对于宿主细胞是异物，可能干扰宿主细胞的代谢，甚至对宿主细胞有毒性。因此，需要控制外源基因在宿主细胞内表达的时间和强度。

11.3.2　大肠杆菌表达系统的特点及应用

在所有原核表达系统中，应用广泛的是大肠杆菌表达系统。大肠杆菌是迄今为止研究得最详尽的原核细菌，是基因工程工业化生产医疗或商用蛋白质领域使用最广泛的原核生物。由于大肠杆菌具有结构简单、遗传背景清楚、容易在便宜的碳源中生长、生物量积累快速、能进行高密度发酵、容易扩大生产规模等优点（详见 7.2.1），多数基因克隆与表达实验都首选在大肠杆菌细胞中进行。

大肠杆菌表达系统是基因表达技术出现最早、应用最广泛的经典表达系统，是分子生物学研究成果向产业化过渡的重要工具，是目前应用最为广泛的原核表达系统。其主要优点有：①大肠杆菌的遗传背景清晰，基因工程操作手段完善，其代谢途径和基因表达调控机制比较清楚；②已有大量可供选用的大肠杆菌表达载体；③大肠杆菌的培养成本低廉、生长繁殖迅速、抗污染能力强，适合于大规模培养；④外源基因产物在大肠杆菌中表达量高，目的蛋白甚至可以占大肠杆菌总蛋白的 30% 以上；⑤多年的基础研究和工业生产实践已经证明，大肠杆菌不但能够表达原核基因，而且很多真核基因（包括人生长素基因和胰岛素基因等）都可以利用大肠杆菌进行高效、高通量表达，具有很大的商业价值。目前常用于外源基因表达的大肠杆菌受体菌株有 BL21、Roseta 菌株、JM109 菌株等。常用于外源基因表达的大肠杆菌表达载体有基于 T7 启动子的 pET 系列、pLEX 系列、pGEX 系列和 pBV220 等（图 11-4）。

11.3.3　芽孢杆菌表达系统的特点及应用

芽孢杆菌（*Bacillus*）属于芽孢杆菌科芽孢杆菌属，是一类能产生抗力内生孢子（芽孢）的革兰氏阳性菌，是严格需氧或兼性厌氧的有荚膜杆菌。利用芽孢杆菌作为表达外源基因的基因工程宿主菌，具有以下优点：①芽孢杆菌是非致病微生物，比较安全；②培养条件相对简单，生长条件易于控制；③生长迅速，周期短；④能将蛋白表达产物高效分泌到细胞外的培养基中（图 11-5）；⑤在多数情况下，真核生物的异源重组蛋白经芽孢杆菌分泌后便具有天然构象和生物活性；⑥某些芽孢杆菌的遗传背景比较清楚，

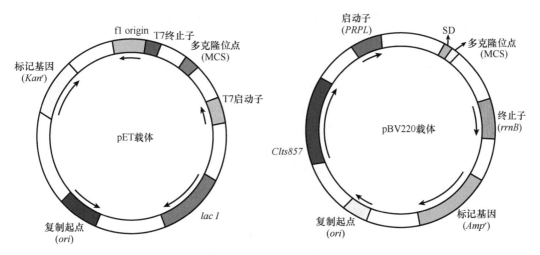

图 11-4　大肠杆菌表达载体 pET 和 pBV20 系列示意图

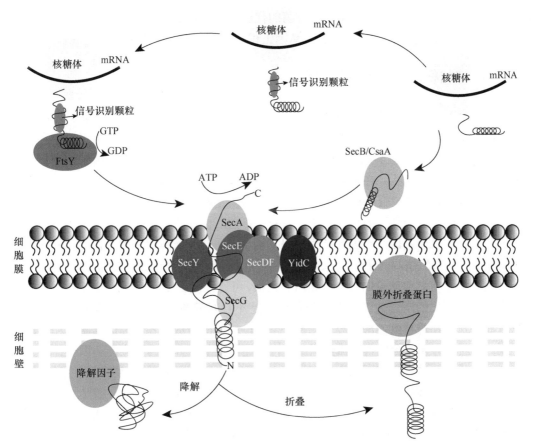

图 11-5　枯草芽孢杆菌分泌表达蛋白的基本途径

枯草芽孢杆菌、地衣芽孢杆菌、解淀粉芽孢杆菌的全基因组已被先后测序，大部分基因的功能也得以鉴定；⑦利用芽孢杆菌进行发酵的技术已经相当成熟，许多芽孢杆菌在传统发酵工业中的应用已有几十年的历史，它们无致病性，不产生内毒素，属于安全的基因工程受体菌。但芽孢杆菌作为受体也有其缺点,主要是野生型芽孢杆菌能分泌大量的胞外蛋白酶,影响外源基因表达产物的稳定性。因此,在构建芽孢杆菌表达系统宿主菌时,需要将蛋白酶基因进行突变或敲除,使其降低活性甚至失活。

目前应用较多的芽孢杆菌宿主菌有枯草芽孢杆菌、短小芽孢杆菌、地衣芽孢杆菌、嗜碱芽孢杆菌、淀粉芽孢杆菌、巨大芽孢杆菌、球形芽孢杆菌、短芽孢杆菌、嗜热脂肪芽孢杆菌、耐碱芽孢杆菌和苏云金芽孢杆菌等。其中,枯草芽孢杆菌表达系统目前应用最为广泛。

芽孢杆菌不但在科学研究上有重要作用,而且在工农业生产、医药生产及环境保护中均有广泛应用。芽孢杆菌产生的抗菌物质一般具有广泛的抑菌谱,能杀伤包括耐药菌株在内的细菌、某些真菌、寄生虫、部分病毒及肿瘤细胞等,并且有结合脂多糖、中和内毒素等作用,因此引起了科学家和医务工作者的广泛关注。芽孢杆菌制备的微生态制剂在治疗肠道菌群失调症和念珠菌感染、预防创面感染等医疗过程中发挥了重要的作用。能高效分泌表达人干扰素和白细胞介素等药物的芽孢杆菌工程菌也已进行商业化应用。此外,地衣芽孢杆菌和枯草芽孢杆菌的代谢产物聚-γ-谷氨酸可用于降解塑料,还可作为沙漠保水剂。总之,芽孢杆菌将在基因工程药物和工农业生产中发挥更重要的作用。

11.3.4 棒状杆菌表达系统的特点及应用

棒状杆菌表达系统主要用来生产味精。现在的味精已经改用淀粉作原料,即先把淀粉水解成葡萄糖,然后通过棒状杆菌发酵,将葡萄糖转变成谷氨酸,再用碱中和,最后结晶制成味精。全世界每年的氨基酸总产量接近 500 万 t,其中谷氨酸钠的产量占氨基酸总产量的一半以上。在棒状杆菌基因工程操作中,首先需要构建棒状杆菌的载体克隆系统。为了克隆或检查各种内源型和外源型启动子在棒状杆菌中介导基因转录启动的活性,人们构建了一系列的启动子探针质粒。谷氨酸棒杆菌常用的报告基因包括氯霉素乙酰基转移酶编码基因、半乳糖苷酶编码基因、磷酸转移酶编码基因、葡萄糖醛酸酶编码基因、α-淀粉酶编码基因、黑色素编码基因和绿色荧光蛋白编码基因等。

基于组学信息和理论的细胞代谢网络建模,可以预测谷氨酸棒杆菌细胞内 L-赖氨酸生物合成最优化的四大关键节点,分别是:提升 L-赖氨酸生物合成末端途径;确保 L-丁氨醛酸前体物质草酰乙酸的充足供应;强化 L-赖氨酸合成酶系所需的辅酶 NADPH 的合成;阻断所有无关合成代谢流量供给。将上述四大节点分解为可实施基因操作的关键靶点,然后逐次进行靶基因的高效表达、定点突变、无痕敲除单元操作,便可最终构建出集成化的 L-赖氨酸高产工程菌。随着组学研究和系统代谢工程技术的深入展开,多种性能优异的谷氨酸棒杆菌基因工程菌株得以构建并投入应用,在生产效能大幅度提升的同时,大大扩展了 L-型氨基酸的生产范围,在工业生产中发挥了越来越重要的作用。

11.3.5 链霉菌表达系统的特点及应用

作为抗生素的生产菌,链霉菌在传统发酵工业中的应用有着悠久的历史。随着各种链霉菌的全基因组相继完成测序,链霉菌次级代谢物的资源开发以及基因重组展现出更为广阔的应用前景，有望成为继大肠杆菌、芽孢杆菌、棒状杆菌之后的又一个优良的原核基因表达系统和分泌平台。链霉菌作为外源基因表达的宿主菌具有以下特点：①链霉菌为非致病菌，使用比较安全；②不产生内毒素；③在链霉菌中表达出的蛋白质常常是可溶性的，表达产物可分泌到细胞外，无须为了获得具有生物活性的蛋白质而使表达的蛋白质重新溶解并折叠成正确的构型；④可进行高密度培养；⑤具有丰富的次生代谢途径和初级、次生代谢调控系统；⑥链霉菌进行工业规模化发酵的技术成熟。链霉菌受体系统中常用的宿主菌有变铅青链霉菌和天蓝色链霉菌。

链霉菌基因的启动子结构具有多样性。链霉菌同其他大多数微生物一样，分泌性的蛋白质最初通常以前体形式合成，合成的前体 N 端带有一段信号肽。链霉菌的信号肽同其他微生物中已知的信号肽一样，由一个带电荷的 N 端区、一个疏水区及带有信号肽酶识别位点的 C 端区组成。目前，来自于原核生物和真核生物的多个物种的基因在变铅青链霉菌中都可以表达。

当然，虽然链霉菌的克隆体系的构建已较为完善，但在链霉菌中直接引入外源基因的操作如转化等要比操作大肠杆菌复杂。大多数链霉菌由于可能存在着限制、修饰系统，一般难以转化或转化频率较低。另外，与大肠杆菌相比，链霉菌中用于基因表达的启动子和载体，特别是诱导型超量表达载体还有待改进优化，以便大规模用于链霉菌基因工程实际生产中。

11.3.6　蓝藻表达系统及应用

蓝藻是藻类中最早能稳定表达外源基因的种类。随着基因工程的发展和蓝藻分子生物学研究的深入，蓝藻作为一种独特的基因工程受体系统迅速发展起来。蓝藻作为外源基因表达的宿主菌，兼有微生物和植物的优点。

（1）蓝藻基因组为原核型，遗传背景简单，便于基因操作和外源 DNA 的检测。

（2）蓝藻是革兰氏阴性菌，细胞壁主要由肽聚糖组成，便于外源 DNA 的转化。

（3）光合自养型生长，培养条件简单，只需光、二氧化碳、无机盐、水和适宜的温度就能满足生长需要，生产成本低。

（4）多数蓝藻有内源质粒，为构建蓝藻质粒载体提供了良好的条件。

（5）蓝藻在各个生长时期均处于感受态，便于外源基因的转化。

（6）多数蓝藻无毒，且富含蛋白质，早已用作食品或保健品，是一类营养丰富的天然食品。若在此基础上转入有用的外源基因，可获得能生产不同用途物质的转基因蓝藻。

蓝藻外源基因表达系统的缺点是：携带外源目的基因的这种质粒载体进入受体细胞后容易丢失，导致目的基因表达的不稳定性，可以通过选择标记药物，筛选转基因藻株，维持其相对的稳定性。为使外源基因在蓝藻细胞内高效表达，可在表达载体上组装多种含有不同启动子的基因表达盒。应用较多的启动子有蓝藻藻蓝蛋白 cpc2A2 操纵子的启动子、金属硫蛋白基因启动子 SmtO-P、热激蛋白基因 *groESL* 的启动子、花椰菜花叶病毒 35S RNA 转录的启动子等。处于这类启动子控制之下的外源目的基因，必须在合适的诱导条件下才能表达。这样的转基因蓝藻即使进入自然环境中，由于不存在合适的诱导,不能表达产生外源目的基因的产物,因此就不会导致环境污染和影响生态系统的平衡。

11.3.7 乳酸菌表达系统及应用

乳酸菌(lactic acid bacteria)不仅是研究分类、生化、遗传、分子生物学和基因工程的理想材料,而且在工业、农牧业、食品和医药等与人类生活密切相关的重要领域具有极高的应用价值。与其他革兰氏阳性菌不同,乳酸菌各种属尤其是乳杆菌含有丰富的天然质粒,虽然其中大部分为隐蔽型质粒,但其复制子和有限的几种抗生素抗性标记足以用来构建一系列标准化的克隆载体。另外,基于食品工业的应用安全性考量,用于食品生产型乳酸菌的基因操作程序和工具必须符合自克隆原则,即导入食品生产型受体细胞中的 DNA 分子限定为那些来自于受体属于相同种属的生物基因,由此构建产生的基因修饰型乳酸菌可视为非基因修饰型生物。食品级载体携带的非抗生素抗性标记一般包含显性筛选标记和遗传互补标记两大类。

相对于大肠杆菌和其他革兰氏阳性菌,乳酸菌各种属的转化率普遍偏低。将质粒 DNA 成功导入乳酸菌取决于菌种特殊的性质,而乳酸菌受体细胞内的限制修饰系统也是影响转化率的一个关键因素。食用乳杆菌的一个基本保健功能是抑制胃肠道致病菌的繁殖,并促进食物的消化和吸收。若将具有重要治疗价值的人体蛋白或多肽编码基因克隆在乳杆菌中,便有可能生产出易被肠道吸收的口服重组药物。与重组大肠杆菌生产的药物相比,乳杆菌的生物制品生产具有无须纯化、不含内毒性等优势。因此,利用基因技术构建品质优良的食用乳酸菌工程株具有巨大的潜在经济价值和社会效益。

11.4 原核细胞基因表达步骤和主要策略

11.4.1 原核细胞基因工程表达主要步骤

原核细胞基因工程主要包括以下步骤。

(1)目的基因制备。在原核细胞基因工程中表达的目的基因,可以是真核生物的基因,也可以是原核生物的基因,根据其获取方法不同,既可以从基因组 DNA 中进行扩增,也可以通过人工化学合成法直接合成目标 DNA 序列。由于原核细胞中缺乏真核生物的转录后加工系统,在制备或者人工合成目的基因时,不能直接用真核生物的基因组 DNA 序列信息,而是要用 cDNA 序列信息。

(2)原核表达载体的构建。根据原核表达的特点,原核表达载体中还必须有启动子、SD 序列、终止子等基本元件。

(3)目的基因与原核表达载体连接。在原核细胞基因工程中,所用的原核表达载体的启动子区下游通常会设计有多克隆位点,目的基因的 DNA 片段通过这些位点插入到启动子的下游,受到相应启动子的统一调控。

(4)阳性转化子的筛选:将重组载体导入到宿主原核菌中,并进行转基因菌株的筛选,获得阳性转化子,并进一步优化,从而获得相应的基因工程菌株。

(5)对重组菌株进行大规模发酵培养,并在生长量达到一定水平后诱导目的基因表达，大规模收集表达产物。

（6）分离纯化目标产物，并检测目的蛋白表达量及生物活性。需要根据不同的实验目的和条件，选择合理的表达方法，并确定不同的表达和纯化策略，最终获得足够量、高纯度的蛋白表达产物（图 11-6）。

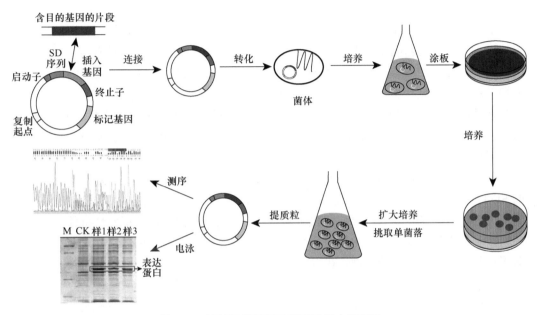

图 11-6 原核细胞基因工程表达基本流程图

11.4.2 原核细胞基因工程中外源蛋白表达主要特点

外源基因在大肠杆菌中的表达产物可能存在于细胞质、细胞周质和细胞外培养基中，具体表达产物有不溶性蛋白和可溶性蛋白两种，包括包涵体蛋白、非融合蛋白、寡聚型外源蛋白和融合型外源蛋白等四种类型。原核细胞基因工程中外源蛋白在原核细胞中有多种表达方式，主要包括融合型表达、非融合型表达、分泌型表达、多拷贝表达和整合型表达等。

11.4.2.1 原核细胞基因工程中外源蛋白的融合型表达

所谓融合型表达，就是指将外源蛋白基因与另一基因的 3′端构建成融合基因进行表达，使克隆化基因表达为融合蛋白的一部分，该融合蛋白包括位于氨基端的原核蛋白、能被蛋白酶等裂解的序列以及目的蛋白。融合型基因是指将两个或多个基因的编码区首尾相连，置于同一套调控序列控制之下构成的嵌合基因。在融合表达中，外源蛋白基因与受体菌自身蛋白基因重组在一起，但不改变两个基因的阅读框，这样融合型基因形成的表达产物称为融合蛋白。

将一个外源基因的编码序列与大肠杆菌特定的结构基因进行重组，构建融合蛋白表达质粒，必须遵循 3 个原则。首先，受体细菌结构基因应能高效表达，且其表达产物可以通过亲和色谱进行特异性简单纯化；其次，外源基因应插在受体菌结构基因的下游区域，并为融合蛋白提供终止密码子；再次，两个结构基因拼接位点处的序列设计十分重要，它直接决定了融合蛋白的裂解方法。在某些情况下，并不需要完整的受体菌结构基因，以尽可能避免融合蛋白分子中两种组分的分子质量大小过于接近，为异源蛋白的分离回收创造条件。当两个蛋白编码序列融合在一起时，外源基因的表达取决于其正确的翻译阅读框。

通常，由信号肽或单体蛋白的序列与功能基因构成融合型基因，从而利用信号肽或单体序列携带目的基因高效表达，提取、纯化目的蛋白，为生产或科研所用。在目的基因编码的蛋白质的 N 端连接着由载体 DNA 序列编码的、已证实能高效表达的原核基因蛋白质或多肽。这是由于目的基因在插入到多克隆位点时，在其起始密码子 ATG 的上游与载体的启动子及 SD 序列下游之间存在着 ATG 序列，可以被细菌的翻译系统识别，从而引起蛋白质的合成，这样在目的蛋白的 N 端就会先合成出一段蛋白质或多肽，形成融合蛋白。

外源蛋白以融合蛋白的方式表达时能以较高的效率进行，因为受体菌自身蛋白基因的 SD 序列和碱基组成等有利于基因的表达。外源蛋白以融合蛋白的方式表达时易于分离纯化，可根据受体菌蛋白的结构和功能特点，利用受体菌蛋白的特异性抗体、配体或底物亲和色谱等技术分离纯化融合蛋白，然后通过蛋白酶水解或化学法特异性裂解受体菌蛋白与外源蛋白之间的肽键，获得纯化的外源蛋白产物。当需要用较小的肽段作为抗原时，必须使之表达成为融合蛋白，才能够在动物体内引起免疫反应。常见的融合蛋白表达载体包括 pRSET、pGEX 系列等。其中，pGEX 表达载体系统是 Smith 和 Johnson 于 1987 年构建的，其特点是在载体上接上了一种寄生蠕虫的 26kDa 的谷胱甘肽 S-转移酶基因，所表达出的融合蛋白大部分是可溶的，可以在无变性剂的条件下用谷胱甘肽亲和柱进行层析。

11.4.2.2 原核细胞基因工程中外源蛋白的非融合型表达

非融合蛋白是指不与细菌的任何蛋白质或多肽融合在一起的表达蛋白，这些非融合蛋白的氨基端不含任何原核多肽序列，而以该蛋白质 RNA 的 AUG 为起始。非融合蛋白表达系统的优点在于其表达产物具有非常近似于真核生物体内蛋白质的结构，其通常具有较好的可溶性，生物学功能更接近于生物体内天然蛋白质。非融合蛋白的最大缺点是容易被细菌自身的蛋白酶降解破坏，从而失去活性。目前，如何克服这个不利于蛋白质生产的因素，还待进一步深入研究。为了在原核细胞中表达出非融合蛋白，可将带有起始密码子 ATG 的真核基因插到原核启动子与 SD 序列的下游，组成一个杂合的核糖体结合区，经转录翻译，得到非融合蛋白。

表达非融合蛋白的操纵子必须改建成细菌或噬菌体的启动子，随后是细菌的核糖体结合位点（SD 序列），然后是目的基因的起始密码子和结构基因信息，最后是终止密码子。常见的非融合型表达载体有 pET 系统、pKK223-3 等。近年来，利用非融合蛋白方式获取重组蛋白的一个趋势是通过大肠杆菌重组寡聚酶或寡聚蛋白。此种方法通常采用双顺反子或多顺反子系统，将不同亚基的基因连同各自的 SD 序列串联在一起，克隆在同一启动子下游；或将不同亚基的表达单元，包括各自的启动子、SD 序列和结构基因串联起来。为了防止转录过程中的通读，一般在最后一个基因的 3′ 端加上较强的转录终止子。表达寡聚蛋白的另一种方法是将不同亚基的基因克隆到两个相容表达载体中，通过共转化实现不同亚基在同一宿主中的共表达。表达后可以分别纯化不同亚基，在胞外实现装配；也可以直接纯化在胞内可能组装好的寡聚蛋白。

目前，已在大肠杆菌胞内成功地表达并组装的寡聚蛋白有：四亚基的血红蛋白、丙酮酸脱氢酶，三亚基的复制蛋白 A，二亚基的肌球蛋白、肌酸激酶等。大多数重组寡聚酶或寡聚蛋白在胞内的组装效率仍然不高。最近，通过特定基因修饰酶（如 DNA 甲基化酶）的使用，结合点突变技术、PCR 突变技术，可使任何一个目的基因正确地重组入非融合蛋白表达载体中进行表达。

11.4.2.3　原核细胞基因工程中外源蛋白的分泌型表达

分泌型蛋白是指外源基因的表达产物通过运输或分泌的方式穿过细胞的外膜而进入培养基中。分泌型表达载体可以表达穿过其合成细胞到其他组织细胞的蛋白质。外源基因表达产物在细胞质中过度积累会影响细胞的生理功能，并给后续的分离纯化带来一定的困难。大肠杆菌中某些蛋白质属于分泌型蛋白，可以被分泌到细胞膜外的间质中，这是由于在这些大肠杆菌蛋白质的 N 端存在着一段多肽，被称为信号肽（signal peptide）。信号肽位于分泌型蛋白的 N 端，一般由 15～30 个氨基酸组成，包括 3 个区：一个带正电荷的 N 端，称为碱性氨基末端；一个中间疏水序列，以中性氨基酸为主，能够形成一段 α 螺旋结构，是信号肽的主要功能区；一个较长的、带负电荷的 C 端，含小分子氨基酸，是信号序列切割位点，也称加工区。当信号肽序列合成后，被信号识别颗粒所识别，蛋白质合成暂停或减缓，信号识别颗粒将核糖体携带至内质网上，蛋白质合成重新开始。在信号肽的引导下，新合成的蛋白质进入内质网腔，而信号肽序列则在信号肽酶的作用下被切除。这些信号肽负责不同类型蛋白质的新生肽链的定位。信号肽的功能不仅决定了一个蛋白质是否为分泌蛋白，而且和蛋白质或其新生肽链在细胞内的全方位定位有关。新生肽链或蛋白质中，一些残基的化学修饰也是转译后加工的一个重要内容。发生修饰的残基绝不是任意的，也和肽链中的氨基酸序列密切相关，在肽链中尚存在着与残基修饰相关的信号肽。一些肽段的存在与含该肽段肽链的降解有关，这类肽段可以视为肽链降解的信号肽。近年来一些研究表明，许多分泌蛋白的移位信息虽然确实由一部分疏水肽段所携带，但这部分肽段可以不在 N 端，也可以不被信号肽酶切除。

以分泌型蛋白的形式表达外源基因有以下优点：简化了发酵后处理的纯化工艺；降低了外源蛋白在细胞内被蛋白酶降解的概率；通过对分泌表达的设计，有利于形成正确的空间构象，获得有较好生物学活性或免疫原性的蛋白质。在信号肽的帮助下，可将基因表达产物跨细胞膜运送到细胞周质空间（但不是培养基中）。利用信号肽引导外源蛋白定位分泌到细胞特定区间，有利于蛋白产物的正确折叠，提高蛋白质的可溶性，还可避免因包涵体复性带来的问题。因此，将编码信号肽的 DNA 序列插入到载体的启动子与目的基因之间，就可使目的基因编码的蛋白质分泌到胞外，减少了细菌蛋白酶的破坏，同时为表达产物的分离纯化等提供极大方便。

大肠杆菌是用来表达重组蛋白的首选宿主之一，市场上很多重组制剂均由大肠杆菌表达生产。但大肠杆菌的翻译后修饰能力较弱,在表达多数结构复杂蛋白质过程中会导致蛋白质折叠错误,形成无活性的包涵体,严重影响蛋白表达量。很多蛋白质在大肠杆菌胞内表达,需要通过破碎处理获取目的蛋白,且宿主胞内背景蛋白影响蛋白质纯化。常用的分泌型原核表达载体包括 pTA1529、pINIII、pEZZ18 等系列载体。其中,pTA1529包含有大肠杆菌 phoA(碱性磷酸酶)启动子和信号肽序列,当外源基因插入到信号肽之后,在磷酸盐饥饿时,外源基因表达,随后由周质信号肽酶切下信号肽。pINIII-ompA系统中,包含有脂蛋白基因 Ipp 和 IPTG 诱导转录 lac 双启动子。pEZZ18 载体中含有 lac启动子和金黄色葡萄球菌蛋白 A 启动子,还包含有蛋白 A 的信号肽序列和两个合成的 Z功能域。

11.4.2.4 原核细胞基因工程中外源蛋白的多拷贝表达

外源基因在细胞中的表达水平与目的基因的拷贝数相关。研究表明,当表达载体上外源基因的拷贝数增加时,可使外源蛋白的表达量相应提高。表达载体上可表达的基因包括外源基因和选择标记基因等,当细胞内质粒表达载体的拷贝数增加时,用于合成目的蛋白之外的其他蛋白质的量也相应增加,而过多地表达非目的基因消耗大量能量,影响菌株的生长代谢。因而在构建外源蛋白表达载体时,可以考虑将多个外源蛋白基因串联在一起,克隆在严谨型质粒载体上(图 11-7)。以这种策略表达外源蛋白时,虽然宿主

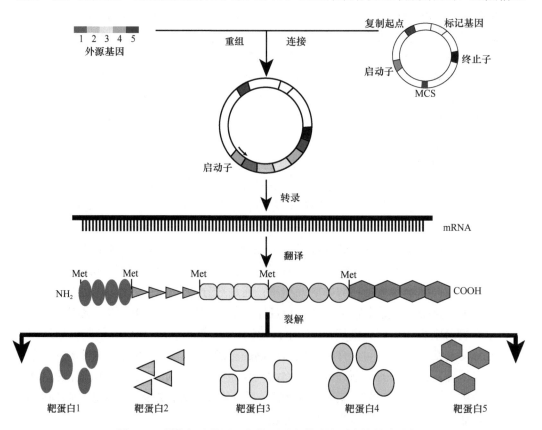

图 11-7 原核细胞基因工程外源蛋白的分泌型表达基本过程

细胞内质粒的拷贝数减少,但外源基因在细胞内转录的 mRNA 的拷贝数并不减少。这种方法对分子质量较小的外源蛋白更为有效。

11.4.2.5　原核细胞基因工程中外源蛋白的整合型表达

受体菌中重组质粒的自主复制以及编码基因的高效表达大量消耗能量,给细胞造成了沉重的代谢负担,而且高拷贝质粒造成的这种负担比低拷贝质粒更大。将一种重组质粒导入受体细胞后,宿主细胞的代谢会发生较大改变,同时由于细胞不断地进行分裂,基因工程菌经若干次分裂传代后,宿主细胞内的重组质粒会发生丢失,造成一定比例的工程菌子代不含质粒,也称质粒逃逸。不含质粒的这部分细菌的生长速度远比含有质粒的细菌要快,经过若干代繁殖之后,培养基中不含质粒的细菌最终占有绝对优势,从而导致异源蛋白的宏观产量急剧下降。对于实验规模,将克隆菌置于含有筛选试剂的培养基中生长,这样可以有效地控制丢失质粒的细菌繁殖速度,维持培养物中克隆菌的绝对优势。但是,在大规模产业化过程中,向发酵罐中加入抗生素或氨基酸等筛选试剂很不经济,且易造成环境污染。

因此,一种理想的选择是,将要表达的外源基因整合到宿主菌染色体的特定位置上,使之成为染色体结构的一部分而稳定地遗传和表达,从而增加其稳定性,这种原核表达方式称为整合型表达。各原核表达宿主均有对应的整合表达载体。例如,枯草芽孢杆菌整合表达载体 pAX01 可以将外源片段通过双交换的方式整合到枯草芽孢杆菌基因组上,从而实现整合型表达(图 11-8)。

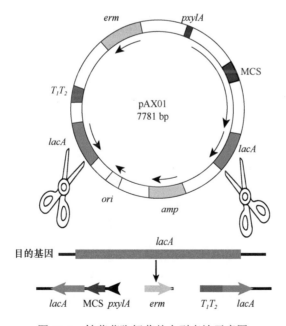

图 11-8　枯草芽孢杆菌整合型表达示意图

将外源基因整合到宿主菌的染色体基因组时,必须整合到染色体的非必需编码区,使之不干扰宿主细胞的正常生理代谢。因此,外源基因的染色体整合必须是位点特异性的。外源基因与宿主菌染色体整合的过程是通过同源重组的方式实现的，设计时在待整合的外源基因两侧分别组合一段与染色体 DNA 完全同源的序列。理论上，该同源序列越长，则 DNA 分子进行同源交换成功的概率越大。该同源序列的长度还与被整合的外源基因的长度有关，待整合的外源基因越长，则所需要的同源序列越长。

整合型外源基因表达系统的构建应包括如下步骤：①探测并鉴定受体菌染色体 DNA 的整合位点，以该位点被外源 DNA 片段插入后不影响细胞的正常生理功能为前提；②克隆分离选定的染色体 DNA 整合位点，并进行序列分析；③将外源基因及必要的可控性表达元件连接到已克隆的染色体整合位点中间或邻近区域；④将上述重组质粒转入受体细胞中；⑤筛选和扩增整合了外源基因的受体细胞。

通常，外源基因两端的同源序列应大于 100bp。在整合外源基因的过程中，必须将可控的表达元件和选择标记基因连接在一起。为了获得含有整合基因的重组体，被选择的载体一般是那些不能在受体细胞内进行自主复制的质粒或者温度敏感型质粒。外源基因被交换重组到细菌染色体上后，由于质粒不能进行复制和扩增，当宿主菌不断分裂和增殖以后，细胞内的质粒逐渐被稀释，最终完全消失。在一般情况下，整合型的外源基因或重组质粒随克隆菌染色体 DNA 的复制而复制。因此，外源基因整合到染色体上后，受体细胞通常只含有一个拷贝的外源基因，但在合适条件下，仍能高效表达外源蛋白。如果使用的质粒是温度敏感型复制的，而且整合时质粒同时进入染色体 DNA 中，那么当整合型工程菌在含有高浓度抗生素的培养基中生长时，整合在染色体 DNA 上的质粒仍有可能进行自主复制，从而导致外源基因形成多拷贝。尽管整合型质粒在染色体上的自主复制程度非常有限（通常不及游离型质粒的 25%），外源基因的宏观表达总量却高于游离型重组质粒上外源基因的数倍，而且定位于染色体 DNA 上的外源基因相当稳定。

11.4.3　提高外源基因在原核细胞中表达效率的主要方法

为了获得更多基因表达产物，可以从选择合适的启动子、提高启动子强度、缩短启动子与克隆基因间距离、选择合适的核糖体结合位点 SD 序列、选择高效的翻译起始序列、优化表达载体质粒、提高质粒拷贝数及稳定性、提高翻译水平、减轻细胞的代谢负荷、选择强终止子、选择高效的转录终止区、提高表达蛋白的稳定性，以及选择宿主细菌对特殊密码子的偏好性等方面考虑。

11.4.3.1　选择合适的启动子可以提高原核表达效率

与真核细胞不同，原核基因的表达调控主要是在转录水平，是以操纵子为基本表达调控单位，启动子的正确选择是实现目标蛋白在原核细胞高效表达的关键步骤。原核生物的启动子一般由转录起始位点、Pribnow 框（也称-10 区）、Sextama 框（也称-35 区）和间隔区这四部分构成（图 11-9）。

目前，在大肠杆菌表达系统中最常用的是来自于大肠杆菌噬菌体的 T7 启动子、乳糖启动子（lac 启动子）、色氨酸启动子（trp 启动子）、λ 噬菌体 P_L 启动子，以及乳糖和色氨酸的杂合启动子（tac 启动子）等。

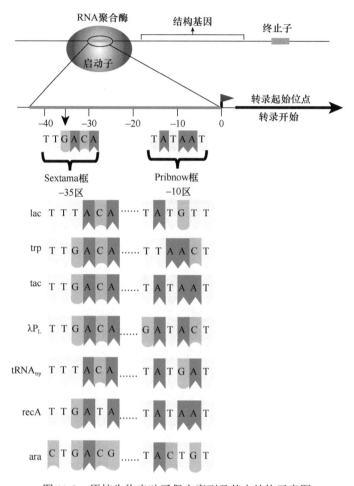

图 11-9　原核生物启动子保守序列及基本结构示意图

11.4.3.2　选择高效的核糖体结合位点提高原核细胞基因表达效率

在原核生物中，起始密码子的选择取决于核糖体的小亚基与 mRNA 模板之间的相互作用及结合强度。核糖体结合位点又被称为 SD 序列，是由澳大利亚科学家 Shine 和 Dalgarno 提出，该序列是位于起始密码子 AUG 上游 3～10bp 处、由 3～9bp 组成的一致性序列。这段序列富含嘌呤核苷酸，刚好与 16S rRNA 3′端富含嘧啶核苷酸的序列互补，是核糖体 RNA 的识别与结合位点（图 11-10）。mRNA 与核糖体的结合程度越强，翻译的起始效率就越高，而结合程度的强弱主要取决于 SD 序列与 16S rRNA 的碱基互补性，其中以 GGAG 这 4 个碱基序列尤为重要。大肠杆菌的 SD 序列为 AGGAGGU。

SD 序列帮助招募核糖体 RNA，将核糖体比对并结合到信使 RNA（mRNA）的起始密码子上，从而开始蛋白质合成。RBS 的结合强度取决于 SD 序列的结构及其与起始密码子 AUG 之间的距离。SD 与 AUG 之间一般相距 4～10 个核苷酸，9 个核苷酸最佳。研究发现，当 lac 启动子的 SD 序列距 ATG 为 7 个核苷酸时，目的基因的表达量最高；间隔 8 个核苷酸时，表达水平极显著下降。这说明 SD 序列与 ATG 的距离将显著地影响基因的表达水平。某些蛋白质与 SD 序列结合也会影响 mRNA 与核糖体的结合,从而影响蛋白质的翻译。此外,SD 序列所在的翻译起始区应避免出现二级结构,否则将会降低翻译起始效率。mRNA 5′端非编码区自身形成的特定二级结构能协助 SD 序列与核糖体结合,任何错误的空间结构均会不同程度地削弱 mRNA 与核糖体的结合强度。

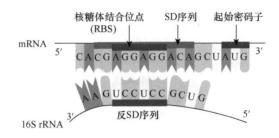

图 11-10　原核生物 mRNA 上的 SD 序列及 16S rRNA 上反 SD 序列结合过程

11.4.3.3　选择强终止子提高原核细胞基因表达效率

在构建原核表达载体时,一般使用强终止子终止外源基因的表达。对 RNA 聚合酶起强终止作用的终止子在结构上有一些共同的特点,即含有一段富含 A/T 的区域和一段富含 G/C 的区域,富含 G/C 的区域还具有回文结构,这段终止子转录后形成的 RNA 具有茎环结构,以及与富含 A/T 的区域对应的一串 U(图 11-11)。转录终止的机制较为复杂,并且结论不统一。在构建表达载体时,为了稳定载体系统,防止克隆的外源基因表达而干扰载体的稳定性,一般都在多克隆位点的下游插入一段很强的核糖体 RNA 转录终止子。

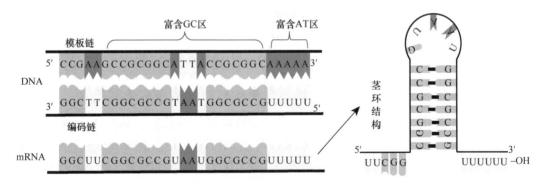

图 11-11　原核生物表达载体中强终止子基因序列及结构模型

启动子、核糖体结合位点、终止子、选择标记基因和复制子是原核生物表达载体有效表达的必要元件,在构建表达载体时,需根据外源基因和受体细胞的情况,选择最优的构建组合,以保证最高水平的蛋白质合成。除了必要元件,有时候还可以考虑增强子、衰减子、绝缘子、反义子等元件。

11.4.4　优化原核表达载体质粒的主要方法

蛋白质生物合成的一个主要限制因素是核糖体与 mRNA 的结合速率。在生长旺盛的原核生物细胞中，核糖体的数目远远高于 mRNA 分子的数目。例如，大肠杆菌每个细胞大约含有 20 000 个核糖体，而 600 种 mRNA 总共只有 1500 个分子。因此，强化外源基因在原核宿主菌中高效表达的中心环节是提高 mRNA 的数量。这可通过两种途径来实现：一是用强启动子以提高转录效率；二是将外源基因克隆在高拷贝的表达载体上。目前广泛使用的表达载体的复制子多来源于高拷贝质粒。然而，质粒分子过量增殖会消耗大量能量，影响受体细胞的生长和代谢，进而导致质粒的不稳定及外源基因宏观表达水平的降低。解决这一问题的一种有效策略是在表达载体中采用可调控的诱导型复制子来控制质粒的增殖，例如，pCP3 表达质粒的复制子来源于温度敏感型质粒 pKN402，可受温度诱导。

11.4.5　选择不同偏好密码子提高原核表达效率

通过对大肠杆菌各种基因序列的大量分析表明，同义密码子在基因中出现的频率并不一样，即密码子使用存在差异，这种现象同样存在于真核生物中，称为密码子偏好或密码子偏爱（codon preference）。

11.4.5.1　密码子使用具有偏好性

（1）大多数简并密码子中的一个或两个具有偏好性。
（2）某些密码子对所有不同的基因都是常用的。
（3）表达强度高的基因比表达强度低的基因表现出更大程度的密码子偏好性。
（4）同义密码子的使用频率与相应的 tRNA 含量呈高度相关。

不同生物甚至同种生物的不同蛋白质的基因对简并密码子的使用有一定的偏好性。从生物学基础来看，不同的密码子使用密码子模式不同，可能与基因的 GC 含量有关。稀有密码子含量较高（或稀有密码子连续出现）的外源基因，在翻译过程中容易发生提前终止或移码突变或翻译速率变慢。在一些单细胞生物如大肠杆菌中，高表达的基因密码子的使用偏好性一般比较大。这些偏好可能与两个原因有关：一是避免使用类似终止密码子的密码子；二是这些偏好能够有效地翻译密码子，因为这些密码子对应于生物体中非常丰富的 tRNA。无论导致这种偏好的原因是什么，不同生物的密码子使用偏好性的差异可以非常大。在构建原核生物表达载体时，要考虑所表达基因的种类和性质，或对外源基因的碱基进行适当置换，或对克隆载体上的调控序列进行适当调整。

11.4.5.2　提高外源基因表达的措施

（1）在受体菌中共表达稀有密码子 tRNA 基因，以提高受体菌中稀有密码子 tRNA 的丰度。
（2）在不改变外源基因编码蛋白的一级结构的前提下，可通过突变或者基因重新合成方法将外源基因中的稀有密码子改为受体菌中的偏爱密码子。

除以上方法外，还可以采用分泌表达方式，以减少产物对细胞的毒性和代谢负荷。外源基因在细胞中过度表达，必然影响宿主细胞的生长和代谢，而细胞代谢的损伤又影响了外源基因的表达。合理地调节二者之间的关系，是提高外源基因表达水平的一个重要环节。常用的方法是诱导表达，使细菌的生长和外源基因的表达分开进行。许多表达载体上的启动子都是可诱导表达的启动子，例如，lacUV-5 受 *lacI* 产生的阻遏蛋白阻遏，而受 IPTG 诱导。减轻宿主细胞代谢负荷的另一个措施是将宿主菌生长和表达质粒的复制分开。当宿主菌迅速生长时，抑制质粒的复制；当宿主菌生物量积累到一定水平后，再诱导细胞中质粒 DNA 的复制、增加质粒拷贝数，从而提高外源基因表达水平。

优化发酵条件也可以明显提高外源基因表达水平。另外，可采用融合表达的方法提高目的蛋白的稳定性，防止其降解，从而提高最终得率。

11.5　原核细胞基因工程表达产物分离纯化

11.5.1　原核细胞基因工程表达产物分离纯化特点

基因工程中，外源基因表达产物的分离和纯化是进一步开展目标产物生物功能研究和应用开发的重要环节。由于生物在其生长过程中一般都含有大量不同结构和功能的蛋白质，以及其他生物大分子如糖类、脂类及核酸等，因此，要将目标蛋白从众多的分子中分离出来并维持其生物活性是一项艰巨而繁重的任务，涉及多种分离纯化的方法和工艺。到目前为止，还没有一个单独的或一套现成的方法能把任何一种蛋白质从复杂的混合物中提取出来，但对任何一种蛋白质都有可能选择一套适当的分离提纯程序来获取高纯度的制品。

传统的发酵产品和基因工程产品在分离纯化上有所不同，主要体现在以下几个方面。

（1）传统发酵产品多为小分子，其理化性能、平衡关系等数据都已知，放大分离体系比较容易；而基因工程产品很多都是大分子，很多参考数据缺乏，放大分离体系多凭经验，需要不断优化条件才行。

（2）基因工程产品大多处于细胞内，提取前需将细胞破碎，给实验增添了很多困难。原核蛋白分离的目标是将目的蛋白从细胞的全部其他成分特别是不想要的杂蛋白中分离出来，同时仍保留有这种多肽的生物学活性和化学完整性。这就要求在分离过程中采取措施保持蛋白质的稳定性。由于第一代基因工程产品都以大肠杆菌作宿主，无生物传送系统，故产品处于胞内，而发酵液中产物浓度较低、杂质很多，加上一般大分子较小分子不稳定，对机械剪切力比较敏感，故提取较困难，常需利用高分辨力的精制方法进行分离。

（3）基因工程菌由于采用了特殊的启动子和增强子等特殊元件，外源蛋白表达量一般比本体表达量高很多倍，相对来讲，外源基因表达产物，即重组蛋白质的分离纯化要比细菌体内相应的天然蛋白质更加容易。

（4）对于基因工程产品，还应注意生物安全问题。要注意防止菌体扩散，一般要求在密封的环境下进行，特别是用一些特殊细菌作为宿主的时候，需要用密封操作的离心机进行菌体分离，整个机器处在密闭状态，在排气口装有细菌过滤器，同时有一根空气回路以帮助平衡在排放气体时系统的压力，不使微生物排放到系统外。

11.5.2　原核细胞基因工程表达产物分离纯化策略

原核细胞基因工程表达产物分离纯化的目标就是将重组蛋白从杂蛋白、核酸、脂类、糖类以及其他代谢产物和培养基成分中分离出来并进行纯化，使目标蛋白产物纯度达到生产要求。在具体工作中，应根据所要分离的蛋白质的用途考虑对纯度的要求，只要能满足工作需要、达到研究目标就行。

在分离纯化目标蛋白产物的过程中，必须先对初始材料进行相应的前处理，以获得粗提物，然后进行纯化和精制。对不同的目标蛋白表达方式，采取的纯化策略也不相同。纯化策略必须根据原核细胞基因工程表达系统的特点、表达产物的性质、各种环境因素及杂质情况综合考虑，以确定合理的纯化方式和纯化工艺。在制定分离纯化策略时，必须考虑的因素主要包括以下几点。

（1）基因工程表达系统的影响。主要包括工程菌的种类或宿主细胞类型、代谢特征、目标蛋白的表达方式、表达产物和副产物种类、代谢物种类、产物类似物、毒素和能降解表达产物的酶类等，这些均是影响目标产物分离纯化的重要因素，必须加以充分考虑。

（2）表达产物性质的影响。主要考虑重组蛋白本身的物理、化学与生物学特性，包括化学组成、分子质量、等电点、电荷分布和密度、溶解度、稳定性、疏水性、扩散性、分配系数、吸附性能、生物学活性、亲和性、配基种类和表面活性等，这些都是分离纯化的重要依据，必须充分考虑。同时应该考虑到重组蛋白都是具有生物活性的大分子，稳定性差，对温度、pH、金属离子、有机溶剂、剪切力、表面张力等十分敏感，容易变性失活，也容易被蛋白酶降解，在选择、确定纯化方法或工艺流程时要十分注意对目的蛋白的保护。

（3）初始物料、杂质等因素的影响。由于使用的菌种不同，所需的原始物料及由此产生的杂质也有很大不同，包括杂质含量、化学性质、结构、分子大小、电荷性质、生物学特性、稳定性、溶解度、分配系数、挥发性和吸附性能等，这些因素都会对目的产物的分离纯化产生影响。

（4）生产工艺、生产条件的影响。生产工艺主要包括生产方式（连续、分批、半连续）、生产周期、生产能力、工艺控制等，生产条件主要是指生产中的环境条件、卫生条件、无菌状态与灭菌方法等，这些因素也会影响产物的分离纯化。

根据上述因素，制定合理的纯化方式和纯化工艺的时候，尽可能利用多种性质不同的分离方法，才能得到更好的纯化效果。常用的蛋白质纯化方法包括沉淀法、色谱法、电泳法、离心法等，但如何将这些方法有机结合起来，形成完整的分离纯化工艺，需要不断摸索完善。这个过程很多时候是经验性的，需要在借鉴前人工作经验的基础上，由生产者进行更多的实际操作，积累更多经验。

在这些分离技术中，蛋白亲和色谱技术大大简化了分离步骤，提高了蛋白产品纯度。亲和层析技术是一类分离纯化方法的统称，包括免疫亲和层析、凝集素亲和层析、核酸亲和层析、金属螯合亲和层析及染料配体亲和层析等，共同特征均是以蛋白质和结合在介质上的配基间的特异亲和力为基础（图 11-12）。其中，金属螯合亲和层析是指金属离

子 Cu^{2+}、Zn^{2+} 和 Ni^{2+} 等以亚胺络合物的形式键合到固定相上，由于这些金属离子与原核表达蛋白中的色氨酸、组氨酸和半胱氨酸之间形成了配价键，从而形成了亚胺金属与蛋白质螯合物，使含有这些氨基酸的蛋白质被这种金属螯合亲和色谱的固定相吸附，如含组氨酸标签的融合蛋白通过 Ni^{2+} 螯合柱进行分离。

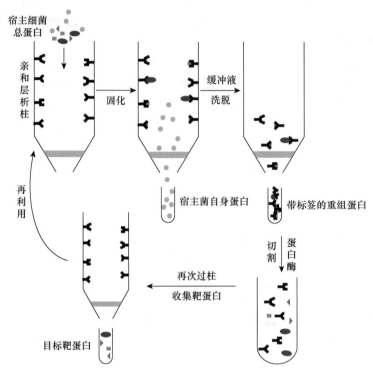

图 11-12   用亲和层析柱分离融合蛋白的基本过程

表达的宿主细菌总蛋白经过层析柱后，带标签的重组蛋白通过标签与柱中固化的吸附剂结合留到柱子上，其他蛋白质被冲洗掉。随后，用缓冲液洗脱柱子，得到带有标签的重组蛋白。然后，再用蛋白酶把标签切掉，再一次过柱子，标签多肽又被吸附在柱子上而靶蛋白留下，实现目标蛋白的分离纯化

　　近年来，分离纯化标签在原核细胞基因工程中被广泛使用。具体做法是：为了便于分离纯化目标蛋白，通过改变编码蛋白的 cDNA，在被表达的蛋白质 C 端或 N 端加入几个额外氨基酸，作为基因工程构建的特殊标签，这些加入的标签可用来作为一个有效的纯化依据。常用的基因工程标签包括组氨酸标签、精氨酸标签、GST 融合载体标签等（图 11-12）。

　　在确定纯化工艺过程的研究中，必须重视整个纯化过程中的定量和定性检测试验，必须要有一整套实时质检系统。在实际操作过程中，由于急于纯化目的蛋白，经常会忽略进行质检试验，经常因方法选用不当而造成纯化效率的降低或彻底失败。由于基因工程重组蛋白产物的产量比宿主细胞中相同的天然产物的产量大很多，因此检测较为容易，这有利于加快纯化过程，是重组表达产物分离纯化的巨大优势之一。通过对每个密切相关的纯化步骤进行检验评估，实时监测每个纯化步骤的比活性、总活性单位、总蛋白量和得率等，才能最终确定分离纯化的工艺方法与技术流程。

在制定分离纯化方法的时候，同样需要考虑目的蛋白在宿主细胞中的表达和积累位置等因素。例如，对于大肠杆菌细胞中的可溶性重组蛋白，可先用亲和分离法进行纯化；对于在壁膜间隙表达的重组蛋白，其性质介于分泌型蛋白和细胞内可溶性蛋白之间，有利于分离纯化，一般可先用低浓度溶菌酶处理细菌，再用渗透压休克法进行纯化。

11.5.3 原核细胞基因工程表达产物纯化流程

原核细胞基因工程表达产物分离纯化的一般过程包括两步：一是初步分离获得初提物，这一过程具体包括细胞破碎、蛋白类物质的分离，以及对特异表达蛋白的沉淀和超滤浓缩等；二是对初提物进行进一步提纯，提高其纯度，增强其品质，这一过程所采用的手段包括色谱和电泳等。针对不同的表达产物特征，应采取不同的分离纯化策略，制定不同的工艺流程。

根据外源基因在宿主细胞中表达方式的差别以及表达蛋白本身的特性，原核基因工程重组蛋白的分离纯化工艺各不相同。但无论是什么蛋白质产品，其纯化过程一般都包括对发酵液进行预处理、回收菌体、细胞破碎、离心分离、样品的浓缩与预处理、柱色谱和电泳等步骤。在分离过程中，为保证蛋白质的生物活性，一般尽可能在低温条件下操作，提取的条件也要尽量保持温和。分离纯化方法的选择性要好，要能从复杂的混合物中有效地将目的产物分离出来，达到较高纯化倍数和回收率。纯化步骤间要能直接衔接，不需要对物料进行处理或调整，这样可以减少工艺步骤、节约时间、降低成本，从而提高生产效率，降低产品最后的价格。

在具体生产工艺流程中，应该从发酵液的预处理、细胞分离、细胞破碎、离心分离、色谱分离、电泳分离等方面进行优化调整。其中，对发酵液进行预处理有助于后面的操作过程，可以达到改变发酵液的物理性质、提高固液分离效率、转移产物至后续处理的相中、除去部分杂质、简化后续工艺等目标。发酵液的预处理主要包括改变发酵液物理性状和改善固液分离特性两类方法，根据被分离物质的性质可选择某一种或者其中的几种方法结合使用。

11.5.4 包涵体蛋白分离和重组蛋白复性

在外源基因的原核表达中，尤其是以大肠杆菌为宿主菌高效表达外源基因时，表达蛋白常常在细胞质内聚集形成不溶性蛋白晶状物，称为包涵体（inclusion body）。包涵体主要由蛋白质组成，并且大部分蛋白质为外源基因的表达产物，它们具有正确的氨基酸序列，但空间构象是错误的，因而包涵体蛋白一般没有生物学活性。在包涵体中还含有受体细胞本身的表达产物，如 RNA 聚合酶、核糖核蛋白、外膜蛋白以及表达载体编码的蛋白质等，此外还包括 DNA、RNA 和脂多糖等非蛋白质分子。包涵体是不具有膜结构的非晶体性蛋白质聚集体，在偏振光显微镜或电子显微镜下可发现包涵体与细胞质的明显区别。包涵体一般含有 50% 以上的重组蛋白，具有很高的密度（约 1.3mg/mL），无定形，呈非水溶性。

包涵体的形成原因和形成过程还不十分清楚，其形成的本质是细胞内蛋白质的不断集聚，有利于防止宿主蛋白酶对表达蛋白的降解。尤其是当所表达的重组蛋白产物对宿主细胞具有毒性时，使重组目的产物以无活性的包涵体形式表达可能是蛋白质表达的最佳方式。但包涵体形成后，表达蛋白不具有生物活性，因此必须溶解包涵体并对表达蛋白进行复性。包涵体形成后的另一个不利方面是，由于表达产物形成包涵体，只负责水解起始密码子编码的甲硫氨酸不能对所有的表达蛋白质都起作用，这样就可能产生 N 端带有甲硫氨酸的目的蛋白衍生物，而非生物体内的天然蛋白，这可能会对某些蛋白质的性质产生影响。

包涵体的分离主要包括菌体破碎、离心收集以及清洗三大操作步骤。菌体破碎大多采用高压匀浆、高速珠磨或低温反复冻融等物理方法。包涵体的溶解一般是通过变性实现的，目的是将蛋白质产物变成一种可溶的形式以利于分离纯化。蛋白质的变性过程将破坏蛋白质的次级键，引起天然构象的解体，造成多肽链伸展，但不涉及蛋白质一级结构的破坏。溶解包涵体的试剂包括变性剂（如尿素和盐酸胍）和去垢剂（如 Triton、SDS等）。在溶解的包涵体中，重组蛋白的纯度相对较高，因此可选用凝胶过滤色谱进一步纯化。

蛋白质复性是指在适当的条件下使伸展的、无规则的变性重组蛋白重新折叠形成可溶的、具有生物活性的蛋白质。蛋白质的体外复性主要包括包涵体的溶解变性与蛋白质重折叠两大基本操作单元，后者是个十分复杂的过程，受诸多因素的制约，而且操作程序因包涵体的性质而异。为了得到具有天然构象的蛋白质和产生正确配对的二硫键，必须去掉过量的变性剂和还原剂，使多肽链处于氧化性的缓冲液中。可以通过多种方法进行复性，如稀释、透析及液相色谱复性等。使形成包涵体的原核表达蛋白恢复其活性的过程称为包涵体蛋白质复性，其基本原理是：随着变性剂浓度的降低，表达蛋白质恢复其天然构型。降低变性剂浓度的方法有多种，常用的有稀释法、透析法、凝胶过滤及各种色谱方法等。最简单而又常用的方法是稀释法或透析法。

11.5.5　分泌型表达蛋白的纯化和浓缩

在外源基因的原核表达产物中，有些是分泌型表达蛋白。分泌型表达蛋白是指在细菌胞浆内合成的多肽进入内膜和外膜的周质间，而不是指合成的多肽分泌到细胞外。分泌型表达蛋白的生物活性较好，但是由于其表达量较低，需要分离纯化后再进行蛋白质浓缩。如果表达系统将已折叠和翻译后加工的重组蛋白分泌到培养液中，则必须在收集培养液后将大量的培养液进行浓缩，才能进行后续的纯化步骤。蛋白质浓缩的具体方法有沉淀法、超滤法、吸附色谱法等。其中，最常用的是蛋白沉淀法，可以分为盐析法、有机溶剂沉淀法和高分子聚合物沉淀法等。其原理是：蛋白质分子在水溶液中的溶解性受到蛋白质分子表面亲水性和疏水性带电基团分布的影响。这些基团与水溶液中离子基团相互作用，通过改变 pH 或离子强度，加入有机溶剂或多聚物，可以促进蛋白质分子凝聚，形成蛋白质沉淀。通过离心或过滤可以获得沉淀物，然后利用合适的缓冲液清洗，溶解沉淀物，再经过透析或者凝胶过滤，除去残留的溶剂成分。

超滤法是目前最常用的蛋白质溶液浓缩方法。其原理是：培养液在压力驱动下通过多孔滤膜，分子质量比滤膜截留分子质量大的分子将被截留，而比滤膜截留分子质量小的分子将随溶液流过滤膜。该法的优点是：操作简便、成本低廉，不需加入任何化学试剂，不发生相变化，能耗低，不引起温度、pH 变化，因而可以防止生物大分子的变性、失活和自溶。目前已有多种截留不同分子质量的膜供应。吸附色谱法是应用蛋白质的某些性质，通过静电或疏水相互作用与固相支持物的配基结合。该技术将浓缩和纯化步骤合二为一，经过这一步浓缩和纯化的重组蛋白质纯度可以达到90%以上。固相支持物通常为琼脂糖、葡聚糖和聚丙烯酰胺，使用的配基包括能结合糖蛋白的凝集素、能结合特定丝氨酸蛋白酶的赖氨酸、能结合免疫球蛋白 IgG 和 IgA 的蛋白 A、能结合某些酶类的染料，以及用于纯化某些重组蛋白质的金属整合琼脂糖。重组蛋白质与配基的弱结合使得洗脱条件比较温和，具有生物活性的表达产物的回收率高。以上提到的大多数吸附色谱柱可以在市场上买到，也可以在实验室自己制备。因此，吸附色谱可以很方便地应用于各种重组蛋白质的浓缩和纯化中。

11.6　原核细胞基因工程菌大规模培养及发酵

11.6.1　原核细胞基因工程菌发酵特点

基因工程菌发酵与普通微生物发酵并无本质的区别，发酵工艺基本相同。但由于菌种材料已发生了变化，基因工程菌带有宿主原来不含有的外源基因，发酵的目的是使外源基因高效表达。因此，基因工程菌发酵还有其自身的特点，这些特点导致基因工程菌发酵的方法、培养条件控制等方面存在不同，其主要区别体现在以下几个方面。

11.6.1.1　发酵产物生成代谢途径不同

普通微生物发酵生产的产品是初级代谢产物或次级代谢产物，是微生物自身基因表达的结果。基因工程菌发酵生产的产品是外源基因表达的产物，其发酵产物生成的代谢途径是宿主细胞原来没有的，是在细胞内增加的一条相对独立的代谢途径，这条额外的代谢途径完全由重组质粒编码确定，代谢速率与重组质粒拷贝数有关，并与细胞的初级代谢有着密切的联系。

11.6.1.2　基因工程菌存在遗传不稳定性

实践表明，基因工程菌的工业化培养中，产物的得率往往比实验室培养得率低。基因工程菌发酵的主要难点是在菌体细胞繁殖过程中表现出的遗传不稳定性，它直接影响到发酵的工艺过程、条件控制和反应器的设计等各个方面。重组 DNA 在宿主内的表达方式有游离表达和结合表达两种。基因工程菌的不稳定性主要表现在分裂不稳定性和结构不稳定性两个方面。分裂不稳定性是指由于外源质粒分配不平衡致使工程菌分裂时出现子代菌不含重组质粒的现象，也叫脱落性不稳定。结构不稳定性是指工程菌重组 DNA 分子上某个区域发生缺失、重排或修饰，导致工程菌功能的丧失。发酵过程中含质粒菌的不断减少，会导致工程菌优势的不断减弱，直接影响基因表达产物的发酵生产。由于基因工程菌稳定性对生产影响较大，所以生产时对菌种要求更严格，每次都要用新鲜菌种，以避免因生长速率的差异，过早地导致含质粒菌减少。

11.6.1.3 基因工程菌发酵的其他特点

基因工程菌发酵与传统发酵生产相比，生产规模较小，设备自动化程度要求高，产品附加值高，生产利润大。另外，基于环境安全的考虑，一般发酵操作中要防止基因工程菌在自然界的扩散，发酵罐排出的气体或液体均要经过灭菌处理才能排放到自然环境中。

11.6.2 原核细胞基因工程菌的深层培养

基因工程细胞的培养过程与一般需氧细胞培养过程基本一致，培养方式亦无差异，可采用各种分批培养方式，亦可采用连续培养、半连续培养及透析培养等方式。在大规模培养中，一般采用深层培养的方式。所谓深层培养，是指与表面培养相对应，使用固体或液体培养基在固定的容器内通入无菌空气进行培养发酵的方法。现在通常用的是液体深层发酵。为了实现液体深层培养，必须解决各种技术难题，例如，为了保证发酵过程不被其他微生物污染，防止其他微生物与工程菌争夺营养，以及避免产生有害物质、影响目标产物的产生，一定要进行纯种工程菌的发酵。基因工程菌常见的深层培养方式包括分批培养、补料分批培养、连续培养、透析培养、固定化培养等。其中，分批培养是最传统的培养方法，即向发酵罐内一次性投入培养基并接种培养、一次性放料的间歇式培养方法。

补料分批培养，也叫流加培养，是在发酵反应器中接种培养一段时间后，间歇或连续地补加新鲜培养基，发酵结束前一段时间停止补料，发酵结束后一次性放料的培养方法。补料的目的是保持基因工程菌生长代谢的良好状态，如延长其对数生长期、获得高密度菌体，或延长稳定期以提高表达产物的产量。透析培养是利用膜的半透性原理使代谢产物和培养基分离，通过去除培养液中的代谢产物来解除其对生产菌的不利影响。基因工程菌发酵过程中采用的固定化技术有其独特之处，可以大大提高质粒的稳定性，而且对分泌型表达的工程菌发酵更为有利，便于进行连续培养。将固定化培养技术与连续培养、透析培养相结合，将是今后基因工程菌发酵的发展方向。

11.6.3 原核细胞基因工程菌的大规模发酵

应用发酵罐大规模培养基因工程菌不同于微生物发酵，微生物发酵的目的是获得菌体的初级或次级代谢产物，细胞生长并非主要目标，而基因工程发酵是为了获得最大量的基因表达产物。在进行以工业化为目的的 DNA 重组实验，以及为生产异种基因产物而培养重组菌时，应采用简便易行的培养系统。现在多半使用大肠杆菌为宿主，而在一般的通气搅拌罐中，大肠杆菌生长良好。用于普通微生物发酵的生物反应器经过适当改造后一般均可用于基因工程菌的发酵。不管发酵罐怎样设计，都要求发酵罐能提供菌体生长最适生长条件，培养过程不得污染，保证纯菌培养，培养及消毒过程不得游离异物，不能干扰细菌代谢活动等。基因工程菌株的培养装置，与一直沿用的通气搅拌培养罐要有区别，要注意生物安全，不仅要防止外部微生物侵入罐内，还必须采用不使培养物外漏的培养装置。

发酵罐的组成主要包括发酵罐体、保证高传质作用的搅拌器、精细的温度控制和灭菌系统、空气无菌过滤装置、残留气体处理装置、参数测量与控制系统、培养液配制和连续操作系统等。对发酵生产来说，异源基因的高效表达取决于工程菌发酵工艺的最优化。最佳化工艺就是要在发酵生产能力、产品质量、原材料和能量消耗、安全性等多方面获得最优水平，实现最好的经济效益。虽然与传统的微生物发酵有所不同，基因工程菌发酵技术还在不断地完善之中，生产应用范围在逐渐扩大，随着生物技术的迅速发展，将会越来越多地应用发酵罐来大规模培养基因工程菌，生产高附加值的基因工程药物，生物发酵医药制剂的时期已经来临。

11.7　原核细胞基因工程菌遗传不稳定性及相应对策

11.7.1　基因工程菌遗传不稳定性原因

基因工程重组菌在工业生产中的应用，一方面是重组异源蛋白的高效表达，即利用基因工程菌合成大量价格昂贵的生物功能蛋白；另一方面是借助于分子克隆技术重新设计细菌的代谢途径，构建品质优良的功能微生物新菌种。然而，基因工程菌产业化应用的最大障碍是在其保存及培养过程中表现出的遗传不稳定性。如何保持其遗传稳定性，这直接影响到发酵过程和反应器类型的设计、比生长速率的控制以及培养基组成的选择。工程菌不稳定性的解决已日益受到重视，并成为基因工程这一高技术成果转化为生产力的关键环节之一。

基因工程菌在发酵过程中常常会丢掉所携带的质粒，成为非转化细胞，这种现象在中试及工业化生产水平上也存在，并使得重组菌的应用大受限制，因为这些非转化细胞在培养物中的比例很大程度上会影响生物反应器的反应性。非转化子都是由转化细胞在繁殖过程中丢失质粒而来的。基因工程菌的不稳定主要表现在质粒的不稳定上，质粒不稳定可分为分配不稳定和结构不稳定。所谓分配不稳定，是指工程菌分裂时出现一定比例不含重组质粒的子代菌的现象，即在分裂过程中，重组质粒丢失。所谓结构不稳定，是指外源基因从质粒上发生碱基缺失、重排或修饰，导致其表观生物学功能的丧失。

基因工程菌的遗传不稳定性主要表现在重组分子或重组质粒的不稳定性。一方面，重组 DNA 分子上某一区域发生缺失、重排或修饰，导致其表观功能的丧失；另一方面，整个重组分子从受体细胞中逃逸。当含有重组质粒的基因工程菌在非选择性培养条件下生长至某一时期，培养液中的部分细胞将不再携带重组质粒，这部分细胞数与培养液中的细胞总数之比称为重组质粒的宏观逃逸率。宏观逃逸率表征重组质粒从受体细胞中丢失的频率，究其丢失原因，主要包括以下四个方面因素。

（1）重组质粒在细胞分裂时不均匀分配，造成受体菌种所含的重组质粒拷贝数存在差异，这是导致质粒脱落的基本原因，与载体质粒本身的结构有关。一般情况下，含有质粒较多的菌体在繁殖过程中需要合成较多的 DNA、RNA 和蛋白质，导致其生长速率低于不含质粒的细胞和含有较少质粒拷贝数的细胞，这种生长上的差异会随着细胞分裂的不断进行而扩大，直至产生不含重组质粒的子代菌。经过多代后，较少拷贝数的菌体在培养液中占优势，加之在细胞继续分裂时全部丢失其重组质粒，所以最终发酵液中含较少拷贝数的菌体细胞将占据绝对优势。细胞分裂时的不均匀分配造成子代菌所含拷贝数的差异，含质粒菌分裂时出现子代菌不含重组质粒的频率与质粒的拷贝数有关，低拷贝数质粒分裂时子代菌不含重组质粒的出现频率较大，高拷贝数质粒分裂时子代菌不含重组质粒的出现频率较小。

（2）来自受体细胞的遗传影响。有时候，受体细胞的核酸酶将重组质粒视为外来 DNA，会将其降解，使之不能进行独立复制。受体细胞中的外源 DNA 分子可能会受到宿主自身遗传因素的控制或影响，如内源性转座元件的存在可促进重组 DNA 分子片段的缺失和重排，导致重组 DNA 分子的结构改变、表达功能丧失。

（3）重组质粒所携带的外源基因过度表达，抑制了受体细胞的正常生长，以致原来体系中数目极少的、不含重组质粒的菌体经过若干代繁殖后在数量上占据优势。含质粒菌外源基因的高效表达，对受体细胞的正常生长代谢不利，如营养竞争、表达产物的毒性等均会抑制受体细胞的正常生长。一种可能是，这种抑制作用可使得含质粒菌的生长能力明显低于不含质粒菌，一旦发酵液中有不含质粒菌的存在，尽管数量较少，也会迅速繁殖而成为优势菌；另一种可能的结果是，这种抑制作用会诱导受体菌产生相应的应激反应，引起宿主细胞对重组 DNA 分子的排斥和降解，导致重组 DNA 分子上某一区域发生缺失、重排或修饰。

（4）重组质粒因种种原因被受体细胞分泌运输至胞外，这种情况多发生在细菌处于高温，或含表面活性剂、某些药物及染料的环境中。研究还发现，野生型质粒在宿主中之所以能稳定遗传，与质粒中大多含有调控质粒拷贝均衡分配的 *par* 基因有关。在一些低拷贝质粒中，*par* 基因已经被克隆和鉴定出来，目前常用的一些扩增表达型质粒如 pBR322 也具有完整的质粒拷贝分配功能，故由此原因引起的质粒丢失现象基本上可以忽略不计。在不具备 *par* 基因的质粒中，由于重组质粒降解或分子重排引起的工程菌不稳定性影响更大。因此，在工程菌发酵和重组质粒构建的过程中，保持工程菌的相对稳定意义重大。

11.7.2　改善基因工程菌不稳定性的方法

由于工程菌的稳定性同时受遗传和环境两个方面因素影响，所以可通过在基因水平控制和限制反应器中非转化菌体的繁殖两个方面来提高重组质粒的水平。目前已经有多种途径可以抑制重组质粒结构和分配的不稳定性，主要方法如下。

（1）通过改进载体宿主系统，提高基因工程菌的稳定性。在载体构建中，将增强载体质粒稳定性作为衡量载体好坏的一个指标，在构建时可以考虑加入特定的 DNA 片段，例如，在构建质粒载体时将 *par* 基因引入到表达质粒中，或将 R1 质粒上的 *parB* 基因构建到表达质粒上,其表达产物可选择性杀死由于质粒分配不均匀而产生的无质粒菌体细胞。同时,正确设置质粒载体上的多克隆位点,可避免将外源基因插入到质粒的稳定区域内,减少外源基因对宿主细胞正常生长的干扰作用。也可以将大肠杆菌核基组中的 *ssb* 基因克隆到质粒载体上,该基因编码的单链结合蛋白是 DNA 复制时必需的因子。除了考虑载体,来源于相同细菌的不同菌株也可能对同一种重组质粒表现出不同的耐受性,选择比较稳定的受体菌菌株对于质粒的稳定也有很好的效果。有的受体菌基组中还含有转座元件,采用合适的方法去除或灭活转座元件对质粒的稳定也很有好处。

（2）增加选择压力提高基因工程菌的稳定性。在构建载体时,往往需要加上标记基因,利用这些标记基因,可以设计多种有效的筛选条件,在工程菌发酵过程中选择性地抑制丢失重组质粒的非目标工程菌生长,从而提高工程菌的稳定性。根据载体上标记基因种类的不同,可以设计多种有效的选择压力,主要包括抗生素添加法、抗生素依赖法和营养缺陷法三个方面。所谓抗生素添加法,是由于大多数常用表达型质粒上携带有抗生素抗性基因,将相应的抗生素加入细菌培养体系中,即可抑制重组质粒丢失菌的生长,降低重组质粒的逃逸率。抗生素依赖法,即通过诱变技术筛选分离受体菌,选择对某种抗生素具有依赖性的突变菌株作为新的受体菌,当培养基中含有该抗生素时,这种突变菌株才能生长,同时在重组质粒构建过程中引入该抗生素的非依赖性基因。在这种情况下,含有重组质粒的工程菌能在不含抗生素的培养基上生长,而不含重组质粒的杂菌被抑制。这种方法避免了在体系中加入抗生素,使成本降低;其缺点是受体细胞容易发生回复突变。营养缺陷法与抗生素依赖法类似,其原理是灭活某一种细胞生长所必需的营养物质合成途径的某个基因,分离获得相应的营养缺陷型突变株,并将有功能的基因克隆在载体质粒上作为补偿,从而建立起质粒与受体菌之间的遗传互补关系。在工程菌发酵过程中,丢失重组质粒的细胞同时也丧失了合成这种营养成分的能力,因而不能在普通培养基中增殖。这种生长所必需的因子既可以是氨基酸,也可以是某种具有重要生物功能的蛋白酶。

（3）通过控制外源基因的过量表达提高基因工程菌的稳定性。理论上,外源基因在受体菌中表达效率越高,单位生产成本越低,所以应尽量使基因表达量提高。但是,在实际应用中,重组质粒拷贝的过度增殖和外源基因的过量表达,均可能诱发工程菌的不稳定性。采用二阶段培养法可有效协调细菌生长与外源基因高效表达之间的关系。二阶段培养法是将工程菌的培养分为两个相对独立的阶段:第一阶段是细菌的增殖阶段,在此阶段细菌生长至对数生长末期,此时细菌积累至足够的密度;第二阶段是诱导表达阶段,即通过各种诱导方式诱导外源基因的高效表达,这样通过将细菌的增殖与外源基因表达分阶段进行的方式,可以增加质粒的稳定性,是促进基因工程菌稳定的一种重要策略。

11.7.3　优化培养条件提高基因工程菌产量和稳定性

在工程菌构建完成之后,选择最适的培养条件是进行大规模生产的关键步骤。基因工程菌所处的环境条件对重组质粒的稳定性、细胞生长和代谢、外源基因高效表达均有很大影响。培养条件对重组质粒稳定性的影响机制较为复杂，包括培养基组成、培养温度及细菌比生长速率等，而且对目的蛋白产量的影响也较大。

在这些因素中，培养基组成对基因工程菌稳定性和产量的影响最为明显。细菌在不同的培养基中可能启动不同的代谢途径，对于基因工程菌，培养基的成分可能通过多种途径影响重组质粒的遗传稳定性。例如，含有 pBR322 的大肠杆菌在葡萄糖和镁离子限制的培养基中生长，比在磷酸盐限制的培养基中培养可显示出更高的质粒稳定性。另一个携带有氨苄青霉素、链霉素、硫胺和四环素 4 个抗药性基因的重组质粒，在大肠杆菌中的遗传稳定性同时依赖于培养基组成。当葡萄糖限制时，克隆菌仅丢失四环素抗性；而当磷酸盐限制时，则导致多重抗药性同时缺失。还有一个携带氨苄青霉素抗性基因和人 α 干扰素结构基因的温度敏感型多拷贝重组质粒，当它转入大肠杆菌后，所形成的克隆菌在葡萄糖限制及氨苄青霉素存在的条件下生长，开始时干扰素高效表达，但随后便大幅度减少，此时的重组质粒已有相当部分丢失了干扰素结构基因，这表明培养基组分有可能导致重组质粒的结构不稳定性。除此之外，质粒在营养丰富的培养基中比在基本培养基中更加不稳定，而且不同质粒的不稳定性机制也不一样。

培养温度也是重要的影响条件。有的质粒对温度很敏感，随温度的升高，质粒拷贝数会增加。一般情况下，培养温度较低有利于重组质粒在受体菌中稳定存在。另外，重组质粒的导入有时会改变受体菌的最适生长温度。两者均可能对重组质粒稳定性产生影响。

控制工程菌的比生长速率也是提高质粒稳定性的一个重要手段。有多种因素影响工程菌的比生长速率，这要对含质粒工程菌和不含质粒工程菌的生长代谢进行具体分析。通过改变培养温度、施加选择条件等，可以调控工程菌的比生长速率。细菌生长速率对重组质粒稳定性的影响趋势不尽一致，这与细菌本身的遗传特性及质粒的结构有很大的关系。有些含质粒菌对发酵环境的改变比不含质粒菌反应慢。间歇改变培养条件以改变两种菌的比生长速率，可改善质粒稳定性。通过间歇供氧和改变稀释倍率，可以提高质粒稳定性。如果不含有质粒的细胞比含有重组质粒的细胞生长得慢，重组质粒的丢失不会导致非常严重的后果。在个别情况下，可以利用分解代谢产物专一性地控制受体菌的比生长速率，从而提高重组质粒的稳定性。

11.7.4 固定化培养可明显提高基因工程菌产量和质粒稳定性

固定化技术是 20 世纪 60 年代首先在酶学研究领域崛起的新技术，之后应用于细胞培养领域。该技术是通过物理或化学方法将水溶性的酶、活细胞或原生质体与固相载体相结合，使酶、活细胞或原生质体被固定在特定空间进行催化反应或者生命活动（图 11-13）。基因工程菌固定化培养技术是将工程菌包埋在多糖或多聚化合物（如聚丙烯）网状支持物中进行无菌培养的技术。由于工程菌处于静止状态，促使细胞以多细胞状态或局部组织状态一起生长，为细胞提供有利的微环境。固定化培养是基因工程菌培养方法中一种最为接近自然状态的培养方法。

将酶和细胞进行固定的方法很多，主要包括吸附法、包埋法、结合法和交联法等。

按照其支持物不同,可以将细胞固定化培养系统分为包埋式固定化培养系统和附着式固定化培养系统两大类。前者的支持物多采用琼脂、琼脂糖、藻酸盐、聚丙烯酰胺等材料,后者的支持物多采用尼龙网、聚氨酯泡沫、中空纤维等材料。将固定化技术应用到基因工程菌的发酵中,对提高工程菌的稳定性很有帮助。有研究表明,固定化细胞比游离细胞培养产生的产物量高 20 倍,在凝胶表面 50～150pm 的距离内可以观察到有单层活细胞高密度生长,而胶粒内部则无细胞生长。

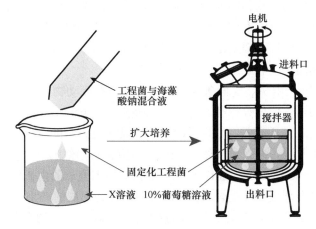

图 11-13　原核基因工程菌固定化培养示意图

与液体悬浮培养相比,固定化培养具有较多优点:①固相细胞接触紧密,生长缓慢,工程菌拟组织化,从而有利于次生代谢物的积累,同时有利于工程菌耐受高浓度有毒前体的伤害;②工程菌包埋在聚合物中得到保护,可以减少剪切力的损伤作用,而且固定化细胞培养体系使得在收集产物时对细胞不产生伤害,遗传性状较稳定,能长时间保持工程菌的活力;③固相培养更有利于连续培养及生物转化过程的实现,在固定化培养中,产物和对细胞生长有抑制作用的代谢物可被培养基带走,不但有利于产物的生成,而且防止了已生成产物的进一步降解转化;④高密度的工程菌群体,可建立细胞间的物理、化学联系,细胞位置的相对固定有利于物化梯度的建立,更有利于产物的合成;⑤环境条件易于控制,次生代谢物易于释放,后处理难度小,因此在固定细胞上用化学处理来诱导产物的释放是相当容易的,这可以应用到在那些天然情况下不向外释放产物的细胞上,从而消除了反馈抑制作用,对最大限度地提高次生代谢物的产量很重要。

在固定化体系中,细胞生长得更快,直至达到一个稳定状态。相对游离体系,活细胞数目可达到其 10 倍以上,可以明显提高基因工程菌细胞稳定性和目的基因表达产物的产量。当然,固定化培养基因工程菌也存在一些缺点,主要表现为:①必须保持菌体的完整,防止菌体的自溶,否则会影响产物的纯度;②必须抑制细胞内蛋白酶的分解作用;③由于细胞内有多种酶存在,往往有副产物形成,为防止副产物产生,必须抑制其他酶活力;④细胞膜或细胞壁会造成底物渗透与扩散的障碍;⑤固定化培养的成本也比较高。

11.8 原核细胞基因工程应用实例

11.8.1 利用大肠杆菌生产人胰岛素

基因工程诞生后，生物产品的生产有了新的途径，人们可以通过基因工程技术赋予很多不具有某种功能的生物新的遗传物质，从而生产人类所需要的产品。其产量也可以精确调控，表达量比传统的本体表达方式大大提高，甚至翻上几番。以基因工程产业为代表的生物技术自 20 世纪末以来也成为全球医药经济最强劲的增长点，其中，基因重组人胰岛素类似物的生产和应用是一个典型的例子。

胰岛素（insulin）由 A、B 两条肽链组成，不同种族动物（人、牛、羊、猪等）的胰岛素功能大体相同，但成分稍有差异。人胰岛素（human insulin）合成的控制基因在11 号染色体短臂上。基因正常，则生成的胰岛素结构是正常的；若基因突变，则生成的胰岛素结构是不正常的，为变异胰岛素。在 β 细胞的细胞核中，11 号染色体短臂上胰岛素基因区 DNA 向 mRNA 转录，mRNA 从细胞核移向细胞质的内质网。胰岛素是在胰岛细胞的内质网膜结合型核糖体上合成的，核糖体上最初形成的产物是一个比胰岛素分子大一倍多的前胰岛素原单链多肽，其 N 端区域含有 20 个左右的氨基醇疏水性信号肽。当新生肽链进入内质网腔后，信号肽酶便切除信号肽形成胰岛素原，后者被运输至高尔基体进一步加工，并以颗粒的形式储存备用。胰岛素原单链多肽由 105 个氨基酸残基构成 3 个串联区域（图 11-14 左）。前胰岛素原经过蛋白水解作用切除其前肽，生成 86 个氨基酸组成的胰岛素原长肽链。人胰岛素 A 链有 11 种共 21 个氨基酸，B 链有 15 种共30 个氨基酸，共由 26 种、51 个氨基酸组成。其中，A7（Cys）-B7（Cys）、A20（Cys）-B19（Cys）4 个半胱氨酸中的巯基形成 2 个二硫键，使 A、B 两链连接起来。此外，A链中 A6（Cys）与 A11（Cys）之间也存在 1 个二硫键（图 11-14 右）。胰岛素原随细胞质中的微泡进入高尔基体，经蛋白水解酶的作用，切去 3 个精氨酸连接的链，断链生成没有作用的 C 肽，同时生成胰岛素，分泌到 β 细胞外，进入血液循环中。

胰岛素的主要生理作用是调节代谢过程，主要功能是促进组织细胞对葡萄糖的摄取和利用，促进糖原合成，抑制糖异生，使血糖降低。胰岛素分泌量足够时，血糖下降迅速；胰岛素分泌量不足或胰岛素受体缺乏时，常导致血糖升高。若超过肾糖阈，则糖从尿中排出，引发糖尿病；同时，由于血液成分中含有过量的葡萄糖，亦导致高血压、冠心病和视网膜血管病等病变。因此，胰岛素对降血糖作用明显，是治疗糖尿病的特效药。通过基因工程生产的外源性胰岛素主要用来治疗糖尿病。

胰岛素于 1921 年发现，次年开始用于临床。1955 年，英国的 Sanger 小组测定了牛胰岛素的全部氨基酸序列，开辟了人类认识蛋白质分子化学结构的道路。1965 年 9 月，中国科学家人工合成了具有全部生物活力的结晶牛胰岛素，是第一个在实验室中用人工方法合成的蛋白质。20 世纪 70 年代初期，英国和中国的科学家又成功使用 X 射线衍射方法测定了猪胰岛素的立体结构。这些工作为深入研究胰岛素分子结构与功能关系奠定了基础。人们用化学全合成和半合成方法制备类似物，研究其结构改变对生物功能的影响；进行不同种属胰岛素的比较研究；研究异常胰岛素分子病，即由于胰岛素基因突变使胰岛素分子中个别氨基酸改变而产生的一种分子病，对于阐明某些糖尿病的病因也具有重要的实际意义。20 世纪 80 年代初，研究人员成功地运用遗传工程技术由微生物大量生产人胰岛素，广泛应用于临床治疗糖尿病。迄今为止，胰岛素仍是治疗胰岛素依赖型糖尿病的特效药。

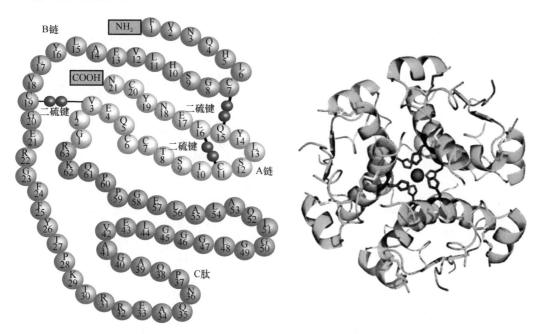

图 11-14　人胰岛素原氨基酸组成排列（左）及胰岛素三维结构（右）

20 世纪 80 年代以前，商品化的第一代胰岛素主要从猪胰脏提取。不同种族哺乳动物（人、牛、羊、猪等）的胰岛素分子的氨基酸序列和结构稍有差异，其中猪胰岛素与人的最为接近。猪胰岛素和人胰岛素之间只在 B 链第 30 位氨基酸残基上存在差异。猪胰岛素为 Ala，人胰岛素为 Thr，它们的生理功效完全一致。动物胰岛素是最早应用于糖尿病治疗的胰岛素注射制剂，一般是猪胰岛素。但是，由于来源不同，仅仅这一个氨基酸残基的差异对胰岛素患者来说也会带来麻烦，容易发生免疫反应，使注射部位皮下脂肪萎缩或增生，产生胰岛素过敏反应；并且由于其免疫原性高，容易反复发生高血糖和低血糖。更为严重的是，患者体内抗猪胰岛素抗体的产生还可能对患者体内的正常 B 胰岛细胞功能及内源性胰岛素分泌造成影响。因此，早期人们将猪胰岛素在体外用酶进行改造生成人胰岛素，但工艺复杂，最终产品的成本很高。

1982 年，美国礼来公司（Eli Lilly and Company）使用重组大肠杆菌生产人胰岛素获得成功，这是全球第一个上市的基因工程药物。根据所用基因不同，用大肠杆菌生产人胰岛素有两种途径。其一是用化学方法分别合成 A 链和 B 链编码的 DNA 片段，并在其 5′端分别加上甲硫氨酸密码子。将上述基因插入克隆载体，置于载体上色氨酸合成酶操纵子的后面，转化大肠杆菌，经过发酵，分别从细胞中分离含有 A 链和 B 链的融合蛋白，用溴化氢处理融合蛋白，裂解甲硫氨酸使 A 链和 B 链释放下来，并将其转变成稳定的 S-磺酸盐。经过纯化，在过量 A 链存在下，由 A 链和 B 链组合成人胰岛素。其二是将人胰岛素原 cDNA 编码序列克隆到半乳糖苷酶编码基因的下游，在人胰岛素原基因的 5′端加上甲硫氨酸密码子，接在氨酸合成酶基因之后，插入质粒，转化大肠杆菌。该杂合基因在大肠杆菌中高效表达后，分离纯化融合蛋白，并同样采用溴化氰化学裂解法回收人胰岛素原片段，然后将之进行体外折叠。由于 C 肽的存在，胰岛素原在复性条件下能形成天然的空间构象，为 3 对二硫键的正确配对提供了良好的条件，体外折叠率高达 80%以上。为了获得具有生物活性的胰岛素，经折叠后的人胰岛素原分子必须用胰蛋白酶特异性切除 C 肽，表达产生的色氨酸合成酶人胰岛素融合蛋白沉淀于细胞质中。从细胞中分离融合蛋白，经溴化氰裂解后得到人胰岛素原，将其转变成稳定的 S-磺酸型人胰岛素（图 11-15）。

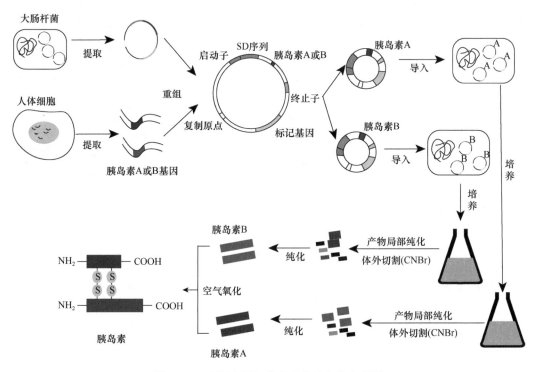

图 11-15　利用大肠杆菌生产人胰岛素流程图

　　分离纯化得到的 S-磺酸型人胰岛素原经变性、复性和二硫键配对，折叠成天然构象的人胰岛素原，产率可达 45%，副产物同分异构体和多聚体回收后可重复利用。具有天然构象的、纯的人胰岛素原经胰蛋白酶和蛋白水解酶 B 处理，去除 C 肽得到结晶人胰岛素。对比动物胰岛素，人胰岛素较少发生过敏反应或者胰岛素抵抗，所以皮下脂肪萎缩的现象也随之减少。由于人胰岛素抗体少，所以注射量比动物胰岛素平均减少 30%。人胰岛素的稳定性高于动物胰岛素，常温（25℃左右）条件下，前者可保存 4 周。

　　20 世纪 90 年代末，在对人胰岛素结构和成分的深入研究中发现，对肽链进行修饰，有可能改变其理化特性和生物学特征，可获得更适合人体生理需要的胰岛素类似物（insulin similitude），这是第三代胰岛素。生产胰岛素类似物的主要方法包括：利用基因工程技术改变胰岛素肽链上某些部位的氨基酸组合；改变等电点，增加六聚体强度；以钴离子替代锌离子；在分子中增加脂肪酸链，加强与白蛋白结合等。

总之，由基因工程重组菌生产的大胰岛素，无论是在生理功能还是在血浆药物动力学方面，都与天然的胰岛素无任何区别，并且这种重组人胰岛素制剂显示出无免疫原性及注射吸收较为迅速等优越性，目前广泛用于糖尿病的治疗。

11.8.2　利用大肠杆菌生产重组人生长激素

人生长激素（human growth hormone，hGH）是由人脑垂体前叶分泌的一种重要的非糖基化蛋白质激素，由 191 个氨基酸组成，分子质量为 22kDa。生长激素前体蛋白一共有 217 个氨基酸，前 26 个氨基酸的氨基末端为信号肽，切除信号肽是激活人生长激素的途径之一。人生长激素对人体所有组织（除神经组织外）都有促生长功能，还能促使脂肪、糖类的降解，增进蛋白质和核酸的合成，影响脂肪和矿物质代谢，在人体生长发育中起着关键性作用。

科学家早在 1920 年就知道了生长激素的存在，开始使用动物生长激素，但后来证明其对人无生物活性。1957 年采用人脑垂体提取生长激素获得成功，但从人脑垂体中提取天然生长激素非常有限，后来还发现能引起慢性脑部海绵样变性，可引起死亡，故此类药物现已不再使用。化学合成生长激素的方法效率较低，没有实用价值。

因此，采用基因工程方法大规模生产人生长激素是满足临床大量需求的重要手段。20 世纪 70 年代末，采用生物工程重组 DNA 技术获得人生长激素基因，将其导入原核或者真核细胞内，这些细胞获得合成 hGH 的信息后，可产生大量生长激素。早在 1979 年，科学家就实现了 hGH 基因在大肠杆菌中的成功表达，但表达产物为 192 个氨基酸组成的多肽，在正常生长激素分子的 N 端多出一个甲硫氨酸，治疗生长激素缺乏症有效，但被治疗者易产生抗体，影响疗效。1982 年，相关产品应用于临床，重组生长激素（rhGH）的促生长作用疗效已得到公认，且安全性好，无明显副作用。我国从 1986 年起开始用进口重组生长激素，1996 年开始用大肠杆菌基因工程菌自主生产重组生长激素。20 世纪 80 年代中期主要采用构建分泌型原核基因工程表达载体生产人生长激素，但表达量较低。目前人生长激素已分别在大肠杆菌、酵母及哺乳动物细胞中获得成功表达。虽然真核表达系统中重组生长激素的活性高，但产量低、生产成本高，无法满足临床的大量需求。通过基因重组大肠杆菌分泌型表达技术生产的重组生长激素，去除甲硫氨酸后，在氨基酸含量、序列和蛋白质结构方面均与人脑垂体生长激素完全一致，成为目前 rhGH 生产的主要表达系统。

人们一直致力于提高目的蛋白表达水平的研究工作，构建了各种表达系统，优化工程菌的培养条件，并且简化纯化工艺，稳定地实现了工程菌的高密度培养和高效表达，并实现了大规模生产。研究表明，对于重组大肠杆菌的发酵不存在普适的发酵条件，这是由其质粒、宿主菌、表达产物的性质等特殊性决定的。传统上利用大肠杆菌生产人生长激素的方法有两种：一是将其分泌至胞外上清中，虽然纯化方便，但表达量低，且容易引起产物的降解；二是在胞内高效表达，表达量可达 40% 以上，但易形成包涵体，需要进行变性、复性等操作，纯化工艺烦琐，活性蛋白得率低。近年来，利用周质腔分泌表达是大肠杆菌表达系统新的发展方向,其主要特点是:蛋白质以可溶形式表达,具有较高的生物活性;周质腔中蛋白水解酶相对较少,提高了重组蛋白的稳定性;消除了被分泌蛋白对细胞本身的毒性作用;表达的蛋白质易于后续的分离纯化。通过多批发酵重复性试验,证实该方法稳定可行,表达产物能以胞间质可溶性表达,为 rhGH 的大规模生产及后续分离纯化工作提供了一种新的可能性。

目前,市场上几乎所有的人生长激素都是用大肠杆菌表达系统产生的。利用大肠杆菌生产不含甲硫氨酸的人生长激素主要有两种方法:一是通过在细胞内表达含有甲硫氨酸的前体,然后在后续的加工和纯化步骤中再利用酶法去掉甲硫氨酸分子;二是使用一个分泌载体直接将人生长激素成熟的蛋白质编码序列转录进高度分泌表达的启动子和信号序列中,然后在信号肽分泌过程中被切断,这样被表达的人生长激素就可以积累在细胞周质当中,使用这种方法,人生长激素表达量可以达到细胞总蛋白质的10%左右。如今,通过大肠杆菌基因工程生产重组生长激素已经近 40 年,产品广泛应用于临床,其用途已不再局限于治疗儿童生长激素缺乏症,还可以用于治疗特纳综合征、充血性心力衰竭、慢性肾功能不全和严重烧伤等疾病,同时也被用于抗衰老研究领域。在儿科领域,采用重组生长激素进行替代治疗,可以明显促进儿童的身高增长,并改善其全身各器官组织的生长发育。

11.8.3　利用大肠杆菌生产重组人抗体及其片段

抗体是高等动物适应性免疫系统中的一个重要家族,在体内具有多重生理功能。除此之外,抗体还广泛应用于生命科学研究的各个领域,包括生物分子尤其是蛋白质或多肽的定性分析、定量分析,以及利用免疫亲和层析技术分离生物大分子。在临床上,抗体在免疫诊断及肿瘤治疗中更显示出令人瞩目的应用前景。因此,抗体及其衍生物的工业化生产具有重要的社会意义和经济价值。

抗体片段重组分子的构建包括轻链和重链编码序列的分离克隆、PCR 扩增,以及与载体质粒拼接三部分内容。抗体片段重链和轻链编码基因的分离方法主要采取 cDNA 法,从抗原激活的 B 淋巴细胞中提取总 mRNA,通过反转录酶将之转化为 cDNA,然后用特异性引物分别 PCR 扩增轻链和重链编码序列。如果抗体序列未知,需选用合适的噬菌体载体构建 cDNA 文库,然后利用噬菌体展示技术以特定抗原分离阳性克隆。在大多数情况下,抗体片段轻链和重链编码序列中并没有合适的克隆位点,因此在与载体质粒拼接之前,必须借助 PCR 技术引入相应的限制酶酶切位点。为了使抗体片段的两条链等分子地分泌到工程菌周质中,轻链和重链的编码序列最好以顺反子的形式重组,以便同步控制两者的协同表达。

在重组抗体片段的结构研究及规模化生产过程中,常常需要对表达产物进行定性和定量检测,而且要求检测方法灵敏快速,最好不依赖于抗体片段本身的性质。通常是通过检测具体标签来检测抗体片段表达情况。随后,要进行重组抗体及其片段表达产物的分离纯化,理想的纯化方法是从重组大肠杆菌蛋白粗提液中一步获得足够纯度的抗体产物。原核基因工程菌表达的重组抗体及其片段的纯化,可选用细菌亲和层析法、抗体亲和层析法、抗原亲和层析法和配体亲和层析法等。配体亲和层析法中，重金属离子亲和层析介质价格低廉，更适用于重组抗体片段的大规模生产。

本 章 小 结

　　利用原核细胞作为表达宿主进行目的基因重组表达，是目前基因工程中最常用的手段。通过大规模培养经基因工程改造的原核细胞，可以大规模生产人类所需要的各种产品。与真核生物相比，原核生物基因表达系统简单可控、价格低廉、产物种类繁多、过程高效可控，越来越受到人们的青睐。原核表达体系主要包括原核表达载体和宿主菌两大部分。改造后的原核表达载体由启动子、SD 序列、复制子、多克隆位点、终止子、选择标记基因等要素组成。常用的原核宿主菌有大肠杆菌、芽孢杆菌、棒状杆菌、链霉菌、蓝藻和乳酸菌等。其中，大肠杆菌遗传背景清晰，基因工程操作技术完善，成本低，是应用最为广泛的原核表达系统。但原核细胞表达出来的蛋白质没有经过修饰，不一定具有天然蛋白活性，很多以蛋白包涵体形式表达，导致产物纯化困难。原核表达系统中，要注意使用原核基因的启动子和终止子，要有 SD 序列，外源基因内不能带有内含子，要尽量避免外源基因产物对宿主的毒性。外源蛋白在原核细胞中有融合型表达、非融合型表达、分泌型表达、多拷贝表达和整合型表达等多种表达方式。实际生产中，要根据原核细胞表达特征，提高外源基因的表达效率，并选择合适的分离纯化方案对表达产物进行分离纯化。若蛋白质以包涵体的形式表达，要对分离出的包涵体进行溶解和复性。通过基因工程菌的工业化发酵培养，可以实现外源基因表达产物的大规模生产。基因工程菌在进行发酵的过程中，经常会出现不稳定的现象，应尽量避免。以基因工程产业为代表的生物技术自 20 世纪末以来也成为全球医药经济最强劲的增长点，其中，基因重组人胰岛素、人生长素、人干扰素、人源抗体等，已被广泛应用并形成了庞大的生物技术产业链。

第 12 章 酵母基因工程

12.1 酵母基因工程表达体系

酵母具有完整的亚细胞结构和严密的基因表达调控机制,既能通过有丝分裂进行无性繁殖,也可以通过减数分裂进行有性繁殖,是外源基因表达最成熟的真核生物系统之一。目前,已经发现的酵母菌至少有 80 属约 600 多种。

酵母基因工程表达体系主要包括表达宿主(酵母细胞)、表达载体与遗传转化体系。酵母作为真核生物表达系统,具有如下优势:①基因表达调控机制比较清楚,且相应的基因工程操作相对简单;②真核生物蛋白质翻译后修饰加工系统优于原核细胞;③不含特异性病毒、不产内毒素,部分酵母种属(如酿酒酵母等)在食品工业中有着数百年的应用历史,在基因工程中属于安全受体细胞;④大规模发酵工艺成熟、成本低廉;⑤能在简易培养基中进行培养,并将外源基因表达产物分泌至培养基中;⑥酵母作为最简单的真核模式生物,能够异源表达源自动、植物的功能基因,利用这一特点可在一定程度上阐明高等真核生物乃至人类基因表达调控的基本原理,以及基因编码产物结构与功能之间的关系(张惠展,2017)。

12.1.1 酵母基因表达宿主系统

目前已广泛用于外源基因表达的酵母种属有:酵母属(如酿酒酵母)、克鲁维酵母属(如乳酸克鲁维酵母 *Kluyveromyces lactis*)、毕赤酵母属(如巴斯德毕赤酵母)、汉逊酵母属(如多形汉逊酵母 *Hansenula polymorpha*)与耶氏酵母属(如解脂耶氏酵母 *Yarrowia lipolytica*)等(刘志国,2020)。

12.1.1.1 酿酒酵母

酿酒酵母很早就被应用于食品和饮料工业,是发酵工业中重要的生产菌株之一,被认为是 GRAS(generally recognized as safe)生物。1996 年,酿酒酵母基因组测序工作完成,这为研究人员进一步对其进行深入研究与利用奠定了坚实的基础。Hitzeman 等(1981)首次在酿酒酵母体内成功表达了人重组干扰素基因。随后,许多外源基因在该表达系统中得以成功表达,例如,获得美国 FDA 批准用于人体的第一个基因工程疫苗乙型肝炎疫苗,以及血浆蛋白等各种蛋白质和多肽类药物(何秀萍,2014)。

酿酒酵母表达系统具有很多优点,如易培养、生长繁殖迅速、适合大规模发酵等,但也存在以下缺点:①发酵时会产生乙醇,乙醇的积累会影响酵母本身的生长,难以进行高密度发酵,这将直接导致外源基因的表达很难达到较高水平;②酿酒酵母缺乏强有力的、受严格调控的启动子,分泌蛋白质能力较差;③与高等真核生物相比,酿酒酵母自身修饰的蛋白质糖基侧链太长，易发生超糖基化，经常导致 N-糖基链上含 100 个以上甘露糖，是正常情况下的十几倍，这种过度糖基化修饰可能会引起副反应；④重组菌株传代不稳定，表达质粒易丢失；⑤分泌效率低，几乎无法分泌大于 30kDa 的蛋白质（刘志国，2020）。

12.1.1.2 毕赤酵母

毕赤酵母是能够以甲醇作为唯一能源和碳源进行生长的甲醇营养型酵母，被认为是 GRAS 生物。毕赤酵母体内含有两个乙醇氧化酶（alcohol oxidase，AOX）编码基因，其所编码的乙醇氧化酶约占其全部可溶性蛋白的 30%以上。其中，*AOX1* 严格受甲醇诱导与调控，*AOX1* 与 *AOX2* 在序列上具有 92%的同源性，*AOX1* 编码产物在氧化过程中起主要作用。甲醇能诱导 AOX 的合成，而甘油和葡萄糖则抑制 AOX 的产生。

毕赤酵母表达系统具有以下优点：①*AOX1* 启动子作为甲醇强烈诱导的强启动子，能够严格调控外源基因表达；②表达产物可进行糖基化、磷酸化、酰脂化等翻译后修饰，从而使其异源表达的重组蛋白具有生物活性；③表达水平高，迄今为止，已有 300 多种外源基因在该表达系统中获得高效表达；④外源基因的表达产物既可存在于胞内，也可通过其特有的信号肽 α 因子或天然蛋白质本身的信号肽分泌至细胞外，同时，该系统自身分泌的蛋白质非常少，这大大简化了纯化过程；⑤由于该系统的表达载体以单拷贝或多拷贝的形式整合在宿主染色体上，所以构建的重组菌株十分稳定；⑥糖基化程度低，相比于酿酒酵母每条侧链平均 50～150 个甘露糖残基，毕赤酵母中外源蛋白质每条侧链的平均长度为 8～14 个甘露糖残基；⑦胞内蛋白的分选与区域化，即毕赤酵母中外源蛋白经核基因修饰后，可被储存于过氧化物酶体，以避免表达产物在细胞内的酶降解，还可减少表达产物对细胞的毒害作用；⑧对营养要求低，培养基成分简单廉价，可进行高密度发酵，适合工业化生产。

同时，毕赤酵母表达系统也存在一些缺点：①分子生物学的研究基础较差，要对其进行遗传改造仍存在一定的困难；②不能满足结构要求严格的糖基化；③发酵周期较长；④发酵时需添加甲醇。因此，该菌不适合于生产药品或食品。

12.1.1.3 解脂耶氏酵母

解脂耶氏酵母（*Yarrowia lipolytica*）于 1942 年首次被分离得到，是目前研究最多、应用最广泛的非常规酵母之一，因其属于 GRAS 生物而被广泛用于医药、农业与食品等领域。解脂耶氏酵母能够有效地利用多种亲水性碳源及疏水性碳源作为底物进行生长，可以合成大量代谢产物（如单细胞蛋白、有机酸等）。

解脂耶氏酵母的优点在于：①安全性高，可用于食品与药物生产；②遗传背景清楚，其全基因组序列与线粒体序列已完成测定，共有 6 条染色体，基因组 GC 含量较高，达 49.6%～51.7%；③其整合型表达质粒能在染色体水平进行单位点或多位点整合，且重组菌株遗传稳定性高；④具有不同强度活性的启动子，可用于调控基因表达；⑤适合高密度发酵培养；⑥常用宿主菌中已敲除蛋白酶编码基因，使得其异源表达的蛋白质不易被蛋白酶降解；⑦与毕赤酵母类似，糖基化程度低，这使得此表达系统具有应用于医药行业的潜力。

12.1.1.4 乳酸克鲁维酵母

乳酸克鲁维酵母（*Kluyveromyces lactis*）是生物技术领域非常重要的酵母菌种之一，被认为是 GRAS 生物。与其他酵母相比，利用乳酸克鲁维亚酵母进行大规模工业化生产时具有独特的优点：①营养要求简单，可以高密度发酵；②表达蛋白质水平高；③表达系统不产生内毒素；④易于进行分子遗传操作；⑤不需要甲醇防爆装置。

乳酸克鲁维酵母自身 *lac4* 基因编码的乳糖酶能将乳糖分解为半乳糖和葡萄糖，为此，该酵母可利用乳糖作为唯一碳源进行生长。在含有乳糖的培养基上生长时，乳酸克鲁维酵母体内乳糖利用代谢途径的酶类能够被诱导。研究人员从乳酸克鲁维酵母基因组分离获得 *lac4* 启动子，该启动子是最早直接用于在乳酸克鲁维酵母表达系统中调控异源基因表达的启动子之一。

12.1.2 酵母表达载体

12.1.2.1 酵母表达载体特点

酵母表达载体属于一种既能在酵母菌中复制，也能在大肠杆菌中复制的穿梭质粒（详见 7.2.2.2）。酵母-大肠杆菌穿梭表达载体由来自酵母的部分核酸序列和来自大肠杆菌的部分核酸序列所组成，其原核部分主要包括可以在大肠杆菌中复制的起点序列和特定的抗生素抗性基因序列，这两个部分主要是作为大肠杆菌宿主中的增殖与筛选组分；酵母部分包括酵母转化子的筛选组分以及调控外源基因表达的启动子和终止子等序列。其中，筛选组分主要是与宿主互补的营养缺陷型基因序列（如 *HIS4* 基因序列）或抗生素抗性基因序列（如抗 Zeocin 的基因序列）。

12.1.2.2 酵母表达载体的基本结构

1. DNA 复制起始区

DNA 复制起始区是酵母细胞核内 DNA 复制起始复合物的结合位点，它赋予酵母载体在细胞的每个分裂周期的 S 期自主复制一次的能力。这种序列通常来自酵母菌的天然 2μm 质粒的复制起点序列或酵母基因组的自主复制序列（autonomously replicating sequence，ARS）。

2. 筛选标记

筛选标记是指酵母宿主细胞经转化载体后用于筛选转化子所必需的基因元件。酵母表达系统中常用的筛选标记有两类：一类是营养缺陷型筛选标记，它与宿主的基因型有关，常见的筛选标记包括 LEU2、URA3、HIS3 和 TRP1 编码基因；另一类是显性筛选标记，可用于转化野生型酵母菌，如遗传霉素（geneticin，G418）与放线菌酮（cycloheximide，CHX）等显性标记。

3. 整合介导区

整合介导区是指与宿主细胞基因组具有同源性的一段 DNA 序列，其能有效地介导载体与宿主染色体之间发生同源重组，使载体整合到宿主染色体上。这种同源重组的过程主要有两种形式：单交换整合与双交换整合。酵母染色体的任何片段都可作为整合介导区，但最方便、最常用的单拷贝整合介导区是营养缺陷型筛选标记基因序列。酵母基因组内的高度重复序列（如 rDNA、Ty 序列等）可作为多拷贝整合介导区。

4. 有丝分裂稳定区

游离于染色体外的载体在酵母细胞有丝分裂时能否有效地分配到子细胞中，是决定转化子稳定性的重要因素之一。有丝分裂稳定区能够帮助载体在母细胞和子细胞之间平均分配。常用的有丝分裂稳定区来源于酵母染色体的着丝粒片段。此外，来自酵母质粒的 STB（stability）片段也有助于提高游离载体的有丝分裂稳定性。

5. 表达盒

表达盒（expression cassette）是载体最重要的基因构件，主要由启动子与终止子组成。如果需要外源基因的表达产物分泌，在表达盒启动子的下游还应该包括分泌信号序列。由于酵母对异种生物转录调控元件的识别和利用效率很低，所以表达盒中的转录启动子、终止子及分泌信号序列一般来自酵母本身。常见的表达盒包括基因表达盒（gene cassette）、肽表达盒（peptide expression cassette）与 siRNA 表达盒（siRNA expression cassette，SEC）等。

1）启动子

启动子是表达盒的核心构件，长度一般为 0.8～1.5kb。酵母启动子的核心部分包括转录起始位点和 TATA 序列。转录起始复合物决定一个基因的基础表达水平。启动子上游还有各种调控序列，包括上游激活序列（upstream activating sequence，UAS）、上游阻遏序列（upstream repressing sequence，URS）等。一些蛋白质与调控序列相结合，并与转录起始复合物相互作用，可通过激活、阻遏等方式调控基因表达。

2）分泌信号序列

分泌信号序列也称信号序列（signal sequence），是编码前体蛋白质上 N 端的一段分泌信号肽，包含 17～30 个氨基酸残基。分泌信号肽的作用是引导分泌蛋白在细胞内沿着正确的途径转移到胞外，这对于分泌蛋白的翻译后加工和生物活性都有重要意义。外源蛋白质信号序列虽可以引导蛋白质分泌，但效率往往较低。所以，在一定程度上，需要依赖酵母本身的分泌信号肽来指导外源基因表达产物的分泌。常用的酵母分泌信号序列有 α 因子前导肽序列、蔗糖酶信号肽序列与酸性磷酸酯酶信号肽序列。

3）终止子

终止子是赋予 RNA 聚合酶转录终止信号的 DNA 序列，对于功能基因在转录水平具有重要的调控作用。与高等真核生物一样，酵母中 mRNA 3′端的形成也需要经过前体 mRNA 的加工和多聚腺苷酸化。在酵母细胞中，终止子长度较短，一般为 0.5～0.8kb（夏启中，2017）。

12.1.2.3 酵母表达载体的类型

1. 酵母整合型质粒

酵母整合型质粒（yeast integrated plasmid，YIP）不含酵母 DNA 复制起始区，不能在酵母中进行自主复制，但含有整合介导区，可通过同源重组将外源基因整合到酵母染色体的同源区上，并随酵母染色体一起进行复制。由于转化子的稳定性高，其已被广泛应用，例如，巴斯德毕赤酵母中没有稳定的质粒，为此，Invitrogen 公司开发了针对多种巴斯德毕赤酵母的整合型表达载体，如分泌表达载体 pPIC9K（图 12-1）。

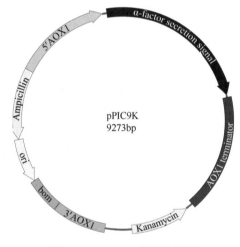

图 12-1　pPIC9K 载体结构图

2. 酵母自主复制型质粒

酵母自主复制型质粒（yeast replicating plasmid，YRP）含有酵母基因组的 DNA 自主复制序列（autonomous replicating sequence，ARS）、选择标记和基因克隆位点等元件，能够在酵母细胞的染色体外进行自我复制。其转化效率较高，每个细胞中的拷贝数可达 200 个。然而，该载体在宿主细胞中不稳定，易丢失。图 12-2 展示了粟酒裂殖酵母自主复制型表达载体 pESP-2 的基本结构。

3. 酵母着丝粒质粒

着丝粒序列（centromeric sequence，CEN）是酵母菌染色体 DNA 上与染色体均匀分配有关的序列。酵母着丝粒质粒（yeast centromeric plasmid，YCP）是在自主复制型质粒的基础上构建而成，即在 YRP 载体基础上增加了酵母染色体有丝分裂稳定元件。YCP 含有酵母染色体着丝粒序列片段，在细胞分裂过程中，其能够在母细胞和子细胞之间平均分配，表现出高度的稳定性。但是宿主中 YCP 的拷贝数只有 1～2 个。含有着丝粒质粒的酵母细胞生长十分缓慢，而且细胞的生存能力下降。图 12-3 展示了酵母着丝粒载体 pHis2 的基本结构。

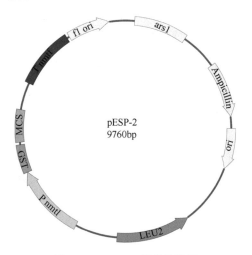

图 12-2　pESP-2 载体结构图

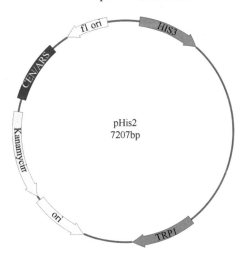

图 12-3　pHis2 载体结构图

4. 酵母游离型质粒

酵母游离型质粒（yeast episomal plasmid，YEP）属自主复制型质粒，含有酿酒酵母 2μm 质粒 DNA 复制有关的部分或全部序列。该载体在酵母细胞中稳定，拷贝数可达 60～100，转化效率高。YEP 比 YRP 更稳定，其与 YIP 的主要区别是多一个 2μm 质粒上的复制原点。图 12-4 展示了酿酒酵母游离型载体 YEplac181 的基本结构。

5. 酵母人工染色体

酵母人工染色体（yeast artificial chromosome，YAC）是一种穿梭载体，含有酵母细胞中必需的着丝粒、自主复制序列、端粒序列（telomere sequence，TEL）及标记基因。YAC 载体的选择标记主要采用营养缺陷型基因，如亮氨酸合成缺陷型基因 *LEU2*、组氨酸合成缺陷型基因 *HIS3* 和尿嘧啶合成缺陷型基因 *URA3* 等。YAC 载体在宿主细胞中以线性双链 DNA 存在，具有高度的遗传稳定性。YAC 载体的复制受细胞分裂周期的严格控制，一般每个细胞中只有单拷贝，可用于克隆大片段 DNA（达 200～500kb）。图 12-5 展示了 YAC 载体 pYAC4 的基本结构。

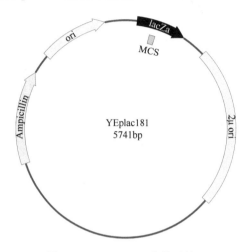

图 12-4　YEplac181 载体结构图

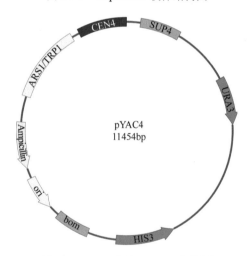

图 12-5　YAC 载体 pYAC4 结构图

　　YAC 载体也存在一些不足：①YAC 载体的插入片段会出现缺失（deletion）和基因重排（rearrangement）现象；②容易形成嵌合体；③YAC 染色体与宿主细胞的染色体大小相近，会限制 YAC 载体的广泛应用。

12.1.3　酵母转化方法

　　常用的酵母转化方法有原生质球转化法、电击转化法、聚乙二醇（PEG）介导转化法及锂离子（Li⁺）介导转化法。

12.1.3.1　原生质球转化法

利用原生质球转化法进行外源 DNA 的转化是酵母转化中最早采用的方法。首先酶解酵母的细胞壁，产生原生质球，再将原生质球置于 DNA、CaCl$_2$ 和多聚醇（如 PEG）中，多聚醇可使细胞壁具有穿透性，并促使外源 DNA 进入宿主细胞。

原生质球转化法操作简便，容易掌握。该转化法虽然使用广泛，但是需要进行原生质体的制备与再生，具有操作烦琐费时、产生二倍体甚至多倍体、细胞再生困难、转化率不稳定等缺点。

12.1.3.2　Li$^+$介导转化法

酿酒酵母的完整细胞经碱金属离子（如 Li$^+$等）处理后，在 PEG 存在下和热激之后可高效吸收外源 DNA（Ito et al., 1983）。不同酵母菌株对 Li$^+$的要求不同，乙酸锂对酿酒酵母有效，对毕赤酵母无效。毕赤酵母一般使用氯化锂有效，PEG4000 可保护酵母细胞免受高浓度氯化锂的毒害作用。

Li$^+$介导转化法不需要消化酵母的细胞壁制备原生质球，操作简便。使用这种方法处理的酵母感受态细胞吸收线性 DNA 的能力明显大于环状 DNA。

12.1.3.3　电击转化法

电击转化法的原理是：利用高压电脉冲作用，破坏酵母细胞膜的稳定性，使细胞膜因受电脉冲发生穿孔，形成可逆的瞬间通道，从而促使外源 DNA 有效进入细胞。电穿孔转化法的效率主要受电场强度、电脉冲时间和外源 DNA 浓度等参数的影响。通过优化这些参数，能够提高外源 DNA 的转换效率。

电击转化法具有操作简单、快速、转化效率高等优点。需要注意的是，酵母原生质球和完整细胞均可在电击条件下吸收质粒 DNA，但在此过程中应避免使用 PEG，PEG 对受电击细胞具有较大的副作用。

12.2　常见酵母表达系统

12.2.1　酿酒酵母表达系统

酿酒酵母基因组早在 1996 年完成测序，共有 16 条染色体，总长度约 1.2×10^7 bp。酿酒酵母含有约 6000 个可读框（open reading frame，ORF），仅有 4%的基因含有内含子。酿酒酵母作为一种真核单细胞生物，因其自身所具有的优点，已广泛应用于食品、医药及生命科学研究等领域。

12.2.1.1　菌株

目前用于实验室研究的酿酒酵母大部分为单倍体缺陷型菌株。常见的酿酒酵母菌株有：组氨酸、亮氨酸、色氨酸、尿嘧啶缺陷型 INVSC1 菌株；组氨酸、亮氨酸、甲硫氨

酸、尿嘧啶缺陷型 BY4741 菌株；甘露聚糖合成缺陷型 MNN 突变株；天冬酰胺侧链糖
基化缺陷型 ALG 突变株；外侧糖链缺陷型 OCH 突变株等（何秀萍，2014）。

12.2.1.2　表达载体

常见的酿酒酵母表达载体包括酵母自主复制型质粒、酵母整合型质粒、酵母游离型
质粒、酵母着丝粒型质粒和酵母人工染色体五类。

1. 酵母自主复制型质粒

酵母自主复制型质粒（YRP）含有酵母基因组的 DNA 复制起始区、选择标记和基
因克隆位点等关键元件。这类载体含有酵母基因组复制起始区，能够在酵母细胞中进行
自我复制。1986 年，倪津等构建了自主复制型质粒载体 pCN60，其转化能力、高遗传
稳定性为酿酒酵母基因克隆和表达调控研究奠定了基础。随后，我国科学家利用 pCN60
成功从酿酒酵母中克隆到磷酸甘油酸激酶基因，并确定了其主要的限制性内切核酸酶酶
切图谱（杨艳卿等，1998）。

2. 酵母整合型质粒

酵母整合型质粒（YIP）不含酵母的自主复制序列，不能在酵母中进行自主复制。
但是，酵母整合型质粒含有整合介导区，可通过同源重组将外源 DNA 整合到酵母染色
体上，并随着染色体一起进行复制，稳定性极高。目前，YIP33 与 YIP204 等是常用的
酵母整合型载体。然而，这类载体的缺点是拷贝数低。为了解决这个问题，研究人员开
发了以 rDNA 为整合位点的酵母整合载体。

3. 酵母游离型质粒

酵母游离型质粒（YEP）一般由大肠杆菌质粒、2μm 质粒以及酵母染色体的选择标
记构成。其中，2μm 质粒是酿酒酵母中一个长度为 2μm 的内源质粒（6.3kb），负责编码
4 个基因；另外，它还包含复制起点序列、维持稳定性的 STB 位点和 2 个 599bp 长度的
反向重复序列。利用 2μm 质粒，研究人员已构建出多种游离型质粒载体。

4. 酵母着丝粒型质粒

酵母着丝粒型质粒（YCP）是在自主复制型质粒（YRP）的基础上，增加了酵母染
色体有丝分裂稳定序列元件。这类载体稳定性较高，但拷贝数很低。Rensburg 等（1994）
通过使用 YCplac111 质粒系统将纤维丁酸梭菌内切 β-1,4-葡聚糖酶基因（*end1*）、菊花欧
文氏果胶裂合酶基因（*pelE*）和胡萝卜肠杆菌聚半乳糖醛酸酶基因（*peh1*）转入酿酒酵
母菌株，成功构建了能分泌细菌葡聚糖酶和果胶酶的重组酿酒酵母菌株。

5. 酵母人工染色体

酵母人工染色体（YAC）在酵母细胞中以线性双链 DNA 的形式存在，包含酵母染色
体自主复制序列、着丝粒序列、端粒序列、酵母筛选标记基因、大肠杆菌复制起点和
筛选标记基因等。YAC 的优点在于它可以插入 200~800kb 的超长 DNA 片段，通常适

合于高等真核生物基因组的克隆与表达研究。

目前，大部分酿酒酵母表达载体属于大肠杆菌-酵母穿梭载体。其中，选择标记与启动子是这类载体中重要的结构元件。表 12-1 列出酿酒酵母转化中常用的选择标记；表 12-2 列出酿酒酵母表达载体常用的启动子。

表 12-1 酿酒酵母转化使用的选择标记

选择标记	类型	选择功能
URA3	营养缺陷型	尿嘧啶缺陷，或使用 5-氟清乳酸反向筛选
HIS3	营养缺陷型	组氨酸缺陷
LEU2	营养缺陷型	亮氨酸缺陷
TRP1	营养缺陷型	色氨酸缺陷
LYS2	营养缺陷型	α-己二酸氨基酸反向筛选
MET15	营养缺陷型	甲硫氨酸缺陷
CUP1	显性选择	铜离子浓度
Chloramphenicol	显性选择	氯霉素抗性
Geneticin	显性选择	遗传霉素抗性
Ble	显性选择	博莱霉素抗性
Hyg	显性选择	潮霉素抗性

表 12-2 酿酒酵母表达载体常用的启动子

启动子	代谢途径	类型
pTDH3	糖酵解代谢途径	组成型启动子
pPGK1	糖酵解代谢途径	组成型启动子
pADH1	糖酵解代谢途径	组成型启动子
pCYC1	氨基酸代谢途径	组成型启动子
pHXT1	减数分裂	诱导型启动子，高浓度葡萄糖诱导
pPHO5	核黄素代谢途径	诱导型启动子
pCUP1	铜离子代谢途径	诱导型启动子，铜离子诱导
pCALI/GAL7/GAL10	半乳糖降解途径	诱导型启动子，半乳糖诱导
pMFα1	MAPK 信号途径	诱导型启动子

12.2.1.3 酿酒酵母转化方法

常见的酿酒酵母转化方法有原生质体转化法、电转化法和 PEG/LiAc 转化法。酵母原生质球和完整细胞均可在电击条件下吸收质粒 DNA，但在此过程中应避免使用 PEG，因为它对受电击的细胞的存活具有较大的副作用。电转化法不依赖于受体细胞的遗传特性及培养条件，适用范围广，而且转化率高达 10^5 个转化子/μg DNA。目前，酿酒酵母转化试剂盒已商业化生产。

12.2.2 毕赤酵母表达系统

毕赤酵母能够以甲醇或甘油作为唯一碳源进行生长，可以利用多种碳源，适合高密度发酵，具备成为优良工业宿主菌的潜力。自 20 世纪 80 年代，毕赤酵母已被开发用于外源蛋白表达生产。

12.2.2.1 菌株

巴斯德毕赤酵母作为最常用的真核表达宿主之一，1995 年被重新归入 *Komagataella* 属，分为 *Komagataella phaffii*、*Komagataella pasoris* 和 *Komagataella seudopastoris* 3 个种，其中常用于表达异源蛋白的宿主菌株是 *Komagataella phaffii*。巴斯德毕赤酵母的全基因组序列已于 2011 年正式公布。目前，已经商业化的巴斯德毕赤酵母菌株主要有野生型菌株 X33、营养缺陷型菌株 GS115（HIS4 突变体）、营养缺陷型菌株 KM71H（*AOX1* 和 *ARG4* 突变体）和蛋白酶缺陷型菌株 SMD1168。

12.2.2.2 表达载体

毕赤酵母细胞内没有天然质粒。因此，构建的毕赤酵母表达载体属于穿梭质粒，这类质粒载体都包括一个表达盒（含有启动子、多克隆位点与终止子）及筛选标记等构建元件。此外，分泌型表达载体的表达盒中带有信号肽（表 12-3）。

表 12-3　毕赤酵母中常用表达载体

表达载体	表达方式	筛选标记
pPICZαA、B、C	分泌表达	*Zeo*^r
pPIC9K	分泌表达	*His4*、*Kan*^r、*G418*
pGAPZαA、B、C	分泌表达	*Zeo*^r
pA0815	胞内表达	*His4*、*Amp*^r

其中，pPICZα（A、B、C）是一类常见的穿梭质粒。该表达载体含有一个信号肽，编码酿酒酵母 α-因子分泌信号，能够在毕赤酵母中利用甲醇实现对外源基因的高水平诱导表达。pPICZα（A、B、C）系列载体包含以下主要特点：①5′端含有甲醇诱导的强启动子 pAOX1；②α 因子分泌信号能够介导目的蛋白的分泌表达；③Zeocin 抗性基因在大肠杆菌和毕赤酵母中都能用于筛选；④表达的重组蛋白 C 端含有 Myc 和 His 标签，可以用于目的蛋白的检测和纯化；⑤pPICZα（A、B、C）系列载体中 3 种可读框允许目的基因克隆入载体而不发生任何移码突变。图 12-6 展示了毕赤酵母载体 pPICZαA 的基本结构。

1. 启动子与终止子

最常用的启动子为是 pAOX1，它严格调控醇氧化酶基因 *AOX1* 的表达。pAOX1 受甲醇的强烈诱导，受葡萄糖、甘油、乙醇、琥珀酸等碳源的严格抑制。此外，谷胱甘肽依赖型的甲醛脱氢酶基因启动子 pFLD1 受甲醇或甲胺的诱导，其启动子强度与 pAOX1 相当。

毕赤酵母表达系统常用的终止子是内源 *AOX1* 基因终止子 AOX1t。另外，来自酿酒酵母的终止子 ScCYC1t 也被证明可以在巴斯德毕赤酵母中使用。

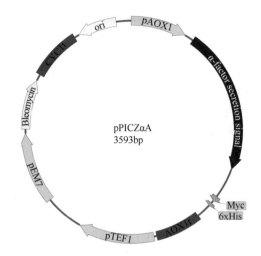

图 12-6　pPICZαA 质粒图谱

2. 筛选标记

毕赤酵母中常用的营养缺陷型筛选标记有 ADE1、MET2、URA3、URA5、ARG1、ARG2、ARG3、ARG4、HIS1、HIS2、HIS4、HIS5、HIS6、MET2 和 FLD1 等；常用的抗生素依赖型筛选标记主要是 zeocin、blasticidin、kanamycin 和 G418。2013 年，华东理工大学钱江潮教授团队以博莱霉素抗性（zeocin resistance）和毒蛋白 MazF 分别作为正向和反向筛选标记，成功在毕赤酵母中建立了无标记基因操作方法，并利用此方法进一步优化了毕赤酵母工程菌合成 *S*-腺苷甲硫氨酸的能力。

3. 分泌信号序列

毕赤酵母表达系统中常用的信号肽序列，一类是源于外源基因本身携带的信号肽序列，另一类是源自酵母细胞自身的信号肽序列。实际上，毕赤酵母只能识别少数外源蛋白质的自身信号肽序列。目前，常用的信号肽序列包括源自酿酒酵母的 α 因子信号肽序列、源自毕赤酵母的酸性磷酸酶（PHO1）信号肽序列和源自酿酒酵母的蔗糖转换酶（SUC2）信号肽序列。此外，源自牛的 β-酪蛋白信号肽序列也可用于毕赤酵母表达系统。

12.2.2.3　转化方法

目前，转化毕赤酵母细胞的主要方法有原生质体转化法、电穿孔转化法、PEG 法和 LiCl 法。PEG 法和 LiCl 法的转化效率很低，一般每微克 DNA 只有几十个或者更少的转化子，且不易于形成多拷贝。原生质体转化法效率很高，但是费时烦琐，且使用带有筛选标记 zecion 的表达载体时，不宜采用原生质体转化法。

电穿孔法的转化效率最高且操作简单，是理想的转化方法。影响电穿孔转化效率的因素有以下几点：①酵母细胞的质量，采用处于对数生长期的酵母细胞制备感受态，酵母细胞活力强；②线性 DNA 的质量，一般 DNA 浓度要求 10～20μg/μL 为宜；③电穿孔参数，酵母细胞一般选择电压 1500V、电容 25μF、电阻 200Ω。

12.2.2.4 整合方式

巴斯德毕赤酵母没有自主复制型载体。表达载体进入酵母细胞后，通过同源重组方式将外源 DNA 整合到染色体上。整合方式主要包括同源双交换与特异性单交换两种，如 *AOX1* 基因介导的双位点互换、*AOX1* 基因介导的单位点互换和 *HIS4* 基因介导的单位点互换。表达载体整合入酵母细胞染色体的两种方式产生多拷贝转化子的概率不同。一般双交换产生的转化子多为单拷贝。

除同源重组方式外，毕赤酵母体内还存在非同源末端连接介导基因进行整合。与同源重组不同，非同源末端连接不需要同源模板的参与。与酿酒酵母相比，巴斯德毕赤酵母体内同源重组效率较低。为此，可通过增加酵母细胞中基因两端同源臂长度进而提高同源重组的效率。此外，敲除毕赤酵母中 KU70 蛋白编码基因，可以显著地提高同源重组效率。

12.2.3 解脂耶氏酵母表达系统

解脂耶氏酵母是一种非常规产油微生物，通常分布于富含脂质和蛋白质的底物中，属于 GRAS 生物。该酵母的最高生长温度一般在 34℃ 以下，且对低 pH 的耐受性较强。与常规酵母相比，解脂耶氏酵母具有独特的生理特征和代谢特性。

12.2.3.1 菌株

截至目前，在 NCBI 上已经公布 24 株解脂耶氏酵母菌株的基因组序列，其中包括 CLIB122、WSH-Z06、Po1f、IBT446、H222（CLIB80）和 W29（CLIB89）等（https://www.ncbi.nlm.nih.gov/genome/genomes/194）。当前，常用的解脂耶氏酵母菌株主要有源自 German 的 H222 菌株、源自 French 的 W29 菌株和源自 American 的 CBS6214-2 菌株等。解脂耶氏酵母 E150 菌株（CLIB122）是最早完成基因组测序的。

解脂耶氏酵母菌株 Po1d 作为 W29 的营养缺陷型菌株，具有以下特征：①外源蛋白表达和分泌水平高；②敲除了内源碱性胞外蛋白酶编码基因；③表达了来自酿酒酵母的蔗糖转换酶（SUC2）编码基因，使得菌株可以利用蔗糖进行生长。随后，研究人员将 Po1d 菌株进行改造，获得一系列的派生菌株，如菌株 Po1g（Leu⁻、ΔAEP、ΔAXP、Suc⁺、pBR322）、菌株 Po1h（Ura⁻、ΔAEP、ΔAXP、Suc⁺）、菌株 Po1f（Leu⁻、Ura⁻、ΔAEP、ΔAXP、Suc⁺）。

12.2.3.2 表达载体

解脂耶氏酵母中尚未发现天然质粒和游离于基因组外的 DNA 序列。目前，解脂耶氏酵母表达系统主要包括自主复制型质粒和整合型表达质粒。自主复制型质粒的构建元件主要是自主复制序列与着丝粒序列。然而，这类游离型载体有以下缺点：①质粒拷贝数较低，一般为 1～3 个/细胞；②遗传稳定性差；③基因表达时需要合适的筛选压力。此前，Guo 等（2020）在解脂耶氏酵母体内成功设计并构建了人工染色体载体（*Y. lipolytica* artificial chromosome，ylAC)。ylAC 属于穿梭载体，包括自主复制序列（ARS）、着丝粒序列（CEN）、端粒序列（TEL）等元件。基于 ylAC 载体，该研究团队快速组装了一条可同时利用木糖与纤维二糖的代谢路径。

　　相比于自主复制型质粒，解脂耶氏酵母中整合型表达质粒可以将外源基因整合到酵母基因组实现稳定表达。目前，构建解脂耶氏酵母的整合型表达载体所需的核心基因元件主要包括启动子、终止子、筛选标记与分泌信号肽等（表 12-4）。根据整合位点的不同，整合型表达质粒可分为单位点整合型载体（如 pINA1269 与 pINA1370）与多位点整合型载体（如 pINA1292）。常用的多拷贝整合位点包括 rDNA 与 zeta 位点，单拷贝整合

表 12-4　常见解脂耶氏酵母载体组成元件

组成元件	特点
标记基因	
LEU2、ura3d4	营养缺陷型，亮氨酸缺陷
URA3	营养缺陷型，尿嘧啶缺陷
Phl	腐草霉素抗性
Ble	博莱霉素抗性
Hyg	潮霉素抗性
启动子	
pLEU2	受亮氨酸前体诱导
pXPR2	受蛋白胨诱导
pPOX2	受脂肪酸及其衍生物、烷烃类诱导
pPOT1	受脂肪酸及其衍生物、烷烃类诱导
pICL1	受脂肪酸及其衍生物、烷烃类、乙醇和乙酸诱导
pPOX1、pPOX5	受烷烃诱导
pG3P	受甘油诱导
pMTP	受金属盐诱导
pEYK1	受赤藓糖醇、赤藓酮糖诱导及葡萄糖、甘油抑制
php4d	生长依赖型
pUAS1Bn-LEU	生长依赖型
pTEF、pTEFin	组成型
pFBA、pFBAin	组成型
pGPM1	组成型
pDPH1	组成型
pRPS7	组成型
分泌信号肽	
酵母自身信号肽序列	
XPR2 pre-pro	含 KR 剪切位点，编码碱性胞外蛋白酶
XPR2 pre	含 KR 剪切位点，编码碱性胞外蛋白酶
LIP2 pre-pro	编码脂肪酶
外源蛋白信号肽序列	
SUC2	源自酿酒酵母，编码转化酶
αAmy	源自水稻，编码 α-淀粉酶

续表

组成元件	特点
终止子	
*XPR2*t、*LIP2*t、*PHO5*t	内源启动子
Minimal *XPR2*t	人工合成启动子
其他重要元件	
ARS18、*ARS68*	自主复制区域
zeta	多拷贝整合位点
rDNA	多拷贝整合位点

位点包括 XPR2 与 LEU 位点等。目前，解脂耶氏酵母中整合型胞内表达载体 pYLEX1 和分泌型表达载体 pYLSC1 已经商业化。不同于酿酒酵母，解脂耶氏酵母主要采用非同源末端连接机制修复 DNA 断链双链，其体内同源重组效率很低。为了提高解脂耶氏酵母中外源基因的重组效率，一般使用 0.5～1kb 长度的同源臂。此外，非同源末端连接相关基因（Δ*ku70* 和 Δ*ku80*）的缺失可以提高同源重组的效率。

1. 启动子

解脂耶氏酵母中应用最早的诱导型启动子是碱性胞外蛋白酶（alkaline extracellular protease）编码基因启动子 pXPR2，受蛋白胨的强烈诱导。解脂耶氏酵母常用的另一个启动子是翻译延伸因子 1-α 基因启动子 pTEF，属于组成型强启动子。目前，常用的内源性解脂耶氏酵母启动子有 pTDH1、pGPM1、pFBAIN、pPOX2、pPOT1、pLIP2、pICL1、pYAT、pGAP、pICL 和 pACL2 等。此外，为提高解脂耶氏酵母现有启动子的活性，研究人员构建了新型的、高强度活性的杂交启动子，如 hp4d、8UAS1-pTEF 与 UAS1B$_{24}$-LEUm。

2. 终止子

在解脂耶氏酵母中，目前常用的天然终止子有 XPR2t、LIP2t 与 PHO5t。此外，来自酿酒酵母的终止子 CYC1t 也能在解脂耶氏酵母中发挥功能。2015 年，得克萨斯大学奥斯汀分校 Alper 教授团队开发的一系列人工合成终止子，包括 T$_{synth2}$、T$_{synth7}$、T$_{synth8}$、T$_{synth10}$、T$_{synth22}$ 与 T$_{synth27}$，其长度为 35～75bp，可以在解脂耶氏酵母中有效调控外源基因的转录水平。这一类人工合成终止子具有简化克隆周期、精确调控基因功能等优点，具有潜在的应用前景。

3. 筛选标记

目前，常用于解脂耶氏酵母的选择标记包括营养缺陷型标记与抗性筛选标记。*LEU2* 和 *URA3* 是解脂耶氏酵母最常用的营养缺陷型选择标记，*ura3d1* 作为无缺陷等位基因用于单位点整合转化子的筛选，*ura3d4* 用于筛选多位点整合转化子。解脂耶氏酵母菌株对大多数抗生素具有抗性,而对潮霉素 B、诺尔丝菌素和博莱霉素/腐草霉素家族非常敏感。此前。Hamilton 等（2020）发现解脂耶氏酵母具有利用乙酰胺作为唯一氮源的能力，通过同源序列比对及基因敲除等技术分析方法，鉴定出乙酰胺酶编码基因 *YlAMD1* 可作为一种潜在的解脂耶氏酵母筛选标记。

4. 分泌信号序列

目前，XPR2 的前原区（XPR2 pre-pro）、去掉原区（pro-region）的 XPR2 前肽区（XPR2 pre）以及 LIP2 前原区（LIP2 pre-pro）是解脂耶氏酵母中常用的 3 种内源性信号肽。研究表明，仅 XPR2 pre 区也可以促使外源蛋白质分泌。此外，一些外源蛋白信号肽序列同样可以在解脂耶氏酵母体内可以发挥生物学功能。例如，Hong 等（2012）发现源自酿酒酵母转化酶 Suc2 编码基因的自身信号肽序列不仅能够在解脂耶氏酵母细胞中发挥功能，而且该异源信号肽调控的转化酶活力高于酵母细胞自身内源性信号肽 XPR2 pre-pro。

12.2.3.3 转化方法

目前常用的解脂耶氏酵母转化方法主要包括电击转化法和乙酸锂转化法。

电击转化法是利用高压电脉冲作用，造成细胞膜的不稳定，形成电穿孔，使得外源 DNA 大分子得以进入细胞。此方法的优点在于不依赖受体细胞的遗传特征和培养条件、使用范围较广、转化效率较高。

乙酸锂转化法不需要消化酵母细胞的细胞壁来产生原生质球，而是将整个细胞暴露在锂盐中一段时间再与 DNA 混合，经过 PEG、热应激等处理即可得到转化子。其中，PEG 是一种高分子聚合物，在酵母转化中可于高浓度锂盐（乙酸锂）环境中保护细胞膜、减少乙酸锂对细胞膜结构的过度损伤，同时促进质粒与细胞膜接触更紧密。乙酸锂可使酵母细胞产生一种短暂的感受性状态，此时它们能够摄取外源性 DNA。该转化方法吸收线型 DNA 的能力明显大于环状 DNA。目前，市场上已有商业化的解脂耶氏酵母细胞转化试剂盒。

12.2.4 圆红冬孢酵母表达系统

圆红冬孢酵母（*Rhodosporidium toruloides*）由日本学者 Saito 在中国大连首次分离得到。圆红冬孢酵母属于担子菌门锁掷酵母目红冬酵母属，是当前研究比较热门的一类产油微生物。

12.2.4.1 菌株

目前，常用的圆红冬孢酵母菌株包括 *R. toruloides* Y4、*R. toruloides* NP11、*R.toruloides* CECT 和 *R.toruloides* ATCC。2012 年，中国科学院大连化学物理研究所赵宗保教授团队完成了对 *R. toruloides* NP11 的全基因组测序，发现其基因组大小为 20.2Mb，GC 含量为 61.9%，包含 8171 个蛋白质编码基因。截至目前，已有 17 株圆红冬孢酵母菌株完成全基因组测序。

12.2.4.2 表达载体

目前，尚未在圆红冬孢酵母中发现内源游离型质粒，而且，也未见任何染色体自主复制序列或着丝粒序列在圆红冬孢酵母中发挥生物学功能的报道。作为非模式生物,圆红冬孢酵母遗传操作体系的表达载体一般为线性 DNA 片段、自杀质粒或 T-DNA 质粒(主要配合根瘤农杆菌介导转化)。表达载体中主要构建元件包括启动子、终止子及筛选标记。表 12-5 列举了圆红冬孢酵母表达系统中常用的构建元件。圆红冬孢酵母中同源重组效率较低,而非同源末端连接机制占主导地位。

表 12-5 圆红冬孢酵母表达系统的组成元件

组成元件	特点
启动子	
pGPD1	组成型启动子
pPGK1	组成型启动子
pFBA1	组成型启动子
pPGI1	组成型启动子
pTPI1	组成型启动子
pACC1	组成型启动子
pFAS1	组成型启动子
pICL1	诱导型启动子
pGAL1	诱导型启动子
pPHO89	诱导型启动子
pMET1	诱导型启动子
pNAR1	诱导型启动子
pCTR31	诱导型启动子
终止子	
HSPt	
NOSt	
35St	
SV40t	
筛选标记	
Hpt-3	潮霉素抗性
Hyg	潮霉素抗性
Ble	博莱霉素抗性
Nat	诺尔丝菌素抗性
G418	遗传霉素抗性
Ura3	尿嘧啶营养缺陷型标记
Leu2	亮氨酸营养缺陷型标记

1. 启动子和终止子

圆红冬孢酵母中已报道的启动子分为组成型启动子和诱导型启动子。赵宗保教授团队鉴定了圆红冬孢酵母 ATCC 10657 菌株中启动子 pGPD1,并以萤光素酶为报道基因,表征了圆红冬孢酵母自身油脂合成过程中 6 个重要的功能基因启动子,包括 pACC1、pACL1、pFAS1、pFAT1、pDUR1 和 pLDP1。此外,该团队还开发出一个受 D-氨基酸诱导的 pDAO1 启动子系统。2016 年，张素芳团队进一步在圆红冬孢酵母中挖掘出 3 个诱导型启动子，分别是受磷酸盐浓度严谨调节的启动子 pPH089、受葡萄糖浓度严谨调节的启动子 pADH2 和 pGALI。

目前，圆红冬孢酵母表达系统中常见的内源性终止子包括 HSPt、GPDt 等。此外，来自花椰菜花叶病毒（Cauliflower mosaic virus）的终止子 35St 和来自根癌农杆菌（*Agrobacterium tumefaciens*）的终止子 NOSt 也可以在圆红冬孢酵母中发挥生物学功能。

2. 选择标记

目前，圆红冬孢酵母常用的营养缺陷型标记有 Ura3（尿嘧啶营养缺陷型标记）和 Leu2（亮氨酸营养缺陷型标记），而常用的抗生素抗性标记包括 Hyg（潮霉素抗性）、Ble（博莱霉素抗性）、Nat（诺尔丝菌素抗性）、G418（遗传霉素抗性）。

12.2.4.3 转化方法

圆红冬孢酵母遗传转化方法有 PEG 介导的原生质体转化法、乙酸锂转化法、电击转化法和根瘤农杆菌介导转化法。

由于圆红冬孢酵母细胞壁结构特殊，原生质体制备较为困难，这使得 PEG 介导的原生质体法的转化效率及稳定性均较差。Tsai 等（2017）利用乙酸锂转化法将博来霉素抗性基因转入圆红冬孢酵母 DMKU3-TK16 中，成功获得具有博来霉素抗性的转化子。电击转化法起初被用于酿酒酵母。2017 年，赵宗保团队利用电击转化法成功将抗性基因分别转入圆红冬孢酵母单倍体 NP11 菌株与双倍体 Y4 菌株。目前，根瘤农杆菌介导转化法是在圆红冬孢酵母中应用最多的一种遗传转化方法。赵宗保团队通过根瘤农杆菌介导转化法成功将 3 种不同抗性基因转入到圆红冬孢酵母，使得工程酵母菌株同时获得 3 种抗性。

12.2.5 乳酸克鲁维酵母表达系统

乳酸克鲁维酵母是 FDA 认证的 GRAS 生物，能以乳酸作为唯一碳源生长，属于好氧菌，在无氧条件下基本不能生长。乳酸克鲁维酵母遗传学背景比较清楚，基因组总长约 12 Mb，共 6 条单倍型染色体。目前，商业化菌株 GG799 是乳酸克鲁维酵母野生单倍型菌株。此外，常用的乳酸克鲁维酵母菌株还包括 NRRL Y-1140、NRRL Y-I118、NRRL Y-1205、VAK367 等。

12.2.5.1 表达载体

乳酸克鲁维酵母有两种类型的载体，分别是附加型载体和整合型载体。克鲁维酵母属存在三类附加型质粒，分别为环状质粒（如 pKD1）、细胞质线性双链 DNA 杀伤性质粒（如 pGKL1 和 pGKL2）和带有自主复制序列的自主复制型质粒（YRP）。其中，应用最广泛的附加型载体是 1.6μm 环状质粒 pKD1。乳酸克鲁维酵母的线性双链 DNA 杀伤性质粒 pGKL1（8.9kb）和 pGKL2（13.5kb）分别携带编码 K1 和 K2 两种能致死宿主细胞的毒素蛋白编码基因，是乳酸克鲁维酵母细胞内的一对天然游离载体。游离型载体在宿主细胞中拷贝数高,但在无选择压力条件下易丢失。

相比于附加型载体,整合型表达载体可以增加外源 DNA 在酵母细胞中的遗传稳定性。目前,整合型载体 pKLAC1 与 pKLAC2 已经商业化,但这类载体拷贝数相对较低,且只能满足单个基因的整合表达。目前,乳酸克鲁维酵母中利用 rDNA 介导的同源重组处于初步阶段。2017 年,江南大学张梁教授团队通过筛选性能优良的功能元件,并以 18S rDNA 为整合位点成功构建了适用于乳酸克鲁维酵母的稳定整合型表达载体 pTRGA-*amdS*。

1. 启动子与终止子

乳酸克鲁维酵母表达系统常用的启动子包括内源性组成型启动子 pPDC1、诱导型启动子 pLAC4 与 pPHO5,以及来自酿酒酵母的组成型启动子 pPGK。其中,pLAC4 是最早用于乳酸克鲁维酵母异源基因表达的启动子之一,该启动子受乳糖或半乳糖诱导;pPHO5 受磷酸盐抑制调控,该启动子对外源基因表达水平的影响强烈受培养基中低/高浓度无机磷酸盐的调控。

目前,乳酸克鲁维酵母表达系统中常用的内源性终止子是 LAC4t,以及来自酿酒酵母的终止子(如 GPD1t、ADH1t 和 ADH2t 等)。

2. 筛选标记

目前常用于乳酸克鲁维酵母表达系统的筛选标记主要是营养缺陷型标记和抗生素筛选标记。通常应用于酿酒酵母的营养缺陷型标记(如 Ura3、Leu2、Trp1),已被用于乳酸克鲁维酵母遗传操作转化体系中。但营养缺陷型标记应用于工业生产还存在一定的不足,因为许多工业性生产菌株已经通过遗传突变提高了分泌蛋白质的能力,这些菌株往往是二倍体或者非整倍体。此外,G418、博莱霉素(zeocin)、卡那霉素等抗生素可作为筛选标记用于筛选乳酸克鲁维酵母转化子。

另外,虽然乳酸克鲁维酵母不能利用乙酰胺,然而,乙酰胺酶能够将乙酰胺转化为乳酸克鲁维酵母可利用的氮源。基于此,可利用以乙酰胺为唯一氮源的培养基进行乳酸克鲁维酵母细胞转化子的筛选。目前,已经商业化表达载体 pKLAC1 携带的筛选标记是乙酰胺酶编码基因(*amdS*)。

3. 分泌信号序列

外源蛋白在酵母细胞分泌表达时,可以使用酵母自身信号肽或异源蛋白信号肽。乳酸克鲁维酵母中常用的内源分泌信号肽包括 killer toxin 编码基因信号肽序列、α-mating factor 编码基因信号肽序列及磷酸酯酶编码基因(*PHO5*)信号肽序列。此外,少数源于其他微生物的信号肽也被用于乳酸克鲁维酵母遗传体系进行外源蛋白的表达,如源于酿酒酵母的 α-mating factor 1 编码基因(*MFα1*)信号肽序列,以及源于里氏木霉的纤维二糖水解酶编码基因(*CBH1*)信号肽序列。

12.2.5.2 转化方法

乳酸克鲁维酵母的遗传转化体系于 1982 年建立,是最早建立转化系统的酵母菌之一。

转化方法从最初的 PEG 介导的原生质体法，发展到 LiAc 转化法和电击转化法。目前，主要采用电击方法进行酵母细胞遗传转化。

12.3　影响外源基因在酵母中表达的主要因素

12.3.1　转录水平控制

12.3.1.1　顺式作用元件

酵母细胞中的顺式作用元件是功能基因周围与特异性转录因子结合且影响转录活性的 DNA 序列。目前，在酵母细胞中主要起正调控的顺式作用元件主要包括启动子、增强子和内含子等。

1. 启动子

启动子作为基因转录调控的重要元件，其活性的强弱可以影响异源基因转录的起始、持续时间和表达程度，进而影响外源基因在宿主中的转录效率。酵母体内的天然启动子主要包括组成型启动子和诱导型启动子。然而，组成型启动子不能对外源基因进行精确时空调控。相比之下，诱导型启动子对诱导物或抑制物的强度与时间有很强的敏感性，可以精确地调控外源基因表达水平。目前，很多诱导型启动子已用于酵母表达系统进行外源基因的调控表达，如受半乳糖诱导的启动子 pGAL1 和 pGAL7、铜离子依赖型启动子 pCUP1 等。

2. 增强子

增强子是远距离调节启动子并提高转录效率的一段 DNA 序列。启动子和增强子的联合应用可大大提高外源基因的转录水平。因此，为了促使外源基因高效表达，可在外源基因的上游或下游连接增强子来提高外源基因的转录效率。例如，中国农业科学院刘德虎团队合成的复合增强子 TYMV-HCMV 序列能够提高密码子优化后的 Bt 重组融合蛋白基因在多形汉逊酵母细胞中的生物表达量。

3. 内含子

通常认为内含子作为断裂基因的非编码序列，在基因表达过程中通过 RNA 剪接被去除。2019 年，加拿大舍布鲁克大学 Elela 团队构建了酿酒酵母中 295 个已知内含子的系统性缺失库，通过对所有内含子单敲细胞的表型、转录组及遗传特性进行整合分析，发现内含子通过增强酵母细胞对营养感应 TORC1 和 PKA 途径下游的核糖体蛋白基因的抑制进而促进酵母细胞对饥饿的抗性。此外，有研究表明带有内含子的启动子可以提高外源基因的表达水平，例如，Hong 等（2012）通过在解脂耶氏酵母内源启动子 pFBA 序列上添加部分内含子片段，成功构建启动子 pFBAin。相较于启动子 pFBA，该启动子调控目的基因的转录表达水平提高了 5 倍。

12.3.1.2　转录因子

真核生物中，除了在 mRNA 上加入 5′帽子结构与 3′ poly(A)结构，一些特定的转录因子也可以提高基因表达水平。例如，转录因子 GAL4 是真核生物普遍存在的半乳糖代谢相关转录激活因子，它能够通过结合半乳糖代谢酶（GAL）基因启动子的上游激活序列，进而调控 *Gal1*、*Gal2* 和 *Gal7* 等基因的转录。基于酵母中经典的 GAL 调控系统，浙江大学叶丽丹教授团队通过定向进化酵母转录激活蛋白 GAL4，成功地开发了温度敏感型 GAL4M9 调控系统。该系统可通过半乳糖及低温诱导来调控外源基因的表达。

12.3.1.3　AT 富集区

外源基因中的 AT 富集区可能导致其在酵母细胞中的转录提前终止而不能有效合成蛋白质。为了使外源基因能够高效表达，可以通过密码子优化手段来消除基因中的 AT 富集区。Romanos 等（1991）发现，通过消除破伤风毒素片段 C 编码基因中 AT 富集区的多聚腺苷酸化位点，能够提升目的基因在酿酒酵母中的异源表达效率。

12.3.2　翻译水平控制

12.3.2.1　酵母密码子偏好性

编码天然蛋白质的 20 种常见氨基酸的密码子共 61 种，每种氨基酸可由 1 个至多个密码子编码（最多的有 6 个）。密码子的这种简并性特征，造成不同物种密码子使用偏好性不同。这种密码子偏好性的不匹配是外源基因在宿主系统表达程度不佳的主要原因之一。因此，在利用酵母表达系统进行异源蛋白表达时，可根据酵母宿主的密码子偏好性，对功能基因进行密码子优化以提高蛋白质的表达水平。例如，中国科学院微生物研究所何秀萍团队为了实现人乳头瘤病毒（human papilloma virus，HPV）16 亚型衣壳蛋白 L1 在多形汉逊酵母中的高效表达，根据 L1 蛋白的氨基酸序列及多形汉逊酵母的密码子偏好性，对 L1 蛋白的编码序列进行优化设计，合成了完整的编码序列 *HPV16L1*；以甲醇诱导型启动子 MOXp 和终止子 AOXTt 为表达调控元件、以尿嘧啶合成相关基因 *URA3* 为筛选标记，构建了 *HPV16L1* 的重组表达质粒 pYMOXU-HPV16。该团队进一步采用营养缺陷互补筛选、PCR 扩增及 HPV16 L1 蛋白表达量分析，成功获得稳定高表达 L1 蛋白的重组汉逊酵母菌株 HP-U-16L。

12.3.2.2　优化起始密码子周边序列

生物界中起始密码子是通用的，但不同生物来源的基因有其各自独特的起始密码子周边序列。起始密码子周边序列对基因表达调控具有重要的影响。Kozak 通过研究真核生物基因起始密码子 ATG 周边序列，总结出调控翻译效率最高的起始密码子周边序列为 ACCATGG（Kozak 序列）。Kozak 序列可以与翻译起始因子结合而介导含 5′端帽子结构的 mRNA 翻译起始。Kozak 序列随着物种的不同而有所差异，但是在大部分物种中是具有高度保守性的。2021 年，中国科学院天津工业生物技术研究所张学礼团队在酿酒酵母中成功构建了一个嵌合有不同 Kozak 突变序列的启动子文库,研究发现 Kozak 突变序列对绿色荧光蛋白(GFP)强度及其 mRNA 二级结构展示出明显的调控差异;在此基础之上,该团队成功获得一个强嵌合突变体 *K528*。相比于野生型嵌合体,该研究中构建的嵌合突变体可提升酿酒酵母自身角鲨烯代谢途径中的 *tHMG1* 基因表达水平,使得角鲨烯产量提高了 10 倍。

12.3.2.3　添加 5′-UTR 和 3′-UTR

非翻译区(untranslated region,UTR)是 mRNA 分子两端的非编码片段。真核生物中,从 mRNA 5′端的帽子位点至起始密码子 AUG 之间的序列称为 5′端非翻译区,即 5′-UTR;从编码区末端的终止密码子延伸至 3′端的 poly(A)之间的序列称为 3′端非翻译区,即 3′-UTR。真核生物中,基因两端的 5′-UTR 和 3′-UTR 对于外源基因的正常表达是必需的,它们能够影响 mRNA 的稳定性和蛋白质翻译效率。

在不同生物、不同功能基因中,5′-UTR 的长度和碱基顺序变化很大。mRNA 分子的 5′-UTR 通过其长度、碱基顺序及二级结构等来参与外源基因的表达调控,通过改变 mRNA 的 5′-UTR 序列,可以影响 mRNA 的半衰期,进而改变 mRNA 的翻译效率。例如,Ding 等(2018)在酿酒酵母中构建了一个随机长度是 24nt 的 5′-UTR 文库,通过回归模型构建与优化,以及核苷酸结构与活性关系分析,发现所构建的工程化 5′-UTR 元件可以显著提高外源蛋白表达。

一般认为 3′-UTR 参与真核生物中转录后基因的表达调控。例如,复旦大学罗泽伟团队探究了酿酒酵母中 3′-UTR 重叠对基因表达调控的影响,发现 3′-UTR 重叠的对向基因表达存在"此消彼长"的相互调控关系。实际上,3′-UTR 在蛋白质的正确时空表达过程中同样具有至关重要的作用。有研究表明,3′-UTR 可调控蛋白质间的相互作用,从而调控蛋白质的定位、增加蛋白质功能。

12.3.2.4　优化蛋白质分泌途径

酵母系统中存在多种蛋白质分泌机制,其中信号肽引导蛋白质的分泌是蛋白质释放的主要方式之一。信号肽在蛋白质的分泌中起着重要的作用,可引导蛋白质分泌至细胞外,大大提高外源蛋白的表达量。因此,如何选择适当的信号肽,直接影响蛋白质在酵母系统中的分泌水平。

目前,酵母表达系统中常用的信号肽序列主要来自酵母自身信号肽与外源蛋白自身信号肽。实际上,目前还无法确定或者预测适合某一外源蛋白表达的最佳信号肽序列。不同信号肽对同一蛋白质的分泌效率不同,某一外源蛋白的最佳信号肽也可能对其他蛋白质完全不适用。为了选择合适的信号肽促进外源蛋白的高效表达,除了筛选上述天然信号肽,研究人员还尝试对信号肽序列进行改造,以提高外源蛋白的分泌效率。通过对信号肽结构的适当改变,如疏水性、序列改变与位点突变等,可以提高外源蛋白的分泌效率。例如,Rakestraw 等(2009)采用易错 PCR 构建了 α-交配因子分泌信号肽(MF1pp)突变体库,并通过对构建文库的筛选,成功获得高活性信号肽突变体 *app8* 与 *appS4*。与野生型信号肽相比,该研究发现信号肽突变体 *app8* 与 *appS4* 能够显著提高多个外源蛋白的分泌效率。

此外,蛋白质折叠是影响外源蛋白质分泌的限速瓶颈之一。目前,工程化改造蛋白质折叠以调控蛋白质分泌的常用方法主要包括过表达多种分子伴侣、二硫键异构酶及其他辅助折叠因子等。例如,江南大学陈坚教授团队通过在毕赤酵母中过表达参与蛋白质折叠(BIP、ERO1)、囊泡运输(SEC53、SEC1)与胁迫应激(HAC1、GCN4)等相关通路的 6 种分子伴侣,探究了不同分子伴侣对于提高毕赤酵母中漆酶产量的影响。与对照菌 PP-L 相比,该研究发现重组菌 PP-L-BIP(过表达 BIP)生产的胞外漆酶活力提高了 359%,而且,采用共表达 BIP 与 HAC1 策略所构建的重组菌 P1 较对照菌 PP-L 的胞外漆酶活力提高了 602%。

12.3.2.5　糖基化修饰

为了实现外源基因在酵母表达产物的有效利用,需要目标蛋白质能够稳定存在并能有效加工。因此,对外源重组蛋白进行适当的翻译后修饰是非常重要的。蛋白质的翻译后修饰主要有糖基化、乙酰化、泛素化及磷酸化等。其中,蛋白质的糖基化是一种最常见的蛋白质翻译后修饰,是糖类在糖基转移酶作用下转移至蛋白质上形成特殊糖苷键的过程。酵母中存在两种主要的糖基化形式,分别是 N-糖基化和 O-糖基化。N-糖基化过程在真核生物中高度保守,主要在内质网中由糖基转移酶催化,糖基化识别位点为Asn-Xaa-Ser/Thr,糖链和肽链中的天冬酰胺残基结合形成 N-糖基化。O-糖基化主要在高尔基体中进行,通常是以糖单元的形式连接在氨基酸的羟基上,再逐渐形成寡糖链,通常以 N-乙酰半乳糖与多肽链的丝氨酸或苏氨酸的羟基相连。

然而,外源重组蛋白在酵母细胞中的超糖基化反应也会产生许多不利影响,包括重组蛋白的生物活性下降或抑制,以及蛋白质的免疫原性增加等。解决这一问题的途径有3 个。①利用基因体外诱变技术封闭重组蛋白中的糖基化位点,从而在根本上避免酵母表达系统的超糖基化作用,例如,安徽工程大学陶玉贵教授团队通过突变碱性果胶酶(alkaline polygalacturonate lyase,PGL)的 353 与 355 位点,使酶的热稳定性得到了显著提升。如果异源蛋白质本身含有糖基化侧链,而且糖链的存在是其生物活性所需的,那么这种封闭方法并不适用,例如,天津科技大学肖冬光教授团队发现里氏木霉 β-甘露糖聚酶(β-mannanase,Man1)的 N-糖基化修饰位点的突变会导致酶活降低。②筛选受体细胞的甘露糖生物合成突变株。例如,酿酒酵母的 *MNN1* 突变株能合成不含 α-1,3-糖苷键的 N-和 O-寡聚甘露糖侧链,从而消除了甘露糖蛋白严重的免疫原决定簇。③选用其他的酵母表达系统。毕赤酵母作为近年来开发的酵母表达系统,其甘露糖残基一般为 8~14 个。而酿酒酵母会增加更多的甘露糖,可高达 40~150 个,并且还会有 α-1,3-甘露糖糖苷键,这会导致蛋白质产生免疫原性增强、半衰期缩短、疗效减弱等不良影响。因此,相对于酿酒酵母,毕赤酵母作为外源蛋白表达系统更具优势。

12.3.3　表达载体的拷贝数与稳定性

表达载体在酵母细胞中的拷贝数对外源基因的表达具有重要影响。一般认为外源基因在酵母细胞中拷贝数越高，其表达效率越高。由于游离型质粒载体在细胞中的稳定性问题尚未完全解决，目前酵母表达系统中常用的表达载体是整合型载体。

目前，可以提高整合型载体中外源基因拷贝数的方法主要包括：①优化酵母细胞转化方法，提高表达载体的整合拷贝数；②在体外载体上增加目的基因的拷贝数；③选用酵母基因组重复序列（如 rDNA 序列）作为同源重组位点，并通过优化目的基因两端同源臂片段长度来提升外源基因的同源重组效率，进而实现高拷贝整合。例如，中国农业科学院王义春等通过密码子优化与体外多拷贝载体构建，成功实现了玉米赤霉烯酮（zearalenone，ZEN）降解酶基因（*zlhy-6*）在毕赤酵母 GS115 菌株中的高效表达。另外，在适当的选择压力条件下，以染色体上单拷贝 DNA 片段为介导，也可以构建稳定的多拷贝整合载体。

然而，研究发现外源基因拷贝数与其蛋白表达量并不呈线性正相关。例如，宋小平等（2020）通过考察外源基因不同拷贝数对重组毕赤酵母中表达谷氨酰胺转氨酶的影响，发现功能酶编码基因拷贝数不超过 3 的情况下，重组菌株产生酶的速度较快；当基因拷贝数大于 3 时，菌株产酶活性明显下降。

12.3.4　其他因素

12.3.4.1　蛋白酶缺陷菌株的构建

外源基因在酵母细胞中表达时，重组蛋白可能被细胞中的蛋白酶所降解。为此，构建蛋白酶缺陷菌株在一定程度上能够缓解外源重组蛋白的降解。例如，Sander 等（1994）分别在酿酒酵母野生型菌株（WCG）与蛋白酶缺陷型菌株（YMTA、YMTAB）中异源表达人多巴胺受体 D$_{2s}$，结果发现，相比野生型酵母菌株，蛋白酶缺陷型酵母菌株中目的蛋白的降解量显著减少。2000 年，Madzak 等敲除了解脂耶氏酵母中碱性胞外蛋白酶（alkaline extracellular protease，AEP）和酸性胞外蛋白酶（acid extracellular protease，AXP）编码基因，成功构建重组酵母菌株 Po1f 及其派生菌株 Po1g。该系列菌株可以保护所表达的外源蛋白不被宿主细胞中的蛋白酶降解，并成功用于异源高效合成牛凝乳酶原。此外，常见的蛋白酶缺陷型毕赤酵母菌株，如 SMD1163（Δhis4Δpep4Δprb1）、SMD1165（Δhis4Δprb1）和 SMD1168（Δhis4Δpep4），已用于表达多种功能蛋白。

12.3.4.2　优化发酵工艺

优化酵母工程菌发酵工艺主要包括高密度发酵培养、添加辅助表达物，以及发酵时间与温度等外界环境因子。其中，高密度发酵培养一般是指微生物在液体培养中细胞群体密度大大超过常规培养时的生长状态的培养技术，以达到提高产物比生产速率的目的。例如，Duman 等（2020）报道了分批发酵与高密度发酵两种不同培养方式对巴斯德毕赤酵母分泌甲酸脱氢酶表达水平的影响。在该研究中，重组毕赤酵母发酵分为三个阶段：甘油分批阶段（第一阶段）、甘油补料分批阶段（第二阶段）和甲醇诱导阶段（第三阶段）。研究结果表明，采用高密度发酵策略有助于细胞生长，尤其第一阶段和第二阶段，经高密度发酵的酵母菌体量分别为 44.9DCW/L 和 46.9DCW/L，表明发酵罐中甘油的存在使毕赤酵母细胞的生物量提高了约 20 倍。此外，第二阶段经高密度发酵获得的甲酸脱氢酶的酶活力为 42U/L，远高于第一阶段该酶的酶活力（28 U/L）。

12.4 酵母基因工程应用举例

12.4.1 利用工程酵母菌生产功能性脂质

功能性脂质是一类具有特殊生理功能的油脂，对人体有重要的保健和药用功能，其具有的一些特殊营养素或活性物质对人体某些疾病（如高血压、心脏病、肥胖等）具有积极的防治作用。合成生物技术的快速发展为酵母工程菌优质合成功能性脂质提供了新思路。2013 年，Xie 等在解脂耶氏酵母体内表达源于不同生物的功能酶，包括 C16 延长酶、Δ12-去饱和酶、Δ9-延长酶、Δ8-去饱和酶、Δ5-去饱和酶和 Δ17-去饱和酶等，成功在解脂耶氏酵母内构建了 EPA 生物合成途径，实现了二十碳五烯酸的异源生物合成。为了进一步提升目标产物合成能力，研究人员通过过表达生物合成途径中相关去饱和酶与延长酶、转磷酸胆碱酶（choline phosphotransferase，CPT），并敲除编码过氧化物酶体的 *Pex10* 基因，最终使酵母产多不饱和脂肪酸 EPA 总量达到总脂肪酸含量的 56.6%，这是第一个成功应用于商业化生产 EPA 的解脂耶氏酵母菌株。2017 年，南京工业大学纪晓俊教授团队将源于高山被孢霉的 Δ6-去饱和酶编码基因进行密码子优化，并导入解脂耶氏酵母中，成功构建了异源合成 γ-亚麻酸的酵母细胞工厂，使其生产的 γ-亚麻酸浓度高达 71.6mg/L（Sun et al.，2017）。2019 年，湖南农业大学刘虎虎团队基于途径工程策略，采用酵母体内一步组装整合方法对解脂耶氏酵母进行工程改造，成功将花生四烯酸生物合成途径组装到酵母染色体中。在此基础之上，该团队采用蛋白质工程策略重新设计 Δ9-延伸酶和 Δ8-去饱和酶的融合酶，通过考察经不同融合方式构建的重组酵母菌发酵特性，最终发现采用柔性连接肽（GGGGS）构建的工程菌 RH-4 合成花生四烯酸，含量高达 118.1mg/L（Liu et al.，2019）。

12.4.2 利用工程酵母菌生产疫苗

随着生物技术的发展，基因工程疫苗已展示出其独特优势，酵母表达系统也成为生产疫苗的常用表达系统之一。20 世纪 80 年代中期，重组 DNA 技术被用于表达乙型肝炎表面抗原（HBsAg）。乙肝疫苗的重组技术包括将编码 HBsAg 的 HBV 基因组片段插入质粒并导入酿酒酵母中，从而在酵母表达系统中表达 HBsAg。目前，基因工程乙肝疫苗技术已相当成熟，中国自行研制的乙肝疫苗经多年观察证明安全有效，亦已批准生产；乙肝疫苗生产宿主也由酿酒酵母扩大到汉逊酵母，均有良好效果。

2020 年，新冠疫情席卷全球，无数人因感染新冠病毒 SARS-CoV-2 而丧生。大规模生产有效的 SARS-CoV-2 疫苗对于控制新冠疫情至关重要。Zang 等（2021）发现在巴斯德毕赤酵母中可以高效表达 SARS-CoV-2 的单体受体结合域（RBD），且酵母源 RBD 单体具有功能性构象，能诱导小鼠产生保护性中和抗体。该团队进一步在酵母中表达了基因连锁的 RBD 二聚体蛋白，发现工程二聚体 RBD 比单体 RBD 更有效。该研究为快速、低成本生产 SARS-CoV-2 疫苗以实现全球免疫开辟了一条新的途径。

12.4.3　利用工程酵母菌生产萜类化合物

萜类化合物是一类以不同数目异戊二烯单元为骨架的化合物的总称，广泛存在于自然界中。目前已发现的萜类化合物超过 5 万种，其中大部分是药用植物中的有效成分。例如，抗疟一线药物青蒿素、抗癌药物紫杉醇、具有保健作用的角鲨烯及作为抗氧化剂的类胡萝卜素类化合物均属于萜类化合物。2013 年，Paddon 团队通过在酿酒酵母中引入来自黄花蒿（*Artemisia annua*）的 CYP71AV1、CPR1 和 CYB5，并且过表达甲羟戊酸途径相关基因，下调代谢支路途径中 *ERG9* 表达，提高了工程菌合成青蒿酸的能力。在此基础上，通过优化酿酒酵母工程菌发酵工艺，最终使得青蒿酸产量达到 25g/L。2018 年，英国伦敦帝国理工学院 Rodrigo Ledesma-Amaro 团队采用 Golden Gate 技术在解脂耶氏酵母中构建并优化 β-胡萝卜素合成途径，通过筛选启动子和功能基因的组合以及优化发酵工艺，最终使得 β-胡萝卜素的产量达到 6.5g/L。番茄红素是一种天然抗氧化剂，具有很强的消除自由基能力和抗氧化能力，Schwartz 等（2017）利用合成生物技术构建了生产番茄红素的解脂耶氏酵母工程菌株，然后在 1L 发酵罐中通过补料分批发酵使番茄红素的产量达到 21.1mg/g DCW。2021 年，湖南农业大学刘虎虎团队首先在解脂耶氏酵母中过表达 HMG-CoA 还原酶编码基因，使得工程菌 SH-1 合成角鲨烯能力明显提升；其次，该团队通过共表达 HMG-CoA 还原酶与二酰甘油酰基转移酶编码基因，发现工程菌 SQ-1 生产角鲨烯能力提升至 514mg/L；最后，通过优化解脂耶氏酵母工程菌发酵条件，使得工程菌合成角鲨烯的产量高达 731.18mg/L。

本 章 小 结

与大肠杆菌相比，酵母是单细胞真核生物，具有诸多优点，因而以酵母为宿主建立的基因表达系统日益引起重视并得到广泛应用。目前广泛用于外源基因表达的酵母菌主要包括酵母属（如酿酒酵母）、克鲁维酵母属（如乳酸克鲁维酵母）、毕赤酵母属（巴斯德毕赤酵母）及耶氏酵母属（解脂耶氏酵母）等。实际上，不同酵母细胞各具独特的生理与遗传特性。针对不同的酵母宿主菌遗传特性，已经开发了相应的表达载体。作为一种穿梭载体，酵母表达载体主要由 DNA 复制起始区、筛选标记、整合介导区、有丝分裂稳定区和表达盒等元件组成。其中，表达盒主要包括启动子和终止子。如果目的蛋白在酵母细胞中分泌表达，表达盒中还应包括分泌信号肽序列。常用的筛选标记主要有营养缺陷型筛选标记和抗生素抗性筛选标记。目前，主要采用电击转化法与锂离子（Li⁺）介导转化法进行酵母细胞的遗传转化。值得注意的是，根瘤农杆菌介导转化法是当前在圆红冬孢酵母中应用最多的一种方法。

由于游离型表达载体在酵母细胞中表现出拷贝数低、稳定性差等特点，所以，目前主要利用整合型载体介导外源基因在酵母细胞中进行表达。表达载体的拷贝数及稳定性对外源基因的表达具有重要的影响。为了实现外源基因在酵母细胞中的高效表达，可以选择合适的调控策略优化外源基因的转录和翻译水平。此外，构建蛋白酶缺陷菌株、优化发酵工艺等技术也可以优化外源蛋白的合成效率。需要注意的是，如果重组酵母菌生产胞外蛋白，可选择适当的信号肽直接影响目的蛋白在酵母系统中的分泌效率。目前，酵母表达系统中常用的分泌信号肽序列主要包括酵母细胞内源性信号肽序列和异源蛋白自身信号肽序列。利用酵母细胞表达系统可以生产人类所需的药用蛋白、营养添加剂、药用天然产物等功能产品，这将在引领生物经济中扮演越来越重要的角色。

第 13 章　植物基因工程

13.1　植物基因工程载体分类及构建

依赖于载体进行遗传转化是目前植物基因工程中使用最多、机理最清楚、技术最成熟、最重要的一种转化技术系统，目前植物基因转移的载体系统包括质粒载体系统和病毒载体系统两大类，而质粒载体又包括 Ti 质粒和 Ri 质粒。Ti 质粒存在于根癌农杆菌中，通过伤口侵染植物使其产生瘤状突起。Ri 质粒存在于发根农杆菌中，侵染植物后使其产生须状根。Ti 质粒和 Ri 质粒具有基本一致的特性，结构和功能也非常相似。病毒载体系统主要利用 3 种不同类型的植物病毒，即单链 RNA 病毒、单链 DNA 病毒和双链 DNA 病毒。其中，最为成熟的病毒载体是烟草花叶病毒（TMV）、马铃薯 X 病毒（PVX）、花椰菜花叶病毒（CaMV）和番茄金花叶病毒（Arnaboldi et al.，2016）。

实际工作中，Ti 质粒转化载体在植物基因工程中最为常用，该系统可成功转化大多数双子叶植物及少数单子叶植物。此外，植物病毒载体和转座子也具有巨大的应用潜力，只是尚有许多理论和技术问题亟待解决。

13.1.1　植物基因工程载体分类

在植物转化中，目前比较常用的载体包括 Ti 质粒转化载体、Ri 质粒转化载体及植物病毒转化载体。双子叶植物是根癌农杆菌的天然宿主，容易转化；而单子叶植物可能由于缺少愈伤释放因子较难转化，但很多重要农作物都是单子叶植物，因此建立基于单子叶植物的转化系统具有重要意义。植物病毒具有广泛的寄主范围，因此有作为单子叶植物基因克隆载体的潜力。虽然雀麦条纹病毒和双子座病毒等也可以作为转基因植物的载体，但这些病毒所载有的外源基因易被宿主细胞排斥或被内切酶降解，加上插入外源基因的病毒容易丧失感染力、寄主范围狭窄等问题，因此在制备转基因植物时使用并不多。

根据功能及构建过程不同，植物基因工程中的载体可分为目的基因克隆载体、中间克隆载体、中间表达载体、卸甲载体和基因转化载体五种类型。目的基因克隆载体的功能是保存和克隆目的基因，通常是由多拷贝的大肠杆菌小质粒为载体；中间克隆载体是构建中间表达载体的基础质粒，是在大肠杆菌质粒的基础上插入了 T-DNA 片段、目的基因和标记基因；中间表达载体是构建转化载体的质粒，其内部含有植物特异启动子；卸甲载体是切除致瘤基因的 Ti 质粒或 Ri 质粒，是构建转化载体的受体质粒；基因转化载体是最后用于目的基因导入植物细胞的载体，亦称工程载体，它由中间表达载体和卸甲载体构建而成。

13.1.2　Ti 质粒载体及其构建

13.1.2.1　Ti 质粒的发现

质粒载体的基本特征、常见质粒载体的类型及生物学特性前面已经进行论述（详见 7.1.1），本部分以植物基因工程中常用的 Ti 质粒为例进行重点论述。Ti 质粒是迄今为止发现的少数能携带外源 DNA 插入到植物染色体上的细菌质粒，其作为转基因载体源于对植物冠瘿病的研究。冠瘿是一种双子叶植物中常见的肿瘤细胞，着生在近地面的根茎交界处，似帽子状结构。1907 年，Smith 和 Townsend 发现冠瘿是根癌农杆菌引起的。该菌为生活在土壤中的革兰氏阴性菌，属于根瘤菌科（Rhizobiaceae）。1942 年，Braun等首先研究了冠瘿与农杆菌的关系，他们发现冠瘿瘤组织在离体无菌培养时，不需要农杆菌的存在，培养基内不需要添加植物激素就可以无限生长。因而 Braun 提出了肿瘤诱导因子（TIP）假说，推测肿瘤诱导因子是一种染色体外的遗传物质。20 世纪 60 年代，法国的 Morel 等发现在植物肿瘤细胞中具有大量氨基酸类物质——冠瘿碱，它们是一类相对分子质量较小的碱性氨基酸衍生物。冠瘿碱是肿瘤细胞的特异性产物，能促进肿瘤生长，正常的植物组织不含冠瘿碱。研究证明肿瘤细胞合成的冠瘿碱种类取决于农杆菌类型，而与宿主植物无关。此外，诱导肿瘤合成章鱼碱的菌株能利用章鱼碱作为唯一碳源和氮源而生存；诱导肿瘤合成胭脂碱的菌株仅能利用胭脂碱，反之则不能生存。由于肿瘤发生和冠瘿碱合成之间具有如此紧密的联系，研究者推测，细菌携带的遗传物质进入植物细胞后，既诱发植物产生肿瘤，又决定着肿瘤的形态和冠瘿碱的合成。Kerr 发现农杆菌的致瘤能力可以在菌株间进行转移，将无致瘤能力和具有致瘤能力的菌株同时接种植株数周后，再将它们分别分离出来，原来不能诱发肿瘤的菌株获得了致瘤能力，从而推论致瘤能力一定与某种感染性实体有关系。1974 年，比利时根特大学的 Zaenen等从根癌农杆菌中分离到一类巨型质粒，凡有致瘤能力的农杆菌都带有这类质粒，丢失该质粒后则致瘤能力完全丧失，因此称之为致瘤质粒（Ti 质粒），Ti 质粒就是 Braun 假设的肿瘤诱导因子。此后科学家进一步证明了冠瘿碱合成等功能都是由 Ti 质粒携带的遗传信息决定的。1977 年，西雅图华盛顿大学的 Chilton 研究小组通过将 Ti 质粒酶切后的片段与侵染后的烟草冠瘿瘤组织杂交，发现植物肿瘤细胞中存在一段外来 DNA，它和 Ti 质粒的一段 DNA 有同源性，是整合进植物染色体的农杆菌质粒 DNA 的片段，称为 T-DNA。这一发现促使人们进一步研究 Ti 质粒并利用它作为转基因载体。

已知 T-DNA 内含有致瘤和冠瘿碱合成酶等基因，这些基因能使植物细胞转化为肿瘤细胞，而肿瘤细胞可大量合成冠瘿碱，后者释放到土壤中，有利于农杆菌的繁殖和 Ti 质粒的转移，这是自然界中天然存在的基因工程。农杆菌通过 Ti 质粒使植物细胞发生转化，可利用 Ti 质粒来对植物外源基因进行转移和表达。由于大多数情况下，野生型的农杆菌 Ti 质粒会诱发肿瘤或转化细胞之后其 T-DNA 基因产物引起植物激素不平衡，难以再生正常植株。因此，必须将 Ti 质粒加以修饰和改造，即去掉 Ti 质粒上有致瘤作用的那段基因，同时保持其 T-DNA 的转移能力和在再生植物上的表达能力，Zaenen 等（1974）、Vanlare 等（1974）、Watson 等（1975）经过不断的努力使之成为可能。1980 年，Ooms 等发现 Ti 质粒上还有毒性区，简称 Vir 区，它与肿瘤形成有关。1983 年，Shell Frally 和 Marc Van Montagu 分别将脱毒 Ti 质粒转移到植物基因组。与此同时，Chilton 等又成功利用 Ti 质粒 T-DNA 将新霉素磷酸转移酶基因（*NPT II*）导入植物细胞，使植株具有卡那霉素抗性。这一实验不仅证实了外源基因能在植物中表达，而且还为外源基因成功导入植物细胞和组织提供了一个可供广泛采用的选择标记基因，标志着植物基因工程的开始。

13.1.2.2　Ti 质粒的分类

根据诱导合成的植物冠瘿瘤所含冠瘿碱种类的不同，Ti 质粒可被分成 4 种类型：章鱼碱型、胭脂碱型、农杆碱型和农杆菌素碱型。

13.1.2.3　Ti 质粒的结构与功能

常见的野生型 Ti 质粒由约 196 个基因组成，编码 195 个蛋白质。天然的 Ti 质粒可分为 4 个区：①T-DNA 区，该区在农杆菌感染植物细胞时，从 Ti 质粒上切割下来并转移到植物细胞内部，是 Ti 质粒最重要的组成部分；②Vir 区，位于 T-DNA 区上游的一段 30～40kb 的区域，该区段编码的基因虽然不整合进植物基因组中，但其表达产物可激活 T-DNA 向植物细胞的转移；T-DNA 区与 Vir 区在质粒 DNA 上彼此相邻，约占 Ti 质粒的 1/3；③接合转移区（Con 区），该区含有与农杆菌之间接合转移有关的基因 *tra*，这些基因受宿主细胞合成的冠瘿碱激活，调控 Ti 质粒在细菌之间转移；④复制起始区（Ori 区），调控 Ti 质粒的自我复制起始（图 13-1）。

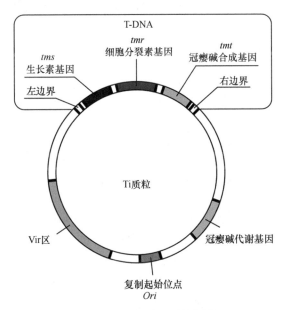

图 13-1　野生型 Ti 质粒图谱

Ti 质粒有以下主要功能：①能够使农杆菌附着在植物细胞壁上；②使寄主细胞额外生成生长激素吲哚乙酸（IAA）和一些细胞分裂素；③能够合成特定的冠瘿碱并形成不

同形态的冠瘿瘤；④使寄主菌株具有分解代谢冠瘿碱化合物的能力，能够利用冠瘿碱作为唯一碳源和能量来源；⑤赋予寄主植物对土壤杆菌所产生的细菌素的反应性；⑥决定寄主菌株的寄主植物范围；⑦有的 Ti 质粒能够抑制某些根癌土壤杆菌噬菌体的生长与发育，即具有对噬菌体的"排外性"。

1. T-DNA 的结构与功能

T-DNA 是能够转移并整合进植物基因组中导致冠瘿瘤形成的一段 DNA，其含有的基因与肿瘤的形成有关，长度为 12~24kb，占 Ti 质粒 DNA 总长度的 10%左右（详见 8.3.2.2）。在 T-DNA 左右边界之间，含有 tms、tmr 和 tmt 三类结构基因，分别编码生长素合成基因、细胞分裂素合成基因和冠瘿碱合成基因。tms 基因位点由 iaaH 和 iaaM 两个基因组成，控制由色氨酸合成生长素 IAA 的代谢途径；tmr 基因位点中的 iptZ 负责由异戊烯焦磷酸和 AMP 合成分裂素的反应；tmt 基因位点的编码产物可催化合成冠瘿碱类化合物。每一种 Ti 质粒只含一个 tmt 基因位点，合成章鱼碱、胭脂碱、农杆碱或农杆菌素碱中的一种。农杆菌侵染植物时，左右边界序列之间的基因转入植物细胞并整合到核基因组中，tms 和 tmr 负责合成过量的生长素和细胞分裂素，引起质粒转化区植物细胞迅速分裂与生长，加上 tmt 不断利用植物细胞的精氨酸、丙氨酸、谷氨酰胺等氨基酸合成正常细胞所不能合成的冠瘿碱（异常氨基酸），使得植物细胞感染部位形成冠瘿瘤，导致植物生长缓慢，甚至死亡。由于引发植物产生肿瘤的基因（tms 和 tmr）都在 T-DNA 区域，只要保留 T-DNA 边界序列，即使中间引发植物产生肿瘤的基因序列被替换，T-DNA 区仍可转移并整合到植物基因组中。因此，将外源 DNA 片段插入到 T-DNA 区域的一定位点，就可以利用 T-DNA 的转移特性，将基因导入植物基因组，达到转基因的目的。

2. Vir 区操纵子的基因结构与功能

除了 T-DNA，Ti 质粒的 Vir 区也是农杆菌致瘤所必需的，该区段上的基因能激活 T-DNA 转移，使农杆菌表现出毒性，故称之为毒性区。章鱼碱型 Ti 质粒的 Vir 区长约 40 kb，包含 VirA 到 VirH 共 8 个与致瘤有关且各自独立的转录单位，形成一种"操纵子"结构；胭脂碱型 Ti 质粒有 7 个这样的"操纵子"结构。Vir 区基因功能详见 8.3.2.4。

13.1.2.4 Ti 质粒载体改造及植物转化载体构建

Ti 质粒作为一种理想的天然载体，有如下优点：Ti 质粒中的 T-DNA 能够整合到宿主染色体 DNA 上，并稳定遗传传下一代；T-DNA 上的冠瘿碱合成酶基因具有一个强的启动子，将其连接外源基因能够驱动外源基因高效表达。但其作为常规克隆载体存在以下缺陷：一是 Ti 质粒过于庞大（一般在 200kb 左右），在基因工程中难以操作；二是天然 Ti 质粒上没有合适的酶切位点供外源基因插入 T-DNA 中；三是 T-DNA 上 tms 和 tmr 基因产物使植物细胞无限增殖导致产生肿瘤，干扰细胞分化和植株再生；四是 Ti 质粒没有大肠杆菌复制起点，不能在大肠杆菌中复制，即使得到重组质粒，也只能在农杆菌中进行扩增；而农杆菌由于转化率较低、拷贝数少，限制了 Ti 质粒的应用。基于上述原因，为了使 Ti 质粒满足基因工程的需要，应对野生型 Ti 质粒进行如下改造：①保留 T-DNA 的转移功能；②取消 T-DNA 的致瘤性；③删除质粒上多余的酶切位点，增加多种酶的单一酶切位点（多克隆位点）；④载体具备大肠杆菌和农杆菌 2 个 DNA 复制起点，能够在大肠杆菌和农杆菌之间穿梭；⑤至少具备 2 个筛选标记：一个细菌选择标记基因，便于载体构建和克隆筛选；一个植物选择标记基因，便于转化植物细胞后选择。目前主要采取两种方案构建 Ti 质粒转化载体，即一元载体转化系统和双元载体转化系统。这两个系统的特点和工作原理各有不同。

1. 一元载体转化系统

一元载体转化系统包括卸甲 Ti 质粒及中间载体两部分。卸甲 Ti 质粒即用一段可进行基因工程操作的 *E.coli* 小质粒序列取代 *tms* 和 *tmr* 基因之后的 Ti 质粒。最早获得广泛应用的卸甲 Ti 质粒是比利时科学家 Zambrisky 等 1983 年改造的 pGV3850，该质粒是将 pBR322 质粒替换掉 T-DNA 中的致瘤基因得来。由于 pGV3850 T-DNA 中存在 pBR322 的 DNA 序列，因而成为一种通用的受体质粒，任何可以克隆到 pBR322 派生载体上的目的基因都可以整合到 Ti 质粒上。中间载体可以是 pBR322，也可以将不完整的 T-DNA 片段及植物选择标记基因和根癌农杆菌选择标记基因克隆进 pBR322，利用其上具有的多克隆位点插入目的基因，转化大肠杆菌并筛选鉴定。中间载体不能将目的基因转入植物细胞，但是能够通过电击法、冻融法或三亲交配法将携带有目的基因的中间载体引入根癌农杆菌。由于中间载体具有大肠杆菌复制起点而不含农杆菌的复制起点，故其仅能在大肠杆菌中复制。中间载体与卸甲 Ti 质粒有同源性，通过体内同源重组，目的基因与中间载体一同整合到卸甲 Ti 质粒 T-DNA 的同源区域内（图 13-2）。最后，使用含有整合 Ti 质粒载体的农杆菌感染植物愈伤组织，携带大肠杆菌重组质粒的 T-DNA 随机整合到植物细胞染色体上。由于这种同源重组方式重组率不高，而且整合的 Ti 质粒载体大于 150kb，在农杆菌中拷贝数比较低，导致此方法转化效率不高，且之后的鉴定工作也很复杂。

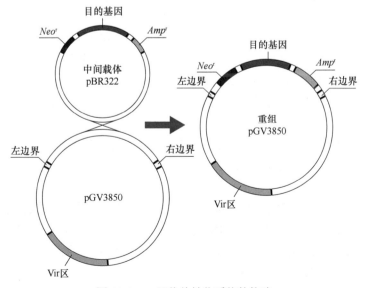

图 13-2　一元载体转化系统的构建

2. 双元载体转化系统

目前利用 Ti 质粒介导的植物转化大多采用双元载体转化系统。由于 Ti 质粒上基因转移不依赖于 T-DNA 内部编码的基因，Vir 区产物可以反式激活 T-DNA 的转移。基于这一原理，使 T-DNA 区与 Vir 区处于不同的质粒上，同样可以使插入到 T-DNA 区的外源基因导入植物细胞基因组。

双元载体转化系统由 Schilperoort 团队于 1983 年提出，他们把 Ti 质粒分为两个独立复制、彼此相容的小质粒：一是将包含左、右边界的 T-DNA 区从 Ti 质粒中分离，放置在一个能在农杆菌和大肠杆菌中复制的穿梭载体中，负责转运目的基因，后期又对这一载体进行完善，去除致瘤基因并在 T-DNA 内部加入多克隆位点（MCS）和筛选标记基因（Chilton 团队）；二是除去 T-DNA 保留 Vir 区的 Ti 质粒，此 Ti 质粒事先保存在农杆菌中作为辅助质粒，通过反式激活使 T-DNA 转移并整合到植物细胞基因组中（图 13-3）。由于双元 Ti 载体体积小、便于基因克隆操作，成为植物基因工程中最重要的植物转化载体。

在双元载体转化系统中，一个典型穿梭载体的 T-DNA 区除含有左右边界、植物选择标记基因和多克隆位点外，还需要具有位于载体骨架上的大肠杆菌复制起点、农杆菌复制起点、大肠杆菌选择标记基因、农杆菌选择标记基因，以及其他基因转移必需元件和能够提高基因转移能力的元件，但是载体上不含 Vir 区。左右边界会被辅助质粒的 Vir 区产物识别，起始 T-DNA 的转移并整合到植物基因组中；植物选择标记基因位于左、右边界序列之间，在转化过程中整合到植物基因组，用来筛选侵染植物后的阳性转化植株。多克隆位点通常来自于常用的克隆载体，方便设计插入目的基因，也可以根据实验需求做出改变，通常一两个合适的酶切位点即可满足需要；穿梭载体通常还需要有位于载体骨架上的细菌选择标记基因，以便分别在大肠杆菌和农杆菌中筛选含有双元载体的转化菌株。此外，还需要有农杆菌和大肠杆菌的复制起点，使它能够分别在农杆菌和大肠杆菌中复制。

应用最广泛的穿梭载体为 pBIN19 及其衍生质粒。pBIN19 含有来源于 pTiT37 的 T-DNA 左、右边界序列，在两个边界序列之间的 T-DNA 区含有 *NPT II*，以及来自噬菌体 M13mp19 的 *LacZ'* 基因。*LacZ'* 基因内部含有多克隆位点，外源基因插入其间使其失活，可以利用蓝白斑筛选鉴定含有重组质粒的转化克隆。穿梭载体较小（10kb），可以直接进行体外遗传操作。

最常用的穿梭载体受体是根癌农杆菌 LBA4404，其含有 Ti 辅助质粒 pAL4404，是从章鱼碱型 Ti 质粒 pTiAch5 衍生而来的，其 T-DNA 区域已发生了缺失突变，但仍保存有完整的 Vir 区基因功能。在植物基因工程中，人们将目的基因构建到穿梭载体中，利用大肠杆菌扩增鉴定重组载体，采用冻融法或三亲交配法将重组穿梭载体转入含有辅助质粒的根癌农杆菌中，穿梭载体的 T-DNA 区在辅助质粒的 Vir 区基因产物的作用下转移并整合到植物细胞基因组中（图 13-3）。由于在根癌农杆菌细胞内穿梭载体不需要经过共整合过程，操作起来比一元载体表达系统更为简便。

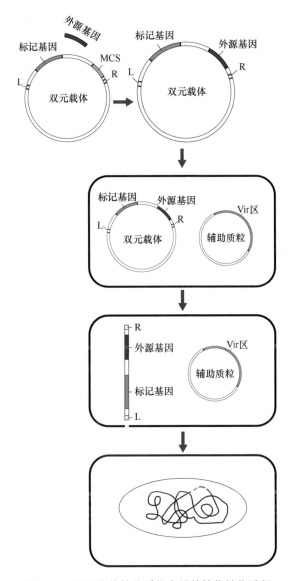

图 13-3　双元载体转化系统介导的植物转化过程

13.1.2.5　Ti 质粒在植物基因工程中的应用

部分双子叶植物和裸子植物对农杆菌较为敏感，是农杆菌的天然宿主，可以获得较高的侵染转化效率，因此利用农杆菌介导的遗传转化技术在这些植物中已经非常成熟，成为一项常规技术。然而由于农杆菌介导法受宿主范围限制，导致双子叶作物大豆和多种单子叶植物（如玉米、水稻、小麦等）可能由于缺少某种特殊的愈伤释放因子而较难转化。随着分子生物学的迅速发展，利用农杆菌 Ti 质粒转化单子叶植物已经逐步成为常规手段。最早获得成功的转化是 Bytebier 等用含 *nos-NPT II* 基因的重组 Ti 质粒感染单子叶植物石刁柏的愈伤组织，获得抗卡那霉素的再生植株。Chan 等于 1993 年以水稻开花授粉后 10～12 天的幼胚为受体，经农杆菌感染后获得了转基因植株。Hiei 等在 1994 年以水稻成熟胚愈伤组织和未成熟幼胚为受体实现了对粳稻的高频转化，得到大量转基因植株，并建立了水稻的遗传转化体系。Ishida 等在 1996 年报道以玉米自交系 A188 幼胚作为受体，获得了世界上第一株用该方法获得的转基因玉米。Cheng 等于 1997 年以小麦刚剥离的幼胚、预培养的幼胚和幼胚愈伤组织为受体材料，获得转基因小麦植株。之后，大麦、甘蔗等重要经济作物均获得转基因植株。

提高根癌农杆菌单子叶植物转化效率，可以通过以下方式：①增加农杆菌对受体植株的吸附与相互作用；②添加乙酰丁香酮，弥补单子叶植物因乙酰丁香酮分泌量较少或不足而难以完成农杆菌毒性基因激活的缺陷，使其促进 Vir 基因激活；③增加农杆菌感染植物组织的深度，在组织表面和细胞膜上形成大量的微伤口，有利于提高转化效率；④避免细胞被氧化，减少共培养阶段愈伤组织的褐化现象。

13.1.3 Ri 质粒载体及其构建

毛状根是由土壤发根农杆菌（含 Ri 质粒）感染植物细胞后产生的一种病理状态，这一状态开始是由 Ri 质粒上的 T-DNA 片段进入植物细胞，并随机整合到植物基因组中，利用植物细胞内的酶系统进行转录和表达，产生许多生长迅速、分枝成毛状的不定根引起的。Ri 质粒的大小为 200～800kb，是独立于细胞染色体之外的共价闭合环状 DNA，具有独立的遗传复制能力。与 Ti 质粒的结构相似，Ri 质粒也属于巨大质粒。发根农杆菌侵染植物后，菌体不会进入细胞内，与 Ti 质粒转化机制基本相同。

13.1.3.1 Ri 质粒的分类

根据其合成冠瘿碱的不同，可将 Ri 质粒分为 4 种类型：①甘露碱型，合成甘露碱及其酸、农杆碱酸与农杆碱素 A；②黄瓜碱型，合成黄瓜碱；③农杆碱型，合成农杆碱及其酸、甘露碱及其酸、农杆碱素 A；④米奇矛型。研究发现含农杆碱型 Ri 质粒的发根农杆菌较甘露碱型、黄瓜碱型和米奇矛型有更为广泛的宿主范围。

13.1.3.2 Ri 质粒的结构与功能

Ri 质粒与 Ti 质粒具有相似的结构，分为 4 个功能区，包括 T-DNA 区、Vir 区、Ori 区、OPCA 区，具体介绍如下。

1. T-DNA 区结构与功能

T-DNA 是 Ri 质粒上唯一整合到植物基因组的 DNA 片段，大小为 10～30kb。虽然认为 Ri 质粒与 Ti 质粒的 T-DNA 转移过程极为相似，但这两类质粒 T-DNA 在同源性上存在着较大差异，因此它们转化基因的表达产物和表型控制有较大差别。农杆碱型的T-DNA 分为 T_L-DNA（核心 T-DNA 区）和 T_R-DNA 两个区域，被大约 15kb 的非转移DNA 间隔。T_L-DNA 大小为 19～20kb，其上分布有 rolA、rolB、rolC 和 rolD 共 4 个 rol基因群。缺失和转座子插入失活研究发现，这些基因群与毛状根生成及再生植株形态特征有关。现已证实，rolA、rolB 和 rolC 在农杆碱型、甘露碱型和米奇矛型 Ri 质粒中均存在，且三者均可单独诱导毛状根生成，rolD 则与植物愈伤组织形成有关。T_R-DNA 上带有农杆碱合成酶基因（*ags*）和生长素合成酶基因（*tms1* 和 *tms2*），后者指导 IAA 的合成，因此转化产生的毛状根，在培养时不需要额外加入生长激素，是激素自养型的。与农杆碱型 T-DNA 包含 T_L-DNA 和 T_R-DNA 不同，其余三型 Ri 质粒只含有一个连续的 T-DNA 区，仅与 T_L-DNA 具有高度同源的片段，其上有冠瘿碱合成酶基因，没有生长素合成酶基因序列，使植物细胞形成毛状根。各种类型的发根农杆菌 Ri 质粒 T-DNA 两端各有一段与 Ti 质粒 T-DNA 左右边界序列高度同源的 25bp 重复序列，是切割 T-DNA 时的特异性酶切位点。

研究表明，在转化过程中，T-DNA 插入到植物细胞核基因组上的长度与发根农杆菌的类型有关。农杆碱型 Ri 质粒 T_L-DNA 或黄瓜碱型 Ri 质粒 T-DNA 的插入长度具有较高的稳定性，而农杆碱型 Ri 质粒 T_R-DNA 或甘露碱型 Ri 质粒的 T-DNA 插入长度则很不稳定，T_R-DNA 甚至可以缺失。单独的 T_L-DNA 也可以转化植物产生毛状根，但由于没有生长素合成酶基因序列，在培养时需要额外添加生长素；T_L-DNA 和 T_R-DNA 共同作用时，转化能力大大提高，这表明两者在转化时具有协同作用。

2. Vir 区结构与功能

Vir 区位于复制起始点和 T-DNA 区之间，距 T-DNA 35kb 左右，是发根农杆菌实现高效侵染所必需的区域。不同类型 Ri 质粒的 Vir 区有很高的保守性，并且与 Ti 质粒 Vir 区基因群也有很高的同源性，因此它们的功能也可能相似。Vir 区基因产物对 T-DNA 的转移起着极其重要的作用，它由 *VirA*～*G* 共 7 个操纵子组成，在正常情况下，除 *VirA* 属于组成型表达，其余 *Vir* 基因均处于抑制状态。当发根农杆菌侵染植物时，植物伤口处产生低分子量酚类化合物，*VirA* 编码的跨膜蛋白感受到酚类信号后，激活其他 *Vir* 基因的转录与表达，编码不同的蛋白质发挥各自的作用，其中包括一系列限制性内切核酸酶，酶切使 T-DNA 从 Ri 质粒上分离，对 T-DNA 进行加工和转运，抵抗 3′ 和 5′ 外切核酸酶及内切核酸酶的降解，产生的 T-DNA 链在细胞核定位信号的引导下穿过农杆菌细胞膜上的特定孔道进入宿主植物细胞核，进而整合到植物基因组中。单子叶植物不易被 Ri 质粒感染，可能与其细胞缺乏合成特异小分子酚类化合物的能力有关。

3. Ori 区与 OPCA 区

Ori 区即复制起始区，OPCA 区即功能代谢区，这两个基因区对发根农杆菌 Ri 质粒的 T-DNA 转移不起重要作用。

13.1.3.3　Ri 质粒的构建及转化

Ri 质粒与 Ti 质粒的构建及转化过程基本相同，只是转化策略有所不同。利用 Ti 质粒作为植物转化的载体，必须去掉 T-DNA 上的 *tms* 和 *tmr* 基因，因为这两个基因的表达影响了完整植株的再生。Ri 质粒的 T-DNA 对植物体无致病性，且植物体对其基因表达产物无排斥反应，所以野生型的发根农杆菌是植物基因工程技术中的天然载体，可直接用于外植体转化实验。但是由于 Ri 质粒过大（200～800kb），而且其上具有限制性内切核酸酶的多个酶切位点，难以在体外进行遗传操作，因而用野生型的发根农杆菌感染外植体时只能获得含 Ri 质粒上 T-DNA 片段的毛状根。要想利用 Ri 质粒作为植物外源基因转移和表达的载体，需要对 Ri 质粒进行改造。基于发根农杆菌 Ri 质粒介导的植物基因工程同样有一元载体表达系统和双元载体表达系统。

1. 一元载体表达系统

一元载体表达系统利用中间载体（含有目的基因并与 Ri 质粒序列同源）是 pBR322 的衍生物，此类中间载体的质粒上除了含有目的基因，仅需带有一个能与野生型 Ri 质粒的 T-DNA 进行同源重组的区域，即可通过重组得到共整合。用含有中间载体的大肠杆菌作为供体菌，将野生型的发根农杆菌作为受体菌。由于这类中间载体自身无穿梭功能，所以在构建发根农杆菌工程菌的过程中必须使用一种协助中间载体由大肠杆菌转移进入发根农杆菌的穿梭质粒。将供体菌、受体菌和具有穿梭质粒的大肠杆菌三者共培养一段时间后，当穿梭质粒由大肠杆菌进入供体菌后，利用自身的转移能力，协助供体菌内的中间载体（pBR322 衍生物）进入受体菌，随后含目的基因的中间载体利用同源重组使目的片段和抗性标记基因整合到 T-DNA 区中，而提供游动能力的穿梭质粒不具备发根农杆菌的复制起点，最终会自行丢失。利用抗性标记筛选重组发根农杆菌，最后通过发根农杆菌 Ri 质粒 Vir 区的转移功能和桥梁作用使 T-DNA 片段内的目的基因共同转入受体植物细胞。

2. 双元载体表达系统

Ri 质粒双元载体表达系统的构建与 Ti 质粒基本相同，在应用过程中不需要其他细菌的协同参与。将含有 T-DNA 功能区的小型穿梭质粒载体与 Ri 质粒载体构成双元载体表达系统，Ri 质粒上的 Vir 区产物可以作用于 T-DNA 上，分别促进 Ri 质粒和穿梭质粒载体上的 T-DNA 区转移并整合到受体植物细胞染色体上。这类穿梭质粒载体较常用的有 pCAMBIA1301、pCAMBIA1304 等，它们可以分别在大肠杆菌及发根农杆菌中进行复制。在应用过程中，只需要将目的片段插入到小型穿梭质粒中，将构建好的质粒转入野生型的发根农杆菌感受态细胞，并通过穿梭质粒上自身携带的抗性标记基因筛选重组的发根农杆菌，最后通过发根农杆菌 Ri 质粒上的 Vir 区产生的蛋白质的辅助转移，将穿梭质粒上含有目的片段的 T-DNA 区导入受体植物细胞中。双元载体系统操作简单、容易筛选，且阳性率高，现已成为植物基因工程中的常用方法。

13.1.4 植物表达载体的基因表达盒

近年来发展起来的多基因转化系统，可以在一个载体中同时插入多个目的基因，逐步取代了传统重复转化和杂交手段，用以改良植物营养品质。每个基因都需要由完整的基因表达盒来控制，一个完整的基因表达盒由启动子、目的基因和终止子三部分组成，它们都属于转基因植物中的外源基因。在这种多基因表达系统中，即使引入的启动子之间仅有 90bp 的同源性，只要有重复序列的启动子导入生物体内，就会引起所谓的基因表达"共抑制"现象，从而导致基因沉默。为了避免转基因同源性过高引起的基因沉默现象，不同的基因需要由不同的启动子驱动表达，由不同的终止子终止转录。

13.1.4.1　植物载体常用的启动子

植物基因表达受多个层次的调控，包括转录、转录后和翻译水平调控。其中，转录水平调控主要由启动子进行，启动子位于基因上游，是一段提供 RNA 聚合酶识别与结合的序列，一旦 RNA 聚合酶结合到 DNA 序列上，即可启动 RNA 的转录。启动子在很大程度上决定了基因的表达部位、表达方式、表达时期和表达水平等。启动子主要有组成型、组织特异性和诱导型 3 种类型。

组成型启动子包括异源和内源两种类型。异源组成型启动子包括花椰菜花叶病毒 CaMV35S 启动子、农杆菌章鱼碱合成酶 Ocs 启动子和胭脂碱合成酶 Nos 启动子等，其中 CaMV35S 启动子最为典型，能调控烟草、拟南芥、马铃薯等转基因植株中异源基因的高效表达。植物内源组成型启动子主要包括玉米 Ubiquitin 启动子和水稻 Actin 启动子。这些植物内源组成型启动子能够更好地驱动外源基因在植物体中的表达。组成型启动子的表达不受外界环境的影响，启动基因持续、稳定、高效地在所有器官或者组织中表达。但其通常不能满足特定基因在特定组织的表达，而且有些目的基因持续高水平在所有组织中表达，有可能对寄主植物造成伤害。此外，CaMV 35S 启动子的表达具有时空特异性，通常其在根、表皮和茎中的表达活性非常低，并且在根中表达活性显著低于在叶片中的表达活性，这种差异导致目的蛋白有可能在预期表达的部位表达量低，而在其他部位的表达量高，既增加植株自身负担，又造成能量资源浪费。

组织特异性启动子能够启动外源基因仅在受体植物的特定组织或器官中表达，克服了组成型启动子在受体植物中非特异性以及持续、稳定、高效表达而造成浪费，但在需要大量表达的组织部位表达量低、达不到预期效果的缺点，满足了植物本身生长发育的需要。基因组织特异性表达的关键在于其启动子中含有一些特异的顺式元件，能够与不同的转录因子相互作用。组织特异性启动子除了具有一般启动子所含有的 TATA box、CAAT box 和 GC box，还存在控制组织特异性表达所必需的元件，这些元件的种类、数目及相对位置决定了其表达的特异性。组织特异性启动子遍布于植物各种组织，包括营养器官和生殖器官特异表达启动子，前者包括绿色组织、根等部位的特异表达启动子，后者包括雌蕊、花粉、花、种子、胚和胚乳、果实等各种组织特异表达的启动子。

诱导型启动子是指在某些特定的物理或化学信号刺激下，可以大幅度提高基因转录水平的启动子。植物在长期进化过程中，通过启动不同基因的表达，可在一定范围内适应光、温度、水分等环境的变化。目前，分离的诱导型启动子主要包括光、热、创伤和真菌诱导型启动子等。不同诱导型启动子中含有顺式作用元件的种类不同，例如，光诱导型启动子中通常含有 GT-1-motif、I-box、G-box 和 AT-rich 序列等顺式作用元件；热诱导型启动子中多存在 CCAAT-box、HSE-motif、CCGAC-motif 等顺式作用元件。有些诱导型启动子不仅受各种环境条件诱导，而且具有组织特异性，例如，RBCS1 启动子内部既包含光应答元件，又包含叶特异表达元件，因此受光诱导调节的同时在叶中特异性表达。由于植物生长环境及基因表达的复杂性，植物从接受外界环境刺激到启动应答基因表达之间的信号通路往往相互交叉，这样启动子中包含的顺式作用元件通常也不止一种，例如，葡萄白藜芦醇合酶基因 Vst1 启动子，由于其内部含有乙烯和臭氧应答元件，当葡萄遭受病虫侵害、UV 照射、化学物质或臭氧环境诱导时，均可启动 Vst1 的表达。由于这些基因的启动子通常包含比较保守的顺式作用元件，利用这些保守元件可以推测含有该类元件的新基因的可能功能；也可用这些环境应答基因的启动子与抗逆基因融合转化植物，使转基因植物更好地适应逆境。

13.1.4.2 植物载体常用的终止子

终止子是终止密码子到 poly(A)尾巴之间的一段序列，通过其内部含有的顺式作用元件来调控基因表达。在外源基因表达盒构建中，通常选用强烈表达型基因或组织特异性表达基因的 3′端非翻译区（3′-UTR）作为终止子。目前被广泛应用的终止子包括来自根癌农杆菌的 T-nos 和 T-ocs 终止子、来自花椰菜花叶病毒的 T-35S 终止子、来自烟草的 NtR19 终止子、来自豌豆的 T-3A 及 rbc 终止子等，这些终止子与异源启动子组合后可启动报告基因在植物中的高效表达。近年来，以水稻作为生物反应器生产外源重组蛋白取得了重要进展，为了避免多基因转化系统中转基因同源性过高引起的基因沉默现象，科学家正在寻找新的终止子替代传统的通用型终止子。人们陆续从水稻种子中克隆得到了一些终止子，如谷蛋白 GluA-1、GluA-2、GluA-3、GluB-1、GluB-5、GluC 等终止子，它们既可以驱动外源基因在水稻种子胚乳特异性表达，又可以起到增强外源基因表达的作用。

13.2 植物基因工程受体系统

植物基因转化受体系统是通过组织培养途径或其他非组织培养途径，获得能接受外源 DNA 整合、转化的外植体，筛选获得新的高效、稳定的无性系植株的再生系统。选择和建立良好的植物受体系统是基因转化能否成功的关键因素之一。迄今已建立了多种有效的基因转化受体系统，大多数都是建立在受体材料离体培养技术基础之上。离体培养技术多种多样，拓宽了转基因受体系统的选择范围。在实际转基因操作过程中，应根据植物种类、基因载体系统及具体实验条件选择合适的受体系统，以便适应不同转化方法要求和不同转化目的。

13.2.1 植物原生质体受体系统

植物原生质体（protoplast）是除去细胞壁的、被细胞膜包围的"裸露细胞"，具全能性，是能存活的植物细胞的最小单位，在适应的培养条件下能诱导出再生植株。由于原生质体与外界环境之间仅隔一层薄薄的细胞膜，与动物细胞类似，外源 DNA 可顺利进入经物理或化学方法处理之后细胞膜通透性改变的原生质体，并整合到染色体上进行表达，从而实现植物基因转化。因此，原生质体是理想的遗传转化受体。原生质体实验技术主要包括原生质体的分离和培养、原生质体融合和无性系变异筛选、离体诱变及遗传转化等方面。其中，原生质体技术发展历程详见 8.3。经过多年的摸索，植物原生质体培养技术已经趋于成熟和完善。目前，已有烟草、番茄、水稻、拟南芥、小麦和玉米等 250 多种高等植物原生质体培养成功，为利用原生质体作为受体系统进行基因转化奠定了基础。

此外，原生质体融合、体细胞杂交的技术也得到广泛应用（王桂香等，2011）。原生质体没有细胞壁，比完整细胞更容易摄取外来遗传物质、细胞器以及细菌、病毒等微生物，在一定的条件下可以诱导它们融合形成杂种细胞，因此原生质体研究促进了高等植物的遗传转化和植物育种实践的飞速发展。目前，原生质体融合技术已经在草莓、茄子、白菜和甘蓝中成功应用，能有效克服远缘杂交障碍（连勇等，2004；廉玉姬，2012；张丽等，2008）。此外，王桂香等（2011）成功将黑芥特有的黑腐病抗病基因通过 PEG 介导的原生质体融合技术转移到花椰菜和野生黑芥种间杂种中，这为野生种质资源有效利用提供了新途径，也使植物原生质体在育种方面的应用进一步被重视。

原生质体受体系统具有以下优点：①原生质体无细胞壁限制，外源 DNA 容易导入细胞，易于在相对均匀和稳定的同等控制条件下进行准确的转化和鉴定；②原生质体培养的细胞常分裂形成基因型一致的细胞克隆，因此原生质体作为受体产生的再生植株嵌合体少；③适用于电击法、PEG 法、脂质体介导法和显微注射法等各种转化方法。然而，原生质体受体系统也存在不足之处，例如，原生质体培养所形成的细胞具有无性系变异较强烈、遗传稳定性差、原生质体分离培养技术难度大、培养周期长、植株再生频率低等缺点，导致其应用于植物基因转化时具有一定局限性。

13.2.2　植物愈伤组织受体系统

愈伤组织受体系统是指外植体经组织培养脱分化产生愈伤组织，然后通过再分化获得再生植株的一种植物基因转化常用受体系统。该系统具有以下优点：①愈伤组织是由脱分化的分生细胞组成，分裂旺盛，易接受外源 DNA，转化率较高；②水稻、番茄、烟草等多种外植体都可经组织培养途径诱导产生愈伤组织，适用于多种植物基因转化；③愈伤组织通过继代培养可以无限扩繁，因而通过转化愈伤组织可获得大量转基因植株。

但是，愈伤组织受体系统也存在以下缺点：①从外植体诱导的愈伤组织常由多细胞形成，本身就是嵌合体，因而分化的不定芽嵌合体比例高，转基因再生植株筛选难度大；②愈伤组织所形成的再生植株无性系变异较大，转化的目的基因遗传稳定性差，需要经过多代自交才能获得纯合株系；③愈伤组织培养周期较长，比较耗费时间。

愈伤组织包括胚性和非胚性愈伤组织两种类型，用于植物基因转化时应尽量选择胚性愈伤组织。以水稻为例，胚性愈伤组织外部形态表现为质地坚实易碎、表面光滑、颗粒状、淡黄色。不同品种甚至同一品种的不同基因型材料，其愈伤组织的诱导及分化能力均存在差异，因而在诱导愈伤组织时要根据具体的植物材料选择不同的培养基及激素配比，以确保胚性愈伤组织的形成。直接使用外植体组织进行农杆菌侵染时，应注意从生长活跃的幼嫩植物材料部位取材；用愈伤组织进行转化，应在愈伤组织细胞处于分生细胞状态时进行，此时外源基因容易进入，转化效率高；愈伤组织必须保持良好的状态，继代周期不能太长。使用愈伤组织作为受体系统，其转化方法有根癌农杆菌介导法和基因枪法，目前已经在烟草、水稻、小麦、番茄等许多农作物中得到广泛应用。

13.2.3 生殖细胞受体系统

开花植物有性生殖过程中，利用植物生殖细胞（花粉细胞、卵细胞等）为受体系统进行基因遗传转化。目前利用生殖细胞进行转化有两条途径：一是生殖细胞的离体培养，即利用组织培养技术进行花粉细胞和卵细胞的单倍体培养，诱导出胚状体或愈伤组织细胞，进一步分化发育成单倍体植株，从而建立单倍体的基因转化系统；二是活体培养，直接利用花粉和卵细胞受精过程进行基因转化，如花粉管通道法、花粉粒浸泡法和子房微注射法。

生殖细胞受体系统具有以下优点：①选用具有全能性的生殖细胞作为受体细胞，接受外源遗传物质的能力强，导入外源基因成功率高，更易获得转基因植株；②生殖细胞是单倍体细胞，转化的基因不受显隐性影响，有利于性状选择，通过加倍后即可成为纯合的二倍体新品种，因此可简化和缩短复杂的育种纯化过程；③适用于任何单子叶、双子叶开花植物；④直接使用成株操作，无须经过细胞或原生质体培养、诱导再生植株等费时费力的过程；⑤方法简便，可以在大田、盆栽或温室中进行，易于掌握。

该系统也存在局限性：①仅限于植物开花时期才可以转育，不适用于无性繁殖的植物；②导入总 DNA 片段的转育株会带有少量非目的性状 DNA 片段。

13.2.4 叶绿体转化系统

叶绿体转化系统是以细胞核为外源基因受体的传统植物基因工程发展趋于成熟之后，在基因枪转化方法的基础之上建立的技术。1990 年，外源基因首次于高等植物叶绿体中获得瞬时表达。

叶绿体转化系统的特点为：①可以定点整合外源基因，叶绿体转化可将目的基因定位在适合表达的位点，避免了繁重的筛选工作；②叶绿体是植物为原核基因表达的理想场所，起源于原核生物，因而原核基因不需要经过改造就可以在叶绿体中表达，原核启动子也能在叶绿体中正常行使功能；③叶绿体属于母系遗传，这为整合于其中的外源基因的稳定遗传提供了方便，目的基因不会在后代中出现性状分离，因而在农业生产中只需将转基因植株作为母本就可以获得所需性状的后代；④叶绿体转化系统可以使目的基因超量表达。

13.3 植物遗传转化方法

植物遗传转化是指利用分子生物学手段将外源基因构建到相应植物表达载体上，通过某种途径将其导入受体植物基因组中，使其在受体植物细胞中得以表达和稳定遗传，获得人们所需要的、具有新的性状特征的转基因植物技术。为了获得高效的遗传转化体系，人们尝试了各种技术，以获得更多转基因植株。目前应用最多、效果较好的植物遗传转化方法主要有农杆菌介导法、基因枪法、PEG 法等。

13.3.1　农杆菌介导的植物基因遗传转化

农杆菌介导法是目前使用最多、机制最清楚、技术最成熟、成功实例最多的一种转化系统，最初主要应用于双子叶植物系统。近年来，随着技术的不断改进，该方法已在水稻、玉米、小麦等单子叶植物上取得成功。农杆菌介导法再生效率高，所转入的外源基因拷贝数较低，大多数为单拷贝且可转移。

13.3.1.1　农杆菌 Ti 质粒介导的遗传转化

Ti 质粒是农杆菌细胞核外的双链环状 DNA 分子，Ti 质粒将外源 DNA 片段转移到植物细胞依赖于 Vir 区和 T-DNA 区的两个边界序列。插入这两个边界序列之间的外源 DNA 序列，就有可能被整合到植物基因组中。双子叶植物在农杆菌侵染时可以形成大量的信号因子，使 T-DNA 成功转入，而单子叶植物需要加入外源酚类物质才能激活 Vir 区基因的表达。目前已经发现 9 种信号因子，均为水溶性酚类化合物。其中，乙酰丁香酮和羟基乙酰丁香酮的作用较强，其余 7 种（用儿茶酚、原儿茶酚、没食子酸、焦性没食子酸、二羟基苯甲酸、香草酚和对羟基苯酚）处理农杆菌时虽然作用弱，也可以激活 Vir 区的基因表达。

农杆菌转化植物细胞涉及一系列复杂的反应，主要包括：①农杆菌识别受体植物；②农杆菌附着到受体植物细胞；③受伤的植物细胞为了修复创伤部位，释放一些糖类、酚类等信号分子；④在信号分子的诱导下，农杆菌向受伤组织集中，并吸附在细胞表面；⑤T-DNA 上的 Vir 区基因被激活并表达，VirD2 蛋白将 T-DNA 从边界的特定位点上切下单链 T-DNA，同时单链 T-DNA 与 VirE2 蛋白形成单链 T-DNA 转移复合体；⑥T-DNA 转移复合体穿过 VirB 蛋白在细胞膜上形成的通道，到达植物细胞，并整合到植物细胞基因组中，T-DNA 上的 3 个结构基因在植物细胞内表达，使植物形成冠瘿瘤。具体操作如图 13-4 所示。

合适外植体的选择以及再生系统的建立
↓
抗生素筛选方法的确定以及农杆菌菌株的选择
↓
外植体选择及预培养（1~5天，非必需）
↓
农杆菌侵染（数秒、数分钟）
↓
外植体与农杆菌共培养（2~3天）
↓
筛选（培养基中含有抗农杆菌抗生素和选择抗生素）
↓
抗性芽（愈伤组织）的获得
↓
在含有抗生素培养基中生根
↓
转基因植株的获得
↓
分子生物学检测

图 13-4　农杆菌介导法进行植物基因转化的主要程序

根据所选外植体的不同，农杆菌转化法分为 3 种。

1. 叶盘转化法

叶盘转化法（leaf disc transformation）由 Monsanto 公司的 Morsch 等于 1985 年建立，已经成功应用于多种双子叶植物的转化，适用性广且操作简单，已成为目前应用最多的方法之一。其操作步骤为：将待侵染植物的叶片进行表面消毒，用打孔器从消毒的叶片上取下直径为 2~5mm 的圆形叶片（叶盘）。将叶盘放入培养至对数生长期的、含有目的基因载体的农杆菌菌液浸泡几秒，使农杆菌侵染叶盘。用灭菌滤纸吸干叶盘上多余的菌液，将这种经侵染处理过的叶盘置于共培养培养基上 2~3 天，再转移到含有农杆菌抑菌剂（头孢霉素或羧苄青霉素）的培养基中，除去农杆菌。与此同时，在该培养基中加入载体携带抗性基因相应的抗生素对转化体进行筛选，获得再生植株。对这些再生植株进行分子检测，就可确定它们是否整合有目的基因及其表达情况。

2. 原生质体共培养转化法

原生质体共培养转化法是以原生质体作为受体细胞，将根癌农杆菌与再生出新细胞壁的原生质体进行短暂的共培养，使用农杆菌抑制剂洗涤除去残留的根癌农杆菌，置于含抗生素的选择培养基上筛选出转化细胞，进而再生成植株。与叶盘转化法相比，该方法得到的转化体不含嵌合体；一次可以处理多个细胞，得到相对较多的转化体。但是，建立起良好的原生质培养体系和再生植物技术体系是应用该方法进行基因转化的先决条件。

3. 整株感染法

此法类似于根癌农杆菌的天然感染过程，通过根癌农杆菌直接感染植物而进行遗传转化。具体操作为：人为在植株上造成创伤，然后把含有重组质粒的根癌农杆菌接种在创伤面上或注射到植物体内，使根癌农杆菌在植物体内进行侵染，从而实现转化。为了获得较高的转化效率，一般采用无菌种子的实生苗或试管苗。使用根癌农杆菌进行整株感染后，将感染部位的薄壁组织切下放在选择培养基上筛选转化体，之后在愈伤组织诱导培养基上诱导愈伤组织，最后将转化的愈伤组织转移至含合适植物激素的培养基上诱导再生植株。目前，拟南芥遗传转化使用的蘸花侵染法（floral dip），是将含有重组质粒的根癌农杆菌加入适量表面活性剂（Silwet-77）侵染拟南芥尚未开放的花蕾，待种子成熟后，收集 T_0 代种子，使用含有抗生素的 MS 培养基筛选获得转基因阳性植株。

13.3.1.2 农杆菌 Ri 质粒介导的遗传转化

Ri 质粒和 Ti 质粒具有相同的寄主范围，以及相似的结构、特点和转化机理。Ri 质粒转化需要 Vir 区和 T-DNA 区两部分的参与。Ri 质粒的 T-DNA 也存在冠瘿碱合成基因，且这些基因只能在被侵染的真核细胞中表达。与 Ti 质粒的 T-DNA 不同的是，Ri 质粒的 T-DNA 上的基因不影响植株再生。因此，野生型 Ri 质粒不需要经过改造，可以直接作为转化载体。

13.3.2　植物细胞的物理直接导入法

植物细胞的物理直接导入法是通过物理方法将外源基因转入受体植物细胞的技术，常用的方法有电击转化法、激光微束穿刺法、显微注射法、基因枪法等。这类方法的最大特点是无宿主范围，可以直接将原生质体与 DNA 分子共培养，利用物理方法临时改变膜通透性，使 DNA 进入细胞，并最终整合到植物基因组中。

13.3.2.1　电击转化法

电击转化法是利用瞬时、高压电脉冲作用，在原生质体膜上"电击穿孔"，形成可逆的、直径为 3～4 nm、不影响原生质体生命活动的小孔。这时，存在于原生质体周围溶液中的外源 DNA 就可以通过小孔进入原生质体，实现基因的直接转移。该方法转移基因的效率较高、操作简便，自 1985 年首次应用于植物细胞的遗传转化之后，现已被广泛应用于单子叶、双子叶植物细胞原生质体的遗传转化。

13.3.2.2　激光微束穿刺法

这种方法与电击转化法类似，原生质体在短时间的激光微束脉冲照射下，也可在质膜表面形成约 0.25 μm^2 的可逆性小孔，使外源 DNA 进入受体细胞。与电击转化法相比，这种方法需要复杂的仪器和严格的操作技术，并且操作不当容易对细胞产生较大的伤害；若形成的小孔无法恢复，原生质内容物流出后会引起细胞死亡。

13.3.2.3　显微注射法

显微注射法转化效率高，但主要应用于动物细胞中（详见 8.4.1.5）。在植物方面，最早由 Crossway 等在 1986 年利用该法对烟草原生质体进行转化。1990 年，瑞士的 Neuhaus 进一步发展并完善了该技术。该方法操作要求严格，必须在特制的无菌显微操作室中进行，而且注射效率低，每次只能处理一个细胞，且固定细胞团方法有限。所以，目前该法只在动物细胞试验中广泛使用，植物细胞转化使用较少。

13.3.2.4　基因枪法

基因枪法是一种快速有效的植物 DNA 转化方法（详见 8.3.1.3）。

13.3.3　植物细胞的化学直接导入法

化学直接导入法是以原生质体为受体，借助于特定的化学物质诱导 DNA 直接导入植物细胞的方法。常用的转化细胞的化学物质有聚乙二醇（PEG）、多聚鸟氨酸（PLO）、聚乙烯醇（PVP）等。其中，PEG 法应用较多、效果较好。

13.3.3.1　脂质体介导法

脂质体介导法是通过显微注射技术把含有外源遗传物质的脂质体注射到植物细胞

内以获得转化植株的方法（详见 8.3.1.4），在烟草、水稻等多种植物遗传转化中均取得成功，获得了各种转基因植株。

13.3.3.2 聚乙二醇介导法

聚乙二醇（PEG）是一种非离子型水溶性的化学渗透剂，具有多种聚合程度，其中PEG4000 和 PEG6000 常用于促进细胞或原生质体融合，并促进生物体在转化中摄入 DNA。PEG 介导法的原理是：PEG 可以促进细胞膜之间或 DNA 与细胞膜之间形成分子桥，易化相互间的接触和粘连，并可通过引起细胞膜表面电荷紊乱，干扰细胞间识别，从而诱导原生质体摄取外源基因 DNA。在 PEG 转化过程中，常需在高 pH（8.0）环境下加入磷酸钙。这是因为高 pH 可诱导外源 DNA 分子的摄取，而磷酸钙可与 DNA 结合形成DNA 磷酸钙复合物，使 DNA 沉积在原生质体的膜表面，并促进细胞发生内吞作用（Bolukbasi et al.，2015）。

PEG 法具有操作简单、成本低、结果较稳定、重复性好、不需要特殊的仪器设备等优点；不足之处是原生质体培养再生难度较大，且转化植株变异率高，易产生白化苗，且转化时容易受基因型限制。

13.3.4 花粉管通道法

花粉管通道法是最早由我国科学工作者发展起来的植物转基因技术（详见 8.3.1.5）。迄今，我国科学工作者通过花粉管通道技术创造了一大批新型育种材料，有些获得了新的商业品种。

13.4 转基因植物筛选与靶标基因检测

转基因方法很多，但是无论哪种方法，转化率总体上都比较低。想要从大量的非转化子中获得转基因阳性植株，必须进行转基因植株筛选和靶标基因鉴定。转基因植株筛选和靶标基因鉴定的常用方法包括：生物学筛选、标记基因的表达检测、目的基因及其表达产物的分子鉴定。通常只有多种方法鉴定均为阳性时，才能作为转化植株进行后续研究。

13.4.1 生物学特性鉴定

转基因植物是通过将外源基因导入受体植物体内，使外源基因得以表达并获得新的、可以增强或改善某些方面性能的植株。生物学筛选依赖于转基因预期获得的表现型，即直接应用生物学的方法进行鉴定，以明确目的基因能否在受体植物中表达出目标性状（如抗盐性、抗旱性、花色改变等）及其表达水平高低。为了检测基因是否转入或者转入的基因是否表达，可以给转基因植株施加相应载体携带的选择压力，如果植株产生抗性，表明是转基因植株。例如，在转抗稻瘟病基因的水稻中，用人工接种稻瘟病的方法选择转基因植株，经连续接种，一直表现为抗性的植株可以确定为转基因植株。

此外，可以观察转基因之后是否引起表型变化。例如，类黄酮-3′,5′-羟基化酶（F-3′,5′-H）是类黄酮生物合成途径的一个酶，过量表达该酶会使植物产生不同颜色的花色素。Zuo 等（2019）将三色堇 F-3′,5′-H 构建到 35S 启动子下游，转化烟草，18 个再生 T_0 代植株根据 F-3′,5′-H 基因表达水平的高低，花色从浅粉色到深紫色变化，根据花色变化可以确定转基因是否成功。

13.4.2　标记基因的表达检测

植物遗传转化过程中，外源基因导入植物细胞的频率相当低，目的基因整合到核基因组并实现表达的转化细胞则更少。因此，为了快速、有效地把转化成功的细胞和组织与未转化的细胞和组织区分开，可以使用标记基因。标记基因包括选择标记基因和报告基因，常用作遗传转化植株、器官、组织、细胞的筛选和鉴定工作。此外，标记基因有时也可以作为目的基因转入受体，如研究启动子、5′-UTR（untranslated region）或 3′-UTR 功能时，通常将启动子或 5′-UTR 构建在 *GUS* 报告基因上游、3′-UTR 建在 *GUS* 报告基因下游，从而进行遗传转化。

13.4.2.1　选择标记基因

标记基因主要包括抗生素抗性基因和除草剂抗性基因两大类，其中抗生素抗性基因应用最多。在构建植物表达载体时，一般把选择标记基因与适当的组成型启动子嵌合，并克隆在质粒载体上，同目的基因一起导入受体细胞内；由于转入基因所在的载体带有标记基因，所以转化成功的受体能够在含有选择压力的情况下存活，而没有转化成功的受体会筛选致死。

1. 抗生素抗性基因

这种类型的抗性基因是使抗生素失活，解除抗生素对转化细胞在转录和翻译过程中的抑制作用，使转化细胞得以存活。常用的抗生素抗性基因包括新霉素磷酸转移酶基因、潮霉素磷酸转移酶基因和氯霉素乙酰转移酶基因，其抗性机制详见 9.1.1.4。

2. 除草剂抗性基因

这类选择标记基因的产物能抵抗除草剂的杀灭作用，使转化子从非转化细胞中筛选出来。除草剂抗性基因在植物遗传转化中可同时作为选择标记基因和目的基因使用。例如，对于本身具有卡那霉素抗性的豌豆组织，用除草剂抗性基因筛选更有效。

1）*bar* 基因的检测

bar 基因是使用最广泛的抗除草剂目的基因和标记基因，编码膦化麦黄酮乙酰转移酶（PAT），具有抗草丁膦和双丙膦的活性。其筛选机制详见 9.1.1.4。

2）*epsps* 基因的检测

草甘膦抗性标记基因具有抗草甘膦活性。草甘膦是灭生性、芽后除草剂，通过茎叶吸收并传至全身组织，具有杀草广谱、高效、低毒、易降解、低残留等特点，是目前普遍使用的非选择性除草剂。草甘膦是 5-烯醇丙酮酸莽草酸-3-磷酸合成酶（EPSPS）的抑制剂。EPSPS 是莽草酸合成途径的关键酶，其能催化 5-磷酸烯醇式丙酮酸（PEP）和莽草酸-3-磷酸（S3P）反应，生成莽草酸途径中重要的中间物质 5-烯醇式丙酮酸-莽草酸-3磷酸。当草甘膦经植物茎叶被吸入植物体内后，由于其化学结构与 PEP 相似，草甘膦会和 PEP 竞争，结合 EPSPS，但又不影响 S3P 和 EPSPS 的结合，最终形成草甘膦：EPSPS：S3P 的三元复合物（图 13-5）。该复合物非常稳定，影响酶的正常功能，使得 EPSPS 失活，前体物质莽草酸大量积累，后续植物芳香族氨基酸不能正常合成，影响植物体代谢正常进行，导致植物生长异常甚至死亡。

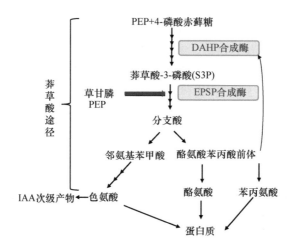

图 13-5 莽草酸途径中草甘膦的抑制位点

13.4.2.2 报告基因

报告基因是用来筛选和指示转化的细胞、组织和转基因植株的有效标记。报告基因大多是一些酶基因，通过加入相应底物，检测酶活性是否存在，从而确定目的基因是否被成功转化。报告基因主要包括 β-葡萄糖苷酶（GUS）、绿色荧光蛋白（GFP）、黄色荧光蛋白（YFP）和红色荧光蛋白（RFP）等在植物转基因研究中经常使用的蛋白质，可以检测启动子和终止子表达强度，以及蛋白质亚细胞定位情况。报告基因的编码区与位于其上游或下游的目的基因融合，并置于目的基因启动子的控制之下，克隆在质粒载体上，导入细胞内。

1. gus 基因的检测

GUS 是一个水解酶，能催化裂解一系列的 β-葡萄糖苷，产生具有发色基团或荧光的物质。根据 gus 基因检测底物的不同，通过 GUS 检测外源基因表达可以用 3 种方法：组织化学染色法、荧光分光光度法、分光光度法。组织化学染色法的原理是：在适宜条件下，GUS 可将 5-溴-4-氯-3-吲哚-β-葡萄糖甘酸酯（X-Gluc）水解生成蓝色的产物。在研究启动子、5′-UTR 或 3′-UTR 的功能时，该方法可以直观地显示染色部位及染色强度（图 13-6）。荧光分光光度法是以 4-甲基伞形酮酰-β-葡萄糖醛酸苷酯（4-MUG）为底物，

GUS 催化其水解为 4-甲基伞形酮（4-MU）及 β-D-葡萄糖醛酸。4-MU 分子中的羟基解离后被 365 nm 的光激发，产生 455 nm 的荧光，可用荧光分光光度法定量分析。分光光度法是利用对硝基苯-β-葡萄糖醛酸苷（PNPG）为底物，生成对硝基苯酚，在 pH 7.15 时，离子化的发色基团吸收 400～420nm 的光，溶液呈黄色。

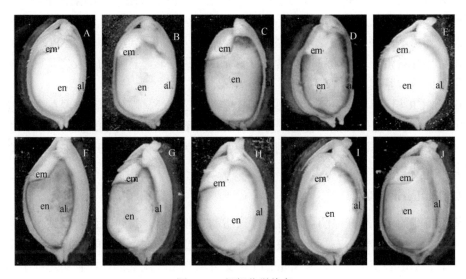

图 13-6　组织化学染色
A～J 表示不同胚乳特异性表达启动子驱动 GUS 报告基因表达情况，em 代表胚乳，en 代表胚，al 代表糊粉层

2. GFP 基因的检测

GFP 作为一种报告基因，具有灵敏度高、稳定性好、细胞毒性低等优点，被广泛应用于植物转基因检测、植物与病原菌互作研究及亚细胞定位研究。将 GFP 与目的基因融合转入受体细胞之后，在荧光或激光共聚焦显微镜下观察，如有绿色荧光，说明转基因成功。在病原菌与寄主互作的研究中，利用 GFP 标记病原菌，对其侵染过程进行示踪是最为有效的细胞学方法之一。此外，GFP 可以作为分子标记在细胞的任何区域进行定位。因此，通过构建 GFP 融合蛋白，以 GFP 与细胞器相关蛋白融合表达作为阳性对照，瞬时转化原生质体，通过激光共聚焦显微镜能明确表达蛋白产物在细胞中出现的部位。

然而，报告基因仅可用于筛选转化体，不能最终确定是否为真实转基因植株。因为报告基因是在载体上，只能间接证明目的基因是否转入植物细胞。要获得目的基因转化及表达的直接证据，还需要进行分子生物学检测。

13.4.3　外源基因及其表达产物的分子鉴定

分子检测主要包括 DNA 水平、RNA 水平和蛋白质水平三个阶段。DNA 水平只能检测外源基因是否整合到植物基因组中，RNA 水平可以判定外源基因是否转录、转录水平如何，蛋白质水平则可检测出外源基因是否最终被翻译成蛋白质。

13.4.3.1 外源基因整合水平的检测

1. PCR 检测

PCR 技术是一种在模板 DNA、引物和 4 种脱氧核糖核苷酸存在的条件下,利用 DNA 聚合酶进行的酶促反应,是通过高温变性、低温退火、中温延伸 3 个步骤完成的反复循环。根据外源基因序列及与之相连的载体序列设计一对嵌合引物,通过 PCR 反应能够扩增出特异性条带,表明该样品中含有外源基因,说明转基因成功;反之,则说明该样品中不含此外源基因,转基因失败。

由于 PCR 检测具有 DNA 用量少、DNA 纯度要求低、操作体系容易配制、检测灵敏、用时短、成本低等优点,使之成为转基因检测不可或缺的方法。然而,PCR 检测容易出现假阳性结果,因此,PCR 检测结果通常仅作为转基因植物初筛的依据,有必要对 PCR 检测结果做进一步的验证。

2. Southern 杂交

将待检测的 DNA 样品酶切之后进行琼脂糖凝胶电泳,通过毛细管法或电转移法将 DNA 固定在固相载体上,与标记的核酸探针进行杂交,在与探针有同源序列的固相 DNA 的位置上显示出杂交信号。通过 Southern 杂交可以判断外源基因在植物染色体上的整合情况(拷贝数、插入位置)以及外源基因能否稳定遗传给后代。Southern 杂交准确度高、特异性强,是研究转基因植株外源基因整合的最可靠方法。然而 Southern 杂交操作程序复杂,对实验技术和实验条件要求较高(同位素标记需要有同位素室,同时操作人员需要专业培训)、成本高,故其应用受到了限制。

13.4.3.2 目的基因转录水平的检测

1. Northern 杂交

Northern 杂交用于检测转基因在转录水平上的表达。整合到植物染色体上的外源 DNA 如果能够正常表达,则转基因植物体内有其转录产物 mRNA 的生成。提取植物总 RNA 或 mRNA 进行非变性胶凝胶电泳,RNA 分子按照分子质量大小不同分离,随后将其原位转移至固相支持物(如尼龙膜、硝酸纤维素膜等)上,再用放射性(或非放射性)标记的 DNA 或 RNA 探针,依据其同源性进行杂交,最后进行放射自显影(或化学显影),以目标 RNA 所在位置表示其分子质量的大小,而其显影强度则可提示目标 RNA 在所测样品中的相对含量(即目标 RNA 的丰度)。若经杂交,样品无杂交条带出现,表明外源基因已经整合到植物染色体上,但该组织表达部位或者发育时期外源基因并未表达。

Northern 杂交程序一般分为植物细胞总 RNA 的提取、探针的制备、非变性胶凝胶电泳、转膜及杂交五个部分。Northern 杂交比 Southern 杂交更接近目的性状的表现,更具有现实意义。但是,Northern 杂交对 RNA 提取要求苛刻,杂交灵敏度低,对细胞中低丰度 mRNA 的检出率低。因此,实际工作中对外源基因转录水平的检测更多使用 RT-PCR。

2. RT-PCR

RT-PCR 的原理是：在反转录酶作用下，待检测植株的 mRNA 反转录成 cDNA，再以 cDNA 为模板扩增出特异 DNA 的过程。检测过程中，需要提取非转基因植株 mRNA 作为对照，同时选择合适的内参基因，调整转基因植株和非转基因植株内参基因到同等水平之后，观察转基因植株中目的基因与非转基因植株中目的基因差异情况。因此，RT-PCR 可在 mRNA 水平上检测目的基因是否表达。RT-PCR 灵敏度高、操作方便。

3. qRT-PCR

qRT-PCR 是一种在 PCR 反应体系中加入荧光基团，利用荧光信号积累检测整个 PCR 过程，最后通过标准曲线对未知模板进行定量分析的方法。其特点是：特异性好，通过引物或探针的特异性杂交对模板进行鉴别，具有很高的准确性；灵敏度高，采用灵敏的荧光检测系统对荧光信号进行实时监控；操作简单，自动化程度高；PCR 完毕之后直接收集信号，不需要后续的跑胶、拍照过程。

13.4.3.3　外源基因翻译水平的检测

尽管细胞内 mRNA 水平在一定程度上能够标示外源基因的表达，但有些细胞内 mRNA 水平与蛋白质含量相关性不高。因此，基因表达的中间产物（mRNA）不能取代基因表达的最终产物（蛋白质）的检测。外源基因表达蛋白检测主要利用免疫学原理，ELISA 检测及 Western 杂交是外源基因表达蛋白检测的经典方法。

1. ELISA 检测

ELISA 检测是利用抗原与抗体反应的特异性来进行。当抗原与抗体结合时，通过结合在抗体上的酶作用于特定的底物后发生显色反应，借助比色鉴定转基因植物。酶与底物反应的颜色深浅同样品中抗原的含量成正比，因此，使用 ELISA 法对样品进行定性检测的同时，又能进行定量分析。该方法操作简单、成本低、灵敏度高，已成功在棉花、水稻、烟草、番茄等多种转基因植株的检测中应用。

2. Western 杂交

Western 杂交是将蛋白质电泳、转膜、免疫测定融为一体的蛋白质检测技术。其操作过程为：从生物细胞中提取总蛋白或细胞器蛋白或目的蛋白，将蛋白质样品溶解于含有去污剂、变性剂或还原剂的裂解液中并定量，经 SDS-PAGE 电泳之后，蛋白质按分子质量大小分离，在电场的作用下将蛋白质从凝胶转移至一种固相膜，接着将膜在含有脱脂奶粉的 TTBS 溶液中进行封闭；然后将膜与一抗孵育，膜上的目的蛋白与一抗结合后，再加入能与一抗结合的带标记的二抗，最后通过二抗上带标记化合物的特异性反应进行检测。由于 Western 杂交是在翻译水平上检测目的基因表达，能够直接反映目的基因的导入对植株的影响，一定程度上反映了转基因的成败，具有重要意义。但是 Western 杂交的缺点是需要制备特异性抗体，费用较高，需要转膜、杂交、发光操作等烦琐的过程，不适合大批量样品的检测。

13.5   高等植物基因表达系统

植物转基因技术已成为研究和改良植物遗传资源的首选途径,其中启动子在很大程度上决定了基因的表达部位、表达方式、表达时期和表达水平等。花椰菜花叶病毒 CaMV 35S 启动子是典型的组成型启动子,其表达不受外界环境的影响,使基因持续稳定、高效地在所有器官或者组织中表达,目前已用于调控烟草、拟南芥、马铃薯等转基因植株中异源基因的高效表达。在高等植物基因工程中,启动子的时空特异性表达具有重要意义。很多外源基因持续高水平地在所有组织中表达,有可能对寄主植物造成伤害,甚至导致植株死亡。可用于调控外源基因表达的因素很多,既包括植物内源性分子(如植物激素),又包括外界环境条件(如光照),但是这些因素由于调控作用的多效性而成为致命弱点。采用这些条件控制外源基因表达时,会同时引发一系列植物内源基因的开启,从而造成严重后果。因此,理想的外源基因表达调控系统是利用那些与植物亲缘关系较远物种的调控元件,选择植物体内很少出现的诱导物,避免外源基因的转入干扰植物内源基因的正常功能。目前,已发展了多种只作用于外源转基因的高度专一性表达调控系统,大大促进了植物基因工程的应用与发展。

13.5.1   外源基因的四环素诱导系统

大肠杆菌四环素(tetracycline,Tet)诱导系统是在 Tn10 转座子中特异的 Tet 抗性操纵子基础上建立起来的一种用于诱导基因表达的调控系统。其基本原理是诱导药物(如 Tet)能够调控蛋白质的构象发生改变,从而控制目的蛋白的表达。Tn10 编码的 Tet 阻遏蛋白(TetR)特异性地与 Tet 操纵基因(TetO)DNA 序列结合。当细胞内无 Tet 存在时,TetR 会与 TetO 结合,阻止转录起始复合物的形成,从而抑制 Tet 抗性基因的表达。当有 Tet 存在时,药物使 TetR 的构象发生改变,导致 TetR 从 TetO 上解离下来,转录起始复合物形成,诱导表达四环素的抗性基因。根据上述原理,可以构建出植物体内的基因诱导表达系统。

13.5.1.1   Tc-off 型四环素阻遏系统

1992 年,Gossen 等建立了 Tc-off 型四环素阻遏系统,该系统由调节表达载体和反应表达载体组成。调节表达载体包含一个由 TetR(具有 DNA 结合活性)与单纯疱疹病毒(HSV)VP16 蛋白 C 端的一段转录激活区融合而成的 Tet 转录活化因子(tTA),tTA 由人巨细胞病毒早期启动子(P_{hCMV})驱动。反应表达载体由 Tet 应答元件(TRE)、最小 CMV 启动子(P_{minCMV})及目的基因组成。TRE 为 7 次重复的 TetO 序列,目的基因位于 TRE 和 P_{minCMV} 的下游。P_{minCMV} 缺失增强子,因此在 tTA 未结合到 TRE 时,目的基因不表达;相反,当 tTA 结合到 TRE 时,VP16 会使 P_{minCMV} 活化从而使基因表达。Tet 系统的诱导药物为 Tet 或其衍生物强力霉素(doxycycline,Dox)。当细胞内无 Tet 或 Dox 存在时,tTA 可与 TRE 结合打开基因表达;而当 Tet 或 Dox 存在时,它们可使 tTA

中的 TetR 改变构象，使 tTA 从 TRE 上脱落下来，TRE 中的 P$_{minCMV}$ 处于非激活状态，从而使基因表达处于关闭状态（图 13-7）。

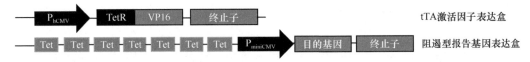

图 13-7　Tc-off 型四环素阻遏系统

Tc-off 型四环素阻遏系统的独特之处在于它可精确控制基因的转录：植株生长在含有 Tet 的培养基上，用水冲洗 30min，检测不到目的基因表达；24h 后，由于 Tet 的降解，能够检测到目的基因表达；48h 后，基因表达水平能够回复到未经 Tet 处理的水平。利用该系统这一特点，可以比较基因不同程度表达对表型的作用。此外，该系统仅需少量的 TetR 调控蛋白，即会受到诱导表达，避免了过量 TetR 蛋白对受体植株的毒害作用，因此可用于转化拟南芥。该系统的缺点包括：需要不断添加 Tet 才能使基因转录有效终止，而且 P$_{minCMV}$ 启动子随着植株的生长发育会沉默。

13.5.1.2　Tc-on 型四环素诱导系统

Tc-on 型四环素诱导系统的工作原理与 Tc-off 型四环素阻遏系统正好相反，在 Tet 存在的条件下，受调控的基因启动表达，反之则关闭。Tc-on 系统调节蛋白为反义 Tet 转录活化因子（rtTA）。rtTA 是由反义 TetR（rTetR）与 VP16 的转录活化区域融合而成。rTetR 是由 TetR 中的 4 个氨基酸突变（E71→K71，D95→N95，L101→S101，G102→D102）衍生而来。rTetR 的表型与 TetR 相反，Tet 或 Dox 不存在时，其不能结合 TRE，导致基因表达关闭；而 Tet 或 Dox 存在时，其会结合在 TRE 上，导致基因表达开放（图 13-8）。

图 13-8　Tc-on 型四环素诱导系统

Tc-on 型四环素诱导系统的优点为：本底表达水平低、诱导倍数高、可以精确控制基因转录、诱导方式简单。无诱导时与诱导时目的基因表达水平相差很大，其最高诱导倍数相差可达 10^4 倍。目的基因的诱导倍数随着诱导剂量与诱导时间的变化而变化，所以人们可以通过改变诱导剂量或诱导时间对基因表达进行精确的调节。原核来源的 TetR 与 TetO 高度特异结合，植物细胞中无类似的 DNA 靶序列，因此该调控系统特异性高，宿主基因不受影响，适合于体内外各种基因表达的调控。该系统诱导所需的时间短且可逆，在加入诱导剂 30 min 内即可检测到目的基因的表达；诱导剂去除一定时间后系统关闭，之后仍可通过加入诱导剂重新开启。将诱导剂涂抹于叶片即可用于局部表达；Tet 在植物体内不稳定，因此可用于基因的瞬时表达研究；诱导剂在 0.01～1mg/L 的作用范围内对植物无毒副作用。该系统的缺点在于，其在植物分子遗传学研究中最重要的模式物种拟南芥中不能发挥作用，可能是因为高浓度的 rTetR 蛋白严重影响拟南芥根部的发育；此外，由于诱导物为抗生素，不能用于大田试验。

13.5.2 外源基因的乙醇诱导系统

在巢曲霉菌中，*alcA* 基因编码一种乙醇降解酶，其表达受到转录因子 alcR 的调控。在乙醇存在情况下，alcR 与 alcA 启动子的特定区域结合，进而激活 *alcA* 基因转录，表达出乙醇降解酶。根据上述原理，可以在植物中构建受乙醇调控的基因表达系统：将 alcA 启动子与 CaMV 35S 启动子的-31～+1 区域融合，置于 *CAT* 报告基因上游；而 *alcR* 由 35S 启动子控制，使其组成型表达（图 13-9）。

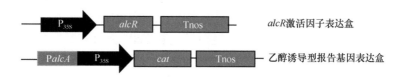

图 13-9 高等植物乙醇诱导型基因表达系统

采用农杆菌 Ti 质粒介导的方法，将上述两个载体转化烟草。乙醇不存在时，*CAT* 基因几乎不表达；当加入 0.1%的乙醇后，能检测到 CAT 活性。该系统成功地用在转基因植株中调控能影响植物的碳代谢并使植株出现矮小和叶片黄萎等表型的胞质转化酶的表达。含有受控于 alcA-35S 融合启动子的转化酶基因的转基因植株生长良好；将其根部浸入乙醇或叶片涂抹乙醇时，转化酶表达，4 天后，植株幼叶出现严重损坏现象。

上述系统具有十分明显的优点：构成非常简单，只需 *alcR* 基因和 alcA 启动子；诱导状态的 alcA-35S 融合启动子活性大约为 35S 启动子的 50%，而非诱导状态的融合启动子活性仅为诱导状态的 1%，这表明该系统本底表达水平非常低，但诱导效率很高；alcA 和 alcR 来自真菌，高等植物中几乎不存在影响 alcA 启动子的转录因子；该系统所需的诱导物乙醇价格低廉且可生物降解，在诱导所需的浓度范围内对植株生长没有任何毒害作用，对环境的影响也很小，可用于大田试验。在通常生长条件下，植物自发产生乙醇的水平非常低；尽管植物在水淹时会产生乙醇，但其浓度达不到诱导 alcA 活性的高度。

13.5.3 外源基因的类固醇诱导系统

哺乳动物中，在没有激素存在的情况下，类固醇激素受体蛋白与热激蛋白 90（HSP90）等在细胞质中形成无活性的复合体；当激素与类固醇激素受体蛋白结合时，受体蛋白便从复合体上解离下来，进入细胞核，激活相关基因的转录。根据这一原理，可以在植物中构建类固醇控制的基因表达系统。

13.5.3.1 糖（肾上腺）皮质激素诱导系统

糖（肾上腺）皮质激素诱导系统由 GVG 融合蛋白组成型表达盒和地塞米松诱导型

报告基因表达盒两部分组成。前者由酵母的转录因子 Gal DNA 结合区编码序列、大鼠的糖皮质激素受体调控区（GR）编码序列以及单纯疱疹病毒的转录激活因子 VP16 功能区编码序列重组在一起，并置于 CaMV 355 启动子的下游组成。后者由 6 个拷贝的 Gal4 结合的 DNA 靶序列与植物启动子重组，构成响应 GVG 融合蛋白的嵌合启动子（图 13-10）。将两种重组载体共同转化拟南芥，在不含有地塞米松（一种糖皮质激素）的环境中培养时，*GFP* 基因不表达；当地塞米松存在时，GVG 融合蛋白中的 GR 区与之特异性结合，导致整个融合蛋白分子从 HSP90 复合体上解离下来。这时 GVG 中的 Gal4 区便结合在融合启动子上，由 VP16 功能区激活植物启动子的转录活性，报告基因 *GFP* 表达。

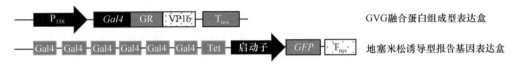

图 13-10　糖（肾上腺）皮质激素诱导系统

13.5.3.2　雌激素诱导系统

雌激素诱导系统在同一个载体上顺序排列着 3 个独立表达盒（图 13-11），它们分别是 XVE 转录激活因子表达盒、潮霉素标记基因表达盒和外源基因表达盒。其中，XVE 转录激活因子表达盒由细菌 LexA DNA 结合区（1~87 aa）、VP16 转录激活区（403~479 aa）以及人雌激素受体（hER）的调控区（287~595 aa）编码序列重组在一起，置于 P_{G10-90} 合成启动子和 T_{E90} 终止子之间。潮霉素标记基因表达盒由 P_{nos} 启动子、潮霉素磷酸转移酶 II 基因 *hpt* 以及 T_{nos} 终止子组成，使用潮霉素标记基因来筛选整合子的表达；外源基因表达盒由 $O_{LexA-46}$ 嵌合启动子（8 个 LexA 操作子与 35S 启动子–46~+1 区的重组序列）、多克隆位点以及 T_{3A} 终止子组成。P_{G10-90} 启动子能介导 XVE 融合转录因子的高水平组成型表达，在雌激素存在的条件下，XVE 结合到启动子 $O_{LexA-46}$ 上，并激活其下游外源基因的表达。将 *GFP* 报告基因插在 MCS 中，DNA 重组分子转化植株。实验证明，该转基因植株用 8nmol/L 至 5μmol/L 的雌激素处理，均能表达 *GFP*。在 0.2μmol/L 雌激素浓度下，$O_{LexA-46}$ 就可达到 35S 启动子的强度；施加诱导物 30 min 后，*GFP* 基因开始转录；24h 后，转录活性达到 35S 启动子的 8 倍。由此可见，调节雌激素的浓度和诱导时间可使外源基因获得不同的表达水平。

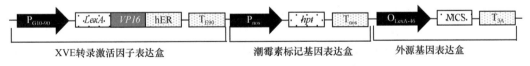

图 13-11　雌激素诱导型基因表达系统

雌激素诱导表达系统的优点在于：由于雌激素与其受体之间具有很高的亲和力，很低的雌激素浓度（0.05nmol/L）就能使 XVE 融合蛋白产生转录激活活性；LexA 蛋白的 DNA 结合区结构与所有已知的真核转录因子均不同，XVE 融合蛋白结合到植物内源性顺式调控元件的概率很低；LexA 蛋白 DNA 结合区与其二聚体形成区是分离的，因此当

LexA 蛋白与 VP16 和 hER 融合时，并不影响它的 DNA 结合活性（Bolukbasi et al.，2015）。该系统的缺点在于：有些植物（如大豆）本身就含有高浓度的植物内源性雌激素，本底水平高，因此使用受到限制；雌激素具有复杂的结构且在环境中不稳定，所以不能用于大田试验。

13.5.4 外源基因的地塞米松诱导系统和四环素抑制系统

一元诱导表达系统中，由于四环素的诱导效率依赖四环素受体的浓度，而植物中四环素受体浓度有限，使得四环素诱导表达系统的应用受到极大限制。1999 年，Bohner 等建立了双元调控可诱导系统。该系统可以通过优化选择不同功能激活子和效应因子的组合而避免不希望出现的副作用。此外，双元调控可诱导系统能够通过不同的激活子和效应因子组合来确保多种功能的实现。地塞米松诱导和四环素抑制系统就是一个典型的双元调控可诱导系统。

该系统的嵌合转录活化子 TGV 由 TetR 编码序列（T）与糖皮质激素受体调控区（GR）编码序列（G）和 VP16 反式活化序列（V）构成，插在 P_{35S} 启动子和 Tocs 终止子之间，构成 TGV 四元融合蛋白组成型表达盒。由 Top10 嵌合型启动子、*GUS* 报告基因、T_{35S} 终止子组成的报告基因表达盒与 TGV 表达盒方向相反（图 13-12）。其中，TetR 与 Top10 结合，起阻遏作用；NLS 为核定位信号序列。因此，该系统受到四环素和地塞米松双元调节，在地塞米松依赖型中，TGV 激活合成启动子报告基因的表达，合成启动子是由多拷贝改造的 Tet 操纵子序列和 35S 最小启动子组成，Tet 操纵子序列位于 35S 最小启动子上游。地塞米松诱导激活类似于 GVG 系统。当地塞米松被去除，四环素被应用，由于四环素的作用使嵌合因子不能结合 DNA，这一系统被迅速关闭。转基因烟草研究表明，将植株置于含 30μmol/L 地塞米松的液体培养基中，检测 GUS 活性为 2000U；未经诱导的转基因植株的 GUS 活性与野生型植株没有明显区别。维持地塞米松浓度，在其中一个叶片上每天涂抹 10mg/L 的四环素，14 天后，四环素处理的叶片是未处理叶片 GUS 活性的 1/56。

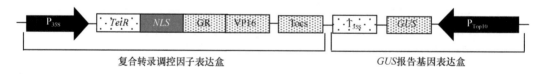

图 13-12　外源基因的地塞米松诱导系统和四环素抑制系统

不同植物中，基因的本底表达水平不同。表达 TGV 蛋白的转基因烟草 BY2 细胞系表现出低本底表达，相对低浓度的地塞米松（0.1μmol/L）和四环素（100ng/L）就能分别诱导和抑制基因表达，且对细胞没有毒性。但该系统也存在一定的缺陷，主要包括：目的基因的诱导表达在植株的花中检测不到；诱导的四环素浓度偏高，会对宿主植株有一定的毒害作用；不能用于田间试验。

除了化学诱导表达系统，环境因素如光、温度等物理刺激同样也可诱导植物基因表达。1990 年，Michael Ainley 和 Joel Key 就曾提出利用热激来诱导基因表达，并进行了烟草细胞原生质体瞬时表达实验，获得一些有用数据。目前，利用热激诱导的基因表达已成功用于向日葵、玉米、胡萝卜、拟南芥、烟草等植物。但热激诱导特异性差，易诱发多种生理生化反应，且高温本身可对植物造成伤害，故在应用上受到一定限制。

13.6　利用转基因技术研究植物基因表达调控

植物把蕴含在 DNA 中的遗传信息经过转录和翻译转变成有功能蛋白质分子的过程称为基因表达。基因表达过程中发生的各种各样的调节方式都称为基因表达调控。光照、温度、重力、胁迫、激素等很多自然因素都能调控植物基因的表达，利用报告基因随环境因素变化而展示出的表达调控特征来研究植物基因的功能，是该领域普遍采用的研究手段。

13.6.1　利用报告基因研究启动子和终止子功能

近年来利用转基因植物在实验室规模生产重组蛋白已经取得巨大进展，但是大规模商业化生产还有一段路要走，转基因植物体内重组蛋白表达和累积水平低下是重要制约因素。要提高转基因植物中重组蛋白产量，需要构建驱动目的基因高效表达的载体。一个完整基因表达框由启动子、目的基因和终止子三部分组成。要想提高目的基因的表达，启动子和终止子是主要限制因素。研究启动子和终止子的作用，需要把启动子和终止子与报告基因融合表达，通过报告基因表达强度确定调控序列的作用。

报告基因在分析基因表达调控方面具有重要作用。在众多报告基因中，*GUS* 基因由于具有检测方法简单、可同时用于进行定性检测和定量测定、灵敏度高等优点，已被广泛应用。*GUS* 基因编码 β-葡萄糖苷酸酶，该酶是一个水解酶，以 β-葡萄糖苷酸酯类物质为底物，催化生成蓝色产物。由于 *GUS* 存在于大肠杆菌等细菌的基因组内，植物细胞本身没有葡萄糖苷酸酶的活性，因此将植物来源的结构基因、启动子构建到 *GUS* 基因的上游或将终止子构建到 *GUS* 基因的下游，重组分子通过 Ti 质粒介导的双元整合系统转入植物细胞内并使其表达，可定性定量测定外源基因表达部位或表达时空特异性。

13.6.2　利用 T-DNA 或转座子元件克隆植物基因

研究基因功能的方法包括正向遗传学方法和反向遗传学方法。正向遗传学方法是通过物理或化学诱变剂建立突变体库，确定筛选指标获得相应突变体之后，再追溯引起该突变表型的基因。反向遗传学方法是在已知基因及序列的情况下确定该基因突变所引起的表型。正向遗传学策略能直接聚焦于特定应用目标的相关基因鉴定，因而具有更强的实用性。然而，由于通过物理或化学诱变获得的突变体，诱变剂本身不含有可供识别的特征或标签，因而很难将突变基因定位并克隆出来。借助农杆菌 Ti 质粒上的 T-DNA 或植物内源型转座子元件的随机可移动性和整合性，能有效解决突变位点的识别和克隆难题，从而完成植物基因功能的注释过程。

13.6.2.1　利用 T-DNA 插入构建遗传突变株

Ti 质粒上的 T-DNA 左右边界之间的序列能够随机地以不同拷贝数形式整合到植物染色体上,假如插到某个基因内部,会引起插入基因失活,从而引起性状改变,是通过正向遗传学方法研究基因功能的策略。模式植物拟南芥单倍体基因组总长只有 125Mb,且内含子和基因间隔区较小,因此通过 T-DNA 插入导致基因失活的概率很高。将 *bar* 基因构建到双元载体 pSKI015 T-DNA 区内,重组质粒转入农杆菌,侵染拟南芥获得的插入突变体库,可以利用 PPT 培养基或根据相应表型筛选突变体。

当获得相应表型突变株后,需要鉴定被 T-DNA 插入灭活引起该表型变化的基因,主要有两种策略:①设计 T-DNA 侧翼序列特异性引物和随机引物,使用 TAIL-PCR 方式扩增紧邻 T-DNA 区两侧的基因序列,通过测序获得目的基因(马玲等,2017);②如果将大肠杆菌复制起始位点事先装入 T-DNA 区,则可部分酶切突变株基因组 DNA 并进行连接,之后转化大肠杆菌,以卡那霉素筛选抗性转化克隆。基于 T-DNA 元件的功能丧失型插入突变策略高效且操作方便,获得了大量拟南芥和水稻突变体,并获得了突变基因。然而这一程序很难达到饱和突变的效果,以拟南芥为例,虽然其仅含有大约 25 500 个基因,若要使每个基因均被 T-DNA 插入灭活,至少需要突变 10 万株植株,工作量非常大。此外,T-DNA 插入具有随机性,有可能导致植物基因组发生重排或大片段缺失,导致后续靶基因克隆和分析困难。

13.6.2.2　利用转座元件构建遗传突变株

转座元件最早是美国植物遗传学家 McClintock 在 20 世纪 30~40 年代研究玉米经典遗传育种时发现的,后来在检测和克隆微生物基因方面得到了广泛应用。用于基因鉴定和克隆的高等植物转座元件主要包括:金鱼草的 Tam3,玉米的 Ac/Ds、Spm/En、Mu,拟南芥的 Tag1,烟草的 slide1。其中,Ac/Ds 和 Spm/En 的优点是种属特异性不强,将它们导入烟草、番茄、拟南芥、水稻、马铃薯等其他植物体内同样能发生转座作用。迄今为止,高等植物来源的转座元件仍以玉米中的 Ac/Ds 研究最为详尽。以 Ac DNA 序列为探针,调取自主型转座子 Ac(携带转座酶编码区)诱导产生的植物突变文库,人们克隆分离了第一个高等植物基因 *Waxy*。以植物作为材料进行转座元件突变实验尤为适用,因为突变体在植物杂合子中能稳定维持,而含有某一特定位点突变的纯合子也可通过 F_2 代与 F_1 代的自交得以复原。与 T-DNA 构建突变株不同,转座子的插入具有可逆性。此外,由于外源转座子进入植物细胞后,可随着宿主基因组的复制不断进行搬家式转座,由转座子介导的功能丧失型突变很容易实现高通量操作,对基因转移效率的要求远低于 T-DNA。例如,在使用内源型转座元件 Tam3 对金鱼草进行突变的过程中,F_1 代便产生了 13 000 株花瓣形态控制基因(*flo*)的突变体,而在 F_2 代中则高达 40 000 株。

以转座子介导基因转移或插入突变在转基因安全性方面具有重要意义。例如,用玉米 Ac/Ds 转座子和质粒作为载体系统,将 *GUS* 报告基因和 *NPT II* 选择标记基因导入番茄,经 Southern 杂交,挑选出含有单拷贝质粒的 F_1 代转基因植株,经自花授粉产生的 F_2 代中,有两株含有 *Ds-gus* 序列而去除了质粒部分及标记基因。这意味着转座子不仅能够成功将外源基因导入植物细胞，而且还能在子代中自动消除选择标记基因及其他载体序列，从而在确保转基因农作物的安全性方面取得了进步。

13.6.3　利用病毒诱导型基因沉默机制鉴定植物功能基因

由 T-DNA 或者转座子元件介导的植物基因功能丧失型突变对研究基因功能具有重要作用，但是对持家基因和多基因家族的功能鉴定具有局限性。如果不破坏基因的结构而是阻断或部分抑制基因的表达，便可有效突破或解除上述限制。基于植物防卫机制的病毒诱导型基因沉默技术（VIGS）可在基因转录水平和转录后水平特异性沉默或衰减植物内源性靶基因的表达，从而形成另一种形式的植物基因功能丧失型突变策略。

利用 VIGS 技术构建植物功能丧失型突变文库具有以下优势：①操作相对简单快速；②不需要建立稳定的转化型植株；③只需部分序列信息便足以沉默一个靶基因；④能同时用于正向和反向遗传学研究；⑤可沉默多拷贝基因（如多倍体型小麦）或基因家族的多个成员；⑥对敲除致死型基因有效；⑦能实施高通量基因功能筛查，植物表达序列标签文库的建立使得不需要使用全长 cDNA 或 ORF 便能方便地生成植物基因功能丧失型突变文库。

目前已开发出一系列 VIGS 通用型载体，如苹果潜隐球形病毒（ALSV）、大麦条纹花叶病毒（BSMV）、烟草脆裂病毒（TRV）等，使得 VIGS 技术能在不同植物、不同生理过程中鉴定基因功能，如植物发育、疾病抗性及非生物胁迫耐受等。研究显示，对培养温度及转染后培养时间等参数的优化可以大幅度提高沉默效率。

然而，VIGS 技术也存在一些缺点：①对靶基因功能的抑制不够完全，未被沉默的靶基因仍有可能产生足够的功能蛋白，使得典型的沉默表型难以观察；②大部分 VIGS 表型不具有遗传性，因此在种子萌发或幼苗生长早期无法使用 VIGS 技术；③基因沉默效率或沉默表型欠稳定，结果重现性不高；④很多病毒存在未知的抗沉默阻遏蛋白因子，因而需要对使用的病毒载体有全面了解和系统性测试。

13.6.4　利用增强子或启动子元件原位激活鉴定植物功能基因

利用 T-DNA 或者转座子元件构建高等植物的功能丧失型突变体文库虽然能有效生成表型变异株，并原位分离和克隆植物靶基因，但由于拟南芥、水稻及其他植物中的很多基因以基因家族形式存在，基因家族存在遗传冗余，单个基因突变生成的突变植株并不呈现明显的表型改变。

功能获得型突变基于增强子或启动子元件随机插入植物基因组，导致插入位点内源性邻近基因的过量表达，进而诱导植株产生相应的差异表型，这一策略称为激活标签化技术。在该策略中，过量表达基因家族某个成员所生成的功能获得型突变可在不干扰家族其他成员的情况下观察到相应的表型，因而能起到鉴定功能冗余型基因的作用。

增强子激活型突变文库在筛选和鉴定具有经济价值的基因方面具有重要作用。科学家从拟南芥的增强子激活型突变文库中鉴定到 6 个与植物发育相关的编码生长素生物合成蛋白的基因位点。其中，核黄素单氧化酶（FMO）编码基因 *YUCCA* 是研究得最为详尽的一个。拟南芥 *YUCCA* 基因家族由 11 个成员组成。*YUCCA* 基因的所有功能获得型突变株中生长素均过量合成,而其双重、三重和四重功能丧失型突变株则出现发育障碍。不过,单个 *YUCCA* 基因的功能丧失型突变表型变化不明显。由此可见,相较于功能丧失型策略,功能获得型策略是探究植物功能冗余性基因家族功能的强有力工具。

基于增强子激活的功能获得型突变策略也分离到一批植物代谢相关基因的功能获得型突变株。例如,拟南芥 papl-D 突变株呈深紫色,该表型由类苯基丙烷衍生物(如花青素)的过量产生所致。*PAP1* 基因编码 MYB 转录调控因子家族的一个成员,其异源表达能提高花青素在转基因烟草中的积累水平。另一个 MYB 转录调控因子 *ANTI* 的增强子激活型过表达导致很多营养组织在整个发育过程中产生深紫色色素,包括在番茄果皮中形成紫色伤斑。

13.7 利用转基因技术在植物中生产重组外源蛋白

高等植物基因工程的主要内容之一是利用植物基因工程技术将植物改造成生产目标产物(蛋白质或化合物)的生物反应器,合成具有高经济附加值的医用蛋白(抗体、疫苗)、工农业用酶、特殊碳水化合物、可降解塑料的生物酶以及药用次生代谢产物蛋白。植物除了利用整株/器官作为生物反应器,也可以利用叶绿体、油体等特殊细胞器作为生物反应器,通过构建合适的载体,选择适当的启动子和调控序列产生高于正常表达水平的重组蛋白。以转基因植物作为生物反应器,具有产量高、生产成本低、易规模化、安全性高、绿色环保等优点,因此,植物生物反应器已成为当前研究的热点。

13.7.1 利用植物生物反应器生产医用蛋白

13.7.1.1 利用植物生物反应器生产疫苗

1992 年,Mason 等首次将乙肝表面抗原(HBsAg)在组成型启动子驱动下转入烟草并获得成功表达,之后通过免疫亲和层析纯化该抗原,使用电子显微镜观察获得了 22 nm 球形颗粒,与人血清来源的 HBsAg 具有相似的物理性质。此后,利用转基因植物作为生物反应器生产疫苗的研究进展迅速。1995 年,Mason 等又将 *HBsAg* 基因在块茎专一性启动子驱动下转入马铃薯中并获得成功表达。利用烟草作为生物反应器生产的疫苗种类多达 20 种以上,包括在烟草叶绿体中表达的抗登革热病毒包膜蛋白 E、在本氏烟草中表达的霍乱毒素 B 亚基(CTB)、在烟草叶片中高水平表达的狂犬病病毒表面糖蛋白(RVG)和鼠疫杆菌疫苗等。除了烟草,猪瘟病毒(SFV)、猪繁殖与呼吸综合征病毒(PRRSV)、人轮状病毒疫苗等在拟南芥等模式植物中也成功获得表达。此外,HBsAg、大肠杆菌热敏毒素 B 亚基、霍乱毒素 B 亚基、诺瓦克病毒(NV)壳蛋白、狂犬病毒(RV)G 蛋白等抗原在马铃薯、番茄、苜蓿和莴苣等生物反应器中也成功被表达,并进行了动物和人体的免疫实验,获得了大量有价值的研究数据,为今后利用转基因植物生产疫苗奠定了一定基础。

虽然烟草和拟南芥作为植物生物反应器成功表达了多种疫苗,但是烟草和拟南芥本身不能被直接食用。利用植物可食用部分表达疫苗抗原蛋白，其表达产物不需要进行纯化，可以直接通过口服的方式获得抗原蛋白，使机体产生免疫效应（口服疫苗）。这种疫苗避免了常规疫苗生产的复杂过程，节省了注射疫苗的成本和劳力，易于被人们接受。已报道成功转化口服疫苗的植物有番茄、马铃薯、莴苣、胡萝卜、花生、玉米、菠菜、白三叶草和苜蓿等。对于人类，有些植物不能直接生食（如马铃薯），而加热可能破坏免疫原蛋白，因此研究口服疫苗更趋向于利用可直接生食的植物，如番茄、苹果、花生、香蕉和胡萝卜等。对于家畜的饲用疫苗，可选用苜蓿、大豆和玉米等作为受体植物，使抗原蛋白积累于种子、叶片等天然蛋白储藏器官或整株植物体中。

目前，已有十多种植物疫苗获批应用或进行临床试验。例如，美国陶氏益农（Dow AgroSciences）公司利用烟草生产的新城疫病毒疫苗已被美国农业部批准使用，该疫苗是第一个获得批准的、用于预防禽类新城疫病毒的兽用植物疫苗。由美国 Bayer Innovation 公司研发的、用烟草制备的治疗非霍奇金淋巴瘤癌症疫苗已进入临床III期试验。Medicago 公司利用烟草、马铃薯、番茄、玉米、莴苣、菠菜等植物研发的 H5N1 疫苗已完成临床II期试验。由美国 Arizona State 大学利用马铃薯研发的乙肝疫苗抗原已经进入临床II期试验。

13.7.1.2　利用植物生物反应器生产抗体

为了更好地利用植物生物反应器解决药物生产量不足及快速免疫问题，科学家利用植物表达特定抗体。将编码全抗体或抗体片段的基因导入植物，即可在植物中表达出具有功能性识别抗原及具有结合特性的全抗体或部分抗体片段。植物细胞不但可以对表达的重组抗体蛋白进行正确的组装和后期加工，使其表达产物能保持良好的生物学特性，而且植物表达的抗体以二聚体形式存在，表达产物的亲和力高，有助于全面发挥抗体的功能。1989 年，美国学者 Hiatt 等通过农杆菌介导的叶盘转化法分别在两种烟草中表达免疫球蛋白（Ig）重链和轻链，通过两种烟草杂交成功获得具有生物活性 IgG 的转基因烟草，抗体表达量达到总可溶性蛋白的 1.3%。2000 年，Stöger 等利用水稻、小麦成功表达了针对癌胚抗原（CEA）的单链 Fv 抗体，表达量达 $30\mu g/g$，实现了从利用烟草等模式植物系统生产抗体到谷物类农作物生产抗体的转变。2005 年，Hull 等利用烟草成功制备了治疗炭疽的单克隆抗体。在临床应用研究方面，美国 Planet Biotechnology（PB）公司利用烟草研发的 CaroRx^{TM} 单克隆抗体，主要应用于阻止导致蛀牙的细菌对牙齿的吸附，有预防龋齿的作用，目前已被欧盟批准应用。同时，PB 公司还生产了用于治疗药物性脱发及癌症的 DoxoRx^{TM}，以及用于预防感冒的 RhinoRx^{TM} 抗体。此外，使用稳定表达系统在烟草叶片中还成功表达了抗艾滋病病毒的 2G12 抗体。该抗体从人类血清中分离出来，能够中和各种类型 HIV 病毒分离物，因而备受关注。美国 Mapp 公司利用转基因烟草表达了 3 种抗埃博拉病毒的人鼠嵌合单克隆抗体 mAb 进行"鸡尾酒"疗法，该试验性抗体药物名为 ZMapp，2014 年 8 月 *Nature* 杂志报道该药治愈了 18 只感染埃博拉病毒的恒河猴，为抗埃博拉药物研发带来了新希望。总之，利用转基因植物生产抗体已取得许多成效，对未来制备低成本、高产量的特异性抗体提供了新思路、新途径，更多治疗性抗体有待研究人员进一步开发。

13.7.1.3　利用植物生物反应器生产其他药用蛋白

利用植物作为生物反应器，除了可以用来生产传统方法难以获得的疫苗和抗体，还可以表达其他类型的药用蛋白，如各种酶制剂、激素、血蛋白、生理营养因子等。首先实现商业化生产的植物源药用蛋白是以色列药品研发公司 Protalix 开发的在胡萝卜细胞中表达的 β-葡萄糖脑苷脂酶，该药于 2012 年被美国 FDA 批准上市，主要用于治疗 β-葡萄糖脑苷脂酶减少或缺乏引起的一种常染色体隐性遗传病——戈谢病（Gaucher disease），其价格要比天然来源的药物便宜很多。此外，已获批上市的还有 ProdiGene 和 Kentucky BioProcessing 公司分别利用玉米和烟草研发的抑肽酶、ProdiGene 公司利用玉米研发的抗生物素蛋白和 β-葡糖醛酸酶（GUS）、Ventria Bioscience 公司利用玉米和水稻研发的重组人乳铁蛋白、加拿大 SemBioSys 公司利用红花研发的虾饲料添加剂 immunosphere、ORF Genetics 公司利用大麦研发的人生长因子 ISOkine 和 DERMOkine 等。除了这些已获批临床试验的植物源人用蛋白，还有许多其他相关研究正在开展临床试验前的准备工作。

13.7.2　利用植物生物反应器生产食品或饲料添加剂

β-胡萝卜素是人体维生素 A 的主要来源，作为食品添加剂可减少某些癌症或心血管疾病的发病率。β-胡萝卜素的合成需要在其前体番茄红素存在的情况下，在一系列酶催化下生成。从番茄红素转变为 β-胡萝卜素，八氢番茄红素合成酶是其中的关键酶。将该酶的编码基因导入到含有胡萝卜素合成前体番茄红素的番茄或其他农作物中，已经培育出多种高产 β-胡萝卜素的转基因植株，用于保健食品的开发。

磷是生物机体内不可缺少的元素，植物体内磷的主要存在形式是植酸磷（肌醇-6-磷酸），植酸磷在种子中的含量约占总磷含量的 70%，植酸酶是将植酸磷转化成无机磷的关键酶。而植物体内天然植酸酶的量相对于植酸磷的水平是很低的，并不足以使植物从大量的植酸磷中释放出足量的无机磷。由于单胃畜禽（猪、鸡、兔子、鸭子、鹅等）的胃肠道不能分泌植酸酶，因而难以充分利用植物性饲料中的植酸磷源（Pen et al.，1993）。为了满足动物对磷的需求，通常需要在饲料中添加无机磷，这样一方面提高了饲料的成本，另一方面使自然界中的无机磷资源受到严重的威胁；同时，动物不能利用的植酸磷直接从粪便中排出，又会造成环境的磷污染；此外，植酸是一种抗营养因子，它能抑制动物对植物性饲料中的 Ca^{2+}、Mg^{2+}、Zn^{2+}、Fe^{2+}、K^+ 等金属离子，以及蛋白质、维生素及脂肪酸等营养成分的消化吸收，从而降低饲料的营养价值。因此，在动物饲料中添加外源植酸酶逐渐成为提高饲料营养价值和降低环境磷污染的一种有效措施。1993 年，荷兰科学家从黑曲霉菌（*Aspergillus niger*）中克隆到植酸酶基因，将其与 RP-S 蛋白融合，在 CaMV 35S 启动子驱动下转化烟草，在饲料中添加这种转基因烟草的种子可以达到良好的植酸磷利用效果（Pen et al.，1993）。此后，该酶成功在拟南芥、水稻、玉米、大豆、小麦、油菜、三叶草等植物中被成功表达。

13.7.3　利用植物生物反应器生产工业原料

油菜是人类主要的油料作物，菜籽油中所含的脂肪酸在工业上有广泛的用途。由于易进行遗传转化和再生，油菜可通过基因工程手段产生新的脂肪酸。首批投入大规模生产并取得重大经济效益的非食用型转基因食品就是使用油菜作为生物反应器获得的工业用油。美国 Calgene 公司通过转入一个在脂肪酸合成达到 12 个碳原子时终止了碳链进一步延伸的基因，阻止了植物通常产生的 18 个碳原子的脂肪酸形成，将油菜体内 18 碳不饱和脂肪酸，包括油酸（18∶1）、亚油酸（18∶2）和亚麻酸（18∶3），转换成 12 碳月桂酸。同时，这一基因的导入并不影响油菜的产量，相关副产品还可以用来制造肥皂等去垢剂。此外，油菜还可用于生产作为尼龙和润滑油生产原料的芥酸，以及用于麦淇淋（人造黄油）制作的 6-十八碳烯酸。

转基因植物除了可以提供用于生产润滑油、肥皂和尼龙的化工原料，还可以为生产可生物降解的塑料、天然棉花聚酯混合纤维等提供原材料。各种塑料造成的白色污染是当今全球面临的严重问题之一，解决这一问题的可选途径之一是利用植物基因工程生产可被微生物降解型塑料的新型原材料。聚羟基脂肪酸脂（PHA）和多羟基丁酯（PHB）具有热塑性好、可被微生物完全分解的特性，因此被认为是最佳的无污染性塑料原料。虽然通过微生物发酵工艺可以生产这两种原料，但成本仍然很高，因此，人们尝试使用植物转基因技术来生产 PHA 和 PHB。

PHB 生物合成需要 β-酮基硫解酶、乙酰辅酶 A 还原酶和 PHA 合成酶 3 种酶，而植物中只存在 β-酮基硫解酶。为了完善 PHB 合成途径，将细菌中编码乙酰辅酶 A 还原酶和 PHA 合成酶的基因转入拟南芥，能够使其产生 PHB。最初尝试发现，该酶主要定位于转基因植物胞质内，且仅获得 0.14% 细胞干重的 PHB，不具有商业开发价值，而且转基因对植物细胞生长不利。在植物中，由乙酰辅酶 A 合成脂肪酸的过程发生在质体中，因此质体是碳代谢流高通量流向乙酰辅酶 A 的细胞器，也是淀粉积累的场所。此外，质体能形成大量的包涵体而不干扰器官的正常生理功能。为了保证高浓度的酶进行 PHB 的合成，同时避免 PHB 富集对其他植物细胞造成伤害，研究者将核酮糖二磷酸酶/羧化酶小亚基上的转肽与 β-酮基硫解酶和乙酰辅酶 A 还原酶的 N 端相融合，使合成酶产生后定向进入质体。在转基因拟南芥的整个生长周期中，PHB 的含量逐步增高，达到 10mg/g 鲜重，大约相当于细胞干重的 14%，即 PHB 从胞质到质体的重新定位导致其产量提高了 100 多倍。

13.7.4　利用植物生物反应器生产药用次生代谢物

植物多种多样的代谢途径能够产生丰富的次生代谢物，其中许多具有药用价值。例如，具有抗肝炎、修复肝损伤作用的獐牙菜苦苷及龙胆苦苷是川西獐牙菜的主要有效成分，然而，野生獐牙菜资源严重匮乏，处于濒危灭绝状态；另外，獐牙菜苦苷及龙胆苦苷在獐牙菜中含量极少，从植物中直接提取的产量远远不能满足市场需求，而化学合成和半合成成本太高，目前不具备商业前景。提高这类次生代谢产物的有效途径是将编码次生代谢物合成途径关键酶的基因导入植物中，通过基因工程手段提高次生代谢产物含量。

另外一个应用实例是利用转基因植物生产青蒿素。来源于菊科植物黄花蒿（*Artemisia annua*）的倍半萜内酯衍生物青蒿素既能抗疟疾，又能抗癌、消炎。时敏等（2018）对于青蒿素合成途径关键酶基因的研究进行了综述。在青蒿中分别过表达 MVA 途径的青蒿 3-羟基-3-甲基-戊二酰辅酶 A 还原酶（HMGR）、法呢基焦磷酸合酶（FPS）和 MEP 途径的 1-脱氧-D-木酮糖-5-磷酸还原酶（DXR）这 3 个酶获得的转基因青蒿植株，其青蒿素含量与对照相比，分别增加了 22.5%、2.5 倍和 2 倍。在青蒿中过表达 MEP 途径最后一个关键酶羟甲基丁烯基-磷酸还原酶（HDR）和下游合成途径第一个关键酶紫穗槐二烯合成酶（ADS），转基因株系 AH70 中，青蒿素含量为对照的 3.48 倍。在青蒿中过表达长春花 *HMGR* 和 *AaADS*，同时调控 MVA 途径和青蒿素下游生物合成途径，发现转基因株系中青蒿素含量比非转基因植株高 7.65 倍。在青蒿中同时过表达 *AaADS*、*AaCYP71AV1* 和 *AaCPR* 基因，转基因株系中的青蒿素含量比对照株系高出 2.4 倍，干重达到 15.1 mg/g。在青蒿中同时过表达 *AaADS*、*AaCYP71AV1*、*AaCPR* 和醛脱氢酶 1（*AaALDH1*）等 4 个关键酶基因，可以使青蒿素的含量达到 27 mg/g，是野生型的 3.4 倍。其他许多次生代谢产物（丹参酮、人参皂苷）的合成途径也已有深入的研究，并且其中部分代谢途径关键酶的基因已被克隆，预计不久的将来会有更多的次生代谢产物在转基因植物体中合成。

13.8　利用转基因技术改良植物品质

利用转基因技术改良植物品质已经取得许多成果，最引人瞩目的成就在于以经济作物品种改良为目标的各种转基因作物的获得。目前通过转基因技术改良植物品质，主要是在作物中转入各种特定基因，例如，提高抗生物胁迫（植物病虫害、植物病毒、真菌病害等），抵抗非生物胁迫（干旱、低温、盐碱等），改良作物品质（营养价值、储藏性能等）等优良性能，从而获得各种抗虫、抗病、抗非生物胁迫、改良品质等作物新品种。目前常用的转基因作物已有上百种，随着转基因新技术研究的不断深入，目的基因也将越来越多（焦悦等，2016）。

13.8.1　抗病虫害植物基因工程

病虫害给农业生产带来巨大的损失，每年使世界作物减产至少一半，损失达 1000 亿美元以上。因此，在自然环境中，利用基因工程获得具有抗病虫害能力的植物品种，已成为新型害虫防治及植物保护策略。

13.8.1.1　抗虫转基因植物

自从瑞士化学家保罗·米勒发现氯苯基三氯乙烷（俗称 DDT）能消灭害虫之后，人们开始大量使用化学杀虫剂。成千上万吨的化学杀虫剂撒向土壤，一方面给生物和地球环境带来巨大破坏，另一方面诱使害虫产生了抗药性。直至 20 世纪 80～90 年代，DDT 和其他一些剧毒杀虫剂才被世界各国相继宣布禁用，一些副作用小的生物杀虫剂开始受到人们的关注。

苏云金芽孢杆菌（*Bacillus thuringiensis*，Bt）是一种广泛存在于土壤中的革兰氏阳性菌，也是使用最为广泛的一种微生物杀虫剂。使用半个世纪以来，尚未发现其对地球环境和人类造成任何显著的负作用。Bt 的杀虫活性是由它在芽孢形成过程中产生的伴胞晶体决定的。伴胞晶体的主要成分是 β-内毒素，又叫 δ-内毒素或杀虫晶体蛋白（ICP）。Bt 毒素进入昆虫肠道后，在肠道碱性条件下由消化酶作用分解，无活性的原毒素降解成 68 kDa 具有毒性的活性蛋白。毒素与幼虫中肠上皮细胞表面的敏感特异受体结合，致使细胞膜产生一些穿孔，破坏细胞的渗透平衡，引起细胞肿胀裂解，最后导致细胞死亡。

　　大多数苏云金芽孢杆菌菌株都能同时产生几种晶体蛋白，每种蛋白质均能高度特异地杀鳞翅目昆虫。毒素蛋白根据结构同源性及抗虫范围可以分为 *cry* Ⅰ、*cry* Ⅱ、*cry* Ⅲ、*cry* Ⅳ四大类。其中，*cry* Ⅰ编码的蛋白质抗鳞翅目昆虫；*cry* Ⅱ编码的蛋白质抗鳞翅目和双翅目昆虫；*cry* Ⅲ对鞘翅目昆虫有毒性；*cry* Ⅳ抗双翅目昆虫。随着 1981 年第一个编码 Bt 杀虫晶体蛋白基因的成功克隆，利用植物基因工程培育抗虫作物拉开了序幕。

　　Bt 抗虫转基因作物的制备流程如图 13-13 所示。首先，需要克隆苏云金芽孢杆菌毒晶蛋白的全长基因。为提高表达效率，将杀虫晶体蛋白与载体连接时，通常只克隆晶体

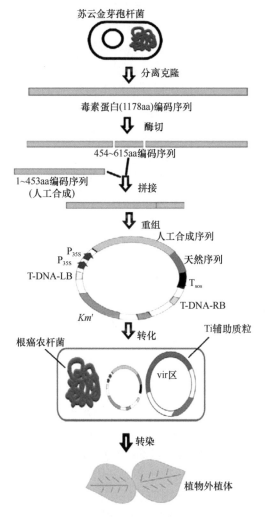

图 13-13　Bt 抗虫转基因作物的制备流程图

蛋白 N 端 1～615 位与毒性有关的氨基酸残基片段，而为了纠正密码子的偏好性，前 453 位氨基酸通常采用人工合成的方式，之后将人工合成的 1～453 位氨基酸与 454～615 位氨基酸连接，置于 CaMV P_{35S} 双启动子串联结构的控制之下。选择穿梭 Ti 质粒作为载体，转化植物细胞，经过筛选鉴定获得抗虫转基因植株。

1985 年最早获得转 Bt 毒素基因的烟草和番茄，之后 Bt 毒素基因又相继被转化到棉花、水稻、玉米等其他农作物中，一大批具良好抗虫性的转基因植物品种涌现出来。Bt 转基因棉花主要用于杀灭棉铃虫，Bt 转基因玉米主要用于杀灭玉米钻心虫。1995 年，美国首次批准 Bt 抗虫转基因玉米可作为粮食和饲料种植，之后很多国家相继批准种植。目前，玉米、棉花、马铃薯、番茄、杨树、茄子、大豆、油菜、苜蓿等多种 Bt 转基因作物已经进行商业化种植。

相较于常规生物杀虫剂，抗虫转基因植物具有以下优点：①对植物具有连续保护作用，只杀灭摄食害虫，对非危害生物的昆虫无影响；②即使农药难以作用到的果实内部等部位，也能获得有效保护；③所表达的抗虫物质仅存在于植物体内，不存在环境污染问题，据估计，种植 Bt 棉花可减少一半以上杀虫剂用量，降低了化学农药在环境中的残留量；④成本低，有利于推广，并且可以减少喷药劳动量；⑤产生良好的经济效益，例如，转 Bt 基因棉花增产显著，南非增产 25%，北美增产 10%以上，中国增产 5%～10%。

尽管 Bt 抗虫植物在生产上展现出良好的应用前景，但还有很多问题需要妥善解决。首先，由于 4 种杀虫晶体蛋白中的每一种晶体分子只能针对一种或两种害虫有效，其抗虫谱相对比较窄。近年来，科学家尝试在转基因农作物中同时表达多元杀虫晶体蛋白（如 Cry34Ab/Cry35Ab），已取得了很大进展，但这种策略受到基因转移的容量限制。其次，毒晶蛋白仅对幼虫有效，对成虫不起作用。再次，昆虫对 Bt 杀虫晶体蛋白产生抗性的问题也日益突出。

控制昆虫抗性产生的策略有：①联合使用两种或两种以上具有不同杀虫机制的抗虫基因，使转基因植物表达数个具有不同毒性机制的毒素；②选用诱导型或组织特异性启动子，使抗虫基因的表达局限于植物的特定部位或植物发育的特定敏感阶段，这样就会减缓对昆虫的选择压力，从而减弱昆虫抗性的形成；③高剂量表达的转基因植物与非转基因植物混合播种，让非转基因作物作为害虫的庇护所；④有些作物中，编码 Bt 毒素蛋白的基因表达水平低，不足以给植物提供田间保护。

13.8.1.2 抗病毒转基因植物

植物病毒病给农业生产带来了极大损害。对抗这种"顽疾"的技术首选 RNA 干扰（RNAi）。通过 RNAi 使目标 RNA 沉默是转基因植物重要的抗病毒机制。将某种病毒的某一序列片段设计成双链结构，导入植物体后可诱发 RNA 沉默。通过诱发的 RNA 沉默强化植物体内天然的 RNA 沉默抗病毒机制，就可获得具有很高抗病毒特性的转基因植物。研究人员利用这种机制将寄主植物的相应基因片段克隆到病毒载体上，利用病毒的侵染高效沉默宿主基因，研究目标基因的功能，人们称这种技术为病毒诱导的基因沉默（VIGS）。将单个病毒的特定基因片段构建 dsRNA 载体，转基因后可获得对这一病毒具有抗性的植物。2011 年，人们在烟草内分别转入黄瓜花叶病毒（CuMV）复制酶基因和烟草花叶病毒运动蛋白基因的反向重复序列，获得了抗 CuMV 和 TMV 病毒的转基因烟草（Arnaboldi et al.，2016）。除此以外，针对大麦、番茄、马铃薯等的相关病毒基因，通过 RNAi 使相关病毒基因 RNA 沉默，并转化番茄而获得了抗性番茄。

近几年，CRISPR/Cas9 和 CRISPR/Cas13 基因编辑系统已被用于植物抗病毒研究，该系统所具有的稳定性、广泛适应性和易于工程化特点使其成为抗病毒植物生产的重要工具（详见 17.2）。

13.8.1.3　抗细菌转基因植物

全世界细菌性作物病害有 500 多种，我国主要的细菌作物病害有 60～70 种。细菌性病害常造成严重损失。据估计，全世界马铃薯因细菌性病害每年减产 25%。对于这些细菌性病害的防治，近年来，植物抗病基因工程取得了许多成果，显示出诱人的前景。

抗菜豆毒素的转基因植物能有效地抵抗菜豆毒素对植物的侵害。菜豆毒素是由菜豆晕斑病菌丁香假单胞菌产生的非寄主转化性毒素，其抑制精氨酸生物合成有关酶，即鸟氨酸氨甲酰基转移酶（OCTase）的活性，从而抑制了鸟氨酸氨甲酰磷酸盐向精氨酸的转化。在感病的植物体中，毒素被肽酶水解形成不可逆抑制剂。产菜豆毒素的丁香假单胞菌对毒素不敏感。病原菌对毒素的这种抗性是通过合成另一个不被菜豆毒素抑制的鸟氨酸氨甲酰基转移酶 R（OCTase R）来实现的。OCTase R 由 *argK* 基因编码，将 *argK* 基因导入植物基因组中可以使转基因植株获得对菜豆毒素的抗性。OCTase 定位于叶绿体，为获得在此细胞器上表达抗性的 OCTase 转基因植株，Dela Fuente 等将 *argK* 的编码序列与核酮糖双磷酸羧化酶小亚基（定位于叶绿体的核编码蛋白）的转运肽融合，构建于 CaMV 35S 启动子下游，转入烟草和菜豆，获得的转基因烟草和菜豆植株表现出较对照高约 10 倍的 OCTase 活性。

随着分子植物病理学的研究深入及生物技术的发展，越来越多的病原菌致病基因及植物抗病相关基因得到克隆，其中不少基因已被用于植物转基因研究以期提高植物的抗病性，尤其是植物抗病基因的转基因为植物的抗病育种提供了一条可选的有效途径。

13.8.2　抗除草剂植物基因工程

获得抗除草剂品质是当前转基因作物的主流。具有单抗除草剂和抗除草剂加抗虫双价品质的两大类转基因作物的种植面积占世界全部转基因作物的 80% 以上。抗除草剂的转基因农作物主要有大豆、棉花、玉米、油菜、甜菜、向日葵、亚麻等，该类作物主要集中于北美。除草剂通过破坏氨基酸的合成途径和植物光合电子传递链蛋白质的功能，使得杂草死亡。通常，高效除草剂专一性强，只能杀死特定种类的杂草，而广谱除草剂可以消灭绝大多数杂草，但对作物本身也有毒性。

利用转基因技术构建抗除草剂的重组植物，有望解决农业杂草严重这一问题，其策略包括：抑制农作物对除草剂的吸收；高效表达农作物体内对除草剂敏感的靶蛋白，使其不因除草剂的存在而丧失功能；降低敏感性靶蛋白对除草剂分子的亲和性；向农作物体内导入除草剂的代谢灭活基因等（李俊生等，2012）。例如，将 5-烯醇丙酮莽草酸-3-

磷酸合成酶、草丁膦-*N*-乙酰转移酶、PAT 等酶的编码基因导入植物体内，能够获得抗除草剂的转基因作物。

13.8.3 抗逆境植物基因工程

植物在生长发育过程中，面临着高温、低温、干旱、涝害、盐渍、离子毒害等多种非生物逆境。研究植物抗逆境胁迫机制，分离克隆抗逆相关基因，对培育抗逆的转基因新品种、开发利用干旱盐碱土地、节约水资源具有重要意义。随着基因克隆技术的不断发展，国内外科学家获得了一大批抗逆境胁迫基因和调节因子。

植物对温度的耐受有一定限度，适宜的温度能够维持植物体内蛋白质处于正确的构象并防止因非天然蛋白质的聚集而对细胞造成伤害。高温会扰乱植物细胞体内平衡，引起蛋白质变性，从而导致功能紊乱，延迟植物生长发育甚至导致植株死亡。为了在高温下保护植物免受伤害，植物体内会产生不同程度的热应激反应，热激蛋白（HSP）、热应激转录因子（HSF）和活性氧（ROS）是植物应对热胁迫应答的重要产物。HSF 与HSP 的相互作用是植物应对温度变化的重要适应机制。HSP 负责许多正常细胞形成过程中的蛋白质折叠、组装、转运和降解，稳定蛋白质和细胞膜，并可以在应激条件下帮助蛋白质重折叠，通过重新建立正确的蛋白质构象、恢复细胞稳态来保护植物免受胁迫。

大多数农作物，包括水稻和玉米等主要粮食作物都对干旱敏感。干旱胁迫可发生在农作物生长发育的各个阶段，且往往与热胁迫或其他类型的胁迫相伴而生。尤其在植物生殖阶段发生干旱胁迫，会导致农作物大幅度减产。植物会通过加速开花、缩短生长周期、减少水分损失、积累渗透压调节因子等形态学改变和生理学策略来应对干旱胁迫。植物科学家已经确定了许多干旱应答基因和调控因子，如脯氨酸代谢途径相关基因、抗氧化酶基因、NAC 家族成员和 *DREB1* 基因等。将这些基因过表达到作物中，有可能获得抗旱性更强的作物新品种。

13.8.4 改变花型花色的植物基因工程

随着花卉消费市场日趋成熟，人们对通过插花来装饰花束和花篮的需求越来越高，因此各种花卉植物培育技术均有提高。世界最大的花卉出口国荷兰在构建具有不同花色和花型的转基因植物方面取得了重要进展。

花卉的颜色是由花冠中的色素成分决定的。大多数花卉的色素为黄酮类物质，由苯丙氨酸通过一系列的酶促反应合成，而颜色主要取决于色素分子侧链取代基团的性质和结构，如花青素衍生物呈红色、翠雀素衍生物呈蓝色等。查尔酮合成酶（CHS）和二氢黄酮醇 4-还原酶（DFR）是类黄酮生物合成途径的关键酶及限速酶。1987 年，Meyer 首次通过基因工程手段改良花色，将玉米 *A1* 基因转入矮牵牛，使其花色由灰白色转变为砖红色。1988 年，荷兰科学家利用反义 RNA 技术抑制矮牵牛花和烟草植物细胞内 *CHS*基因的表达，使转基因植物花冠的颜色由野生型的紫红色变成了白色，并且发现对 *CHS*基因表达抑制程度的差异还可产生一系列中间类型的花色。Vander Krol 将 *CHS* 基因导入菊花园艺品种，色彩也有了类似的变异（Vander Krol et al.，1988）。

天然玫瑰没有蓝色的花瓣，这是由于蔷薇科植物缺少合成蓝色素的关键酶——植物类黄酮-3′,5′-羟化酶（F3′5′H）。将来自矮牵牛花的 *F3′5′H* 编码基因与 *CHS* 基因启动子融合导入蔷薇科植物，可以培育出蓝色的转基因玫瑰。

分子遗传学研究表明，*MADS* 基因家族在花型形成过程中起重要的作用。植物花器官由 4 轮组成，由外向内分别为花萼、花瓣、雄蕊和心皮。花器官的形成由 A、B、C 3 类同源异型基因决定，其中每一类基因控制 4 轮花器官中相邻 2 轮的发育，即 A 类基因控制花萼和花瓣，B 类基因控制花瓣和雄蕊，C 类基因控制雄蕊和心皮的形成。目前已报道了拟南芥、金鱼草、矮牵牛、水稻等多个物种中控制花序和花器官特性的基因，其中水稻 *MADS3* 和 *MADS58* 这两个同源异型基因研究较为透彻。*mads3* 突变体的心皮发育正常，雄蕊同源异型转化为浆片，并且在靠近内颖的第二轮器官中异位产生浆片。*MADS58* 的 RNA 沉默植株中，浆片、雄蕊和类似心皮在内的一系列花器官反复发生，导致花分生组织的命运决定出现了严重的障碍。*mads3 mads58* 双突变体生殖器官的特征完全丢失，第三、第四轮花器官中积累了大量浆片。综上所述，通过基因修饰与转移，不仅可以改变花色，而且可以改变和创造别致的花型。

此外，利用基因工程还可以增加花卉的香味。花香被誉为"花卉的灵魂"，由植物产生的具有芳香气味的挥发性有机化合物发出。1994 年，Pichersky 等从仙女扇的花柱头上分离并克隆了第一个与花香物质合成有关的酶——仙女扇 S-芳樟醇合成酶（LIS）。此后，人们又陆续分离和克隆出仙女扇丁子香酚-O-甲基转移酶（IEMT）、仙女扇苯甲醇乙酰转移酶（BEAT）、金鱼草苯甲酸羧甲基转移酶（BAMT）、金鱼草苯甲酸/水杨酸羧甲基转移酶（BSMT）等其他几个花香基因。在果实特异表达 E8 启动子驱动下，将 *LIS* 导入番茄，成熟的果实合成并释放香气明显的 S-芳樟醇和 8-羟基芳樟醇。

在使用基因工程技术进行花卉遗传改良的 20 余年时间里，株型、花色、彩斑、重瓣性、花型、花香改良方面均取得了长足的进展，并获得了一系列转基因花卉。例如，延长瓶插期的转基因香石竹等已经获批上市销售。

13.8.5 控制果实成熟的植物基因工程

苹果、梨、杏、香蕉、桃、李子等呼吸跃变型果实在储藏和运输过程中，由于果实后熟过程迅速，常常导致过熟和腐烂，从而造成巨大的经济损失。通过控制蔬菜和水果细胞中乙烯（ethylene，ETH）合成速率，能有效延长果实的成熟状态及存放期。植物细胞中乙烯合成过程是：植物体内甲硫氨酸（Met）首先在三磷酸腺苷（ATP）参与下转变为 S-腺苷甲硫氨酸（SAM），SAM 被转化为 1-氨基环丙烷 1-羧酸（ACC）和甲硫腺苷（MTA），MTA 进一步被水解为甲硫核糖（MTR），通过甲硫氨酸途径又可重新合成甲硫氨酸。其中，ACC 是乙烯合成的直接前体，因此催化 ACC 生成的 ACC 合成酶是乙烯合成的限速酶。此外，催化 ACC 生成 ETH 的 ACC 氧化酶也是乙烯合成的限速酶（图 13-14）。20 世纪 90 年代初，科学家们采用反义 RNA 技术干扰番茄细胞中上述两个酶编码基因的表达，由此构建的重组番茄的乙烯合成量分别仅为野生植物的 3% 和 0.5%，明显延长了番茄的保存期。

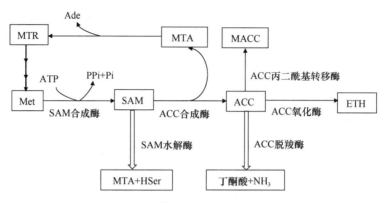

图 13-14 植物体内乙烯合成途径

成熟果实细胞中往往会大量表达 PG，它能水解果胶而溶解细胞壁结构，使成熟果实容易受损伤，因此，降低细胞中的 PG 合成速率也能防止果实过早腐烂。植物体内 *PG* 基因只在成熟果实中表达，而在非成熟果实、根、茎和叶中都检测不到，控制 *PG* 基因在成熟果实中特异表达的顺式元件存在于该基因上游 1.4kb 序列之中。通过分子水平调控 *PG* 基因的表达有两种方法：一种方法是通过反义 RNA 技术对 *PG* 进行负调控；另一种方法是通过插入失活，使 *PG* 基因不能表达。科学家将 PG cDNA 5'端的 730bp 片段反向插入到 CaMV 35S 启动子和 *NOS* 基因之间，构建反义融合基因，将其导入 pBIN19，转化农杆菌 LBA4404，再转化番茄茎段，番茄叶和果实中都发现了反义 PG cDNA，其 PG 酶活性只有正常状态的 10%。而用来构建反义基因的 PG cDNA 片段长度为 1600bp，所得到的转基因番茄在成熟各阶段 PG mRNA 和 PG 酶活的水平也大大降低。用插入失活的方法，科学家将 Ds（解离子）插入番茄 *PG* 基因内部，番茄果实中 PG 酶的活性大幅度降低。因此，上述基因工程方法均可以调控 PG 含量，具有极高的商用价值。

13.8.6 提高农作物产量和品质的植物基因工程

农作物的高产、优质一直是人们所追求的目标，与此同时，人们对食物的营养和品质要求也越来越高。作物品质的改良内容包括：水果蔬菜的延熟保鲜、植物油营养成分改良（如不饱和脂肪酸含量的提高）、增加营养价值（如维生素）、富含抗癌蛋白的大豆、高营养的饲料（如高赖氨酸、表达植酸的玉米）等。基因工程在植物品质改良，以及培育出丰产、优质的农作物新品种方面取得了瞩目的成就。目前已经进入市场的转基因植物性食物主要有大豆、小麦、水稻、马铃薯、玉米、油菜、甜菜、番茄、辣椒和西葫芦等。

13.8.6.1 提高作物产量的基因工程

植物主要通过光合作用固定 CO_2 来合成碳水化合物，因此改造光合碳代谢过程、提高 C_3 和 C_4 途径中核酮糖-1,5-二磷酸羧化酶（RuBisCo）和磷酸烯醇式丙酮酸羧化酶（PEPCase）这两个关键酶的特征系数及催化活性，从而获得更高、更有效的 CO_2 固定能力，一直是通过基因工程提高作物产量的基本思路。高等植物的 RuBisCo 由 8 个大亚基和 8 个小亚基组成，其中酶的催化部位主要存在于大亚基中。大、小亚基因都早已被克隆，并获得了活性部位发生点突变的工程酶。关于 RuBisCo 大、小亚基的装配及全酶功能活性的调节机制还有待进一步研究。

淀粉是储存于绿色植物中的主要碳水化合物，是能量的主要提供者。腺苷二磷酸葡萄糖焦磷酸化酶（AGP）是淀粉生物合成的限速酶，它催化葡萄糖-1-磷酸和 ATP 生成淀粉合成的直接前体 ADP-葡萄糖。通过基因工程技术增加 AGP 的含量可以增加植物中淀粉含量。科学家已成功克隆马铃薯、玉米、水稻、小麦、甜菜及拟南芥的 *agpp* 基因。Monsanto 公司率先将大肠杆菌编码 AGP 的基因 *glgc* 的突变基因 *glgc16* 与拟南芥的叶绿体转运肽基因和块茎专一性启动子融合，导入商用马铃薯 Russet Burbank 品系，转化植株块茎淀粉含量比对照增加 35%～60%。

13.8.6.2　改善作物品质的基因工程

植物性食物中，谷类和豆类是人类及牲畜所消耗蛋白质的主要来源。植物蛋白质生产成本低，便于运输和储藏，由于其缺乏某些必需氨基酸而导致营养不够全面。一般粮食作物种子中储藏蛋白必需氨基酸含量较低，例如，禾谷类储藏蛋白赖氨酸含量低，豆类植物甲硫氨酸、胱氨酸和半胱氨酸含量低，直接影响人类主食的营养价值。改善植物性蛋白质某些氨基酸的比例可以通过两种途径：一是利用基因工程技术改变食物中各种蛋白质的生物合成途径，增加谷物和豆类储藏蛋白中赖氨酸和甲硫氨酸的含量；二是克隆其他生物体中编码高含量赖氨酸和甲硫氨酸的基因转入谷类或豆类食物中，利用外源基因的表达合成高含量赖氨酸和甲硫氨酸的蛋白质，平衡谷类和豆类食物中的氨基酸比例。

由于植物油比动物油更有益于人类健康，因此全球植物油需求呈现持续增长趋势。植物油中的脂肪酸包括饱和脂肪酸、单不饱和脂肪酸和多不饱和脂肪酸三类。这些脂肪酸是人体重要的营养素，其中多不饱和脂肪酸人体自身无法合成，必须从食物中摄取。不同植物构成油脂的脂肪酸成分不同，例如，橄榄油富含油酸，而可可和椰子油富含饱和脂肪酸，这就意味着植物脂肪酸代谢存在着多样性和生物可塑性。

利用基因工程改良植物油中脂肪酸含量主要有两种方法：第一，通过 RNAi 等基因沉默技术调控一些脂肪酸脱氢酶和延长酶基因的活性，可以修饰种子中脂肪酸链的长度和不饱和度，调整脂肪酸分子在甘油三酯相关位置上的分布，增加或减少特定的脂肪酸成分；第二，通过转基因引入微生物的长链不饱和脂肪酸脱氢酶和延长酶基因，获得高等植物不能合成的长链不饱和脂肪酸，进而创造出对人类健康有益的食用油，使它具有较高的营养价值和特性。利用基因工程技术已成功开发出一系列新品种，例如，油酸含量由原来的 25%增加到 85%的转基因大豆新品系，硬脂酸含量由原来的 2%提高到 40%的转基因油菜种子，含油量提高 25%的"超油 1 号"、"超油 2 号"等油菜新品种。

淀粉由直链淀粉和支链淀粉组成，二者的比例决定了淀粉的结构、功能和应用领域。植物细胞内的颗粒结合淀粉合成酶（GBSS）和淀粉分支酶（SBE）分别控制直链淀粉和支链淀粉的合成。食品工业中通常需要直链淀粉含量少的淀粉，可以通过转入外源基因改变食物中直链淀粉和支链淀粉的含量。20 世纪 90 年代，人们将外源 *GBSS* 反义基因成功导入马铃薯，该马铃薯中 GBSS 的活力降低了 70%～100%，GBSS 表达的完全抑制阻止了直链淀粉的合成，而 BE 则不受影响，从而获得了支链淀粉含量很高或完全不含直链淀粉的马铃薯，改善了淀粉品质。

本 章 小 结

　　植物基因工程是将目的基因经过克隆、酶切、连接到相应表达载体，采用合适的转化方法把重组 DNA 导入植物细胞，使其整合到植物染色体上，在植物细胞内复制并高效稳定表达，从而获得新的相对性状的一种技术。成功获得转基因植物需要良好的基因工程受体系统、合适的转化方法以及理想的表达调控系统。植物基因工程受体系统主要有植物原生质体受体、植物愈伤组织受体、生殖细胞受体和叶绿体受体系统。植物遗传转化方法分为载体介导的转化方法、DNA 直接导入法和种质系统法。其中，载体介导的转化方法包括叶盘转化法、共培养转化法、整株感染法等。DNA 直接导入法主要有电击转化法、激光微束穿刺法、显微注射法、基因枪法、脂质体介导法和 PEG 介导法。在实际研究中，植物基因转移主要采用农杆菌介导法、基因枪法和花粉管通道法。其中，农杆菌转化主要用 Ti 质粒作为载体，分为一元载体和双元载体两类，双元载体系统具有稳定、高效等诸多优点，因而被广泛采用。选用合适的方法进行基因转化后，还需要对转化植株进行生物学或标记基因筛选检测，目的基因的分子检测也表现为阳性的植株，才可真正称为转基因植株。植物目的基因的表达是多层次的，常用 Southern 杂交检测目的基因是否整合到染色体，Northern 杂交检测目的基因的转录水平，Western 杂交检测目的基因的蛋白质表达。理想的外源基因表达调控系统是利用那些来自与植物亲缘关系较远的物种的调控元件，选择植物体内很少出现的诱导物，避免外源基因的转入干扰植物内源基因的正常功能，目前主要包括外源基因的四环素诱导系统、乙醇诱导系统、类固醇诱导系统以及地塞米松诱导和四环素抑制系统 4 种类型。通过基因工程技术已经培育了各种改良品质和高产量的农作物，包括提高抗生物胁迫（植物病虫害、植物病毒、真菌病害、植物细菌病害等）、耐非生物胁迫（干旱、低温、盐碱等）和改良作物品质（营养价值、储藏性能、花型花色等）等优良性能，从而获得各种抗虫、抗病、抗非生物胁迫、改良品质等新品种作物。目前，市面上广泛种植的转基因农作物种类相对集中，主要是抗除草剂和抗虫转基因作物。植物生物反应器为抗体、疫苗和药物，以及某些食品、工业原料或次生代谢产物蛋白的生产提供了新的途径，具有广阔的应用前景。

第 14 章　动物基因工程

14.1　动物体细胞核移植技术

2018 年 2 月，中国科学家首次获得体细胞克隆长尾猕猴，该报道使动物克隆再一次成为人们讨论的焦点。1997 年克隆羊 "Dolly" 的诞生曾震惊了全世界。克隆羊 "Dolly" 能够引起轰动，是因为克隆羊的核供体来自于高度分化的体细胞，证实了哺乳动物的体细胞克隆是可行的。这也颠覆了传统认知，即供体细胞的分化程度越高，重构胚发育能力就越低，高度分化的哺乳动物体细胞可能丢失了发育全能性。

回顾动物克隆领域近百年的发展历程，它本身就是整个生命科学飞速发展的一个缩影。通过对动物克隆技术发展历程的回顾，进而对体细胞核移植技术的原理和应用等进行阐述，可以让读者对动物克隆技术有一个初步了解。

14.1.1　动物克隆研究发展史

什么是克隆？"克隆" 一词音译自英文单词 "clone"，实际上，英文 "clone" 起源于希腊文 "klone"，原意是 "用嫩枝或插条繁殖"。狭义上的 "克隆" 是指通过无性繁殖方式获得的来自同一个体并具有与该个体相同基因型的后代，意指无性繁殖，为不涉及生殖细胞、直接由母体分裂而形成新个体的繁殖方式。这种方式在单细胞动物或者低等多细胞动物中普遍存在。更为高级的动物均为有性生殖，即新个体由雌雄配子结合的受精卵发育而来。有性生殖有利于基因组合，产生广泛变异，增加子代适应自然选择的能力。对动物克隆技术，采用的方法有早期胚胎卵裂球的分离、胚胎的切割、细胞核移植等。

19 世纪，随着细胞学说的提出、补充和完善，在发育生物学领域，分化或胚胎早期发育分裂的细胞是否具有发育的全能性这一问题逐渐引起科学家们的关注。1885 年，德国生物学家 Hans Driesch 将无脊椎动物棘皮动物门海胆的 2 细胞卵裂胚胎独立分离开来，发现它们分别能发育为独立的个体。这是最早动物克隆的雏形。

1902 年，德国胚胎学家 Hans Spemann 将蝾螈的 2 细胞胚胎用婴儿头发丝结扎，分离为 2 个独立的卵裂胚胎，发现其也能分别发育为独立的个体。1928 年，Hans Spemann 将实验进一步推进，他用婴儿的头发丝将蝾螈的合子结扎，一半含有细胞核，另一半没有核，结果有核的部分继续分裂，无核部分则停止分裂。当有核部分分裂到 16 细胞期时，将结扎的头发丝稍微松开，使其中一个卵裂球的核通过胞质桥进入无核部分，原来无核的部分在获得了一个细胞核后又开始分裂；然后将两部分彻底分开，无核部分获得的卵裂球也能发育成一个完整的个体（图 14-1），表明 16 细胞期之前的卵裂球的细胞核都具有发育的全能性。Hans Spemann 因发现了胚胎的发育过程而获得 1935 年诺贝尔生理学或医学奖。

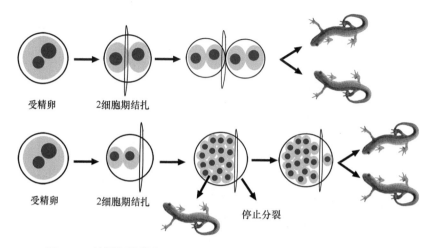

受精卵　　　2细胞期结扎

受精卵　　　2细胞期结扎　　　　　　　　停止分裂

图 14-1　德国胚胎学家 Hans Spemann 的蝾螈卵裂胚胎克隆经典实验

1938 年，Hans Spemann 设想将分化程度更高的细胞核放入去核的卵母细胞中，通过观察细胞核能否继续发育，研究在细胞发育和分化过程中遗传物质所携带的信息是否会丢失或失活、分化的体细胞能否重编程形成新的个体。遗憾的是，受到当时客观技术条件限制，他未能实现这一想法，但这一假想却标志着细胞核移植技术进入一个崭新的阶段。1952 年，英国科学家 Robert Briggs 与 Thomas Joseph King 首次报道了以卵细胞为受体的核移植实验研究。他们将林蛙（*Rana pipiens*）未分化的囊胚细胞核注入去核的卵母细胞中，形成一个新胚胎，这种重构胚经适当刺激后，部分可以发育为蝌蚪，后来他们还证明这些蝌蚪经过发育变态可以变成幼蛙。这一证据表明，16 细胞期到囊胚期的细胞核仍然具有发育成完整个体的全能性。

1958 年，英国科学家 John Gurdon 将非洲爪蟾（*Xenopus laevis*）幼体肠细胞核移植入去核卵细胞，成功发育为一个动物个体，这是人类历史上第一例体细胞核移植动物。这证明了两个重要的科学问题：第一，在一定条件下，一个分化的细胞能够逆转进而再次发育为一个动物个体；第二，一个细胞含有所有遗传物质，即便是其发生了分裂或者分化。这也奠定了后续哺乳动物克隆领域的理论基础。John Gurdon 因其在动物核移植上的突出贡献获得 2012 年诺贝尔生理学或医学奖。

在这一时期，我国科学家也在体细胞核移植领域做出了杰出贡献。1963 年，我国著名生物学家童第周教授（图 14-2）研究组首次报道了在鱼类中的细胞核移植。他们成功实现了在金鱼的两个亚科之间的异种核移植，并获得发育正常的异种克隆鱼。

20 世纪 70 年代，核移植在两栖类和鱼类上的研究达到了顶峰，但哺乳动物克隆研究进展却非常缓慢。其中一个重要的原因是：两栖类动物是体外受精，卵细胞较大，容易体外实验操作；而哺乳动物是体内受精，卵细胞较小（约为两栖类卵细胞的千分之一），体外操作难度很大。1975 年，英国科学家 J. Derek Bromhall 利用煅烧拉制的细玻璃管进行操作，将兔的胚胎细胞核注射入去核卵母细胞，且重构胚胎能够发育到桑葚胚时期，这是哺乳动物核移植胚胎研究的首次报道，也为后续哺乳动物核移植提供了一套可操作的实验技术。

图 14-2　中国著名生物学家童第周教授

1997 年，英国罗斯林研究所的 Ian Wilmut 与 Keith Campbell 等将成年芬兰多塞特母绵羊乳腺上皮细胞与苏格兰黑面母绵羊去核卵母细胞进行电融合，获得重构胚胎，体外发育至桑葚期和囊胚期，然后将这些胚胎移植入苏格兰黑面母绵羊（代孕母羊）子宫后，成功获得 1 只存活的羔羊，即为克隆绵羊"Dolly"（图 14-3）。

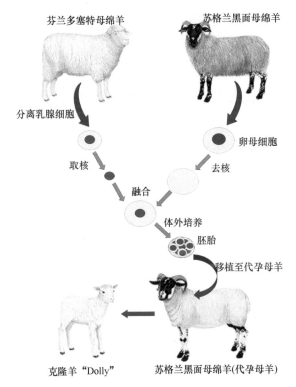

图 14-3　克隆羊"Dolly"及其诞生技术路线图

克隆羊"Dolly"的诞生震惊了世界，它证实高度分化的体细胞核依然具有全能性，也引发了一场全世界关于"克隆"的大探讨（详见 1.3.4）。"Dolly"的诞生是动物克隆研究的一个里程碑事件，自此，动物克隆研究由胚胎细胞克隆时代进入了体细胞克隆时代（表 14-1）。

表 14-1 细胞核移植研究领域标志性进展 [改编自秦逸人（2018）]

年份	进展	贡献的科学家
1885	无脊椎动物海胆 2 细胞卵裂胚胎的发育	Hans Driesch
1902	脊椎动物蝾螈 2 细胞卵裂胚胎的发育	Hans Spemann
1928	蝾螈的核移植实验（第一例核移植动物）	Hans Spemann（1935 年诺贝尔奖）
1952	两栖类动物林蛙核移植实验	Robert Briggs 和 Thomas Joseph King
1958	非洲爪蟾的克隆（第一例体细胞核移植动物）	John Gurdon（2012 年诺贝尔奖）
1963	鱼类的核移植	童第周
1975	家兔胚胎细胞核移植（第一例哺乳动物核移植）	J. Derek Bromhall
1981	小鼠胚胎干细胞系的建立	Evans 和 Kaufman
1983	小鼠胚胎细胞核移植	McGrath 和 Solter
1986	以卵裂球为核供体的克隆绵羊诞生	Willadsen
1997	克隆绵羊"Dolly"，实现首例体细胞克隆哺乳动物	Wilmut 等
2000	小鼠克隆胚胎来源胚胎干细胞系建立	Munsie 等
2008	第一例来自冷冻死尸的克隆动物——小鼠	Teruhiko Wakayama
2018	第一例体细胞核移植灵长类动物——长尾猕猴	孙强、刘真等

自克隆羊"Dolly"诞生后，体细胞核移植的可行性在其他物种中也相继得到了证实。截至目前，已在正式国际学术期刊报道的健康存活的体细胞克隆哺乳动物共有 20 种（表 14-2）。

表 14-2 正式报道的体细胞克隆动物

年份	克隆动物
1997	绵羊
1998	牛
1998	小鼠
1999	山羊
2000	猪
2001	欧洲盘羊
2002	家兔
2002	家猫
2003	马
2003	大鼠
2003	骡子
2004	非洲野猫
2005	狗
2006	雪貂
2007	狼
2007	水牛
2007	红鹿
2009	单峰骆驼
2018	长尾猕猴
2020	普氏野马

　　另外，有 2 个新的异种克隆物种存在异常，即 2000 年克隆印度野牛（家牛提供卵母细胞），在妊娠 202 天流产；2017 年克隆双峰骆驼（单峰骆驼提供卵细胞），在出生 7 天后死亡。最新的动物克隆研究报道是 2020 年 9 月，美国科学家利用冷冻保存 40 年的细胞克隆了世界上第一只普氏野马（蒙古野马）。

　　2018 年 1 月，由中国科学院上海神经科学研究院孙强、蒲慕明领导的研究团队在 *Cell* 杂志发布了题为 "Cloning of Macaque Monkeys by Somatic Cell Nuclear Transfer" 的重要成果，在世界范围内首次利用体细胞核移植技术诞生了克隆非人灵长类动物长尾猕猴（详见 1.3.4）。该研究的技术路线如图 14-4 所示。该实验中，最终获得了两只健康的长尾猕猴（cynomolgus monkey，*Macaca fascicularis*），两只猴分别被命名为 "Zhong Zhong" 和 "Hua Hua"，合起来就是 "Zhong Hua（中华）"。体细胞克隆猕猴的成功意味着今后可以获取大批量相同遗传背景的克隆猴，用于某些疾病模型的建立及药物筛选，最终为人类健康做出贡献。

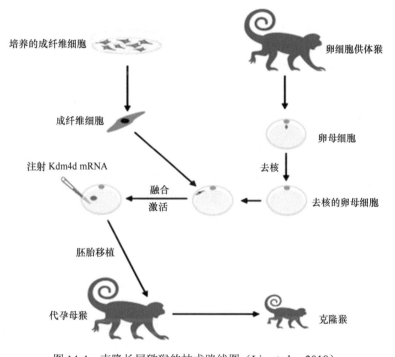

图 14-4　克隆长尾猕猴的技术路线图（Liu et al., 2018）

14.1.2　体细胞核移植技术的原理

　　目前，虽然体细胞克隆在许多物种中获得了成功，但克隆的效率却非常低，平均只有不到 5% 的重构胚胎可以发育成个体。克隆中存在的主要问题有：孕期流产率高、围产期死亡率高、胎儿过度生长以及出生后生长异常等。在体细胞克隆中，供体核来自高度分化的体细胞。在分化过程中，体细胞核获得高度特异的 DNA 和染色质的表观遗传修饰（epigenetic modification），这些修饰导致分化状态的细胞记忆。由于供体核支持克隆胚胎的发育，所以当供体细胞核被移入去核的卵细胞后，必须经过这些表观遗传修饰的重编程（reprogramming），激活对胚胎早期发育有重要作用的基因，并抑制与分化相关基因的表达，从而获得发育的全能性。目前认为，供体核的不完全重编程，导致在发育过程中有重要作用的基因没有表达或异常表达，这是克隆效率低的主要原因。关于供体核的重编程，目前研究主要集中在 DNA 甲基化（DNA methylation）、组蛋白乙酰化（histone acetylation）、X 染色体失活（X-chromosome inactivation）、端粒（telomere）、印记基因（imprinted gene）等几个方面（李宁，2012）。

14.1.2.1 DNA 甲基化

DNA 甲基化是基因组的主要表观遗传修饰方式，是调节基因组功能的重要手段，分化体细胞的甲基化形式是稳定和可遗传的。哺乳动物胚胎早期发生的重编程是非常保守的，而体细胞克隆所用的供体细胞，如胎儿成纤维细胞、成年成纤维细胞、胚胎干细胞及其他类型的高度分化的体细胞中，其基因组具有较高的甲基化水平，具有体细胞的典型特征（Dolan et al.，2019）。在哺乳动物中，生殖细胞和植入前胚胎等阶段，其甲基化的形式在基因组范围内可发生重编程，从而产生具有发育潜能的细胞或重构胚。在哺乳动物和其他脊椎动物中，甲基化位点主要发生在 CpG 双核苷酸序列中胞嘧啶的 5 号碳原子上。研究表明，在大多数植入前的克隆胚胎中，DNA 甲基化发生了重编程，但这种重编程是不充分的，尤其是去甲基化不完全，例如，*Oct4*、*Sox2*、*Nanog* 等胚胎时期高表达的基因容易去甲基化不完全（Palmieri et al.，2008）。

14.1.2.2 组蛋白乙酰化

在真核细胞中，DNA 与组蛋白是染色质的主要成分。染色质结构与基因活性密切相关，通过组蛋白乙酰化和去乙酰化来修饰染色质的结构，在 DNA 复制、基因转录及细胞周期的调控等方面有重要作用。组蛋白在进化上十分保守。真核生物的染色体上主要含有 5 种组蛋白，即核心组蛋白 H2a、H2b、H3、H4 及连接组蛋白 H1。核心组蛋白八聚体（由 H2a、H2b、H3、H4 各两分子组成）、连接组蛋白 H1 和 150bp 的 DNA 共同组成核小体。组蛋白乙酰化反应多发生在核心组蛋白 N 端碱性氨基酸集中区的特定 Lys 残基。组蛋白乙酰转移酶（histone acetyltransferase，HAT）和组蛋白脱乙酰酶（histone deacetylase，HDAC）的作用是将乙酰辅酶 A 的乙酰基移去或增加到组蛋白 Lys 的 ε-NH_3^+，从而进行基因表达的调控。组蛋白上增加的乙酰基中和掉一个正电荷，这样可减弱组蛋白与带负电的 DNA 骨架的相互作用，促进组蛋白-DNA 复合物的结构变松散，使转录因子容易结合到其在 DNA 上的作用位点，从而促进基因转录。在体细胞克隆中，关于组蛋白乙酰化的研究还不是很多，但是组蛋白甲基化和组蛋白乙酰化与克隆胚胎的发育可能存在重要的联系。

14.1.2.3 X 染色体失活

在哺乳动物中，雌性动物体细胞有两条 X 染色体，而雄性动物体细胞只有一条 X 染色体，两者的剂量补偿是雌性动物体细胞通过沉默一条 X 染色体来实现，即 X 染色体失活。在胚胎植入前，雌性胚胎的两条 X 染色体均具有转录活性，而细胞分化时，其中一条 X 染色体沉默。哺乳动物中，X 染色体失活发生在囊胚发育的后期，两条 X 染色体发生随机失活。*Xist*（X-inactive specific transcript）基因在 X 染色体失活中起重要作用，它编码非翻译的 RNA，启动 X 染色体的失活。*Xist* 基因在 X 染色体失活中心（X-chromosome inactivation center，XIC）开始转录，并使整条染色体转录失活。研究表明，在克隆动物中，移植前胚胎 X 染色体的随机失活如果出现异常，可能会造成克隆动物死亡（Palmieri et al.，2008）。

14.1.2.4 端粒

端粒（telomere）是一种位于真核细胞染色体末端的 DNA-蛋白质结构，它由串联的重复结构（5′-TTAGGG-3′）组成，此重复结构在脊椎动物中很保守。端粒位于染色体 DNA 的末端，具有防止核酸酶降解、染色体间融合及染色体间非正常重组的功能，从而起到保护染色体完整的作用。在 DNA 复制过程中，普通 DNA 聚合酶通常不能复制后随 DNA 链至终端，导致每经过一次细胞分裂，端粒 DNA 便会丢失 50～200bp 长度的片段，因此，可以把端粒当作计数细胞分裂的"分裂钟"。端粒缩短的程度与细胞分裂的次数有关，当端粒达到某一临界长度时，细胞停止分裂，开始出现分化。端粒的延长是由端粒酶（telomerase）来完成的。端粒酶是一个多亚基的蛋白核酸复合物，它由两种基本的亚基组成：端粒酶 RNA 亚基（telomerase RNA unit，TR）和端粒酶反转录酶亚基（telomerase reverse transcriptase，TERT），前者提供合成重复结构的模板，后者进行转录。哺乳动物受精后，胚胎的端粒长度进行调整。体细胞一旦开始分化，端粒长度便会逐渐缩短。通过对克隆绵羊"Dolly"的端粒长度研究发现，其端粒长度明显短于同龄羊，而与供体乳腺细胞的端粒长度相当。这是否说明了体细胞克隆动物会遗传供体核缩短了的端粒，从而导致过早衰老？但是对克隆小鼠和克隆牛的研究发现，用接近衰老的胚胎细胞作为供体核，通过克隆，端粒的长度和细胞的寿命均得到恢复，甚至延长。因此，端粒与克隆动物过早衰老的关系还需进一步研究。

14.1.2.5 印记基因的表达

基因组印记（genomic imprinting）又称遗传印记，是通过生化途径，在一个基因或基因组域上标记其双亲来源信息的遗传学过程。这类基因称为印记基因，其表达与否取决于它们所在染色体的来源（父系或母系），以及在其来源的染色体上该基因是否发生沉默。有些印记基因只从母源染色体上表达，而有些则只从父源染色体上表达。印记基因与胚胎生长、发育及胎盘的功能密切相关。而在克隆动物的研究中发现，印记基因位点的异常重编程与克隆动物的表型异常密切相关。

14.1.2.6 其他与发育相关基因的表达

胚胎发育通常是指从受精卵开始到胚胎出离卵膜的一段过程。其广义概念常扩展到胎后发育直到性成熟，甚至整个生活史。胚胎发育是沿着时间轴进行的胚胎形态发生复杂变化的过程。很多基因和基因簇在胚胎发育过程中起重要调控作用，如同源框 *Hox* 基因、*Oct4*、*FGF*、*IL* 和 *Chk1* 等。例如，转录因子 *Oct4* 在胚胎发育早期高表达，其正确表达是胚胎发育、囊胚分化等所必需的。因此，*Oct4* 基因表达异常会导致动物克隆的失败（Palmieri et al.，2008）。

14.1.3 体细胞核移植技术的应用

目前，体细胞核移植技术在农业生产、转基因动物制备、生物反应器、濒危动物保护、疾病模型构建等方面广泛应用（李宁，2012）。

14.1.3.1 在农业生产中应用

利用核移植技术，人们可以保护优质遗传资源、扩繁优质动物种群。例如，利用核移植技术可以快速完成对优质奶牛的扩繁，节约了时间和成本。此外，还可以通过对家畜体细胞基因组进行修饰，或结合转基因技术生产对某些疾病具有抗性的后代。例如，在绵羊和牛上尝试利用基因敲除技术生产抗疯牛病的羊和牛；还可以改良牛奶的品质，减少或去除牛奶中对人不利的成分，使牛奶人乳化等。

14.1.3.2 转基因动物制备

体细胞核移植技术已经广泛应用于转基因动物的制备，例如，体细胞培养阶段实施转基因操作，阳性细胞筛选完成后进行核移植，理论上得到的阳性克隆应该完全都是转基因后代。相比传统的转基因动物制备方法，如原核显微注射法、精子载体法等，体细胞核移植技术在转基因动物的制备上具有效率高、成本低、周期短等优点。

14.1.3.3 在生物反应器上应用

体细胞核移植技术与生物反应器的生产制作技术结合，可以对体细胞进行转基因或基因组修饰后，制作生物反应器，例如，利用动物的乳腺、膀胱等器官生产人类疾病治疗、保健所需的蛋白质。例如，利用转基因克隆技术可以生产出转人凝血因子IX的克隆绵羊，目前该转基因商品已经批准上市。

14.1.3.4 濒危动物保护

利用体细胞核移植技术克隆濒临灭绝的动物物种，一定程度上实现了对品种资源的保护。目前，科学家已经成功克隆爪哇野牛、欧洲盘羊、非洲野猫、普氏野马等濒危物种，还有很多实验室正在利用异种克隆技术进行老虎、大熊猫、熊、羚羊、骆驼等动物的异种动物克隆。

14.1.3.5 人类疾病模型构建

小鼠具有繁殖周期短、易于操作、遗传背景清楚、成本低等优点，已成为人类医学模型的首选动物。但是许多疾病并不适合利用小鼠作为疾病模型，例如，毛细血管扩张性共济失调症（ataxia-telangiectasia，AT）在转基因小鼠中的表型和人中并不一致。利用体细胞核移植技术可以克隆或者制备转基因动物，如非人灵长类动物、猪、狗、雪貂等，可以作为很好的人疾病动物模型。例如，猪的器官移植进入灵长类后引起的超急性排斥反应是进行异种器官移植的瓶颈，这一排斥反应主要是由人的抗体结合猪器官细胞表面的 α-1,3-半乳糖苷表位引起的补体激活介导的。利用体细胞核移植技术制备敲除 α-1,3-半乳糖苷转移酶基因的克隆猪，则是研究异种器官移植很好的动物模型。

14.2　动物基因打靶技术

14.2.1　动物基因打靶技术简介

打靶，顾名思义，就是对明确的目标进行射击。基因打靶是以某一特定的基因为靶目标，通过一定的手段或方法，对这一基因进行定点改造。基因打靶技术是 20 世纪 80 年代后期发展起来的一种在高等生物中精细修饰特定基因位点的技术，其英文名称为 "gene targeting"，又称为 "定点基因重组"。对基因的修饰改造包括：基因的某一外显子删除，导致基因功能的失活——基因敲除（gene knockout）；基因特定位点突变的引入；外源基因的定点整合——基因敲入（gene knockin）；染色体大片段的删除等。

基因打靶技术是以同源重组（homologous recombination）为理论基础、以胚胎干细胞（embryonic stem cell）为主要实验材料，不断发展和完善的一项生物基因工程技术，该技术在小鼠模式动物中广泛应用，成为基因功能研究以及相关疾病模型研究的最重要手段之一。2007 年，马里奥·卡佩奇（Mario R. Capecchi）、马丁·埃文斯（Martin J. Evans）和奥利弗·史密斯（Oliver Smithies）3 位杰出的科学家因为对该技术的发明及后期应用的突出贡献，共同获得诺贝尔生理学或医学奖（图 14-5）。

图 14-5　2007 年诺贝尔生理学或医学奖得主
Oliver Smithies（左）、Martin J. Evans（中）、Mario R. Capecchi（右）

1980 年，基因打靶技术奠基人之一 Oliver Smithies 完成了人胎儿 γ 蛋白 G 和 γ 蛋白 A 基因测序，发现这两个基因之间存在明显的基因互换现象，后来又发现这种基因交换是同源重组的产物。于是，Oliver Smithies 设想通过同源重组的方式，利用野生型的 β-球蛋白基因将镰状细胞突变型的 β-球蛋白基因修复。他巧妙设计了添加筛选标记基因的特殊载体（图 14-6）以筛选同源重组的细胞。

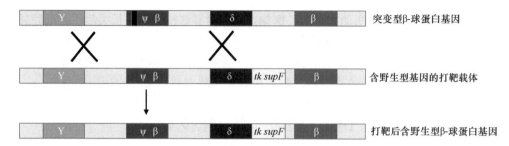

图 14-6　通过同源重组方式将镰状 β-球蛋白基因置换为野生型 β-球蛋白基因［改编自李宁（2012）］
黑色方框为突变位点，*tk* 和 *supF* 为筛选标记基因。灰色部分为调控序列，Y、ψβ、δ、β 分别为不同基因位点

1981 年，Martin 与 Evans 等分别建立了小鼠胚胎干细胞系，为基因打靶工作的展开提供了最理想的实验材料。小鼠的胚胎干细胞是从早期小鼠胚胎内细胞团分离出来的具有分化多能性的一类细胞，在体外诱导分化，可以定向地分化为 3 个胚层中的任何一类细胞。ES 细胞在体外培养时具有较强的自我更新能力，能够始终保持干细胞特性。也正是因为其保持自我更新的能力及其能够发育成个体的特性，使小鼠胚胎干细胞成为基因打靶技术的理想实验材料，从而使基因打靶技术得到了广泛的研究和应用。1984 年，Bradely 首次证明将小鼠的 ES 细胞通过显微注射的方式注射到体外发育的囊胚后，这些 ES 细胞可以分化成小鼠的各种组织，并且能实现种质嵌合。

基因打靶技术的奠基人之一 Mario R. Capecchi 在 1977 年开始关注同源重组领域，提高了疱疹病毒胸腺嘧啶核苷激酶基因（*HSV-tk*）的转基因效率，同时他在转基因载体上连接一小段病毒的 DNA 序列，这样不仅能提高转基因在宿主细胞内的整合效率，而且能够增强转基因在细胞内的表达能力。这些病毒序列对于后来基因打靶技术中筛选基因的高效表达起到了至关重要的作用，为后来基因打靶技术的发展奠定了坚实的基础。整合是指在基因片段进入细胞后，外源性的基因片段插入到宿主细胞的染色体基因组内部。当多个拷贝的基因转入宿主细胞时，这些转入的基因不是杂乱无章地随机整合到宿主细胞的基因组内，而是有一定规律的，转入的基因会头尾依次相连组成多聚物，整合到宿主基因组的一个或者两个位点，最后证实这种结果是同源重组导致的。

1987 年，Smithies 和 Capecchi 等课题组分别完成了在小鼠胚胎干细胞系内 *Hprt* 基因敲除的工作。*Hprt* 基因是位于小鼠或者人类 X 染色体上的单拷贝基因，该基因编码次黄嘌呤磷酸核糖转移酶。次黄嘌呤磷酸核糖转移酶可以将核酸类似物（6-TG、6-巯基鸟嘌呤）代谢为对细胞有毒害作用的物质。当 *Hprt* 基因被敲除后，可用 6-TG 进行筛选，从而起到自身筛选基因的作用，降低了随机整合的假阳性干扰。在雄性个体中，该基因只含有一个拷贝，这为基因打靶事件的筛选工作带来了极大的便利。雄性的小鼠 ES 细胞中 *Hprt* 基因位点成为基因敲除工作研究的理想位点。

14.2.2　动物基因打靶技术原理

基因打靶技术的理论依据是自然界广泛存在的同源重组机制。同源重组是指发生在非姐妹染色单体（non-sister chromatid）之间或同一染色体上含有同源序列的 DNA 分子之间或分子之内的重新组合。同源重组需要一系列的蛋白质催化，如原核生物细胞内的

RecA、RecBCD、RecF、RecO、RecR 等，以及真核生物细胞内的 Rad51、Mre11-Rad50 等。同源重组机制在原核生物和真核生物中普遍存在，是保证物种遗传信息稳定性和多样性的一种重要机制。同源重组机制首先在大肠杆菌中被发现，随后在酵母体系内得到更加广泛的研究和应用。同源重组对于遏制癌症的发生发挥着重要作用。大多数遗传性疾病与同源重组机制的受损有关。目前，在大肠杆菌体内，同源重组的应用比较普遍。将 λ 噬菌体的重组蛋白基因整合到大肠杆菌的基因组内部，通过温度敏感启动子调节重组蛋白表达，从而实现了人为控制大肠杆菌体内同源重组的发生。该技术在载体的构建和改造方面发挥了不可替代的作用。

哺乳动物体内发生同源重组的效率远远低于原核细胞和酵母，这可能与细胞内重组蛋白成分和功能的差异有关。基于同源重组原理的基因打靶技术在哺乳动物中远远不如大肠杆菌内部同源重组技术那样效率高、应用广。

基因打靶技术本质上就是转基因技术。不同于常规转基因之处的是，载体的设计和构建要求高、难度大，且成功率较低。基因打靶是通过转基因方法将目的基因打靶载体转入受体细胞内，然后筛选外源基因整合到宿主基因组特异位点的受体细胞。这样便体现出了基因打靶和常规的转基因在本质上的不同（表 14-3）。

表 14-3　基因打靶技术与转基因技术的区别（李宁，2012）

	基因打靶技术	转基因技术
机理	同源重组	随机插入
载体设计	左右同源臂，正负筛选基因	无须同源臂，一般含 1 个筛选基因
效率	$<10^{-6}$	10^{-3}
整合拷贝数	1	$1 \sim N$（多个）
位点整合的特异性	特定位点整合	随机位点整合

在各种形式的生命体中，同源重组都发挥重要作用，主要表现在：修复外界环境或自身代谢产物对遗传物质的损伤，维持遗传信息的完整性；高等动物减数分裂过程中，通过遗传物质在同源染色体之间的互换和分离，保证遗传物质的多样性；维持端粒长度等。

自然界中主要存在两种形式的同源重组：①在有丝分裂过程中，以修复双链断裂的 DNA 分子（double-strand break，DSB）为主要方式的同源重组，DSB 以另一条完整的、含有同源序列的 DNA 分子为模板，精确修复 DSB，保证了遗传信息的稳定遗传；②在减数分裂过程中发生的同源重组，保证了生物遗传信息的多样性。

减数分裂过程中，同源重组发生的概率一般是有丝分裂过程中同源重组效率的 $100 \sim 1000$ 倍。在细胞减数分裂过程中，同源染色体之间的同源重组会产生一些新的重组 DNA 分子，生命体内这些新重组 DNA 分子是构成其遗传信息多样性的主要来源之一，保证了物种适应不断变化的外界环境。两种形式的同源重组产物不同，但是同源重组的过程基本一致：双链 DNA 分子产生断裂，断裂后 DNA 分子 5′端切除产生 3′突出末端，3′突出末端入侵到未发生断裂的同源染色体（或者同源 DNA 序列）的双链 DNA 分子当中，异源双链 DNA 分子互补配对，两条染色体之间 Holliday 连接形成，分支迁移（DNA 合成），同源染色体分离，最后完成重组。

　　同源重组反应通常根据交叉分子或 Holliday 结构的形成和拆分分为 3 个阶段,即前联会体阶段、联会体形成阶段和 Holliday 结构拆分阶段。

　　Holliday 模型是 R. Holliday 在 1964 年提出的重组杂合 DNA 模型(hybrid DNA mode),并进行修正(Holliday,2007)(图 14-7)。具体过程如下。

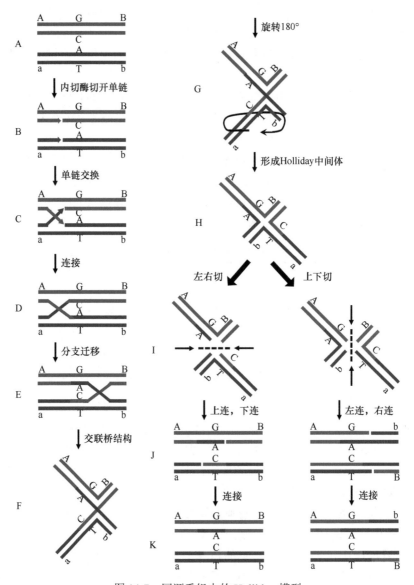

图 14-7　同源重组中的 Holliday 模型

　　A. 同源的非姐妹染色体的 DNA 配对。

　　B、C. 同源非姐妹染色单体 DNA 中两个方向相同的单链在 DNA 内切酶的作用下,在相同位置上同时切开。

　　D. 切开单链交换重接,形成交联桥结构(cross-bridged structure)。

　　E. 交联桥的位置可以靠拉链式活动,沿着配对 DNA 分子“传播”——桥迁(bridge

migration），然后同源末端交换、连接，形成 Holliday 结构（Holliday structure，又称 Holliday 连接体）。

F～H. 绕交联桥旋转，形成 Holliday 结构的异构体。

I、J. 通过两种方式切断 DNA 单链以消除交联桥，恢复两个线形 DNA 分子。

K. 进行 DNA 修补合成。

I～K. 如果是左右切断，出现中间包含杂合双链而两旁基因是非重组（AB，ab）的双链 DNA 分子；如果上下切断，将出现中间包含杂合双链、两旁基因发生重组（Ab，aB）的双链 DNA。不管 Holliday 结构怎样产生、是否导致两侧遗传标记重组，它们都含有一个异源双链 DNA 区。

14.2.3　基因打靶载体设计

14.2.3.1　基因敲除

基因打靶的原则是，外源 DNA 片段含有与目的基因的某一段核酸序列相同或接近的同源序列，同源重组就发生在这两个序列之间。外源 DNA 序列的整合方式有两种：插入型和置换型；相对应地，打靶载体可分为插入型载体（又称 O 型载体）、置换型载体（又称 Ω 型载体），以及在置换型打靶载体的基础之上发展起来的无启动子打靶载体和 poly(A)缺失打靶载体。

1. 插入型载体

线性化位点位于同源序列内，载体与基因组序列间只发生一次交换，整个载体序列全部插入到目的位点，使部分目的基因复制或重复（图 14-8）。插入型载体设计时，选择基因在同源序列之外或之内，导入宿主细胞前，需将打靶载体在同源区制造一个线性化缺口，这样可以使同源重组效率提高。

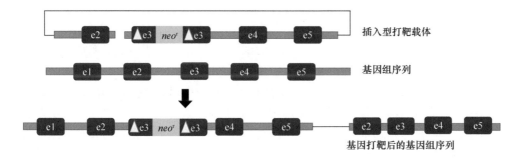

图 14-8　插入型载体示意图［改编自李宁（2012）］
e 为外显子的简称，黑色细线为载体序列。在外显子 3 位点内部插入筛选标记基因 neo 抗性基因，可以通过 G418 的药物筛选获得基因打靶阳性细胞系。在同源区的外显子 2 和外显子 3 之间线性化打靶载体

2. 置换型载体

对目的基因进行修饰的突变序列位于同源序列之间，为便于后续的筛选，突变序列两侧的同源序列分为长片段和短片段，一般长片段的长度应在 6kb 以上，短片段至少

1kb。线性化位点位于同源区域的外侧，通过两次同源重组实现同源区置换，而非同源区（载体骨架部分，包括负筛选基因）不会发生同源重组，被置换掉，达到基因部分序列置换的目的（图 14-9）。这种方式的基因打靶不会出现基因组成序列的倍增与重复。此种载体的构建较插入型载体简单，载体与基因组序列的整合方式更易预测，应用也更为广泛。以置换型载体发展起来的正负筛选策略（positive-negative selection，PNS）在同源区内部有筛选基因（正筛选基因）的同时，在同源臂的外侧增加了负筛选基因，如单纯疱疹病毒来源的胸腺嘧啶激酶基因（*HSV-tk*）。

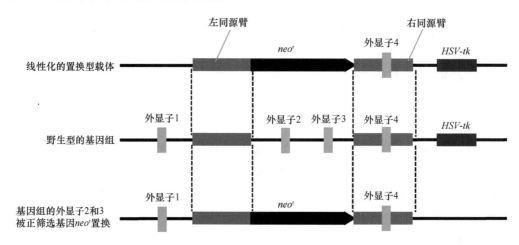

图 14-9　置换型载体示意图

3. 启动子缺失打靶载体和 ploy（A）缺失打靶载体

在置换型打靶载体的基础之上，科研人员又发明了两种富集效率较高的基因打靶载体：一种是启动子缺失打靶载体，另一种是 poly(A)缺失打靶载体。两种载体都采用了缺失正筛选基因表达元件的策略，使随机整合的载体不具有表达抗性基因的能力，从而很大程度上提高了阳性克隆富集的效率。

启动子缺失打靶载体是将不含有负筛选基因的置换型打靶载体中正筛选基因（如 *neo*）的启动子区缺失掉。通过同源重组使正筛选基因获得目标基因的启动子来启动正筛选基因表达，使细胞具有 G418 抗性；随机整合的细胞获得启动子的概率很小，可忽略不计，所以随机整合的细胞不具有 G418 抗性。在含有 G418 药物的培养基中筛选，可以筛选出同源重组阳性克隆。筛选基因获取目的基因启动子的方式有两种：一种是与目的基因融合表达；另一种是在筛选基因翻译起始密码子 5′上游引入内部核糖体进入位点（internal ribosome entry site，IRES），通过核糖体重新启动筛选基因的独立表达。启动子缺失策略在基因敲除工作中使用最为广泛，在人体细胞中实现的多种基因打靶成功，这种方法的阳性克隆富集效率也很高。1990 年，Charron 等在小鼠 ES 细胞中对 *N-myc* 基因进行了定点突变，在 G418 阳性细胞中，发生同源重组的克隆占总克隆数量的 20%。

poly(A)缺失［poly(A)-less］的策略类似于启动子缺失策略，位于置换型载体内的正筛选（如 *neo*）基因缺失转录终止信号，使它的表达在转录水平受到抑制。在发生同源重组的细胞中，筛选基因 *neo* 可以利用中靶基因座位的转录终止信号序列，使得 *neo* 基因得到有效表达，阳性细胞获得 G418 抗性；非同源重组的细胞中，因为 neo 基因的转录存在障碍，不能产生 G418 抗性，从而不能在筛选培养基中存活，进而实现同源重组转化细胞的富集，且富集效果显著。

但是，无论是启动子缺失或者是 poly(A)缺失型打靶策略，虽然有很好的富集效果，但并不是对于每个基因位点都适用，它们对基因的表达量都有一定的要求，对细胞类型或目的基因表达有很强的依赖，并不能像正负筛选策略那样成为一种通用型的打靶策略。

14.2.3.2 基因敲入

通过基因打靶，用一种基因替换另一种基因以便在体内测定它们是否具有相同功能；也可通过该技术进行靶向基因治疗。基因敲入与基因敲除的不同之处是，设计载体时将靶基因第一外显子 N 端缺失并将新的替换基因置于靶基因的调控序列之下。

14.2.3.3 条件性基因打靶

条件性基因打靶（conditional gene targeting）是在敲除系统中引入 Cre-loxP 重组酶系统或 FLP-FRT 重组酶系统。Cre 重组酶最先在 P1 噬菌体中发现的，是一种位点特异性重组酶，能够介导两个 loxP 位点之间的 DNA 序列特异重组，使 loxP 位点之间的序列被删除或被倒位。loxP 位点是 Cre 重组酶特异识别的位点，长 34bp，含有两个 13bp 的反向重复序列和一个 8bp 的核心序列。loxP 位点具有方向性，方向是由 8bp 的核心序列决定的。如果两个 loxP 位点方向相同，Cre 重组酶将会将两个位点之间的 DNA 序列删除（图 14-10）。

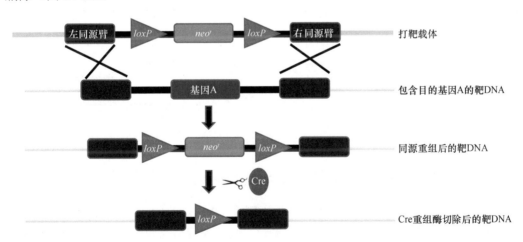

图 14-10 Cre 酶介导相同方向 loxP 位点之间的 DNA 序列删除

如果两个 loxP 位点方向相反，Cre 重组酶会将两个位点之间的 DNA 序列倒位（图 14-11）。FLP-FRT 重组酶系统来源于酵母，FLP 也能将两个 FRT 位点之间的 DNA 序列删除，但在小鼠细胞中的效率不如 Cre-loxP 重组酶系统高，所以 FLP-FRT 重组酶系统在小鼠中应用较少。

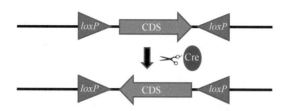

图 14-11　Cre 酶介导相反方向 *loxP* 之间的 DNA 序列倒置

　　首先，通过条件性基因敲除，可研究当完全敲除时具有致死效应的基因的功能，以及基因在特定组织细胞或个体发育特定阶段的功能；其次，通过条件性基因激活，可实现转基因的可控制性表达；最后，通过 Cre 切除条件性基因进行基因的可修复性敲除，可研究一个基因的多种功能。

　　在打靶载体设计时，两个同向的 *loxP* 位点锚定目的基因的重要功能域的外显子，*loxP* 位点一般位于内含子内部，同源重组将 *loxP* 位点引入到细胞基因组内，通过核移植生产基因打靶动物，然后和一个含有可诱导表达 Cre 重组酶的动物个体交配，得到既含有同源重组基因位点又含有 Cre 重组酶转基因的动物个体。在未发生 Cre 重组酶诱导重组时，目的基因表达及功能不会受到影响；当 Cre 重组酶被诱导表达时，两个 *loxP* 位点内部的基因功能域被切除，使该基因功能失活，从而得到基因敲除个体（图 14-12）。

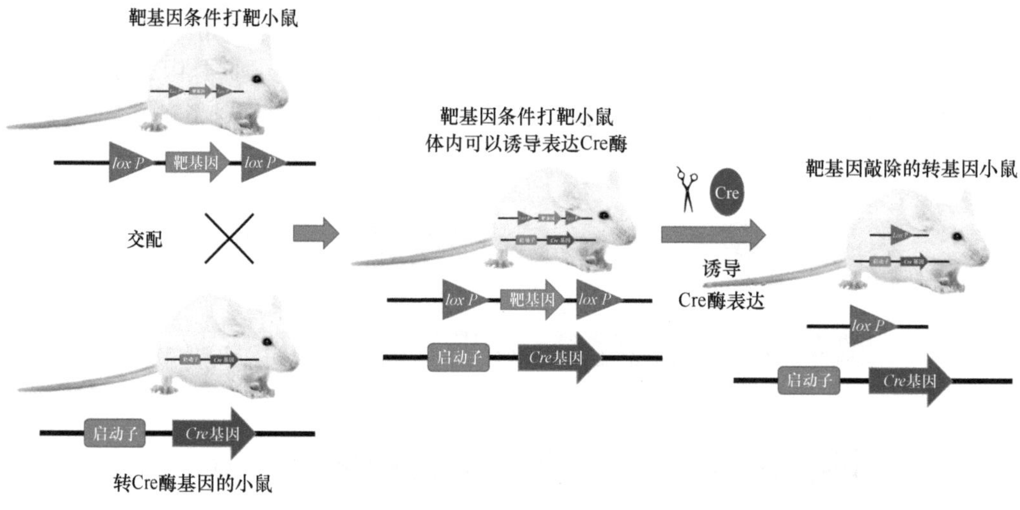

图 14-12　Cre 酶介导靶基因敲除的转基因小鼠的制备

　　条件性基因打靶共有 3 种策略：①锚定-删除（flox-and-delete）；②锚定-置换（flox-and-replace）；③锚定-倒置（flox-and-invert）。这 3 种策略大致方案相同，都含有 3 个 *loxP* 位点，两个用于锚定目的基因的关键外显子，另一个在筛选基因的外侧，可用于删除筛选标记基因。前两种策略 3 个 *loxP* 位点方向一致，第三种策略（锚定-倒置）含有一对反向的 *loxP* 位点用于倒置替换的基因。下面以锚定-删除策略来说明条件性基因打靶的原理。

　　两个 *loxP* 位点锚定正筛选基因，另一个 *loxP* 位点插入到外显子 2 和 3 之间，通过同源重组，将正筛选基因和 3 个 *loxP* 位点整合到基因组序列内部，阳性克隆可用于生产动物，然后和可诱导转 Cre 重组酶的动物个体交配，得到既含有同源重组的基因位点，又含有 Cre 重组酶基因的动物个体。通过诱导 Cre 重组酶表达，打靶位点会发生 *loxP* 位点的重组。重组结果有 3 种：①Ⅰ型缺失，将筛选基因 *neo* 和外显子 2 都删除掉；②Ⅱ型缺失，将筛选基因删除掉；③Ⅲ型缺失，将外显子 2 删除掉。其中，Ⅱ、Ⅲ型基因型可以通过再次诱导 *loxP* 位点重组，转化为Ⅰ型缺失，从而能够获得条件性基因打靶动物（图 14-13）。

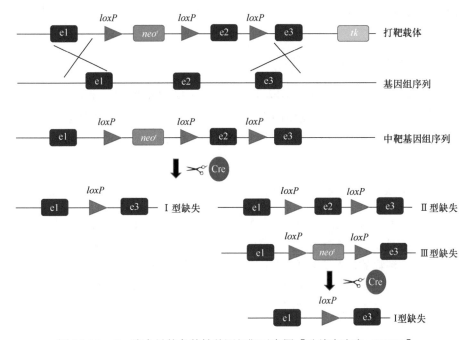

图 14-13　Cre 酶介导的条件性基因打靶示意图［改编自李宁（2012）］

14.2.4　动物基因打靶技术的应用

基因打靶动物的过程可分为 4 个阶段：①基因打靶载体构建；②载体的转染及细胞筛选；③阳性细胞克隆鉴定及细胞移植；④克隆动物的产生及分子鉴定。

基因打靶技术在小鼠 ES 细胞中被广泛应用，对于小鼠基因功能和疾病模型的研究发挥了重要作用；在大动物如猪、牛和羊中也被广泛地应用，对于农业生产及生物医疗领域的发展起到巨大的推动作用。基因打靶技术在大动物中（还未获得相应的 ES 细胞）的应用需要与体细胞移植和胚胎移植技术相结合，增加了该技术在大动物领域的应用难度。但因其巨大的生产和商业化前景，这一领域必将得到长足的发展。

14.2.4.1　基因功能研究

后基因组时代的主要任务就是研究大量新基因的功能。用体细胞基因打靶技术，通过定点改造基因组中的特定基因，有可能在细胞水平上研究某一基因的功能及调控机制；从定点突变的干细胞获得基因突变型个体，可在生物体整体水平上了解某些基因在体内的具体作用。另外，胚胎发育是非常复杂的生命现象，在这一过程中包含着许多生理和生化水平的复杂变化，尤其是要考察某一基因对某一组织器官发育的影响时，用传统的研究方法很难进行观察研究。基因打靶为这一领域的研究提供了理想的方法。

14.2.4.2 建立人类疾病的动物模型

人类疾病动物模型对病理研究及临床治疗非常重要。然而，自发或诱变病理模型需要漫长的时间；转基因技术中，外源基因在基因组中的随机整合可能带来不确定的表型。基因打靶技术在很大程度上克服了上述不足，通过对 ES 细胞打靶可获得含特定突变基因的小鼠模型。

14.2.4.3 用于疾病的基因治疗

通过基因敲入技术将正常基因引入到病变细胞中，从而取代原来异常的基因，或对缺陷基因进行精确改正并使修复后的细胞表达正常蛋白质，是一种理想的基因治疗策略。另外，可通过基因敲除技术敲除多余的、过量表达的、影响正常生理功能的基因以达到治疗目的。

14.2.4.4 用于改造生物和培育新品种

基因打靶技术在农业生产中的应用空间巨大，对于农业生产的进步将起到至关重要的作用。通过基因打靶技术将重要的抗病或者抗虫基因定点整合到植物基因组内，可从根本上得到抗病植物的新品系；在家畜大动物中，通过基因打靶技术培育新品系，可提高肉奶产量；在医疗卫生方面，利用基因敲除生产无免疫原性的基因敲除猪和能高效生产人源抗体的基因敲入牛，都将为人类医疗事业作出巨大贡献；对于基因打靶产生的体细胞克隆动物来讲，一旦形成规模，其经济价值蔚为可观，对于未来经济的发展将发挥重要作用。

14.3 转基因动物

14.3.1 转基因动物研究概述

转基因动物（transgenic animal）是指利用基因工程技术将外源基因导入动物的胚胎干细胞、早期胚胎或生殖细胞等，使外源基因在宿主动物的染色体上稳定整合，并且可以稳定遗传，携带外源基因的动物个体则被称为转基因动物。这种不通过杂交而将体外重组的基因导入动物个体的技术，被称为动物转基因技术，整合到动物染色体组的外源基因被称为转基因（transgene）。在现代生物学范畴，"转基因动物"这一概念并不局限于此，所有经过遗传修饰或经过这些操作的动物都可被当作转基因动物，包括基因敲除动物、部分组织细胞整合了外源基因的动物，以及转入的外源基因已被不留痕迹地删除的动物等（刘旭霞和刘渊博，2014）。

1974 年，美国科学家 Jaenisch 利用显微注射法将猿猴病毒 40（simian virus 40，SV40）

的 DNA 导入小鼠囊胚腔中，得到了携带外源基因的嵌合体小鼠。Jaenisch 的本意是想知道发育早期的感染是否会导致所有组织发生肿瘤，但得到的小鼠表现正常，直至他使用同位素标记的探针才检测到 SV40 DNA 确实已整合到小鼠基因组中。1980 年，Gordon 将连接有疱疹病毒 *TK* 基因的 pBR322 质粒注射至受精小鼠的原核，再把注射后的胚胎植入假孕母鼠的输卵管内，最后得到了两只携带有外源 *TK* 基因的小鼠，称为 "transgenic" 小鼠。1982 年，美国华盛顿大学的 Richard Palmiter 等将小鼠金属硫蛋白-I 基因启动子控制下的大鼠生长激素基因（*hGH*）显微注射至小鼠受精卵，得到成年体重是非转基因小鼠 1.7 倍的 "超级小鼠"（supermouse）。超级小鼠的出现对社会产生了重大影响，也让人们认识到转基因技术应用于动物研究的巨大价值（图 14-14）。

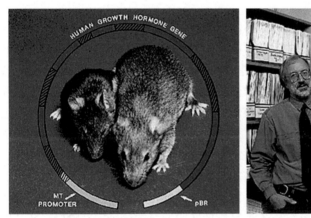

图 14-14　超级小鼠（左）和超级小鼠的缔造者 Richard Palmiter（右）

随后，1985 年，Hammer 将显微注射法应用在家畜中，取得了成功，也确立了显微注射技术在转基因技术领域的重要地位。1987 年，Gordon 等将组织型纤溶酶原激活因子（tPA）与小鼠乳清蛋白基因的启动子构成重组基因，成功培育出了能够在乳汁中表达 tPA 的转基因小鼠，开创了 "动物乳腺生物反应器" 这一极具应用前景的研究领域。

转基因动物成功的意义绝不仅仅是技术的突破，更是一种思想和概念上的重大突破。科研人员不再将 DNA、RNA 或蛋白质注射到细胞中去研究这些物质的功能，而是可以将特定的基因整合到动物基因组中。转基因动物可以跨越物种间的生殖隔离，人们可以按照意愿定向改造动物的遗传性状，极大地缩短了动物优良品种的培育过程。当前，转基因动物技术已经成为生物技术研究领域最具活力与应用前景的热点之一。

14.3.2　转基因动物制备技术

转基因动物的基本原理是将目的基因利用显微注射等方法注入靶动物的胚胎干细胞或生殖细胞，然后将携带有外源目的基因的受精卵或胚胎干细胞再植入受体动物的输卵管（或子宫）中，使其发育成携带有外源基因的转基因动物。在转基因动物的制备过程中，涉及 3 个问题：一是在什么发育阶段将目的基因导入动物细胞；二是采用什么方法将目的基因导入；三是导入靶动物细胞的目的基因如何稳定遗传。为了实现外源目的基因能够稳定整合至靶动物细胞基因组内，并稳定遗传给下一代，目的基因一般导入至发育早期阶段的细胞，如精子、卵细胞、受精卵、胚胎干细胞、生殖干细胞、原始生殖细胞等。

根据外源基因导入方法和研究对象的不同，转基因动物的制备方法主要包括原核显微注射技术、胚胎干细胞介导技术、原始生殖细胞介导技术、病毒载体介导技术、体细胞核移植技术等。随着科学技术的不断发展，各种转基因动物技术也得到了很大改进，极大地促进了转基因动物领域的研究与应用。

14.3.2.1　原核显微注射技术

显微注射法（microinjection）是指将体外构建的外源目的基因，在显微操作仪下用极细的注射针注射到动物受精卵中，使目的基因整合到动物基因组中，最后通过胚胎移植技术将携带有外源基因的受精卵移植到受体动物的子宫内继续发育，通过对后代筛选和鉴定得到转基因动物的方法。原核显微注射则是在原核期进行显微注射。受精卵是动物个体发育的开始，精子进入卵细胞后核膨胀，形成雄原核，雌雄原核在相互靠近的过程中进行 DNA 复制，汇合后的染色体排列在一起进行第一次分裂。此时外源 DNA 进入受精卵内，若发生整合事件，将能够进入动物个体的各种细胞，包括生殖细胞。

小鼠的受精卵处于原核期时，雌原核和雄原核清晰可见（图 14-15），随后雌、雄原核融合成一个细胞核，逐渐发育分裂至 2 细胞期，再发育成 8 细胞、16 细胞、32 细胞、桑葚胚，直到最后的囊胚，这就完成了小鼠早期胚胎发育的一个完整阶段。转基因小鼠的制备多采用小鼠原核时期细胞进行原核显微注射，或者在囊胚期注射等。

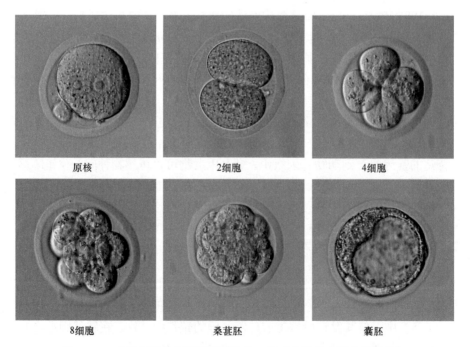

图 14-15　小鼠胚胎发育早期不同阶段（图片由清华大学张静提供）

原核显微注射法制备转基因小鼠的基本过程如图 14-16 所示。

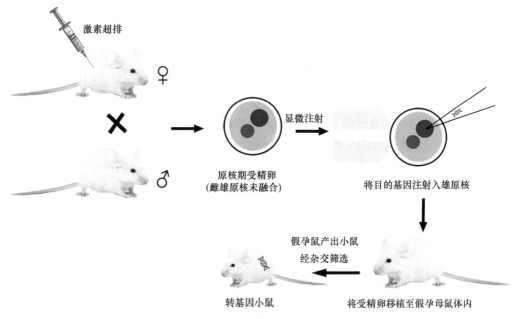

图 14-16　原核显微注射法制备转基因小鼠

以原核显微注射法制备转基因小鼠为例,基本流程如下(孙青原和陈大元主译,2016)。

1. 携带外源目的基因真核表达载体的制备

原核显微注射法虽然是直接导入外源基因的方法,但为了使外源基因进入细胞后能够有效整合和稳定表达,一般需要先构建含有外源目的基因的真核表达载体。该真核表达载体中一般含有组成型启动子或组织特异性启动子、Kozak 序列、内部核糖体进入位点(internal ribosome entry site,IRES)、多克隆酶切位点、终止子结构序列、相关调控序列等。外源目的基因以这种完整的表达盒形式进入动物细胞,是其在动物细胞内实现表达的基本条件。线性质粒 DNA 和环状质粒 DNA 都可以用于后续的显微注射,但是研究表明,线性 DNA 比环状 DNA 更容易整合到细胞染色体上,这可能与 DNA 修复酶活性有关。具有游离线性末端的外源 DNA 进入动物细胞以后,细胞内的 DNA 修复酶企图断裂染色体以修复游离末端的 DNA 片段,这时外源 DNA 就可能随机插入到断裂位点的染色体上,达到整合的目的。

2. 小鼠受精卵的准备

原核显微注射要准备两种雌性小鼠:超排卵雌鼠,提供足够量的受精卵用于显微注射;假孕雌鼠,将注射后的受精卵移植到假孕雌鼠体内发育。通常用孕马血清促性腺激素(pregnant mare serum gonadotropin,PMSG)和人绒毛膜促性腺激素(human chorionic gonadotrophin,HCG)进行腹腔注射可以诱导雌鼠超排卵。超排卵处理之后,将超排雌鼠与雄鼠交配,就可以得到超排的受精卵。

假孕雌鼠也是通过诱导来产生的，通过注射 PMSG 和 HCG，与结扎了输精管的雄鼠交配来诱导产生假孕雌鼠。假孕雌鼠因为没有产生受精卵，并没有自己的胎儿，但是其子宫经过处理后能够膨大，利于后续移植胚胎着床。

3. 原核显微注射与受精卵移植

原核显微注射依靠显微操作仪来完成（图 14-17）。显微操作仪包括倒置显微镜、载物台、Holding 针（固定针）摇杆、注射针摇杆等部分。固定针与一个负压注射器相连，通过负压吸住受精卵，通过调节固定针移动以准确吸住受精卵，使之固定不动。注射针摇杆用于控制装有外源 DNA 的注射针的移动。注射针是中空的双层极细玻璃管，注射针管里装有外源基因的 DNA 溶液。原核显微注射示意图如图 14-18 所示。外源 DNA 可以注射入受精卵的雄原核或者雌原核，或者雌雄原核同时注射。

图 14-17　转基因动物实验中的常用显微操作仪
A. 倒置显微镜；B. 载物台；C. Holding 针安装位置；D. 注射针安装位置；E. Holding 针摇杆；F. 注射针摇杆

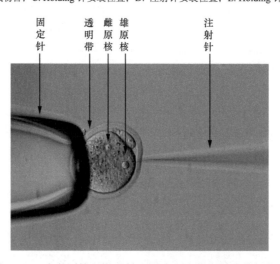

图 14-18　小鼠原核显微注射（图片由清华大学张静提供）

注射外源 DNA 后的小鼠受精卵可以直接移植入假孕雌鼠的输卵管或子宫内（图 14-19），也可以体外培养数天，在囊胚期或囊胚期之前移植。

图 14-19　小鼠胚胎移植入假孕雌鼠的子宫图示（图片由清华大学张静提供）

4. 转基因小鼠的产生与鉴定

假孕雌鼠产生的后代小鼠（通常是嵌合体小鼠），需要与正常野生型小鼠杂交，筛选出稳定的杂合体小鼠，杂合体雌雄小鼠自交，得到纯合的转基因小鼠。只有生殖系统细胞基因组整合有外源 DNA 的嵌合体小鼠，才能在杂交的 F_2 代筛选获得转基因小鼠。

原核显微注射法既可以注射雄原核，也可以注射雌原核，甚至可以雌、雄原核同时注射。1998 年，Kupriyanov 等首次采用双原核显微注射法，使整合目的基因的小鼠比例达到了 50%。在转基因家畜上，也可以采用原核显微注射法。2002 年，Berkel 等将含有人乳铁蛋白基因组的真核表达载体，通过原核显微注射获得转基因牛，该转基因牛的牛奶中含有人乳铁蛋白。但是，随着体细胞核移植技术的出现与成熟，转基因家畜大都采用了体细胞核移植技术。

原核显微注射法的影响因素通常有两个方面：一是目的基因随机整合至动物细胞基因组的整合效率低，注射小鼠的整合效率为 5% 左右，猪、牛等大家畜更低；二是无法控制导入外源基因的整合位点和整合的拷贝数，容易出现嵌合体，整合位置对外源基因表达会有一定的影响。当然，原核显微注射仍然是目前转基因动物制备的较好方法之一。

14.3.2.2　胚胎干细胞介导技术

胚胎干细胞可通过哺乳动物囊胚期的内细胞团在体外增殖得到，也可由桑葚胚期细胞培养得到。胚胎干细胞能够无限次地分裂增殖，具有发育全能性。当 ES 细胞被注入囊胚腔后，可以参与内细胞团的分化，也可由桑葚胚期注入透明带中参与胚胎发育，形成包括生殖细胞在内的各种细胞。以胚胎干细胞介导技术制备转基因小鼠为例，胚胎干细胞介导技术一般包括以下步骤。

1. 转基因 ES 细胞制备

利用电转染或脂质体转染等方法将含有外源目的基因的真核表达质粒转入小鼠胚胎干细胞，通过药物筛选、PCR、Southern 杂交等方法获得转基因胚胎干细胞系。进行 PCR 鉴定时，先设计一对引物，其一端以打靶细胞染色体基因组 DNA 的特定基因座为模板,另一端以载体上导入的外源基因为模板,对筛选细胞的染色体 DNA 进行特异 PCR 扩增,这样可保证扩增后的片段为同源重组产生的特殊片段。PCR 通过选择性地扩增发生同源重组的 DNA 片段,从而用于置换型基因打靶的筛选。由于两个引物分别从相对的两个方向同时扩增,所得的 DNA 拷贝数以指数方式增长,获得已知长度的 DNA 双链片段。与之相反,在随机插入中,由于只有一个引物单方向扩增,所得片段的拷贝数呈线性增长,而且为单链,长度不固定。PCR 方法必须对每个抗性克隆分离扩增,工作量很大。经 PCR 鉴定的克隆进一步用 Southern 杂交产生特殊条带的方法来确定同源重组克隆,即中靶细胞。

2. 囊胚注射

利用显微操作仪,将筛选得到的转基因胚胎干细胞注射入小鼠囊胚腔内,使转基因胚胎干细胞嵌入到受体囊胚的内细胞团中,将注射后的囊胚移植至假孕雌鼠输卵管或者子宫内,发育成为嵌合体小鼠。一般每个受体囊胚注射 5～20 个转基因 ES 细胞(图 14-20)。

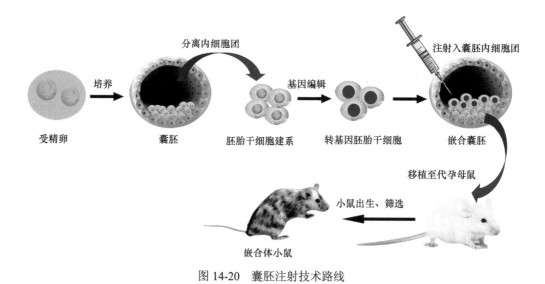

图 14-20　囊胚注射技术路线

3. 转基因小鼠获得

在嵌合体小鼠制备时,一般选择具有同一性状(如毛色性状)的两个明显不同表型的个体进行嵌合,这样可以通过外观直接判定是否为嵌合体小鼠。此外,可以在分子生物学水平鉴定特异性表达基因或基因组予以判定,如 PCR、Southern 杂交等方法。

如何确定得到的嵌合体小鼠是种系嵌合(即生殖系嵌合)?首先将转基因嵌合体小鼠与正常小鼠交配,对其后代进行检测,如果后代中有转基因个体(转基因杂合体)出现,证明为种系嵌合,然后将杂合体小鼠自交,就可以获得纯合体转基因小鼠。

上述胚胎干细胞介导技术是将转基因 ES 细胞注射入小鼠囊胚内细胞团制备嵌合体小鼠,进而通过杂交、自交筛选得到转基因小鼠(图 14-21)。

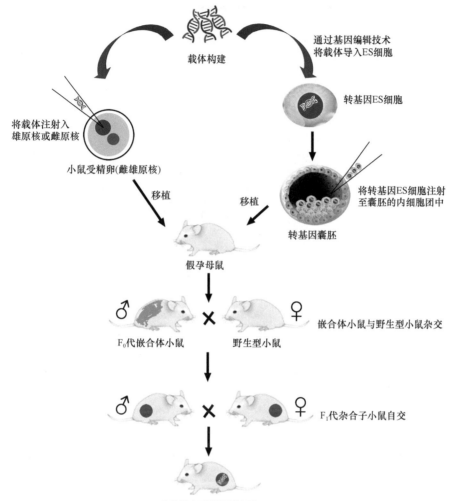

载体构建

通过基因编辑技术
将载体导入ES细胞

转基因ES细胞

将载体注射入
雄原核或雌原核

小鼠受精卵(雌雄原核)

移植

移植

将转基因ES细胞注射
至囊胚的内细胞团中

转基因囊胚

假孕母鼠

♂　　　×　　　♀

嵌合体小鼠与野生型小鼠杂交

F₀代嵌合体小鼠　　　野生型小鼠

♂　　　×　　　♀

F₁代杂合子小鼠自交

F₂代纯合子转基因小鼠

图 14-21　胚胎干细胞介导技术制备转基因小鼠

　　胚胎干细胞介导技术制备转基因小鼠还有另外一条途径，即四倍体囊胚注射技术。当小鼠受精卵进行第一次卵裂之后，通过电流电击使之融合成一个细胞，这样的四倍体细胞继续分裂发育，最终只能形成胚囊及胎盘等胚外组织，将转基因胚胎干细胞注入这种四倍体胚胎（4N）的囊胚腔或者桑葚胚中，最后得到的个体中所有细胞都来自于注入的转基因胚胎干细胞。随后移植出生的小鼠都是转基因 ES 来源的基因修饰小鼠。同时，四倍体囊胚注射技术也是证明一个细胞是否具有全能性的有效方法（图 14-22）。

　　胚胎干细胞介导技术的最大障碍就是必须有胚胎干细胞系，然而，除了小鼠、大鼠，目前还未成功建立其他动物真正的胚胎干细胞系，这限制了胚胎干细胞介导技术在转基因大家畜中的利用。2006 年，日本科学家 Yamanaka 报道了诱导多能性干细胞，提供了一种替代胚胎干细胞的选择。值得一提的是，2009 年，中国科学院动物研究所周琪研究员和上海交通大学医学院曾凡一等教授合作，首次利用 iPS 细胞通过四倍体囊胚注射得到存活并具有繁殖能力的小鼠，从而在世界上第一次证明了 iPS 细胞的全能性。

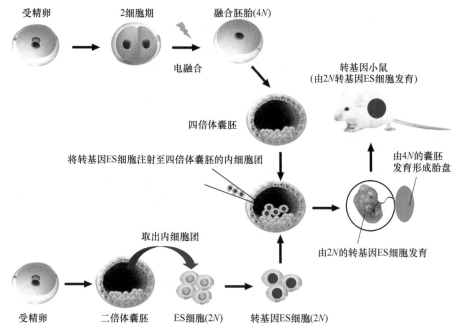

图 14-22 四倍体囊胚注射技术制备转基因小鼠

胚胎干细胞介导技术主要有两方面的优点：一是可以对 ES 细胞进行特定遗传修饰，借助同源重组技术使外源基因整合到靶细胞染色体的特定位点上，实现基因定位整合，从而进行基因打靶技术的研究；二是可以事先在细胞水平鉴定外源基因的整合及表达情况，既能提高转基因效率，也能克服位置效应对外源基因表达的影响。该技术的缺点也主要有两个方面：一是需要有胚胎干细胞系，而目前大家畜胚胎干细胞系的建立尚未成功；二是所得个体为嵌合体，只有当胚胎干细胞分化为生殖干细胞时，外源基因才可通过生殖细胞遗传给后代，在第二代获得转基因动物。当然，如果采用四倍体囊胚注射技术，可以直接得到转基因动物。

14.3.2.3 原始生殖细胞介导技术

原始生殖细胞（primordial germ cell，PGC）是指能产生雄性和雌性生殖细胞的早期细胞。哺乳动物的原始生殖细胞起源于性腺以外的组织，在胚胎发育的早期迁移到性腺组织，进而分化成两性生殖细胞。原始生殖细胞介导技术在原理和方法上与胚胎干细胞介导技术相似，将原始生殖细胞进行基因编辑，筛选得到转基因原始生殖细胞，随后将转基因原始生殖细胞移植入受体动物的生殖腺，可以得到携带外源基因的生殖细胞。1998 年，Naito 等将携带 *lacZ* 基因的原始生殖细胞导入鸡的生殖腺中，成功地制备了表达 *lacZ* 基因的转基因鸡。2006 年，科学家利用鸡的胎儿性腺中的 PGC 成功建立了胚胎生殖细胞（embryonic germ cell，EG 细胞），将外源基因转入 EG 细胞后，再重新移植入鸡的胚胎，培育出能在蛋清中表达外源基因的转基因鸡。

原始生殖细胞介导技术多应用于转基因家禽的研究，其原因可能是禽类的胚胎发育与哺乳动物相比有很多不同，例如，禽类不易获得大量的受精卵；受精时，多精入卵的干扰使雄原核不易识别；受精卵体外孵化技术难度大等。原始生殖细胞在禽类异种生殖腺中可以生存，并能分化为配子，这样就可以通过收集供体原始生殖细胞，对其进行遗传修饰和选择，从而制备嵌合体动物。

14.3.2.4　精子载体技术

精子载体技术又称为精子介导的基因转移技术（sperm mediated gene transfer，SMGT），是指将成熟的精子与外源 DNA 进行预培养后，使精子结合外源 DNA，通过体外受精或胞质内单精子注射等方法，将携带有外源 DNA 的精子输送至卵子中，使外源 DNA 整合于受精卵基因组中。

精子作为雄性动物遗传物质的天然载体，其捕获 DNA 是一个主动过程，主要依赖于细胞膜表面的 DNA 结合蛋白（DNA binding protein，DBP）、MHC II 和 CD4 分子。然而，精子捕获外源 DNA 的能力与精子状态、精子来源等密切相关。精子载体技术生产转基因动物的一个关键因素是如何使外源 DNA 与精子有效地结合。常用于促进外源 DNA 与动物精子结合的方法包括：精子与外源 DNA 共孵育；反复冻融可以提高外源 DNA 与精子头部结合；将外源 DNA 通过非共价键与一种精子表面蛋白的抗体连接，结合至精子上；Tn5 转座酶处理精子头部，可以促进精子吸收外源 DNA 等。精子载体技术操作简便、成本低廉，不需要使用昂贵复杂的显微操作仪，在实际操作中具有较大应用价值。

14.3.2.5　体细胞核移植技术

体细胞核移植（somatic cell nuclear transfer，SCNT）是指将动物体细胞的细胞核或动物早期胚胎卵裂球移植至去核的受精卵或成熟的卵母细胞胞质中，体外培养获得重构胚，然后将重构胚移植入假孕母体，待其妊娠、分娩，便可得到经定向遗传修饰的转基因克隆动物。以转基因猪为例，体细胞核移植制备转基因猪的基本过程如图 14-23 所示。

由卵细胞供体猪提供卵细胞，体外成熟后去核，得到去核的卵细胞。体细胞供体猪提供体细胞，原代细胞培养，进行基因修饰，筛选鉴定得到转基因体细胞。将转基因体细胞的细胞核移植至去核的卵细胞内，利用电融合的方法使二者融合成一个细胞，体外培养数天，在囊胚期或者囊胚期之前移植至代孕母猪子宫内，经过妊娠生产出携带外源基因的转基因猪。该转基因猪的核基因组完全由转基因体细胞提供。

14.3.2.6　病毒载体介导技术

某些反转录病毒（retrovirus）可以将其基因组注入宿主细胞内，并整合到宿主基因组中。反转录病毒是一类 RNA 病毒，由遗传物质 RNA、外壳蛋白和核心蛋白三部分组成。反转录病毒含有反转录酶，病毒的 RNA 进入宿主细胞后，在反转录酶的催化下合成病毒 DNA，随后病毒 DNA 可以整合入宿主基因组。病毒载体介导技术就是将外源 DNA 插入反转录病毒长末端重复序列的下游，借助反转录病毒感染动物受精卵或早期胚胎，将外源 DNA 带入动物受精卵或早期胚胎的基因组内，得到转基因嵌合体后代，再经过一代繁殖得到转基因动物。

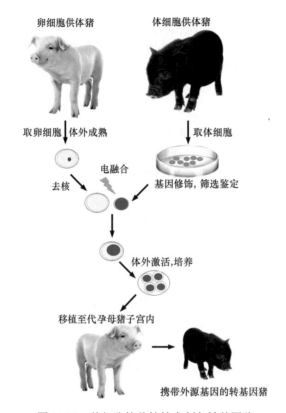

图 14-23　体细胞核移植技术制备转基因猪

目前，有两种反转录病毒载体被改造用于制造转基因动物：一种是来源于原始反转录病毒基因组的载体（如鼠白血病病毒，murine leukemia virus，MLV），另一种则来自于更复杂的反转录病毒基因组的载体（如慢病毒）。

以鼠白血病病毒 MLV 为例（图 14-24），简要介绍一下反转录病毒的基因组特点。MLV 的基因组为一条单链线性 RNA 分子，基因组长度约为 9kb，有 3 个病毒复制和包装所必需的结构基因：*gag*、*pol* 和 *env*，其中 *gag* 基因编码病毒核心蛋白质，*pol* 基因编码反转录酶、整合酶和蛋白酶，*env* 基因编码病毒外壳蛋白，5′和 3′端各含一个长末端重复序列（long terminal repeat，LTR），5′-LTR 包含有病毒的增强子、启动子、包装识别信号等，3′-LTR 包含一些调控序列和多聚腺苷酸尾等。

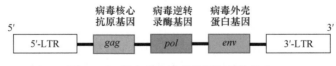

图 14-24　鼠白血病病毒基因组结构特点

反转录病毒感染动物细胞的过程如下：首先，病毒外壳蛋白与动物细胞表面的受体识别并发生结合反应，介导动物细胞发生吞噬作用，将核心蛋白包裹的病毒 RNA 吞噬进入宿主细胞的胞质内，而病毒外壳蛋白则留在细胞外。在反转录酶的作用下，病毒的 RNA 基因组被反转录成双链的 DNA 分子。此时，转录形成的病毒双链 DNA 与细胞内的蛋白质结合形成插入前复合体（preintegration complex，PIC）。当细胞处于分裂周期时，核膜消失，此时在 PIC 亲核组分的帮助下进入细胞核，插入到宿主基因组，即成为前病毒（provirus）。整合后的前病毒 DNA 利用宿主细胞的 RNA 聚合酶转录自己的 DNA，形成 mRNA。转录的 mRNA 一方面用于病毒基因组保留，另一方面作为翻译的模板合成核心蛋白与外壳蛋白，后者将基因组 RNA 重新包装，组装成新的病毒颗粒释放出来，再度感染新的宿主细胞。

慢病毒载体（lentiviral vector，LV）是在人类免疫缺陷病毒 1（human immunodeficiency virus 1，HIV-1）基础上改造而成的病毒载体系统，它能高效地将目的基因导入动物和人的原代细胞或细胞系。慢病毒载体基因组是正链 RNA，其基因组 RNA 进入细胞后，在细胞质中被自身携带的反转录酶反转录为 DNA，形成 DNA 整合前复合体，进入细胞核后，DNA 整合到细胞基因组中。整合后的 DNA 转录 mRNA，回到细胞质中，表达目的蛋白。

目前分离得到的慢病毒有两类：一类是灵长类慢病毒，包括人类免疫缺陷病毒 1 型和 2 型（HIV-1、HIV-2）、猴免疫缺陷病毒（simian immunodeficiency virus，SIV）；另一类是非灵长类慢病毒，包括马传染性贫血病病毒（equine infectious anaemia virus，EIAV）、猫免疫缺陷病毒（feline immunodeficiency virus，FIV）和牛免疫缺陷病毒（bovine immuno-deficiency virus，BIV）等。慢病毒不但能感染分裂细胞，还能携带外源基因感染未分裂的细胞。例如，神经细胞、心肌细胞、肝细胞等，现已成为生产转基因动物，尤其是制备转基因家禽和转基因家畜最为有效的方法之一。慢病毒载体侵染细胞的技术路线如图 14-25 所示。

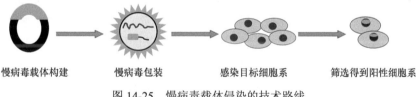

慢病毒载体构建　　慢病毒包装　　感染目标细胞系　　筛选得到阳性细胞系

图 14-25　慢病毒载体侵染的技术路线

14.3.3　转基因动物的应用

随着转基因技术的不断发展与完善，转基因动物的产业化也展现出巨大应用前景。目前，转基因动物在畜牧生产、生物医药、环境保护、生物材料等领域发挥重要作用（李宁，2012；张连峰和秦川，2010；刘志国，2020）。

14.3.3.1　动物生物反应器

动物生物反应器是利用转基因活体动物的器官或组织，高效表达某种外源蛋白以进行工业化生产活性功能蛋白质的技术。这些蛋白质主要是药用蛋白质或者营养蛋白质。转基因动物在生物反应器领域具有巨大的应用价值。

常见的动物生物反应器包括乳腺生物反应器、鸡蛋生物反应器、血液生物反应器、尿液生物反应器、家蚕生物反应器等（李宁，2012；袁婺洲，2019）。

1. 乳腺生物反应器

乳腺生物反应器是指通过动物转基因技术,将某种重要蛋白质的基因导入动物的受精卵中,在乳腺组织特异性启动子的驱动下,外源目的蛋白在动物的乳腺中高效表达并分泌到乳汁中,最终从转基因动物的乳汁中获得生物活性蛋白的一种生产方式。动物乳腺生物反应器的一个关键点在于保证目的活性蛋白在乳腺内特异性高表达,因此,常常采用动物乳蛋白的基因启动子元件,如 β-乳球蛋白基因调控元件、酪蛋白基因调控序列、乳清白蛋白基因调控序列和乳清酸蛋白基因调控序列等。

目前,乳腺生物反应器的应用主要集中在以下 3 个方面:一是生产药用蛋白质,如乙肝抗体、甲肝抗体、凝血因子Ⅷ、凝血因子Ⅸ等;二是提高乳汁的品质,如提高牛奶中乳铁蛋白、酪蛋白和溶菌酶的含量,使牛奶的成分更接近于人奶,同时减少牛奶中乳球蛋白的表达,降低人对乳球蛋白过敏的风险;三是生产优质的生物材料,例如,把蜘蛛的丝蛋白基因转入动物体内,从动物奶纯化蜘蛛丝蛋白,再纺成人造蜘蛛丝,广泛应用于手术缝线、防弹衣、军工材料等。

2. 鸡蛋生物反应器

利用鸡蛋蛋清作为生物反应器具有很多优势。首先,鸡蛋的生产周期短、产量大,产物易收集且不易污染;其次,鸡蛋中成分简单,产物易分离提取。2018 年,*Scientific Reports* 上报道了日本产业技术综合研究所与农业食品产业技术综合研究机构共同开发出表达人 β 干扰素基因的转基因鸡(图 14-26)。首先,从公鸡的早期胚胎血中分离和培养原始生殖细胞,利用基因编辑技术 CRISPR-Cas9,在细胞卵清蛋白基因的翻译起始点敲入人 β 干扰素基因,代替了原有的鸡卵清白蛋白基因。将基因编辑的细胞移植到其他公鸡的早期胚胎后进行孵化(第 0 代),得到第 0 代基因敲入公鸡,使该基因敲入公鸡与野生型母鸡进行交配,下一代(第 1 代)就孵化出了基因敲入母鸡或基因敲入公鸡。其中,孵化的所有基因敲入母鸡持续生产了 5 个多月的鸡蛋,鸡蛋中含 30~60mg 人干扰素 β。

3. 血液生物反应器

血液生物反应器即在动物血液中表达活性生物分子。例如,1992 年,Swanson 等制备了血液中表达人血红蛋白的转基因猪。

4. 尿液生物反应器

尿液生物反应器即目的蛋白被表达分泌在动物尿液里。例如,Kerr 等在 1994 年就构建了能在尿液中表达人类生长激素(GH)的转基因小鼠,GH 含量高达 0.5g/L。

5. 家蚕生物反应器

家蚕生物反应器即目的蛋白表达于蚕茧中。例如,Tamura 等在 1999 年制备了表达原骨胶原蛋白Ⅲ的转基因家蚕。

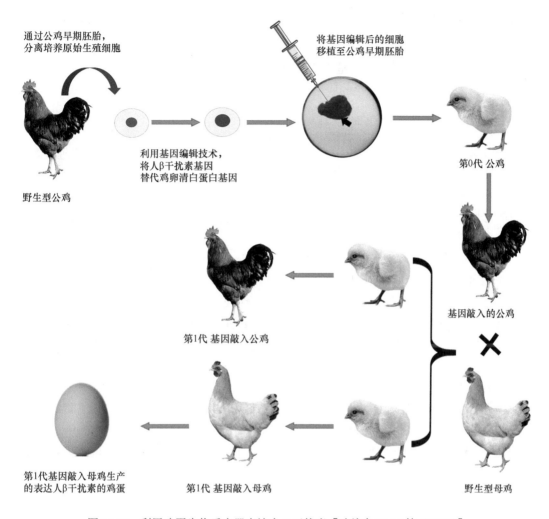

通过公鸡早期胚胎，
分离培养原始生殖细胞

将基因编辑后的细胞
移植至公鸡早期胚胎

利用基因编辑技术，
将人β干扰素基因
替代鸡卵清白蛋白基因

野生型公鸡

第0代 公鸡

基因敲入的公鸡

第1代 基因敲入公鸡

第1代基因敲入母鸡生产
的表达人β干扰素的鸡蛋

第1代 基因敲入母鸡

野生型母鸡

图 14-26 利用鸡蛋生物反应器表达人β干扰素［改编自 Oishi 等（2018）］

14.3.3.2 转基因动物疾病模型

转基因动物疾病模型即通过精确地引入或者失活与人类疾病及病原体相关基因的表达，使转基因动物产生与人类相似的疾病，其在发病机理、药物筛选和基因治疗等方面的研究中发挥着巨大作用。目前，疾病的动物模型主要用于人类遗传性疾病的研究。例如，通过导入乙型肝炎病毒（HBV）基因建立肝细胞癌的转基因小鼠模型，可以对不同发育阶段的肝脏基因表达谱和蛋白质组学进行研究，还可用于发现早期诊断的功能基因。

新开发的药品用于人体之前，首先要进行动物试验，但许多疾病没有合适的动物模型来进行药物的评价。利用转基因动物可建立敏感动物品系及与人类相同疾病的动物模型，用于新药的筛选。例如，随着癌基因的不断发现，越来越多的瘤疾病模型被用于药物筛选。此外，1992 年，Mehtali 等建立了一种转基因鼠模型，用于体内筛选抗艾滋病病毒药。2004 年，Adams 等建立了一种能够进行大规模、高通量、多基因和染色体转基因或定位突变的技术平台，称为"突变插入和染色体工程资源技术（MICER）"，为制备人类疾病动物模型提供了新的革命性技术。目前，人们已获得的动物疾病模型超过500 种，其中制备的基因敲除转基因动物疾病模型超过 450 种，基因过量表达的动物模型超过 80 种，都已得到了广泛的应用。

14.3.3.3 转基因动物器官的临床应用

20 世纪以来，随着器官移植技术、免疫抑制药物及移植免疫基础研究的迅速发展，器官移植已成为临床治疗器官功能衰竭的有效手段，但器官移植面临供体不足和免疫排斥等问题。利用转基因技术改造异种来源器官的遗传性状，使之能够适用于人体器官或组织的移植，是解决这些问题最有效的途径。猪在器官大小、结构和功能上与人类较为相似，最有希望成为异种器官移植的理想来源。

然而，要将猪器官移植到人体存在着两大风险：一方面，猪器官会在人体内产生排异反应；另一方面，猪的基因本身携带内源性反转录病毒（PERV）。

转基因动物为解决这一难题开辟了一条新的途径。研究发现，位于猪细胞膜表面的末端 α-1,3-半乳糖苷转移酶抗原决定簇是进行移植的重要障碍，该半乳糖能被人体免疫细胞识别，引发免疫排斥反应。将猪基因组中该基因敲除后，就可直接阻止猪细胞表面α-1,3-半乳糖的存在，将其心脏和肾脏移植到猴子体内，存活时间可达 2～6 个月，消除了猪作为人类器官供体的一个主要障碍。

华人科学家杨璐菡领导团队在 2017 年成功运用 CRISPR-Cas9 技术失活了猪细胞中的致病基因。相关研究成果"Inactivation of porcine endogenous retrovirus in pigs using CRISPR-Cas9"曾在 2017 年 8 月 10 日发表在 *Science* 杂志上，该技术从根本上解决了猪器官移植到人体内可能导致病毒传染的风险。

2022 年 1 月 10 日，美国马里兰大学医学中心将基因改造的猪心脏移植入一名美国心脏病患者体内，属全球首例。移植手术中使用的猪已通过 CRISPER/Cas9 等基因编辑技术进行基因改造——将猪体内 3 个会引起人类对器官产生排异反应的基因关闭；另有 1 个特定的基因被"敲除"，以预防移植入人体的猪心脏组织过度成长；此外，研究人员将 6 个相关的人类基因嵌入猪的基因组，以使其器官更易被人体免疫系统接受；同时，手术团队还使用了抗排异药物，旨在抑制人体免疫系统，防止器官排异反应。

14.3.3.4 动物品种遗传改良

利用转基因技术可以将一些优良基因转入动物体内，或者将动物体内某些基因敲除，达到改良动物生产性能的目的。例如，*Myostatin* 基因敲除小鼠与野生型小鼠相比，肌肉生长速度显著增加，骨骼肌明显增多，体重也比野生型小鼠重 2～3 倍。如果能在绵羊或猪中敲除 *Myostatin* 基因，将产生骨骼肌明显增大的品种，这在畜牧生产上具有很高的经济价值。

1985 年，Hammer 等将人的生长激素基因导入猪的受精卵获得成功，转基因猪与同窝非转基因猪比较，生长速度和饲料利用效率显著提高，胴体脂肪率明显降低。2004 年，Pursel 等把 *IGF-1* 基因转入猪中，培育出的 *IGF-1* 转基因猪群脂肪率减少10%，瘦肉率增加 6%～8%。此外，影响动物生长性状的基因还有 GH 释放因子、肌分化因子 MyoD 以及肌肉生长抑制素 Myostatin 等，利用这些基因生产转基因动物或基因敲除动物，对于提高动物生长速度和饲料转化率都具有积极作用。

疾病可导致畜禽产品低劣、产量下降，给畜牧业造成巨大的经济损失。利用转基因技术可以提高动物的抗病能力，加快抗病品种的培育进程，具有十分广阔的商业前景和生产意义。例如，乳腺炎是危害世界奶牛业的主要因素之一，因此，培育抗乳腺炎的奶牛具有重大的现实意义。2000 年，Kerr 等将溶葡球菌酶基因转入小鼠乳腺中用来防治由金黄色葡萄球菌引起的乳腺炎，结果证实高表达量的小鼠乳腺具有明显的抗性。之后，转有溶葡球菌酶基因的转基因奶牛和山羊均制备成功，为培育抗乳腺炎的转基因牛羊新品种提供了良好材料。

14.3.3.5 动物遗传资源保护的应用

保存现有的动物遗传资源，特别是濒危动物的种质保存十分重要。传统上，保存精液和胚胎的技术存在许多问题，并且需要较好的设施条件。自克隆技术问世后，提供了一种新方法，即可以在一头动物身上采集数千个细胞进行永久性保存。通过克隆技术可以用体细胞重现动物，这将大大简化物种保存的条件和技术，为动物遗传资源多样性保护提供有利的技术支持。

14.4 基因工程疫苗

自从英国乡村医生 Edward Jenner 发明天花疫苗以来，人类已研制出了上千种疫苗用来预防和控制各种疾病，战胜了一次又一次的灾难。疫苗已成为人类同疾病斗争的一种必不可少的武器。

回顾疫苗的发展过程，可将疫苗的发展史划分为 3 个时期：①古典疫苗时期，即在病原体发现前，根据反复观察和摸索经验而制出疫苗，如 Jenner 发明的天花疫苗、Pasteur 首创的禽霍乱弱毒疫苗；②传统疫苗时期，即利用病变组织、鸡胚或细胞增殖病毒，或者用培养基培养完整的细菌来制备灭活疫苗和弱毒疫苗；③基因工程疫苗时期，即采用 DNA 重组技术生产疫苗。

传统疫苗的研制和生产主要是通过改变培养条件，或在不同寄主动物上传代使致病微生物毒性减弱，或通过物理、化学方法将其灭活来完成。随着人类知识的不断进步，传统疫苗的局限性也日益显露出来（闻玉梅，2010；邱庆昌和才学鹏，2005）：①动物和人类的病毒需要在动物细胞中培养，这使疫苗生产的成本很高；②疫苗中的致病物质在疫苗生产过程中有可能没有完全杀死或充分减毒，这会导致疫苗中含有强毒性致病物质，进而使疾病有可能在更大的范围内传播；③减毒菌株有可能会发生突变；④有些疾病用传统的疫苗防治收效甚微，至今仍无安全有效的疫苗，如口蹄疫、动物腹泻、猪气喘病等；⑤新的传染病不断发现，如人类的艾滋病被称为"20 世纪末最严重的瘟疫"；⑥有的病原不能或难以进行培养增殖，如人乙型肝炎病毒、免疫出血症病毒等；⑦有的病原有潜在致癌性，如人 ER 病毒、单纯疱疹病毒等。

20 世纪 80 年代，随着现代生物学技术的兴起，特别是 DNA 重组技术的出现，为研制新一代疫苗提供了崭新的方法。基因工程疫苗就是用基因工程方法或分子克隆技术，分离出病原的保护性抗原基因，将其转入原核或真核系统，表达出该病原的保护性抗原，然后制成疫苗，或者将病原的毒力相关基因删除掉，使成为不带毒力相关基因的基因缺失苗。基因工程疫苗只含有病原的部分成分，因此，基因工程疫苗的最大优点是安全性好，对致病力强的病原效果更好。

与传统疫苗相比，基因工程疫苗有以下优点（闻玉梅，2010；邱庆昌和才学鹏，2005）。①将保护性抗原基因插入载体的能力。修饰的载体能表达来自病原微生物的保护性抗原基因、细菌和病毒载体，能产生兼有活疫苗和灭活苗优点的疫苗，这种类型的疫苗既有亚单位苗的安全性，又有活疫苗的效力。②易于大规模使用（喷雾或气雾）。③易设计多价型疫苗，降低成本，例如，鸡传染性支气管炎血清型多，而且各型之间交叉保护性差，可以将不同血清型的抗原在同一载体上表达，生产多价苗。④传统疫苗并不适用于所有病毒或者疫病。有的病毒不能或难以用常规法培养，如新城疫弱毒株在鸡胚成纤维细胞上生长不良；常规疫苗效果差或反应大，如传染性喉气管炎疫苗；有的疫病具有潜在致癌性或免疫病理作用，如白血病、法氏囊病、马立克氏病。⑤有些病原微生物对人类危害较大，在培养过程中很容易散毒或感染研究和生产人员，如 SARS 病毒、禽流感病毒。

基因工程提供了一个更加合理地研制疫苗的途径，能够在相对可以预测的情况下生产无致病性的、稳定的细菌和病毒，这与常规活疫苗研制的经典发展历程相反，同时还能生产可与自然型病原区分的疫苗，这将大大有助于疫病的诊断和扑灭。基因工程疫苗应该比目前应用的常规疫苗具备更多优点，为了被人们接受，它们必须具备安全性、生产工艺、免疫效力、免疫期、免疫途径、生产成本等方面的优点，并被有关管理部门和公众接受。

14.4.1 基因工程疫苗的分类

基因工程疫苗的种类很多，目前可分为六大类：基因工程亚单位疫苗、合成肽疫苗、颗粒载体疫苗、重组活载体疫苗、基因缺失疫苗、核酸疫苗等。

14.4.1.1 基因工程亚单位疫苗

基因工程亚单位疫苗（subunit vaccine）又称生物合成亚单位疫苗或重组亚单位疫苗，是指只含有病原体的一种或几种抗原，而不含有病原体的其他遗传信息。亚单位疫苗是筛选、提取并纯化细菌和病毒具有免疫原性的特殊抗原成分如类毒素、亚细胞结构、膜表面成分等，并与载体结合后制成的疫苗，如流感病毒裂解型亚单位疫苗、乙型肝炎亚单位疫苗、伤寒 Vi 多糖疫苗等。基因工程亚单位疫苗研制的基本过程是：分离病原的保护性抗原基因，插入到表达载体中，转化宿主细胞，使其表达所需的多肽，通过鉴定表达产物，筛选工程菌株，然后大量培养和纯化表达产物，制备疫苗。

亚单位疫苗避免了无关抗原的抗体产生，从而减少了疫苗的不良反应和疫苗相关疾病，且不具有复制能力，适用于免疫力低下和缺陷人群。亚单位疫苗引发的免疫类型与其成分有关。通常，蛋白类抗原刺激产生 T 细胞依赖性免疫反应，多糖类抗原引发 T 细胞非依赖性免疫应答。多糖类抗原的免疫原性一般较弱，可通过与蛋白质结合强化免疫应答。结合疫苗是一类将细菌多糖共价结合在蛋白载体上制备成的多糖-蛋白质结合疫苗，如 B 型流感嗜血杆菌疫苗，可视为亚单位疫苗的一种。

目前，已经对很多人和动物传染病的病原进行了基因工程亚单位疫苗研究，包括：细菌性疫病，如霍乱、百日咳、炭疽、绵羊腐蹄病、梅毒、结核、牛布氏杆菌病等；病毒性疫病，如口蹄疫、狂犬病、伪狂犬病、甲型肝炎、新城疫、传染性支气管炎、传染性喉气管炎、马立克病、细小病毒病、禽白血病、鸡法氏囊病等；寄生虫，如疟原虫、利什曼原虫、血吸虫、锥虫、球虫、绵羊绦虫等；真菌，如组织胞浆菌、曲霉菌和念珠菌等。然而，上述表达的多肽多为单价可溶性疫苗，其免疫原性不理想。有的表达产物也能自然装配形成多价颗粒性，如人乙型肝炎病毒表面抗原和大肠杆菌的菌毛等，它们的免疫原性与常规生产的血源疫苗和灭活疫苗相同，成为第一代成功的基因工程亚单位疫苗。亚单位疫苗由仅含有刺激保护性免疫所需的抗原组成，不存在任何传染性，具有安全性好、稳定性强、保存期长、运输方便等优点。

14.4.1.2　合成肽疫苗

合成肽疫苗是根据有效免疫原的氨基酸序列设计合成的疫苗。相较于蛋白质，多肽更易合成，且在体内可被 APC 更高效地摄取、处理和呈递。但是，合成肽疫苗的抗原性及其免疫原性受到其自身组成及宿主免疫系统等多种因素的影响。合成肽疫苗免疫效果不佳的原因主要有 3 点：一是疫苗缺乏足够的免疫原性，很难像蛋白抗原那样诱导集体的多种免疫反应；二是缺乏足够多的 B 细胞抗原表位的刺激；三是 B 细胞和 T 细胞抗原表位很难发挥协同作用。当然，携带有单个抗原表位的合成肽疫苗对于不易变异的DNA 病毒来说是可行的，如犬细小病毒合成肽疫苗，即含有一个相对保守的 B 细胞抗原表位的合成肽疫苗可完全保护动物。

14.4.1.3　颗粒载体疫苗

在基因工程疫苗研究中，乙肝病毒疫苗和大肠杆菌疫苗较成功，其特点是多个多肽分子聚合在一起，形成 22nm 颗粒或菌毛结构，它们不但具有多个保护性抗原决定簇，而且保持有与原来病原相同的颗粒构型，能诱导人和动物产生与病原感染相似的免疫应答反应，其颗粒结构容易被机体免疫细胞识别和处理，从而大大增强了免疫原性。因此，近年来人们试图将病原的抗原基因表达成颗粒物。研究表明，一些基因的表达产物可以装配成多聚体颗粒，将病原中编码保护性抗原决定簇的基因片段融合到这些载体基因中，能表达并装配成杂合颗粒，而病原的决定簇可能暴露于颗粒表面，具有颗粒性结构和颗粒表面有多个抗原决定簇等优点，其免疫原性大大优于单价可溶性多肽疫苗。

颗粒载体疫苗的设计思路：寻找能表达形成颗粒物的基因，分析哪些区域可能暴露于颗粒表面，将整个载体基因克隆，并将外源基因片段按照相同的阅读框架插入载体基因特定位置，然后转入原核或真核系统进行表达，使产生的外源基因产物暴露在颗粒表面。

14.4.1.4　重组活载体疫苗

重组活载体疫苗是利用基因工程技术将病毒、细菌或寄生虫弱毒株构建成载体（载体本身不致病），将编码特异性抗原的外源基因插入其中并获得表达的重组疫苗。此类疫苗可诱导产生类似自然感染的强且持久的免疫反应，包括体液免疫和细胞免疫，甚至黏膜免疫，理论上具备免疫效应优、成本低、安全性高等优点，还可同时插入多个外源基因，而发展多价活疫苗是当前疫苗研发的主要方向之一。常用的细菌活载体有卡介苗（bacillus Calmette-Guerin，BCG）、乳酸杆菌、大肠埃希菌等，主要的病毒活载体有痘病毒、腺病毒、小 RNA 病毒、疱疹病毒等。现已有多种兽用病毒、细菌活载体疫苗上市，如新城疫疫苗、狂犬病疫苗等。除具有病毒活载体的优点外，细菌活载体疫苗还具有培养方便、外源基因容纳量大、刺激细胞免疫力强等优点，因此具有巨大的潜力。

14.4.1.5　基因缺失疫苗

基因缺失疫苗是通过基因工程方法，将与强毒株的毒力有关的基因删除，既不影响其增殖或复制，又能保持其免疫原性的活疫苗。其突出的优点是疫苗株稳定、不易返强、十分安全；由于其免疫机制与感染相似，免疫针对多种抗原决定簇；应答较强而持久，特别适合于局部接种（经口）产生黏膜免疫，是较为理想的疫苗。基因缺失疫苗的基本过程是：先构建质粒，将基因缺失的 DNA 序列重组到质粒中或在质粒中实现基因的切除或突变，然后与野生毒株同时感染细胞，使发生同源重组，从而将基因缺失的 DNA 序列替换到野生毒株基因组中，筛选鉴定即获得基因缺失毒株或菌株。例如，将霍乱菌肠毒素 A 亚基中主要的 A1 部分切掉94%，保留 A2 和全部 B 亚基，与野生菌株同源重组，筛选出基因缺失变异株。该变异株产生的肠毒素不完整，因而不具毒性，但仍具有良好的免疫原性，从而制成了无毒活菌苗。

14.4.1.6　核酸疫苗

核酸疫苗（nucleic acid vaccine），也称为基因疫苗（genetic vaccine）、DNA 重组疫苗或者 DNA 疫苗（DNA vaccine）等，是指将编码某种蛋白质抗原的重组真核表达载体直接注射到动物体内，使外源基因在活体内表达，产生出抗原激活机体的免疫系统，从而诱导特异性的体液免疫和细胞免疫应答，以达到预防和治疗疾病的目的。该疫苗既具有减毒疫苗的优点，同时又无逆转的危险；不仅具有预防作用，同时还具有治疗作用。因此，核酸疫苗越来越受到人们的重视，是极有发展潜力的一种新疫苗，被看成是继传统疫苗及基因工程亚单位疫苗之后的第三代疫苗。

核酸疫苗分为 DNA 疫苗和 RNA 疫苗两种，目前对核酸疫苗的研究以 DNA 疫苗为主。DNA 疫苗又称为裸疫苗，因其不需要任何化学载体而得此名。DNA 疫苗导入宿主体内后，被细胞（组织细胞、抗原呈递细胞或其他炎性细胞）摄取，并在细胞内表达病原体的蛋白质抗原，通过一系列的反应刺激机体产生细胞免疫和体液免疫。DNA 疫苗的有效性在动物模型中已被证实，兽用 DNA 疫苗也已上市，但其在人体试验中仍显示较弱的免疫原性，无法诱导出有效的免疫应答，原因可能是 DNA 被宿主细胞降解或转染效率低下，导致抗原表达水平受限。现多采用基因枪、电穿孔转染等方法提高转染效率。

DNA 疫苗具有许多优点（闻玉梅，2010；邱庆昌和才学鹏，2005）：①DNA 接种载体（如质粒）的结构简单，提纯质粒 DNA 的工艺简便，因而生产成本较低，且适于大批量生产。②DNA 分子克隆比较容易，使 DNA 疫苗能根据需要随时进行更新。③DNA 分子很稳定，可制成 DNA 疫苗冻干苗，使用时在盐溶液中可恢复原有活性，因而便于运输和保存。④比传统疫苗安全，虽然 DNA 疫苗具有与弱毒疫苗相当的免疫原性，能激活细胞毒性 T 淋巴细胞而诱导细胞免疫，但由于 DNA 序列编码的仅是单一的一段病毒基因，基本没有毒性逆转的可能，因此，不存在减毒疫苗毒力回升的危险；而且由于机体免疫系统中 DNA 疫苗的抗原相关表位比较稳定，因此，DNA 疫苗也不像弱毒疫苗或亚单位疫苗那样，会出现表位丢失。⑤质粒本身可作为佐剂，因此使用 DNA 疫苗不用加佐剂，既降低成本，又方便使用。⑥将多种质粒 DNA 简单混合，就可将生化特性类似的抗原（如来源于相同病原菌的不同菌株）或一种病原体的多种不同抗原结合在一起，组成多价疫苗，从而使一种 DNA 疫苗能够诱导产生针对多个抗原表位的免疫保护作用，使 DNA 疫苗生产的灵活性大大增加。

RNA 疫苗类似于 DNA 疫苗，只是外源编码序列为 mRNA。1990 年，Wolff 等研究发现，给小鼠肌内注射外源性 mRNA 后，小鼠体内表达其所编码蛋白质，这为 mRNA 疫苗研发提供了依据。mRNA 疫苗较 DNA 疫苗具备一些优势。首先，DNA 疫苗可能整合到免疫宿主的基因组中，导致原癌基因活化或抑癌基因失活，有致癌的风险；其次，DNA 疫苗必须穿过质膜和核膜两个屏障，进入细胞核内转录，进而表达蛋白质才能发挥效用，显著限制 DNA 疫苗的转染效率，而 mRNA 疫苗可在胞质中直接翻译，无须转运至细胞核内；最后，DNA 疫苗可能诱发抗双链 DNA 的自身免疫反应，引起自身免疫性疾病（如系统性红斑狼疮）。目前，mRNA 疫苗主要分为传统的非扩增型 mRNA 疫苗和自我扩增型 mRNA（self-amplifying mRNA，SAM）疫苗。常用的递送方式有直接递送和载体递送（树突状细胞、脂质纳米粒等）。

虽然人们对于使用核酸疫苗的安全性存有疑虑，担心 DNA 或 RNA 可能会整合到宿主细胞的染色体上而造成插入突变，但众多研究结果并未发现有插入突变的现象。质粒 DNA 在动物体内会缓慢降解，不会造成动物的自体免疫，也不随卵子和精子传入子代体内，它随生物链进入其他物种体内时也会失活，而且对环境的污染很小，因此其危险性远低于现用疫苗。近年来，许多畜禽病毒性传染病，已不能依靠传统疫苗如灭活疫苗、弱毒疫苗等对其进行防治，核酸疫苗的出现使这一状况得到改善。编码病毒、细菌和寄生虫等不同种类抗原基因的质粒 DNA，能够引起脊椎动物如哺乳类、鸟类和鱼类等多个物种产生强烈而持久的免疫反应。

14.4.2　家畜家禽基因工程疫苗

截止到 2024 年 1 月 9 日，在国家兽药基础数据库查询系统（http://vdts.ivdc.org.cn:8081/cx/）中，进口兽用生物制品批签发数据为 2583 条，国产兽用生物制品批签发数据为 160 568 条，其中大部分为传统疫苗，即灭活疫苗和减毒或弱毒活疫苗。禽用基因工程疫苗的种类最多，包括单苗和联苗，防控目标涵盖了鸡衣原体病、鸡喉气管炎病、鸡传染性法氏囊病、禽流感（HS、H9）等对家禽养殖经营效益影响大的疾病。表 14-4 统计了 4 种常见禽用基因工程疫苗的技术路线。

表 14-4　常见禽用基因工程疫苗（邓秋红等，2013）

疫苗名称	技术路线	研发单位
鸡传染性喉气管炎重组鸡痘病毒基因工程疫苗	用表达鸡传染性喉气管炎病毒 *gB* 基因的重组鸡痘病毒接种鸡胚成纤维细胞培养，收获细胞培养物，加适宜稳定剂，经冷冻真空干燥而成	中国农业科学院哈尔滨兽医研究所
鸡衣原体病基因工程亚单位疫苗	用基因工程菌种 *E. coli*-CpsMOMP 发酵生产并提取纯化的免疫抗原成分鹦鹉热衣原体主要外膜蛋白（MOMP），加油乳佐剂乳化制成	中国人民解放军军事医学科学院微生物流行病研究所、北京市兽医生物药品厂
鸡传染性法氏囊病基因工程亚单位疫苗	用表达鸡传染性法氏囊病毒 VP2 蛋白的重组大肠杆菌 *E. coli* BL21/pET28-VP2 株经过发酵培养、诱导表达、菌体破碎、离心去除菌体碎片、甲醛溶液灭活残留细菌后，加入矿物油佐剂混合乳化制成	长江大学、青岛易邦生物工程有限公司、浙江易邦生物技术有限公司
鸡传染性法氏囊病毒火鸡疱疹病毒载体活疫苗（vHVT-013-69 株）	用表达传染性法氏囊病毒 VP2 蛋白的重组火鸡疱疹病毒 vHVT-013-69 株接种鸡胚成纤维细胞培养，收获细胞培养物，加入冷冻保护液制成	梅里亚精选大药厂

随着人类对猪、牛、羊肉消费品质要求的提高以及家畜疫病形势的复杂化，家畜传染病防治重视程度不断提升，畜用基因工程疫苗的研发逐渐成为热点，基因工程疫苗的单独应用或与传统疫苗的配合使用已成为家畜养殖业健康发展的重要保障。表 14-5 统计了 5 种常见畜用基因工程疫苗的技术路线。

表 14-5　常见畜用基因工程疫苗（邓秋红等，2013）

疫苗名称	技术工艺	研制单位
羊棘球蚴（包虫）病基因工程亚单位疫苗	用羊棘球蚴（包虫）基因工程菌株接种培养基进行增殖后，对细菌进行灭活、破碎，提取保护性抗原 EG95，并与免疫佐剂 QuilA 混合后经冷冻真空干燥而成	中国农业科学院生物制品工程技术中心
猪口蹄疫 O 型基因工程疫苗	用人工构建的表达 O 型口蹄疫病毒免疫活性肽的大肠杆菌接种适宜培养基培养，收获培养物，提取抗原，加矿物油佐剂混合乳化制成	复旦大学、上海市农业科学院畜牧兽医研究所
猪口蹄疫 O 型合成肽疫苗（多肽 2570+7309）	用固相多肽合成技术在体外分别人工合成含有口蹄疫病毒主要抗原位点的多肽 2570 和 7309，并分别连接人工合成的可激活辅助性 T 细胞短肽，加油乳佐剂混合乳化制成	申联生物医药（上海）有限公司
猪圆环病毒 2 型杆状病毒载体灭活疫苗	将猪圆环 2 型 *ORF2* 基因修饰杆状病毒接种于 SF+ 细胞，收获并无菌过滤细胞培养物，经灭活后，加适宜佐剂混合制成	勃林格殷格翰动物保健（美国）有限公司
公猪异味控制疫苗	用人工合成的促性腺激素释放因子（GnRF）的类似物与白喉类毒素的结合物和乙基二乙胺右旋糖酐佐剂混合配制而成。控制公猪胴体的异味	辉瑞澳大利亚有限公司

本 章 小 结

动物体细胞核移植技术的出现，极大地推动了动物基因工程的发展。动物基因打靶技术、干细胞技术、动物转基因技术等，都可以看成是在体细胞核移植技术基础上发展并广泛应用。动物基因工程主要包括转基因动物、动物细胞基因表达和基因工程疫苗三个方面。转基因动物是指细胞内整合有外源目的基因并能稳定表达的动物个体。而外源基因导入动物细胞的方法主要有原核显微注射法、胚胎干细胞介导技术、原始生殖细胞介导技术、精子载体技术、体细胞核移植技术、病毒载体介导技术等。外源基因转入动物体内后，进一步整合到宿主动物基因组的特定位置才能实现特异表达。随着动物转基因技术的不断发展，转基因动物在畜牧生产、生物医药、环境保护、生物材料等领域具有巨大的应用前景。而利用转基因活体动物的器官或组织，高效表达某种外源蛋白质以进行工业化生产活性功能蛋白质的技术，称为动物生物反应器。常见的动物生物反应器包括乳腺生物反应器、鸡蛋生物反应器、血液生物反应器、尿液生物反应器、家蚕生物反应器等。

第15章 基因治疗工程

15.1 基因治疗概论

15.1.1 基因治疗的产生及发展

基因治疗（gene therapy）是指将外源功能基因导入靶细胞，以纠正、补偿基因缺陷或抑制基因表达异常，从而达到治疗疾病的治疗方法。基因治疗分为体细胞基因治疗与生殖细胞基因治疗，目前仅体细胞基因治疗被批准用于人类疾病的治疗（Friedmann and Roblin，1972）。目前，基因治疗的概念有了较大的扩展，凡是采用分子生物学的方法和原理，在核酸水平上开展的疾病治疗方法都可称为基因治疗。基因治疗本身也并不局限于各种遗传性疾病的治疗，现已扩展到肿瘤、艾滋病、心血管病、神经系统疾病、自身免疫疾病、内分泌疾病等。

长久以来，科学家们设想依靠基因治疗，纠正人自身基因的结构或功能上的错乱，阻止病变的进展，直至去除病变的细胞，或者抑制外源病原体遗传物质在人身体里的复制，从而治疗因病原体引起的疾病。随着人类对疾病本质的深入了解以及新分子生物学技术的不断涌现，基因治疗给人们带来根治疾病的希望。但基因治疗是一项高集成、高难度、综合性的生物技术，集中了基因分离、导入人体和基因在人体内的高效表达及调控等技术，既要求有效，又必须确保安全。早期基因治疗发展并不顺利，因治疗风险过大，发展前景不容乐观。直到 2008 年，莱伯先天性黑蒙症（Leber's congenital amaurosis，LCA）等多种疾病的基因治疗相继成功，科学家们再度燃起对基因治疗研究的热情。

基因治疗的发展经历了非常曲折的过程。从时间上，基因治疗可分为几个阶段：初期探索阶段；盲目发展阶段；曲折前行阶段；再度繁荣阶段（Dunbar et al.，2018）。

（1）初期探索阶段。美国分子生物学家 Joshua Lederberg 教授于 1963 年首次提出"基因交换"和"基因优化"的概念，为基因治疗的发展奠定了基础。美国医生 Stanfield Rogers 首次尝试基因治疗，1970 年通过注射含有精氨酸酶的乳头瘤病毒来治疗一对姐妹的精氨酸血症，试验虽以失败告终，但却有着划时代的意义。此后几十年间，科学家又陆续开展了多项临床试验，但这个时期治疗技术不成熟，基因治疗没有实质性突破。1980~1989 年，这十年是基因治疗的"禁锢时代"，从学术界到宗教、伦理、法律各界，对基因治疗能否进入临床存在很大争议。直到 1990 年，美国食品药品监督管理局（FDA）才批准基因治疗正式进行临床试验。这一阶段，科学家们在临床前研究方面进行了大量工作，同时也在舆论上做了很多准备。

（2）盲目发展阶段。被后人称为"基因治疗之父"的威廉·弗兰奇·安德森（William French Anderson）医生，1990 年开展了针对重症联合免疫缺陷病的基因治疗，患者为一名美国 4 岁女孩。接受治疗后,其机体产生腺苷脱氨酶的能力有所提高,病情得到缓解,该患者目前仍然存活。两年后又有一例基因治疗临床试验取得成功。自此,患者、医生和科学家的热情迅速被点燃,行业进入狂热发展的阶段。在短短数年间,有 100 多个临床方案经 FDA 批准进入临床试验。从专业刊物至一般媒体,仿佛基因治疗即将成为临床治疗的一种成熟治疗方法。究其原因,既有科学家本身的盲目乐观,又有媒体的炒作,导致一些还没有成熟到可以达到临床疗效的基因治疗方案过早地进入临床试验。基因治疗的狂热也从国外传到了国内。然而一些关键技术还没有解决,基因治疗在临床应用中必然会碰壁。

(3)曲折前行阶段。1995 年,美国国立卫生研究院(NIH)主持了对过去几年基因治疗临床试验的初步评估,证明 100 多个方案中确证有疗效的仅几个,因而提出了必须对基因治疗中的关键问题进行研究。1999 年,美国男孩 Jesse Gelsinger 参与了宾夕法尼亚大学的基因治疗项目,接受治疗 4 天后,因病毒引起的强烈免疫反应导致多器官衰竭而死亡。该事件是基因治疗发展的转折点。此后,2003 年 FDA 暂时中止了所有用反转录病毒来改造血液干细胞基因的临床试验,但经过严格审核及权衡后,基因治疗临床试验再次进行。20 世纪 90 年代,基因治疗在技术上有所发展,但仍存在较大的安全隐患。基因治疗从盲目发展转入理性发展的正常轨道。

(4)再度繁荣阶段。2012 年,荷兰 UniQure 公司的 Glybera 在欧盟审批上市,用于治疗脂蛋白脂肪酶缺乏引起的严重肌肉疾病。同年,Jennifer Doudna 及张锋发明了 CRISPR/CAS9 基因编辑技术,这是基因治疗领域革命性的事件。自此,基因治疗技术上的一些瓶颈得到突破,有效性和安全性都有所提高,行业迎来新一轮的发展高潮。

在经历了 30 余年的挫折后,基因疗法正迅速成为治疗各种遗传和获得性人类疾病的有效选择。最近,在美国、欧洲各国及中国,遗传免疫疾病、血友病、神经退行性疾病及淋巴样癌症等基因治疗已获得临床治疗批准。随着基因治疗这门"技术科学"的进一步成熟,其将为医学领域带来新的治疗选择(Dunbar et al., 2018)。

15.1.2　基因治疗的策略

15.1.2.1　基因治疗的基本内容

基因的病变包括:点突变,基因的缺失、插入、重排等 DNA 畸变,进化障碍;外来病毒的入侵等。基因治疗包括基因诊断、治疗策略、载体构建、基因递送等。随着分子生物学技术的快速发展,现已拥有多种手段诊断病变基因并定位病变基因的具体位置。常用的技术有探针杂交技术、基因扩增技术、限制性内切核酸酶技术等,以及几种技术联合诊断(顾健人和曹雪涛,2017)。

基因治疗包括致病基因的原位置换(基因置换)、基因修复、基因修饰、基因失活(即直接抑制有害基因的表达)、免疫调节(增强机体免疫能力)及"自杀基因"等多种治疗策略(楼士林等,2002)。治疗策略需依据基因病变的情况而定。基因置换是指用正常的基因原位替换病变细胞内的致病基因,使细胞内的 DNA 完全恢复正常状态。基因修复是指将致病基因的突变碱基序列进行纠正,而正常部分予以保留。这种基因治疗方式最后也能使致病基因得到完全恢复。基因修饰又称基因增补，是在体外将正常基因转移到患者的宿主细胞，只要求治疗基因能够替代致病基因在体内表达出功能正常的蛋白质；在这种治疗方法中，缺陷基因仍然存于细胞内，目前基因治疗多采用这种方式。基因失活是利用反义 RNA、核酶或肽核酸等反义技术及 RNA 干涉（RNAi）等能够特异性封闭基因表达的特性，抑制一些有害基因的表达，以达到治疗疾病的目的。免疫调节是指将抗体、抗原或细胞因子的基因导入患者体内，改变患者免疫状态，从而达到预防和治疗疾病的目的。"自杀基因"是指将病毒、细菌等原核生物中具有特殊功能的酶类基因转入哺乳动物细胞，其产生的酶能够将无毒或毒性极低的药物前体转化成细胞毒性代谢产物，导致肿瘤细胞自杀。

依据病变基因的特异性和治疗的策略不同，基因治疗的载体主要有病毒和非病毒两种类型（详见 15.2）。

基因递送是基因治疗成败的关键操作步骤。根据治疗基因导入病变靶细胞不同，分为体细胞和生殖细胞两种。基因治疗的靶细胞若是生殖细胞或胚胎细胞，理论上能够阻断病变基因的纵向遗传，彻底根除病灶，使新机体免除病痛困扰，但这一措施有悖于人类传统伦理，目前绝大多数国家禁止针对生殖细胞或胚胎细胞进行基因治疗。体细胞治疗分为离体基因（*ex vivo*）疗法和体内基因（*in vivo*）疗法（图 15-1）。一般情况下，流体系统病变，如血液或淋巴系统，选择离体基因疗法；而实体组织或器官基因病的治疗多采用体内基因疗法（Kaiser et al.，2015）。

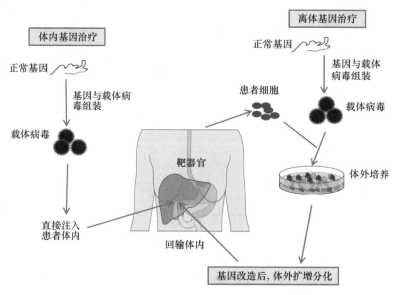

图 15-1　基因治疗操作流程

15.1.2.2　基因治疗途径

离体基因疗法的治疗流程包括：正常基因插入到病毒载体的 DNA 上，重组后的病毒 DNA 体外包装产生具有感染能力的完整工程病毒，获取患者的体细胞（如造血干细胞等），体外培养扩增，用重组后的病毒感染获取的患者细胞，病毒把正常基因导入靶细胞中，对携带正常基因的重组细胞体外培养扩增，携带正常基因的重组细胞回输到患者体内，最终实现疾病的治疗。离体基因治疗法是将受体细胞在体外培养，转入外源基因，经过适当的选择系统，把重组的受体细胞回输到患者体内，让外源基因表达以改善患者症状。离体治疗的优势主要表现在技术难度较小、对载体的要求较低、安全性更高等几个方面。离体治疗也存在很大的局限性，主要表现为候选细胞种类有限、难以长期保持移植细胞功效等。

体内基因疗法的操作流程相对简单，即利用基因工程的方法将正常基因插入到载体上，直接注入患者体内，实现疾病的治疗。体内基因治疗不需要细胞移植，直接将外源DNA 注入机体内，使其在体内表达而发挥治疗作用。但是，对这种方式导入的治疗基因及其载体，必须证明其安全性，且导入体内之后必须能进入靶细胞，使之能有效表达以达到治疗目的。相比而言，体内基因治疗更直接且经济，疗效也比较确定，但技术要求很高，操作难度较大。常用的体内基因直接转移手段有病毒介导、脂质体介导和基因直接注射等。

体内治疗操作时只需要把携带目的基因的载体注入病变部位即可，理论上可以实现任意种类细胞的基因改造，不再像离体治疗那样受到细胞种类的限制，这是体内治疗相对离体治疗最大的优势。但在技术上真正实现任意细胞的基因改造，目前还有一定难度。此外，体内治疗也省去了离体治疗中细胞收集、基因改造、培养扩增等烦琐的操作。体内治疗的局限性主要在于载体要求高、安全风险大，因此技术难度高于离体治疗。

15.1.3　基因治疗一般原则

基因治疗的首要问题是选择用于治疗疾病的目的基因。不同疾病，靶基因的确定原则不同（张惠展，2017）。例如，肿瘤病可采用反义技术封闭细胞内活化的癌基因或向细胞内转入野生型抑癌基因，所针对的癌基因或抑癌基因应与该肿瘤的发生和发展具有明确的相关性。但要注意的是，用于治疗的基因在体内仅有少量的表达就可显著改善症状，且该基因的过高表达不会对机体造成危害。

在实际应用中，靶细胞的选择需要根据目的、条件等具体情况而定，但必须注意以下几个方面：具有组织特异性；较易获得且生命周期较长；离体细胞较易受外源基因转化；离体细胞经转染和一定时间培养后再植回体内仍较易成活。采用离体基因疗法时，常用的靶细胞有造血细胞、肝细胞、肿瘤细胞、肌肉细胞、内皮细胞、淋巴细胞、血管及皮肤成纤维细胞等。

目的治疗基因递送至靶细胞是基因治疗的重要环节，是治疗成败的关键，分为病毒载体和非病毒载体两大类（详见 15.2）。将目的基因导入靶细胞的方法有病毒感染、显微注射、电穿孔、化学转染等，使用较多的是病毒感染法和脂质体转染法。

15.1.3.1　基因治疗现状

随着基因治疗技术的快速发展，越来越多的疾病（特别是传统医疗手段无法治愈的疾病）成为基因治疗的攻克对象。除了单基因遗传病、肿瘤和感染性疾病外，神经系统性疾病、心血管系统疾病及自身免疫性疾病等方面也取得了较大进展，有一定成果进入临床转化阶段。我国是最早进行基因治疗临床试验的国家之一，尽管近年来我国在多个疾病的基因治疗相关领域取得了一定成绩，但基因治疗在基础研究和临床试验的发展还是略微滞后。在基础研究方面，仿制国外的同类药物，缺乏原创性；在临床试验方面，国外进行基因治疗的临床研究主要依靠合作公司的商业性投入，而我国此类商业合作模式尚未形成规模。此外，基因治疗是一个涉及基因工程、分子生物遗传学等基础领域以及临床医学等多学科的跨学科工程，同时需要多个单位相互协作完成，而目前我国基因治疗研究的国内外交流合作明显不足。因此，我们需要大力引进相关领域人才、加强各方面的投入和合作，从而有效推动我国基因治疗事业的发展。

15.1.3.2 基因治疗亟待解决的关键问题

目前基因治疗仍然面临诸多问题，主要集中在有效性、安全性和伦理学三个方面。载体对细胞的亲嗜性、感染效率、免疫原性及目的基因的表达效率均直接影响基因治疗的有效性（刘静等，2013）。整合型载体诱发突变后的克隆化恶变以及病毒载体诱发的免疫反应一直是基因治疗主要的安全性风险所在。在伦理学方面，生殖细胞基因治疗引起的争议较大，大多数研究者持谨慎态度，目前被禁止用于人体试验。尽管体细胞基因治疗更符合社会伦理道德，但也曾出现因为缺乏严格的监管制度、利益冲突等原因导致侵害受试者权益的事件。

15.2　基因治疗的载体

外源基因导入细胞称为基因递送（gene delivery）。递送需要运载工具，即基因递送系统，它是基因治疗的核心技术，可分为病毒载体系统和非病毒载体系统。载体系统的构建是基因治疗成功与否的关键，理想的病毒载体应该具有以下特点：滴度高、能感染大量细胞且不致病、制备方便且重复性好、能定向进入目的细胞并整合到宿主染色体特异位点、以附加体的形式稳定存在。下面重点介绍几种病毒载体，以及新发展起来的非病毒载体（Daya and Berns，2008）。

15.2.1　病毒载体

利用病毒天然的感染性，病毒载体可进入靶细胞，且病毒载体需要和病毒一样具有较高的转导效率。基因治疗的病毒载体必须具备以下基本条件：能携带外源基因并能包装成病毒颗粒，介导外源基因的转移和表达，对机体没有致病性。大多数野生型病毒对机体都具有致病性，但通过一系列改造、处理（如删除与致癌、致毒或复制等相关的基因片段），在合适的位置插入外源治疗基因，便可成为基因递送的工具。目前，只有少数几种病毒如反转录病毒、腺病毒、腺伴随病毒等被成功地改造成为基因递送载体，并在临床上有不同程度的应用。

15.2.1.1 反转录病毒载体

反转录病毒基因组长约 10kb，为单链正链 RNA 病毒，含有 3 个最重要的基因，分别为编码核心蛋白基因（*gag*）、编码反转录酶基因（*pol*）和编码病毒包膜蛋白基因（*env*），基因排列顺序是 5′-*gag-pol-env*-3′，其两端存在长末端重复序列（LTR），用于介导病毒的整合。*env* 基因中含有病毒包装所必需的序列，病毒进入细胞后，反转录成双链 DNA，然后进入细胞核并稳定地整合到宿主细胞染色体中，并以此为模板合成病毒基因及子代 RNA，最后装配成病毒颗粒。反转录病毒是最先被改造的基因治疗载体，可高效地感染许多类型的宿主细胞，应用最为广泛。

反转录病毒载体需要前病毒 DNA 进行适当的改造，然后插入质粒构建而成。一般情况下，病毒基因组缺失大部分序列如 *gag*、*pol* 和 *env* 基因，只保留其基因组 5′和 3′端长末端重复序列（LTR），该序列包含启动子、增强子、整合必需序列，另外还保留包装信号 ψ、用于插入目的基因的多克隆位点，以及 *neo*、*amp*ʳ 基因等真核/原核筛选标记。

经典的反转录病毒载体 pLXSN 结构如图 15-2 所示。

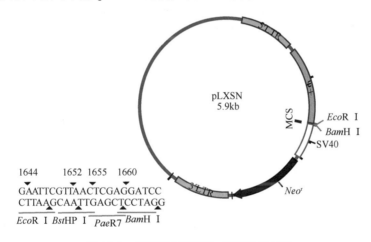

图 15-2 反转录病毒载体 pLXSN 的结构

反转录病毒载体可以有效地整合入靶细胞基因组，并稳定、持久地表达所携带的外源基因。但是病毒载体与人类内源性反转录病毒序列之间可能发生重组，具有产生有复制能力的人类反转录病毒的潜在危险，也存在原病毒 DNA 随机整合进靶细胞染色体而激活染色体上癌基因或者使抑癌基因失活的可能性。目前，反转录病毒载体在基础与临床研究中多用于离体基因疗法的基因治疗，特别是肿瘤的基因治疗（刘静等，2013）。

15.2.1.2 腺病毒载体

腺病毒是无包膜的线性双链 DNA 病毒，在自然界分布广泛，存在 100 种以上的血清型。其基因组长约 36kb，两端各有一个反向末端重复区（ITR），其内侧为病毒包装信号。腺病毒基因组上分布着 4 个早期转录元件（E1、E2、E3、E4）承担调节功能，还有一个晚期转录元件负责结构蛋白的编码。早期转录元件 E2 的产物是晚期基因表达的反式因子和病毒复制必需因子，早期基因 *E1A*、*E1B* 产物还为 E2 区早期基因表达所必需。因此，E1 区的缺失可造成病毒在复制阶段的流产。E3 为复制非必需区，其缺失可极大地扩大插入容量。典型的腺病毒载体系统如图 15-3 所示。

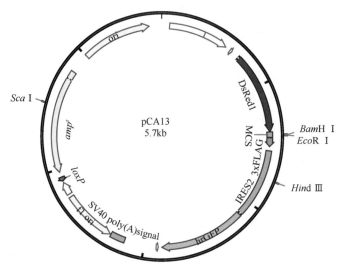

图 15-3　腺病毒载体 pCA13 的结构

　　由于腺病毒不整合到宿主细胞的基因组中，因此，其难以像反转录病毒载体那样较长时间地表达外源基因，外源基因表达的持续时间为 2～6 周。使用腺病毒载体的一个担忧是安全性问题。腺病毒载体的另外一个主要缺点就是能诱导机体产生免疫反应，较高的免疫原性可导致一过性表达及静脉反复使用困难。

15.2.1.3　腺伴随病毒载体

　　腺伴随病毒（adeno associated virus，AAV）颗粒直径为 20nm，无包膜，二十面体，是非病原性细小病毒科家族成员，为目前动物病毒中最简单的一类单链线状 DNA 病毒（Ashraf et al.，2005）。人类感染 AAV 未发现引起疾病，甚至早年的流行病学研究报道认为，AAV 感染者减少了患癌的危险性。AAV 是一种 4.7kb 的复制缺陷病毒，只有在与腺病毒等辅助病毒共转染时才能进行有效复制和产生溶细胞性感染，因此称其为腺伴随病毒。目前，基于 AAV 载体的基因治疗临床试验日益增多，在单基因遗传病的直接体内基因治疗临床试验中被证明具有可靠的安全性和高效性，如 2 型 Laber 视神经病变和血友病 B 等的临床治疗。另外，AAV 载体也应用于治疗原发性复杂疾病，如晚期心力衰竭。

　　AAV 基因组含有 3 个开放阅读框（ORF），其两侧为反向末端重复序列（ITR），这两个 ITR 分别形成 T 形发夹末端。AAV 单独感染时，其基因组位点特异性地整合入人 19 号染色体长臂。AAV 是一类以位点特异性方式整合的真核病毒，从而避免了随机整合而导致宿主细胞突变的潜在危险性。因此，AAV 载体为外源基因的表达提供了相对固定的染色体环境，加之具有感染范围广（分裂期细胞和非分裂期细胞都能感染）、携带的外源基因可长期存在并稳定表达等诸多优点而备受青睐。

AAV 基因组仅 4.7kb，其作为载体的显著优势是安全性高；另外，AAV 引起的免疫反应轻微，可以多次使用。AAV 载体最主要的问题是病毒载体滴度过低。然而，实验证明，AAV 可以有效地转导至脑、骨骼肌、肝脏等许多类型的细胞，抗原性及毒性均很小，不致病，可感染非分裂细胞，因而被许多研究者采用。

15.2.1.4 单纯疱疹病毒载体

单纯疱疹病毒（herpes simplex virus，HSV）宿主范围较宽，可感染迄今研究过的脊椎动物所有类型的细胞。HSV 也是一种嗜神经性病毒，在体内感染时，优先传播至神经系统，在神经元内，病毒颗粒可通过逆行和前行机制运动，选择性地通过突触转移，因而，病毒可以从周围进入中枢神经系统。野生型病毒感染神经元后，通常处于潜伏感染状态，即其基因组以附加体的形式位于细胞核内，部分基因可保持转录活性而不影响神经元的正常功能，DNA 不复制，无病毒子代产生，且不被人体免疫系统所识别，潜伏期可持续终生。

基因治疗常用病毒载体参数见表 15-1。

表 15-1 基因治疗常用病毒载体参数对比

	反转录病毒载体	腺相关病毒载体	腺病毒载体	疱疹病毒载体	牛痘病毒载体
病毒基因组	单链 RNA	单链 DNA	双链 DNA	双链 DNA	双链 DNA
病毒直径	80～130nm	18～26nm	70～90nm	150～200nm	300～450nm
基因组大小	3～9kb	5kb	38～39kb	150～200kb	130～280kb
携带目的基因的容量	8kb	4.5kb	7.5kb	>30kb	25kb
与宿主基因组的关系	整合	非整合	非整合	非整合	非整合
导入基因表达时间	长时间表达	长时间表达	短暂表达	长时间表达	短暂表达
感染细胞种类	分裂细胞	分裂和非分裂细胞	分裂和非分裂细胞	分裂和非分裂细胞	分裂和非分裂细胞

15.2.2 非病毒载体

病毒载体作为基因传递的工具拥有很多优点，但仍存在着插入突变有致瘤和致毒风险、载体容量有限、制备滴度低、转染效率不理想，以及有可能诱导机体产生某种程度的免疫反应等风险。与其相比，非病毒载体系统具有低毒、低免疫原性，以及靶向性更精准等优点。该载体系统是新近发展起来的基因治疗递送系统，受到许多研究人员和临床医生的青睐。病毒载体无论如何改进，终究会存在或多或少的病毒毒性、免疫原性等潜在风险，近年来人们多次尝试利用非病毒载体的方式将目的基因运送至患者细胞中，减少、避免基因治疗的可能不良后果。非病毒载体大致可分为物理方法和化学方法两大类，其中，物理方法的代表是显微注射、基因枪、电转导等，化学方法的代表是脂质体法、纳米颗粒等（刘静等，2013）。较常用的非病毒载体递传系统有 4 种：裸 DNA、脂质体（liposome）、多聚物和分子耦联体（molecular conjugate）。然而，目前临床试验应用载体仍以病毒载体居多，占 70% 以上。

15.2.2.1　裸 DNA

裸 DNA 是指把携带外源基因的表达质粒直接注射，或通过基因枪、电穿孔等方法导入到组织细胞中，不依赖其他物质介导，是最简单的非病毒载体系统。基因枪或电穿孔技术的出现，显著提高了裸 DNA 基因转移的效率。DNA 不但可以穿透靶细胞的细胞膜，还可以直接到达细胞核，避免了溶酶体的降解。此方法主要应用于 DNA 疫苗（外源基因是病原体有功能的基因片段），可激发机体的细胞免疫和体液免疫。

15.2.2.2　脂质体

脂质体是由脂类形成的一种可以高效包装 DNA 的人造单层膜，是一种脂质双层包围水溶液的脂质微球。最常用的脂质体为阳离子脂质体，带阳性电荷的脂质体与带阴性电荷的 DNA 之间可以有效地形成复合物，通过内吞作用进入细胞中。阳性脂质体 DNA 基因转移系统在体外研究中的应用已趋于成熟，用于肿瘤临床治疗也有报道，但转染效率和靶向性是该系统亟待解决的问题。

15.2.2.3　多聚物

利用阳离子多聚物如多聚左旋赖氨酸上的正电荷与 DNA 上的负电荷结合，形成稳定的多聚物和 DNA 复合物。复合物仍带正电荷，可与细胞表面带负电荷的受体结合，从而被摄入到细胞中。

15.2.2.4　分子耦联体

外源 DNA 通过某种方式共价结合细胞表面特异性受体的配基或单克隆抗体或病毒包膜蛋白等，利用特异的结合特性介导外源基因导入某一类型的细胞中。

以上几种方法在临床试验和基础研究中应用颇多。目前所知的临床研究方案中，脂质体是除反转录病毒载体以外应用最多的基因传递方法（>20%），特别是在肿瘤、囊性纤维化等疾病的治疗中应用较多。目前，此类载体最主要的问题是导入效率低。外源裸 DNA 或复合物在进入靶细胞后，DNA 需要逃避内吞小泡、溶酶体及细胞质中核酸酶的降解与破坏，加之对其的一些物理化学性质仍不了解，因此，非病毒载体仍需进一步改进。

15.3　基因编辑技术

基因编辑是指对目的基因进行精确操作，实现基因插入、删除或定点突变，以此直接启动、关闭某些基因的功能，甚至直接在分子水平对目的基因进行编辑、修改，这类对未知功能基因进行研究或基因治疗的技术称为基因编辑（胡小丹等，2018）。此过程既模拟了基因的自然突变，又能够实现对目的基因组的修改和编辑，可以说在一定程度上真正实现了编辑和改造基因。

基因编辑这一新技术的出现，可能在未来相当长时间内对疾病治疗、新药研发等与人类健康相关领域以及作物改良等生命科学诸多方面的研究产生广泛而深远的影响，是目前广受关注的下一代核心分子生物技术。特别对于某些遗传病，由于其不是由某个基因失去了功能导致的，而是这个基因由于突变获得了某种不该有的新功能，或者增强/减弱了原有本该拥有的适当功能，使得以前的基因治疗方案就有了局限性。基因编辑技术为此类遗传病基因治疗的精准、有效实现奠定了技术基础。

从微观角度看，基因编辑的过程可分为 3 个步骤：定位、切除、修补。

（1）定位异常基因：基因编辑的第一步也是最重要的一步，就是在 DNA 上找到基因异常的准确位置。人类基因组 DNA 的大小为 3Gb 左右，在如此庞大的基因组中准确找到几个甚至一个出错的碱基是非常困难的，因此需要一套精准的定位系统来快速锁定需要编译治疗的位点。

（2）切除异常基因片段：定位到目标位置以后，需要把错误的基因片段切除，这个过程主要通过内切酶来实现。目前科学家已经发现了许多种类的内切酶，也从中找到了适用于基因编辑的内切酶，如 *Fok* I。

（3）修补恢复成正常基因：内切酶把错误的基因片段切除后，会在 DNA 上形成一段缺口，只需要把对应的正确基因片段插入到这个缺口中并与原序列进行连接，即可完成基因的修复。这个过程原本非常复杂，但细胞自带这种修复功能。为了维持自身 DNA 的稳定，在几十亿年的生物进化过程中细胞进化出了一套"DNA 修复系统"，科学家则巧妙地利用生物体自带的 DNA 自身修复功能实现了这个"修补"过程。简单地说，人体细胞双链 DNA 的其中一条 DNA 出现异常时，生物体会以另一条同源 DNA 为模板，对错误的 DNA 进行修复。当人为地把外源 DNA（含需要插入的基因）导入细胞时，DNA 修复系统会误以为该外源 DNA 是自身同源 DNA，并以此为模板对剪切后的 DNA 进行修复，从而实现目的基因的插入。

在整个基因编辑过程中，"准确定位"是最困难的，也是目前所有的基因编辑技术最核心的部分。

传统的基因靶向修饰技术通过自然状态下的同源重组（homologous recombination，HR）途径实现对基因组内源性基因的定点敲除或者替换，但其效率非常低，大大限制了该技术的应用。新的基因组靶向修饰系统通过对目的基因进行持久、特异编辑以达到治疗的目的。

早期基因编辑技术包括归巢内切酶（homing endonuclease，HE）技术、锌指核酸酶技术和转录激活因子样效应物核酸酶（transcription activator-like effector nuclease，TALEN）技术，但脱靶效应或组装复杂性限制了这些技术在基因治疗中的应用（Gehrke et al.，2018）。近年来，以 CRISPR/Cas9 系统为代表的新型基因编辑技术飞速发展，并开始在诸多生物学领域中得到广泛应用（胡小丹等，2018）（图 15-4）。

15.3.1　归巢内切酶技术

早期的基因编辑技术依赖于细胞内同源重组（homologous recombination，HR）将外源 DNA 序列插入基因组。通过在外源 DNA 序列两端加入同源臂，能够实现外源序列的精确整合。然而真核生物中同源重组发生频率极低，为 $1/10^9 \sim 1/10^6$；并且相对于靶位点而言，外源序列更容易随机整合到基因组上其他位点，造成脱靶效应，从而限制了该技术的应用。研究表明，利用归巢内切酶在目的位点附近引入双链断裂（double-strand break，DSB），能够激活损伤修复机制参与断裂修复，进而提高基因编辑效率（Gehrke et al.，2018）。

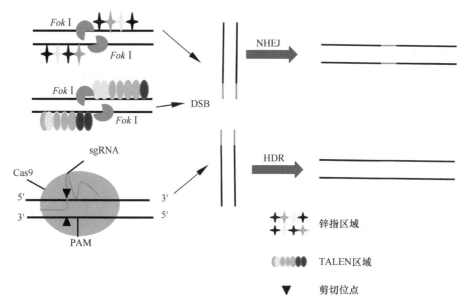

图 15-4　ZFN、TALEN 和 CRISPR/Cas9 的结构与 DNA 断裂修复类型

真核生物中产生 DNA 双链断裂后的修复途径除 HR 外，主要为非同源末端连接（non-homologous end joining，NHEJ）。与同源介导的修复（homology-directed repair，HDR）相比，NHEJ 发生频率更高，且直接对断裂位点进行修复而不依赖于模板，但容易引起 DNA 接口处碱基的插入或缺失，造成移码突变，从而导致基因的敲除。

ZFN 和 TALEN 均为人工构建的工程核酸酶，DNA 结合结构域与 Fok I 内切核酸酶的切割结构域分开，使得人们可以对 DNA 结合结构域进行设计，改变其对 DNA 序列的识别特异性，实现对目的位点的精确编辑。ZFN 对 DNA 序列的特异性识别主要依赖于锌指蛋白（zinc finger protein，ZFP），但 ZFN 设计成本较高，且序列的上下文依赖效应会降低编辑效率。TALEN 对于 DNA 序列的特异性识别依赖 TALE（transcription activator-like effector，TALE）蛋白中的 RVD（repeat variable diresidue）。由于 TALE/TALEN 的模块化和构建的优势，TALE 蛋白比 ZFN 在基因编辑和转录调控中有着更为广泛的应用，当然，ZFN 和 TALEN 技术均依赖蛋白质对 DNA 序列的特异性识别，组装的复杂性是限制它们在基因编辑中应用的主要障碍。

15.3.2　锌指核酸酶技术

由于归巢内切酶的 DNA 识别和切割功能位于同一结构域，使其编辑位点受到序列的限制，因此人们把目光转向了锌指核酸酶和转录激活因子样效应物核酸酶。锌指核酸酶（ZFN）技术诞生于 1996 年，由细胞内天然存在的具有准确识别和结合特定 DNA 序列功能的转录因子衍生而来。锌指核酸酶由 DNA 识别域和 DNA 剪切域两部分组成。

（1）DNA 识别域：通常由三四个锌指蛋白串联而成，每个锌指蛋白能够特异地识别并结合一个 DNA 三碱基序列组合（由 A/T/C/G 四个碱基排列而成）。将这些特异的锌指蛋白混合搭配，锌指核酸酶就能准确定位到 DNA 需要编辑的区域。

（2）DNA 剪切域：由核酸内切酶 *Fok* I 组成，当两个 *Fok* I 结合到一起时，就能对 DNA 进行剪切，因此在实际操作中锌指核酸酶也是成对使用的，由左、右两部分组成。基于这个原理，锌指核酸酶成功地实现了 DNA 的定位和剪切，再结合外源导入的目的基因以及细胞自带的 DNA 修复系统，即可实现基因编辑。锌指核酸酶技术可以说是开基因编辑之先河。

15.3.3　转录激活因子样效应物核酸酶技术

转录激活因子样效应物核酸酶（TALEN）技术发明于 2011 年，由 AvrBs3 蛋白衍生而来（Bonas et al.，1989）。TALEN 的工作原理与 ZFN 类似，核心元件的结构也类似，均由 DNA 识别域和 DNA 剪切域组成。转录激活样效应因子核酸酶通过 DNA 识别域结合到特定的 DNA 序列上，再由 *Fok* I 内切核酸酶构成的 DNA 剪切域对靶基因进行剪切，最后利用细胞自带的 DNA 修复系统完成基因编辑。TALEN 与 ZFN 的区别在于 DNA 识别域对 DNA 序列的识别模式。在 ZFN 中，每个锌指蛋白识别一个 DNA 三碱基序列；在 TALEN 中，每 2 个氨基酸组合对应着一个特定的碱基。因此，通过人为的删减、添加和不同氨基酸的自由组合，科学家可以轻而易举地构造出结合特定 DNA 序列的蛋白质，从而实现转录激活因子样效应核酸酶在人类基因组 DNA 上的精确定位。与 ZFN 相比，TALEN 在多个方面表现出明显的优势：工具蛋白设计更简便、可编辑性高、成本降低、细胞毒性降低。TALEN 技术可以说是首个真正意义上的基因"可编辑"工具（Dulay et al.，2011；Doyle et al.，2013）。

15.3.4　规律成簇的短回文重复序列技术

规律成簇的短回文重复序列（CRISPR）技术与 ZFN、TALEN 相比，CRISPR 系统是轻量级的基因编辑系统，其 DNA 定位和剪切元件由 Guide RNA（gRNA）和 Cas9 蛋白组成。CRISPR 系统发挥作用时，gRNA 的 crRNA 部分通过碱基互补原则结合到目标 DNA 上；借助于 gRNA，Cas9 蛋白也顺利识别并结合到需要剪切的 DNA 部位，再发挥其 DNA 剪切活性，使 DNA 的目标位点产生缺口，进而利用细胞自带的 DNA 修复系统和外源基因实现基因编辑。CRISPR 是当之无愧的基因编辑王者（Braddick and Ramarohetra，2020）。

根据核心蛋白元件及用途的不同，目前 CRISPR 系统可分为 2 大类、6 小类，共 19

个亚型，其中研究最多、进展最快、应用最广的是第二大类中的 II 型（CRISPR/Cas9）和 V 型（CRISPR/Cpf1），用于 DNA 的基因编辑。与 CRISPR/Cas9 系统相比，CRISPR/Cpf1 系统具有多方面的优势。①系统结构更简单：Cpf1 蛋白在功能上比 Cas9 蛋白更集成，分子质量也更小，更容易进入细胞，从而提高基因编辑效率；同时，Cpf1 蛋白只需要一个 RNA 分子协助（Cas9 至少需要 2 个）。②DNA 剪切方式更优：Cpf1 蛋白剪切 DNA 后会产生黏性末端，便于新 DNA 序列插入（Kim et al.，2020）。③DNA 剪切位置不同：Cpf1 蛋白在 DNA 上的剪切位点离识别位点很远，可编辑位置的选择余地更大。④Cpf1 蛋白不同的识别序列令其基因编辑效果更好。⑤CRISPR/Cas9 有一定的脱靶率，而 CRISPR/Cpf1 几乎不脱靶（Gehrke et al.，2018）。⑥Cpf1 在多基因编辑上更有优势。与 ZFN 和 TALEN 相比，CRISPR 系统的优势主要体现在系统设计简便、可实现多基因编辑等（李红花和刘钢，2017）。

15.3.4.1　CRISPR/Cas9 系统

CRISPR/Cas（clustered regularly interspaced short palindromic repeats/CRISPR-associated proteins）系统是目前应用最为广泛的基因编辑工具（Anzalone et al.，2020）。日本大阪大学 Nakata（1987）首次在大肠杆菌 *iap* 基因的 3′端侧翼序列中发现了 5 段长为 29 nt 的重复回文序列，它们由 32nt 的非重复序列隔开，且这 5 段重复序列不与任何已知的原核生物序列同源。西班牙阿利坎特大学 Mojica 研究组在多种原核生物中均发现了该类重复序列。荷兰乌得勒支大学 Jansen 研究组将这种规律成簇的短回文重复序列命名为 CRISPR，将位于 CRISPR 位点侧翼的基因命名为 Cas（Cas 1~Cas 4），并发现其具有与解旋酶和内切酶相似的结构，但其作用机制仍未知。随后的一些研究猜测其可能参与细菌的免疫机制。美国丹尼斯克公司首次通过病毒侵染实验确定了 CRISPR/Cas 在细菌中起到抵抗病毒侵染的功能（肖婧和张宗德，2017）。随着研究的深入，科学家们发现了多种 CRISPR/Cas 系统，根据 Cas 蛋白的数量可以分为两类（Class I 和 Class II），根据 Cas 的结构和功能可分为 6 种（Type I ~VI），并可进一步分为多个亚型。相比 Class I，Class II 仅需一个 Cas 蛋白，因此目前基因编辑中常用的系统均为 Class II（如 Cas9），以及不需要 tracrRNA 的 Cpf1（Cas12a）和具有 RNA 切割活性的 Cas13（Fonfara et al.，2016）。

经过 20 多年的研究，人们对 CRISPR/Cas 系统的作用机制有了相对清晰的了解（Chen et al.，2019）。以 CRISPR/Cas9 为例，细菌对外来病毒的入侵分为 3 步：①病毒入侵时，CRISPR/Cas 系统将病毒的 DNA 切成短片段，并插入重复序列之间，作为"记忆"储存；②同种病毒再次入侵时，CRISPR 阵列及 Cas9 基因转录，Cas9 翻译为蛋白质，转录出的 tracrRNA 与 pre-crRNA 互补配对，经过内源核糖核酸酶（RNase）加工成熟，最后形成 Cas9-crRNA-tracrRNA 的三聚体（Cong et al.，2013）；③crRNA 与病毒 DNA 互补配对之前，Cas9 需要与特定的 PAM（protospacer adjacent motif）序列结合以区别病毒和自身基因组（Chatterjee et al.，2018），Cas 识别并结合 PAM 后将 DNA 双链解旋，crRNA 在 PAM 上游与目标序列互补配对（Braddick and Ramarohetra，2020）。当 PAM 和靶点序列均匹配时，Cas9 构象发生改变，其双链内切酶的活性被激活，在 PAM 上游的特定位置将病毒的双链 DNA 切断（李红花和刘钢，2017）。

这种特异性识别并切割 DNA 产生 DSB 的特性十分适合基因编辑工具的要求。2012 年，美国加州大学伯克利分校 Doudna 和 Charpentier 研究组首次在体外证明了 CRISPR/Cas9 特异性切割靶标 DNA 的功能，并将 crRNA-tracrRNA 改造为 sgRNA（single guide RNA）。2013 年，美国麻省理工学院张锋和哈佛大学 George Church 研究组首次在哺乳动物细胞系中利用 CRISPR/Cas9 实现了基因编辑（Anzalone et al.，2020；Cong et al.，2013）。自此，全球各地的实验室开始投入到对这一新型基因编辑工具的研究中。目前，CRISPR/Cas9 系统已应用于多种领域，如调控体内基因表达、构建动物的疾病模型、研究各种细胞内基因调控网络、进行基因的高通量筛选等；同时，人们对 CRISPR/Cas 系统进行了深入探索，细菌中具有种类丰富的 Cas，不同的 Cas 具有各自的特性，包括 PAM 序列、蛋白质大小以及切割活性，扩展了 CRISPR/Cas 系统的应用范围（Chatterjee et al.，2018）。除了目前常用的 SpCas9（来自化脓性链球菌 *Streptococcus pyogenes* 的 Cas9）和 SaCas9（来自金黄色葡萄球菌 *Staphylococcus aureus* 的 Cas9），研究者对野生型 Cas 蛋白进行人工改造，如 dCas9（dead Cas9）和 xCas9（一种 SpCas9 突变体）等，进一步提高了人们对此系统的操作和应用水平。由于其具有作用机制灵活、易于操作、种类多样的优点，CRISPR/Cas 的应用和方法学研究得以迅速发展（DiCarlo et al.，2013）。

15.3.4.2　CRISPR/Cpf1（Cas12a）系统

Cpf1 与 Cas9 同属第二类 CRISPR 系统，但在 pre-crRNA 的加工上，Cpf1 系统没有 tracrRNA，而是由其本身的 RNase 结构域完成整个加工过程（Fonfara et al.，2016）。加工成熟的 crRNA 与 Cpf1 结合后，能激活其内切核酸酶的活性以切割靶标 DNA 片段。Cpf1 发挥内切核酸酶作用的是 Ruv-C 样内切核酸酶结构域和特有的 Nuc 结构域，二者分别切割靶标片段的非互补链和互补链。Cpf1-crRNA 可在不依赖于 PAM 的情况下切割单链 DNA，产生特定长度片段和随机小片段。相比 Cas9，Cpf1 系统无须 tracrRNA 且 crRNA 更短，所以目前其主要应用为多位点基因编辑和大片段删除。Cpf1 可以用一个启动子串联多个 pre-crRNA，加工出单独的成熟 crRNA，大大缩减了片段合成的长度。此外，由于 Cpf1 能够识别富含 T 碱基片段，扩充了 CRISPR/Cas 系统基因编辑范围，包括单碱基编辑和基因表达调控。然而，5′-TTTN-3′的 PAM 也限制了 Cpf1 的应用空间，因此研究者们对 Cpf1 识别 PAM 的结构域进行了改造，扩大了 PAM 识别范围。

15.4　重要疾病的基因治疗

15.4.1　肿瘤的基因治疗

基因治疗有多种策略，抗肿瘤基因治疗研究中最为常用的策略是基因修饰、基因失活、免疫调节和"自杀基因"等。肿瘤的发生是由于某些原癌基因的激活、抑癌基因的失活及凋亡相关基因的改变，从而导致细胞增殖分化和凋亡失调。肿瘤基因治疗是指针对肿瘤发生的遗传机制，将外源性目的基因引入肿瘤细胞内，以纠正过度活化或补偿缺陷的基因,从而治疗肿瘤。肿瘤基因治疗的主要手段包括抑癌基因治疗、癌基因治疗、免疫基因治疗、药物敏感基因(自杀基因)治疗、多药耐受基因治疗,以及肿瘤血管基因治疗等。

15.4.1.1 针对抑癌基因的治疗

正常细胞之所以转化为恶性肿瘤细胞,是因为正常情况下处于抑制状态不表达的癌基因,在某些致癌因子的刺激下表达或发生过表达,从而造成正常细胞的过度生长和恶性转化。这种抑癌基因(tumor suppressor gene)又称抗癌基因(antioncogene),几乎一半的人类肿瘤均存在抑癌基因的失活。可以采用反义技术或基因表达反式激活等,抑制或封闭癌基因的表达,以降低肿瘤细胞的恶性程度,或使恶性肿瘤细胞逆转为正常细胞。另一方面,可以将正常的抑癌基因导入肿瘤细胞中,以补偿和代替突变或缺失的抑癌基因,达到抑制肿瘤生长或逆转其表型的目的。因此,抑癌基因治疗是肿瘤基因治疗中的重要组成部分。

P53 基因是目前研究最广泛、最深入的抑癌基因,由美国科学家 Lane 和 Grawford 于 1979 年在 SV40 大 T 抗原基因转染的细胞中发现。人类 P53 基因编码一种核磷蛋白,该蛋白由 393 个氨基酸残基组成,能与 DNA 结合而起到转录因子的作用,N 端是转录活化区,能与一系列其他蛋白质结合,C 端对其与 DNA 结合的能力起着重要的调控作用。P53 蛋白不仅能抑制那些促进失控细胞生长和增殖相关的基因的表达,也能活化抑制失控细胞异常增殖的基因。大量的体内外试验已证实,引入 P53 基因确实可以抑制肿瘤细胞的生长,诱导细胞凋亡。

利用电穿孔的方法,把野生型 P53 基因导入人类前列腺癌细胞 PC-3 中,发现肿瘤细胞形态改变,细胞生长速度降低,致癌性消失,进一步研究发现肿瘤抑制是因为其凋亡增加所致。来自不同组织的细胞类型,P53 基因的抑制作用各不相同。除了直接的抑癌作用,P53 基因导入肿瘤患者体内还可以诱导癌细胞对化疗药物及放疗的敏感性,加快肿瘤细胞的凋亡。

15.4.1.2 针对癌基因的治疗

癌基因是指细胞基因组中具有的、能够使正常细胞发生恶性转化的一类基因。因此,这种基因在人的正常细胞中就已存在。但在绝大部分情况下,这类潜在的癌基因处于不表达状态,或其表达水平不足以引起细胞的恶性转化,或野生型蛋白的表达不具有恶性转化作用。当这些基因改变时,就会导致基因异常活化而启动细胞生长,从而发生恶性转化。例如,ras、myc 等基因,由于突变而使其功能处于异常活跃状态,不断地激活细胞内正性调控细胞生长和增殖的信号转导途径,促使细胞异常生长。因此,封闭癌基因,抑制其过表达进而抑制肿瘤,这种反义技术(antisense technology)是一种针对癌基因治疗的有效手段。将表达反义 RNA 的基因导入肿瘤细胞中,特异封闭某一癌基因的表达,进行抗肿瘤的治疗方法,就是反义技术抗肿瘤的基因治疗。例如,针对癌基因 ras、myc 等基因序列,设计了不同的反义 RNA 封闭癌基因的功能,使肿瘤细胞体外生长受到抑制或完全停止、体内形成肿瘤的能力下降或完全不能形成。

15.4.1.3 肿瘤免疫基因治疗

肿瘤的免疫基因治疗是指利用免疫基因对肿瘤进行治疗的方法。其原理主要是通过提高机体组织对特定肿瘤的免疫应答，起到抑制肿瘤生长的作用。其原则是：提高宿主对肿瘤的免疫力，可以将某些细胞因子或黏附分子的基因转染到机体免疫细胞或癌细胞中，以提高机体免疫系统对肿瘤细胞的识别和反应能力。目前，免疫基因治疗肿瘤的研究主要包括肿瘤的细胞因子基因治疗、肿瘤的 MHC 基因治疗、肿瘤抗原靶向的基因治疗、肿瘤的共刺激分子基因治疗、抗体介导的肿瘤免疫基因治疗和综合性肿瘤免疫基因治疗等。肿瘤免疫基因治疗可分为两种方法：一种是直接通过肌内注射编码肿瘤相关抗原（tumor associated antigen，TAA），加强肿瘤细胞膜上抗原的特异性，激活机体的抗肿瘤免疫反应；另一种是将细胞因子基因导入肿瘤细胞或免疫活性 T 淋巴细胞，使表达细胞因子的肿瘤细胞对机体产生较强的免疫刺激作用，同时促进转基因的效应 T 淋巴细胞的杀瘤作用。

15.4.1.4 肿瘤自杀基因治疗

自杀基因是一类前体药物酶转化基因、药物敏感基因或酶前体药物激活基因。这类基因主要存在于病毒、细菌或真菌等微生物细胞中。自杀基因系统包括一种酶和一种前体药物，通过酶活性的表达将对人体细胞无毒性的前体药物转化为对细胞有很高毒性的物质。目前在基因治疗中常用的自杀基因系统为 tk-GCV 系统，胸苷激酶（thymidine kinase，tk）存在于病毒、细菌和真核细胞中，它的作用底物为嘌呤核苷类似物；另外还有 CD-5-FC 系统，胞嘧啶脱氨酶（cytosine deaminase，CD）存在于许多细菌和真菌中，其作用是将胞嘧啶脱氨基转变为尿嘧啶。1992 年，美国国立卫生研究院（NIH）批准了首例用反转录病毒载体介导的 HSV-tk-GCV 自体基因系统治疗恶性脑瘤，该系统治疗脑瘤利用了反转录病毒仅感染分裂相的脑瘤细胞的特点，同时结合脑部立体注射等技术方法。HSV-tk、VZV-tk 等自杀基因系统还用于肝癌、结肠癌、卵巢癌等恶性肿瘤的治疗中。

15.4.2 病毒病的基因治疗

基因治疗不仅在遗传性疾病和抗肿瘤的治疗中取得了质的突破，近年来的研究表明，其在病毒性疾病的治疗中也发挥了重要的作用，如水泡性口炎（vesicular stomatitis，VS）、脑心肌炎（encephalomyocarditis，EMC）、肝炎及艾滋病等。下面以艾滋病的基因治疗为例进行简要介绍。

艾滋病又称获得性免疫缺陷综合征（acquired immunodeficiency syndrome，AIDS），它是由人类免疫缺陷病毒（human immunodeficiency virus，HIV）感染引起，主要经性接触、血液及母婴传播。艾滋病发病的重要机制是宿主的 CD4$^+$ T 淋巴细胞的破坏与衰竭，破坏了人体的免疫系统，最终患者因免疫系统崩溃而罹患肿瘤或受其他病原体感染致死（Kaiser et al.，2015）。从细胞水平来看，HIV 感染 T 细胞是一个非常复杂的过程，大致分成 5 个步骤：①HIV 识别 T 细胞表面的多种受体蛋白，如 CD4、CCR5、CXCR4 等；②HIV 的病毒外壳与 T 细胞的细胞膜融合，病毒核酸（RNA）释放进入细胞；③病毒 RNA 反转录形成 DNA；④反转录形成的 DNA 整合到宿主细胞中，随宿主细胞的增殖而复制，同时产生 HIV 增殖所需的蛋白质；⑤新产生的病毒蛋白和病毒 RNA 组合，形成新的病毒颗粒并释放出细胞。

理论上，阻断 HIV 感染过程中的任何一个环节都能达到治疗疾病的目的，基于这个原理，目前已经有多种不同类型的抗病毒药物面世。例如，高效抗反转录病毒药物治疗（highly active antiretroviral therapy，HAART）取得了较好的效果，但药物的毒副作用、费用、耐药性及复杂的服用流程都阻碍了 AIDS 治疗的发展，同时需要终身服药。然而，基因治疗作为一种新颖的、有前景的治疗方法，给 AIDS 患者带来了新的希望。

HIV 的基因治疗是将目的基因导入机体适当的靶细胞内，间接或直接抑制病毒的复制，或者提高机体对艾滋病病毒的免疫能力。基因治疗的靶细胞一般是 HIV 敏感细胞，如人的 T 淋巴细胞或其他 CD4$^+$细胞。目的基因通过病毒导入靶细胞内，一般使用一种重组的 Moloney 小鼠白血病病毒，这是一种应用广泛的反转录病毒，通过改造包装细胞，使病毒包装时掺入 HIV 的被膜糖蛋白，形成假型病毒，使之能特异性地感染 CD4$^+$细胞。载体也可以使用重组的 HIV 病毒将目的基因导入靶细胞。HIV 感染的基因治疗有多种途径。

（1）利用反义核酸来互补病毒 RNA 或 DNA，达到抑制相应基因表达的目的。核酶是具有切割活性的反义 RNA，利用核酶（ribozyme）切割病毒 RNA 可以达到更好的效果。核酶选择的靶序列包括 *nef*、*env*、*RRE* 和 5′端引导序列等。

（2）利用 RRE 和 TAR 的类似物竞争性地结合病毒调节蛋白 Tat 和 Rev，阻止调节蛋白与病毒 mRNA 上相应的序列结合，抑制 HIV 的 mRNA 合成和运输。

（3）利用细胞内抗体（intrabody）清除 HIV 外壳蛋白。

（4）将突变的病毒基因导入 HIV 感染细胞，表达出相应的突变蛋白，抑制 HIV 的复制。

（5）通过基因编辑的方式，将患者造血干细胞的 *CCR5* 基因改造，阻断 HIV 识别 T 细胞，再辅以抗病毒药物的治疗，最终治愈艾滋病。例如，通过 ZFN 技术编辑 *CCR5* 基因抵御 HIV 侵入，从 HIV 患者体内提取 T 细胞，用 ZFN 技术干扰 T 细胞中的 *CCR5* 基因，由于 *CCR5* 基因是大部分 HIV 菌株尤其是早期感染菌株的辅助受体，干扰 *CCR5* 基因的表达可以抗 HIV 感染。基因编辑技术可能成为治疗艾滋病最有效的手段（Kaiser et al.，2015）。

虽然基因编辑给艾滋病的治疗带来了治愈的希望，但仍存在较大的安全风险，可能会因人为改造基因引入新的基因突变，带来严重的副作用。同时，艾滋病的临床试验周期非常长，这也会在很大程度上延缓了基因治疗新药研发的进程。整体而言，艾滋病的基因治疗目前还是集中在解决基因编辑技术上的问题，以及发现更多可用的抗 HIV 的靶点。随着越来越多的抗 HIV 基因被发现，基因治疗可选择的空间也越来越大，该技术成熟以后，将彻底终结目前"谈艾色变"的局面。

15.4.3　罕见病的基因治疗

罕见病又名"孤儿病"，是指发病率极低的少见疾病，部分可危及生命。罕见病患者中，近半数在出生时或儿童时期即可发病，但是目前只有不到 5% 的罕见病种获得了有效的治疗。因罕见病发病率低，治疗药物的市场需求低，导致其治疗药物的研发成本过高，相关治疗策略进展缓慢。近年来，随着分子生物学技术的发展和精准医疗概念的提出，基因治疗技术在遗传性罕见病的研究中取得了重大进展，其研究成果在罕见病的临床诊断、药物研发和治疗中发挥着重要作用，为彻底治愈这些罕见疾病提供了可能性。

在基因水平对各种罕见疾病进行精准治疗，是目前医学研究的重点，也是未来相关新药研究开发的重要方向之一。本文主要介绍基因治疗在遗传性视网膜病变研究和治疗中的潜在应用。

视网膜色素变性（retinitis pigmentosa，RP）是一种进行性、遗传性且退行性病变的眼科疾病，主要表现为慢性进行性视野缺失、夜盲、视网膜电图异常和色素性视网膜病变，最终可导致视力下降（李文生等，2010）。其中，Usher 综合征（Usher syndrome，USH）就是最常见的 RP 综合征，USH 患者多呈现不同程度听力损伤，并伴随渐进性视网膜色素变性的视觉障碍。目前已确定了 16 个染色体位点与 Usher 综合征相关，其中 13 个位点的基因已确定。另外，锥-杆细胞营养不良（cone-rod degeneration，CORD）是指视锥细胞先于视杆细胞发生病变，进而造成渐进性损伤部分视网膜病变，这类遗传性视网膜病变称为锥-杆细胞营养不良，患者早期表现为视觉敏锐度下降、色素异常、畏光，患者青少年时期可能一直持续这些特征，最后出现夜盲等症状。CORD 主要是以常染色体显性遗传，少数为常染色体隐性、X-连锁或线粒体母系遗传。目前已确定 19 个基因与 CORD 发病有关，其中 10 个基因与常染色体显性 CORD 发病有关，包括 2 个主要致病基因 *CRX*（也被称为 *LCA7*）和 *GuCy2D*（也被称为 *LCAl*）。大多数散发性 CORD 以常染色体隐性方式遗传。*ABCA4* 基因突变是造成常染色体隐性 CORD 的主要原因，约占常染色体隐性 CORD 的 30%～60%。*RPGR* 基因突变是造成 X-连锁遗传 CORD 的主要原因。遗传性视神经功能退化疾病是罕见的慢性眼病，据统计，该病全球范围内的发病率约为 1/10 000。

临床上，Leber 遗传性视神经病变（Leber's hereditary optic neuropathy，LHON）和遗传性视神经萎缩是最主要的两类遗传性视神经功能退化疾病。LHON 是目前最常见、最典型的线粒体遗传病之一。已报道 70 多个线粒体位点与 LHON 发病相关，其中 3 个原发基因突变（*MT-ND4*、*MT-ND6* 和 *MT-N*）是其发病的主要原因。LHON 患者发病特点为：多呈现母系家族遗传史，但也存在较多的散发病例；在 1 个月或 1 年内无痛性、急性或亚急性视力减退或丧失等症状；发病集中在 15～35 周岁青壮年，男性高发，约 50% 的男性突变携带者和 10% 的女性突变携带者会发病。不完全外显和男性高发是 LHON 两个主要的临床特征，说明核修饰基因、环境等因素均可能在 LHON 发病过程中起到一定的调控作用。2010 年，针对我国普通人群 LHON 原发突变携带率进行了检测，发现我国普通人群 LHON 突变频率极低，但仍是 LHON 中国患者的主要突变，同时也存在一些罕见原发突变。对 1200 多个 LHON 家系进行统计分析后发现，常染色体显性遗传视神经萎缩是最常见的遗传性视神经萎缩病变之一，患者多呈渐进性视力减退。约 60%常染色体显性遗传视神经萎缩家系与 *OPA1* 基因突变有关，基因编码一种位于线粒体内膜、与动力相关的 GTP 酶，该 GTP 酶能够维持线粒体的正常功能。视网膜神经节细胞、内耳、脑部等均能检测到大量 *OPA1* 编码的动力相关 GTP 酶。目前在 GTP 酶催化功能域和动力相关蛋白中心结构域处已鉴定出 200 多个突变位点，其中大多数突变会导致表达水平降低，但某些家系会出现大规模的 *OPA1* 跨域整体删除，使得整个家系出现某一单倍体缺失口（Cideciyan，2010）。

视网膜具备如下组织特异性：相对可接近、尺寸较小、结构分隔化，以及具有对侧调控和免疫赦免等，是可以进行直接体内基因治疗的理想器官。基于以上特点，一般可以将重组病毒颗粒直接注入眼内玻璃体中，治疗也不易影响其他组织或细胞。基因疗法治疗患有严重视网膜退行性疾病的首例试验是在 2007 年，受试对象为 10 名患有莱伯先天性黑蒙症（Leber congenital amaurosis，LCA）的志愿者。莱伯先天性黑蒙症（LCA）是一种因视网膜色素上皮细胞特异性维生素 A 异构酶编码基因（*RPE65*）突变导致的视网膜发育不良症，RPE65 蛋白负责在视觉过程中色素再生，其缺失不能催化全反式类维生素 A 转变成 11-顺式视黄醛，通常患者在年轻时便失去或大部分失去视觉功能（Maguire et al.，2009）。临床试验采用 AAV2 型载体介导的视网膜下直接体内基因治疗，将 *RPE65* 正常基因注入受试者眼中，治疗后受试者视力得到明显改善。在 3 项独立的临床试验中，其中两项的患者在 2～3 年后重新失明，但第三项临床试验患者的视觉仍能维持。这 3 项临床试验产生不同结果的原因不明（Russell et al.，2017）。2015 年，Manzar 等发表了用基因疗法治疗 LCA 患者的成果。回顾性病例对照试验表明，向 LCA 患者视网膜中注射携带治疗基因的载体，与对照组相比，患者视觉得以持续性改善。向患者眼部注入治疗基因以修复突变，是先天性和退行性失明患者最具潜力的治疗方法。但所有这些临床试验均显示，开发剂量安全和高转染效率且靶点精准的载体是医治此类患者最好的方法。Editas Medicine 公司使用基因编辑技术治疗 LCA 的特定亚型患者，其中由 *CEP290* 基因突变引起的 LCA 患者，*CEP290* 基因较大，无法用病毒装载正常基因的拷贝，而 CRISPR/Cas9 系统可用腺相关病毒递送，从而解决这个难题。

基因治疗技术不仅能够治疗传统意义上的遗传性眼疾，在非遗传性视网膜疾病治疗中也有重要作用。与年龄相关的黄斑衰退（age-related macular degeneration，AMD）是导致成人失明的主要原因，脉络膜新血管形成（choroidal neovascularization，CNV）是其主要病理学特征，血管生成因子（vascular endothelial growth factor，VEGF）基因的高表达是造成病变的主要原因。将预先设计好的 Cas9 核糖核蛋白（ribonucleo-protein，RNP）导入成年小鼠眼中，使视网膜色素上皮中 *VEGF* 基因失活，并且在 AMD 的小鼠模型中发现 Cas9/RNP 有效地减少了脉络膜新血管生成的面积。

本 章 小 结

随着分子生物学、遗传学、病理学、免疫学、病毒学等相关学科的发展和交叉渗透，以及基因治疗技术突飞猛进的发展，基因治疗作为一种全新的疾病治疗手段，将在很大程度上改变人类疾病治疗的历史进程。目前，基因治疗的研究大多集中在遗传病和肿瘤两大类疾病中。遗传类疾病的发生都与一定的遗传因素相关，一些家庭成员接连几代人都会罹患如躁狂抑郁、阿尔茨海默病、糖尿病等疾病，而这些患者的某一个或多个基因发生变异。依靠现有的传统治疗手段，多达 4000 多种遗传性疾病不能获得有效的治疗，而从根本上真正精准地治愈这些遗传疾病需要依赖先进的基因治疗技术。各种肿瘤的基因治疗有效性在体外和动物试验中已初见端倪，尤其是肿瘤自杀基因靶向化疗已开始从理论走向实践。但肿瘤患者数量繁多，目前仍然缺乏有效的治愈手段，预后也不甚理想，还存在很多问题急需解决，例如，寻找优质的、安全的以及组织（细胞）特异性载体、探索新的自杀基因系统，以及多基因系统联合应用等。随着人们对肿瘤发病的分子机制和细胞生长调控研究的深入，以及基因转移技术的不断发展，必然能从分子水平设计出更为有效的基因治疗方案，建立简单、安全的操作系统。人类基因组工作草图绘制完成已有 20 年，基因治疗研究开展也已有 30 多年。随着人类基因组计划完成、功能基因组学的发展，更多的疾病致病基因被发现，外源基因的表达调控机制将逐渐被阐明，高效、靶向的基因导入系统研究也将取得进展，基因治疗前景广阔，未来必定成为某些疾病的常规治疗手段之一。

第16章 分子抗体工程

16.1 纳 米 抗 体

常规抗体是"Y"形的四肽链结构,通过二硫键将两条相同的重链(heavy chain,H链)和两条相同的轻链(light chain,L链)连接在一起(图16-1)。在多肽链的N端,占轻链约1/2或重链约1/4的区域,氨基酸排列顺序随抗体的特异性变化,被称为可变区(variable region,V区)。抗体每个可变区含有3个氨基酸顺序超变区,这些超变区是抗原的结合位点,互补于抗原决定簇的结构,称为抗体的互补决定区(complementarity determining region,CDR)。除此之外,可变区里的其他氨基酸组成和排列顺序变化较小,主要为维持抗体典型的空间结构提供骨架,称为框架残基(framework residue,FR)。在多肽链的C端,占轻链1/2和重链3/4的区域,氨基酸数量、种类、排列顺序相对稳定,被称为恒定区(constant region,C区)。

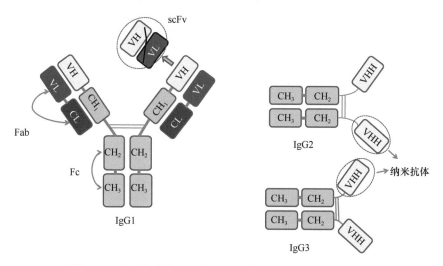

图16-1 驼源血清中天然单域抗体[改编自Li等(2018)]

常规抗体(IgG1)含有两条重(H)链(由VH、CH₁、铰链、CH₂和CH₃结构域组成)和两条轻(L)链(VL和CL结构域)。IgG2和IgG3是两种类型的同源二聚体重链抗体(HcAb),它们只由重链组成。每个重链包含VHH、铰链以及CH₂和CH₃结构域。IgG2组分的铰链比IgG3型长。常规抗体最小的完整功能抗原结合片段scFv由一对VH-VL组成。通过寡肽连接,它可以从传统抗体中产生。HcAb最小的完整功能抗原结合片段是单域VHH,称为纳米抗体(右)

研究发现,骆驼科动物体内存在着一种缺少轻链的抗体,该抗体具有独特的重链可变区(VHH)、铰链区和两个常规的恒定区(CH₂和CH₃)。这类抗体具备与常规抗体类似的结构稳定性和抗原结合活性。由于VHH晶体的分子质量小,只有15kDa左右,直径在4nm左右,因而被称为纳米抗体(nanobody)。

16.1.1　驼源纳米抗体

1993 年，比利时科学家发现了一个重要现象：除了经典抗体，骆驼科动物的血液（骆驼、羊驼等）中存在着大量结构异常简化的非经典抗体（Hamers-Casterman et al.，1993）。这些独特的抗体仅有重链二聚体，缺乏轻链。VHH 可以与抗原相结合（Li et al.，2018），其结构如图 16-1 所示。虽然 VHH 的分子质量比单克隆抗体、单链可变片段（scFv）等抗体要小，但是具有比单克隆抗体还要高的特异性与亲和力。

16.1.1.1　驼源纳米抗体分子结构特征

与常规抗体相比，骆驼科动物来源的重链抗体（HcAb）只由两条重链组成，为同源二聚体结构。HcAb 中有 CH_2 和 CH_3 恒定区，缺少常规抗体中的 CH_1 结构域。V 域内序列变异性存在于高变（high variable，HV）区域中，周围被 FR 区域包围（Muyldermans，2013）（图 16-2）。常规抗体在重链和轻链上各有 3 个互补决定区（CDR），它们共同组成抗原结合部位，而 VHH 仅含有 3 个 CDR。常规抗体重链可变区（variable region of heavy chain，VH）和 VHH 的氨基酸序列比对存在差异，VHH 在 FR2 和 CDR 中与 VH 有一些明显的差异（图 16-2）。VHH 的环比常规抗体的环长，可提供足够大的抗原结合表面。许多驼源 VHH 序列在 H1 和 H3 环中含有一对额外的半胱氨酸（Cys）残基，而这些残基会在环内形成二硫键（图 16-2），环的灵活性由此受到限制。VHH 结构域形成的凸副位表面，非常适合插入到抗原表面的空腔中，增加了抗体决定簇的实际交互表面。

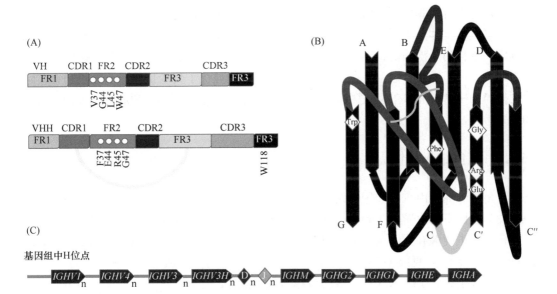

图 16-2　骆驼重链抗体 VHH 与常规抗体 VH 的序列比对以及 V 结构域［改编自 Muyldermans（2013）］
（A）常规抗体重链可变区和驼源重链抗体可变区的序列比对差异，包括框架区 2 的 4 个氨基酸突变，还有驼源重链可变区中出现的互补决定区之间的二硫键；（B）折叠的驼源重链抗体可变区，A、B、E 和 D 链在背面，而 G、F、C、C'和 C''链在前面，驼源重链抗体可变区中被取代的关键氨基酸用 3 个字母的代码表示；（C）骆驼基因组中 H 位点的示意图由 *IGHV1*、*IGHV4*、*IGHV3* 和 *IGHV3H* 基因的几个变体组成，上游有一组 D 基因和一组 J 基因片段，紧随其后的是恒定基因 *IGHM* 和 *IGHD*（未示出）、几个 *IGHG* 亚型，以及 *IGHE* 和 *IGHA* 基因

16.1.1.2　驼源纳米抗体性质

由于 VHH 纳米抗体拥有细长的 CDR3 环,该环的凸型结构可以更好地与抗原结合,从而提高 VHH 对抗原的特异性与亲和力(Yan et al.,2014)。

有别于常规抗体的是,VHH 只由一个结构域和二硫键组成,这也使得 VHH 的分子结构较为稳定,一些 VHH 可以在极端恶劣的环境中保持活性(Chakravarty et al.,2014)。VHH 的结构很简单,可以通过短接头聚合在一起,转化为多价和多特异性的形式(Li et al.,2018)(图 16-3)。

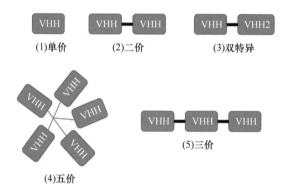

图 16-3　单价和多价 VHH 纳米抗体 [改编自 Li 等(2018)]

多价、多特异性 VHH 比只有一个结构域的 VHH 具有更好的溶解性和稳定性。单价抗体可以聚合成具有更高抗原亲和力的多价抗体,它们识别的是同一抗原表位。VHH 具有许多其他抗体分子所没有的、适于遗传修饰和转化为多种形式的特性,并且可以携带特定的结构用于疾病的诊断和治疗(Venkatesan et al.,2016)。VHH 单域抗体具有制备周期短、抗干扰能力强、保存条件温和等优点,明显优于传统抗体与小分子药物。除此之外,VHH 单域抗体在组织穿透力和稳定性方面比单克隆抗体好(Ebrahimizadeh et al.,2015)。

16.1.2　鲨鱼纳米抗体

鲨鱼除了拥有由重链和轻链组成的传统抗体,还可以产生仅含重链的免疫受体,称为免疫球蛋白新抗原受体(immunoglobulin new antigen receptor,IgNAR)。IgNAR 的抗原结合部位被封装在大小为 13~14kDa 的可变的新抗原受体中(variable new antigen receptor,vNAR)。克隆 vNAR 得到的单域抗体,其相对分子质量为常规抗体的 1/10 左右,尺寸大小达到了纳米级别,故亦被称为纳米抗体。

16.1.2.1　鲨鱼纳米抗体分子结构特征

IgNAR 的组成结构包括两条重链,每条重链中含有 5 个恒定结构域和 1 个可变结构域(图 16-4)。

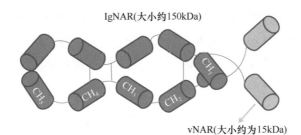

图 16-4　IgNAR 同源二聚体结构图

鲨鱼 IgNAR 由 1 个可变结构域（vNAR）和 5 个类 C 恒定结构域（cNAR）组成

vNAR 结构域有 CDR1 和 CDR3 两个互补决定区域。由于互补决定区 2（CDR2）的缺失，只包含 8 条 β 链，使得 vNAR 是目前已知的最小抗原结合部分。另外两个易于突变的环 HV2 和 HV4 可能有助于促进抗原的结合。HV2 包裹在 CDR2 截断位点的分子周围，HV4 内的体细胞突变可以促进抗原结合（Kovalenko et al.，2013）。与传统抗体（2 条链上有 6 个环）相比，vNAR 结构域的抗原结合环（单链上有 4 个环）减少了，但 vNAR 结构域却能以皮摩尔级水平的高亲和力结合抗原（Müller et al.，2012）。

根据非典型半胱氨酸残基数量的不同，vNAR 被分为 4 种类型。Ⅰ型可变区在骨架区 2 和 4 携带额外的半胱氨酸，在 CDR3 中有两个以上的半胱氨酸残基。目前只在护士鲨中发现了 IgNAR 的Ⅰ型可变区（Barelle and Porter，2015）。Ⅱ型可变区与Ⅰ型可变区所不同的是，CDR1 和 CDR3 额外多了一个半胱氨酸，导致分子内的二硫键将两个环拉近。而 CDR3 的"指状"结构易于结合到凹槽中，如酶的活性部位。还有一种常在新生鲨鱼中表达的Ⅲ型结构域，它类似于Ⅱ型结构域，在 CDR1 和 CDR3 中额外多了一个非标准的半胱氨酸。与Ⅱ型相比，Ⅲ型可变区中的 CDR3 多样性有限，但在 CDR1 中，氨基酸的组成、长度和保守的色氨酸残基高度相似。基于 CDR3 的多样性，很容易推测Ⅲ型 vNAR 是鲨鱼早期发育过程中暴露于一种常见病原体的结果，可能会在鲨鱼免疫系统的发育过程中发挥调节作用（Barelle et al.，2009）。Ⅳ型可变区与其他类型的可变区都不同，由于缺乏非典型二硫键，Ⅳ型可变区结构域更灵活（Kovalenko et al.，2013）。除了类型Ⅲ，所有类型的 vNAR 结构域都会产生高亲和力的结合子，提供靶向隐蔽表位的可能，如抗原的裂隙（酶的活性位点），这些表位对于常规抗体通常不具有抗原性（Stanfield et al.，2004）。

与哺乳动物的常规抗体基因明显不同的是，鲨鱼纳米抗体基因完全以簇的形式排列。这种簇结构加上连接形式的多样化，至少部分弥补了常规抗体中重链和轻链组合多样化不足的问题。

16.1.2.2　鲨鱼纳米抗体性质

鲨鱼纳米抗体的性质：①vNAR 抗体借助自身分子质量小和 CDR3 柔韧的特性，可以识别传统抗体无法识别的隐藏抗原位点；②对 vNAR 抗体进行基因操作方便；③vNAR 抗体识别抗原的可变区与功能区的范围得以扩大；④多价抗体通过可变区的错配，可以更容易产生；⑤鲨鱼产生的单域抗体比传统抗体的亲和力高；⑥鲨源单域抗体表现出对极端温度和 pH 有更强的抵抗能力，拥有抗蛋白酶水解的能力，这些有助于保持其生物活性；⑦由于 vNAR 抗体亲水性增加，使其溶解性提高；⑧vNAR 分子尺寸小，具有减少空间位阻的优势，能够很容易地渗透到组织和细胞间隙，但这也会导致它被肾脏从血液中迅速清除，影响抗体的活性。

16.2 分子抗体工程

从 19 世纪 80 年代以来，抗体基因结构与功能的研究成果同重组 DNA 技术相结合，产生了分子抗体工程技术。分子抗体工程是指运用重组 DNA 和蛋白质工程技术，按照不同的需求对抗体基因进行加工、改造和重新组装，然后转染合适的受体细胞来表达抗体分子，或用细胞融合、化学修饰等方法来改造抗体分子。这些凭借抗体工程手段改造的抗体分子是按人为设计所重新装配的新型抗体分子，可保留（或添加）天然抗的特异性和主要生物学活性，去除（或减少、或替换）无关结构。

目前，随着相关抗体制备技术的持续发展，如噬菌体抗体库技术、核糖体展示技术等，现在能制备各种类型的小分子抗体，如 Fab 抗体、ScFv 单链抗体、双体分子（diabody）、单域抗体（VH）等。分子抗体的表达系统主要有大肠杆菌表达系统、酵母表达系统、昆虫细胞表达系统、哺乳动物细胞表达系统及丝状真菌表达系统。由于每种小分子抗体自身的一级结构、理化性质和生物活性有所差异，所以在选择表达系统时，要依照所要表达分子抗体的类型、性质、目的产物的表达量以及纯度等要求来综合考虑。

16.2.1 单克隆抗体 ScFv 片段基因克隆与表达

单克隆抗体单链可变区（single chain variable fragment，ScFv）片段，即单链抗体，是由抗体重链可变区（variable domain of the heavy chain，VH）和轻链可变区（variable domain of the light chain，VL）以一段 10～15 个氨基酸的短肽（linker）连接而成（图 16-5），分子质量约为 30kDa。这一连接的短肽，被称为连接肽，其长度不宜太长或太短。其具备一定的柔软性，且侧链少、抗原性弱。常用的连接肽是(GGGGS)$_3$。1988 年 Bird 和 Huston 成功研制了第一个单链抗体，单链抗体因具有分子质量小、穿透力强、能较好地保留对抗原的亲和活性等特点，因而在分子工程中备受关注。

单链抗体基因克隆和表达的基本原理：通过杂交瘤细胞系开展构建，ScFv 片段基因来源主要是从杂交瘤细胞、致敏 B 淋巴细胞和非致敏 B 淋巴细胞中提取总 RNA，将纯化的总 RNA 作为模板反转录合成 cDNA，接着用 PCR 扩增克隆出 VL 和 VH 基因，然后通过人工合成的连接肽把 VL 和 VH 相连接，构建单链抗体（ScFv）基因，最后组装到适当的表达载体中进行表达。在获取可变区基因时，引物的设计需依据 FRI 和 FR4 的碱基组成与顺序，分别合成扩增 VL 和 VH 基因的 PCR 引物，在基因设计中要尽可能保持亲本抗体可变区序列的完整性和真实性。此外，在已知亲本 DNA 序列时，可用完全人工合成法构建单链抗体。对亲本单抗可变区的 cDNA 进行克隆时，可采用定点突变法在其两端形成适宜的内切酶位点，与人工合成的连接体连接，组装到合适的表达载体中。

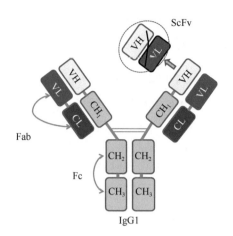

图 16-5　抗体及常见小分子抗体

IgG，原抗体分子（immunoglobulins 免疫球蛋白）；Fab，抗原结合片段，是由重链片段和完整轻链连接而成的异二聚体；Fv，可变区片段，是由抗体重链可变区（VH）和轻链可变区（VL）非共价结合形成的抗体；ScFv，单链抗体，是 VH 和 VL 之间添加了一段连接肽，连成一条单链。Fv 和 ScFv 的分子质量大小约为原抗体分子 IgG 的 1/6

　　通过分子工程技术得到的 ScFv 片段基因可在大肠杆菌、酵母、哺乳类细胞、昆虫细胞、植物等体内得到有效表达。单链抗体最常用的表达体系是大肠杆菌，有 3 种表达方式：一是直接在细胞质中表达，表达出包涵体或非包涵体的不溶蛋白，产量高，可达细菌蛋白总量的 5%～20%，但需进行变性和复性，使其折叠成正确的立体结构，恢复抗体活性；二是分泌型表达，表达出具有功能的单链抗体，将细菌的信号肽序列与单链抗体的氨基端相连，单链抗体分子就可分泌到质周腔和细菌体外，进行折叠后成为有活性的分子，但产量不及前者，一般实验室培养条件下每升细菌的产量只有数毫克；三是与其他蛋白标签一起表达成融合蛋白，再进行分离纯化。

　　单链抗体 ScFv 基因克隆和表达如图 16-6 所示。以抗 GPV-NS1 蛋白单链抗体基因合成为例，其中鹅细小病毒（goose parvovirus，GPV）是小鹅瘟（gosling plague，GP）的病原体，NS1 为磷酸化蛋白。简要梳理单链抗体的具体构建过程，涉及的主要实验材料有：分泌抗 GPV-NS1 单克隆抗体杂交瘤细胞株 3D9、GPV-NS1 截短表达的重组蛋白 NS1（485～542aa）和大肠杆菌 TG1、克隆载体 pMD18-T（T 载体，T_1）、表达载体 pET32a（T_2）、表达细胞系 Rosetta（DE3）pLysS。

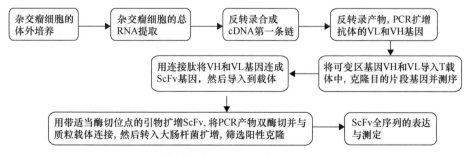

图 16-6　单链抗体 ScFv 基因克隆和表达示意图

16.2.2 驼源纳米抗体制备与应用

基于文库展示的抗体制备技术经历了快速的发展，如噬菌体展示技术、核糖体展示技术、酵母细胞展示技术等。其中，噬菌体展示（phage display）技术是其中发展最为成熟的抗体制备技术，是如今驼源纳米抗体筛选与制备的主要方法。噬菌体展示技术是一种基因表达产物与亲和选择相结合的技术，该技术以改造的噬菌体为载体，把待选基因片段定向插入噬菌体外壳蛋白基因区，使外源多肽随外壳蛋白的表达而表达；同时，外源蛋白随噬菌体的重新组装而展示到噬菌体表面。另外，纳米抗体能够在大肠杆菌及酵母等表达系统中有效表达，且表达水平较高。

16.2.2.1 驼源纳米抗体制备

驼源纳米抗体可以从许多不同驼科物种的免疫系统中产生，包括单峰驼、双峰驼、美洲驼、羊驼、骆马和小羊驼等。驼源纳米抗体（VHH）制备一般流程如图 16-7 所示。

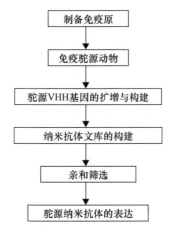

图 16-7 驼源纳米抗体（VHH）制备流程图

1. 制备获取免疫原

将大分子经过纯化后作为免疫原或将小分子化合物与载体蛋白偶联后作为免疫原。

2. 用免疫基因免疫驼科动物

免疫羊驼 3～5 次，每次间隔数天，使其产生较强的免疫应答。

3. 驼源 VHH 基因的构建

首先，从抗原免疫的羊驼外周血和脾脏中提取 mRNA、纯化并反转录 cDNA，得到羊驼重链抗体基因（HCAb）；其次，设计适合的引物，巢氏 PCR 扩增驼源 VHH 基因；然后，通过双酶切将目的片段与噬菌粒载体切开，进而将目的片段与表达载体连接，成功构建重组载体。

4. 纳米抗体文库的构建

首先，将获取的 VHH 基因克隆至适合的噬菌粒载体上，然后电转化宿主菌（TG1）；其次，开展辅助噬菌体的扩增，构建驼源噬菌体纳米抗体展示文库，并酶切鉴定。注意，只有在多样性达到 10^7 以上才能保证抗体筛选的要求。

5. 亲和筛选

亲和筛选有液相筛选、固相筛选（图 16-8）等多种方式，将靶抗原包被在平板上，接着使用噬菌体文库与靶标结合。通过多轮的"吸附-洗脱-扩增"后，从展示文库中富集筛选出对目标抗原具有高亲和力及特异性的纳米抗体。

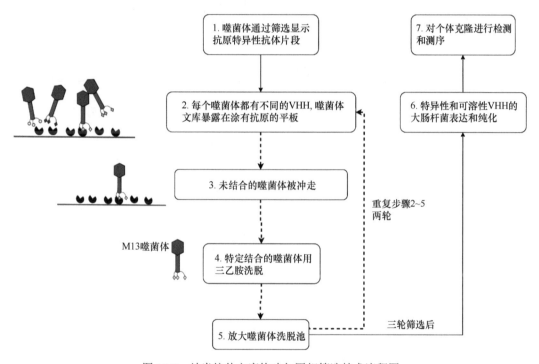

图 16-8　纳米抗体文库构建与固相筛选技术流程图

在文库的筛选中，最终能否筛选到亲和力好、特异性高的抗体，取决于多方面的因素，如抗原的包被浓度、封闭条件和时间、文库的投入量以及筛选过程中的洗涤次数等，这些都会在一定程度上影响筛选的结果。

6. 驼源纳米抗体的表达

筛选获得的阳性噬菌体 VHH 片段克隆至 pET 系列等原核表达载体，在大肠杆菌中进行可溶性表达，制备可溶性的驼源纳米抗体。

16.2.2.2　驼源纳米抗体的应用

驼源纳米抗体因其分子质量小、易改造（与某些物质、酶、抗菌肽等进行结合）、亲和力高、稳定性好以及组织穿透性强等特点，在临床治疗诊断、医药研发及食品科学等方面应用前景广阔，成为基因工程抗体研究的新热点和新方向。

目前，纳米抗体在肿瘤诊断与治疗的研究中获得了飞跃式的发展，并成功制备出一些抗肿瘤靶标对应的特异性纳米抗体（刘静等，2013）（表16-1），包括：前列腺特异性抗原（PSA）、表皮生长因子受体（EGFR）、癌胚抗原（CEA）、黏蛋白1（MUC1）、内皮糖蛋白 Endoglin（CD105）等。纳米抗体在疾病的早期诊断中具有作为检测生物标志物的潜力。研究人员成功取得高亲和力的前列腺特异性抗原（PSA）纳米抗体，鉴定出各种 PSA 的亚型，用于诊断前列腺癌的病发阶段（Saerens et al.，2004）。最近，科学家开发了一种基于金属螯合 His 标记纳米颗粒的免疫分析法，通过使用一次性丝网印刷电极（SPE）来检测纤维蛋白原（Fib）（Campuzano et al.，2014）。通过磁珠（MB）在 SPE 上结合 Co^{2+}（一种氮三乙酸过渡金属离子）来捕获识别分子，构建了具有良好分析性能的免疫传感器，检出限为 44ng/mL 纤维蛋白原。

表 16-1 抗肿瘤靶标对应的特异性纳米抗体的用途（刘静等，2013）

靶向	用途	VHH 来源
EGFR	体内成像及免疫治疗	免疫
PSA	诊断前列腺癌的病发阶段	免疫
CEA	肿瘤定位	免疫
CEA6	肺癌诊断	非免疫
MUC1	肿瘤定位	免疫
HIF-1α	抑制血管再生	非免疫
CXCR4	肿瘤细胞的增殖	免疫
Endoglin（CD105）	抑制信号转导	免疫
hnRNP-K	抑制转移	免疫
G 肌动蛋白	增加 G 肌动蛋白聚集	免疫
HER-2	乳腺癌治疗	免疫
VLA-3	抑制细胞-基质黏附	免疫

驼源纳米抗体是一类多功能生物分子，目前人们在该方面已进行了广泛的基础研究，并取得一些进展，但也存在一些亟须解决的问题，包括如何寻求更加经济的纳米抗体库来源、提高纳米抗体临床治疗的安全性和有效性等。随着科技的进步和人们的不断探索，这些问题必将逐一解决，纳米抗体在今后的药物释放系统、生物传感检测方法、分子成像和疾病治疗等生物医学方面将发挥更大作用。

16.2.3 鲨鱼纳米抗体制备

vNAR 单域抗体已经从许多不同鲨鱼物种的免疫系统中产生，包括护士鲨、华北鲨、刺角鱼、带状角鲨和竹鲨。鲨鱼纳米抗体的制备流程如图16-9所示。

1. 免疫鲨鱼

抗原通常需要先用佐剂乳化后再进行注射免疫。为进一步刺激机体抗体的产生，需间隔一定的天数进行再次免疫,免疫的总次数多为 5～8 次。

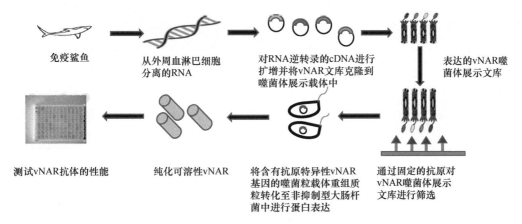

图 16-9 vNAR 制备和鉴定示意图［改编自 Matz 和 Dooley（2018）］

2. vNAR 单域抗体库的构建

抗体库的构建有几种不同的策略:可以从免疫的鲨鱼中构建,也可以从非免疫的鲨鱼中构建,还可以从合成和半合成的 vNAR 库中选择。

vNAR 单域抗体库的构建过程一般为:从抗原免疫的鲨鱼外周血和脾脏中得到 cDNA;根据 vNAR 保守序列设计引物,PCR 扩增获得 vNAR 区编码基因并连接到合适的噬菌体展示载体中,使 vNAR 区基因与噬菌体外壳蛋白 pIII 融合表达,并通过电转 TG1 大肠杆菌得到构建好的文库。

3. 筛选纯化得到 vNAR 单域抗体

从构建好的文库中筛选出能与抗原特异性结合的抗体及其基因,即鲨鱼 vNAR 单域抗体。

16.3 抗体人源化基因工程

杂交瘤技术使鼠源单克隆抗体大力推动了人类疾病抗体研究的发展。鼠源单抗的制备技术已经发展得较为成熟。鼠源单抗的特异性强,但在人体疾病治疗等领域应用时,可能会产生人抗鼠（HAMA）反应,进而影响抗体在临床的使用效果。随着抗体基因工程技术的不断发展,为鼠源抗体的人源化改造提供了许多新思路。抗体人源化改造的目标是最大限度地降低抗体的异源性,同时尽量避免对抗体亲和力的破坏。抗体人源化基因工程,即应用基因工程技术将抗体的基因重组并克隆到表达载体中,在适当的宿主中表达成有人类特定功能的一种抗体。基因工程抗体技术具有许多优势:分子小、免疫原性低、可塑性强及成本费用较低。基因工程技术可以改造完整抗体和抗体的部分片段。

16.3.1 小鼠单克隆抗体人源化

抗体多肽链 N 端的每个可变区含有 3 个抗体互补决定区（CDR）,CDR 的氨基酸序列和空间结构具有多态性，是决定抗体的特异性与亲和力的关键因素。相比之下，可变区里的框架残基区（FR），不与抗原直接接触，间接影响抗体与抗原结合的特异性。此外，抗体多肽链的 C 端含有恒定区。抗体可变区和恒定区具有种属特异性，是引起人体排斥反应的主要因素。因此，抗体人源化改造的基本原理是：保留抗体保守序列为人源序列，将与抗原结合的区域替换为动物免疫后产生的抗体的序列，维持抗体的特异性与亲和力。

鼠源单抗的人源化技术一般分为嵌合抗体、改型抗体和全人源化单克隆抗体技术。

16.3.1.1 嵌合抗体

嵌合抗体（chimeric antibody）是第一代人源化抗体。嵌合抗体技术的研究目前已经较为成熟。由于抗体的可变区 VH 决定了抗体的特异性，而恒定区 CH 具有种属特异性，是抗体分子结构中免疫原性最强的部分，因此，人抗鼠抗体反应主要是由鼠源单克隆抗体的恒定区 CH 引起的。利用基因工程技术，将鼠源单克隆抗体的可变区基因与人源抗体的恒定区基因拼接，形成嵌合基因，再插入适当的质粒，可以在宿主细胞中表达，得到人鼠嵌合抗体（图 16-10）。由此获得的嵌合抗体的可变区为鼠源性，恒定区为人源性，既保留了鼠源单克隆抗体的高亲和力和特异性，又降低了抗体的免疫原性。

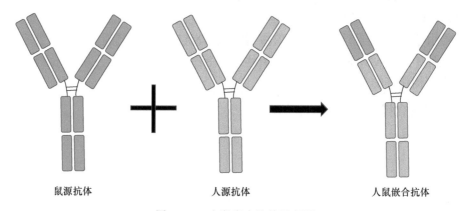

鼠源抗体　　　　　　人源抗体　　　　　　人鼠嵌合抗体

图 16-10　人鼠嵌合抗体示意图

16.3.1.2 改型抗体（CDR 移植）

由于嵌合抗体的异源性仍然很大，因此需要对鼠源抗体进行人源化改造。进一步人源化的方法有很多，目前主要是重构抗体和表面重塑技术。

重构抗体是将鼠抗体的 CDR 移植到人抗体的对应位点，在抗体中只有 3 个 CDR 区是鼠源性结构，这一类型的抗体称为 CDR 移植抗体或改型抗体（图 16-11）。CDR 移植抗体后得到的改型抗体人源化程度较高，可达 90%以上，该方法是目前人源化单抗技术中应用最多的方法。但简单的 CDR 移植可能难以维持鼠源单抗高亲和力和特异性，这是因为 FR 区不仅有一定的框架支撑作用，也会间接影响抗体位点正确构象的形成和抗原的结合。

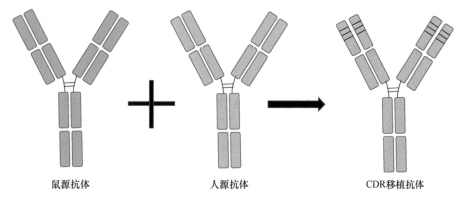

鼠源抗体　　　　　　　　　　人源抗体　　　　　　　　CDR 移植抗体

图 16-11　CDR 移植抗体示意图

表面重塑技术，即将鼠抗体框架区表面氨基酸的残基（surface amino acid residue，SAR）进行人源化改造。其主要原则是将鼠源单抗可变区表面氨基酸残基改造为人源性的氨基酸残基，使非人源抗体区的表面人源化。在不影响整体空间构象的前提下，保留其抗原结合部位的结构，进而降低抗体的免疫原性。其主要模式是先模拟抗原结合区构象，然后识别框架区非人源的氨基酸残基，最后将非人源的氨基酸残基人源化。

16.3.2　驼源纳米抗体人源化

16.3.2.1　纳米抗体表面氨基酸人源化

纳米抗体人源化改造可以降低抗体免疫原性，有效扩展纳米抗体的临床应用范围。目前纳米抗体的人源化途径主要有表面氨基酸人源化法、通用框架移植法等技术。骆驼来源的 VHH 骨架区有十几个氨基酸不同于人源 VH，其中 FR2 有 4 个残基与人源 VH 具有显著差异，这些残基在进化中相对比较保守。传统抗体 VH 的这 4 个位点主要为疏水性残基，通常与 VL 通过疏水作用形成稳定的结构。但 VHH 的这 4 个位点主要是亲水性的残基，因此 VHH 在缺乏轻链时仍具有良好的水溶性。纳米抗体人源化的目标是降低抗体的免疫原性，同时保证纳米抗体具有高亲和力、高活性、热稳定性等优势。VHH 人源化主要可对骨架区 FR2 进行改造，将 4 个疏水性残基改造为人 VH 的亲水性残基，降低异源性。

16.3.2.2　纳米抗体通用框架移植法

通用框架移植法需要先获得驼源 VHH 与人源 VH 相似的人源化通用框架。以人源抗体基因作为模板，对特定的纳米抗体进行人源化改造，从而最大限度人源化纳米抗体。以此为框架，将其他纳米抗体的 CDR 区移植到该特定纳米抗体的骨架区，产生纳米抗体嵌合体，这样不仅能降低纳米抗体的免疫原性，还能保持原有纳米抗体的特异性。

16.3.3　全人源单克隆抗体

全人源单克隆抗体是指抗体的所有序列都是人源序列。目前全人源单克隆抗体制备方法主要有噬菌体抗体库技术、核糖体展示技术、转基因小鼠和单个 B 细胞分选技术等。

16.3.3.1 噬菌体抗体库技术

噬菌体抗体库技术较为成熟，应用范围较广。噬菌体抗体库应用 PCR 技术扩增全套人抗体编码基因序列，酶切后将抗体 DNA 序列插入噬菌体编码外壳蛋白结构基因中，建立噬菌体抗体文库，使抗体与噬菌体外壳蛋白融合，以融合蛋白的形式展示于噬菌体表面。根据抗原抗体特异性结合的原理，将构建好的噬菌体抗体库与目的抗原结合，筛选出能与目的抗原特异性结合的噬菌体，然后测定目的噬菌体 DNA 序列，得到具有特异性的人抗体基因序列，最后通过基因工程技术制备全人源抗体。

噬菌体抗体库具有以下特点：①基因型和表型统一性；②完全人源性的抗体，组织穿透性强、抗原结合性高；③经过多次富集过程，可以筛选得到特异性的抗体基因；④筛选容量大，杂交瘤技术的筛选能力一般在上千克隆以内，而采用抗体库技术可以达到 10^6 以上的克隆；⑤生产的抗体易保存、生产周期短、易于大批量生产。

但是，噬菌体抗体库技术也存在一些局限性，如有限的库容量、密码子的偏好性、氨基酸的修饰受宿主限制等；而且由于该技术依赖于细胞内基因的表达，一些具有毒性的分子不容易在细胞内表达。

16.3.3.2 转基因小鼠制备人源性抗体

转基因小鼠制备人源性抗体，是利用基因工程技术将小鼠体内的免疫球蛋白基因替换为人类免疫球蛋白基因，通过细胞工程和蛋白质工程技术制备的人源化抗体。转基因小鼠制备人源性抗体主要是通过把供者中已产生一定免疫反应的淋巴细胞导入严重联合免疫缺陷小鼠，并取鼠脾细胞与人骨髓瘤细胞杂交，获得可以产生抗体的杂交瘤细胞；或者通过基因敲除技术，敲除小鼠自身基因并引入新的基因。这种转人抗体基因小鼠所携带的人 DNA 片段具有完备的功能，任何靶抗原都可以用于免疫小鼠，以产生高亲和力人源抗体。

16.3.3.3 单个 B 细胞分选技术

通过单个 B 细胞来制备全人源抗体技术的基本原理是：先从人外周血、骨髓等来源分选 B 细胞，将单个 B 细胞分至盛有适量细胞裂解液及 RNA 酶抑制剂的适当容器中，然后进行反转录 PCR 扩增抗体基因序列；克隆至适当载体，通过测序分析评价插入、缺失和突变情况；再通过重叠延伸 PCR 方法将抗体基因片段连接至表达载体内，表达产生全人源抗体；最后采用抗原筛选得到全人源抗体。

该技术保留了天然配对的轻重链可变区，具有基因多样、效率高、所需细胞量少等优势。近年来，单细胞抗体制备技术发展迅速，制备的抗体具有全人源性、高特异性和高亲和力等优势。单个 B 细胞分选技术已逐渐成为单克隆抗体制备的重要技术。但该技术目前也存在着一些劣势，如难以更高效地获取特殊抗原特异性的 B 淋巴细胞、难以更准确地制备抗体结合的单抗表位、难以提高所得到抗体的作用范围等。

本 章 小 结

　　自从驼源重链单域抗体 VHH 和鲨鱼源可变新抗原受体 vNAR 发现以来，纳米抗体受到了越来越多的关注。相较传统抗体，纳米抗体分子质量小，却具备对抗原的特异性和高亲和力。vNAR 与传统抗体的 VH 和驼源 VHH 相比，缺少 CDR2 区和 2 条 β 链，使 vNAR 成为已知最小的抗原结合片段，能以皮摩尔级水平的高亲和力结合抗原。除此之外，以重组 DNA 和蛋白质工程技术开发的小分子抗体，如 Fab 抗体、ScFv 单链抗体、双体分子、单域抗体等也备受人们的关注。它们通常保留（或添加）天然抗体的特异性和主要生物学活性，去除（或减少，或替换）了无关结构。为制备 ScFv 单链抗体，需从杂交瘤细胞、致敏和非致敏 B 淋巴细胞中提取总 RNA，以纯化的总 RNA 为模板反转录合成 cDNA，接着 PCR 扩增克隆出 VL 和 VH 基因，然后通过人工合成的连接肽把 VL 和 VH 相连接，构建出单链抗体（ScFv）基因，最后组装到适当的表达载体中进行表达。与之不同的是，驼源和鲨鱼源纳米抗体则是从免疫或非免疫的羊驼或鲨鱼中得到 cDNA，扩增 VHH 或 vNAR 基因并构建纳米抗体库，然后以构建的文库进行亲和筛选，最后表达和纯化纳米抗体。制备出的纳米抗体已在基础研究、诊断、治疗、食品科学等多个领域得到了应用。由于抗体是从非人类的动物中产生，在人类疾病治疗的过程中，需要通过抗体人源化基因工程来降低抗体对人体的免疫原性，以此扩展抗体的临床应用范围。其中，鼠源单抗的人源化技术一般分为嵌合抗体、改型抗体和全人源化单克隆抗体技术，而纳米抗体的人源化途径主要有表面氨基酸人源化法、通用框架移植法等技术。未来随着相关研究的深入和技术的发展，人源化抗体将会在人类疾病诊断和治疗领域发挥更重要的作用。

第17章 基因编辑

17.1 基因编辑技术诞生过程

基因功能研究的有效策略之一是运用一定的方法将目标基因沉默或敲除，通过观察基因沉默或基因敲除后宿主的表型，可以明确表型与基因之间的直接关系，从而确定基因的具体功能。传统上获得基因功能缺失突变体的途径主要有自然突变、物理诱变（如 X 射线、γ 射线和快速中子辐射）、化学诱变（如诱变剂 EMS 和 MNU）以及 T-DNA 插入突变，这些方法对功能基因组的发展起到了重要作用，但产生的突变均为随机突变，需要耗费大量的时间、人力、物力，对与表型相关的突变基因进行图位克隆，才能确定目标基因具体定位和基因序列，不利于基因功能的快速鉴定。因此，能像导弹一样精准靶向基因组上特定目标核酸序列并进行突变或定点修饰（如定点插入、删除和替换）的基因编辑技术应运而生。

基因编辑（gene editing）又称基因组编辑（genome editing）或基因组工程（genome engineering）。最早的基因编辑技术是 20 世纪 80 年代由 Mario R. Capecchi、Oliver Smithies 与 Martin J. Evans 发明的基因靶向（gene targeting）技术，其作用机制是通过向细胞内转入与基因组特定序列同源的外源 DNA 序列，引发细胞内天然存在的一种 DNA 修复机制——同源重组（homology-directed recombination，HDR），同时插入或替换相应的基因片段，从而实现对特定基因的改变。上述 3 位发明者也因此技术，共同分享了 2007 年诺贝尔生理学或医学奖。

基因编辑技术使人们可以精确地改变动物、植物和微生物的特定 DNA 序列，并使治愈遗传疾病成为可能，已经对生命科学的发展产生了革命性影响。法国科学家 Emmanuelle Charpentier 与美国科学家 Jennifer A. Doudna 也凭借开发这项技术的突出贡献获得 2020 年诺贝尔化学奖（图 17-1）。细胞内发生同源重组的概率极低（每 $10^3 \sim 10^7$ 个细胞才发生

图 17-1　2020 年诺贝尔化学奖得主
Emmanuelle Charpentier（左）和 Jennifer A. Doudna（右）

一次），且需要向细胞转入大量的外源 DNA 序列，这很容易引发 DNA 的随机插入，因此如何提高同源重组的概率成了科学家们急需攻克的难关（San et al.，2008）。

20 世纪 90 年代初，科学家们发现将靶序列的 DNA 双链切断后，能够刺激细胞的 DNA 修复机制，从而将同源重组发生的概率提高几个数量级。这一现象的发现开启了基因编辑技术的新思路，科学家们开始寻找可以切割特定 DNA 序列的核酸酶。

锌指核酸酶是第一代基因编辑工具酶。锌指核酸酶技术是将多个能够特异识别 3 个碱基的锌指蛋白和限制性内切核酸酶 *Fok* I 的酶活中心串联起来形成锌指核酸酶复合物，经人工改造后可用于基因的定点编辑（Young and Harland，2012）。转录激活因子样效应物核酸酶（transcription activator-like effector nuclease，TALEN）是第二代基因编辑工具酶，TALEN 由一个 TALE 蛋白中 DNA 识别结合结构域和 *Fok* I 的 DNA 切割域构成（Dulay et al.，2011）。第一代和第二代基因编辑技术的出现是基因编辑发展的基石，对功能基因组学的发展起到了非常重要的推动作用。然而，ZFN 和 TALEN 技术的载体构建过程较为烦琐，成本也较高，不利于大规模推广使用，后来逐渐被新技术淘汰。

CRISPR/Cas 系统的出现对基因编辑技术的发展具有里程碑式的意义。早在 20 世纪 80 年代就有科学家在细菌和古细菌中发现了 CRISPR 序列（clustered regularly interspaced short palindromic repeat-associated protein，成簇规律间隔短回文重复序列），但对 CRISPR 序列所起到的作用并不清楚。2007 年，CRISPR 序列被证实普遍存在于微生物中，是一种可以抵御病毒和质粒入侵的适应性免疫系统，而其作用机制直到 2010 年才得到确认。细菌通过 CRISPR 相关蛋白（CRISPR-associated protein，Cas）捕获入侵噬菌体的核酸并整合到自身基因内组成 CRISPR，当该噬菌体再次入侵时，CRISPR 转录的 crRNA（CRISPR-derived RNA）可以通过碱基互补识别该噬菌体的核酸，并通过 Cas 蛋白的内切核酸酶活性将其剪切，起到免疫作用。2012 年，法国科学家 Emmanuelle Charpentier 与美国科学家 Jennifer A. Doudna 率先通过体外试验阐明了两种小 RNA 与 Cas9 蛋白切割外源 DNA 的详细机制，并开发了一种革命性的基因组编辑技术——CRISPR/Cas9 系统（Jinek et al.，2012）。至此，CRISPR/Cas9 系统正式问世，为基因编辑开启了一条高速发展的新通道。

近年来，随着单碱基编辑工具和替换编辑技术的开发，基因编辑的概念也在日益更新。基因编辑从数个核苷酸序列的随机改变走向单个碱基的精细修饰，从对生物体细胞自身已有 DNA 序列的编辑走向人工合成新基因。这不仅丰富了基因编辑的定义，使基因编辑的精度更细、范围更广，而且有效地打破了物种间基因交流的障碍，甚至有可能创造出自然界不存在的新基因。与传统的转基因方法相比，基因编辑对生物体产生的改变并不依赖于转基因的存在与否，一旦目标基因被成功编辑，这种改变将稳定遗传给下一代，同时分离出不携带转基因的个体，使其摆脱"转基因生物"这个标签，更容易被普通大众接受。由于基因编辑具有以上特点和优势，被《麻省理工科技评论》评为"2014 年十大突破性科学技术"，其中应用最广的 CRISPR 基因编辑技术还获得了 2015 年生命科学突破奖。

17.2　基因编辑的概念和原理

17.2.1　基因编辑的概念

基因编辑是一种能对生物体基因组特定目标核酸序列进行精确定点修饰的基因工程技术手段（图 17-2A）。根据研究目的和所使用的编辑系统不同，基因编辑可以实现对细胞基因组中目的基因的一段特异核苷酸序列甚至单个核苷酸进行替换、删除或插入一段外源的 DNA 序列，使其产生可遗传的改变。有报道称，研究人员通过对基因的启动子顺式调控元件（*cis*-regulatory element）、5′端非翻译区（5′ untranslated region，5′-UTR）及内含子剪接点（5′-TG、GA-3′）等进行基因编辑修饰，可以使目标基因的功能在不同程度上弱化或增强，使基因编辑从单纯的"破坏者"转变为可控的"调节者"，赋予了基因编辑更广阔的概念和意义（Zeng et al.，2020）。与 T-DNA（transfer DNA）或转座子插入、射线或化学诱变等传统诱变导致 DNA 产生随机突变的方法不同，基因编辑技术能像导弹一样精准靶向基因组上某一个特定的位点，并能根据不同的设计目的实现对该位点的高效诱变，从而定向改变基因的组成和结构，具有高效可控和定向操作等特点（图 17-2B），正被广泛应用于动植物功能基因组学研究、微生物改造、疾病模型构建、药物研发及农业生产等领域。

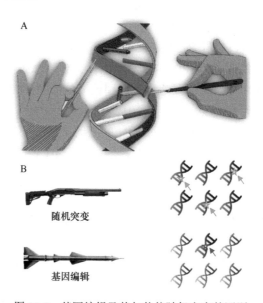

图 17-2　基因编辑及其与传统随机突变的区别

A. 基因编辑技术可以定向靶标基因组上某段序列或某个碱基，对其进行删除、替换或插入外源片段，使其按照设计者的目的进行改变；B. 传统的 DNA 诱变技术具有很强的随机性，其诱发突变的类型和位置无法预测，像霰弹枪一样随意攻击基因组上多个未知的位点

17.2.2　基因编辑的基本原理

基因编辑技术的基本原理是借助经过基因工程改造的核酸酶，在基因组中特定的位

置进行切割（断裂核苷酸之间的磷酸二酯键），使特异性位点的 DNA 双链断裂（DNA double-strand break，DSB），诱导生物体内细胞的天然修复机制对 DSB 进行修复，包括：非同源末端连接（non-homologous end joining，NHEJ）修复产生随机插入或缺失；同源重组修复（homology repair，HR）产生精准插入、缺失或替换（San et al.，2008）。特定情况下还可以通过微同源末端连接（microhomology-mediated end joining，MMEJ）及单链退火（single-strand annealing，SSA）途径产生具有特定结构的修复产物（Martin et al.，2012）（图 17-3）。

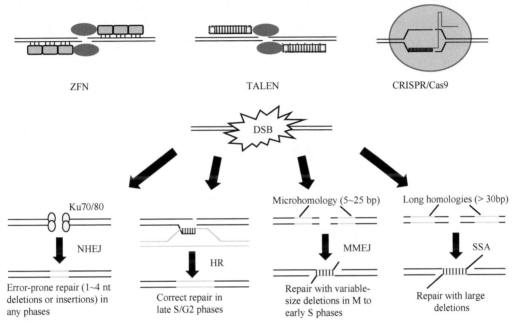

图 17-3　生物体中 DNA 双链断裂修复途径的比较

在 NHEJ 介导的 DNA 双链断裂（DSB）修复过程中，Ku70/80 异源二聚体相结合从而阻止 DNA 末端被切除。之后在 DNA-PKc 和 DNA 连接酶Ⅳ的作用下将两个匹配或不匹配的 DNA 进行连接，从而有一定概率产生插入或缺失产物。HR 倾向于完美的修复，使修复产物与模板序列完全一致，但其活跃时间相对较短。MMEJ 和 SSA 都需要进行末端切除或展开以暴露其同源序列，但 MMEJ 所需同源片段长度（5～25 bp）短于 SSA（>30 bp）。虽然 MMEJ 和 SSA 均会造成两个同源序列间片段的缺失，但其作用机理是截然不同的

　　NHEJ 介导的修复是一种不需要同源序列参与的低保真度修复方式，其广泛存在于动植物中并活跃贯穿整个细胞周期。由于没有同源序列作为模板，断裂的 DNA 在修复重连过程中常常会发生碱基的随机插入或丢失，从而造成目标基因发生移码突变而丧失功能，达到基因敲除（gene knockout）的目的。NHEJ 修复过程涉及一系列相关分子元件，包括 DNA-PK（DNA-dependent protein kinase，一种丝氨酸/苏氨酸蛋白激酶，由催化亚基 DNA-PKc 及两个辅助因子 Ku70、Ku80 组成的全酶）、X 射线修复交叉互补蛋白4（XRCC4）和 DNA 连接酶Ⅳ等。修复途径的第一步是异源二聚体 Ku 蛋白结合于 DNA 双链的末端，防止其被 DNA 酶降解，并招募催化亚基 DNA-PKc。DNA-PKc 经过自身磷酸化后与 DNA 结合，发挥连接 DNA 双链的功能。

　　HR 是高等生物中另一种主要的 DSB 修复方式，其需要未受损害的姐妹染色单体中

同源序列作为修复模板，将断裂的 DNA 双链正确修复。此过程仅限于细胞周期中的晚 S 和 G$_2$ 期，需要由 MRE11、Rad50 和 Nds1 三种蛋白质组成的 MRN 复合物介导 DSB 修复。MRN 复合物首先识别 DSB 并结合到断裂端口，随后转录因子 CtIP（CtBP-interacting protein）对 DNA 末端进行修剪，从 5′端开始降解 DNA 单链，使其产生 3′单链 DNA（single-stranded DNA，ssDNA）。3′ssDNA 被复制蛋白 A（replication protein A，RPA）包被，再招募并替换为重组酶 RAD51，形成核蛋白丝寻找姐妹染色单体上的同源序列。RAD51 蛋白介导受损 DNA 进入同源序列模板中，与同源 DNA 序列配对形成 D-Loop 结构，D-Loop 延伸并与另一个末端连接，完成修复。HR 修复方式虽然速度较慢、效率较低，但如果提供外源的同源修复模板，可以实现外源 DNA 片段的精准插入和替换。

此外，还有 MMEJ 和 SSA 这两种特殊的 DSB 修复方式，它们都具有一个共同特征，即需要 DSB 两侧附近存在一段同源序列，常常会引起同源序列间的片段发生缺失。其中，MMEJ 一般需要 5～25nt 的同源片段，而 SSA 途径则需要更长的同源序列（>30nt）。它们的区别主要是 SSA 与 HR 同属于同源序列依赖型的 DSB 修复方式，而 MMEJ 则不需要同源序列参与，是一种易错的修复方式。利用以上方式可实现对基因组片段的定向删除或等位基因替换（Tan et al.，2020）。

17.3 基因编辑发展史

17.3.1 第一代基因编辑系统锌指核酸酶的发现与应用

第一代基因编辑是指锌指核酸酶（ZFN）技术，其主要是将经人工修饰的锌指 DNA 结合结构域与 DNA 切割结构域进行融合表达，实现对特定 DNA 双链的切割。锌指结构域是一段能识别特定碱基序列的多肽，其最早在真核生物转录因子家族的 DNA 结合区域中被发现，基因组中约有 3%蛋白编码基因含有这样的结构。锌指蛋白结构单体一般由约 30 个氨基酸组成，其结合锌离子的保守氨基酸为 4 个半胱氨酸残基（Cys4）或 2 个半胱氨酸残基和 2 个组氨酸残基（Cys2-His2）。锌指结构在空间上包含两个反向的 β 平行结构和一个 α 螺旋，其中 α 螺旋的 1、3、6 位氨基酸残基可特异性识别并结合 DNA 分子中 3 个相邻的核苷酸碱基，利用人工修饰方法改变这 3 个氨基酸的种类即可使其识别不同的核苷酸序列（图 17-4A）。因此，通过将多个（一般为 3～6 个）这样的锌指单体组合串联后，就可以识别多个连续的碱基（图 17-4B）。

ZFN 使用ⅡS 型核酸内切酶的 *Fok* I 结构域进行 DNA 双链切割。与一般的Ⅱ型限制性内切核酸酶不同，其识别的 DNA 序列与切割位点序列之间相隔 9 个核苷酸，且识别和切割功能分别由不同的结构域执行（图 17-4B）。因此，在保留 *Fok* I 的非特异性切割结构域的基础上，选择人工合成能识别目标序列的锌指结构域替代其原有的 DNA 识别域，即构成了能对目标序列 DNA 双链进行切割的人工核酸酶。

利用 ZFN 技术，研究者成功对多种模式生物进行了基因编辑，编辑效率大约为 30%（Carroll，2011）。ZFN 技术的编辑效率相对于先前利用的同源重组方法有了显著提高，但也存在着明显缺点，主要是锌指三联体所能识别的碱基序列较少和存在脱靶效应

（off-target），其中脱靶效应对 ZFN 的推广使用产生了较大的负面影响（Pattanayak et al.，2013）。脱靶效应是指人工合成的核酸酶并没有对预先设计的目标序列进行特异性识别切割，而对基因组中其他位置的非目标序列产生非特异性切割效应。产生这种现象的主要原因是人工核酸酶的各个锌指结构之间存在着相互影响，表现为上下文依赖（context-dependant），即将多个锌指结构单元连接起来后，真正能识别 DNA 的序列并不是它们单独存在时分别识别的核苷酸序列的简单相加。同时，由于受专利保护的影响，不同研究机构并没有对他们的成果充分共享，加之当时已测序的物种较少，该技术并没有得到广泛应用。随着科学技术的发展，ZFN 技术与其他生物技术相融合的基因编辑新技术也在不断被开发和应用。

A

B

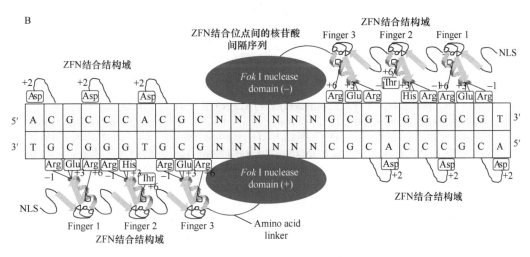

图 17-4 锌指核酸酶（ZFN）系统工作原理

A. 锌指结构域的氨基酸序列。X 为可变氨基酸序列，改变这些氨基酸可以识别不同的三联体碱基，其上部表示氨基酸在 α 螺旋上的位置。TGEK 序列用于连接两个锌指结构域。B. 锌指结合域（ZFN binding site）由一系列 Cys2-His2 锌指蛋白串联组成（一般为 3～6 个），每个锌指蛋白识别并结合一个特定的三联体碱基。*Fok* I 为非特异性内切核酸酶，其需要形成二聚体，对 DNA 双链进行切割

17.3.2 第二代基因编辑系统的发现与应用

由于 ZFN 存在明显的缺陷，研究者努力寻求操作更简单、使用更方便的基因编辑系统，并很快开发出另一种人工核酸酶基因编辑系统，即转录激活因子样效应因子核酸酶（TALEN）。TALEN 与 ZFN 的原理类似，也是利用一种具有 DNA 序列特异识别功能的蛋白结构与 *Fok* I 酶切活性结构进行组合，其中识别结构由转录激活因子样效应因子（TALE）中的 DNA 序列识别模块构成（Dulay et al.，2011）。TALE 蛋白的 DNA 识别域含有一段高度保守的串联重复序列，其串联重复一般由 1～33 个长度为 34 个氨基端残基的 TAL 蛋白组成，每个重复单位除第 12 和 13 位以外，其余都是高度保守的，所以

第 12/13 位氨基酸被称为重复可变双氨基酸残基（repeat variable diresidue，RVD），其中第 12 位残基使 RVD 环稳定，第 13 位残基负责结合特定碱基序列，正是这两个氨基酸残基决定了 DNA 识别的特异性（图 17-5A）。如同密码子与氨基酸之间的关系，组成 DNA 分子的 4 种碱基都有与之相对应的 RVD 识别模块，如碱基 T 可被 NG 和 IG 识别、C 可被 HD 识别、A 可被 NI 和 NN 识别、G 可被 NN 识别等（图 17-5A）。

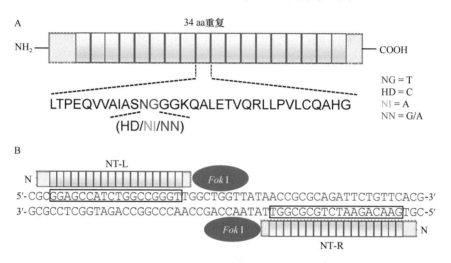

图 17-5　转录激活因子样效应因子核酸酶（TALEN）系统 DNA 识别域及其工作原理

A. TALEN 系统的 DNA 识别域由一系列 TALE 蛋白串联组成（1～33 个左右），每个 TALE 蛋白识别并结合一个对应的碱基。全长为 34 aa 的 TALE 蛋白的第 12、13 氨基酸残基可以特异性识别核苷酸碱基。其中，NG 可以识别 T，HD 可以识别 C，NI 可以识别 A，NN 可以识别 G 或 A。B. TALEN 系统介导的基因编辑需要一对能特异性识别靶基因序列的 TALE，定位到需要编辑的基因组区域，然后非特异性内切核酸酶 Fok I 切断双链 DNA 从而造成 DSB

相较于 ZFN，TALEN 的构建原理比较简单，而且理论上对于任意的核苷酸序列，都能以其为靶标构建一种特异的 TALEN。但由于目标序列的每一个碱基都需要一个 TALEN 识别模块，所以其构建过程工作量较大（图 17-5B）。在编辑效率方面，TALEN 相较于 ZFN 有所提高，并且具有较好的序列识别特异性，但由于氨基酸残基识别碱基序列存在简并性，脱靶效应依然存在。其原因在于，无论是 ZFN 还是 TALEN，其识别的目标靶序列长度一般只有十几个碱基，因此不可避免地"脱靶"到一些与目标序列相似甚至相同的序列中（Pattanayak et al.，2013）。针对这一潜在的隐患，研究者开发了一套扩展的 RVD，成功增强了 TALEN 的特异性及编辑效率。

17.3.3　第三代基因编辑系统的发现与发展

如果说 ZFN 和 TALEN 技术的出现使基因编辑走进了历史舞台，那么现在被广泛应用的 CRISPR/Cas 系统则让这一领域产生了质的飞跃，是基因编辑的第三代技术系统。CRISPR 是细菌和古细菌中一种基于 RNA 的后天免疫防御系统，其可通过向导 RNA（guide RNA，gRNA）引导 Cas 蛋白对靶基因组序列进行切割。该系统包括 3 个部分：5′端的反式激活核糖核酸基因；中间部分的 Cas 蛋白结构基因；3′端的 CRISPR 基因簇。反式激活核糖核酸基因可表达产生反式激活 crRNA（trans-activating crRNA，tracrRNA），与 CRISPR 基因簇表达产生的 CRISPR-derived RNA（crRNA）结合形成二元复合体，引导 Cas 蛋白识别目标序列，并在靶序列旁的原间隔序列相邻基序（protospacer adjacent motif，PAM）邻近区进行切割（图 17-6）。

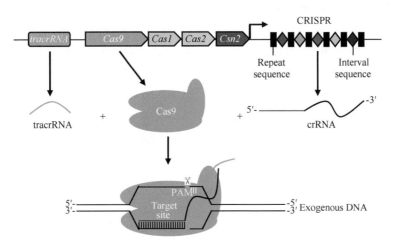

图 17-6　CRISPR/Cas 系统工作原理

CRISPR/Cas9 系统是细菌和古细菌的免疫系统，CRISPR 序列转录出的 crRNA 能特异性识别外源核酸序列，并通过与 tracrRNA 结合引导具有非特异性内切核酸酶功能的 Cas 蛋白将外源核酸双链切断，切割点在 PAM 的 5′端上游 3～4 bp 的位置

基于对原核生物 CRISPR/Cas 系统的理解，研究者将该系统进行了一系列的简化与改良，并成功将其应用于多种生物的基因编辑实验中。根据 CRISPR/Cas 系统中 Cas 蛋白的种类和同源性，可将 CRISPR/Cas 系统分为 Ⅰ、Ⅱ 和Ⅲ类型，其中类型 Ⅱ 中的 Cas9 核酸酶因结构简单，同时具备 DNA 结合与切割功能和体积小等优点而被广泛使用。研究者将 tracrRNA：crRNA 的双链 RNA 结构进行改造，通过转录后形成一个人工设计的 sgRNA（single guide RNA），在简化载体构建的同时，也保证了引导 Cas 蛋白对靶基因编辑的有效性。通过将多个 gRNA 表达盒串联组装，该系统不仅可以对基因组中单个基因进行多位点编辑，还可以同时编辑多个不同的基因（Ma et al.，2015）（图 17-7A）。

来源于酿脓链球菌的 Cas9（*Streptococcus pyogenes* Cas9，SpCas9）最先应用于动植物基因组编辑，目前仍然是使用最广泛的核酸酶。但是由于 SpCas9 依赖于识别特异性的 NGG PAM 序列才能对靶位点进行有效切割，限制了 CRISPR/Cas 系统基因组编辑的靶向范围。为了拓展 CRISPR/Cas9 系统基因编辑的靶向范围以及提高编辑精确性，研究者对该系统进行了一系列的改良。

为了拓展 CRISPR/Cas9 系统的靶向范围，来源于细菌的、识别不同 PAM 的 CRISPR/Cas Ⅱ 和 Ⅴ 型系统被不断开发出来（Chatterjee et al.，2018）。Ⅱ型系统主要包括：来自金黄色葡萄球菌的 SaCas9（*Staphylococcus aureus* Cas9）识别 NNGRRT PAM；来自嗜热链球菌的 StCas9（*Streptococcus thermophiles* Cas9）识别 NNAGAAW PAM；来自脑膜炎奈瑟菌的 Nme2Cas9（*Neisseria meningitidis* Cas9）识别 N4CC PAM；来自狗链球菌 ScCas9（*Streptococcus canis* Cas9）可以识别更广泛的 NNG PAM。在 Ⅴ 型系统中，目前发现的 Cas 蛋白主要有 Cas12a、Cas12b 和 Cas12j（Teng et al.，2018）。Cas12a（也称 Cpf1）主

要来自 3 种不同菌株，即弗朗西斯菌的 FnCpf1（*Francisella novicida* Cpf1）、毛螺旋菌的 LbCpf1（*Lachnospiraceae bacterium* Cpf1）和酸氨基球菌的 AsCpf1（*Acidaminococcus sp.* Cpf1），它们都识别富含胸腺嘧啶的 TTV/TTTV PAM。Cas12b（也称 C2c1）来自嗜酸耐热杆菌（*Alicyclobacillus acidiphilus*），是一种耐高温的核酸酶，识别富含胸腺嘧啶的 TTN PAM（Teng et al.，2018）。Cas12j（又称 Casφ）来自巨型噬菌体（big giephage），可以识别 TTN、TCN 和 TGN PAM。除了在 CRISPR/Cas 家族寻找新的核酸酶，研究人员还通过基因工程手段改造 SpCas9 使其识别更广泛的 PAM，例如，SpCas9-VQR 和 SpCas9-VRER 分别识别 NGA 和 NGCG PAM；xCas9，SpCas9-NG 和 SpG 均能识别简洁的 NG PAM。

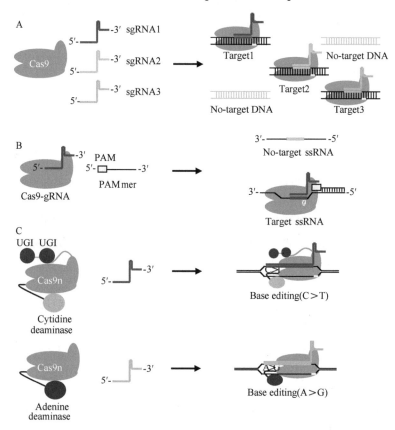

图 17-7　基于 CRISPR/Cas 系统的人工设计基因编辑工具

A. 通过将 tracrRNA 与 crRNA 融合表达为 sgRNA，并将多个 sgRNA 组装到单一载体上进行转化，可实现对转化细胞中多个靶位点/基因的同时编辑。B. 将经人工修饰的胞苷脱氨酶（cytidine deaminase）或腺苷脱氨酶（adenine deaminase）分别与 Cas9n 蛋白进行融合表达形成胞苷碱基编辑器（cytidine base editor，CBE）和腺苷碱基编辑器（adenine base editor，ABE），在不造成 DNA 双链断裂的情况下，实现对靶位点上一定区域内单个碱基的替换（C 转换为 T 或 A 转换为 G），在 CBE 系统中引入尿嘧啶 DNA 糖基化酶抑制剂（uracil DNA glycosylase inhibitor，UGI）可有效提高其编辑效率。C. 先导编辑（prime editing）系统由 Cas9n（缺刻酶）、反转录酶和特殊设计的 gRNA（prime editing guide RNA，pegRNA）组成，pegRNA 引导 Cas9n 切割 DNA 单链，反转录酶依照未配对 pegRNA 序列合成新的 DNA 序列，并最终整合到 DNA 中，完成精确的基因编辑（编辑窗口的碱基可以任意替换）

　　为了提高编辑的精确性，科学家进一步将脱氨酶引入 CRISPR/Cas9 系统，产生可对单个碱基进行编辑的胞嘧啶碱基编辑器（cytidine base editor，CBE）和腺嘌呤碱基编辑器（adenine base editor，ABE）（Rees and Liu，2018）。其通过仅有单链切割活性的 Cas9n

结合靶 DNA 序列，在不引起双链断裂的情况下由胞苷脱氢酶和腺苷脱氢酶分别将靶序列区域某个范围内的胞嘧啶转化为尿嘧啶和肌苷，再由生物体中的 DNA 修复系统将其分别转变为胸腺嘧啶和鸟嘌呤，实现了对单个碱基的精准编辑（图 17-7B）。引导编辑 PE 系统是将 Cas9n 蛋白和反转录酶 M-MLV 融合以及将修改模板和 gRNA 融合（pegRNA），在 pegRNA 的引导下 Cas9n 蛋白对靶点的单链进行切割，反转录酶将修改的模板转录成 cDNA，从而实现 A、T、C、G 之间的任意碱基的替换，以及小片段删除和插入等定点精准编辑（图 17-7C）（Anzalone et al., 2019）。但该技术目前的编辑效率较低，仍然有较大的改进空间。此外，多种新型 Cas 蛋白被陆续发现，如能切割 DNA 及 RNA 的 Cas3 和 Cas13a 核酸酶。科学家们仍在不断致力于对已有 CRISPR 系统的改良，通过对 sgRNA、融合蛋白、核酸酶等方面的研究，CRISPR 系统的应用效率和范围正在不断提高与完善。同时，科学家也在不断开发新型 CRISPR 系统，以进一步提高基因编辑技术的精确性，扩大使用范围。

17.4　基因编辑的现实意义和应用潜力

17.4.1　基因编辑的现实意义与发展潜力

目前的 CRISPR/Cas9 基因编辑技术具有设计简单、操作方便、效率高、靶向精准等特点，已经被广泛运用。主要应用领域包括：植物基因功能研究及作物遗传育种改良；动物基因功能研究及动物遗传育种改良；临床治疗中疾病模型的构建及基因治疗研究；微生物中基因功能研究及工程菌改良等。基因编辑技术的开发和应用让生物学研究跨入了一个崭新的时代，必将为人类科技文明的进步和发展作出重要贡献。

17.4.2　基因编辑在植物品种遗传改良上的应用

基因编辑技术在植物中运用，通常首先要将含有 Cas9 和 gRNA 表达盒的 DNA 整合到植物的基因组中，获得可遗传的突变，才具有实用价值。通常的策略是采用农杆菌转化法或基因枪法（图 17-8）。在水稻中主要通过农杆菌侵染或者基因枪介导愈伤转化；在拟南芥中通过农杆菌侵染花蕾；在玉米和小麦中通过农杆菌侵染或者基因枪介导未成熟的胚转化；烟草和杨树主要是通过农杆菌介导叶盘法转化等。

基因编辑技术在植物基因功能研究及作物遗传育种改良方面有重要作用。以单子叶模式作物水稻为例，该技术在水稻产量性状、品质改良、抗病性和抗逆性改良、杂种不育等方面的研究中得到了充分应用。水稻产量性状方面，研究人员利用 CRISPR/Cas9 系统重新评估水稻 4 个产量相关的调控基因，即穗粒数基因 $Gn1a$（又名 $OsCKX2$）、直立密穗基因 $DEP1$、粒重基因 $GS3$ 和分蘖数相关基因 $IPA1$，获得了穗型紧密、穗粒数增加和粒型偏大的粳稻'中花 11'突变体，提高了单株产量。在品质改良方面，运用 CRISPR/Cas9 编辑技术对调控水稻直链淀粉含量的强功能等位基因 Wx^a 的顺式作用元件和 5′-UTR 内含子剪接点区域进行编辑，成功将籼稻'天丰 B'的高直链淀粉含量由 25%

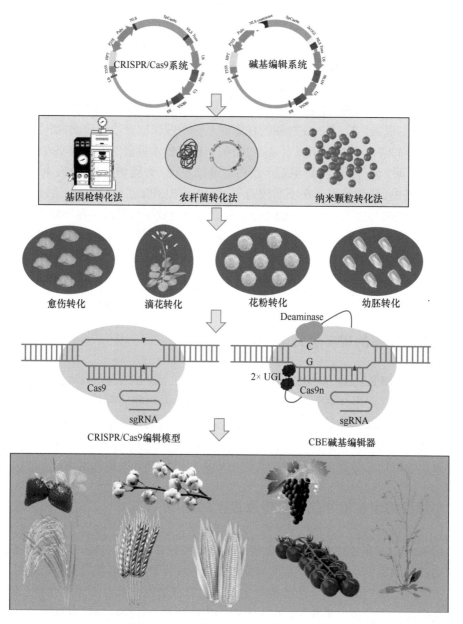

图 17-8　基因编辑技术在植物中的应用

目前应用最广泛的是 CRISPR/Cas9 系统及其衍生的 BE 碱基编辑系统，图中以 CRISPR/ Cas9 系统和 CBE 胞嘧啶碱基编辑器为例。首先构建基因编辑载体质粒，将构建好的质粒通过基因枪、农杆菌和纳米粒子等转化方式介导植物的愈伤组织、花、离体花粉、幼胚等器官或组织进行遗传转化，将外源 DNA 整合到植物基因组并稳定表达，从而实现对植物基因组靶位点精准编辑，获得水稻、小麦、玉米、番茄、拟南芥、草莓、棉花、葡萄等基因编辑改良植物

分别下调至 18% 和 10%，改良了稻米品质（Zeng et al.，2020）。抗病性和抗逆性改良方面，利用 TALEN 技术定向破坏了水稻蔗糖转运蛋白基因 *OsSWEET14*（水稻感病基因）启动子中的效应蛋白结合元件（effector-binding element，EBE），有效降低了水稻白叶枯病菌（*Xanthomonas oryzae*）分泌的效应蛋白与 *OsSWEET14* 的启动子的结合能力，从而提高了水稻对白叶枯病的抗性；利用 CRISPR/Cas9 系统在水稻品种'空育 131'中对编

码 AP2/ERF 类转录因子、负调控水稻对稻瘟病菌的抗性以及对盐的耐受性的 *OsERF922* 基因进行敲除，获得抗稻瘟病水稻株系。杂种不育方面，运用 CRISPR/Cas9 敲除水稻 *SaF* 和 *SaM* 等杂种不育等位基因，获得了杂种亲和性的籼稻和粳稻杂种新品种；通过 CRISPR/ Cas9 敲除 *Sc-i* 三个拷贝中的一个或者两个，可以恢复 *Sc-j* 的表达和花粉育性，揭示了依赖于基因剂量效应的等位基因抑制是杂种不相容的分子机制，提供了克服杂种育种繁殖障碍的有效方法（Shen et al.，2017）。

17.4.3 基因编辑在动物育种上的应用

传统培育动物新品种的方式主要包括杂交育种和选择育种。经过长期的杂交和选择育种，人们已经培育出较多优质高产的养殖动物。但杂交育种存在较大的缺点，如后代引入优质基因的同时也引入了大量劣性基因；为了选育出优良的杂交后代，需要消耗大量人工成本、经济成本及时间成本。通过基因编辑技术对目标性状基因精准修饰，可以快速培育出含有目标性状的动物新品种（图 17-9）。在动物器官移植方面，通过 ZFN 技术敲除猪的 α-1,3-半乳糖（GGTA1）基因，为器官移植手术中产生的超急性免疫排斥反应的应对提供了新思路（Denning et al.，2001）。猪的内源性反转录病毒 *PERV* 基因，对猪本身没有毒性，但是在进行异种器官移植时却有可能对人体安全造成威胁，通过基因编辑敲除猪基因组中的反转录病毒 *PERV* 基因，获得异种器官移植的无内源性反转录病毒小型猪，对培育异种器官移植用小型猪新品种具有重大意义（Yang et al.，2015）。在肉质改良方面，猪、牛、羊基因组中的 *MSTN* 基因对肌肉生长具有抑制作用，通过敲除猪、牛、羊的 *MSTN* 基因，破坏肌肉生长抑制素的合成，可明显提高肉的产量，特别是猪瘦肉的产量。在抗病方面，传染性海绵状脑病（transmissible spongiform encephalopathy，TSE）是一种可以使牛、羊及人等致死的中枢神经系统疾病，包括羊瘙痒病（scrapie）、牛疯牛病（bovine spongiform encephalopathy，BSE）、人的克-雅病（CJD）等，该病原是一种无核酸的蛋白性侵染颗粒（朊病毒），通过基因编辑技术敲除动物中与 TSE 疾病相关的基因，有望使动物抵抗 TSE 疾病，如敲除牛的 *PRNP* 基因有望使牛抗疯牛病、敲除羊的该基因有望获得抗瘙痒病羊。非洲疣猪通常会携带非洲猪瘟病毒，但却不发病，而家猪在感染非洲猪瘟病毒后，在很短的时间内就会发病，并大量死亡。目前研究发现家猪和非洲疣猪的 *RELA* 存在 3 个不同的 SNP 位点，因此有望通过单碱基编辑技术或者基因替换技术将家猪的 3 个 SNP 改写，使家猪能抵抗非洲猪瘟病毒。

17.4.4 基因编辑在临床治疗上的应用

CRISPR/Cas9 系统是一类强大的基因工程技术，通过简单设计合适的靶点，在细胞内表达 Cas9 蛋白和 gRNA，即可以实现对功能基因及保守元件的敲除，对人类基因功能的探究及遗传疾病的阐明具有重要的意义。此外，CRISPR/Cas9 的衍生系统 ABE、CBE 和 PE 也是精确的编辑系统，同样广泛应用于模式动物基因功能的研究、疾病模型的构建、疾病治疗的探索（图 17-9）。

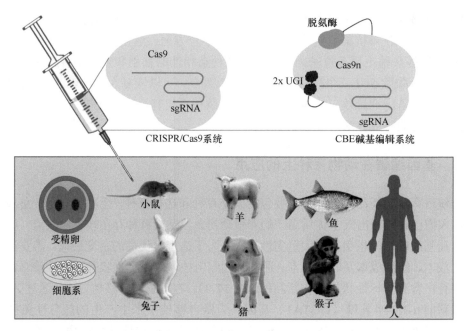

图 17-9　基因编辑技术在动物改良和疾病治疗中的应用

图中以 CRISPR/Cas9 和 CBE 碱基编辑器为例，在体外表达 Cas9 蛋白和 sgRNA，或者体外表达 CBE 融合蛋白和 sgRNA，将 Cas9/sgRNA 复合体和 CBE 蛋白复合体注射动物受精卵，从而获得基因编辑改良的家禽或者动物模型。通过转染细胞系可以对动物基因组进行研究。将编辑元件注射到动物的发病的器官，可以治疗基因突变导致的疾病

CRISPR/Cas9 最常用的功能是对目标靶点进行敲除，这在动物模型的建立中有重要作用。为了建立动物模型，可以将 Cas9 蛋白和转录的 gRNA 直接注射到小鼠、大鼠、猴子等模式动物的受精卵中，实现一个或多个等位基因的可遗传修饰。通过用基因编辑技术对小鼠、大鼠的受精卵进行编辑，可以绕过传统胚胎干细胞的靶向阶段，大大缩短建立小鼠和大鼠突变体的时间、降低成本，适宜大规模实验研究（Dolan et al.，2019）。猪不仅繁殖快，且器官大小、生理代谢过程及解剖结构与人类很接近，尤其是心血管系统和神经系统，因此以猪作为受体进行基因修饰的动物模型，可用于目标基因功能的探索、基因突变导致的疾病研究以及药物的测试。例如，通过 CRISPR/Cas9 技术将 *PARK2/PINK1* 双基因敲除及 *PARKIN/DJ-1/PINK1* 三基因敲除，成功获得了酪氨酸酶基因敲除猪，构建了治疗白化病和帕金森病的动物疾病模型。

人类有 58% 的遗传疾病是由于单碱基突变引起的，因此需要更精准的单碱基编辑器（base editor，BE）对这些单核苷酸的变异（single nucleotide variance，SNV）进行修复。目前开发的高效碱基编辑器主要有 CBE 和 ABE 系统，以及效率不断提高的 PE 系统，对多种人类致病性 SNV 可以通过 C-G：T-A 或 A-T：G-C 突变来纠正。例如，运用 CBE 系统成功纠正了小鼠星形胶质细胞中阿尔茨海默病的 *ApoE4* 基因突变和人类乳腺癌细胞系中 *TP53* 基因突变。ABE 和 CBE 已经分别在杜氏肌营养不良小鼠模型和患者诱导的多能干细胞（IPSC）中通过纠正 *DMD* 基因中突变产生的终止密码子和外显子跳跃来改善肌肉功能。CBE 介导的人类 β-地中海贫血启动子突变的纠正，以及导致马方综合征的人类致病突变的逆转已被报道。除了纠正导致疾病的突变，BE 系统还可以在为不同

人类疾病产生动物模型方面发挥重要作用,这反过来将极大地促进基础研究和药物开发,如通过在 *AR* 和 *HOXD13* 基因中将 A 变为 G 获得小鼠模型致病突变。最近的两项研究分别证明了 CBE 系统在治疗成年小鼠肝脏和小鼠胎儿苯丙酮尿症及酪氨酸血症中作用显著。理论上讲,精准编辑可以在从卵母细胞、胚胎、胎儿到成人的几乎所有发育阶段展开,但是目前这些方法仍然处于实验阶段,需要科学家们不断改良和测试,确认安全后才能大规模用于治疗人类疾病。

17.4.5 基因编辑在微生物改造上的应用

CRISPR/Cas 系统来源于细菌和古细菌原核生物抵御外源 DNA 入侵的免疫系统,但想要利用该系统靶向细菌自身则具有一定的难度。这主要是因为大部分细菌都缺乏完整的 NHEJ 机制,使得细菌自身的 DNA 断裂后不能及时修复,从而对细菌造成致死性的伤害。目前已知细菌内的 NHEJ 途径需要末端结合蛋白 Ku 和 DNA 连接酶 LigD 共同参与,但是较多的原核细菌体内都缺乏这两种蛋白质。因此,有望通过外源导入 Ku 蛋白或者 LigD 让细菌拥有获得性 NHEJ 修复途径。通过在放线菌中共表达 Cas9 蛋白、LigD 蛋白及 gRNA,使 NHEJ 修复途径成功实现了高效编辑。但是 NHEJ 修复途径的基因编辑在细菌中的报道仍然偏少,仍需有更多的研究。目前在细菌中主要通过同源重组修复(HDR)途径进行编辑,其原理是:Cas9 蛋白和 gRNA 复合体对细菌的基因组 DNA 靶位点进行切割,产生双链断裂,随后细菌内部的 HDR 修复系统启动,使质粒的供体模板和基因组 DNA 发生同源重组,从而实现对细菌目标基因的敲除、插入和替换等高效、精准的修饰。目前已经在大肠杆菌、链霉菌、肺炎链球菌、拜氏梭菌等原核细菌中实现编辑。

真菌主要包括酵母菌和丝状真菌。近年来,科研工作者根据真菌自身的特点不断优化 CRISPR/Cas9 系统在真菌细胞中的编辑,取得较大的进展。在酵母编辑中,通过同时表达 Cas9 基因和 gRNA 对酵母基因组的目标基因进行有效敲除,当提供质粒供体修复模板时,可以高效使目标基因组发生同源重组,实现基因的插入和替换等精准调控。在丝状真菌中,CRISPR/Cas9 技术在稻瘟菌、粗糙脉孢菌、米曲霉、烟曲霉、棘孢曲霉、黑曲霉等真菌中也实现了有效编辑,同样通过 HDR 途径对丝状真菌实现了精准编辑。

17.5 基因编辑技术存在的问题及发展前景展望

17.5.1 基因编辑技术的局限与潜在风险

17.5.1.1 编辑位点的局限性

PAM(protospacer adjacent motif)是细菌用来区分自身 DNA 与侵入性病毒 DNA 的工具,但它的存在限制了基因编辑的适用范围。目前,常用 *Streptococcus pyogenes* Cas9(SpCas9)识别 NGG 的 PAM 序列,这样的 PAM 序列出现的概率是 1/16,严重妨碍了 CRISPR/Cas9 的应用,因此科学工作者一直在尝试寻找不同的 Cas 蛋白和开发 SpCas9 的不同变体拓宽 PAM 序列的范围。尽管如此，基因组中仍然存在很多不能被编辑的位点。

17.5.1.2 脱靶效应

多项研究表明，各种 CRISPR 系统存在不同程度的脱靶效应。在哺乳动物细胞中，Cas9/sgRNA 复合物通常具有切割与引导序列不完全匹配 DNA 序列的能力，显示出中等或较低的非靶向活性。另外，对拟南芥、水稻和番茄基因组编辑后的材料进行全基因组测序发现存在一定程度的脱靶效应。

高特异性靶向基因编辑是 CRISPR 工具应用于人类基因治疗领域中的一个主要问题（Anzalone et al.，2020）。良好的 sgRNA 设计、高度特异性的 Cas 蛋白以及同前沿测序技术的结合，将确保基因编辑方法在人类基因治疗领域的安全性。

与医学应用相比，CRISPR 系统在植物细胞中的脱靶活性较少受到关注，任何不想要的突变都可以通过基因杂交分离出来。在一个分离的群体中，可以在亲本中建立起靶向性和脱靶性的表型与基因型之间的相关性（Pattanayak et al.，2013）。当基因编辑工具应用于作物育种时，非目标突变对农艺性状可能有负作用、无作用或有正作用。具有负作用突变的植物在育种/选择过程中自然地被丢弃，或者在有性繁殖过程中，负作用突变被分离出来。然而，如果脱靶突变对性状有中性或积极的影响，它们可以在新选育的品系中被保留。因此，与产生大量突变的物理和化学诱变剂的传统育种相似，植物基因编辑育种不需要额外关心任何脱靶效应。

17.5.1.3 递送系统的限制

CRISPR/Cas 基因编辑系统来源于原核生物，对靶细胞的基因进行编辑需要将功能组分递送到靶细胞内。不同递送组分的组成和递送方式都会影响基因编辑的效率。目前，有 3 种可用于递送的 CRISPR 组分组成（Anzalone et al.，2020）。①递送包含 Cas 基因和 sgRNA 表达盒的质粒，但是这种质粒一般都比较大，降低了递送的效率。②递送 Cas 蛋白的 mRNA 和 sgRNA，通过体外转录的方式获得编码 Cas 蛋白的 mRNA 和 sgRNA，然后递送至靶细胞内。Cas 蛋白的 mRNA 在细胞质中的半衰期很短，24h 内会降解，极不稳定，对递送系统要求很高，瞬时表达虽然减少了脱靶效应和免疫反应，但会导致效率降低。③递送 Cas 蛋白和 sgRNA，通过体外表达获得 Cas 蛋白，可以分别递送 Cas 蛋白和 sgRNA，也可以递送二者结合形成的核糖核蛋白复合物（ribonucleoprotein complex，RNP），Cas9 蛋白（约 160kDa）分子质量巨大且带正电荷，sgRNA 呈现强负电荷，要实现 Cas9/sgRNA 核糖核蛋白复合物 RNP 的高效递送较为困难。

CRISPR/Cas 系统递送方法包括两种：①通过物理方法（微注射、粒子轰击、电穿孔、核感染和膜变形）；②通过病毒或农杆菌载体介导的方式。对于人类和动物基因组编辑，物理递送方法主要用于体外或离体细胞和组织的基因编辑。病毒载体介导基因组编辑目前已广泛应用于 CRISPR/Cas 系统的体内外给药，但其有不少缺点，如致癌风险大、插入体积小、免疫原性较高和难以大规模生产等，严重限制了其进一步应用。粒子轰击和农杆菌介导的方法同样适合植物体内基因编辑。然而大多数植物基因编辑需要经历从外源愈伤组织再生转基因植物，这一过程的实现仅限于特定的植物物种、基因型和组织，限制了植物基因编辑的使用范围。

17.5.2 道德伦理与生物安全问题

生物安全主要是指使用现代生物技术对生态环境和人体健康产生的潜在威胁。对于 CRISPR 技术来说，生物安全隐患集中于武器和生态破坏可能产生的潜在危险。如果 CRISPR 对细菌、病毒、植物和人类等物种的修饰被引向邪恶的目的，就极可能造成生物安全风险。同样，恶意使用 CRISPR 基因编辑可能会帮助生物制剂和生物武器的生产，而这些生物制剂和生物武器本身会对社会和环境构成直接威胁及危害。关于 CRISPR 生物安全问题的一系列解决方案已经被提出，目前主要是集中于加强对 CRISPR 技术使用的监管层面。

类似于生物医学研究中的其他新兴技术，人类基因组编辑同样存在不少有关平等与正义的严重道德伦理问题（Brokowski and Adli，2019），例如，谁将获得潜在的治疗方法、将为谁开发这些治疗方法。因此，在 CRISPR/Cas9 技术应用于临床之前，除了要解决生物安全问题，更重要的是解决道德伦理问题。

17.5.3 基因编辑技术的改良与发展方向

17.5.3.1 开发新工具的编辑工具和递送系统

尽管目前已经开发了多种基于 CRISPR 的基因编辑工具，然而还是难以满足更广泛的基因编辑需求，特别是 Cas 蛋白对特定 PAM 序列的需求。为了摆脱 PAM 序列的限制，科学家对 CRISPR 系统进行改造，开发了一种新的 SpG 变体，它能够靶向一系列 NGN-PAM；对 SpG 的进一步优化开发出了一种近乎无 PAM 依赖的 SpRY 变体，它在人类细胞中具有 NRN-PAM（R=A、G）的广泛位点上表现出强大的活性，在具有 NYN-PAM（Y=C、T）的位点上表现出较低但依然可观的活性（Fu et al.，2013）。SpG 和 SpRY 变体拓宽几乎完全消除了对必需 PAM 的依赖性。

常规植物生物大分子递送方法中，农杆菌和基因枪介导的遗传转化是最成熟和最受欢迎的两种工具。但是这些方法需要植物组织培养生成愈伤组织，只能针对相对较少的植物物种。精确表达形态发生基因 *BBM* 和 *WUS* 可改善遗传转化困难材料的转化效率；此外，超双元载体和三元载体的开发及使用进一步拓展了遗传转化的范围。迄今为止，植物遗传转化缺乏一种能允许递送不同生物分子进入所有植物组织和物种，而不需要借助外力且不引起组织损伤的方法。为此，寻找一种能通过细胞壁或者不需要组织培养的转化方法成为植物转基因及基因编辑的主要研究方向。2020 年，明尼苏达大学 Daniel F. Voytas 课题组开发了一种使用 RNA 病毒载体表达可移动的 sgRNA，并实现在植物体内高效进行遗传基因编辑的方法，最为重要的是，该方法不需要组织培养，就可以获得稳定遗传的材料。

17.5.3.2 利用机器学习预测并指导基因组编辑

CRISPR 基因编辑技术是一项正在改变医疗保健和农业等众多产业的革命性新技

术。它就像是一种纳米级的"针线包"，可以在特定基因的特定位置上对 DNA 进行剪切和编辑。这项技术的发展带来了突破性应用，例如，对细胞进行修改以对抗癌症，或培育高产、抗旱的小麦和玉米等农作物等。

尽管 CRISPR 在一些领域有着很好的应用前景，但它也面临挑战：CRISPR 基因编辑工具包含了众多的成员，特定的编辑位点如何选择最合适的成员；在基因敲除实验中，每个标靶基因都有数百个潜在 sgRNA，一般每个 sgRNA 具有不同的基因编辑效率、存在不同程度的脱靶问题；CRISPR 切割靶点 DNA 后，基因组进行自我修复，这一过程中会产生众多难以预测的结果。为了解决上述难题，科学家借助机器学习生物信息学方法预测并指导基因编辑工作（Arbab et al., 2020）。例如，研究人员通过评估 13 个 SpCas9 变体在 26 891 个靶序列上的切割效率，开发了 16 个基于深度学习的计算模型，可以准确地预测这些变体在任何靶序列上的活性，为给定的靶序列和选择最佳 SpCas9 变体提供了指导。此外，研究人员还测试了 11 个胞嘧啶和腺嘌呤碱基编辑器（CBE 和 ABE）在哺乳动物细胞中多个基因组靶标上的活性，并使用所得结果训练了机器学习模型 BE-Hive，可准确预测碱基编辑基因型的结果和效率。因此，利用机器学习预测并指导基因编辑可以进一步提高基因编辑的准确性。

本 章 小 结

从第一代 ZFN 基因编辑技术到目前最新开发的 CRISPR-Cas 第三代基因编辑技术，基因编辑发展速度非常快。一些新基因编辑工具，包括基于 CRISPR-Cas9 系统开发的 ABE 和 CBE 单碱基编辑技术，以及可以实现 12 种碱基替换、小片段插入和缺失的 PE 系统，极大地推进了生命科学的发展速度，使基因编辑在基础研究和遗传改良领域均取得了许多突破性进展（Hsu et al., 2014）。在植物中，基因编辑技术的发展为植物基因功能的研究和遗传育种提供了广泛的机会。通过基因编辑进行高效、精确和有针对性的突变，为下一代育种战略奠定了基础。在疾病的治疗中，基因编辑工具为开发新一代人类基因疗法提供了新的途径，通过纠正错误的 DNA 碱基序列，有望治愈许多由于基因突变造成的疾病。在不到十年的时间里，越来越精确和多功能的基因编辑工具已经被设计与发展，这些工具使我们更接近最终的目的，即能够对各种活细胞的基因组进行 DNA 序列修改，而不会产生编辑副产品。基因编辑技术的快速发展将我们带入了一个新时代，我们正处于这个新时代的开端。继续努力提高编辑能力，了解编辑基因的所有后果，创新将编辑剂送入细胞的新方法，并充分调动植物科学家、医生、伦理学家、政府和其他利益相关者的参与度，对指导我们下一步的研究工作、确保这些科学进步能够充分发挥其造福社会的潜力至关重要。

第 18 章　合成生物学

18.1　合成生物学概述

20 世纪 50 年代，沃森（Watson）和克里克（Crick）建立了 DNA 的双螺旋结构，人类对生命科学的研究进入到分子生物学水平。21 世纪初完成的人类基因组计划，推动生命科学逐步进入了组学（omics）和系统生物学（system biology）为主的后基因组时代（post-genomic era）。随着生物工程、电子工程、化学工程、信息工程、系统工程、计算机科学、数学、物理学等众多学科的发展与交叉融合，促进了合成生物学（synthetic biology）的诞生与快速发展（李春，2019）。合成生物学作为典型的新兴和交叉学科，其影响力自 21 世纪初以来迅速上升，被喻为"认识生命的钥匙"和"改变未来的颠覆性技术"（赵国屏，2018）。

18.1.1　合成生物学诞生过程

18 世纪至 19 世纪初，科学界流行一种"生命力学说"，即有机物只能由"生命力"产生，不能由无机物合成。1828 年，德国化学家维勒（Wohler）首次使用无机物氰酸钾与氯化铵人工合成了尿素，从而给"生命力学说"重大打击。20 世纪初，法国化学家 Stéphane Leduc 试图通过物理的理论来解释生命的现象，但这些研究只局限于生命表型和流体物理表型相关的"合成"描述，距离真正认识和改造生命的科学研究还很远。1913 年，*Nature* 杂志以 "Synthetic Biology and the Mechanism of Life" 为题，系统评述了 Stéphane Leduc 的相关研究，合成生物学（synthetic biology）一词首次正式在学术期刊中出现（李春，2019）。

20 世纪 50～60 年代，DNA 双螺旋结构和胰岛素一级结构等先后被确定，具有生物活性的蛋白质和核酸等也实现了人工合成。我国科学家在 1965 年和 1981 年分别首次人工合成了牛胰岛素和酵母丙氨酰 tRNA，证实蛋白质和核糖核酸都可以人工合成，从根本上推翻了"生命力学说"。20 世纪 70 年代，重组 DNA 技术（recombinant DNA technique）不断发展和日益成熟，在此基础上，波兰遗传学家 Waclaw Szybalski 提出了合成生物学的愿景，"一直以来，人们都在做分子生物学描述性方面的研究，但当我们进入合成生物学的阶段，真正的挑战才开始。我们会设计新的调控元素，并将新的核酸序列加入已存在的基因组内，甚至建构一个全新的基因组"（赵国屏，2018）。Szybalski 认为"这将是一个拥有无限潜力的领域，几乎没有任何事能限制我们去做一个更好的控制回路。最终，将会有合成的有机生命体出现"。

20 世纪 90 年代后期，随着人类基因组计划成功推进，各种生物组学，以及生物信息学、系统生物学等交叉学科迅速发展，在世纪之交，研究者在工程学"设计—建造—测试"的工程学理念基础之上，成功实践出利用生物元件构建成逻辑线路。鉴于此，在2000年的美国化学学会年会上，斯坦福大学的 Eric Kool 重新定义了"合成生物学"概念，即利用有机化学和生物化学的合成能力，设计并合成出在生物系统中发挥作用的非天然分子（李春，2019）。这标志着合成生物学的正式出现，被认为是继 DNA 双螺旋结构发现和人类基因组计划之后的"第三次生命科学技术革命"。

18.1.2 合成生物学研究内容

作为一门崭新的前沿交叉学科，综合各种大同小异的定义表述，合成生物学可以归纳如下：合成生物学是一门在现代生物学和系统科学以及合成科学基础上发展起来的，融入工程学思想和策略的新兴交叉学科，是采用标准化表征的生物学部件，在理性设计指导下，重组乃至从头合成新的、具有特定功能的人造生命的系统知识、专有理论构架及相关使能技术与工程平台的一门新兴学科；简而言之，就是利用工程化的理念和范式来研究生物与生命。我国科学家将合成生物学精辟概括为"建物致知"和"建物致用"，可以解读为"通过建造生物体系来了解生命，通过创造生物体系来服务人类"。因此，合成生物学在生命科学和生物技术两个方面都具有重要意义（赵国屏，2018）。

18.1.2.1 合成生物学内涵

合成生物学具有明显的"工程学本质"特征，主要体现在两个方面。第一个方面是"自下而上"的正向工程学策略。合成生物学的核心研究内容之一是元件标准化→模块构建→底盘适配，这就包括对生命过程的途径和网络的组成与调控的认识、"正交化生命"的设计与构建等；而人工线路的构建就是其最重要的工程化平台。第二个方面是目标导向的重构"人造生命"。因此，合成生物学的另一个核心研究内容是"自上而下"构建"最小基因组"，或者"自下而上"合成"人工基因组"，这其中最重要的两大核心技术是大规模、高精度、低成本的 DNA 合成技术，以及大片段基因组的人工操作、改造和组装技术，而基因组的构建则是最重要的工程化平台。

"汇聚特性"是合成生物学内涵的核心。合成生物学通过汇聚科学研究所带来的"发现能力"、工程学理念所带来的"建造能力"和颠覆性技术所带来的"发明能力"，从而实现社会"创新能力"的全面提升。合成生物学的工程学内涵是：在人工设计的指导下，采用正向工程学"自下而上"的原理，对生物元件进行标准化的表征，建立通用型的模块，在简约的"细胞"或"系统"底盘上，通过学习、抽象和设计，构建人工生物系统并实现其运行的定量可控（赵国屏，2018）。合成生物学的生物技术内涵是生物技术在基因组和系统生物学时代的延伸与飞跃。合成生物学的科学内涵是：与"自上而下"的系统生物学相辅相成，通过从"合成"的理念和策略出发，突破生命科学传统从整体到局部的"还原论"策略，以"从创造到理解"的方式，开启了理解生命本质的新途径，建立了生命科学研究的新范式（图18-1）。

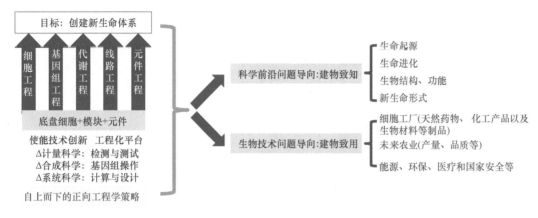

图 18-1　合成生物学的内涵

18.1.2.2　合成生物学的发展进程

进入 21 世纪以来，合成生物学发展迅速，大致可以分为 4 个阶段（图 18-2）：第一个阶段是合成生物学的创建时期（2000～2003 年），这个时期产生了许多具备领域特征的研究手段和理论，特别是基因线路工程的建立及其在代谢工程中的成功运用；第二个阶段是摸索完善时期（2004～2007 年），这个时期的重要特征是领域有扩大趋势，但工程技术进步比较缓慢；第三个阶段是快速创新和应用转化时期（2008～2013 年），这个时期涌现出了大量新技术和新工程手段，特别是人工合成基因组能力的提升，以及基因组编辑技术的突破等，从而使合成生物学的研究与应用领域大为拓展；第四个阶段是飞速发展新时期（2014 年至今），该时期研究成果全面提升，特别是酵母染色体的人工合成等突破性成果，为人类实现"能力提升"的宏伟目标奠定了重要基础。

18.1.2.3　合成生物学研究内容及最新进展

合成生物学的主要研究内容可以总结为"设计和构建新型生物学组件或系统以及对自然界已有的生物系统进行重新设计并应用"。因此，合成生物学的研究内容具体可以从以下几个方面进行阐述。

1. 生物元件及合成生物系统的高效应用

该部分主要包括以下具体内容：生物元件的挖掘、鉴定与标准化；人工基因线路的设计与构建；代谢网络重构及其与底盘细胞的适配；合成各种天然或非天然产物。

目前已经完成了多种不同来源、功能多样的生物元件（包括启动子、核糖体结合位点、终止子、核糖开关、抗逆元件等）的挖掘与标准化建设，加快了对代谢途径以及基因组的设计与优化（周丁等，2017）。

人工基因线路的设计与合成是合成生物学形成的标志性工作。2000 年，美国波士顿大学 James J. Collins 课题组构建出了转录水平的双稳态开关，普林斯顿大学 Michael B. Elowitz 和 Stanislas Leibler 设计出了基因表达振荡器，这两项成果被称为合成生物学的里程碑。近年来，基于生物元件的其他各种基本型基因线路如逻辑门、放大器、计数器

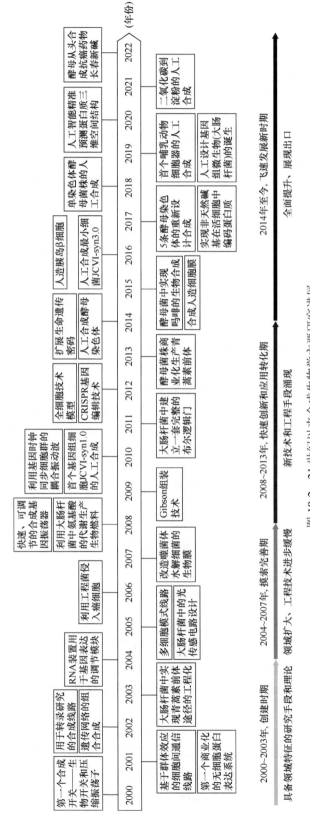

图 18-2 21 世纪以来合成生物学主要研究进展

先后被开发出来。利用基本型人工基因线路作为基础器件，还可以搭建出复杂的组合型人工基因线路，例如，北京大学欧阳颀课题组设计出了一种具有巴甫洛夫经典条件反射行为的人工基因线路，在大肠杆菌中重现了高等生物的神经网络的学习功能。

底盘细胞是合成生物反应发生的宿主，由于细胞的复杂性，嵌入的合成装置或系统可能受到细胞原有无关代谢过程的影响，解决办法之一是"自上而下"的基因组删除策略，删除一些非必需基因，构建简约基因组或最小基因组。该策略的另一个好处是，减少细胞中其他代谢过程对能量和物质的消耗。在实际应用过程中，还经常根据需要对底盘进行改造和优化。现在常用的底盘细胞主要有大肠杆菌、放线菌、枯草芽孢杆菌、酵母菌、假单胞菌、支原体等，目前正在考虑进一步将动植物细胞也开发成为底盘细胞。

通过将不同来源的代谢通路、酶等模块化，引入到底盘细胞进行组装，优化代谢途径，提高代谢效率，降低生产成本，从而实现代谢产物的高效合成。目前，已经在大宗化学品（正丁醇和异丁醇）、生物塑料（1,4-丁二醇）、萜烯类等天然产物以及抗生素等药物类方面实现了微生物合成，并将进一步推动实施"新本草计划"。

2. 先进使能技术开发和应用

合成生物学使能主要包括 DNA 测序、DNA 合成、基因组设计、基因组合成与组装、基因编辑以及遗传密码子扩展等技术（图 18-3）。

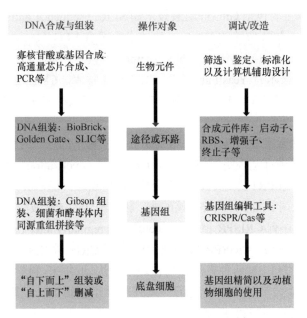

图 18-3　合成生物学使能技术概要

DNA 测序技术经历了漫长的发展过程。先后诞生了以桑格（Sanger）的链终止法（Sanger 法）和马克西姆（Maxam）的化学链降解法为基础的第一代 DNA 测序技术（20 世纪 70 年代），以 Roche 公司的 454 技术、Illumina 公司的 Solexa 和 Hiseq 技术、ABI 公司的 SOLiD 技术为标记的第二代 DNA 测序技术（2005 年开始），以 PacBio 公司的单分子实时测序系统（single molecule real time，SMRT）技术和 Oxford Nanopore Technologies

的纳米孔单分子测序技术为代表的第三代 DNA 测序技术（2009 年开始）。测序技术的每一次变革，都对合成生物学领域产生了巨大推动作用。

现有基因合成的主流方法是基于寡核苷酸合成仪来合成寡核苷酸，然后在此基础上利用 PCR 等手段来进行基因合成。最近，科学家开发出体外酶法合成 DNA，该方法主要依赖于一种在免疫系统细胞中发现的 DNA 合成酶——末端脱氧核苷酸转移酶（terminal deoxynucleotidyl transferase，TdT），这种酶能够将核苷酸添加到水溶液中的 DNA 分子上，该技术有望提高 DNA 合成的精确度，并能够合成出长达数千个碱基的 DNA 分子。当进行大规模基因合成时，需要借助芯片合成与原位组装的理念，最近几年已迅速开发出了多种高通量的基因合成技术。

DNA 组装技术是合成生物学的关键共性技术。目前，小分子 DNA 组装大多采用体外组装策略，这些组装策略分为依赖于 DNA 聚合酶的组装技术、依赖于 DNA 连接酶的组装技术以及非酶依赖的 DNA 组装技术。从几百 kb 到 Mb 级大片段 DNA 的组装，需要更多地借助微生物体内自身的重组机制来完成。依赖于 DNA 聚合酶的组装技术主要包括聚合酶循环组装（polymerase cycling assembly，PCA）技术、重叠延伸 PCR（overlap extension polymerase chain reaction，OE-PCR）技术等。依赖于内切核酸酶的 DNA 组装技术主要包括 BioBrick 技术和 Golden Gate 技术；近年来又新发展了 MASTER 连接法（methylation-assisted tailorable ends rational ligation method）等。基于外切核酸酶的 DNA 组装技术主要包括 Gibson 组装技术和 SLIC（sequence and ligation-independent cloning）组装技术。非酶依赖的 DNA 组装技术主要有 EFC（enzyme-free cloning）技术、TPA（twin-primer non-enzymatic DNA assembly）技术。基于微生物体内自身高效重组机制的 DNA 组装技术有 YeastFab 技术、RADOM 技术、CasEMBLR 技术、CasHRA 技术、SCRaMbLE 系统、λRed 重组系统、RecET 重组系统和多米诺骨牌法（Domino method）等。

科学家一直在探索实现对基因组（特别是高等生物基因组）的精准编辑，早期主要使用同源重组的方法进行基因组编辑，包括 Cre 蛋白（cyclization recombinase）及与之对应的 loxP 序列、Flp-FRT 系统、C31 整合酶-att 位点等；随后又发展了基于模块化元件构建的核酶或转录调节因子，从锌指核酸酶、转录激活因子样效应物核酸酶到成簇的规律间隔的短回文重复序列/CRISPR 相关因子（clustered regularly interspaced short palindromic repeats/CRISPR associated，CRISPR/Cas）系统。由于 CRISPR/Cas 系统具有高效、方便、廉价等优点，ZFN 和 TALEN 两种方法也将被逐渐淘汰。近年来，科学家利用 CRISPR/Cas 体系的可编程和精准切割等特点发展了一系列基因组编辑工具，其宿主范围已经覆盖了从细菌到高等生物的不同物种。

遗传密码子扩展技术是由 Peter G. Schultz 为代表的研究人员开发的化学生物学技术，该技术可在蛋白质特异位点引入非天然氨基酸。我国科学家利用超折叠荧光蛋白可改造为类似天然光合系统蛋白质的潜能，应用拓展遗传密码子技术和非天然氨基酸（光敏剂），特异性地改造荧光蛋白发色团，使其受光激发后能高效地向位于荧光蛋白折叠桶外的小分子三联吡啶镍合物传递电子，从而还原 CO_2 生成 CO。2014 年，研究人员设计制造了一种大肠杆菌，它除了有正常的 G、T、C 和 A 等碱基，还含有另外两种碱基——X 和 Y。2017 年，该团队进一步将含非天然碱基对 dNaM-dTPT3 的 DNA 插入到包含传统碱基对的大肠杆菌基因组中，并在大肠杆菌中成功实现了转录和翻译，将两种非天然存在的氨基酸（PrK 和 pAzF）整合到绿色荧光蛋白中，产生了包含非天然氨基酸的绿色荧光蛋白变体，实现了非天然碱基在活细胞中合成蛋白质。

3. 人工合成生物体系的建立与重构

"人造生命"一直是合成生物学家努力的方向。2010 年，美国 J. Craig Venter 研究组设计、合成和组装了 1.08Mb 的蕈状支原体基因组，并把它移植到山羊支原体受体细胞中，创造了世界上第一个仅由人工化学合成染色体控制的、具有自我复制能力的新细胞——"Synthia"；2016 年，研究人员在"Synthia"基础之上制造出最简单的人造合成细胞——"Syn 3.0"合成细胞，J. Craig Venter 也因此被誉为"人造生命之父"。2011 年，实施第一个真核生物基因组合成计划——合成酵母基因组计划（Sc2.0），截止到 2017 年，先后成功合成了酿酒酵母 2 号、3 号、5 号、6 号、10 号和 12 号染色体的从头设计与全合成（Richardson et al., 2017）。2018 年，美国构建出了只含有 2 条染色体的"16 合 2"染色体酵母，我国则创建了只含有 1 条染色体的"16 合 1"染色体酵母 SY14，成功实现了单染色体酿酒酵母细胞的人工创建。2019 年，英国剑桥大学 Jason W. Chin 研究组通过高保真人工合成技术，将大肠杆菌 4Mb 的基因组全部替换为合成基因组，这是当时完成的最大的人工合成基因组。

通过认识微生物之间的相互作用机制，构建具有良好协调行为的多细胞体系人工合成生态系统，将有助于解决单一细胞难以高效完成的复杂生物学功能。在设计合成生态系统时，主要参考不同细胞间的互惠共生、拮抗、竞争等关系，以及构成这些关系的分子基础，如细胞信号分子、环境抑制物、互补代谢物及共同底物等。研究人员利用这些机制已经开发出了许多具有独特功能的多细胞体系，如由合成酿酒酵母-希瓦氏菌组成的生物燃料电池，能够以葡萄糖为底物，通过协同代谢产生电能。

4. 体外合成生物学体系的建立与应用

体外合成生物学不依赖生命体，在试管等媒介中研究生命活动和规律，是合成生物学重要的前沿领域。无细胞蛋白合成系统（cell-free protein synthesis，CFPS）是体外合成生物学最重要的研究平台，通过利用外源 DNA 或 mRNA 直接在体外合成目标蛋白质，不依赖于细胞结构，具有快速、简便、可控性强和绿色经济等优点。目前，CFPS 主要分为两种系统：第一种是 2001 年开发的由 New England Biolabs 公司商业化生产的"PURE"系统，即先将转录翻译所必需的各种组分进行纯化，然后添加入 CFPS 反应体系，所有添加物完全已知且浓度可控；第二种是 2001 年由 Roche 公司开发出的商业化细胞提取物系统，通过处理并破碎细胞，去除细胞内的基因组 DNA、不溶物等，获得含有转录翻译、能量代谢等所需的必要生化组分，以此为基础进行 CFPS。最近研究人员利用无细胞蛋白合成和无细胞代谢工程等技术手段，不仅实现了缬氨霉素合成基因簇（>19kb）的体外活性表达，而且成功检测到终产物缬氨霉素。

18.1.3　合成生物学发展趋势

进入 21 世纪以来，合成生物学的发展已经展示出了其强大能力和重要使命。合成生物学不仅推动人类实现从"认识生命"到"设计生命"的伟大跨越，而且可在一定程度上对生命科学研究范式进行改写，即通过设计、改造和创造生命体系来理解生命，从而探寻是否具有支配生命复杂体系的自然法则。另外，合成生物学通过基因网络工程，形成多学科交叉融合，其研究领域、研究内容和产业化应用等方面将迎来新的突破（赵国屏，2018）。

2012 年，智库伦理与新兴技术研究所的学者 Melanie Swan 对合成生物学领域进行了综述，提出合成生物学将成为 21 世纪的"晶体管"，未来 25 年内将创造数以千计的基因组甚至新生命体系。目前合成生物学的发展充满机遇，例如：核酸合成与分析技术进展；运用综合生产或基因缩小（genetic downsized）的基因组构建极小细胞（minimal cell），尽可能地生产最小单位细胞；具有活细胞特点的原细胞（protocell）合成；通过对独特的代谢功能进行模块化装配生产新型生物分子；构建对外部刺激进行响应的监控回路；设计"正交系统"，改良细胞体系的应用，生产新型生物聚合物等。

合成生物学的领军人物德鲁·恩迪（Drew Endy）预测合成生物学将进一步拓展研究维度，在再生医学、药物设计等方面发挥更为重要的作用。美国波士顿大学 James J. Collins 认为，合成生物学下一步将会得到功能更为稳定的基因合成路线，并用于生物传感、生物修复和生物制造等领域。目前，合成微生态系统已成为合成生物学发展中备受关注的研究方向。

合成生物学与其他学科的交叉融合，将全面构筑未来的工程生物学，加速实现其在生物医药、绿色化工、环境治理、生物能源、抗逆改造、新材料等领域的实用性和产业化方向发展。虽然合成生物学的发展仍处于早期阶段，目前还面临着基础研究、实验技术、产品应用和生物伦理等多方面的挑战，但随着其研究瓶颈的逐个突破，合成生物学将在国家安全、绿色能源、生态发展、人类健康等领域发挥越来越重要的作用。

18.2　合成生物系统的基因线路

18.2.1　基因线路概述

基因线路是生命体对自身生命过程控制的动态调控系统。人工基因线路是在工程化设计原理的指导下，由各种调控元件与被调控的基因组合而形成的遗传装置，在一定条件下调节基因产物的定时定量表达，它主要是对天然基因调控线路进行简单化处理和重新编程，以及引入自然界不存在的人造法则。目前，人们构建的基因线路主要由基因开关、逻辑门、生物振荡器、放大器等组成，以执行诸多调控功能。

根据基因线路的发展过程，主要分为两种类型：基本型基因线路和组合型基因线路。基本型基因线路是基于对生命系统的认识，以电子工程的方式设计、模拟并构建的基本生物控制器件，主要包括基因开关、逻辑门、生物振荡器等。组合型基因线路是以多个基本型基因线路为基础器件，搭建可用于模拟高级生命过程的复杂基因线路，如我国研究人员设计的一种具有巴甫洛夫经典条件反射行为的基因线路。

18.2.2　调控元件

基因的表达可在 DNA 复制、转录、转录后、翻译和翻译后等多个层次上进行调控。原核生物以转录水平的调控为主，其基本功能单位是操纵子，主要由启动子、结构基因、调控基因和终止子等元件组成。真核生物基因表达调控主要通过顺式作用元件与反式作用因子的相互作用来实现，顺式作用元件主要包括启动子、增强子和调控序列等，反式作用因子主要指转录因子。因此，生物体主要通过核酸（DNA 或 RNA）与蛋白质之间的相互作用，以及蛋白质与蛋白质之间的相互作用来实现基因表达的精准调控。

18.2.3　开关基因线路

基因开关是指在某种诱导物存在或缺失时，或者在两个独立的外源刺激作用下，调控基因处于两种可能状态中的一种。基因开关也是最基本的基因表达调控部件之一，目前挖掘的基因开关主要包括转换开关、双相开关、核糖开关以及双稳态开关等。

18.2.3.1　转换开关

转换开关即输出是输入的转换函数，当输入为高时，输出则为低；反之，输入为低时，输出则为高。天然的基因表达调控系统中存在很多转换开关，如正控阻遏调控系统，当效应分子存在，即输入为高时，激活蛋白没有活性，基因不能表达，系统输出为低；当效应分子不存在，即输入为低时，激活蛋白处于活性状态，激活基因表达，系统输出为高。

18.2.3.2　双相开关

双相开关即基因在转录过程中既有正调控作用又有负调控作用。例如，λ 噬菌体中存在一个双相操纵子 P_{RM}，该启动子中包含有 3 个结合位点，分别为 OR_1、OR_2 和 OR_3，这 3 个结合位点与基因产物 λ 阻遏子的亲和力从高到低依次为 OR_1、OR_2、OR_3，它们共同调控 cI857 基因的表达。当 λ 阻遏子浓度较低时，阻遏子首先与 OR_1 结合，并促进其与 OR_2 结合以及 cI857 基因的转录，进而生成更多的 λ 阻遏子，这时候 OR_1、OR_2 和 OR_3 都被 λ 阻遏子结合，cI857 基因的表达受到抑制，λ 阻遏子的浓度也将逐渐降低（图 18-4A）。由于双相开关的调控，λ 阻遏子浓度较低时，促进基因的转录，为正调控；λ 阻遏子浓度较高时，阻遏基因的转录，为负调控（Isaacs et al.，2003）。

18.2.3.3　双稳态开关

双稳态开关又称为"拨动开关"，它可以通过人为调控，实现基因线路在两种不同稳定状态间的切换。2000 年，美国科学家 James J. Collins 借鉴电子工程的设计思路，在生物体内构建了转录水平的双稳态开关（Gardner et al.，2000）。该双稳态开关由两个组成型启动子和两个阻遏子组成，两个启动子中的任何一个被另一个启动子所转录的阻遏子所抑制，报告基因的表达产物作为输出信号表征系统目前所在的状态。当启动子 1 表达时，阻遏子 2 基因被激活，产生的阻遏子 2 抑制启动子 2 的表达，从而抑制阻遏子 1 和报告基因的表达，系统无特定产物输出，稳定于启动子 1 开启而启动子 2 关闭的状态；当启动子 2 启动时，阻遏子 1 和报告基因均表达，产生的阻遏子 1 抑制启动子 1 的表达，从而抑制阻遏子 2 的表达，系统有特定产物输出，处于启动子 2 启动而启动子 1 关闭的稳定状态（图 18-4B）。

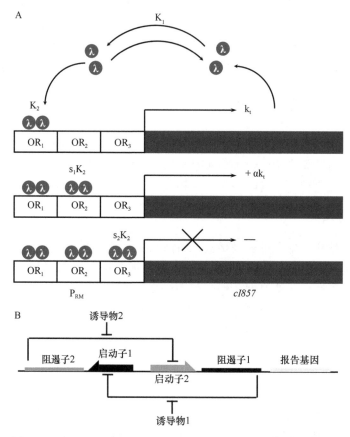

图 18-4 双相开关（A）和双稳态开关（B）基因线路设计示意图
[改编自 Gardner 等（2000）、Isaacs 等（2003）]

这种双稳态开关虽然结构简单、所含基因数和顺式调控元件少，但是能够在很宽的范围内达到双稳态调节，对基因表达的内在波动不敏感，不容易出现两个状态间的随机翻转。在没有启动子诱导物时，开关可能处于"开"或"关"两种状态中的任意一种，但是只要加入诱导物激活相应阻遏子的表达，抑制当前处于激活状态的启动子，就能将开关调节至另一种状态。因此，双稳态开关基因线路具有高度简化和响应速度快的特点。

18.2.3.4 核糖开关

核糖开关（riboswitch）是基因转录的 mRNA 上的一个区域，它可以直接与小分子结合来影响相应基因的表达。这个小分子通常是代谢产物，而基因是编码与这个小分子代谢相关的酶，生物体通过核糖开关来调节其代谢过程。核糖开关最早是 Breaker 等于 2002 年在大肠杆菌中发现的硫胺素焦磷酸（thiamine pyrophosphate，TPP）核糖开关，它位于大肠杆菌 mRNA 的 5′端非转录区，可以直接结合维生素 B_1 或其焦磷酸盐衍生物，而不需要蛋白辅酶的参与，该 mRNA 编码与维生素 B_1 生物合成相关的酶，这样大肠杆菌就可以通过感受 TPP 的含量来调节维生素 B_1 的生物合成。

核糖开关可以位于 mRNA 的 5′端非翻译区（5′ untranslated region，5′-UTR），也可以位于前体 mRNA 的 3′-UTR 和内含子区域，其结构分为适配子和表达模块两个关键功能域：适配子可以直接结合小分子，表达模块根据适配子是否结合小分子的情况来变化构象，从而调控基因的表达。大部分核糖开关在响应小分子结合后会抑制基因的表达，但也有小部分是启动基因的表达。现有研究表明，核糖开关主要在转录和翻译两大水平上调节基因的表达。当核糖开关中的适配子与小分子结合后，核糖开关的构象发生变化，进而引起适配子所在的 mRNA 转录终止，形成一个没有活性的短转录物，或通过构象重排形成的 RNA 二级结构能够阻遏翻译起始。除了这两种主要调节机制，近年来又发现了本身具有核酶功能的自剪切机制，如存在于枯草芽孢杆菌等革兰氏阳性菌中的 glmS 核糖开关等（周丁等，2017）。

18.2.4　逻辑门基因线路

逻辑门基因线路起源于数字电路中的逻辑关系，通过借鉴数字电路的控制理论和逻辑电路设计规则，对生物体内的逻辑关系与调控方法进行研究。通过逻辑门基因线路能够将复杂的生物学功能抽象成{0，1}空间的映射关系，从而有助于深入认识网络本身的主要功能。

逻辑门是用于构建合成生物学数字器件的重要组成部分。生物体内许多蛋白质都能够与特定的 DNA 序列相互结合，许多逻辑门的构建都是基于这种蛋白质与 DNA 的相互作用来完成的。

18.2.4.1　"非"门基因线路

"非"门（NOT gate）是数字逻辑中实现逻辑"非"的逻辑门，也是最简单的逻辑门，又称为反相器。如果用"0"表示"假"、用"1"表示"真"，那么当输入为"0"时，输出则为"1"；反之，当输入为"1"时，输出则为"0"。

在进行"非"门基因线路设计时，一般都是由阻遏子和它们作用的启动子共同组成，即通过输入的阻遏子和启动子对输出启动子进行关闭调控。

18.2.4.2　"与"门基因线路

当逻辑门接收了两种输入信号、生成一种输出信号，并且输出信号水平与输入信号水平之间存在逻辑关系时，那么，在这两种输入信号与一种输出信号之间可能存在有 16 种不同的逻辑联系，具体见表 18-1（"0"表示"假"，"1"表示"真"）。

表 18-1 两种输入信号类逻辑门中 16 种逻辑关系的真值表

逻辑门类型	输入 1	输入 2	输出
"与"门	0	0	0
	1	0	0
	0	1	0
	1	1	1
"或"门	0	0	0
	1	0	1
	0	1	1
	1	1	1
"与非"门	0	0	1
	1	0	1
	0	1	1
	1	1	0
"或非"门	0	0	1
	1	0	0
	0	1	0
	1	1	0

"与"门（AND gate）逻辑计算原则是：当两种输入信号同时为"真"时，输出信号才为"真"（表 18-1）。"与"门基因线路一般是基于 DNA 结合蛋白进行设计。例如，T7 噬菌体的 RNA 聚合酶可以被分割成两个部分，分割后的两部分分别由两个不同的诱导型启动子控制，只有当两个启动子都被诱导时才能形成完整的、有功能的 T7 RNAP，从而构建出转录水平的"与"门基因线路。

18.2.4.3 "或"门基因线路

"或"门（OR gate）逻辑计算原则是：当输入信号有一个为"真"时，输出就为"真"，具体真值见表 18-1。在进行"或"门基因线路设计时，一般通过串联启动子或者在两个分散的组件中表达目标基因来实现。

18.2.4.4 "与非"门基因线路

"与非"门（NAND gate）是"与"门和"非"门的结合，其计算原则是：先对两个输入信号进行"与"门计算，然后对"与"门计算的结果再进行"非"门计算。因此，当输入信号有一个为"假"时，输出就为"真"；只有当两种输入信号同时为"真"时，输出信号才为"假"。具体真值见表 18-1。

18.2.4.5 "或非"门基因线路

"或非"门（NOR gate）是"或"门和"非"门的结合，其计算原则是：先对两个输入信号进行"或"门计算，然后再对"或"门计算的结果进行"非"门计算。因此，当输入信号有一个为"真"时，输出就为"假"；只有当两种输入信号同时为"假"时，输出信号才为"真"。具体真值见表 18-1。

18.2.5 基因线路实例

光控开关与细菌胶片是指由感受光照刺激的光感受器和调控遗传线路响应的应答因子组装成的光控开关与生物成像系统。2005 年，美国科学家 Christopher A. Voigt 课题组设计了一种包含有人工合成感应激酶的大肠杆菌成像系统，如图 18-5A 所示，绿色的

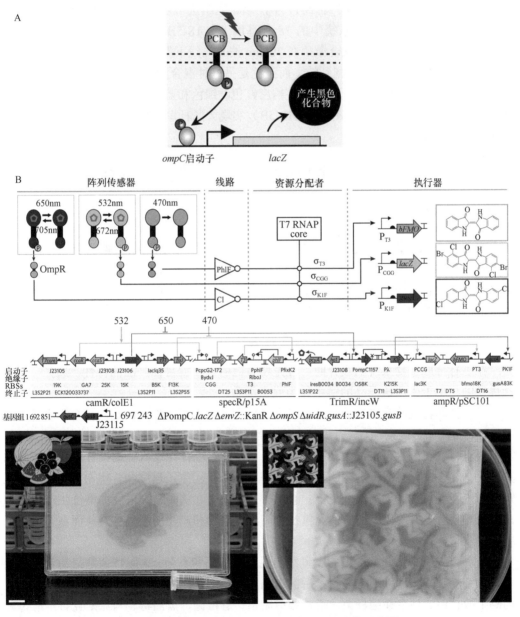

图 18-5 大肠杆菌黑白（A）和彩色（B）成像示意图

[改编自 Levskaya 等（2005）、Fernandez-Rodriguez 等（2017）]

PCB 是光感受器，由 *Synechocystis* 中的光敏色素基因 *Cph1* 组成；橙色部分是由组氨酸激酶结构域和响应调节域组成的应答调节子，由基因 *EnvZ-OmpR* 组成。当有红光照射时，应答调节子中 Envz 蛋白的自磷酸化受到抑制，OmpR 蛋白也无法进行磷酸化，启动子 *ompC* 关闭，报告基因 *lacZ* 无法表达，不能产生黑色化合物；当没有红光照射时，Envz 蛋白发生自磷酸化，从而使 OmpR 蛋白磷酸化并激活启动子 *ompC*，基因 *lacZ* 表达，产生黑色化合物。因此，通过控制光照，可以产生具有清晰对比度的二维黑白图像，实现了给大肠杆菌"照相"的目的。这是首次关于具备图像处理功能的基因双稳态线路的报道（Levskaya et al.，2005）。2017 年，该课题组进一步使用分布在传感器、线路、资源分配者和执行器 4 个子系统中的 18 种基因（图 18-5B），合成网络连线大肠杆菌，在这种基因系统中，红色是混合激酶在705nm 波长光线下探测到的，绿色是蓝藻细菌传感器在 535nm 波长光线下探测到的，而蓝色是另一种混合激酶，可以在 470nm 波长下探测到。因此，可使用大肠杆菌探测并响应红色、绿色和蓝色，之后细菌垫将培养皿转变成为画板，形成鲜艳美丽的图案（图 18-5B），实现大肠杆菌彩色照相的目标（Fernandez-Rodriguez et al.，2017）。

18.3 合成生物系统的设计、组装与优化

18.3.1 合成生物系统的设计

在运用合成生物系统进行特定产品的高效生产时，首先需要根据所合成产品的特性，对合成生物系统进行多方面的设计，这也是对合成生物系统进行组装与构建的前提。在进行合成生物系统的设计时，主要考虑底盘细胞的选择、所需元件和途径的挖掘，以及合成生物系统的模拟设计等基本因素。

18.3.1.1 合成生物系统中底盘细胞的选择

在进行合成生物系统的设计时，首先要考虑的是根据目标产品的特性，选择一个性状优良的、用于生产该产品的宿主作为底盘细胞。

一个性状优良的底盘细胞，应该具有高效和低成本等特性。因此，在选择底盘细胞时，主要考虑如下因素：①具有遗传可操作性和稳定性，能够建立高效的遗传转化体系；②需要有特征明确且可控的代谢工程模块，且最好有进行计算机辅助设计所需的工具和算法；③能够在含有廉价碳源的基本培养基中生长；④生长速度快，代谢率高，能够在短时间内实现目标产物的高效生产；⑤发酵过程简单，从而最大限度地降低生产成本和风险；⑥具有强大的环境适应性，包括对高浓度底物和产物的耐受性，从而获得目标产物的高效价。

目前合成生物系统上常用的底盘细胞主要是细菌和真菌。大肠杆菌是最为常用的细菌底盘细胞，酿酒酵母则是最为常用的真菌底盘细胞。此外，其他常用的底盘细胞还有丙酮丁醇梭菌、枯草芽孢杆菌、嗜盐假单胞菌、链霉菌、黑曲霉、马克斯克鲁维酵母和解脂耶氏酵母等。同时，一些蓝藻和烟草、拟南芥等模式植物也开始作为底盘细胞用于生产目标产物。针对目标产物进行底盘细胞的改造从而提高其适配性和高产性一直是合

成生物系统的重要研究内容之一。目前，主要通过基因组的精简实现最小基因组底盘细胞的构建，即在保持宿主细胞具有基本的自我复制与代谢能力的基础上，进行必要的功能精简优化，从而获得正交性好、稳健性高、普适性强的合成生物学操作平台。

18.3.1.2　合成生物系统中所需元件和途径挖掘

合成生物系统中所需的元件包括编码蛋白质的特定功能性酶基因，以及对基因表达具有调控作用的各类调控元件，如启动子、终止子、增强子、绝缘子、转录因子等。一般通过对天然宿主进行基因组、转录组、蛋白质组以及代谢组等多组学分析，结合目标代谢途径的解析和计算机预测等手段，获得具有明确定义的特定功能元件和目的途径，并在异源宿主中进行应用，实现目标途径的解析与优化。

18.3.1.3　合成生物系统模拟设计与分析

在利用数学建模对合成生物系统进行设计时，由于元件和途径在不同的底盘细胞中具有行为模式的复杂性和难以预测性，因此，这种设计通常都需要相应的计算机软件进行辅助，尤其是对于复杂的生物系统，更需要通过"设计-构建-检验-重设计"循环来对原始设计不断加以验证和修正。

经过计算机辅助设计或重设计后，对于获得的可能最优代谢途径，还可以通过计算机模拟并预测其整合到候选底盘细胞后的代谢模型，推测其代谢网络与外源途径拓扑结构的相互适应过程。针对合成生物系统的模拟设计与分析，研究者们开发出了一系列的数据库和软件，例如，针对元件挖掘的有 Registry of Standard Biological Parts[IGEM]、antiSMASH、KEGG 等，针对元件选取与优化合成的有 RBS Calculator、RBSDesigner、Gene Designer 等，针对途径挖掘的有 BNICE、DESHARKY、RetroPath 等，针对通路设计的有 Asmparts、SynBioSS、CellDesigner 等，针对代谢建模与分析的有 COBRA toolbox、BioMet toolbox、iPATH2 等。

18.3.2　合成生物系统的组装与构建

在完成合成生物系统的设计之后，需要运用一系列的 DNA 组装技术和方法，快速、高效地从单个转录单元的合成组装到整个合成生物系统的组装与构建，从而实现设计的目标功能。

18.3.2.1　转录单元和多基因代谢途径的合成组装与构建

为保证编码序列能够在特定底盘细胞中实现高效表达，一般先通过计算机辅助软件对编码序列的密码子进行优化，从而与其底盘细胞相匹配。同时，还要考虑密码子上下游序列、mRNA 二级/三级结构、GC 含量等各种因素的影响。在对编码序列进行优化后，还需选取启动子、核糖体结合序列（ribosome binding sequence，RBS）等各种合适的功能元件，实现对编码序列的预期调控，组装成包含一个基因或多个基因代谢途径的转录单元。组装好的转录单元可以通过选取合适的质粒载体实现表达，或者直接通过同源重组的方式整合到底盘细胞的基因组中实现表达。

小片段的转录单元一般采用 DNA 体外组装策略,大片段的转录单元则借助微生物体内自身的重组机制来完成。传统的、依赖于限制性内切核酸酶识别位点的分子克隆技术虽然仍被部分实验室应用,但该方法存在对序列具有选择性、步骤烦琐、无法做到无痕插入、对实验操作人员要求较高等不足。近年来,新的分子克隆技术不断被开发,不仅大大提高了分子克隆的效率,而且使得多基因大片段的组装也更为简单有效。下面介绍几种主要的基因组装技术。

1. Gibson 组装

Gibson 组装方法又被称为"Gibson 等温一步拼接法",由美国科学家 Daniel G. Gibson 等于 2009 年创建,其基本原理如图 18-6A 所示(Gibson et al., 2009)。首先,通过 PCR 方法在 DNA 片段的两端加上长度为 15~40bp 同源序列;然后将这些 DNA 片段和一种含有 T5 外切核酸酶、Phusion 聚合酶及 Taq DNA 连接酶的混合溶液一起孵育一定时间,从而实现在体外将多个带有末端重叠序列的 DNA 片段在单温反应管内连接组装。T5 外切核酸酶具有 5′→3′外切核酸酶活性,其作用是从 5′端开始对 DNA 进行消化,产生长的黏性末端,从而有利于与另外的同源末端进行配对结合;高保真 DNA 聚合酶用于修补缺口;Taq DNA 连接酶进行修复连接,实现无痕拼接,形成完整的双链 DNA 分子(Komor et al., 2016)。该方法的优势在于这 3 种酶可以在同一个温度下发挥功能,实现一步完成组装,组装后的质粒可以直接用于转化感受态细胞,无须使用限制性内切核酸酶。该方法可组装的片段一般不超过 6 个。

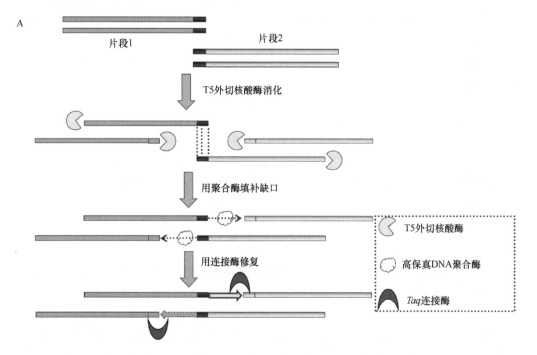

图 18-6 几种主要的基因组装技术示意图 [改编自常汉臣等(2019)、黄鹏伟等(2018)]

A. Gibson 组装;B. Golden Gate 组装;C. TPA 技术

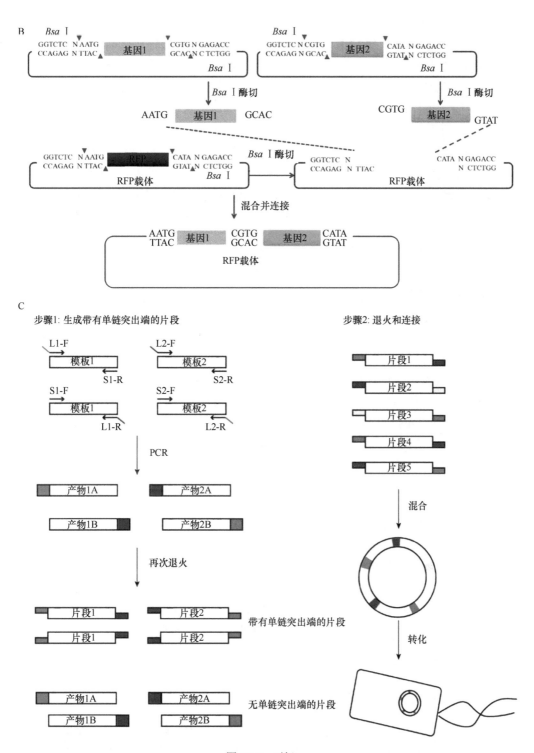

图 18-6 （续）

2. Golden Gate 组装

Golden Gate 组装是利用Ⅱ型限制性内切核酸酶 *Bsa* I 识别位点与切割位点不同的特性，通过灵活设计不同的黏性末端，从而实现同时组装多个 DNA 片段。该方法通过一步酶切连接后进行转化，获得重组质粒，从而实现多片段的一步法无缝连接（图 18-6B）。首先，利用 PCR 扩增目的片段，在两端分别加上 *Bsa* I 的识别序列，同时在识别序列内侧加上不同的 4nt 突出部分，相邻片段衔接处的 4nt 反向互补配对；然后，将这些含有目的基因的片段分别插入酶切前的中间载体，因此原则上一共可以设计 256 个突出的末端；将这些含有目的基因的载体与最终的载体（含有 2 个相邻的 *Bsa* I 酶切位点）混合，同时加入限制性内切核酸酶 *Bsa* I 和 DNA 连接酶，进行酶切和连接，从而实现同时组装多个 DNA 片段。目前，该技术已经应用于 CRISPR/Cas9 敲除系统的构建中。

3. 成对引物无酶 DNA 组装

成对引物无酶 DNA 组装（twin-primer non-enzymatic DNA assembly，TPA）技术是由我国科学家赵惠民教授团队于 2017 年建立的（Liang et al.，2017）。该组装方法可以在不使用工具酶的情况下将 PCR 扩增的各个目的 DNA 片段组装成一个质粒。具体原理如图 18-6C 所示。首先，针对每个目的 DNA 片段设计两对引物，一对引物包括长上引物和短下引物，另一对引物包括短上引物和长下引物，其中长引物的设计是为了扩增出不同目的 DNA 片段之间的同源区段，利用两对引物通过 PCR 对每个 DNA 片段分别进行扩增，这样扩增出来的目的 DNA 片段产物都含有与前面目的 DNA 片段和后面目的 DNA 片段同源的序列（不需要的扩增片段需剔除）；然后，将这些目的 DNA 片段等量混合，变性、退火，即可形成一条首尾含有黏性末端的目的 DNA 片段；这些带有黏性末端的目的 DNA 片段进一步通过退火就可以组装成一个质粒，并转化到细菌中进行验证。

4. 酵母体内组装方法

酵母具有从体外吸收并在体内组装 DNA 片段的能力，且其同源重组效率比较高，所以常用于体内的多片段 DNA 组装。例如，编码整个异源的代谢通路时，需要组装多个基因片段或模块，运用酵母体内的同源重组则可以实现一步组装整个代谢通路。2018 年，研究人员开发了 YeastFab 组装方法，利用该方法可以一步将标准化的生物元件组装为转录单元，并且利用多种启动子元件的组合组装来优化代谢通路（Bredell et al.，2018）。目前，酵母体内组装技术还广泛应用于染色体和基因组的组装。

18.3.2.2 染色体和基因组的组装与合成

1. 细菌基因组的组装与合成

2008 年，Daniel G. Gibson 等以 5～7kb 的基因片段为原材料，采用体外重组方法逐步组装成长度更大的中间体，然后将中间体组装到大肠杆菌的细菌人工染色体（bacterial artificial chromosome，BAC）上，最后通过酿酒酵母的重组机制组装成完整的生殖道支原体（*Mycoplasma genitalium*）全基因组命名为 JCVI-1.0（Gibson et al.，2008）。2010 年，该研究组利用酵母同源重组的方法完成了长度为 1.08Mb 的蕈状支原体（*Mycoplasma mycoides*）JCVI-syn1.0 基因组的设计、组装与合成，并成功移植到山羊支原体（*Mycoplasma capricolum*）中，产生了新的支原体细胞，从而创造了一个由合成基因组所控制的新细胞（Gibson et al., 2010）。2016 年，该研究组继续以 JCVI-syn1.0 基因组为研究对象，先采用基因组压缩策略，设计出猜想最小基因组，然后运用串联重复偶联的内切核酸酶切割（tandem repeat coupled with endonuclease cleavage，TREC）技术和酵母同源重组方法组装、合成出能够发挥功能的最小细菌基因组，被称为 JCVI-syn3.0（图 18-7）。该基因组删除了 JCVI-syn1.0 中的 428 个非必需基因，剩下 473 个基因，大小为 531kb，远小于在纯培养条件下含有自然界最小基因组的丝状支原体（580kb）（Hutchison III et al., 2016）。2019 年，Julius Fredens 等通过将大肠杆菌中丝氨酸的密码子 TCG 和 TCA 替换为同义密码子 AGC、AGT，将琥珀密码子 TAG 替换为 TAA，设计了一个 3 978 937bp 的大肠杆菌基因组序列。为了组装并合成出重新编码的大肠杆菌全基因组，首先通过体外 DNA

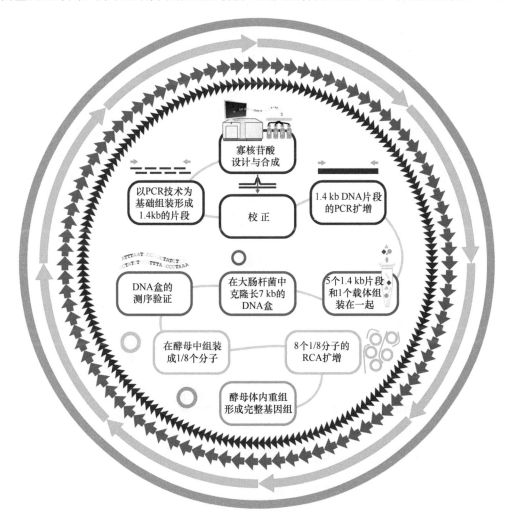

图 18-7　JCVI-syn3.0 全基因组组装与合成策略［改编自 Hutchison III 等（2016）］

合成构建出一条条长度约为 10kb 的 DNA 片段，然后利用酵母同源重组原理将 10 条左右的 DNA 片段拼接为包含长约 100kb 模块的 BAC，并转入大肠杆菌细胞，最后利用 REXER 技术、CRISPR/Cas9 技术以及细菌接合转移的方法，通过不断迭代最终将大肠杆菌中的基因组逐步替换为人工合成的序列模块，将 8 个重编码的 DNA 大片段组装合成出完整的基因组，创造出只使用 61 种密码子的人造基因组大肠杆菌 Syn61，这是迄今为止最大的合成基因组，而且编码变化也达到了迄今为止的最高水平（Fredens et al.，2019）。

2. 酵母染色体的组装与合成

2009 年，美国科学家 Jef D. Boeke 教授发起了人工合成酵母基因组计划（Sc2.0 计划），美国、中国、英国、法国、澳大利亚、新加坡等多国研究机构参与并分工协作（Richardson et al.，2017），旨在对酿酒酵母的整个基因组进行重新设计、改造与人工合成，并提出了酿酒酵母染色体的 3 个基本设计合成原则：①包含合成型染色体的酵母细胞与野生型酵母细胞具有相似的表型和适应性；②通过删除转座子、内含子等一些不稳定和基因组功能非必需的序列及元件，增加合成型基因组的稳定性；③通过引入合成生物学元件增加合成型基因组遗传操作的灵活性。

截至目前，已先后完成了酿酒酵母 synII、synIII、synV、synVI、synX 和 synXII 共 6 条合成型染色体的从头设计与合成，其中，中国科学家领衔完成了其中的 4 条（synII、synV、synX 和 synXII）。酿酒酵母染色体的组装过程主要如下：首先利用芯片合成技术，将核苷酸逐步连接得到寡核苷酸（约 75bp）；然后通过重叠延伸 PCR（overlap extension PCR，OE-PCR）技术对寡核苷酸进行组装，得到构造块（约 750bp）；进一步将构造块在体外或胞内依次组装形成小块（约 3kb）、大块（约 10kb）或超大块（约 50kb）；最后利用酵母内源的同源重组机制对染色体进行替换，最终得到完整的合成型酿酒酵母染色体（图 18-8A）。整个过程采取层级组装的方法，更有利于对超大 DNA 中错误位点的修复。

2018 年，美国 Jef D. Boeke 团队利用基因编辑技术将酿酒酵母的 16 条染色体融合在一起，得到含有两条染色体（每条染色体长度为 6000kb）的新酵母菌株（Luo et al.，2018）。与此同时，我国覃重军教授团队使用基因编辑工具 CRISPR-Cas9，通过切割和融合端粒附近的基因组序列，每次让两条染色体融合在一起，同时移除了每两条染色体中一条染色体上的着丝粒，通过 15 轮的染色体融合，将酿酒酵母天然的 16 条染色体逐一融合，人工创建了只含有单条线型染色体的酵母细胞（SY14）（Shao et al.，2018）。SY14 菌株共删除了 15 个着丝粒、30 个端粒、19 个长的重复序列（图 18-8B）。单条染色体虽然在三维结构上有极大的改变（图 18-8C），但是单条染色体的酵母具有与野生型菌株相似的转录组和表型组，并且单条染色体的酵母还保持了减数分裂的能力，说明单条染色体的酿酒酵母可以有正常的细胞功能，颠覆了染色体三维结构决定基因时空表达的传统观念，揭示了染色体三维结构与实现细胞生命功能的全新关系。

18.3.3 合成生物系统的优化与筛选

初步构建好的合成生物系统一般很难直接达到理想的功能状态，因此，还需要进行不断的优化与筛选。

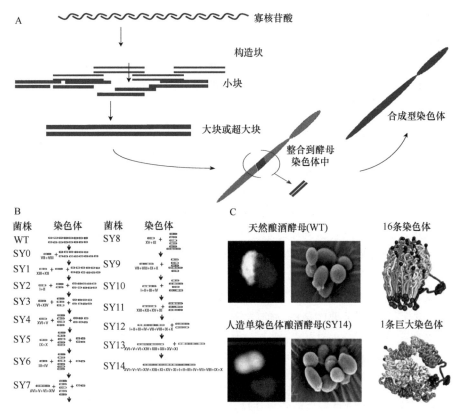

图 18-8　酿酒酵母染色体的组装过程（A）、人工创建单染色体酵母过程（B）及染色体三维结构（C）
[改编自徐赫鸣等（2017）、薛小莉和覃重军（2018）]

18.3.3.1　合成生物系统的优化

合成生物系统的优化主要包括在分子水平和组学水平上的优化。分子水平上的调控与优化主要包括在 DNA、RNA 和蛋白质等水平上对细胞或生物体进行调控；组学水平上的调控与优化主要包括在基因组水平、转录组水平、蛋白质组水平和代谢组水平等水平上对细胞或生物体进行调控。

DNA 水平的调控与优化主要借助启动子工程来实现，启动子工程常用的优化策略主要包括构建启动子文库、替换、调控 RBS 强度和多基因途径间隔区的组合优化等。RNA 水平的调控与优化主要借助 RNA 开关来进行，常用的 RNA 开关主要包括核酶开关、核糖开关和反义 RNA 开关等。蛋白质水平的调控与优化主要借助蛋白质工程来进行，蛋白质工程常用的调控优化策略主要包括提高合成途径中关键限速酶的活性、改变底物和产物的特异性、修饰调控元件和代谢途径酶的共定位表达等。

18.3.3.2　合成微生物组

传统的功能微生物组学主要利用自然界存在的已有共生菌群，如污水处理菌群、食品发酵菌群等，这些菌群具有物种组成复杂、稳定性与鲁棒性高、可实现自然界已有功能等特性。合成微生物组学是通过在无菌环境下接种多个确定的菌株，建立多菌株共培养体系，这些菌株的代谢通路经过模块化设计、改造与优化，实现人类赋予的、工业生产所需的新功能。建立符合特定需求的合成微生物组需要依次经过设计建模、菌株构建、实验评估、分析优化等步骤，其中最关键的步骤是设计模块化代谢通路。通过将合成目标产物的代谢通路拆分为多个模块，每个模块的任务由一个菌株执行，在模块间"承上启下"的中间产物需能够轻松穿过细胞膜或通道蛋白，抑或由载体蛋白转运，从而成为连接不同模块之间的"桥梁"，最终实现为每个菌株分配不同的任务。

在设计复杂的合成代谢通路并构建表达系统时，合成微生物组相比单菌株培养具有显著的优势，主要表现为合成微生物组能够显著降低菌株代谢负担及遗传改造难度，提供多样的元件表达平台，实现"即插即用"的模块替换，平衡各模块的合成能力，降低副产物的生成量，实现对复杂底物的利用。尽管合成微生物组具有得天独厚的优势并取得了快速发展，但仍存在着系列难题，主要包括如何维持共培养体系的稳定性、如何提高合成微生物组的鲁棒性、如何提高体系的可调控性等（朱彤和吴边，2019）。

建立含有更多菌株的共培养稳定体系，除了设计合成微生物组时使用的"自下而上"的设计方式，还有一种"自上而下"的设计方式，该方式从自然界已有的共生菌群出发，逐步删除功能冗余和不重要的菌株，仅保留能够实现共生菌群功能的关键菌株，从而得到"最小必要菌群"（minimal microbial communities）。以这种方式得到的共培养体系具有更好的稳定性与鲁棒性（系统在受到扰动后迅速进入稳态的能力），并且基本保留了原菌群的功能。通过最小必要菌群的研究有助于了解共培养体系中菌株之间的相互作用，进而指导建立含有更多菌株且稳定性和鲁棒性更高的合成微生物组（朱彤和吴边，2019）。

18.3.3.3 合成生物系统的分析与筛选

传统的合成生物系统分析技术主要分别针对核酸类、多肽类和蛋白质类，以及具有重要功能的全新化合物等，这些技术主要包括 DNA 二代测序和三代测序技术、蛋白质凝胶电泳技术、层析技术、光谱技术、色谱技术、质谱技术、荧光定位技术及各种组学技术等。随着单细胞检测分析技术的发展，尤其是以微流控为基础的单细胞检测技术，以及单细胞检测技术与核酸测序技术、多层组学技术等各种传统分析技术的有机结合，为在单细胞水平对合成生物系统进行分析提供了强有力的手段，也是对传统分析技术的有效补充。

除了分析技术，高通量、自动化筛选技术的建立和应用对于合成生物系统功能的实现和优化也具有重要作用。合成生物系统的筛选技术主要分为体内、体外和计算机分析三大类，其中体内筛选技术是最接近合成生物系统的基因型和表型之间真实关系的筛选技术，其在筛选过程中保持了自身的完整性和代谢活性。体内筛选技术主要依赖于细胞的死活、生长率的差异或者基于报告基因的活性（如基于荧光报告基因的流式细胞筛选技术等）等来实现对合成生物系统的筛选。目前，常用的高通量筛选技术如图 18-9 所示。

18.3.4 "设计—构建—检验—重设计"循环

合成生物系统中最重要的一个特征就是"设计—构建—检验—重设计"循环，循环中 4 个阶段相辅相成、循环往复，最终实现合成生物系统的预设功能（图 18-10）。"设计"是该特征循环的核心所在，"构建"是设计的实现手段，"检验"是设计的分析评估，"重设计"是实现预设功能最优化的必经之路。

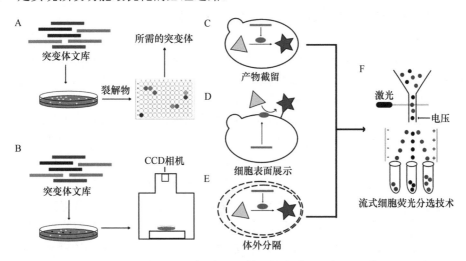

图 18-9　几种常见的合成生物系统高通量筛选技术 ［改编自 Xiao 等（2015）］
A. 微孔板；B. 光学成像；C. 产物截留；D. 表面展示；E. 体外区室化；F. 流式细胞仪

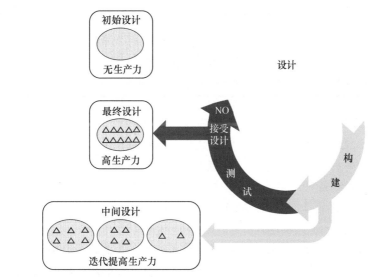

图 18-10　"设计—构建—检验—重设计"循环

合成生物学旨在拓展或修改生物的行为方式，并使其能够执行所设计的新功能。为此，首先需要通过对自然界现有的功能元件和系统进行挖掘与研究，从而为合成生物系统的设计提供参考（Andrianantoandro et al.，2006）。合成生物学设计所遵循的重要原则有标准化、抽象化、模块化、可预测性、可靠性及均匀性等，其中系统的可靠性和鲁棒性是设计所面临的主要挑战。快速、高通量且可靠的构建和检验方法可以极大地缩短特征循环所需要的时间和耗费，并能够为后续的重设计和优化提供基础。原始设计常常会因为一些无法预计的原因而导致所设计的合成生物系统无法发挥预期的功能，而上一轮循环能够提供相关信息指导下一轮循环的重设计，只有通过这样多轮的循环调整才可能最终实现合成生物系统的预设功能。

18.3.5 合成生物系统的设计、组装与优化实例

青蒿素是一种应用非常广泛的抗疟药物，目前市售的青蒿素主要是从植物黄花蒿中进行提取，由于植物中青蒿素的含量稀少且青蒿素需求广泛，从而导致青蒿素供应不稳定。为了有效解决青蒿素的来源问题，迫切需要建立一种环境友好、廉价的青蒿素生产方法。2004年，美国加州大学伯克利分校的 Jay D. Keasling 课题组和生物技术公司 Amyris 合作开展半合成青蒿素项目。2013年，该团队耗时十年完成了青蒿素的半合成工艺（微生物合成加化学合成）。2013年4月，法国制药业巨头赛诺菲（Sanofi）公司宣布开始应用 Amyris 开发的青蒿素生产工艺工业化生产青蒿素。2013年5月，世界卫生组织批准微生物合成的青蒿素作为临床药物使用。2014年，赛诺菲公司生产的青蒿素正式上市出售。青蒿素微生物发酵生产商业化的成功第一次证明了合成生物系统在药物研发和生产上具有巨大潜力。在此，以青蒿素的合成为例，阐述合成生物系统的设计、组装与优化过程。

为了在微生物中设计青蒿素合成途径，首先需了解植物中青蒿素的合成途径，尽管植物体内的青蒿素合成途径尚不完全清楚，现有研究推断其生物合成过程主要如下：第一步，黄花蒿利用光合作用产物糖生成乙酰辅酶 A，乙酰辅酶 A 进入甲羟戊酸（mevalonic acid，MVA）途径生成中间代谢物法尼基焦磷酸（farnesyl pyrophosphate，FPP）；第二步，在第一个限速酶紫穗槐-4,11-二烯合酶（amorpha-4,11-diene synthase，ADS）的作用下将 FPP 环化形成中间体紫穗槐-4,11-二烯；第三步，在紫穗槐-4,11-二烯氧化酶（amorpha-4,11-diene oxidase，AMO）的作用下，紫穗槐-4,11-二烯进一步被氧化形成青蒿醇、青蒿醛，进而合成青蒿酸和/或二氢青蒿酸；第四步，青蒿酸和（或）二氢青蒿酸通过一系列酶反应和/或非酶反应形成青蒿素。由于从青蒿酸/二氢青蒿酸形成青蒿素的途径不是很清楚，因此通过合成生物学技术制备青蒿素的研究绝大部分采用的都是半合成路线，即通过合成生物学方法制备青蒿素的前体如紫穗槐-4,11-二烯、青蒿酸和二氢青蒿酸，然后通过化学合成的方法合成青蒿素（图18-11）。

由于大肠杆菌的遗传信息丰富、基因操作技术成熟，因此，半合成青蒿素项目开展初期，首先尝试在大肠杆菌中完成青蒿素的前体——青蒿酸的微生物合成。2003年，通过在大肠杆菌中异源表达酿酒酵母来源的甲羟戊酸途径及黄花蒿来源的 ADS 基因，成功合成了紫穗槐-4,11-二烯。随后，通过将金黄色葡萄球菌中的 3-羟基-3-甲基戊二酰辅酶 A 合酶（3-hydroxy-3-methylglutaryl coenzyme A synthase，HMGS）和 3-羟基-3-甲基戊二酰辅酶 A 还原酶（3-hydroxy-3-methylglutaryl coenzyme A reductase，HMGR）基因替换酵母甲羟戊酸途径中的同源基因，对途径中关键基因的表达量进行优化，结合发酵过程优化，紫穗槐-4,11-二烯的产量达到 27g/L。为了进一步将紫穗槐-4,11-二烯转化为青蒿酸，Keasling 项目组将催化这步反应的植物源 P450 氧化酶 CYP71AV1 同时在大肠杆菌中进行表达，由于植物源 P450 氧化酶在大肠杆菌中不能实现高效表达，最终表达

CYP71AV1 的重组大肠杆菌只能生产 1g/L 的青蒿酸，即转化率只有 4%左右，不能满足生产的需求，无奈之下，项目组对技术路线进行调整，开始尝试用酿酒酵母生产青蒿酸。

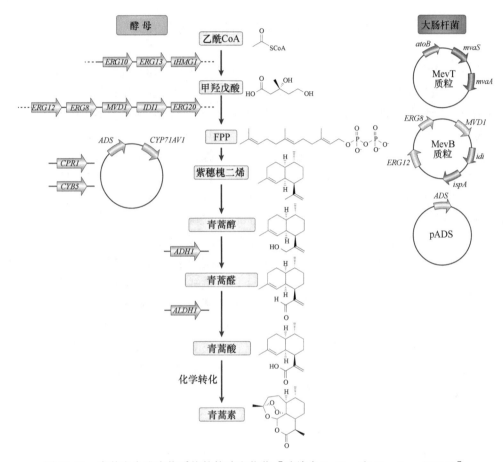

图 18-11　青蒿素合成生物系统的构建和优化［改编自 Paddon 和 Keasling（2014）］

最早在 2006 年，通过对酵母 MVA 途径中代谢调控关系的调整、关键酶基因表达量优化、前体物 FPP 代谢支路的削弱，结合氧化酶 CYP71AV1 的表达，成功构建了产青蒿酸的酵母菌株，产量超过 100mg/L；随后通过引入更多的黄花蒿来源基因，并进行发酵优化，使青蒿酸的产量进一步提高到了 2.5g/L。在以后的几年，项目组人员对酵母合成体系进行一系列优化，包括更换表达菌株、强化 HMGR 基因表达、敲除半乳糖代谢基因等遗传修饰，并对发酵过程进行优化，使紫穗槐-4,11-二烯的产量达到 40g/L。在此基础之上，研究人员通过进一步的基因挖掘，找到了与青蒿酸转化相关的 3 个新基因：细胞色素 b₅（cytochrome b$_5$，CYB5）基因、醇脱氢酶（alcohol dehydrogenase，ADH1）基因、青蒿酸醛脱氢酶（artemisinic aldehyde dehydrogenase，ALDH1）基因，在合成紫穗槐-4,11-二烯的酵母菌株中共表达这 3 个基因，同时优化 CYP71AV1 辅助还原酶 CPR1（cytochrome P450 reductase）的表达量和发酵过程，最终将青蒿酸的产量提高到 25g/L。在此基础上，科研人员开发了从青蒿酸到青蒿素的化学合成方法，整个转化过程的收率在 40%～45%。至此，项目组耗时十年完成了青蒿素的微生物合成加化学合成工艺（Paddon et al.，2013），其技术能力已能够以 100m³ 工业发酵罐替代 5 万亩（1 亩≈666.67m²）的农业种植，成为了合成生物技术的重大应用典范。

18.4 无细胞蛋白质合成体系

合成生物学的核心任务是设计和构建新的生物分子、生物系统和生物机器，打破非生命化学物质和生命体之间的界线，推动人类由理解生命到创造生命的革新。细胞是生命体的基本结构和功能单位，是生化反应发生的场所，目前以细胞为宿主的合成生物学也被称为"细胞工厂"，通过多组学、系统生物学和高速计算等技术解析微生物的基因、蛋白质、网络与代谢过程，已经实现了在分子、细胞和生态系统等尺度上全方位、多层次地认识和改造细胞，实现了细胞工厂的设计构建，并已经广泛应用于蛋白质药物、酶制剂和生物能源等产品的生产，同时在化学品先进制造和生物经济的革命性发展等方面也发挥着巨大的推动作用（Andrianantoandro et al.，2006）。

然而，由于细胞的生长、进化、优化及适应性过程通常与工程设计的目的不一致，同时，细胞内生化反应网络复杂，人工改造易对系统产生不利或未知影响，导致细胞活性降低甚至丧失，使"细胞工厂"面临着如下四大挑战：难以标准化、不可预见性、不相容性和高复杂度。为了克服这些挑战，亟须开发新的工程化技术体系，因此，无细胞蛋白质合成体系（cell-free protein synthesis，CFPS）应运而生，为这些问题提供了较好的解决方案。早在 1958 年，Zamecnik 课题组首次证明了从细胞中提取的翻译机器能够不依赖于完整的细胞结构在体外调节蛋白质的合成，由此拉开了无细胞蛋白质合成体系研究的序幕。具体发展历程如图 18-12 所示。

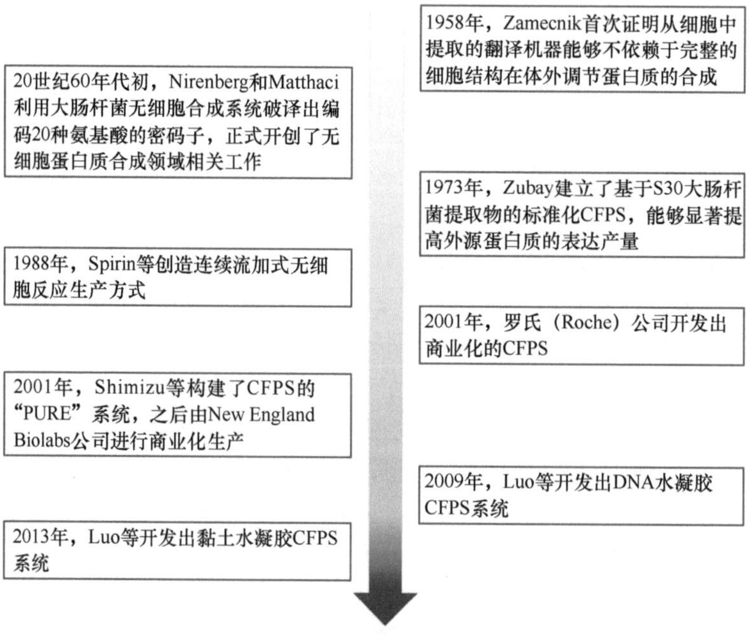

图 18-12 无细胞蛋白质合成体系的发展历程

CFPS 作为一种体外生命模拟体系，以外源 DNA 或 mRNA 为模板，利用细胞提取物中的蛋白质合成机器、蛋白折叠因子及其他相关酶系，通过添加氨基酸、核苷三磷酸（nucleoside triphosphate，NTP）、tRNA 和能量等物质，在体外完成蛋白质合成的翻译及后修饰过程，从而生产目标产品。CFPS 相比于细胞合成体系，具有如下主要优势：①因没有细胞膜的阻隔，外源性的物质可以直接加入到反应体系中，从而可以对反应条件进行更加针对性的调控；②因不存在活细胞，该体系可用于表达在胞内系统中难以表达的蛋白质，如毒蛋白和膜蛋白等，同时表达过程也不受细胞生长代谢的影响，所有的物质和能量资源利用专注于目标产品的合成；③因避免了细胞系统蛋白质合成过程中烦琐的基因克隆和细胞培养操作，有利于在极短时间内合成大量蛋白质，实现蛋白质的简洁、高效合成；④因 CFPS 与现代生物技术系统相容性更高，有助于实现蛋白质的高通量筛选和工业化生产。

18.4.1　无细胞蛋白质合成体系的类型

18.4.1.1　细胞提取物系统

细胞提取物系统是通过处理并破碎细胞，去除细胞内的基因组 DNA、不溶物等，获得含有转录、翻译、能量代谢等所需的必要生化组分，包括核糖体、RNA 聚合酶、转录因子等，再添加蛋白质合成所需的辅因子混合物，主要包括氨基酸、NTP、盐类物质、tRNA 及能量物质等，以此为基础创建一个自给自足的反应系统，从而可以使用各种 DNA 模板进行蛋白质合成（图 18-13）。目前，以天然的细胞提取物为基础的 CFPS 系统仍是科研工作者的主要研究对象。

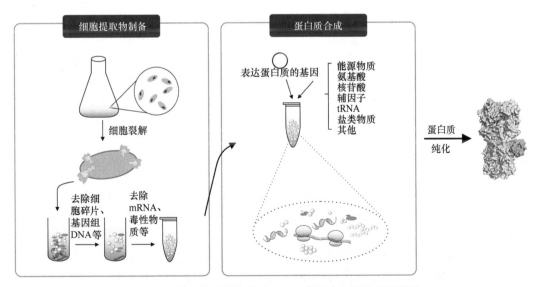

图 18-13　基于细胞提取物的 CFPS 的基本制备和操作流程

虽然理论上几乎所有物种的细胞提取物都能满足构建 CFPS 蛋白质表达的基本需求，但不同物种来源的 CFPS 表现差异很大。根据来源不同，细胞提取物主要分为原核细胞提取物和真核细胞提取物两大类。目前应用得最广泛的细胞提取物系统主要是大肠杆菌、小麦胚芽、兔网织红细胞和昆虫细胞的提取物，这 4 种细胞提取物系统的主要特点见表 18-2。

表 18-2　4 种细胞提取物系统的比较

细胞提取物	优点	缺点
大肠杆菌	蛋白质产量高、提取物制备简单、遗传背景清晰、基因操作简便、能量供应成本低	缺少翻译后修饰手段
小麦胚芽	合成真核蛋白质范围广、蛋白质产量高	细胞提取物产量低、制备耗时长且复杂、缺少遗传改造工具
兔网织红细胞	细胞易破碎、提取物制备快速，可进行真核生物特异性翻译后修饰	蛋白质产量低、动物组织处理复杂、蛋白质合成范围窄、缺少遗传改造工具
昆虫细胞	细胞易破碎、提取物制备快速，可进行真核生物特异性翻译后修饰	细胞培养昂贵耗时，缺少遗传改造工具

18.4.1.2　PURE 系统

PURE 系统是 2001 年由 Yoshihiro Shimizu 等创建的，它是一种在体外将细胞蛋白质表达密切相关的反应元件进行重组从而合成目的蛋白的反应系统，由蛋白质、核糖体、氨基酸和 NTP 组成，其中蛋白质包括起始因子（IF1、IF2、IF3）、延伸因子（EF-Tu、EF-Ts、EF-G）、释放因子（RF1、RF2、RF3）、核糖体循环因子、20 种氨酰 tRNA 合成酶、甲硫氨酰 tRNA 转甲酰酶和焦磷酸酶等，这些重组元件一般是从特殊大肠杆菌中分离得到的。

PURE 无细胞蛋白质合成系统已经商业化，在生命科学研究中被广泛使用。当使用 PURE 系统合成蛋白质时，只需要将编码目的蛋白的模板 DNA 或 mRNA 添加到反应混合液中并孵育数小时，即可完成反应。PURE 系统有很多优势，例如，能够降低污染蛋白酶、核酸酶、磷酸酶的水平，成分确定以便再现，模块系统更加灵活，可以避免消耗氨基酸的代谢副反应。模块化的 PURE 系统支持多种针对特殊应用的修饰，包括利用核糖体显示和选择性位点来整合非天然氨基酸等，但 PURE 系统的费用极大地限制了其大规模推广应用。

18.4.1.3　多酶体系

体外重构多酶催化体系的核心思想是通过模拟细胞代谢途径的多酶体系，在体外环境下混合加入目标代谢途径所需要的各种酶，使得底物按照代谢次序逐步反应，最终得到目标产物。

体外重构多酶催化体系一般要具备 3 个要素，分别是代谢途径重构、酶工程和反应工程。代谢途径重构需要以体内代谢途径为依据，同时匹配所需要的酶和辅酶等生化成分。构建体外代谢途径还需要设计辅酶再生系统和能量再生体系，通过进行详细的热力学分析和反应工程分析，从而获得最大化的产品得率。由于纯化稳定的酶和再生辅因子等成本都很高，目前的发展趋势是通过采用酶的粗提物在体外重构多酶催化体系，以求达到降低成本、实现产业化的目的。

18.4.2 无细胞蛋白质合成体系的优化改造

18.4.2.1 基因表达模板

基因表达模板的稳定性是制约无细胞蛋白质合成体系效率提高的一个重要因素。在常规的无细胞蛋白质表达过程中，一般采用质粒或 PCR 产物作为模板，但这些模板存在表达效率低、稳定性差等缺点，导致目的蛋白的产率很低。为此，研究人员选用内切核酸酶基因敲除的菌株来制备无细胞提取物，或者将线性的模板 DNA 调整为环形，从而提高模板 DNA 的稳定性。另外，研究人员还通过提升无细胞蛋白质合成体系中局部有效 DNA 模板浓度来提高目的蛋白的产量。例如，将线性模板 DNA 分子与 X 形 DNA 分子交联形成 DNA 水凝胶，并以此作为小麦胚芽 CFPS 的转录模板，使得目的蛋白的产量提高了 300 倍。

18.4.2.2 代谢调控

通过改变提取物制备方法获得更好的、类似于细胞质的提取物，能够激活 CFPS 的中枢代谢，扩大反应规模。最近对大肠杆菌提取物制备方法中的每个步骤都进行了系统优化，如开发了用于源细胞持续生长的新培养基、通过高密度发酵来生产提取物等；同时，制备方法的简化可减少生产时间和成本。除了激活有益的途径，还可以删除不利的途径，如通过删除编码有害酶的基因使氨基酸底物稳定化，实现高水平的无细胞蛋白质合成。

18.4.2.3 蛋白质折叠

蛋白质的功能与它能否正确折叠紧密相关，为了获得正确折叠的蛋白质，CFPS 必须将靶蛋白的疏水区域彼此屏蔽，提供适宜折叠的天然化学环境，同时加入铁硫簇等辅因子，促进二硫键的形成和异构化，例如，使用碘乙酰胺预处理细胞提取物，使用谷胱甘肽缓冲液提供氧化环境并提供形成二硫键的蛋白质 DsbC 等，成功合成了活性尿激酶等重要产品。另外，还可以通过添加多种酶分子或合成物质帮助 CFPS 中新生多肽形成和二硫键异构化，达到其活性构象而不聚集，例如，将两亲性多糖纳米凝胶掺入 CFPS 能够有效改善蛋白质折叠。因此，可通过直接添加新组件来调整 CFPS 组件的设计自由度。

18.4.2.4 工程化研究

最早用于破译遗传密码的 CFPS 生产方式为"一锅式"，即将蛋白质合成所需的各种能量和底物等一次性加入到反应系统中。后来又发展了连续流加式生产方式，即在反应过程中不断添加反应所需的物质和能量，并定时清除反应副产物。然而，这些生产方式存在合成效率低、操作烦琐等问题，为此，连续交换式和双层相式生产方式得以发展。连续交换体系由反应液和补充液组成，二者由一层具有选择透过性的半透膜隔开，其中反应液部分是 CFPS 的核心，即基因模板进行转录和翻译的场所，合成的大分子目的蛋白在反应液中富集，生成的副产物（如无机小分子）则通过半透膜扩散至补充液，从而有效降低其对目的蛋白合成的抑制作用。同时，补充液部分的能量和底物小分子不断地通过半透膜为反应液部分补充物质和能量，使整个系统处于持续工作状态。双层相式 CFPS 生产方式是连续交换式的进一步简化，在双层相式系统中，补充液只是简单地覆盖在反应液上。这些 CFPS 生产方式具有延长系统反应寿命、提高目的蛋白产量、有利于进一步放大生产等特点，适合于蛋白质的高通量研究和生产。近年来，越来越多的新型 CFPS 生产方式不断涌现，例如，利用中空纤维体系、微流控芯片等进行无细胞蛋白质合成等。

18.4.3 无细胞蛋白质合成体系的应用

18.4.3.1 基因线路开发

模块化基因线路是合成生物学家的重要工具，CFPS 在基因线路开发方面具有非常独特的优点，例如，反应环境的控制和可预测性、允许加速原型设计、更易对反应线路进行真正模块化（Annaluru et al.，2014）。因此，CFPS 能够加速原型循环设计的开发，目前已经设计出了逻辑门、存储元件和振荡器等许多无细胞电路。

18.4.3.2 重要蛋白质生物产品制造

CFPS 的重要应用前景是用于高附加值蛋白质或生物小分子等产品的直接生物制造。传统的蛋白质类药物产品生产方式主要包括从动物内脏或血液中分离提取、工程菌表达和化学合成等。其中，工程菌表达虽然实现了部分蛋白质类药物产品的工业化生产，但某些具有细胞毒性、易聚集蛋白等特殊的蛋白质类药物产品无法使用工程菌表达实现工业化生产。CFPS 不依赖于完整的细胞结构，能够克服工程菌表达的局限性，可通过对体系微环境和参与蛋白质合成的各种因子的精确调控来优化蛋白质合成。因此，CFPS 已经成为细胞毒性蛋白、膜蛋白、易错折叠蛋白及易聚集蛋白等特殊蛋白质类药物合成领域中具有重要应用前景的研究平台，尤其是与冷冻干燥技术的结合，极大地推进了在无细胞体系中实现抗菌肽、整合膜蛋白、疫苗、scFv 抗体等生物制剂以及化学药物等生物产品的高效表达（图 18-14A）。

在蛋白质中引入非标准氨基酸是对蛋白质类药物进行改造和药性优化的重要手段之一。通过将非标准氨基酸引入到蛋白质类药物中，能够延长蛋白质类药物在体内的半衰期，提高药效。然而，将非标准氨基酸掺入蛋白质的主要障碍是如何促进酰胺 tRNA 合成酶与非标准氨基酸的识别。CFPS 允许便捷地加入非标准氨基酸相关底物，实现非标准氨基酸的定点插入，从而生产抗体药物结合物和蛋白病毒样颗粒药物结合物等生物结合物（图 18-14B）。

大多数单克隆抗体治疗性蛋白质药物都有多糖修饰，由于大肠杆菌缺乏天然的糖化机制，在体外合成这些糖蛋白一直具有挑战性。最开始用纯化的、含有糖基化必要成分的微粒体补充到真核 CFPS 反应中，但所产生的功能折叠蛋白比细菌系统少得多。另一种方法是直接用真核细胞提取物 CFPS 系统,这样微粒体可以直接保留在裂解液中,但仍比细菌平台昂贵。通过在细菌中加入异源糖基化机制 CFPS 系统即细菌糖工程,为此提供了较为方便的方法。例如,通过将纯化的寡糖转移酶(oligosaccharyltransferase,OST)和脂联寡糖底物直接加入 CFPS 反应中,合成出糖基化的目的蛋白。目前有一种更简单的策略,即在大肠杆菌的宿主菌株中过度表达 OST 和脂联寡糖,制备的大肠杆菌提取物中就已经富集了寡糖链,从而使蛋白质在 CFPS 中完成合成和糖基化过程。这项技术避免了纯化活性糖基化成分的需要,并可用于在短短数小时内生产高含量的糖蛋白类药物(图 18-14C)。

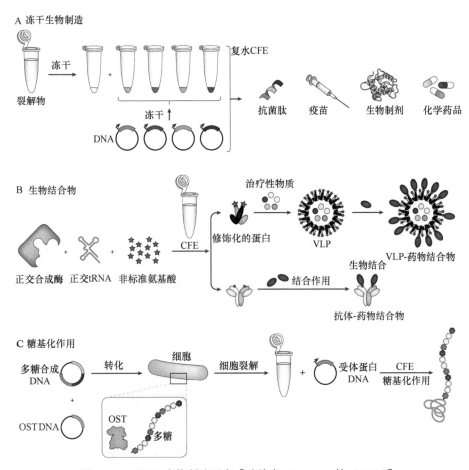

图 18-14　CFPS 生物制造平台 [改编自 Silverman 等(2020)]

18.4.3.3　蛋白质的高通量表达和筛选

蛋白质的高通量表达和筛选是进行功能蛋白质优化的重要研究手段。细胞内蛋白质表达系统存在周期长、体系封闭等不足之处,在很大程度上限制了蛋白质的高通量表达和筛选。CFPS 作为一种开放表达体系,能够有效地解决细胞体内表达系统中存在的主要问题。其中,小麦胚芽无细胞合成系统被称为"人类蛋白质工厂",研究人员利用 CFPS 系统在体外合成了 13 364 个人类蛋白质,在 75 个所测试的磷酸酶中,发现有 58 个(77%)

具有生物活性,甚至还合成了具有活性的、含二硫键的细胞因子,并且成功地将所表达的 99.86%蛋白质固定到载玻片上构建成蛋白质微阵列。

18.4.3.4 生物传感

全细胞生物传感器是通过在工程宿主细胞中有条件(目标分子存在)地表达荧光或有色报告蛋白来制造的。无细胞生物传感器具有类似的工作方式,即只有当目标分析物存在于测试样品,将测试样品直接添加到无细胞反应体系中,报告蛋白才能被表达。目前,无细胞生物传感在检测致病性病毒和细菌方面取得了重要进展,已经开发出针对埃博拉病毒、寨卡病毒、诺如病毒以及肠道菌群等致病性微生物进行检测的 CFPS 技术和方法。另外,无细胞小分子传感器在检测汞等环境毒素、4-羟基丁酸类药物、细菌群体感应信号等方面也有重要应用。无细胞生物传感器通过与冷冻干燥技术结合,将为野外生物传感开启一个新的机遇。例如,可以直接将无细胞传感器带到取样位置,以检测从远程诊所获得的患者血液样本中的感染情况。目前,无细胞生物传感器主要应用于定性检测与分析中,尚难以进行定量检测分析。

18.4.3.5 人工细胞

CFPS 系统非常适合设计和研究整合多种遗传和代谢途径的合成细胞。例如,利用无细胞转录-翻译系统先后合成出具有自我复制功能的噬菌体 T7、ΦX174 及 T4 等。同时,越来越复杂的细胞功能也通过 CFPS 系统逐渐在最小细胞中实现。例如,将经提纯或原位合成的细菌视紫红质和 ATP 合酶合并到包裹有蛋白质合成装置的巨大单膜小泡中,其中细菌视紫红质的作用是从环境中收集太阳能进行生物催化,这种人造细胞可以将光合作用产生的能量用于内部 DNA 的转录和翻译,即 DNA-mRNA-蛋白质的表达过程。此外,这种细胞还能将从外界收集的能量用于更多的 ATP 合酶和细菌视紫红质的合成,从而进一步增强细胞活性。

18.5　合成生物学的具体应用

作为 21 世纪生物学领域推动原创突破和学科交叉融合的前沿代表,合成生物学是在现代生物学和化学、分子生物学、细胞生物学、进化系统学、数学、物理学、计算机和工程学、信息学等基础上,多学科系统深度交叉融合发展而来的,迄今已在绿色化工、生物材料、生物医药、环境监测与治理、抗逆改造以及探索生命规律等诸多领域取得了令人瞩目的成就。合成生物学的崛起与迅速发展不仅将人类对于生命的认识和改造能力提升到了一个全新的层次,也将为解决人类社会相关的全球性重大问题提供重要途径。

18.5.1　合成生物学的"建物致知"

合成生物学可以通过"自下而上"的理念,由"元件"到"模块"再到"系统"来设计、创造自然界不存在的人工生物系统,或对已有自然生物系统进行改造、重建。这种由人工设计的元件组装而成,以信号转导、基因调控及细胞代谢等作用方式整合而成的生物功能和系统，具有简单可控的特点，为基础生命科学研究提供了崭新的手段。正如著名物理学家、1965 年诺贝尔物理学奖得主理查德·菲利普·费曼（Richard Phillips Feynman）的著名感叹"我不能创造的东西，我就不理解（What I can not create，I do not understand）"，合成生物学正是可以通过重新创造或改造生物系统来研究生命科学中的基本问题，称之为"建物致知"。

18.5.1.1　合成生物学与生命起源

合成生物学的研究尺度可以分为 3 个层面：基因回路、全基因组，以及生命体的设计与合成。生命的起源也可分为 3 个方面讨论：生命起源前分子、生命起源前演化过程和原始细胞的功能机制。合成生物学在 3 个尺度上的研究能够在何种程度上解答生命起源所涉及的 3 个主要问题，决定了合成生物学如何诠释生命的起源。

合成生物学在基因回路和全基因组的设计合成中都不会指向生命起源前的任何演化过程，但在进行生命体的设计与合成时则不同。例如，在研究脂类、脂肪酸等物质如何自然组装形成具有生长、分裂和融合能力的胶团和双分子囊泡时，需要关注这些过程的潜在关联。完成胶团或者囊泡形成的实验过程可以很好地模拟生命起源前演化过程，这个可以用来解释早期地球上类似结构的出现（Annaluru et al.，2014）。例如，研究人员展示了类似 RNA 的聚合物能够在脂质环境中由单核苷酸非酶催化合成，以及这些类似 RNA 的聚合物如何最终被折合进脂质囊泡中，这个过程为早期的生命分子如何进化至 RNA 世界提供了一个实验模型。因此，合成生物学在生命体层面上的研究强调了它们依照演化过程工作的关联性，这将可能诠释生命起源前的演化过程。故合成生物学可以为生命的起源带来独特见解（图 18-15）。

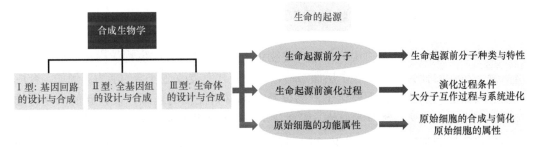

图 18-15　当前合成生物学对生命起源的诠释［改编自肖敏凤等（2015）］

18.5.1.2　合成生物学与生命进化

合成生物学能够利用简单的模式系统、遗传工程技术以及数学模型等理性地操控生物学功能，从而以更主动的方式研究生命进化。合成生物学通过"自下而上"策略来合成简单的生物系统，为帮助理解和预测进化提供了崭新途径。虽然进化并不意味着每个特性都达到最优化，但大多数情况下诸如功能或代谢的权衡等因素都会对自然选择产生约束，合成生物学所建立的调控系统和生物网络最优化模型即使不被大自然采用，也可能具有十分关键的信息价值。

采用合成生物学方法在实验室模拟进化，可以在全新的层面理解不同类型的突变在进化中扮演的角色。一方面，合成生物学可以通过替换氨基酸、重组结构域、创造嵌合蛋白等方法人工创造特定突变来影响蛋白质之间的相互作用等，从而揭示进化中间物、比较不同的进化通路，以及理解突变在进化中的作用；另一方面，随着微阵列和全基因组测序技术的飞速发展，通过将合成生物学与定向进化相结合，可以辨别进化过程中发生的绝大多数甚至全部突变碱基及其频率以及对最终表型的影响，从而推动了在基因组水平进行进化研究的趋势。

18.5.1.3 合成生物学与生物结构功能

在分子水平，合成生物学家利用核酸、蛋白质、脂质等生物大分子的特性，开始探讨生物大分子的结构、自组装及其具体功能等。在单细胞和多细胞水平上，通过采用"自下而上"策略人工合成细胞或基因组或微生物组，采用"自上而下"策略构建最小基因组、最小细胞或最小必要菌群等，从而逐步解析生物大分子、细胞信号途径与网络，甚至细胞等在生物体系中的生物学功能，探讨生物结构与功能的关系。

18.5.1.4 合成生物学与新生命形式

合成生物学的本质是创造自然界不存在的、无法通过自然进化产生的新生命形式。不管是在大肠杆菌、酵母等各种已有生命形式中执行新的基因线路，还是采用完全人工合成的基因组代替已有生命的基因组，甚至是完全合成新的生命，其本质都是创造了新的生命。因此，合成生物学不仅拓展了已知生命的范畴，而且制造出不同"类型"的生命系统。合成生物学的研究很可能重塑认知生命的方式，并帮助重新定义生命的基本概念。

18.5.2 合成生物学的"建物致用"

合成生物学的另一个"出口"是"建物致用"，即利用合成生物学构建的细胞工厂或者分子机器向社会生产的各个层面渗透，全面提升人类改造社会的能力。例如，合成生物学突破了天然药物、重要化工产品以及生物材料发现的瓶颈，设计新的生物合成途径，产生更多天然药物及类似物、重要化工产品和生物材料。例如，通过构建细胞工厂从头合成生物基材料单体 1,3-丙二醇和重要医药中间体青蒿酸，开创了传统石化产品和天然产物全新的生产模式。利用合成生物学技术与原理可开发快速、灵敏的诊断试剂和体外诊断系统，满足早期筛查、临床诊断、疗效评价、治疗预后、出生缺陷诊断的需求；将合成生物学原理与半导体技术、靶向技术等融合，发展纳米药物靶向传导递送，为肿瘤、糖尿病等疾病的高效、精准治疗提供多样化的策略。利用合成生物学设计构建的生物传感器，可以用来检测环境中的重金属等污染物含量，并利用工程微生物进行环境治理与修复。还可以利用合成生物学开发人工合成细菌，直接从太阳获取能量或者从自然界获取氮素等，制造清洁燃料或绿色固氮产品等。合成生物学所带来的颠覆性变革，已经或正在不少领域上演，从而让人类对可持续发展的工业生产模式充满期待。本部分重点以细胞工厂、合成生物学与未来农业为例，介绍合成生物学的"建物致用"。

18.5.2.1 细胞工厂

构建细胞工厂，即将来源不同的生物制造相关代谢途径进行模块化，并在底盘细胞上进行组装，设计出合适的生物合成途径，提高代谢途径的效率，降低大规模生物催化反应的成本。伴随着合成生物技术的进步，人们正在逐步挑战代谢途径更长、复杂程度更高的化合物合成。细胞工厂的设计构建是通过对复杂生命体的工程化重构，实现目标产品的可控和高效合成，其实现过程是在信息代谢、物质代谢和能量代谢水平上，反复进行模块与模块、模块与底盘细胞之间的适配，同时还承袭了模块化、正交性、鲁棒性等工程化特性（图 18-16）。目前，细胞工厂已经在天然药物和重要化工产品的生物合成上展现了巨大潜力。

通过构建微生物底盘和重构基因线路，利用细胞工厂，已经实现了多种天然药物的生物合成，如青蒿酸、人参皂苷、番茄红素、灯盏花素、薯蓣皂苷元、链霉素、白藜芦醇、丹参酸 A 和大麻素等。2015 年，研究人员通过将来自日本黄连、鸦片罂粟、加州罂粟、大红罂粟、恶臭假单胞菌以及褐鼠等物种的 21 个或 23 个基因导入至酵母体内，成功建立起了一条"药物生产线"，实现了将糖由酵母一步步转化合成蒂巴因（吗啡的前体）或氢可酮（止痛药），是至今在酵母中完成的引入基因数量和种类都最多的一项工作，被称为合成生物学的壮举（Galanie et al.，2015）。随后，大肠杆菌也被作为一种用于阿片类药物合成的高效、稳定和灵活的细胞工厂，以甘油为原料，通过 4 个工程菌株逐步培养，蒂巴因的产量达到了 2.1mg/L，是酵母细胞工厂的 300 倍；进一步在该系统中添加 2 个基因，合成了氢可酮（图 18-17）（Nakagawa et al.，2016）。这种大肠杆菌系统中阿片类药物生产的改进说明阿片类药物替代生产系统取得重要进展。

在生物化工产品方面，利用细胞工厂能够有效提高相关重要产品的生物转化效率，如异丁醇、乙醇、正丁醇、1,3-丙二醇、2,3-丁二醇、1,4-丁二醇、丁二烯、D-乳酸、丁二酸、柠檬烯、β-胡萝卜素和各种脂肪酸等。尽管天然微生物有将葡萄糖转化为 L-丙氨酸的生物合成途径，但 L-丙氨酸的产量和转化率都非常低。为此，我国研究人员通过 L-丙氨酸最优途径设计、合成途径重建、合成途径精确调控和细胞性能优化，构建出将葡萄糖高效转化为 L-丙氨酸的细胞工厂，并且利用该技术建成年产 3 万 t 的 L-丙氨酸生产线，在国际上首次实现发酵法 L-丙氨酸的产业化，生产成本比传统技术降低 52%。

18.5.2.2 合成生物学与未来农业

为了满足 2050 年的全球人口需求，全球粮食产量需要增加 70%。合成生物学通过将工程原理贯彻到生物系统中，有望突破传统农业瓶颈，带来作物产能和营养的突破性增长。合成生物学主要通过以下几个方面的策略，在提高农业生产力、提高食品质量与产量、降低生产成本、实现农业可持续发展等方面发挥重要作用（图 18-18）。

首先，通过合成生物学技术来提高农作物的营养价值。例如，通过在水稻中转入 β-胡萝卜素合成途径相关基因——来自黄水仙的八氢番茄红素合成酶基因和噬夏孢欧文菌的胡萝卜素脱氢酶基因，水稻胚乳中可产生 2μg/g 的 β-胡萝卜素而使其胚乳呈现金黄色，创造了第一代"黄金水稻"；随后通过将来自玉米的八氢番茄红素合成酶基因和噬夏孢欧文菌的胡萝卜素脱氢酶基因转入水稻，培育出了 β-胡萝卜素含量达到 37μg/g 的第二代"黄金水稻"。我国研究人员通过将来自玉米的八氢番茄红素合成酶基因、噬夏孢欧文菌的八氢番茄红素脱氢酶基因、衣藻的 β-胡萝卜素酮化酶基因和雨生红球藻的 β-胡萝卜素羟化酶基因转化至水稻，得到了胚乳中富含虾青素的大米，在水稻胚乳中实现了虾青素的从头合成，提高了水稻的品质与营养价值（Zhu et al.，2018）。

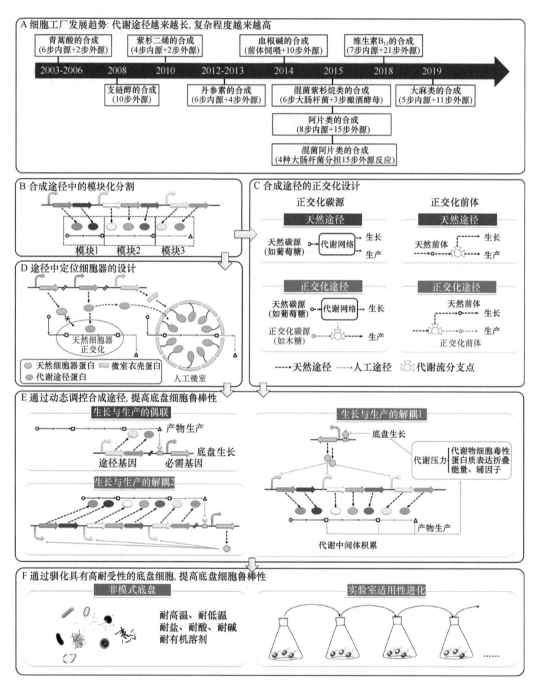

图 18-16　细胞工厂的设计、构建及其发展趋势［改编自丁明珠等（2020）］

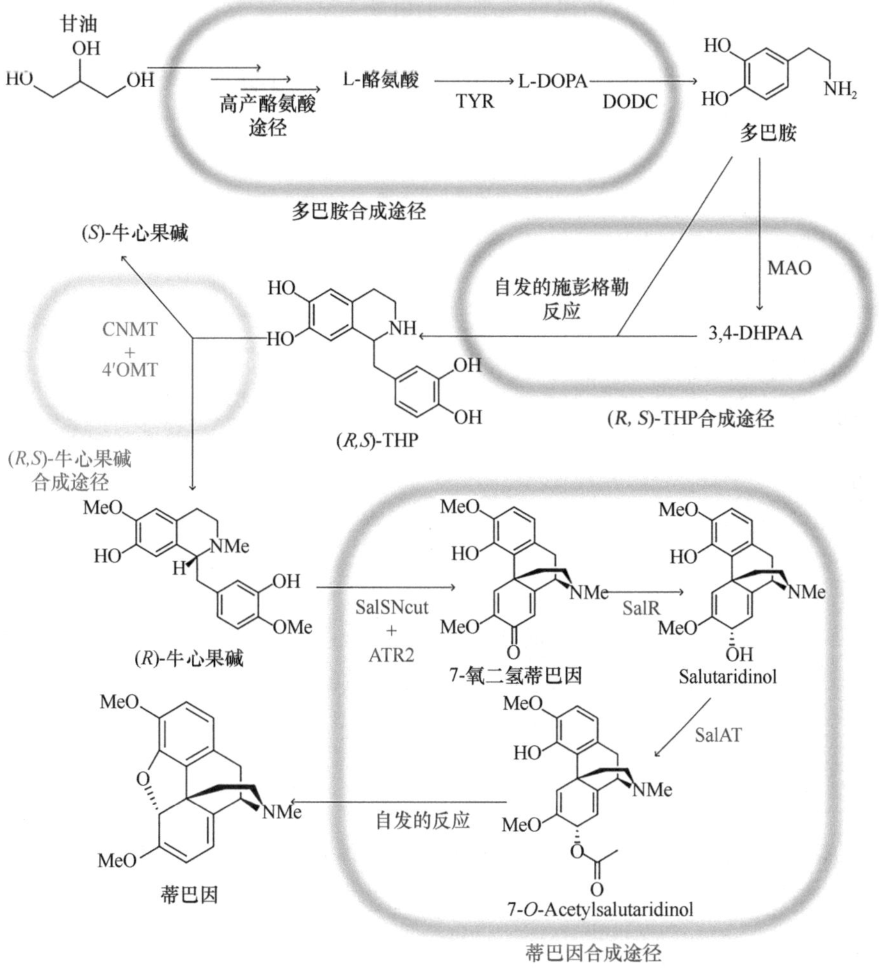

图 18-17　四步培养法在大肠杆菌中合成蒂巴因［改编自 Nakagawa 等（2016）］

其次，可以通过合成代谢途径来提高作物的碳利用效率，促进作物的生长。例如，研究人员通过将南瓜苹果酸合成酶和绿藻乙醇酸脱氢酶转化至 C3 植物烟草中，构建光呼吸的替代途径，同时采用 RNA 干扰技术下调光呼吸途径中的天然叶绿体乙醇酸转运蛋白 1 的表达，抑制叶绿体中乙醇酸的输出，最终能够将烟草植株的生物量增加 25% 以上，光合量子产量提高约 20%。

再次，利用合成生物学技术可以将光合自养生物作为产品生产平台。光合自养生物具有成本低、产量大、无内毒素以及能够进行翻译后修饰等特点，已经广泛应用于生产免疫制剂、生化制剂和生物燃料等产品。小立碗藓（*Physcomitrium patens*）系统具有非常显著的特点和独特的优势，如广泛应用的多组学技术、精准的同源重组基因组工程技术、生物反应器中良好的生产实践认证、成功升级到 500L 规模的反应器、蛋白质产品的高均匀性和稳定性、可靠的细胞系冷冻保存程序等，使得小立碗藓从一种鲜为人知的苔藓植物发展成为基础生物学、生物技术和合成生物学的模式生物。目前，已有 10 多种作为生化药品的人体蛋白质在小立碗藓中成功表达，部分产品已经通过了 I 期临床试验，同时，所生产的部分化妆品也已经进入了市场。

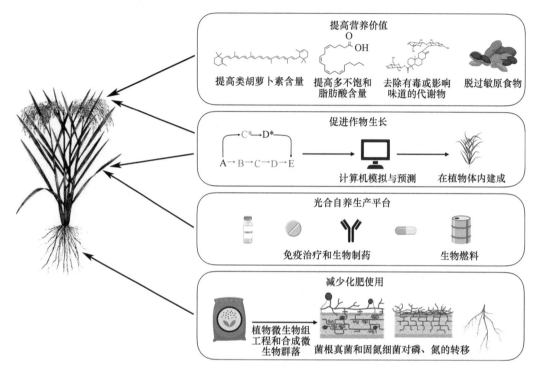

图 18-18　合成生物学对未来农业的影响［改编自 Roell 和 Zurbriggen（2020）］

　　最后，利用合成生物学技术可以优化作物氮、磷等营养元素的利用量，从而减少农业中的化肥使用量。例如，固氮微生物及植物固氮细胞器的合成生物学方面均取得了一定的进展，在模式生物大肠杆菌中重新构建了产酸克雷伯菌（*Klebsiella oxytoca*）的钼铁固氮酶系统和棕色固氮菌（*Azotobacter vinelandii*）的铁铁固氮酶体系，并且证明在不损失固氮酶活的前提下，重组的铁铁固氮酶系统最少需要 10 个基因即可在大肠杆菌中固氮。通过不同固氮酶体系与植物靶细胞器叶绿体、白体及线粒体之间的适配性研究发现，来源于植物叶绿体和白体的电子传递链模块能够分别有效地替代钼铁及铁铁固氮酶系统中负责电子传递的原始模块，为这两个固氮酶系统提供底物还原所需的还原力。进一步利用合成生物学手段成功将原本以 6 个操纵子（共转录）为单元的、含有 18 个基因的产酸克雷伯菌钼铁固氮酶系统成功转化为 5 个编码 Polyprotein 的巨型基因，并证明其高活性可支持大肠杆菌以氮气作为唯一氮源生长，最终证明理论上只需要 3 个巨型基因就可以构建出能够自主固氮的高等植物，推动了植物自主固氮的实现进程（Yang et al.，2018）。

本 章 小 结

　　合成生物学是在现代生物学和系统科学基础上发展起来的、融入工程学思想的多学科交叉研究领域。它采用化学或生物化学合成的 DNA 或蛋白质生物元件，通过工程化的鉴定，形成标准化的元件库，创造具有全新特征或增强了性能的生物模块、网络、体系乃至生物体（细胞），以满足人类的需要。合成生物学的发展大致可以分为创建时期、摸索完善期、创新和应用转化期、飞速发展新时期等 4 个阶段。合成生物学的研究内容主要如下：生物元件挖掘、基因线路构建、底盘适配以及合成生物系统的高效应用；先进使能技术的开发和应用；人工合成生物体系的建立与重构；体外合成生物学体系的建立与应用。生物元件主要包括启动子、增强子、终止子、调控序列和转录因子等。构建的基因线路主要由基因开关、逻辑门、生物振荡器、放大器等组成。合成生物系统的设计、组装与优化过程主要包括：底盘细胞的选择，所需元件和途径的挖掘，合成生物系统模拟设计与分析，运用 DNA 组装技术和方法组装构建合成生物系统，对构建的合成生物系统进行不断优化和筛选，即通过"设计-构建-检验-重设计"循环，最终实现合成生物系统的预设功能。无细胞蛋白质合成体系（CFPS）是以外源 DNA 或 mRNA 为模板，利用细胞提取物中的蛋白质合成机器、蛋白折叠因子及其他相关酶系，通过添加氨基酸、NTP、tRNA 和能量等物质，在体外完成蛋白质合成的翻译及后修饰过程，生产目标产品，具有可针对性调控反应条件、可用于表达胞内系统中难以表达的毒蛋白等蛋白质、易于实现蛋白质的简洁高效合成以及高通量筛选和工业化生产等优势。CFPS体系主要分为细胞提取物系统、PURE 系统和多酶体系 3 种类型。合成生物学的应用主要体现在"建物致知"和"建物致用"上。"建物致知"表现为从生命起源与进化、生物结构功能以及新生命形式等方面为基础生命科学研究提供帮助；"建物致用"即利用合成生物学构建的细胞工厂或者分子机器，向社会生产的各个层面渗透，全面提升人类社会的能力，例如，通过细胞工厂来生产天然药物、重要化工产品以及生物材料等；通过提高农业生产力、降低生产成本、提高食品质量与产量，在实现农业可持续发展等方面发挥重要作用。合成生物学的研究与开发应用，对人类生活质量的改善、健康水平的提高、生存环境的优化将具有重要作用与深远意义。

第 19 章　基因工程生物安全与监管

近年来，随着基因工程技术的发展，其安全性问题逐渐成为国际社会关注的热点。一部分人坚持认为所有基因工程技术都应该被反对，一部分人认为基因工程技术只要使用得当就能够造福人类。转基因生物安全需要进行长期全面地评估，就目前情况来看，该技术的应用与推广利大于弊（何超，2012）。本章将对基因工程安全与监管进行概述，主要涵盖基因工程实验室安全、基因工程生物安全、基因工程技术所产生的生物伦理问题及国家对基因工程改造生物的安全监管法规。

19.1　实验室安全管理的概念

基因工程实验室是进行科学研究、实验教学的主要场所。多数科学家认为实验室安全性问题主要有以下两点：第一，当无法预测的基因工程生物体泄漏时，可能会造成生物危险事故；第二，当基因工程操作在实验室得不到有效控制时，操作人员有感染的风险。例如，2004 年 4 月，中国疾病预防控制中心病毒病预防控制所 SARS（严重急性呼吸综合征，severe acute respiratory syndrome）病毒外泄事件，导致北京和安徽两地出现 9 例 SARS 确诊病例、862 人被医学隔离。所以，基因工程实验室要加强管理，规避生物安全风险。

实验室生物安全管理是为避免危险因子造成实验室人员暴露，向实验室外扩散并导致危害而采取的综合措施。根据我国颁布的《病原微生物实验室生物安全管理条例》，在中华人民共和国境内的实验室及其从事的实验活动都适用本条例。因此，生物安全管理主要对涉及病原微生物在实验活动中的各个方面进行严格管控，包括病原微生物的采集、运输、保存以及安全销毁等。

美国疾病预防控制中心（CDC）及美国国立卫生研究院（NIH），将实验室生物安全水平分为 4 个等级。其中，一级对生物安全隔离的要求最低，四级要求最高（表 19-1）。目前，这一分级要求已作为世界各国的通用标准，我国也沿用这一分级标准。

在世界卫生组织（World Health Organization，WHO）发布的《实验室生物安全手册》中，BSL-1 和 BSL-2 被称为基础实验室，具有 BSL-3 防护水平的实验室称为生物安全防护实验室，达到 BSL-4 水平的称为高度生物安全防护实验室。这些实验室的防护规定主要包括对生物体的物理防护和生物防护。

基因工程实验室的生物安全性除需要考虑上述因素之外，还要考虑到转基因生物（genetically modified organism，GMO）可能带来的安全隐患。由于这些生物体在实验中往往作为遗传操作的供体、载体、宿主和受体，它们除了本身具有致病性、致癌性和耐药性外，还可能具有其他潜在危害性。

表 19-1 生物实验室安全分级标准

安全分级	具体要求标准
BSL-1	进行试验研究用的物质都是已知的,所有特性都已清楚并且已证明不会导致疾病的多种生物物质。操作人员只需经过基本的实验室实验程序培训或在科研人员指导下即可进行操作;操作环境不需要生物安全柜;研究内容和程序可以在公开的实验台面上进行,即不需要有特殊需求的安全保护措施
BSL-2	研究对象是一些已知的、具有中等程度危险性,并且与人类某些常见疾病相关的物质。操作者必须经过相关的操作培训或有专业人员指导才能进行操作。对于易于污染的物质或可能产生污染的环境,需预先进行处理;对于研究中可能涉及或产生有害作用的生物物质,操作过程应在二级生物安全柜内进行
BSL-3	研究对象是由本土或外来的、可能通过呼吸系统使人传染上严重的或有生命危险的物质。通常在二级或三级生物安全柜内进行操作,以避免操作者直接接触到潜在的危险物质或避免潜在危险物质可能污染到环境
BSL-4	研究对象具有极高危险性,尚无有效疫苗或者治疗方法。操作者必须具有操作这种极高危险性物质的资质,具有在一定保护设施的情况下进行熟练操作和实验设计的能力,并确保在操作过程中能够对这些极高危险性物质采取预防措施。同时,必须在具有该领域丰富研究经验的科研人员指导下进行操作,严禁独自在四级实验室进行工作

19.2 基因工程产品的安全管理

通过基因工程改良技术培育的生物多达上百种,主要有转基因植物、动物及微生物这三类,其中转基因植物要多于其他两种转基因生物。

转基因植物主要用于农作物产品改良,从而提高目标作物的抗病虫害、抗寒、抗旱、耐盐碱性等。由于涉及基因互作、基因多效性等因素,转基因植物在扩大种植范围之前,必须要经过严格的安全性评估。

19.2.1 基因工程植物安全管理

基因工程植物在大规模种植之后可能通过"基因漂移"、"超级杂草"、"基因污染"及"生物毒杀"等方式对生态环境造成安全威胁(史高嫣,2019)。因此,必须采取一系列严格措施,对农业生物遗传工程体从实验研究到商品化生产过程进行严格监控管理,在发展农业生物基因工程技术的同时,保障人类和环境的安全。

为了更好地进行转基因作物的安全性评价,需要制定并不断完善转基因作物管理法规,对其安全性进行动态评价和实时监控。在对转基因作物进行合理的试验设计、制订严密科学的试验程序,积累足够的数据,并与原来作物数据进行比较,各项主要特征具有实质等同性后,才能确认其安全性。试验证明安全的转基因作物,可以正式用于农业生产;存在安全隐患的则要加以限制,避免危及人类生存和破坏生态环境。其中,针对转基因生态安全性问题的管理主要有以下措施:①通过生殖隔离手段阻断转基因作物的花粉漂移,从根源上解决其问题;②通过种群替代实验,检验转基因植物杂草化和转基因通过基因漂移向近缘物种逃逸的潜在危险大小。

转基因植物以农产品为主。该技术打破了自然屏障,从某种意义上来说属于外来物种入侵,因此自基因工程技术诞生至今,其食品安全性就备受人们关注。1993 年,经济合作与发展组织(OECD)认为,如果基因工程植物生产的产品与传统植物产品具有实质等同性,则认为是生物安全的;若基因工程植物生产的产品与传统产品不存在实质等同性，则存在安全风险。基因工程植物食品安全性的主要内容是关键成分分析、营养学评估、毒理学评估与致敏性评估等。

19.2.2 基因工程动物生物安全管理

基因工程技术在动物领域，主要以品种培育、异种器官移植、动物生物反应器、动物疾病模型构建为主。基因工程动物安全性评价需要按照国际食品法典委员会（CAC）、联合国粮农组织（FAO）、世界卫生组织（WHO）、经济合作与发展组织（OECD）制定的一系列基因工程生物安全评价标准和共识性文件等全球公认的评价准则来进行。基因工程动物安全性评价的主要内容包括分子特征、遗传稳定性、健康状况、食用安全性、功能效率评价、环境适应性、基因工程动物逃逸及其对环境的影响等（宋彦仪，2018）。

基因工程动物在食品研究中主要以培育抗病能力强、肉质好、生长速度快、营养价值高的转基因动物为目标，从而改良食品的营养价值和风味，增强食品的保健功能。其安全性评价主要从以下几个方面进行：①基因工程动物的健康状况检测；②基因工程动物食品的潜在毒性或生物活性物质评估；③基因工程动物食品的致敏性评估；④基因工程动物食品的关键组分分析；⑤基因工程动物食品的储藏和加工过程分析；⑥基因工程动物食品的营养价值评估；⑦基因工程动物食品的非预期效应评估。

基因工程动物福利大致包括生理福利、环境福利、卫生福利、行为福利和心理福利等。基因工程中的操作技术会给动物本身带来一定的伤害或影响，在利用基因工程动物为人类服务时，要尽可能给基因工程动物减少不必要的痛苦，保证基因工程动物不受虐待。操作人员应该避免基因工程动物受到饥饿、伤病等痛苦，保证基因工程动物拥有适当的居住空间、表达天性自由，减少其恐惧和焦虑感。

19.2.3 基因工程微生物安全管理

微生物包括细菌、病毒、真菌、单细胞藻类和原生动物等。微生物类型众多，有的能产生高等生物不产生或不能大量产生的物质，有的能分解高等生物不能分解的物质，有的微生物可以生存在极端环境中。人类利用微生物的这些特点，使其在农业、工业、食品、医药、环保等领域发挥了重要作用。但是，由于微生物具有个体小、繁殖快、数量大、易变异、分布广泛、生命力强、容易扩散等特点，通过遗传重组的基因工程微生物有可能成为有害微生物，对地下水、土壤和食物链产生污染并广泛传播，其安全隐患引起社会公众担忧，也曾有不少基因工程微生物对人类健康或生态环境造成严重影响的事例发生。当前，已获批商品化生产的基因工程微生物产品主要为细菌和病毒制剂，这些基因工程微生物中的外源基因来自安全的生物，其遗传背景和生物学功能都比较清楚，并进行过安全性试验评价。当然，目前的科学技术水平尚不能完全精准地预测外源基因在新的遗传背景下的全部表现，必须对这类基因工程产品的安全性进行科学、全面、合理的评价。

19.3　基因工程产品的伦理问题

基因工程伦理学的宗旨是根据人类道德价值和基本原则对生命科学及卫生保健领域的人类行为进行系统规范。该学科主要集中于体细胞基因工程与伦理、生殖细胞和增强细胞基因工程的伦理、基因诊断与伦理,以及转基因技术与伦理。基因工程技术在体细胞中应用,从而治疗基因异常缺陷引起的遗传性疾病,但是该技术也同样给被治疗者、医学工作者及公众带来多种危害而产生诸多伦理学难题,例如,曾经有科学家使用基因编辑技术改造一对婴儿,使其对艾滋病具有免疫功能。这一严重违背了伦理道德原则的研究结果一经公布,立即受到全世界科技媒体的谴责及广大科研人员的坚决反对。

19.3.1　动物试验伦理

实验动物是在一定条件下人工饲养繁殖、具有特定生物学特征、用于特定研究目标的动物。动物试验是指在实验室内,对实验动物使用一定的仪器或者方法来获得有关生物学、医学等方面的新知识,或进行科学研究的科研活动过程。可以说,没有实验动物和动物试验,就没有医学和生命科学的巨大成就。人们利用实验动物进行科学试验,获得了大量研究数据,但同时对实验动物不可避免地造成了生理或心理伤害,甚至造成死亡。动物作为生命体,和人类一样可以感知痛苦,应该与人类享有类似的生命权。目前越来越多的国家都更加尊重动物的权利,力图使科学发展朝着更加和谐的方向进行。然而,在进行生命科学探索的过程中,尤其是生物医学研究中,不可避免地需要用到实验动物,植物或者微生物并不能完全代替实验动物在科学研究中的作用。随着研究中实验动物数量的增加,科研人员必须做好实验动物的保护工作。在饲养管理和使用实验动物过程中,要采取有效措施,使实验动物免遭饥渴、不适、恐惧、折磨、疾病和疼痛等伤害,尽可能保证动物能够实现自然行为,受到良好的管理和照料。同时,在动物试验中依据减少、替代和优化原则,尽可能避免对实验动物的生命造成伤害。

19.3.2　人体试验伦理

人体试验是直接以人体本身作为受试对象,通过科学的方法和人为的技术手段,对受试者进行研究和观察记录的生物医学实践活动。人体试验是医学基础研究和动物试验之后、常规临床应用之前不可或缺的中间环节。任何一项新的医学成就,包括新技术和新药物,不论在动物身上重复了多少次试验,也不管通过理论研究和动物试验创立了多少假说,在应用到临床之前,都必须经过大量人体试验,确定安全后才能大规模推广应用。人体试验中存在许多伦理难题,其目的、手段、途径存在着道德与否的问题。

因此,必须通过伦理规范来解决这些伦理矛盾,以保证人体试验符合人类伦理。所有的人体试验,首先必须审查其是否符合医学目的,即以人体作为受试者的生物医学研究都必须增进诊断、治疗和预防等方面的措施,任何背离这一目的的人体试验都是不道德的。禁止违背人道、有损医学、危害社会和人类进步的人体试验。其次,必须严格审查试验是否采取对照原则,试验对照原则要求分组随机化,对照组和试验组要有齐同性、可比性和足够的样本重复。再次,要确保受试者在人体试验中的知情同意,以保障受试者各种应享有的权利。最后,要保障社会公众的利益,让受试者在承受一定风险的同时能够获得利益上的平衡,并将其延伸到社会公众的利益角度。简言之,规范人体试验的目的就是要维护受试者的生命健康权益以及作为人的尊严。

19.3.3　生命伦理的基本原则

我国最新版的《涉及人的生物医学研究伦理审查办法》自 2016 年 12 月 1 日起施行,其中,第十八条规定,涉及人的生物医学研究应当符合以下 6 条生命伦理基本原则。

（1）知情同意原则:尊重和保障受试者是否参加研究的自主决定权,严格履行知情同意程序,防止使用欺骗、利诱、胁迫等手段使受试者同意参加研究,允许受试者在任何阶段无条件退出相关研究。

（2）风险控制原则:首先将受试者人身安全、健康权益放在优先地位,其次才是科学和社会利益。研究风险与受益比例应当合理,力求使受试者尽可能避免伤害。

（3）免费补偿原则:应当公平、合理地选择受试者,对受试者参加研究不得收取任何费用,对于受试者在受试过程中支出的合理费用应当给予适当补偿。

（4）隐私保护原则:切实保护受试者的隐私,如实将受试者个人信息的储存、使用及保密措施情况告知受试者,未经授权不得将受试者个人信息向第三方透露。

（5）依法赔偿原则:受试者参加研究受到损害时,应当得到及时、免费治疗,并依据法律法规及双方约定得到赔偿。

（6）特殊保护原则:对儿童、孕妇、智力低下者、精神障碍患者等特殊人群受试者,应当予以特别保护。

19.4　基因工程生物安全性评价及控制措施

基因工程生物安全评价是通过科学分析各种科学资源,判断具体的基因工程生物是否存在潜在的不良影响,预测不良影响的特性和程度。基因工程技术使基因在动物、植物、微生物等生物体之间相互转移,甚至可以将多个物种来源的基因同时导入某一个生物体内,制造自然界中原本不存在的基因工程新生物,因此基因工程生物安全是指现代生物技术及其产品对人体和生态环境引发的安全问题,需要对生物技术及其产生的基因工程生物体的潜在安全进行提前防范。

19.4.1　基因工程生物安全性评价目的

生物安全性评价是安全管理的核心和基础,主要目标是从技术上分析生物技术及其产品的潜在危险,确定安全等级,制定防范措施,防止潜在危害,对生物技术研究、开发、商品化生产和应用的各个环节的安全性进行科学、公正的评价,以期为有关安全管理提供决策依据,使其在保障人类健康和生态环境的同时,也有助于促进生物技术安全、有序的发展，具体目标如下。

（1）为科学决策提供依据：对每一项具体工作的安全性或危险性进行科学、客观的评价，划分安全等级，并指定必要的安全监测和控制措施。

（2）保护人类健康和环境：通过安全性评价可以明确某项生物技术工作存在哪些潜在危险及其危险程度，从而可以有针对性地采取与之相适应的监测和控制措施，避免或减少其对人和环境的危害。

（3）回答公众疑问：对基因工程产品向自然环境中释放和生产应用进行科学合理的安全性评价，有利于消除公众对基因工程产生的误解，形成对基因工程技术安全性的正确认识，既不会谈"转基因"色变，也不会不予理会、没有任何防范意识。

（4）促进国际贸易、维护国家权益：对进、出口产品的生物安全性评价和检测水平不仅关系到国际贸易的正常发展和国际竞争力，而且有利于消除由于环境造成的国家之间对转基因产品的误解（朱水芳，2017）。

（5）促进生物技术可持续发展：通过对生物技术的安全性评价，科学、合理、公正地认识转基因生物技术的安全性问题，及时采取有效措施，对其可能产生的不利影响进行防范和控制，从而将生物技术对人类健康和生态环境的潜在危险控制在可接受的科学范围内，让广大民众接受生物技术，从而让该技术更好、更高效地推广应用，不再谈"转基因"色变。

19.4.2　基因工程生物安全性评价的主要内容

基因工程生物及其产品的安全性评估主要涉及 3 个主要内容：①导入的外源基因及其产品对受体生物是否有不利影响；②基因工程生物自身释放或使用带来的生态环境上的安全性问题；③毒理学方面的安全性问题，主要包括可能影响作物的毒理学特性、可能产生某种不明有害物质，以及对特定人群可能引起过敏反应等。

19.4.2.1　受体生物的安全等级

根据受体生物的特性及其安全控制措施的有效性，将受体生物分为 4 个安全等级（表 19-2）。其评价内容包括：受体生物的分类学地位、原产地或起源中心、进化过程、

表 19-2　受体生物等级划分

受体生物等级	划分条件
安全等级 I	①对人类健康和生态环境未曾发生过不利影响； ②演化成有害生物的可能性极小； ③用于特殊研究的短存活期受体生物，实验结束后在自然环境中存活的可能性极小
安全等级 II	对人类健康和生态环境可能产生低度危险，但是通过采取安全控制措施完全可以避免危险的受体生物
安全等级III	对人类健康和生态环境可能产生中度危险，但是通过采取安全控制措施，基本上可以避免危险的受体生物
安全等级IV	①可能与其他生物发生高频率遗传物质交换的有害生物； ②尚无有效技术防止其本身或其产物逃逸、扩散的有害生物； ③尚无有效技术能保证其逃逸后，在对人类健康和生态环境产生不利影响之前，将其捕获或消灭的有害生物

自然生境、地理分布、在环境中的作用，以及演化成有害生物的可能性、致病性、毒性、过敏性、生育和繁殖特性、适应性、生存能力、竞争能力、传播能力、遗传交换能力和途径、对非目标生物的影响、监控能力等。

19.4.2.2　基因操作对受体生物安全性的影响

根据基因操作对受体生物安全性的影响，将基因操作分为 3 种安全类型（表 19-3）。其评价内容包括：目的基因和标记基因的来源、结构、功能、表达方式、稳定性等；载体的来源、结构、复制、转移特性等；供体生物的种类及其主要生物学特性、基因工程方法等。

表 19-3　受体生物安全性划分

受体安全类型	内容
增加受体生物安全性的基因操作	去除某个已知具有危险的基因或抑制某个已知具有危险的基因表达的基因操作
不影响受体生物安全性的基因操作	改变受体生物的表型或基因型而对人类健康和生态环境没有影响的基因操作；改变受体生物的表型或基因型而对人类健康和生态环境没有不利影响的基因操作
降低受体生物安全性的基因操作	改变受体生物的表型或基因型，并可能对人类健康或生态环境产生不利影响的基因操作；改变受体生物的表型或基因型，但不能确定对人类健康或生态环境影响的基因操作

19.4.2.3　遗传工程生物体的安全等级

根据受体生物的安全等级和基因操作对受体生物安全性的影响类型及影响程度，将遗传工程生物体分为 4 个安全等级（表 19-4）。安全等级一般通过将遗传工程体的特性与受体生物的特性进行比较确定，主要评价内容包括：对人类和其他生物体的致病性、毒性

表 19-4　遗传工程生物体安全等级

受体安全等级	基因操作对受体生物安全性的影响类型和影响程度
受体生物为安全等级 I 的遗传工程体	安全等级 I 的受体生物经类型 1 或类型 2 的基因操作得到的遗传工程体，安全等级仍为 I。安全等级 I 的受体生物经类型 3 的基因操作产生的遗传工程体，如果安全性降低很小、不需要采取任何安全控制措施的，则其安全等级仍为 I；如果安全性有一定程度的降低，但可通过适当的安全控制措施完全避免其潜在安全性严重降低，或可通过严格的安全控制措施避免其潜在危害险的，则其安全等级为 II；反之，则其安全等级为 III；如果安全性严重降低，无法通过安全控制措施完全避免其危害的，其安全等级为 IV
受体生物为安全等级 II 的遗传工程体	安全等级 II 的受体生物经类型 I 的基因操作得到的遗传工程体，如果安全性增加到对人类健康和生态环境不再具有不利影响，则其安全等级为 I；如果安全性虽有增加，但对人类健康和生态环境仍有低度危险，则其安全等级仍为 II。安全等级 II 的受体生物经类型 2 的基因操作得到的遗传工程体，其安全等级仍为 II。安全等级 II 的受体生物经类型 3 的基因操作得到的遗传工程体，根据安全性降低的程度不同，其安全等级可为 II、III 或 IV，分级标准与受体生物的分级标准相同
受体生物为安全等级 III 的遗传工程体	安全等级 III 的受体生物经类型 1 的基因操作得到的遗传工程体，根据安全性增加的程度不同，其安全等级可为 I、II 或 III，分级标准与受体生物的分级标准相同。安全等级 III 的受体生物经类型 2 的基因操作得到的遗传工程体，其安全等级仍为 III。安全等级 III 的受体生物经类型 3 的基因操作得到的遗传工程体，根据安全性降低的程度不同，其安全等级可为 III 或 IV，分级标准与受体生物的分级标准相同
受体生物为安全等级 IV 的遗传工程体	安全等级 IV 的受体生物经类型 1 的基因操作得到的遗传工程体，根据安全性增加的程度不同，其安全等级可为 I、II、III 或 IV，分级标准与受体生物的分级标准相同。安全等级 IV 的受体生物经类型 2 或类型 3 的基因操作得到的遗传工程体，其安全等级仍为 IV

和过敏性；育性和繁殖特性；适应性和生存、竞争能力；遗传变异能力；转变成有害生物的可能性；对非目标生物和生态环境的影响等。

19.4.3　我国基因工程生物安全性评价审批流程

我国基因工程生物安全性评价审批主要为报告制和审批制。不同的试验阶段采用不同的制度：报告制主要用于安全等级为Ⅲ、Ⅳ级的农业转基因生物的实验研究和中间试验，而审批制主要用于中外合作、合资或外商独资公司在中国境内从事农业转基因生物的实验研究和中间试验。

1. 报告制申请

1）提交申请

申请单位按照《农业转基因生物安全管理条例》及其配套办法、评价指南等要求填写《农业转基因生物安全评价申报书》，经申请单位农业转基因生物安全小组和申请单位审查同意并签字盖章后，送交农业农村部行政审批具体负责部门。

2）形式审查

农业农村部行政审批部门对申请材料开展形式审查。审查内容包括：申请材料的完整性、申请单位农业转基因生物安全小组和申请单位意见、试验时间和规模等。

3）技术审查

通过形式审查的申报材料，由农业农村部科技发展中心按照有关要求进行技术审查。审查内容包括：安全性评价资料的科学性、试验设计的规范性。以转基因植物为例，主要从分子特征、遗传稳定性、环境安全和食用安全 4 个方面进行风险评估。

4）备案

农业农村部科技发展中心对技术审查合格的申请材料形成备案意见，报农业农村部转基因生物安全管理办公室核准后，制作批复文件。

5）批件发放

向申请单位发放批复文件，同时抄送试验所在地的省级农业行政主管部门。

2. 审批制申请

1）提交申请

申请单位按照《农业转基因生物安全管理条例》及其配套办法、评价指南等要求填写《农业转基因生物安全评价申报书》，经申请单位农业转基因生物安全小组和申请单位审查同意并签字盖章后，送交农业农村部行政审批具体负责部门。

2）形式审查

农业农村部行政审批部门对申请材料开展形式审查。审查内容包括：申请材料的完整性、申请单位农业转基因生物安全小组和申请单位意见、试验时间和规模等。

3）初步审查

通过形式审查的申报材料，由农业农村部科技发展中心按照有关要求进行技术审查。审查内容包括：安全性评价资料的科学性、试验设计的规范性。以转基因植物为例，主要从分子特征、遗传稳定性、环境安全和食用安全 4 个方面进行风险评估。

4）安委会评审

完成初审的申请材料提交至安委会进行评审。安委会评审采取会议形式进行，按照《农业转基因生物安全评价管理办法》规定，农业农村部每年组织至少 2 次安全评审会议（何超，2012）。根据安委会工作规则，安委会设立植物和植物用微生物、动物和动物用微生物 2 个专业组，主要负责对本专业领域的农业转基因生物安全评价申请进行评审。植物和植物用微生物专业组根据安全评价，需要设置分子特征、环境安全和食用安全 3 个审查小组。各审查小组分别对本领域的农业转基因生物安全评价申请进行审查，每位专家独立审阅申报材料，充分发表评审意见，并填写专家意见表。评审小组通过集体讨论、协商一致后，形成小组评审意见。各审查小组将评审意见汇总形成专业组评审意见，召开专业组会议对评审意见进行审议，并进行投票（秦天宝，2021）。

5）评审内容

评审内容主要包括安全性评价资料的科学性、试验设计的规范性。以转基因植物为例，主要从分子特征、遗传稳定性、环境安全和食用安全 4 个方面进行风险评估。

6）审查决定

安委会秘书处整理专家评审意见后，提交农业农村部科技教育司审查。农业农村部科技教育司根据专家评审意见提出审批意见，按程序报签后制作批复文件。

7）批件发放

向申请单位发放批复文件；涉及开展试验的，同时抄送试验所在地的省级农业行政主管部门。

19.4.4　基因工程生物安全控制措施

基因工程生物安全控制措施是针对生物安全所采取的技术管理措施，目的是在基因工程产品研发及商品化生产、储运和使用过程中，防止对人体健康和生态环境产生可能的潜在危险。通过生物安全控制措施将生物技术工作中可能发生的潜在危险性降到最低。因此，在开展基因工程工作的前期试验、中间试验、环境释放和商品化生产前，都应该按照转基因生物安全要求，采取相应的安全措施。

19.4.4.1 生物安全控制措施的类别

生物安全控制措施主要根据控制措施的性质、工作阶段进行分类。根据控制措施的性质可以将其分为以下 5 类：物理控制、化学控制、生物控制、环境控制、规模控制。根据工作阶段可以分为：实验室控制、中间试验和环境释放控制、商品储运、销售及使用、应急措施、废弃物处理及其他。具体分类方法如表 19-5 和表 19-6 所示。

1. 按控制措施的性质划分

按控制措施的性质可将其分为 5 类（表 19-5）。

表 19-5　生物安全控制措施性质分类

类别	方法含义	举例
物理控制	利用物理方法限制基因工程体及其产物在控制区外的存活和扩散	栅栏、网罩、屏障、高温
化学控制	利用化学方法限制基因工程体及其产物在控制区外的存活和扩散	对生物材料、工具和有关设施进行消毒
生物控制	利用生物措施限制基因工程体及其产物在控制区外的存活和扩散，以及限制遗传物质由转基因生物向其他生物转移	设隔离区及监控区、消除区内外杂交
环境控制	利用环境条件限制基因工程体及其产物在控制区外的存活、繁殖和扩散	控制水分、温度、光周期等
规模控制	尽可能减少试验规模以降低基因工程体及其产物广泛扩散的可能性，在出现预想不到的后果时能彻底将基因工程体及其产物消除	控制试验的生物个体数，减少试验的面积或空间等

2. 按控制措施的工作阶段划分

按照工作阶段可将其分为如下 5 类（表 19-6）。

表 19-6　生物安全控制措施的工作阶段分类

类别	措施要求
实验室控制	相应安全等级的实验室装备和操作规范要求
中间试验和环境释放控制	相应安全等级的安全控制措施
商品储运、销售及使用	相应安全等级的包装、运载工具、储存条件，使用符合要求的标签
应急措施	针对意外扩散、逃逸和转移所采取的应急措施，含报告、扑灭、销毁
废弃物处理及其他	根据相应安全等级，建立防污染处置长期或定期的监测及报告制度

19.4.4.2 生物安全控制措施的针对性

根据各个基因工程物种的特异性采取有效的预防措施，尤其要从国情出发，采取与我国社会经济和当前科技水平相符的、切实有效的控制措施。因此，要参考、借鉴发达国家的经验和做法，进行周密研究。

19.4.4.3 生物安全控制措施的有效性

安全控制措施的有效性取决于：①安全性评价的可靠性和科学性；②根据评价所确

定的安全性等级，采取适宜的安全控制措施；③认真贯彻落实所确定的安全控制措施；④设立长期或定期的检测调查和跟踪研究。

19.5　基因工程生物安全监管体系

19.5.1　我国基因工程安全监管体系

中华人民共和国国务院建立了由农业农村部牵头、12个部门组成的农业转基因生物安全管理联席会议制度，负责研究和协调农业转基因生物安全管理工作的重大问题（秦天宝，2021）。农业农村部设立农业转基因生物安全管理办公室负责全国农业转基因生物安全管理的日常工作。县级以上地方各级人民政府农业行政主管部门负责本行政区域的农业转基因生物安全的监督管理工作。县级以上各级人民政府有关部门依照《中华人民共和国食品安全法》有关规定，负责转基因食品安全的监督管理工作（胡旭和刘晓莉，2017）。

农业农村部科技发展中心是农业农村部直属事业单位，2001年增设转基因生物安全监管中心，主要职责包括：国家农业转基因生物安全评价及检定中心建设与管理；组织农业转基因生物安全标准制定和修订；承担农业农村部农业转基因生物安全评价检验测试机构建设指导；承担全国农业转基因生物研究、试验、生产、加工、经营和进出口活动中安全评价的受理审查、跟踪检查、检测监测技术鉴定和样品保藏。

我国转基因生物安全管理技术支撑体系主要包括安全评价体系、技术标准体系和检测监测体系，分别对应以下3个机构（图19-1），具体名称和职责如下。

国家农业转基因生物安全委员会由部级联席会议成员单位遴选和推荐，农业农村部聘任组建，主要负责农业转基因生物的安全评价工作，为转基因生物安全管理提供技术咨询；全国农业转基因生物安全管理标准化技术委员会由农业农村部组建，主要负责转基因动物、植物、微生物及其产品的研究、试验、生产、加工、经营、进出口及安全管理方面相关的国家标准制（修）订工作；农业转基因生物安全监督检验测试机构由

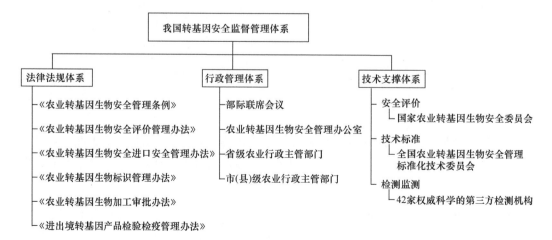

图 19-1　我国转基因安全监督管理体系结构（麻晓春等，2018）

农业农村部负责建设，涵盖产品成分、环境安全、食用安全 3 个类别，为《农业转基因生物安全管理条例》及其配套规章的实施提供了重要的技术保障（秦天宝，2021）。

19.5.2　国外基因工程安全监管体系

19.5.2.1　美国基因工程监管体系

美国依据 1986 年颁布的《生物技术法规协调框架》，成立了 3 个转基因产品的管理机构，即美国农业部（USDA）、美国环保署（EPA）和美国食品药品监督管理局（FDA）。美国转基因生物安全管理分为两个阶段：一是转基因生物研发，由美国国立卫生研究院依据《重组 DNA 分子研究准则》管理；二是转基因生物的释放和应用，由美国农业部（USDA）、美国环保署（EPA）和美国食品药品监督管理局（FDA）依据《生物技术法规协调框架》负责管理。

美国农业部由两个机构负责转基因生物安全管理，即美国动植物检疫局（APHIS）和美国兽医生物制品中心（CVB）。美国动植物检疫局主要负责评价转基因植物变成有害植物的可能性以及对农业和环境的安全性等；美国兽医生物制品中心主要负责转基因动物疫苗和动物用生物制剂的管理。

美国环保署主要对农药进行管理，负责控制农药对农业的影响，确定或免除农药在食品中最高残留量的管理。转基因植物被纳入生物农药范畴进行管理，目前美国环保署管理的转基因植物主要是植物内置杀虫剂。

美国食品药品监督管理局的职责是确保食品和食品添加剂的安全，在转基因生物安全管理方面主要负责转基因食品和食品添加剂以及转基因动物、饲料、兽药的安全性管理，确保转基因食品对人类健康的安全。

19.5.2.2　欧盟基因工程监管体系

欧盟对转基因生物安全以过程为基础进行管理。生物安全管理的决策权在欧盟委员会和部长级会议，日常管理由欧洲食品安全局（EFSA）及各成员国政府负责。EFSA 负责开展转基因风险评估，独立对直接或间接与食品安全有关的事务提出科学建议。EFSA 内设 5 个部门，分别是管理委员会、执行主任及其工作组、顾问会议、科学委员会及 8 个专家小组。

转基因生物在欧盟范围内开展环境释放，主要由各成员国政府提出初步审查意见，EFSA 组织专家进行风险评估，最后由欧盟委员会主管当局和部长级会议决策。

19.5.2.3　澳大利亚基因工程监管体系

澳大利亚的转基因生物安全管理体系主要由基因技术部长理事会、基因技术执行长官和基因技术管理办公室 3 个机构组成。基因技术部长理事会是由《基因技术政府间协议 2001》确立，管理基因技术执行长官的活动。基因技术执行长官由总督任命，享有充分的独立性。基因技术管理办公室下设澳大利亚政府健康和老年部，专门组织对转基因监管，特别是针对转基因产品的风险评定和风险管理等工作，另一个职能是向社会公众发布有关受理转基因产品的申请、批准等相关信息。

澳大利亚基因技术管理办公室在基因技术执行长官的领导下负责管理转基因生物的研究、试验、生产、加工和进口等活动。澳大利亚农药管理局、澳大利亚全国工业化学品通告和评价署、澳大利亚治疗产品管理局和澳新食品标准局分别负责源于转基因生物的化学农药和兽药、工业用化学品、治疗产品以及转基因食品的注册或管理。

澳大利亚于 1994 年成立了一个基因技术顾问委员会，隶属于工业技术学部，由生物、法律、伦理、生态环境学家以及社会公众代表组成，负责对基因技术的安全性及可能涉及的法律问题向政府提供咨询服务，同时制定有关安全标准并予以实施。

另外，澳大利亚农林渔业部对澳新食品标准局组织的转基因食品的评定和商业批准以及相关的标识等问题进行评价。澳大利亚检验检疫局与澳新食品标准局对基因产品的进口贸易进行管理。澳大利亚健康和老年部所属的治疗性商品管理局负责管理转基因产品在人类治疗方面的应用。

19.5.3　我国生物安全管理原则

生物技术产业在解决粮食短缺、环境与能源短缺等诸多问题方面发挥着重要作用，是 21 世纪的支柱产业之一。因此，我国采取一系列政策支持生物技术的发展，对生物技术潜在性和复杂性安全问题高度重视；同时结合中国国情，以对全人类负责的态度开展生物安全管理工作。我国生物安全管理有以下几项实施原则。

（1）研究开发与安全防范并重原则。需要坚持在保障人体健康和环境安全的前提下，发展生物技术及其相关产业。

（2）预防为主原则。按照生物技术产品的生命周期，在实验研究、中间试验、环境释放、商品化生产等环节，防止其对生态环境的不利影响和对人体健康的潜在隐患，一定要严格地履行安全性评价和开展相应的检测工作，防患于未然。

（3）多部门协同合作原则。生物技术涉及农林、医药和食品等行业，其产品也面向全社会，关系全国人民生活质量的改善和提高。其安全性管理关系到人体健康和生态环境保护，同时涉及出入境管理及国际经贸活动。各个行业部门间的分工与协作必须协同一致，需要各司其职，联合攻关。

（4）科学公正原则。基因工程生物安全性评价必须以科学为依据，站在公正的立场上予以正确评价，其操作技术、检测程序、检测方法和结果必须以科学为基础。国家生物安全性评价标准及检测技术不仅要在本国具备科学权威性，还要达到国际先进水平，其科学水平应获得国际社会的认可。

（5）允许公众参与原则。提高社会公众的生物安全意识是开展生物安全工作的重要课题。需要尽可能使公众了解所接触、使用的生物技术产品与传统产品的等同性和差异性，对特异性产品授以消费者接受使用或不使用的选择权；同时宣传教育，建立适宜的机制，提高民众生物安全的知识水平，使公众成为生物安全的重要监督力量。

（6）个案处理原则。就目前科学水平，人们还无法精确地控制每种基因对生物机体遗传信息的具体影响，各种受体生物经过不同的遗传操作产生的遗传信息交换的作用错综复杂，必须针对每种基因产品的特异性，科学地进行具体分析、评价及长期跟踪，并逐步完善监管方案。

19.5.4　我国基因工程安全监管法律法规

为了加强基因工程安全监管法律法规制定和基因工程产品使用监管，我国制定了一系列的法律法规、技术规则和管理体系（王康，2020），为我国转基因生物安全管理提供了一整套法律依据（表 19-7）。

表 19-7　中国转基因技术相关法律法规

法律法规名称	颁布时间/年	颁布部门
《基因工程安全管理办法》	1993	国家科学技术委员会
《农业生物基因工程安全管理实施办法》	1996	农业部
《新生物制品审批办法》	1999	国家药品监督管理局
《农业转基因生物安全管理条例》	2001	国务院
《农业转基因生物进口安全管理办法》	2001	农业部
《农业转基因生物标识管理办法》	2001	农业部
《农业转基因生物安全评价管理办法》	2001	农业部
《转基因食品卫生管理办法》	2001	卫生部
《农业转基因生物进口安全管理程序》	2002	农业部
《农业转基因生物标识审查认可程序》	2002	农业部
《农业转基因生物安全评价管理程序》	2002	农业部
《进出境转基因产品检验检疫管理办法》	2004	国家质量监督检验检疫总局
《开展林木转基因工程活动审批管理办法》	2006	国家林业局
《农业转基因生物加工审批办法》	2006	农业部
《农业转基因生物标签的标识》	2007	农业部
《农业转基因生物安全评价管理办法》	2017	农业部
《农业转基因生物安全管理通用要求——实验室》	2016	农业部
《农业转基因生物（植物、动物、动物用微生物）安全评价指南》	2017	农业部
《中华人民共和国生物安全法》	2021	全国人大常务委员会

其他法律法规中关于转基因生物安全管理的条文如下。

1.《中华人民共和国种子法》

2000 年 7 月 8 日通过的《中华人民共和国种子法》（以下简称《种子法》）第十四条对转基因品种的选育、试验、审定和推广的规定如下：转基因植物品种的选育、试验、审定和推广应当进行安全性评价并采取严格的安全控制措施，具体办法由国务院规定；第三十五条对转基因种子销售标注规定如下：从境外引进农作物、林木种子的审定权限，农作物、林木种子的进口审批办法，引进转基因植物品种的管理办法，由国务院规定。2015 年 11 月 4 日，第十二届全国人民代表大会常务委员会第十七次会议，《种子法》对转基因植物品种选育、试验、审定、推广和标识等作出专门规定,并改为总则第七条,具体规定如下:转基因植物品种的选育、试验、审定和推广应当进行安全性评价,并采取严格的安全控制措施。国务院下属的农业、林业主管部门应当加强跟踪监督并及时公告有关转基因植物品种审定和推广的信息,具体办法由国务院规定。

2.《中华人民共和国畜牧法》

2005 年 12 月 29 日通过的《中华人民共和国畜牧法》(中华人民共和国主席 2005 年第 45 号令)第二十条对转基因畜禽品种的培育、试验、审定和推广规定如下:转基因畜禽品种的培育、试验、审定和推广,应当符合国家有关农业转基因生物管理的规定。

3.《中华人民共和国农产品质量安全法》

2006 年 4 月 29 日通过的《中华人民共和国农产品质量安全法》(中华人民共和国主席 2006 年第 49 号令)第三十条对农业转基因生物农产品的标识规定如下:属于农业转基因生物的农产品,应当按照农业转基因生物安全管理的有关规定进行标识。

4.《中华人民共和国食品安全法》

2009 年 2 月 28 日发布的《中华人民共和国食品安全法》(中国人民共和国主席令 2009 年第 9 号)第一百零一条对转基因食品规定如下:乳品、转基因食品、生猪屠宰、酒类和食盐的食品安全管理,适用本法律,行政法规另有规定的,依照其规定。2015 年 4 月 24 日新修订的《中华人民共和国食品安全法》第六十九条对转基因标示规定如下:生产经营转基因食品应当按照规定显著标示;第一百二十五条对生产经营转基因食品未按规定进行标示的处罚规定如下:由县级以上人民政府食品药品监督管理部门没收违法所得和违法生产经营的食品、食品添加剂,并可以没收用于违法生产经营的工具、设备、原料等物品;违法生产经营的食品、食品添加剂货值金额不足一万元的,并处五千元以上五万元以下罚款;货值金额一万元以上的,处货值金额五倍以上十倍以下罚款;情节严重的,责令停产停业,直至吊销许可证。第一百五十一条中提到,转基因食品安全管理,本法未做规定的,适用其他法律、行政法规的规定(王康,2020)。

5.《农药管理条例实施办法》

为保证《农药管理条例》(国务院 1999 年第 216 号令)的贯彻实施,加强对农药登记、经营和使用的监督管理,促进农药工业技术进步,保证农业生产的稳定发展,保护生态环境、保障人畜安全,1999 年 4 月 27 日农业部第 20 号令颁布的《农药管理条例实施办法》第四十五条对《农药管理条例》中农药进行解释,其中第四项规定如下:利用基因工程技术引入抗病、虫、草害的外源基因改变基因组构成的农业生物,适用《农药管理条例》和《农业管理条例实施办法》。2002 年 7 月 27 日农业部第 18 号令修订将该条款调整为第四十三条,未对条款内容进行修订,2004 年 7 月 1 日农业部第 38 号令修订将该条款调整为第四十四条。

6.《兽药注册办法》

为保证兽药安全、有效和质量可控，规范兽药注册行为，2004 年 11 月 15 日经农业部第 33 次常务会议审议通过《兽药注册办法》（农业部 2004 年第 44 号令），第七条规定了 6 种不予受理的新兽药注册申请，其中第二项具体规定如下：经基因工程技术获得，未通过生物安全评价的灭活疫苗、诊断制品之外的兽药，不予受理注册申请。

7.《出入境人员携带物检疫管理办法》

为了防止人类传染病及其医学媒介生物、动物传染病、寄生虫病、植物危险性病、虫、杂草以及其他有害生物经过境传入、传出，保护人体健康及环境安全，2012 年 6 月 27 日国家质量监督检验检疫总局局务会议审议通过《出入境人员携带物检疫管理办法》（国家质量监督检验检疫总局 2012 年第 146 号令），第十八条对携带农业转基因生物入境规定如下：携带农业转基因生物入境的，携带人应当向检验检疫机构提供《农业转基因生物安全证书》和输出国家或者地区官方机构出具的检疫证书；列入农业转基因生物标识目录的入境转基因生物，应当按照规定进行标识，携带人还应当提供国务院农业行政主管部门出具的农业转基因生物标识审查认可批准文件。第三十条第二款规定如下：携带农业转基因生物入境，不能提供农业转基因生物安全证书和相关批准文件，或者携带物与证书、批准文件不符，限期退回或者销毁处理；未按照规定标识的农业转基因生物，重新标识后方可入境。

8.《主要农作物品种审定办法》

为科学、公正、及时地审定主要农作物品种，农业部于 2013 年 12 月 27 日发布《主要农作物品种审定办法》（农业部令 2013 年第 4 号），第十一条对从境外引进的农作物品种和转基因农作物品种规定如下：稻、小麦、玉米、棉花、大豆以及农业部确定的主要农作物品种实行国家或省级审定，申请者可以申请国家审定或省级审定，也可以同时申请国家审定和省级审定，也可以同时向几个省（自治区、直辖市）申请审定。省级农业行政主管部门确定的主要农作物品种实行省级审定。从境外引进的农作物品种和转基因农作物品种的审定权限按国务院有关规定执行；第十三条对转基因品种的申请书内容规定如下：申请品种审定的，应当向品种审定委员会办公室提交申请书，转基因品种还应当提供在试验区域内的安全性评价批准书，在完成品种试验提交审定前，还应提供安全评估报告。

9.《农作物种子生产经营许可管理办法》

为加强农作物种子生产经营者许可管理、规范农作物种子生产经营秩序，农业部于 2016 年 7 月 8 日发布《农作物种子生产经营许可管理办法》（农业部令 2016 年第 5 号），对转基因农作物种子生产、经营许可规定如下：转基因农作物种子生产、经营许可规定，由农业部另行制定。

10.《中华人民共和国畜禽遗传资源进出境和对外合作研究利用审批办法》

2008 年 8 月 20 日，国务院第 23 次常务会议通过《中华人民共和国畜禽遗传资源进出境和对外合作研究利用审批办法》（国务院 2008 年第 533 号令），第四条规定从境外引进禽畜遗传资源需具备的条件：符合进出境动植物检疫和农业转基因生物安全的有关规定，不对境内禽畜遗传资源和生态环境安全构成威胁。

11.《水生生物增殖放流管理规定》

2009 年 3 月 20 日，农业部第 4 次常务会议审议通过《水生生物增殖放流管理规定》（农业部 2009 年第 20 号令），第十条对增殖放流的规定如下：用于增殖放流的亲体、苗种等水生生物应当是本地种；苗种应当是本地中的原种或者子一代，确需放流其他苗种的，应当通过省级以上渔业行政主管部门组织的专家论证；禁止使用外来种、杂交种、转基因种以及其他不符合生态要求的水生生物物种进行增殖放流。

12.《农业植物品种命名规定》

2012 年 3 月 14 日公布的《农业植物品种命名规定》（农业部 2012 年第 2 号令）第二条规定：申请农作物品种审定、农业植物新品种权和农业转基因生物安全评价的农业植物品种及其直接应用的亲本的命名，应当遵守本规定。第六条对品种名称的一致性规定：申请人应当书面保证所申请品种名称在农作物品种审定、农业植物新品种权和农业转基因生物安全评价中的一致性。第十五条对农业转基因生物安全评价的农业植物品种的公示期规定：申请农作物品种审定、农业植物新品种权和农业转基因生物安全评价的农业植物品种，在公告前应当在农业部网站公示，公示期为 15 个工作日；省级审定的农作物品种在公告前，应当由省级人民政府农业行政主管部门将品种名称等信息报农业部公示。第十八条对农业转基因生物安全评价过程中品种名称问题规定了惩罚措施：申请人以同一品种申请农作物品种审定、农业植物新品种权和农业转基因生物安全评价过程中，通过欺骗、贿赂等不正当手段获取多个品种名称的，除由审批机关撤销效应的农作物品种审定、农业植物新品种权、农业转基因生物安全评价证书外，三年内不再受理该申请人相应申请。

19.5.5 国外基因工程安全监管法律法规

19.5.5.1 美国转基因生物安全管理法规

1976 年，美国颁布了由美国国立卫生研究院制定的《重组 DNA 分子研究准则》。1986 年 6 月，白宫科技政策办公室正式颁布了《生物技术法规协调框架》，形成了转基因监管的基本框架。

转基因生物管理由美国农业部、美国环保署、美国食品药品监督管理局共同负责，主要基于现行法规。美国农业部主要职责是监管转基因植物的种植、进口及运输，主要依据 2000 年的《植物保护法案》。该法案整合了以前的《联邦植物害虫法案》《有害杂草法案》《植物检疫法案》。美国环保署的监管内容主要是转基因作物的杀虫特性及其对环境和人的影响，依据《联邦杀虫剂、杀真菌剂、杀啮齿动物药物法案》监管（李俊生等，2012）。环保署监管的并不是作物本身，而是转基因作物中含有的杀虫和杀菌等农药性质的成分。美国食品药品监督管理局负责监管转基因生物制品在食品、饲料以及医药等中的安全性，主要法律依据是《联邦食品、药品与化妆品法》。各部门的管理范围由转基因产品最终用途而定，一个产品可能涉及多个部门的管理，各部门也建立了相应的管理条例、规则（朱水芳，2017）。

2002 年 8 月，美国公布了联邦法案 67 FR 50578，旨在减少转基因作物在田间试验过程中，外源基因和转基因产品对种子、食品和饲料的影响。2016 年，美国通过了《国家生物工程食品信息披露标准》，并于 2018 年 7 月 29 日正式生效。该标准统一了转基因食品标识方法，减少食品生产和交易成本；在要求统一披露的同时，也为经营者提供了多种食品信息披露的方式。

19.5.5.2　欧盟转基因生物安全管理法规

1990 年，欧盟颁布了《关于限制使用转基因微生物的条例》（90/219/EEC），并颁布了两个配套法规《转基因微生物隔离使用指令》（90/81/EC）和《关于从事基因工程工作人员劳动保护的规定》（90/679/EEC 和 93/88/EEC），同时颁布《关于人为向环境释放转基因生物的指令》（90/220/EEC）。1997 年 6 月，97/35/EC 号指令修订为 90/220/EEC 号指令。

1997 年 1 月，欧盟制定并颁布了《关于新食品和新食品成分的管理条例》（97/258/EEC），对转基因生物和含有转基因成分的食品进行评估及标识管理；之后又相继出台了《关于转基因食品强制性标签说明的条例》（1139/98/EC）、《关于转基因食品强制性标签说明的条例的修订条例》（49/2000/EC）和《关于含有转基因产品或含有转基因产品加工的食品添加剂或调味剂的食品和食品成分实施标签制的管理条例》（50/2000/EC）3 个补充规定。但 97/258/EEC 条例中对转基因生物制成的饲料并未做具体规定，因此，目前欧洲对转基因饲料并未要求标识。

2001 年 3 月 12 日，欧洲议会和欧盟委员会发布的 2001/18 号指令涉及有意释放转基因生物进入环境内容，同时废除 90/220 号指令。2002 年 1 月 28 日发布的 178/2002 号法规，列出了食品法律的一般原则和要求，建立了欧洲食品安全局（EFSA），并规定了食品安全事宜的程序。2003 年 7 月 15 日颁布的 1946/2003 号条例涉及转基因生物的越境转移内容。

2003 年 9 月 22 日发布的 1829/2003 号法规涉及转基因食品和饲料内容。2003 年 9 月 22 日发布的 1830/2003 号法规，提及转基因生物可追溯性和标签、由转基因生物生产的食品和饲料产品的可追溯性，修订了 2001/18 号指令。2004 年 4 月 29 日发布的 882/2004 号法规是为确保遵守饲料食品法律、动物健康和动物福利规则而开展的官方控制的法规。2009 年 5 月 6 日发布的 2009/41 号令，是有关转基因微生物封闭使用的指令。欧盟委员会 2004 年 4 月 6 日颁布了 641/2004/EC 条例，该条例是为执行欧洲议会和理事会 1829/2003 号条例而制定的实施细则。2015 年，欧洲议会和欧洲理事会发布的 2015/412 号令，对 2001/18 号指令进行一些修订，允许成员国自行决定是否在本国区域内种植转基因植物。

19.5.5.3 澳大利亚转基因生物安全管理法规

在澳大利亚，基因技术管理办公室负责监管转基因生物的相关工作，包括实验室研究、田间试验、商业化种植以及饲用批准；食品标准局负责对利用转基因产品加工的食品进行上市前必要的安全评价工作，并设定食品安全标准和标识要求。

基因技术管理办公室管理依据为 2001 年 6 月 21 日实施的《基因技术法案》，其目的是"通过鉴定基因技术产品是否带来或引起风险，以及对特定的转基因生物操作进行监管来管理这些风险，进而保护人民的健康和安全，保护环境"。《基因技术法规》、澳大利亚政府和各州各地区间的《基因技术政府间协议》以及各州各地区的相应立法，进一步支持《基因技术法案》的实施。对于需要获得许可证的转基因生物相关管理工作，是根据《基因技术法案》《基因技术管理条例》，以及州/特区政府相关立法中规定的关于许可证申请的监管评估要求进行的。每个许可证申请中的风险评估和风险管理计划是决定是否签发许可证的基础。

根据澳大利亚和新西兰《食品标准法典》条款 1.5.2 规定，要求对来源于转基因植物、动物和微生物的食品进行监管；食品标准局代表澳大利亚联邦政府、州/特区政府和新西兰政府开展转基因食品的安全评价。该条款对转基因食品的标识进行了规定，规定于 2001 年 12 月开始实施。

19.5.6 我国基因工程监管现状

19.5.6.1 我国转基因生物工程监管法制建设现状

中国对农业转基因生物采取"积极研究、慎重推广、加强管理、稳妥推进"的方针。为保障相关法规的实施，成立了农业转基因生物安全管理领导小组和国家农业转基因生物安全委员会，制定了农业转基因生物安全管理部际联席会议制度，以及农业转基因生物安全评价管理程序、进口安全管理程序、标识审查认可程序、临时措施管理程序等 4 个规范性文件，对有关申请、受理、审查和批复等各环节及时间要求做出了明确规定，并公开发布。农业农村部、国家卫生健康委员会等各部门先后出台了十多部涉及转基因产物安全的法律条例或法规，逐步形成了一套以《农业转基因生物安全管理条例》为核心的法律体系。

19.5.6.2 我国基因工程监管制度存在的问题

我国基因工程监管拥有一整套制度，但这些制度还不完善，存在以下主要问题。

1. 法律体系建设滞后，立法层次不高，立法制度不健全

在我国已颁布的法律法规中，仅《农业转基因生物安全管理条例》一部相对完整、系统的行政法规。相关条例大多属于部委规章，立法层次较低，且多以各自部门为视角，立法内容漏洞较多，尚不全面，且法律约束力不够。其中，转基因食品安全法律体系应当以转基因食品专门立法为中心，涵盖法律、法规和规章在内的多层级立法体系（胡旭和刘晓莉，2017）。目前我国有关转基因食品安全的内容分属于国务院、农业农村部出台的几部农业转基因生物管理规范，没有转基因食品的专门立法，也没有转基因食品专门赔偿机制，更没有在《中华人民共和国刑法》中规定有关于转基因食品的单独罪名。如果转基因食品出现问题，被害人无法要求赔偿。另外，我国缺乏转基因食品的专利保护制度，导致转基因技术被滥用，造成转基因食品市场较混乱，导致各种不合格转基因产品流入市场。

2. 执法资源的有限性

首先，因食品工业的快速发展造成执法资源的相对减少，加之有 2 亿多农户从事农产品生产，食品安全监管对象非常庞大。与之相比，全国 10 万人的卫生监督执法队伍所面临的逐年增长的监管压力不言而喻。从转基因食品的监管形势来看，随着转基因技术产业的飞速发展，每年农业农村部批准的各类转基因生物安全性评价中间试验、环境释放等项目很多（姚庆收等，2015）。除此之外，我国还面临着巨大的进口转基因食品监管压力。以转基因大豆为例，我国每年大豆进口数量约占消费总量的 75%，而这些进口大豆基本上都是转基因大豆。目前，通过国家计量认证、农业农村部审查认可和农产品质量安全监测机构考核认证的食用安全技术监测机构 2 个、环境安全技术监测机构 15 个、产品成分技术监测机构 20 个，我国的转基因食品安全监管形势不容乐观。

3. 制度不完善，协调性差，缺乏社会性监管

我国基因工程监管制度缺少一个权威的协调和决策机构，目前采用多部门联合执法。对于生物安全问题的主管部门涉及环境、自然资源、科技、卫生、农业、教育、海关、国防，其权限职责较模糊，风险管理系统不足，法律责任机制相对薄弱，监管主动性不强，生物安全风险防控机制的执行力较弱。

4. 转基因食品标识制度尚待完善，监管力度不足

我国转基因的标识制度规定将可检出转基因成分的产品进行强制标识。因此，难以检出成分的深加工产品往往不被商家标注，有必要建立统一完善的溯源信息标识制度。虽然农业农村部及其他部门出台了相关法规及标准，但法规中缺乏专门的赔偿机制，惩罚力度不够，威慑作用不强；加之有关执法人员专业知识较欠缺，执法态度不明朗，后续监管跟不上，导致转基因食品加工企业受约束较少，将转基因种源或加工材料混入非转基因产品中，势必严重破坏转基因市场的秩序，也对我国转基因安全监管制度产生负作用，使公众丧失信心。

5. 行业道德建设落后

从近年来我国查处的一系列重大食品安全案件来看，不论是知名企业还是无证商贩，无不存在着诚信问题。在缺乏行业道德约束的情况下，转基因食品生产经营者通过以转基因食品冒充非转基因食品、虚假标注转基因食品成分信息等手段牟取不正当利益，不仅降低了消费者对食品行业的信任，同时也导致民众对转基因食品产生更多疑虑。国外经验表明，市场经济活动中的行为人都具有利益最大化动机，为了防范逐利行为所导致的市场混乱和道德滑坡,需要建立完善的市场信用制度来加以制约。为了加强行业道德建设,2004 年,国家食品药品监督管理局牵头制定了《关于加快食品安全信用体系建设的若干指导意见》。但迄今为止,我国的行业道德制度建设依然停留在以政策引导为主、以自我约束为辅的模式,缺少实效性,未能发挥应有的作用(杨菲,2017)。

19.5.6.3 我国基因工程监管亟须解决的问题

我国基因工程监管中问题还很多,其中亟须解决的问题主要如下。

1. 完善法律体系

农业农村部、国家卫生健康委等部门先后出台了十多部涉及转基因产品的法律法规,但是大多都处于概括层面,缺乏具体的实施细节及说明。现有法律法规中未能充分体现对消费者知情权和食品安全权的保护,即标识制度与溯源系统不完善、缺少赔偿机制和信用体系等。立法应充分考虑到转基因食品从种植到生产各个方面、各个环节,并明确规定各环节对应的法律责任及主体。我国可学习借鉴国外先进的转基因食品安全系统的立法制度,将我国现有各部门出台的有关转基因食品安全的规定进行梳理和整合,统一立法内容,减少法律差异,提高立法层次。

2. 健全监督管理制度

我国的转基因食品安全监管是多部门联合执法的多头管理机制,各监管环节容易出现交叉或空窗现象,造成转基因食品市场混乱。我国应构建一个机构主体统筹、其他机构协调合作的监管模式,并进一步明确各监管机构的主要职责与权力,加强各监管部门间的沟通交流,实现各环节信息共享,形成统一、有序的监管体制。

3. 加强技术体系建设

与快速发展的转基因产业相比,我国现有的转基因技术标准和转基因生物检测机构是远远不够的,应加大转基因生物的检测机构的队伍建设,借助转基因生物新品种培育重大科技专项的实施,大力组织开展转基因生物分子特征、环境安全和使用安全性研究,研制检测技术标准、组织安全评价,不断提高技术支撑能力。

4. 建立安全监管保障制度

我国转基因检测标准及检测机构的不统一,造成市场上的转基因食品鱼龙混杂,加大了监管的难度(胡旭和刘晓莉,2017)。为确保转基因食品安全监管的有效性及可操作性,需建立一套完整的保障制度,建立权威的评估机构及转基因食品的全流程评估体系,包括对上市食品的跟踪检测、数据分析,方便进一步完善评估机制,从而确保转基因食品安全法规的有效执行、安全监管的高效实施。

5. 加强转基因科普工作

转基因食品的安全问题直接关系到公众的切身权益与人身健康,有必要加强转基因科普工作，提高消费者对转基因食品的认识，树立正确的消费观，以辩证的眼光看待转基因，弱化社会谣言对消费者的影响力，充分保护消费者的知情权和自主选择权，保护消费者合法权益。同时，提倡公众参与监督，增进监管制度的民主性和广泛性，有效履行市场监督权（李立家和肖庚富，2004；余丽芸等，2012；杨雄年，2018）。

本 章 小 结

　　基因工程为基因的结构和功能研究提供了有力的手段，通过转基因技术可获得的新基因、新产物、新靶标，完善新的遗传方式及转化方法，获得基因工程生物的新用途，已被广泛应用于农业、医药、工业、环保、能源、新材料等领域，产生了巨大经济效益。基因工程实现了遗传信息在原核生物与真核生物之间、动物与植物之间，甚至人与其他生物之间的转移和重组，产生了经过遗传改良的新微生物、动物和植物，同时，也引起了民众对其生物安全的广泛关注。由于基因工程是一门关于生命的新学科、新技术，目前还处在不断发展完善的阶段，其对人类健康、生态环境及生物伦理等的安全性有待进一步评价。基因工程技术本身应该在基因工程实验室生物安全及基因工程生物安全等方面开展研究，回答和解决其自身对人类健康、生态环境可能造成的潜在危险问题。在基因工程技术研发和应用的过程中，必须加强其生物安全监管，制定相关的法律法规，建立完善监管体系，开展全程制度化的监管工作。我国高度重视基因工程生物安全监管工作，已建立了较完整的安全管理法规、机构、检测与监测体系，并发布一系列基因工程生物环境安全、食品安全评价及成分测定的技术标准，但与欧美等国家的系统化监管还存在一定差距，需充分借鉴先进经验，不断完善我国的基因工程生物安全监管体系，为基因工程技术的广泛应用提供制度保障。随着基因工程技术的不断发展及基因工程生物安全监管体系的不断完善，基因工程生物安全性问题将逐渐明晰，政府部门应做好对公众进行基因工程生物安全的宣传教育工作，引导公众了解基因工程以及基因工程给人类和环境带来的巨大效益，避免出现"谈转基因色变"问题，为基因工程在我国良性发展营造正确的社会舆论，促进转基因产业健康有序发展。

参 考 文 献

安德拉斯·纳吉(Andras Nagy), 玛丽娜·格特森斯坦(Marina Gertsenstein), 克里斯蒂娜·文特斯藤 (Kristina Vintersten). 2006. 小鼠胚胎操作实验手册(原著第 3 版). 孙青原, 陈大元主译. 北京: 化学工业出版社.

蔡文琴, 王伯. 1994. 实用免疫细胞化学与核酸分子杂交技术. 成都: 四川科学技术出版社.

常汉臣, 王琛, 王培霞, 等. 2019. DNA 组装技术. 生物工程学报, 35(12): 2215-2226.

常重杰. 2015. 基因工程. 北京: 科学出版社.

陈宏. 2003. 基因工程原理与利用. 北京: 中国农业出版社.

陈铭. 2012. 生物信息学. 北京: 科学出版社.

戴灼华. 2008. 遗传学(第 2 版). 北京: 高等教育出版社.

邓秋红, 丁春宇, 刘玉倩, 等. 2013. 我国兽用基因工程疫苗商品化进展. 中国兽药杂志, 47(6): 59-63.

丁明珠, 李炳志, 王颖, 等. 2020. 合成生物学重要研究方向进展. 合成生物学, 1(1): 7-28.

丁士健, 夏其昌. 2001. 蛋白质组学的发展与科学仪器现代化. 现代科学仪器, 3: 13-17.

顾健人, 曹雪涛. 2017. 基因治疗. 北京: 科学出版社.

郭新梅, 张晓东, 梁荣奇, 等. 2008. 利用 RNAi 技术提高玉米直链淀粉含量. 农业生物技术学报, 16(4): 658-661.

何超. 2012. 农业转基因生物知识问答. 湖南农业, (1): 19.

何华勤. 2011. 简明蛋白质组学. 北京: 中国林业出版社.

何秀萍. 2014. 国内酿酒酵母分子遗传与育种研究 40 年. 微生物学通报, 41(3): 450-458.

贺淹才. 2008. 基因工程概论. 北京: 清华大学出版社.

胡小丹, 游敏, 罗文新. 2018. 基因编辑技术. 中国生物化学与分子生物学报, 34(3): 11.

胡旭, 刘晓莉. 2017. 我国转基因食品安全监管的制度完善. 理论月刊, (6): 94-100.

黄娟, 李家洋. 2001. 拟南芥基因组研究进展. 微生物学通报, 28(4): 99-101.

黄鹏伟, 龚大春, 戴传超, 等. 2018. 基因组装技术在合成生物学中的应用. 微生物学通报, 45(6): 1358-1368.

黄学娟, 张金迪, 张壮, 等. 2017. 一种优化的大肠杆菌感受态细胞制备及转化方法. 基因组学与应用生物学, 36(12): 5199-5204.

焦凯丽, 郑凯欣, 朱宇佳, 等. 2019. 茄科植物叶绿体基因组研究进展. 杭州师范大学学报(自然科学版), 18(2): 160-167.

焦悦, 梁晋刚, 翟勇. 2016. 转基因作物安全评价研究进展. 作物杂志, (5): 1-7.

李春. 2019. 合成生物学. 北京: 化学工业出版社: 1-271.

李红花, 刘钢. 2017. CRISPR/Cas9 在丝状真菌基因组编辑中的应用. 遗传, 39(5): 355-367.

李俊生, 关潇, 吴刚, 等. 2012. 转基因作物对土壤生态系统影响的研究概况. 湖北植保, (6): 50-53.

李凯, 沈钧康, 卢光明. 2016. 基因编辑. 北京: 人民卫生出版社.

李立家, 肖庚富. 2004. 基因工程. 北京: 科学出版社.

李宁. 2012. 高级动物基因工程. 北京: 科学出版社.

李天杰, 曹延祥, 赵红翠, 等. 2016. 动物线粒体基因组测序方法的研究进展. 天津医药, 44(6): 796-800.

李文生, 郑钦象, 孔繁圣, 等. 2010. 遗传学视网膜疾病的基因研究进展. 中华眼科杂志, 2: 186-192.

李筱乐. 2020. 基因芯片技术在生物研究中的应用进展. 知识文库, (5): 134, 135.

李衍常, 李宁, 徐忠伟, 等. 2014. 中国蛋白质组学研究进展: 以人类肝脏蛋白质组计划和蛋白质组学技术发展为主题. 中国科学: 生命科学, 44: 1099-1112.

利亚斯(Liljas A), Liljas L, Piskur J, 等. 2013. 结构生物学: 从原子到生命. 苏晓东等译. 北京: 科学出版社.

连翠飞, 杨蕾, 刘玲. 2015. 基因芯片技术应用进展概述. 信息化建设, (12): 67.

连勇, 刘富中, 冯东昕, 等. 2004. 应用原生质体融合技术获得茄子种间体细胞杂种. 园艺学报, (1): 39-42.

廉玉姬. 2012. 白菜与甘蓝之间体细胞杂交种获得与遗传特性鉴定. 生物工程学报, 28(9): 1080-1092.

刘静, 胡耀中, 黄鹤. 2013. 纳米抗体用于肿瘤诊断与治疗的研究进展. 化学工业与工程, 30(4): 29-35.

刘妙良. 1992. 地高辛配基标记核酸技术及其应用. 生物化学与生物物理进展, 19: 34-36.

刘庆昌. 2009. 遗传学(2 版). 北京: 科学出版社.

刘祥林, 聂刘旺. 2005. 基因工程. 北京: 科学出版社.

刘旭霞, 刘渊博. 2014. 论动物转基因科研试验安全监管的法律制度. 浙江大学学报, 44(6): 63-74.

刘志国. 2020. 基因工程原理与技术(3 版). 北京: 化学工业出版社.

龙敏南, 楼士林, 杨盛昌, 等. 2014. 基因工程(3 版). 北京: 科学出版社.

楼士林, 杨盛昌, 龙敏南, 等. 2002. 基因工程. 北京: 科学出版社.

吕硕. 2020. SlMAPK4 基因敲除对番茄果实抗冷性的影响. 泰安: 山东农业大学硕士学位论文.

麻晓春, 朱涛, 康宇立, 等. 2018. 中国转基因安全评价体系. 生命世界, (9): 5.

马建岗. 2007. 基因工程学原理(2 版). 西安: 西安交通大学出版社.

马玲, 王志强, 覃绍敏, 等. 2017. TAIL-PCR 研究进展及其在畜牧兽医中的应用. 南方农业学报, 48(5): 926-932.

牛美容, 李法财, 谢世臣, 等. 2020. 弓形虫 Tgcsp2 基因敲除株的表型和毒力. 中国兽医学报, 40(1): 140-146.

秦天宝. 2021. 我国生物安全领域首部基本法的亮点与特征. 人民论坛, (11): 68-71.

秦逸人. 2018. 从蟾蜍到克隆猴: 核移植研究 90 周年记. 自然杂志, 40(4): 253-264.

邱庆昌, 才学鹏. 2005. 动物疫病基因工程疫苗研究与进展. 北京: 中国农业出版社.

邱仁宗. 2016. 基因编辑技术的研究和应用: 伦理学的视角. 医学与哲学, 37(13): 1-7.

萨姆布鲁克(Sambrook J), 拉塞尔(Russell D W). 2002. 分子克隆实验指南. 黄培堂等译. 北京: 科学出版社.

时欢, 林玉玲, 赖钟雄, 等. 2018. CRISPR/Cas9 介导的植物基因编辑技术研究进展. 应用与环境生物学报, 24(3): 640-650.

时敏, 王瑶, 周伟, 等. 2018. 药用植物萜类化合物的生物合成与代谢调控研究进展. 中国科学: 生命科学, 48(4): 352-364.

史高嫣. 2019. 浅谈我国转基因食品安全问题及其法律规制的完善. 中国调味品, 44(11): 190-193.

宋小平, 王雅洁, 蔡晶晶, 等. 2020. 基因拷贝数对重组毕赤酵母产谷氨酰胺转胺酶的影响. 生物工程学报, 1-11.

宋彦仪. 2018. 动物用转基因微生物安全性评价进展. 畜牧兽医科技信息, (2): 7-9.

苏宁, 杨丽, 刘娟, 等. 2016. 基因芯片技术的国内应用研究进展. 生物技术通讯, 27(2): 289-292.

孙明. 2013. 基因工程(2 版). 北京: 高等教育出版社.

孙汶生, 曹英林, 马春红. 2004. 基因工程学. 北京: 科学出版社.

特纳(Phil T), Alexander M L, Andy B, 等. 2010. 分子生物学. 刘进元, 刘文颖译. 北京: 科学出版社: 85-146.

万群, 张兴国, 宋明. 2007. 果实特异性RNAi介导的Lcy基因沉默来增加番茄中番茄红素的含量. 生物工程学报, 23(3): 429-433.

王关林, 方宏筠. 2009. 植物基因工程. 北京: 科学出版社.

王桂香, 严红, 曾兴莹, 等. 2011. 花椰菜-黑芥体细胞杂交获得抗黑腐病异附加系新材料. 园艺学报, 38(10): 1901-1910.

王鸿鹤, 黄霞, 邱国华, 等. 2000. 基因枪法转化香蕉薄片外植体的参数优化. 中山大学学报(自然科学版), 39(2): 87-91.

王镜岩. 2002. 生物化学(3 版). 北京: 高等教育出版社.

王康. 2020. 中国特色国家生物安全法治体系构建论纲. 国外社会科学前沿, (12): 4-19.

王立铭. 2017. 上帝的手术刀: 基因编辑简史. 杭州: 浙江人民出版社.

王如意, 蔡训辉, 范彦君, 等. 2019. 茄科植物线粒体基因组学研究进展. 基因组学与应用生物学, 38(12): 5587-5595.

王锐, 鞠环宇, 王兆鹏, 等. 2009. 抗鹅细小病毒 NS1 蛋白单链抗体的构建、表达及活性初步鉴定. 黑龙江畜牧兽医, (12): 80-83.

王晓丹, 肖钢, 常涛, 等. 2017. 高油酸油菜脂肪酸代谢的蛋白质组学与转录组学关联分析. 华北农学报, 32(6): 31-36.

王友华, 孙国庆, 连正兴. 2015. 国内外转基因生物研发新进展与未来展望. 生物技术通报, 31(3): 223-230.

王正朝. 2019. 基因工程. 成都: 电子科技大学出版社.

魏群. 2007. 分子生物学实验指导(2 版). 北京: 高等教育出版社.

闻玉梅. 2010. 治疗性疫苗. 北京: 科学出版社.

吴龙芬, 包莹莹, 张青霞, 等. 2019. 植物遗传连锁图谱构建最新研究进展. 科学技术创新, (1): 16-18.

吴乃虎. 2001. 基因工程原理(2 版). 北京: 科学出版社.

吴乃虎. 2014. 分子遗传学原理. 北京: 化学工业出版社.

夏启中. 2017. 基因工程. 北京: 高等教育出版社.

肖婧, 张宗德. 2017. CRISPR-Cas9 系统在细菌学领域内的应用研究进展. 国际呼吸杂志, 37(6): 450-456.

肖敏凤, 张炳照, 刘陈立. 2015. 合成生物学在生命起源、进化、结构和功能相互关系研究中的作用. 中国科学: 生命科学, 45(10): 915-927.

邢万金. 2018. 基因工程: 从基础研究到技术原理. 北京: 高等教育出版社.

徐赫鸣, 谢泽雄, 刘夺, 等. 2017. 酿酒酵母染色体设计与合成研究进展. 遗传, 39(10): 865-876.

徐晋麟, 陈淳, 徐沁. 2015. 基因工程原理(2 版). 北京: 科学出版社.

徐琼芳, 李连成, 陈孝城, 等. 2001. 基因枪法获得 GNA 转基因小麦植株的研究. 中国农业科学, 34(1): 5-8.

徐子勤. 2007. 功能基因组学. 北京: 科学出版社.

许国旺. 2008. 代谢组学: 方法与应用. 北京: 科学出版社.

许新萍, 卫剑文, 范云六, 等. 1999. 基因枪法转化籼稻胚性愈伤组织获得可育的转基因植株. 遗传学报, 26(3): 219-227.

薛小莉, 覃重军. 2018. 基因组的设计与工程化构建. 中国科学院院刊, 33(11): 1205-1210.

杨菲. 2017. 我国转基因生物安全的法律制度研究. 烟台: 烟台大学硕士学位论文.

杨焕明. 2017. 基因组学. 北京: 科学出版社.

杨金水. 2013. 基因组学(3 版). 北京: 高等教育出版社.

杨雄年. 2018. 转基因政策. 北京: 中国农业科学出版社.

杨艳卿, 刘玉方, 郭子剑, 等. 1998. 酿酒酵母磷酸甘油酸激酶基因(PGK1)的分子克隆和特性研究. 生物工程学报, 5(4): 279-283.

姚庆收, 秦加阳, 肖涛. 2015. 从哲学的辩证思维论转基因生物的安全问题. 生物技术世界, (2): 182-183, 186.

余丽芸, 王桂华, 王景伟. 2012. 生物安全. 北京: 中国农业出版社.

袁婺洲. 2019. 基因工程. 北京: 化学工业出版社.

张成岗, 贺福初. 2002. 生物信息学方法与实践. 北京: 科学出版社.

张黛静, 王多多, 董文, 等. 2015. 铜胁迫下小麦幼根转录组学及蛋白质组学研究. 河南农业科学, 44(4): 31-35.

张惠展. 2017. 基因工程(4 版). 上海: 华东理工大学出版社.

张俊莲, 王蒂, 张金文, 等. 2006. pBI121 载体酶切位点添加及拟南芥 Na$^+$/H$^+$逆向转运蛋白基因表达载体的构建. 分子植物育种, 4(6): 811-818.

张丽, 赵泓, 陈斌, 等. 2008. 花椰菜与黑芥种间体细胞杂种的获得和鉴定. 植物学通报, (2): 176-184.

张连峰, 秦川. 2010. 小鼠基因工程与医学应用. 北京: 中国协和医科大学出版社.

张晴雯, 马瑞景, 张海涛, 等. 2020. 优质早籼不育系 HD9802S 不育基因 *tms5* 的遗传分析及应用研究. 湖北大学学报, 42(5): 476-483.

张玉静. 2000. 分子遗传学. 北京: 科学出版社.

张自立, 王振英. 2009. 系统生物学. 北京: 科学出版社.

赵国屏. 2018. 合成生物学: 开启生命科学 "会聚" 研究新时代. 中国科学院院刊, 33(11): 1135-1149.

郑高阳, 刘晓颖, 王振英. 2009. T 载体构建及其构建过程中常见问题的处理方法. 实验室科学, (1): 116.

郑振宇, 王秀利. 2015. 基因工程. 武汉: 华中科技大学出版社.

周丁, 王倩, 祁庆生. 2017. glmS 核糖开关研究进展. 微生物学报, 57(8): 1152-1159.

周雪平, 樊龙江, 舒庆尧. 2002. 破译生命密码: 基因工程. 杭州: 浙江大学出版社.

朱水芳. 2017. 转基因产品. 北京: 中国农业科学技术出版社.

朱彤, 吴边. 2019. 合成微生物组: 当 "合成生物学" 遇见 "微生物组学". 科学通报, 64(17): 1791-1798.

朱旭芬, 吴敏, 向太和. 2014. 基因工程. 北京: 高等教育出版社.

朱玉贤. 2019. 现代分子生物学. 北京: 高等教育出版社.

庄乾坤, 王勇, 陈拥军. 2018. 我国学者在 DNA 测序方法与技术上取得重要进展. 中国科学基金, 32(1): 120.

邹丽婷, 宋洪元. 2014. 噬菌体 phiC31 位点重组酶系统在植物转基因中的应用. 安徽农业科学, 42(5): 1298-1301.

Adams M D, Kelley J M, Gocayne J D, et al. 1991. Complementary DNA Sequencing: expressed sequence tags and human genome project. Science, 252(5013): 1651-1656.

Aleksandar V, Paula D, Vanja T, et al. 2016. Repurposing the CRISPR-Cas9 system for targeted DNA methylation. Nucleic Acids Res, 44(12): 5615-5628.

Alvarez S, Berla B M, Sheffield J, et al. 2009, Comprehensive analysis of the Brassica juncea root proteome in response to cadmium exposure by complementary proteomic approaches. Proteomics, 9(9): 2419-2431.

Andrianantoandro E, Basu S, Karig D K, et al. 2006. Synthetic biology: new engineering rules for an emerging discipline. Mol Syst Biol, 2: 2006.0028.

Annaluru N, Muller H, Mitchell L A, et al. 2014. Total synthesis of a functional designer eukaryotic chromosome. Science, 344(6179): 55-58.

Anzalone A V, Koblan L W, Liu D R. 2020. Genome editing with CRISPR–Cas nucleases, base editors, transposases and prime editors. Nat Biotechnol, 38(7): 824-844.

Anzalone A V, Randolph P B, Davis J R, et al. 2019. Search-and-replace genome editing without double-strand breaks or donor DNA. Nature, 576(7785): 149-157.

Arbab M, Shen M W, Mok B, et al. 2020. Determinants of base editing outcomes from target library analysis and machine learning. Cell, 182(2): 463-480.e30.

Arnaboldi P M, Sambir M, D'Arco C, et al. 2016. Intranasal delivery of a protein subunit vaccine using a tobacco mosaic virus platform protects against pneumonic plague. Vaccine, 34(47): 5768-5776.

Ashraf S, Singh P K, Yadav D K, et al. 2005. High level expression of surface glycoprotein of rabies virus in tobacco leaves and its immune protective activity in mice. J Biotechnol, 119(1): 1-14.

Baldi P, Orsucci S, Moser M, et al. 2018. Gene expression and metabolite accumulation during strawberry (*Fragaria×ananassa*) fruit development and ripening. Planta, 248(5): 1143-1157.

Barelle C, Gill D S, Charlton K. 2009. Shark novel antigen receptors-the next generation of biologic therapeutics? Advan Experimen Med Biol, 655: 49-62.

Barelle C, Porter A. 2015. vNARs: an ancient and unique repertoire of molecules that deliver small, soluble, stable and high affinity binders of proteins. Antibodies, 4(3): 240-258.

Barreneche T, Bahrman N, Kremer A. 1996. Two dimensional gel electrophoresis confirms the low level of genetic differentiation between *Quercus robur* and *Quercus petraea*. Forest Genetics, 3: 89-92.

Battig P, Muhlemann K. 2008. Influence of the spxB gene on competence in Streptococcus pneumoniae. J Bacteriol, 190(4): 1184-1189.

Bednar M. 2000. DNA microarray technology and application. Med Sci Monit, 6(4): 796-800.

Behzadi P, Ranjbar R. 2019. DNA microarray technology and bioinformatic web services. Acta Microbiol Immunol Hung, 66(1): 19-30.

Biffi A. 2015. Clinical translation of TALENS: Treating SCID-X1 by Gene Editing in iPSCs. Cell Stem Cell, 16(4): 348-349.

Boch J, Scholze H, Schornack S, et al. 2009. Breaking the code of DNA binding specificity of TAL-type III effectors. Science, 326(5959): 1509-1512.

Bolukbasi M F, Gupta A, Oikemus S, et al. 2015. DNA-binding-domain fusions enhance the targeting range and precision of Cas9. Nat Methods, 12(12): 1150-1156.

Bonas U, Stall R E, Staskawicz B. 1989. Genetic and structural characterization of the avirulence gene avrbs3 from *Xanthomonas campestris* pv. *vesicatoria*. Mol Gen Genet, 218(1): 127-136.

Boynton J E, Gillham N W, Harris E H, et al. 1988. Chloroplast transformation in *Chlamydomonas* with high velocity microprojectiles. Science, 240(4858): 1534-1538.

Braddick D, Ramarohetra R F. 2020. Chapter 21-Emergent challenges for CRISPR: biosafety, biosecurity, patenting, and regulatory issues//Singh V, Dhar P K. Genome Engineering via CRISPR-Cas9 System. New York: Academic Press: 281-307.

Bredell H, Smith J J, Gorgens J F, et al. 2018. Expression of unique chimeric human papilloma virus type 16 (HPV-16) L1-L2 proteins in *Pichia pastoris* and *Hansenula polymorpha*. Yeast, 35(9): 519-529.

Brenner S, Johnson M, Bridgham J, et al. 2000. Gene expression analysis by massively parallel signature sequencing (MPSS) on microbead arrays. Nat Biotechnol, 18(6): 630-634.

Broach J R, Hicks J B. 1980. Replication and recombination functions associated with the yeast plasmid, 2 μ circle. Cell, 21(2): 501-508.

Brokowski C, Adli M. 2019. CRISPR ethics: moral considerations for applications of a powerful tool. J Mol Biol, 431(1): 88-101.

Campbell M T, Grondin A, Walia H, et al. 2021. Leveraging genome-enabled growth models to study shoot growth responses to water deficit in rice (*Oryza sativa*). J Exp Bot, 71(18): 5669- 5679.

Campuzano S, Salema V, Moreno-Guzmán M, et al. 2014. Disposable amperometric magnetoimmunosensors using nanobodies as biorecognition element, determination of fibrinogen in plasma. Biosens Bioelectron, 52: 255-260.

Carroll D. 2011. Genome engineering with zinc-finger nucleases. Genetics, 188(4): 773-782.

Carroll D. 2014. Genome engineering with targetable nucleases. Annu Rev Biochem, 83: 409-439.

Chakravarty R, Goel S, Cai W. 2014. Nanobody: the "magic bullet" for molecular imaging? Theranostics, 4(4): 386.

Chatterjee P, Jakimo N, Jacobson J M. 2018. Minimal PAM specificity of a highly similar SpCas9 ortholog. Sci Adv, 4(10): eaau0766.

Chen H, Levo M, Barinov L, et al. 2018. Dynamic interplay between enhancer-promoter topology and gene activity. Nat Genet, 50(9): 1296-1303.

Chen K, Wang Y, Zhang R, et al. 2019. CRISPR/Cas genome editing and precision plant breeding in agriculture. Annu Rev Plant Biol, 70(1): 667-697.

Chen W, Chiu C, Liu H, et al. 1998. Gene transfer via pollen-tube pathwy for anti-fusarium wilt in watermelon. Biochem Mol Biol Int, 46(6): 1201-1209.

Christou P, McCabe D E, Swain W F. 1988. Stable transformation of soybean callus by DNA-coated gold particles. Plant Physiol, 87(3): 671-674.

Cideciyan A V. 2010. Leber congenital amaurosis due to RPE65 mutations and its treatment with gene therapy. Prog Retin Eye Res, 29: 398-427.

Clark J M. 1998. Novel non-templated nucleotide addition reactions catalyzed by prokaryotic and eukaryotic DNA polymerases. Nucleic Acids Res, 16(20): 9677-9686.

Cohen S N, Chang A C, Hsu L. 1972. Nonchromosomal antibiotic resistance in bacteria: genetic transformation of *Escherichia coli* by R-factor DNA. Proc Natl Acad Sci USA, 69(8): 2110-2114.

Cong L, Ran F A, Cox D. 2013. Multiplex genome engineering using CRISPR/Cas systems. Science, 339(6121): 819-823.

Cramer P. 2019. Organization and regulation of gene transcription. Nature, 573(7772): 45-54.

Daya S, Berns K I. 2008. Gene therapy using adeno-associated virus vectors. Clin Microbiol Rev, 21(4): 583-593.

De Boer C G, Vaishnav E D, Sadeh R, et al. 2020. Deciphering eukaryotic gene-regulatory logic with 100 million random promoters. Nat Biotechnol, 38(1): 56-65.

Demirer G S, Zhang H, Goh N S, et al. 2020. Carbon nanocarriers deliver siRNA to intact plant cells for efficient gene knockdown. Science Advances, 6(26): eaaz0495.

Demirer G S, Zhang H, Matos J L, et al. 2019. High aspect ratio nanomaterials enable delivery of functional genetic material without DNA integration in mature plants. Nat Nanotechnol, 14(5): 456-464.

Denning C, Burl S, Ainslie A, et al. 2001. Deletion of the alpha galactosyl transferase (GGTA1) gene and the prion protein (PrP) gene in sheep. Nat Biotechnol, 19(6): 559-562.

Deshayes A, Herrera-Estrella L, Caboche C. 1985. Liposome-mediated transformation of tobacco mesophyll protoplasts by an *Escherichia coli* plasmid. EMBO J, 4(11): 2731-2737.

DiCarlo J E, Norville J E, Mali P, et al. 2013. Genome engineering in *Saccharomyces cerevisiae* using CRISPR-Cas systems. Nucleic Acids Res, 41(7): 4336-4343.

Ding S, Zhang B, Qin F. 2015. Arabidopsis RZFP34/CHYR1, a ubiquitin E3 ligase, regulates stomatal movement and drought tolerance via SnRK2.6-mediated phosphorylation. Plant Cell, 27(11): 3228-3244.

Ding W, Cheng J, Guo D, et al. 2018. Engineering the 5′UTR-mediated regulation of protein abundance in yeast using nucleotide sequence activity relationships. ACS Synth Biol, 7(12): 2709-2714.

Doerner A, Rhiel L, Zielonka S, et al. 2014. Therapeutic antibody engineering by high efficiency cell screening. FEBS Lett, 588(2): 278-287.

Dolan A E, Hou Z, Xiao Y, et al. 2019. Introducing a spectrum of long-range genomic deletions in human embryonic stem cells using type i crispr-cas. Mol Cell, 74(5): 936-950.

Dower W J, Miller J F, Ragsdale C W. 1988. High efficiency transformation of *E. coli* by high voltage electroporation. Nucleic Acids Res, 16(13): 6127-6145.

Doyle E L, Stoddard B L, Voytas D F, et al. 2013. TAL effectors: highly adaptable phytobacterial virulence factors and readily engineered DNA-targeting proteins. Trends Cell Biol, 23(8): 390-398.

Dreier B, Segal D J, Barbas III C F. 2000. Insights into the molecular recognition of the 5'-GNN-3' family of DNA sequences by zinc finger domains. J mol biol, 303(4): 489-502.

Dubald M, Tissot G, Pelissier B. 2014. Plastid transformation in soybean. Methods Mol Biol, 1132: 345-354.

Dulay G P, Hua K L, Ankoudinova I, et al. 2011. A TALE nuclease architecture for efficient genome editing. Nat Biotechnol, 29(2): 143-148.

Duman Z E, Duraksoy B B, Aktaş F, et al. 2020. High-level heterologous expression of active *Chaetomium thermophilum* FDH in *Pichia pastoris*. Enzyme Microb Tech, 137: 109552.

Dunbar C E, High K A, Joung J K, et al. 2018. Gene therapy comes of age. Science, 359(6372): eaan4672.

Ebrahimizadeh W, Gargari S L M M, Javidan Z, et al. 2015. Production of novel VHH nanobody inhibiting angiogenesis by targeting binding site of VEGF. Appl Biochem Biotechnol, 176(7): 1985-1995.

Eisenstein M. 2012. Oxford nanopore announcement sets sequencing sector abuzz. Nat Biotechnol, 30(4): 295-296.

Ellison E E, Nagalakshmi U, Gamo M E, et al. 2020. Multiplexed heritable gene editing using RNA viruses and mobile single guide RNAs. Nat Plants, 6(6): 620-624.

Fedoroff N V, Furtek D B, Nelson Jr O E. 1984. Cloning of the bronze locus in maize by a simple and generalizable procedure using the transposable controlling element Activator (Ac). Proc Natl Acad Sci USA, 81(12): 3825-3829.

Fernandez-Rodriguez J, Moser F, Song M, et al. 2017. Engineering RGB color vision into *Escherichia coli*. Nat Chem Biol, 13(7): 706-708.

Fiehn O. 2002. Metabolomics-the link between genotypes and phenotypes. Plant Mol Bol, 48(1-2): 155-171.

Fire A, Xu S, Montgomery M K, et al. 1998. Potent and specific genetic interference by double-stranded RNA in *Caenorhabditis elegans*. Nature, 391(6669): 806-811.

Fonfara I, Richter H, Bratovic M, et al. 2016. The CRISPR-associated DNA-cleaving enzyme Cpf1 also processes precursor CRISPR RNA. Nature, 532(7600): 517-521.

Fredens J, Wang K, de la Torre D, et al. 2019. Total synthesis of *Escherichia coli* with a recoded genome. Nature, 569(7757): 514-518.

Friedmann T, Roblin R. 1972. Gene therapy for human genetic disease? Science, 175(4025): 949-955.

Fu Y, Foden J A, Khayter C, et al. 2013. High-frequency off-target mutagenesis induced by CRISPR-Cas nucleases in human cells. Nat Biotechnol, 31(9): 822-826.

Gaj T, Gersbach C A, Barbas C F. 2013. ZFN, TALEN, and CRISPR/Cas-based methods for genome engineering. Trends Biotechnol, 31(7): 397-405.

Galanie S, Thodey K, Trenchard I J, et al. 2015. Complete biosynthesis of opioids in yeast. Science, 349(6252): 1095-1100.

Gallegos J E, Rose A B. 2017. Intron DNA sequences can be more important than the proximal promoter in determining the site of transcript initiation. Plant Cell, 29(4): 843-853.

Gardner T S, Cantor C R, Collins J J. 2000. Construction of a genetic toggle switch in *Escherichia coli*. Nature, 403(6767): 339-342.

Garneau J E, Dupuis M E, Villion M, et al. 2010. The CRISPR/Cas bacterial immune system cleaves bacterio-phage and plasmid DNA. Nature, 468(7320): 67-71.

Gehrke J M, Cervantes O, Clement M K, et al. 2018. An APOBEC3A-Cas9 base editor with minimized bystander and off-target activities. Nat Biotechnol, 36(10): 977-982.

Gibson D G, Benders G A, Andrews-Pfannkoch C, et al. 2008. Complete chemical synthesis, assembly, and cloning of a *Mycoplasma genitalium* genome. Science, 319(5867): 1215-1220.

Gibson D G, Glass J I, Lartigue C, et al. 2010. Creation of a bacterial cell controlled by a chemically synthesized genome. Science, 329(5987): 52-56.

Gibson D G, Young L, Chuang R Y, et al. 2009. Enzymatic assembly of DNA molecules up to several hundred kilobases. Nat Methods, 6(5): 343-345.

Gozde S D, Zhang H, Goh N S, et al. 2020. Carbon nanocarriers deliver siRNA to intact plant cells for efficient gene knockdown. Sci Adv, 6(26): eaaz0495.

Gozde S D, Zhang H, Matos J L, et al. 2019. High aspect ratio nanomaterials enable delivery of functional genetic material without DNA integration in mature plants. Nat Nanotechnol, 14(5): 456-464.

Gross J, Leisner A, Hillenkamp F. 1998. Investigations of the metastable decay of DNA under ultraviolet matrix-assisted laser desorption/ionization conditions with post source-decay analysis and hydrogen/deuterium exchange. J Am Soc Mass Spectrom, 9(9): 866-878.

Guo S, Kemphues K J. 1995. *par-1*, a gene required for establishing polarity in C. elegans embryos, encodes a putative Ser/Thr kinase that is asymmetrically distributed. Cell, 81(4): 611-620.

Guo Z, Borsenberger V, Croux C, et al. 2020. An artificial chromosome ylAC enables efficient assembly of multiple genes in *Yarrowia lipolytica* for biomanufacturing. Commun Biol, 3(1): 1-10.

Hamers-Casterman C T, Atarhouch S, Muyldermans G, et al. 1993. Naturally occurring antibodies devoid of light chains. Nature, 363(6428): 446-448.

Hamilton M, Consiglio A L, MacEwen K, et al. 2020. Identification of a *Yarrowia lipolytica* acetamidase and its use as a yeast genetic marker. Microb Cell Fact, 19(1): 1-9.

Hartley J L, Donelson J E. 1980. Nucleotide sequence of the yeast plasmid. Nature, 286(5776): 860-864.

Hauschild J, Petersen B, Santiago Y, et al. 2011. Efficient generation of a biallelic knockout in pigs using zinc-finger nucleases. Proc Natl Acad Sci USA, 108(29): 12013-12017.

Hayashi M L, Rao B S, Seo J S, et al. 2018. Rescue of fragile X syndrome neurons by DNA methylation editing of the *FMR1* gene. Cell, 172(5): 979-992.e6.

Heller M J. 2002. DNA microarray technology: devices, systems, and applications. Annu Rev Biomed Eng, 4: 129-153.

Hitzeman R A, Hagie F E, Levine H L, et al. 1981. Expression of a human gene for interferon in yeast. Nature, 293(5835): 717-722.

Hofman P. 2005. DNA microarrays. Nephron Physiol, 99(3): 85-89.

Holliday R. 2007. A mechanism for gene conversion in fungi. Genet Res, 89(5-6): 285-307.

Hong S P, Seip J, Walters-Pollak D, et al. 2012. Engineering *Yarrowia lipolytica* to express secretory invertase with strong FBA1IN promoter. Yeast, 29(2): 59-72.

Hsu P D, Lander E S, Zhang F. 2014. Development and applications of CRISPR-Cas9 for genome engineering. Cell, 157(6): 1262-1278.

Hu Q, Kononowicz-Hodges H, Nelson-Vasilchik K, et al. 2008. FLP recombinase-mediated site-specific recombination in rice. Plant Biotechnol J, 6(45): 176-188.

Huston J S, Levinson D, Mudgett-Hunter, et al. 1988. Protein engineering of antibody binding sites: recovery of specific activity in an anti-diGoxin single chain Fv analogue produced in *Escherichia coli*. Procatl Acad Sci USA, 85(16): 5879-5883.

Hutchison III C A, Chuang R Y, Noskov V N, et al. 2016. Design and synthesis of a minimal bacterial genome. Science, 351(6280): aad6253.

Isaacs F J, Hasty J, Cantor C R, et al. 2003. Prediction and measurement of an autoregulatory genetic module. Proc Natl Acad Sci USA, 100(13): 7714-7719.

Ishino Y, Shinagawa H, Makino K, et al. 1987. Nucleotide sequence of the iap gene, responsible for alkaline phosphataseisozyme conversion in *Escherichia coli*, and identification of the gene product. J Bacteriol, 169: 5429-5433.

Ito H, Fukuda Y, Murata K, et al. 1983. Transformation of intact yeast cells treated with alkali cations. J Bacteriol, 153(1): 163-168.

James K N, Chen J, Greg C P, et al. 2021. Genome-wide programmable transcriptional memory by CRISPR-based epigenome editing. Cell, 184(9): 2503-2519.

Jinek M, Chylinski K, Fonfara I, et al. 2012. A programmable dual-RNA-guided DNA endonuclease in adaptive bacterial immunity. Science, 337(6096): 816-821.

Kaiser A, Assenmacher M, Schröder B, et al. 2015. Towards a commercial process for the manufacture of genetically modified T cells for therapy. Cancer Gene Ther, 22(2): 72-78.

Kerbach S, Lörz H, Becker D. 2005. Site-specific recombination in *Zea mays*. Theor Appl Genet, 111: 1608-1616.

Kim H J, Lee H J, Kim H, et al. 2009. Targeted genome editing in human cells with zinc finger nucleases constructed via modular assembly. Genome res, 19(7): 1279-1288.

Kim N, Kim H K, Lee S, et al. 2020. Prediction of the sequence-specific cleavage activity of Cas9 variants. Nat Biotechnol, 38(11): 1328-1336.

Komor A C, Kim Y B, Packer M S, et al. 2016. Programmable editing of a target base in genomic DNA without double-stranded DNA cleavage. Nature, 533(7603): 420-424.

Kos C H. 2004. Cre/loxP system for generating tissue-specific knockout mouse models. Nutr Rev, 62(6 Pt 1): 243-246.

Kovalenko O V, Olland A, Piché-Nicholas N, et al. 2013. Atypical antigen recognition mode of a shark immunoglobulin new antigen receptor (IgNAR) variable domain characterized by humanization and structural analysis. J Biol Chem, 288(24): 17408-17419.

Lai L, Park K W, Cheong H T, et al. 2002. Transgenic pig expressing the enhanced green fluorescent protein produced by nuclear transfer using colchicine-treated fibroblasts as donor cells. Mol Reprod Dev, 62(3): 300-306.

Laren M, Sobrine B, Phillips C, et al. 2003. Typing Y-chromosome single nucleotide poly morphisms with DNA microarray technology. International Congress Series, 1239: 21-25.

Levskaya A, Chevalier A A, Tabor J J, et al. 2005. Engineering *Escherichia coli* to see light. Nature, 438(7067): 441-442.

Li B, Li N, Duan X, et al. 2010. Generation of marker-free transgenic maize with improved salt tolerance using the FLP/FRT recombination system, J Biotechnol, 145(2): 206-213.

Li B, Liu C, Sun W, et al. 2020. Phenomics-based GWAS analysis reveals the genetic architecture for drought resistance in cotton. Plant Biotechnol J, 18(12): 2533-2544.

Li B, Liu H, Zhang Y, et al. 2013. Constitutive expression of cell-wall invertase genes increase grain yield and starch content in maize, Plant Biotechnol J, 11(9): 1080-1091.

Li B, Wei A Y, Song C X, et al. 2008. Heterologous expression of the *TsVP* gene improves the drought resistance of maize. Plant Biotechnol J, 6(2): 146-159.

Li C, Tang Z, Hu Z, et al. 2018. Natural single-domain antibody-nanobody: a novel concept in the antibody field. J Biomedical Nanotechnol, 14(1): 1-19.

Li L, Wu L P, Chandrasegaran S. 1992. Functional domains in *Fok* I restriction endonuclease. Pro Natl Acad Sci USA, 89 (10): 4275-4279.

Li T, Liu B, Spalding M H, et al. 2012. High-efficiency TALEN-based gene editing produces disease-resistant rice. Nat Biotechnol, 30(5): 390-392.

Liang J, Liu Z, Low X Z, et al. 2017. Twin-primer non-enzymatic DNA assembly: an efficient and accurate multi-part DNA assembly method. Nucleic Acids Res, 45(11): e94.

Liu H H, Wang C, Lu X Y, et al. 2019. Improved production of arachidonic acid by combined pathway engineering and synthetic enzyme fusion in *Yarrowia lipolytica*. J Agric Food Chem, 67(35): 9851-9857.

Liu Z, Cai Y J, Wang Y, et al. 2018. Cloning of macaque monkeys by somatic cell nuclear transfer. Cell, 172(4): 881-887.

Luo J, Sun X, Cormack B P, et al. 2018. Karyotype engineering by chromosome fusion leads to reproductive isolation in yeast. Nature, 560(7718): 392-396.

Lyznik L A, Mitchell J C, Hirayama L, et al. 1993. Activity of yeast FLP recombinase in maize and rice protoplasts. Nucleic Acids Res, 21(4): 969-975.

Ma X, Zhang Q, Zhu Q, et al. 2015. A robust CRISPR/Cas9 system for convenient, high-efficiency multiplex genome editing in monocot and dicot plants. Mol Plant, 8(8): 1274-1284.

MaguireA M, High K A, Auricchio A, et al. 2009. Age-dependent effects of RPE65 gene therapy for Leber's congenital amaurosis: a phase 1 dose-escalation trial. Lancet, 374(9701): 1597-1605.

Malone L A, Mclvor C A. 1995. DNA probes for two microsporidia, nosemabombycis and nosema costelytrae. J Invertebr Pathol, 65(3): 269-273.

Manev H, Manev R. 2010. Benefits of neuropsychiatric phenomics: example of the 5-lipoxygenase-leptin-alzheimer connection. Cardiovas Psychiatry Neurol, 2010: 838164.

Marchuk D, Drumm M, Saulino A, et al. 1991. Construction of T-vectors: a rapid and general system for direct cloning of unmodified PCR products. Nucleic Acids Res, 19(5): 1154.

Martin J, Chylinski K, Fonfara I, et al. 2012. A programmable dual-RNA-guided DNA endonuclease in adaptive bacterial immunity. Science, 337(6096): 816-821.

Mason H S, Lam D M, Arntzen C J. 1992. Expression of hepatitis B surface antigen in transgenic plants. Proc Natl Acad Sci USA, 89(24): 11745-11749.

Matz H, Dooley H. 2018. Shark IgNAR-derived binding domains as potential diagnostic and therapeutic agents. Dev Comp Immunol, 90: 100-107.

McBride K E, Svab Z, Schaaf D J, et al. 1995. Amplification of a chimeric Bacillus gene in chloroplasts leads to an extraordinary level of an insecticidal protein in tobacco. Biotechnology (N Y), 13(4): 362-365.

Mcclintock B. 1951. Chromosome organization and genic expression. Cold Spring Harbor Symp Biol, 16: 13-47.

Mcdiarmid T A, Belmadani M, Liang J, et al. 2020. Systematic phenomics analysis of autism-associated genes reveals parallel networks underlying reversible impairments in habituation. Proc Natl Acad Sci USA, 117(1): 656-667.

McLellan M A, Rosenthal N A, Pinto A R. 2017. Cre-loxP-mediated recombination: general principles and experimental considerations. Curr Protoc Mouse Biol, 2(7): 1-12.

Miller J C, Tan S, Qiao G, et al. 2011. A TALE nuclease architecture for efficient genome editing. Nat Biotechnol,

29(2): 143-148.

Miller J C, Zhang L, Xia D F, et al. 2015. Improved specificity of TALE-based genome editing using an expanded RVD repertoire. Nat Methods, 12(5): 465-471.

Müller M R, Saunders K, Grace C, et al. 2012. Improving the pharmacokinetic properties of biologics by fusion to an anti-HSA shark vNAR domain. MAbs, 4(6): 673-685.

Muyal J P, Singh S K, Fehrenbach H. 2008. DNA-microarray technology: comparison of methodological factors of recent technique towards gene expression profiling. Crit Rev Biotechnol, 28(4): 239-251.

Muyldermans S. 2013. Nanobodies: natural single-domain antibodies. Ann Rev Biochem, 82: 775-797.

Nakagawa A, Matsumura E, Koyanagi T, et al. 2016. Total biosynthesis of opiates by stepwise fermentation using engineered *Escherichia coli*. Nat Commun, 7: 10390.

Napoli C, Lemieux C, Jorgensen R. 1990. Introduction of a chimeric chalcone synthase gene into petunia results in reversible co-suppression of homologous genes in trans. Plant Cell, 2(4): 279-289.

Nguyen G N, Norton S L, Rosewarne G M, et al. 2018. Automated phenotyping for early vigour of field pea seedlings in controlled environment by colour imaging technology. PLoS ONE, 13(11): e0207788.

Niculescu A B, Kelsoe J R. 2002. Finding genes for bipolar disorder in the functional genomics era: from convergent functional genomics to phenomics and back. Cns Spectrums, 7(3): 215-226.

Niculescu A B, Lulow L L, Ogden C A, et al. 2006. PhenoChipping of psychotic disorders: a novel approach for deconstructing and quantitating psychiatric phenotypes. Am J Med Genet B Neuropsychiatr Genet, 141B(6): 653-62.

Oishi I, Yoshii K, Miyahara D, et al. 2018. Efficient production of human interferon beta in the white of eggs from ovalbumin gene-targeted hens. Sci Rep, 8(1): 10203.

Ozyigit I I, Yucebilgili K K. 2020. Particle bombardment technology and its applications in plants. Mol Biol Rep, 47(12): 9831-9847.

Paddon C J, Keasling J D. 2014. Semi-synthetic artemisinin: a model for the use of synthetic biology in pharmaceutical development. Nat Rev Microbiol, 12(5): 355-367.

Paddon C J, Westfall P J, Pitera D J, et al. 2013. High-level semi-synthetic production of the potent antimalarial artemisinin. Nature, 496(7446): 528-532.

Palmieri C, Loi P, Ptak G, et al. 2008. Review paper: a review of the pathology of abnormal placentae of somatic cell nuclear transfer clone pregnancies in cattle, sheep, and mice. Vet Pathol, 45(6): 865-880.

Pattanayak V, Lin S, Guilinger J P, et al. 2013. High-throughput profiling of off-target DNA cleavage reveals RNA-programmed Cas9 nuclease specificity. Nat Biotechnol, 31(9): 839-843.

Pen J, Verwoerd T C, Vanparidon P A, et al. 1993. Phytase containing transgenic seeds as a novel feed additive for improved phosphorus utilization. Nat Biotechnol, 11(7): 811-814.

Prober J M, Trainor G L, Dam R J, et al. 1987. A system for rapid DNA sequencing with fluorescent chain-terminating dideoxynucleotides. Science, 238(4825): 336.

Rakestraw J A, Sazinsky S L, Piatesi A, et al. 2009. Directed evolution of a secretory leader for the improved expression of heterologous proteins and full-length antibodies in *Saccharomyces cerevisiae*. Biotechnol Bioengi, 103(6): 1192-1201.

Rees H A, Liu D R. 2018. Base editing: precision chemistry on the genome and transcriptome of living cells. Nat Rev Genet, 19(12): 770-788.

Reuzeau C, Frankard V, Hatzfeld Y. 2006. Traitmill™: a functional genomics platform for the phenotypic analysis of cereals. Plant Genet Resour, 4(1): 20-24.

Richardson S M, Mitchell L A, Stracquadanio G, et al. 2017. Design of a synthetic yeast genome. Science, 355(6329): 1040-1044.

Roell M S, Zurbriggen M D. 2020. The impact of synthetic biology for future agriculture and nutrition. Curr Opin Biotechnol, 61: 102-109.

Romanos M A, Makoff A J, Fairweather N F, et al. 1991. Expression of tetanus toxin fragment C in yeast: gene synthesis is required to eliminate fortuitous polyadenylation sites in AT-rich DNA. Nucleic Acids Research, 19(7): 1461-1467.

Russell S, Bennett J, Wellman J. 2017. Efficacy and safety of voretigene neparvovec (AAV2-hRPE65v2) in patients with RPE65-mediated inherited retinal dystrophy: a randomised, controlled, open-label, phase 3 trial. Lancet, 390(10097): 849-860.

Saerens D, Kinne J, Bosmans E, et al.2004. Single domain antibodies derived from dromedary lymph node and peripheral blood lymphocytes sensing conformational variants of prostate-specific antigen. J Biol Chem, 279(50) : 51965-51972.

San F J, Sung P, Klein H. 2008. Mechanism of eukaryotic homologous recombination. Ann Rev Biochem, 77(1): 229-257.

Sander P, Grünewald S, Bach M, et al. 1994. Heterologous expression of the human D2S dopamine receptor in protease-deficient *Saccharomyces cerevisiae* strains. Eur J Biochem, 226(2): 697- 705.

Scherer F, Schillinger U, Putz U, et al. 2002. Nonviral vector loaded collagen sponges for sustained gene delivery in vitro and in vivo. J Gene Med, 4(6): 634-643.

Schwartz C, Frogue K, Misa J, et al. 2017. Host and pathway engineering for enhanced lycopene biosynthesis in *Yarrowia lipolytica*. Front Microbiol, 8: 2233.

Shao Y, Lu N, Wu Z, et al. 2018. Creating a functional single-chromosome yeast. Nature, 560(7718): 331- 335.

Shapiro J A. 1967. The structure of the galactose operon in Escherichia coli K-12. Ph.D. Thesis, University of Cambridge.

Shen R, Wang L, Liu X, et al. 2017. Genomic structural variation-mediated allelic suppression causes hybrid male sterility in rice. Nat Commun, 8 (1): 1310.

Shirahata, Y, Ohkohchi N, Itagak H, et al. 2001. New technique for gene transfection using laser irradiation. J Investin Med, 49(2): 184-190.

Silverman A D, Karim A S, Jewett M C. 2020. Cell-free gene expression: an expanded repertoire of applications. Nat Rev Genet, 21(3): 151-170.

Sommer D, Peters A E, Baumgart A K, et al. 2015. Talen-mediated genome engineering to generate targeted mice. Chromosome Res, 23(1): 43-55.

Stanfield R L, Dooley H, Flajnik M F, et al. 2004. Crystal structure of a shark single-domain antibody V region in complex with lysozyme. Science, 305(5691): 1770-1773.

Sun M L, Madzak C, Liu H H, et al. 2017. Engineering *Yarrowia lipolytica* for efficient γ-linolenic acid production. Biochem Eng J, 117: 172-180.

Tan J, Zhao Y, Wang B, et al. 2020. Efficient CRISPR/Cas9-based plant genomic, fragment deletions by microhomology-mediated end joining. Plant Biotechnol J, 18(11): 2161-2163.

Teng F, Cui T, Feng G, et al. 2018. Repurposing CRISPR-Cas12b for mammalian genome engineering. Cell Discov, 4: 63.

Tillib S V. 2011. "Camel nanoantibody" is an efficient tool for research, diagnostics and therapy. Mol Biol, 45(1): 66-73.

Tsai Y Y, Ohashi T, Kanazawa T, et al. 2017. Development of a sufficient and effective procedure for transformation of an oleaginous yeast, *Rhodosporidium toruloides* DMKU3-TK16. Curr Genet, 63(2): 359-371.

Van Larebeke N, Genetello C, Schell J, et al. 1975. Acquisition of tumour-inducing ability by non-oncogenic agrobacteria as a result of plasmid transfer. Nature, 255, 742-743.

Van Rensburg P, van Zyl W H, Pretorius I S. 1994. Expression of the *Butyrivibrio fibrisolvens* endo-β-1, 4-glucanase gene together with the *Erwinia pectate* lyase and polygalacturonase genes in *Saccharomyces cerevisiae*. Curr Genet, 27(1): 17-22.

Vander Krol A R, Lenting P E, Veenstra J, et al. 1988. An anti-sense chalcone synthase gene in transgenic plants inhibits flower pigmentation. Nature, 333(6176): 866-869.

VanWagoner T M, Whitby P W, Morton D J, et al. 2004. Characterization of three new competence-regulated operons in *Haemophilus influenzae*. J Bacteriol , 186(19): 6409-6421.

Vejlupkova Z, Warman C, Sharma R, et al. 2020. No evidence for transient transformation via pollen magneto-fection in several monocot species. Nat Plants, 6(11): 1323-1324.

Velculescu V E, Zhang L, Vogelstein B, et al. 1995. Serial analysis of gene expression. Science, 270(5235):

484-487.

Venkatesan J, Lowe B, Anil S, et al. 2016. Combination of nano-hydroxyapatite with stem cells for bone tissue engineering. J Nanosci Nanotechnol, 16(9): 8881-8894.

Vojta A, Dobrinić P, Tadić V, et al. 2016. Repurposing the CRISPR-Cas9 system for targeted DNA methylation. Nucleic acids res, 44(12): 5615-5628.

Watson B, Currier T C, Gordon M P, et al. 1975. Plasmid required for virulence of *Agrobacterium tumefaciens*. J Bacteriol 123, 255-264.

Wendrich J R, Yang B, Vandamme N. et al. 2020. Vascular transcription factors guide plant epidermal responses to limiting phosphate conditions. Science, 370(6518): e4970.

Wilmut I, Schnieke A E, McWhir J, et al. 1997. Viable offspring derived from fetal and adult mammalian cells. Nature, 385(6619): 810-813.

Xiao H, Bao Z, Zhao H. 2015. High throughput screening and selection methods for directed enzyme evolution. Ind Eng Chem Res, 54(16): 4011-4020.

Xu K, Ren C, Liu Z, et al. 2015. Efficient genome engineering in eukaryotes using Cas9 from *Streptococcus thermophilus*. Cell Mol Life Sci, 72(2): 383-399.

Yan J, Li G, Hu Y, et al. 2014. Construction of a synthetic phage-displayed nanobody library with CDR3 regions randomized by trinucleotide cassettes for diagnostic applications. Journal of Translational Medicine, 12(1): 343.

Yang A, Su Q, An L, et al. 2009. Detection of vector- and selectable marker-free transgenic maize with a linear GFP cassette transformation via the pollen-tube pathway. J Biotechnol, 139(1): 1-5.

Yang J, Xie X, Xiang N, et al. 2018. Polyprotein strategy for stoichiometric assembly of nitrogen fixation components for synthetic biology. Proc Natl Acad Sci USA, 115(36): E8509-E8517.

Yang L, Guell M, Niu D, et al. 2015. Genome-wide inactivation of porcine endogenous retroviruses (PERVs). Science, 350(6264): 1101-1104.

Young J J, Harland R M. 2012. Targeted gene disruption with engineered zinc-finger nucleases (ZFNs). Methods Mol Biol, 917: 129-141.

Yu J, Hu S N, Wang J, et al. 2002. A draft sequence of the rice genome (*Oryza sativa*). Science, 296(5565): 79-92.

Yu X, Xu Q, Wu Y, et al. 2020. Nanobodies derived from Camelids represent versatile biomolecules for biomedical applications. Biomater Sci, 8(13): 3559-3573.

Yu Y, Yu P C, Chang W J, et al. Plastid transformation: how does it work? can it be applied to crops? what can it offer? Int J Mol Sci, 21(14): 4854.

Zaenen I, Van Larebeke N, Van Montagu M, et al. 1974. Supercoiled circular DNA in crown-gall inducing *Agrobacterium* strains. J Mol Biol, 86: 109-127.

Zang J, Zhu Y, Zhou Y, et al. 2021. Yeast-produced RBD-based recombinant protein vaccines elicit broadly neutralizing antibodies and durable protective immunity against SARS-CoV-2 infection. Cell Discov, 7(1): 1-16.

Zeng D, Liu T, Ma X, et al. 2020. Quantitative regulation of waxy expression by CRISPR/Cas9-based promoter and 5′UTR-intron editing improves grain quality in rice. Plant Biotechnol J, 18(12): 2385- 2387.

Zhang H, Demirer G S, Zhang H L, et al. 2019. DNA nanostructures coordinate gene silencing in mature plants. Proc Natl Acad Sci USA, 116(15): 7543-7548.

Zhou M Y, Clark S E, Gomez-Sauchez C E. 1995. Universal cloning method by TA strategy. Biotechniques, 19(1): 34-35.

Zhu Q, Zeng D, Yu S, et al. 2018. From golden rice to aSTARice: bioengineering astaxanthin biosynthesis in rice endosperm. Mol Plant, 11(12): 1440-1448.

Zivy M, Thiellement H, Vienne de D, et al. 1983. Study on nuclear and cytoplasmic genome expression in wheat by two-dimensional gel electrophoresis. Theor Appl Genet, 66(1): 1-7.

Zuo L, Trisha L Vickrey, Moira G, et al. 2019. Assessing anthocyanin biosynthesis in Solanaceae as a model pathway for secondary metabolism. Genes, 10(8): 559.